# 民用建筑暖通空调施工图设计实用读本

郇守春　编著

中国建筑工业出版社

**图书在版编目（CIP）数据**

民用建筑暖通空调施工图设计实用读本/邬守春编著. —北京：中国建筑工业出版社，2013.3
ISBN 978-7-112-15057-1

Ⅰ.①民… Ⅱ.①邬… Ⅲ.①民用建筑-采暖设备-建筑安装工程-工程施工-建筑制图②民用建筑-通风设备-建筑安装工程-工程施工-建筑制图③民用建筑-空气调节设备-建筑安装工程-工程施工-建筑制图 Ⅳ.①TU83

中国版本图书馆 CIP 数据核字（2013）第 012246 号

施工图是工程建设全过程中设计阶段的最终成果，从设计意图、设计方案、各种计算、技术措施、设备选型直至施工图绘制，应该是一个高智力的创造性劳动过程。编者在参加工程设计和施工图审查过程中，发现一些影响设计质量和施工图质量的问题，其中有的带有一定的普遍性，有的竟与专业基础理论、工程设计规范相悖。基于此，编写了本书。本书包括设计基础知识、民用建筑供暖通风与空气调节设计的主要内容、暖通空调系统设计的共性问题、建筑物防排烟设计、防空地下室通风设计和施工图设计文件编制及附录。书中反映了国家标准《民用建筑供暖通风与空气调节设计规范》GB 50736—2012 中的许多最新信息，列举了近 200 个工程案例并进行了简要的分析。

本书可供暖通空调专业工程设计、施工图审查和相关人员参考，也可以作为专业院校师生的教学参考资料。

责任编辑：姚荣华 张文胜
责任设计：赵明霞
责任校对：刘梦然 党 蕾

**民用建筑暖通空调施工图设计实用读本**
邬守春 编著
*
中国建筑工业出版社出版、发行（北京西郊百万庄）
各地新华书店、建筑书店经销
北京科地亚盟排版公司制版
北京同文印刷有限责任公司印刷
*
开本：787×1092 毫米 1/16 印张：24½ 插页：1 字数：610 千字
2013 年 4 月第一版 2013 年 12 月第二次印刷
定价：**62.00** 元
ISBN 978-7-112-15057-1
（23114）

# 序

人类营建居住场所已有万年，随着科技的进步和人类社会活动类型与规模的发展，营建能力不断进步，逐渐形成了“民用建筑”门类，建筑业中至今比重最大的仍是民用建筑，包括居住建筑和多种公共建筑。

回顾民用建筑的发展史，可以清晰地知道营建业历史非常辉煌，甚至对人类的发展都有重要作用，但民用建筑的发展也曾遭遇过困惑和瓶颈，为其解惑的重要角色却是暖通空调专业（暖通专业的出现是靠综合科学技术的积淀作基础，以社会的需求作推动力的）。

暖通空调专业出现之前，建筑业无法在辽阔的国土中各种气候区建造出理想的建筑。为更大规模，更多人员参考的社会活动场所，也因无法保护所需环境条件而规模受限。高级享用的建筑因无法达到希望的高标准，还得另辟蹊径。乃至为皇室营建的极品建筑——紫金城，还需另配避暑山庄轮换居住才能符合愿望，暖通空调专业出现之后，我们营建的人民大会堂，可容万人集会，可以全天候办公、居住，足以证明暖通空调专业对建筑业发展的重要。

暖通空调专业毕竟只有近百历史，是稚嫩的后起之秀，“配角”的印象远大于他前途无量的理念，为建筑服务的身份，淡化了专业的个性，也影响了对这个后起的暖通空调专业健康发展的关注和支持。在成熟的建筑业内，常被土建专业的传统和习惯羁绊，致使暖通空调专业执业不顺，常遇尴尬。是作剖析：

建筑行业中，土建专业，以部品的集成为主，设计图纸是为施工者按图施工之用，竣工后建筑就可验收使用，当发现了损坏，就哪坏修哪。年久陈旧，就投资再装饰，如此延续几千年，已成定式，十分顺畅。而此流程和规律用于暖通空调专业，就产生了尴尬。

暖通空调专业构建的是系统，是有生命性的有逻辑关系的设备联合工作的整套配置，而专业设计规定却含土建专业的特质，是选定主机设计系统、配套末端、增添自控。所以建成的暖通系统常缺乏整体性，没有系统质量的责任方，科学性合理性很难到位。

暖通空调系统的建设过程必有“调试”环节，其实这是土建的用语，暖通空调系统应该做“试调”，而且目的是“调适”，含有全面的整定之意，还需要到达动态适用。实际的工程中大部分是没做到位，有时把欠缺的“调适”工作，误归为“节能改造”，使原设计者受冤，使工程经济受损。

暖通空调专业是需要运行工种长期伴随着系统的使用的，而土建专业基本没有。系统运行的技术要求，在设计时设计者已有策划，但暖通空调专业的施工图的定式，是从土建专业引申的，并没有暖通空调专业特有的运行技术要求的传达通道，

竣工验收，暖通空调专业因要经历春、夏、秋、冬的试用，所以规定为交付使用一年后进行，但是因土建没有这个特质所以常常虽有规定，执行却很不严格，常常没有认真进行。

列举的各种尴尬，暖通空调专业的从业者感受最深刻，也一直在努力弥补和改进。我

们希望从暖通空调施工图设计的深化和详尽着手，如：施工图设计中含有更详尽的理论计算，提供更多的运行参数，介绍运行的合理逻辑，为使用者合理运行提供更为深刻的原创意图。某方面改进，解决因套用土建专业而不适合暖通空调专业的，施工图设计模式的先天不足，这方面的探究和改进正是暖通空调专业技术进步，工程和质量提高的重要方面。

本书作者邬守春校友是暖通专业出身的专业人士，半世纪的专业亲历，执业范围宽泛，经验十分丰富，积累工程资料详实典型。当他渡过执业生涯之后，选择了编写实用读本为专业贡献余热，十分可敬。而确定编写《民用建筑暖通空调施工图设计实用读本》真是太精彩了！足见他有真知灼见，他正是能用毕生积淀和智慧胜此重任的难得之士。此书对暖通空调专业各岗位执业者都有卑益，也是解决行业尴尬、推动行业进步的指导，还可为高校师生当作教材，能为教学提高质量起重要作用。大量工程实例的介绍能为读者避免许多工作中的不足，防止许多经济损失，这是不易计算数量的贡献。

我还希望本书能对建筑业界的广大工作者和有决策权的管理者起到宣传暖通空调专业特质的作用，从而推进暖通空调专业健康成长，在建筑业中增加话语权，使建筑品质有所提高。那么邬守春先生的贡献效果就更为巨大。

北京市建筑设计研究院有限公司顾问总工程师

中国建筑学会暖通空调分会副理事长　吴德绳

教授级高级工程师

2013年春

# 前　言

随着我国社会经济的高速发展、城市化进程的加快和国民物质文化生活水平的不断提高，我国城镇建设的规模越来越大，档次越来越高，功能越来越齐全。供暖通风与空气调节技术作为一门工程技术，除了在工业生产、交通运输等领域得到广泛应用外，在民用建筑工程中更成为人们居家生活、工作和社会活动等必不可少的内容，暖通空调技术在民用建筑工程中的应用发展速度是十分惊人的。改革开放 30 多年来，“南方不宜供暖”、“北方不宜空调”的观念早已淡化，暖通空调设施已成为广袤国土上大江南北几乎所有公共建筑内必需的重要设施，而且也步入寻常百姓家庭，成为居家生活不可须臾离开的生活设施。

我国高等学校正式设立暖通空调专业至今只有 60 年左右的时间，但是短短 60 年的发展速度却是国人不敢想象的，仅开设暖通空调专业并招生的学校就从“老八校”发展到 180 多所，从教老师和在校学生均是成百倍地增加。随着我国城镇建设规模的扩大，大批本专业的毕业生陆续进入建筑工程领域，有的从事设计，有的从事施工，成为推动暖通空调事业发展的新生力量。

为了协助年轻的同行尽快进入本专业的实践过程，特别是帮助一些涉足工程设计领域的设计人员对设计技术有更多的了解，让大家在工作中少走弯路，编者根据自己的经历，编写了《民用建筑暖通空调施工图设计实用读本》一书，供专业设计人员及相关人员参考。本书仅侧重于施工图设计阶段，书中选取施工图设计中通常涉及的一些内容，以专业体系为主线，参考现行的工程建筑设计规范和相关规范，既对本书范围涉及的基本理论作适当的讲述，更结合工程设计实例，对施工图设计中出现的问题作简要的分析。在编者选取的近 200 个案例中，80％以上都是真实的案例；这些案例中，大部分具有一定的普遍性，但也不乏极个别的典型案例。编者对案例没有按“存在问题—原因分析—解决办法”的三段式进行叙述，问题是五花八门、千奇百怪的，原因是相同的，解决办法是相似的，对于书中提及的问题给出哪怕是“差强人意”的答案，也是编者力所不能企及的，重要的是提出了思考问题的方法。有时候选取和挖掘案例的过程本身就是解决问题的过程，一些典型的案例具有举一反三、触类旁通的启示作用。通过对案例的简要分析，明白了其中的道理，设计人员自然可以找到正确的答案。

谨以此书献给清华大学设立暖通空调专业 60 周年！

# 目　　录

# 第 1 章　设计基础知识

我们从事暖通空调专业学习，刚开始是学习理论基础课，毕业前是学习专业课，而中间一段时间则是学习专业基础课。根据《全国高等学校土建类专业本科教育培养目标和培养方案及主干课程教学基本要求：建筑环境与设备工程专业》的要求，暖通空调专业学生应系统掌握本专业领域必需的一系列专业理论基础，居于前三位的就是热力学、传热学和流体力学。因此，热力学、传热学和流体力学可以说是暖通空调专业的三大理论基石，是每一个暖通空调专业人员都必须熟悉和掌握的。

## 1.1　支撑专业的两大体系

支撑暖通空调专业的两大体系是热量的传递和湿空气的焓湿图。

### 1.1.1　热量的传递

由传热学原理可知，热量传递有三种基本方式：导热、对流和热辐射。导热又称热传导，是指物体各部分之间不发生相对位移时，依靠分子、原子和自由电子等微观粒子的热运动而产生的热量传递现象。对流是指由于流体的宏观运动，从而流体各部分之间发生相对位移、冷热流体相互掺混所引起的热量传递现象。当物质原子内部的电子受激和振动时，产生交替变化的电场和磁场并发出电磁波向空间传播，这种由电磁波传递能量的现象称为辐射，其中因热的原因而发出辐射能的现象称为热辐射。

1. 复合换热过程

我们知道，热量传递有三种基本方式，但在实际问题中，这些方式往往不是单独出现的，大部分是由导热、对流换热和辐射换热同时作用的结果，这不仅表现在互相串联的换热环节中，而且同一环节也是如此，呈现一个复合的换热过程。例如，对于锅炉中的省煤器或制冷机组中的冷凝器，热量传递过程中各环节的传热方式如下：

（1）省煤器的换热过程如图 1-1 所示。

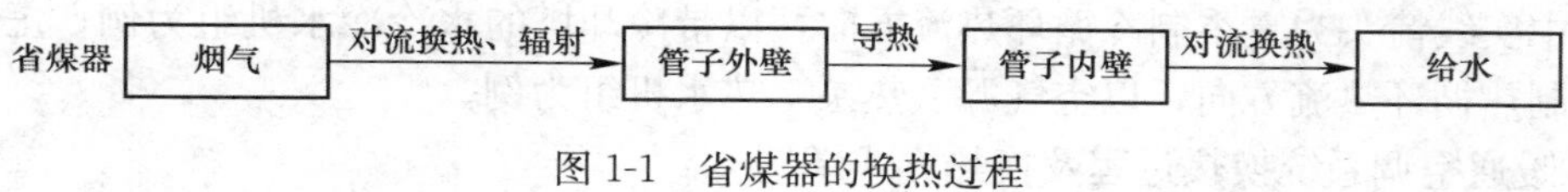


图 1-1　省煤器的换热过程

（2）冷凝器的换热过程如图 1-2 所示。

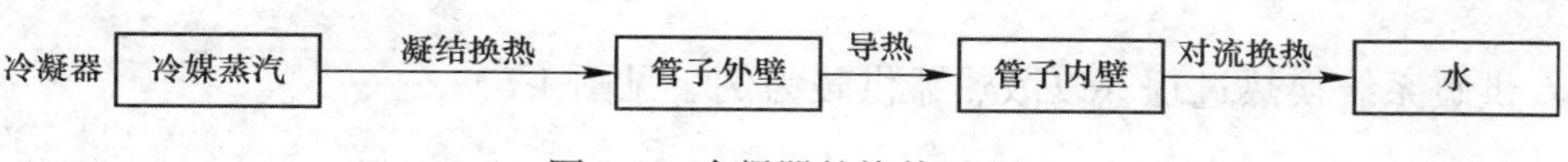


图 1-2　冷凝器的换热过程

分析一个复杂的实际传热过程由哪些串联环节组成，以及在同一环节中有哪些不同的热量传递方式，是暖通空调专业技术人员求解实际传热过程问题的基本功。例如在上述例子中，为什么从烟气到管子外壁的热量传递要同时考虑对流换热与辐射换热，而从管子内壁到水的热量传递只考虑对流换热。只有掌握了传热学的基本原理，才能对所有的传热问题有透彻的了解。

2. 供暖系统的热量传递

供暖系统的基本功能是给室内空气升温，在没有水分转移的情况下，容易造成室内空气干燥，相对湿度降低。供暖系统的热量传递过程如图 1-3 所示。

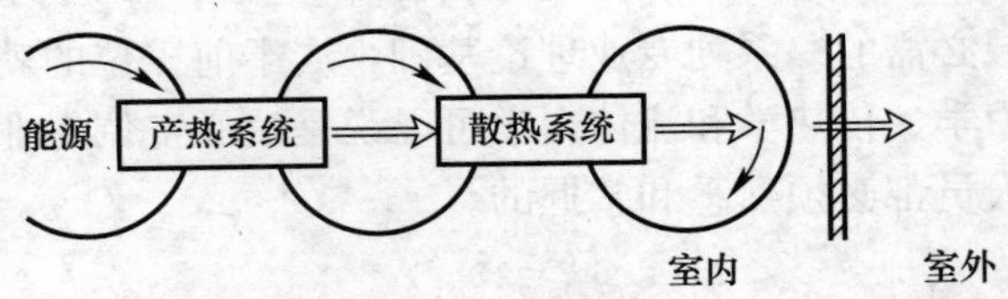


图 1-3　供暖系统的热量传递过程图示

3. 空调系统的热量传递

空调系统的功能包括空气温度调节、湿度调节、含尘量控制、改善室内空气品质、噪声控制、风速控制等。

空调系统诸多功能中只有温度调节与热量传递有关，编者将空调（温度）系统的热量传递过程总结为图 1-4（简称“五环图”）。

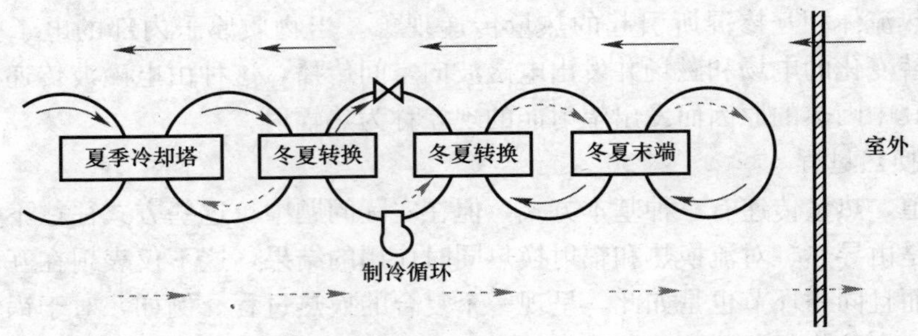


图 1-4　空调系统的热量传递过程图示

图中实线箭头为夏季制冷循环热流方向，以带冷却塔的水冷冷水机组为例；虚线箭头为冬季制热循环热流方向，以空气源（热泵）热水机组为例。

4. 暖通空调系统换热过程及换热方式举例

平时作设计，不论是只作末端，还是既作末端，又作冷热源，一定要全面系统地洞悉热量在制冷剂—水—空气之间的转换，在液相—汽相间的转换，切切牢记，现举例如下。

(1) 供暖系统换热过程（以散热器供暖为例，见图 1-5）

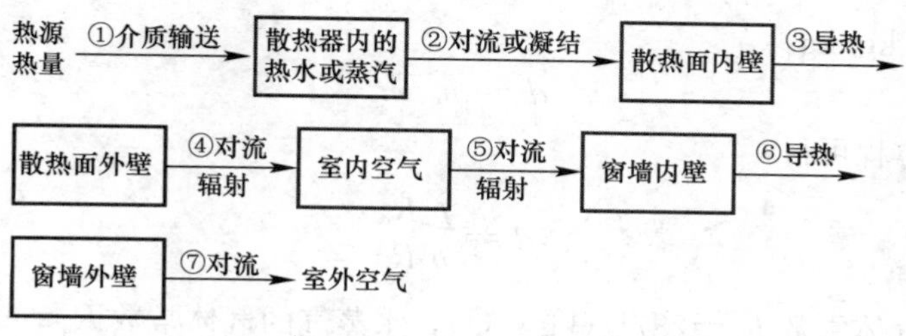

图 1-5　供暖系统换热过程

（2）空调系统换热过程（以冷却塔水冷冷水机组为例，见图 1-6）

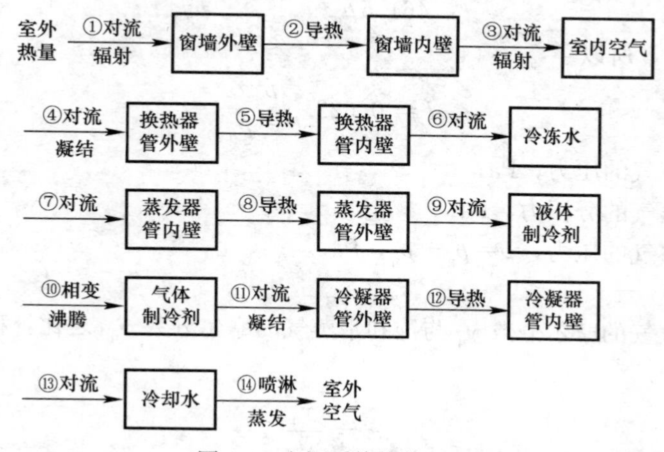

图 1-6　空调系统换热过程

由图 1-5 和图 1-6 可知，散热器供暖系统的换热经过 7 个过程，包括导热、对流换热和辐射换热，没有发生相变，没有潜热的转换，相对比较简单；而冷却塔水冷冷水机组制冷的空调系统换热经过 14 个过程，包括导热、对流换热、辐射换热以及沸腾换热和凝结换热，发生了相变和潜热的转换，实际上包含了暖通空调制冷领域中几乎所有的换热过程，是一个很经典的换热过程，由此可以引申到空气源冷水（热泵）系统、变制冷剂多联机系统、地（水）源冷水（热泵）系统、蒸发冷却系统及其他各种空调供热系统，其换热过程都包括在以上的经典过程之中。

### 1.1.2　空气的焓湿图及其应用

1. 空气的主要物理性质

干空气是氮、氧、二氧化碳、氢、氦等组成的混合物；通常空气中总是含有水分的，干空气与水分混合而成的空气称为湿空气，如果没有特别冠以“干空气”的称谓，平常所称“空气”就是指的“湿空气”。空气可以认为是理想气体，其气体常数 $R=287\text{J}/(\text{kg}\cdot℃)$，摩尔质量 $M=28.96\text{kg/kmol}$。

空气的参数是空调设计的重要基础数据，这些参数中，除了温度、压力、水蒸气的含量等外，通过计算可以得到以下的重要参数（干空气的热物理性质见附录 A）。

（1）含湿量

空气中所含水蒸气质量 $m_q$ 与干空气质量 $m_g$ 之比，称为湿空气的含湿量（或称为比湿度）$d$，其单位为 kg/kg干空气。

$$d=m_q/m_g$$

由理想气体状态方程可得：

$$d=\frac{p_q R_g}{p_g R_q}$$

式中，干空气的气体常数 $R_g$＝287J/(kg·℃)，水蒸气的气体常数 $R_q$＝461.5J/(kg·℃)，带入上式得到：

$$d=\frac{287p_q}{461.5p_g}=0.622\frac{p_q}{p_g}$$

而 $p_g=p-p_q$，所以

$$d=0.622\frac{p_q}{p-p_q} \tag{1-1}$$

式中 $p_g$——干空气的压力，Pa；

$p_q$——水蒸气的分压力，Pa；

$p$——湿空气的压力，$p=p_g+p_q$，Pa。

（2）相对湿度

湿空气中水蒸气的摩尔分数 $y_q$ 与饱和水蒸气的摩尔分数 $y_{q,b}$之比，称为湿空气的相对湿度，其单位为％。

$$\varphi=\frac{y_q}{y_{q,b}}$$

因为 $y_q=\frac{p_q}{p}$，$y_{q,b}=\frac{p_{q,b}}{p}$，

所以
$$\varphi=\frac{p_q}{p_{q,b}}\times100\%; \tag{1-2}$$

因此 $p_q=\varphi\cdot p_{q,b}$，带入式（1-1）得到：

$$d=0.622\frac{\varphi\cdot p_{q,b}}{p-\varphi\cdot p_{q,b}}$$

则湿度 $d$ 和相对湿度 $\varphi$ 的关系式为：

$$\varphi=\frac{dp_g}{0.622p_{q,b}}$$

湿空气的相对湿度，可近似地用水蒸气的含湿量 $d_q$ 与饱和水蒸气的含湿量 $d_{q,b}$之比来表示，即：

$$\varphi=\frac{d_q}{d_{q,b}}\times100\% \tag{1-3}$$

干空气的相对湿度 $\varphi=0$，饱和湿空气的相对湿度 $\varphi=1$，湿空气的相对湿度在 0 与 1 之间。空气含有水分的多少，取决于它的温度。因此，即使空气的含湿量 $d$ 不变，空气的相对湿度随着温度的变化而变化。例如，空气的含湿量 $d$＝18.0g/kg，当空气温度为 34.0℃时，相对湿度 $\varphi$＝53.54％；当空气温度为 28.0℃时，相对湿度 $\varphi$＝75.36％。

(3) 焓

在空调工程中，空气温度范围在−10～50℃左右。在这个范围内，干空气可视为理想气体，并可取定压比热 $c_{p,g}$=1.01kJ/(kg·℃)，误差小于0.2%，可以忽略不计。

物质的体积、压力的乘积与内能的总和，称为物质的焓 $h$，其单位为kJ/kg。若取0℃的干空气和0℃的水的焓值为0，则t℃时，有：

1) 1kg干空气的焓为

$$h_g = c_{p,g} \cdot t \tag{1-4}$$

式中 $c_{p,g}$——干空气的定压比热，$c_{p,g}$=1.01kJ/(kg·℃)。

2) 1kg水蒸气的焓为

$$h_q = c_{p,q} \cdot t + 2500 \tag{1-5}$$

式中 $c_{p,q}$——水蒸气的定压比热，$c_{p,q}$=1.84kJ/(kg·℃)；

2500——0℃时水蒸气的汽化潜热，kJ/kg。

3) 1kg湿空气的焓 $h$，等于1kg干空气的焓 $h_g$ 及与其共存的 $d$ kg水蒸气的焓 $h_q$ 之和，即

$$h = h_g + d \cdot h_q = c_{p,g} \cdot t + (2500 + c_{p,q} \cdot t)d \tag{1-6}$$

或 $$h = 1.01t + 0.001\ (2500 + 1.84t)\ d\ (\text{g/kg}_{\text{干空气}}) \tag{1-7}$$

已知水的质量比热为4.19kJ/(kg·℃)，则 $t$℃时水蒸气的汽化潜热 $r_t$ (kJ/kg) 为：

$$r_t = 2500 + 1.84t - 4.19t = 2500 - 2.35t \tag{1-8}$$

(4) 湿空气的密度

湿空气的密度 $\rho$ 等于干空气的密度 $\rho_g$ 和水蒸气的密度 $\rho_q$ 之和，$\rho = \rho_g + \rho_q$，单位为kg/m³，即

$$\rho = \rho_g + \rho_q = \frac{p_g}{R_g T} + \frac{p_q}{R_q T} = \frac{p_g}{287T} + \frac{p_q}{461.5T}$$

$$= \frac{0.003484 p_g}{T} + \frac{0.00134 p_q}{T} \tag{1-9}$$

由于水蒸气的密度较小，标准状态下，干空气和湿空气的密度相差较小，在工程上，取 $\rho$=1.2kg/m³ 已足够精确。

2. 湿空气的焓湿图

(1) 湿空气焓湿图的构成

通常的湿空气特性图，是以焓 $h$ 和含湿量 $d$ 为坐标的焓湿图，又称 $h$-$d$ 图。$h$-$d$ 图是表示一定大气压力下，湿空气各参数的值及其相互关系的图。焓湿图包括5个主要坐标（参数）和1个辅助坐标（参数），5个主要坐标（参数）为：等焓线 $h$ (kJ/kg$_{\text{干空气}}$)、等含湿量线 $d$ (g/kg$_{\text{干空气}}$)、等温度线 $t$ (℃)、等相对湿度线 $\varphi$ (%)、水蒸气分压力线 $p_q$ (kPa)；1个辅助坐标（参数）为热湿比线 $\varepsilon$，热湿比定义为 $\varepsilon = \frac{\Delta h}{\Delta d}$，热湿比线 $\varepsilon$ 并不在焓湿图的主图上，而是在右下角单独绘出（见图1-7），焓湿图上，$\varepsilon$ 数值的范围从−10000到+10000。

焓湿图对于空调设计和运行管理是一个十分重要的工具。焓湿图的主要用途有：1）利用两个独立的参数可以简便的确定空气状态点及其他的各项参数；2）利用空气状态点的位置反映热湿交换作用下，空气状态的变化过程。

焓湿图都是针对一定的大气压绘制的，常用的是标准大气压 101325Pa 时的焓湿图。当当地大气压高于标准大气压时，焓湿图中的饱和曲线（$\varphi=100\%$）将向上移；低于标准大气压时，饱和曲线向下移。当空气温度和相对湿度相同而大气压力增高时，空气的焓和含湿量减小；而大气压力降低时，空气的焓和含湿量增大（与标准大气压下的焓和含湿量相比）。因此，使用焓湿图时，一定要注意建设工程地区的当地大气压；我国出版的文献中曾有六种不同大气压力下的焓湿图供设计人员使用，大气压力分别为：79993Pa（600mmHg）、86660Pa（650mmHg）、93326Pa（700mmHg）、97325Pa（730mmHg）、99325Pa（745mmHg）和 101325Pa（760mmHg）。设计时，必须根据当地大气压选择较为接近的焓湿图，不能都用标准大气压 101325Pa 时的焓湿图，这一点应引起设计人员的注意。

（2）湿空气状态参数的计算

已知当地大气压的情况下，只要已知任意两个独立参数，就可以确定湿空气的其他参数。确定湿空气状态参数的方法经历了 3 个阶段：

1）早期的方法是利用不同当地大气压的焓湿图，通过在图上描点划线，在坐标图上求得参数。这样的方法都是根据人眼的观察来确定数值，速度慢，误差很大，直接影响最后的计算结果（见图 1-7）。

2）后来一些科技人员利用计算机将各参数的计算结果制成表格——湿空气的焓湿表（见表 1-1），通过湿空气两个独立的参数直接读出其他的参数，经过几版改进后，现在编制的焓湿表中，空气温度范围为－20～47℃，相对湿度范围为 5%～100%，可以满足绝大部分工程设计的需要。只要知道空气的干球温度、湿球温度（或相对湿度）两个参数，就可以直接读出相对湿度（或湿球温度）、比焓值、含湿量、露点温度及水蒸气分压力等参数，使用极为方便。由于制表时空气温度按 0.5℃分档、相对湿度按 2.5%～5%分档，因此有时仍需要用插入法，得到的只是近似值，精度差一些。

3）在计算机已经普及的今天，利用数值计算或电子版焓湿图（见图 1-8）可以直接求得空气状态点的参数，而且速度快、十分精确，是目前设计人员常用的重要工具。但是，作为重要的理论基础，设计人员仍有必要熟悉各种参数的物理意义及计算方法。

① 湿空气的热力学温度 $T=273.15+t$； (1-10)

② 湿空气的饱和水蒸气分压力 $P_{qb}=f(T)$ 的经验公式：

• $t=-100\sim0$℃时，

$$\ln(P_{qb})=c_1/T+c_2+c_3T+c_4T^2+c_5T^3+c_6T^4+c_7\ln(T) \tag{1-11}$$

• $t=0\sim200$℃时，

$$\ln(P_{qb})=c_8/T+c_9+c_{10}T+c_{11}T^2+c_{12}T^3+c_{13}\ln(T) \tag{1-12}$$

式中 $c_1=-5674.5359$；$c_2=6.3925247$；$c_3=-0.9677843\times10^{-2}$；$c_4=0.62215701\times10^{-6}$；$c_5=0.20747825\times10^{-18}$；$c_6=-0.9484024\times10^{-2}$；$c_7=4.1635019$；$c_8=-5800.2206$；$c_9=1.3914993$；$c_{10}=-0.04860239$；$c_{11}=0.41764768\times10^{-4}$；$c_{12}=-0.14452093\times10^{-7}$；$c_{13}=6.5459673$

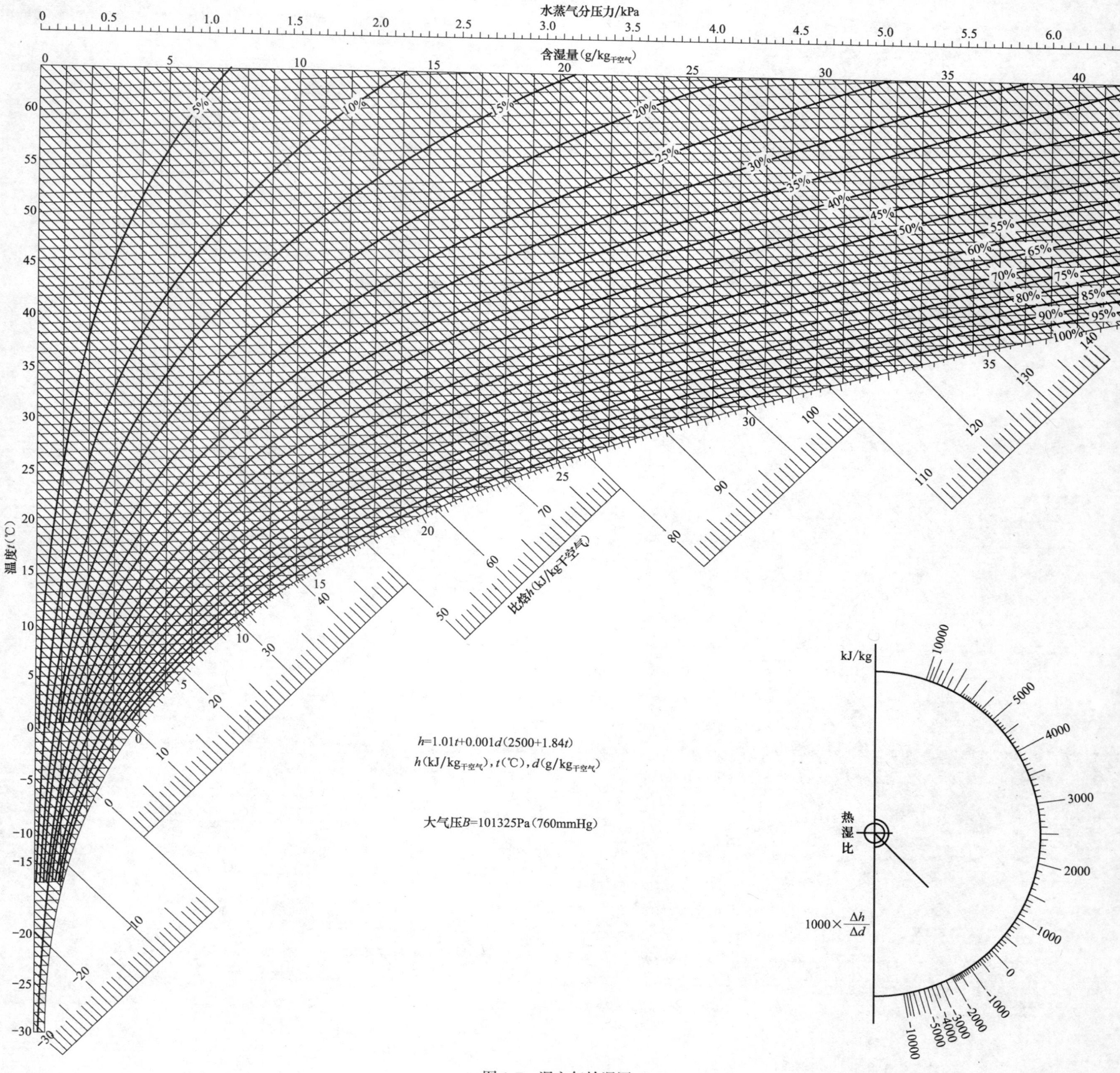

水蒸气分压力/kPa
含湿量(g/kg干空气)
温度(℃)
比焓h(kJ/kg干空气)
h=1.01t+0.001d(2500+1.84t)
h(kJ/kg干空气), t(℃), d(g/kg干空气)
大气压B=101325Pa(760mmHg)
kJ/kg
热湿比
1000×Δh/Δd


图 1-7　湿空气焓湿图

**表 1-1**

## 湿空气的焓湿表(局部)

| 干球温度 | | 相对湿度 | 5.0% | 10.0% | 15.0% | 20.0% | 25.0% | 30.0% | 32.5% | 35.0% | 37.5% | 40.0% | 42.5% | 45.0% | 47.5% | 50.0% | 52.5% | 55.0% | 57.5% |
|---|---|---|---|---|---|---|---|---|---|---|---|---|---|---|---|---|---|---|---|
| 34.0 | | 含湿量(g/kg) | 1.64 | 3.29 | 4.94 | 6.61 | 8.28 | 9.96 | 10.81 | 11.65 | 12.50 | 13.35 | 14.21 | 15.06 | 15.92 | 16.78 | 17.64 | 18.51 | 19.38 |
| | | 焓(kJ/kg) | 38.54 | 42.76 | 47.00 | 51.27 | 55.56 | 59.87 | 62.03 | 64.20 | 66.38 | 68.56 | 70.75 | 72.94 | 75.14 | 77.34 | 79.56 | 81.77 | 84.00 |
| | | 露点温度(℃) | −9.73 | −1.67 | 3.74 | 7.89 | 11.21 | 13.99 | 15.22 | 16.38 | 17.47 | 18.50 | 19.47 | 20.39 | 21.27 | 22.11 | 22.91 | 23.68 | 24.42 |
| $P_{qb}$ | 5323.91 | 湿球温度(℃) | 13.71 | 15.25 | 16.71 | 18.10 | 19.43 | 20.69 | 21.30 | 21.90 | 22.48 | 23.06 | 23.62 | 24.16 | 24.70 | 25.23 | 25.74 | 26.25 | 26.75 |
| 干球温度 | | 相对湿度 | 5.0% | 10.0% | 15.0% | 20.0% | 25.0% | 30.0% | 32.5% | 35.0% | 37.5% | 40.0% | 42.5% | 45.0% | 47.5% | 50.0% | 52.5% | 55.0% | 57.5% |
| 34.5 | | 含湿量(g/kg) | 1.68 | 3.38 | 5.08 | 6.79 | 8.52 | 10.25 | 11.12 | 11.99 | 12.86 | 13.74 | 14.62 | 15.50 | 16.38 | 17.27 | 18.16 | 19.05 | 19.94 |
| | | 焓(kJ/kg) | 39.16 | 43.51 | 47.87 | 52.26 | 56.68 | 61.11 | 63.34 | 65.58 | 67.82 | 70.06 | 72.32 | 74.57 | 76.84 | 79.11 | 81.39 | 83.67 | 85.96 |
| | | 露点温度(℃) | −9.42 | −1.33 | 4.13 | 8.30 | 11.63 | 14.41 | 15.66 | 16.82 | 17.91 | 18.94 | 19.91 | 20.84 | 21.72 | 22.56 | 23.37 | 24.14 | 24.89 |
| $P_{qb}$ | 5474.04 | 湿球温度(℃) | 13.94 | 15.51 | 17.00 | 18.42 | 19.76 | 21.05 | 21.66 | 22.27 | 22.86 | 23.44 | 24.01 | 24.57 | 25.11 | 25.64 | 26.16 | 26.68 | 27.18 |
| 干球温度 | | 相对湿度 | 5.0% | 10.0% | 15.0% | 20.0% | 25.0% | 30.0% | 32.5% | 35.0% | 37.5% | 40.0% | 42.5% | 45.0% | 47.5% | 50.0% | 52.5% | 55.0% | 57.5% |
| 35.0 | | 含湿量(g/kg) | 1.73 | 3.47 | 5.23 | 6.99 | 8.76 | 10.54 | 11.43 | 12.33 | 13.23 | 14.13 | 15.04 | 15.94 | 16.85 | 17.77 | 18.68 | 19.60 | 20.52 |
| | | 焓(kJ/kg) | 39.79 | 44.26 | 48.75 | 53.27 | 57.81 | 62.38 | 64.67 | 66.97 | 69.28 | 71.59 | 73.91 | 76.24 | 78.57 | 80.91 | 83.26 | 85.61 | 87.97 |
| | | 露点温度(℃) | −9.10 | −1.00 | 4.53 | 8.71 | 12.05 | 14.84 | 16.09 | 17.26 | 18.35 | 19.38 | 20.36 | 21.29 | 22.18 | 23.02 | 23.83 | 24.60 | 25.35 |
| $P_{qb}$ | 5627.82 | 湿球温度(℃) | 14.17 | 15.77 | 17.29 | 18.73 | 20.10 | 21.40 | 22.03 | 22.64 | 23.24 | 23.83 | 24.40 | 24.97 | 25.52 | 26.06 | 26.58 | 27.10 | 27.61 |
| 干球温度 | | 相对湿度 | 5.0% | 10.0% | 15.0% | 20.0% | 25.0% | 30.0% | 32.5% | 35.0% | 37.5% | 40.0% | 42.5% | 45.0% | 47.5% | 50.0% | 52.5% | 55.0% | 57.5% |
| 35.5 | | 含湿量(g/kg) | 1.78 | 3.57 | 5.37 | 7.18 | 9.01 | 10.84 | 11.76 | 12.68 | 13.61 | 14.54 | 15.47 | 16.40 | 17.34 | 18.28 | 19.22 | 20.17 | 21.11 |
| | | 焓(kJ/kg) | 40.42 | 45.02 | 49.64 | 54.29 | 58.96 | 63.66 | 66.02 | 68.39 | 70.77 | 73.15 | 75.54 | 77.93 | 80.34 | 82.75 | 85.16 | 87.59 | 90.02 |
| | | 露点温度(℃) | −8.97 | −0.66 | 4.92 | 9.12 | 12.47 | 15.27 | 16.52 | 17.69 | 18.79 | 19.83 | 20.81 | 21.74 | 22.63 | 23.48 | 24.29 | 25.07 | 25.82 |
| $P_{qb}$ | 5785.33 | 湿球温度(℃) | 14.41 | 16.04 | 17.58 | 19.04 | 20.43 | 21.75 | 22.39 | 23.01 | 23.62 | 24.22 | 24.80 | 25.37 | 25.92 | 26.47 | 27.00 | 27.53 | 28.04 |
| 干球温度 | | 相对湿度 | 5.0% | 10.0% | 15.0% | 20.0% | 25.0% | 30.0% | 32.5% | 35.0% | 37.5% | 40.0% | 42.5% | 45.0% | 47.5% | 50.0% | 52.5% | 55.0% | 57.5% |
| 36.0 | | 含湿量(g/kg) | 1.83 | 3.67 | 5.52 | 7.39 | 9.26 | 11.15 | 12.09 | 13.04 | 14.00 | 14.95 | 15.91 | 16.87 | 17.84 | 18.80 | 19.77 | 20.75 | 21.72 |
| | | 焓(kJ/kg) | 41.06 | 45.78 | 50.54 | 55.32 | 60.13 | 64.97 | 67.40 | 69.84 | 72.28 | 74.73 | 77.19 | 79.66 | 82.13 | 84.62 | 87.11 | 89.60 | 92.11 |
| | | 露点温度(℃) | −8.48 | −0.33 | 5.32 | 9.52 | 12.89 | 15.70 | 16.96 | 18.13 | 19.23 | 20.27 | 21.26 | 22.19 | 23.08 | 23.93 | 24.75 | 25.53 | 26.28 |
| $P_{qb}$ | 5946.64 | 湿球温度(℃) | 14.64 | 16.30 | 17.87 | 19.36 | 20.77 | 22.11 | 22.75 | 23.38 | 24.00 | 24.60 | 25.19 | 25.77 | 26.33 | 26.88 | 27.43 | 27.95 | 28.47 |

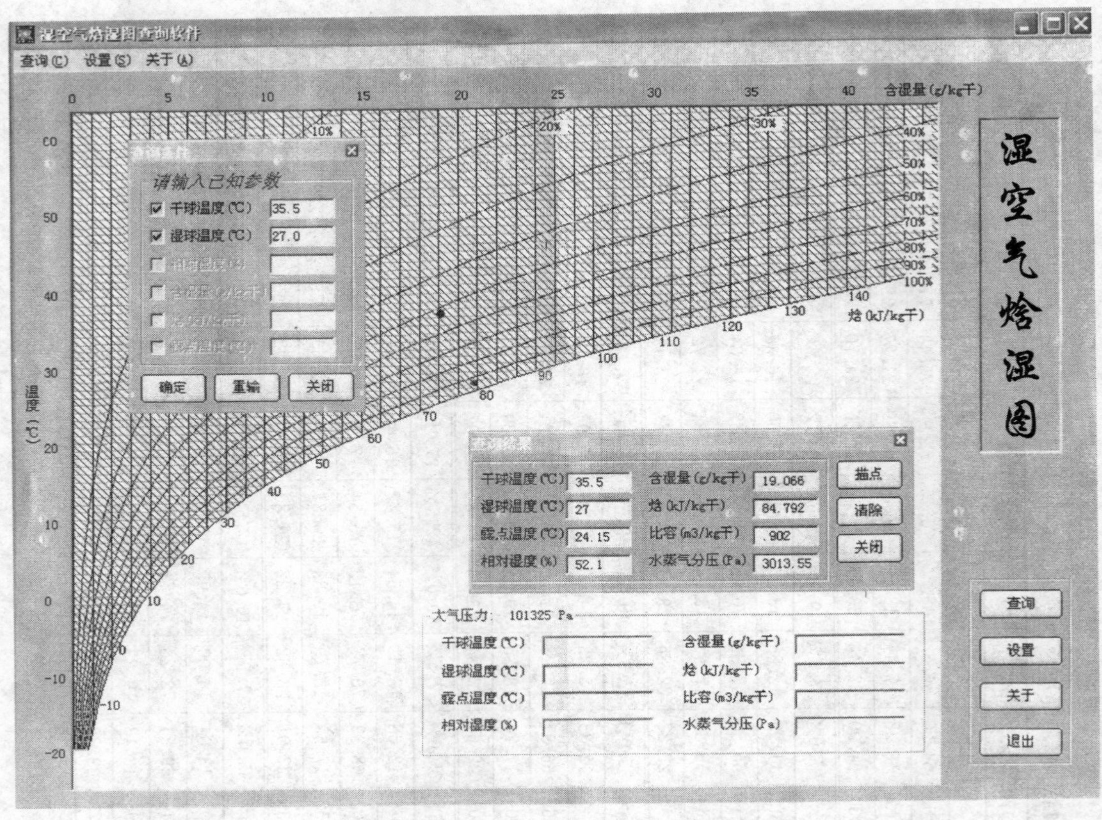


图 1-8　湿空气焓湿图（电子版）

③ 湿空气的水蒸气分压力：

$$P_q = P_{qb} - A(t - t_s)P \quad 或 \quad t_s = t - (P_{qb} - P_q)/(A \cdot P) \tag{1-13}$$

式中　$A$——可根据风速 $v$（m/s）按下式求出：

$$A = \left(65 + \frac{6.75}{v}\right) \times 10^{-5} \quad 一般取 A = 0.000667。$$

④ 湿空气的露点温度 $t_1$：

- 当 $t_1 = 0 \sim 93$℃时，$t_1 = c_{14} + c_{15}\alpha + c_{16}\alpha^2 + c_{17}\alpha^3 + c_{18}\ (P_q)^{0.1984}$　(1-14)
- 当 $t_1 < 0$℃时，$t_1 = 6.09 + 12.608\alpha + 0.4959\alpha^2$　(1-15)

式中　$c_{14} = 6.54$；$c_{15} = 14.526$；$c_{16} = 0.7389$；$c_{17} = 0.09486$；$c_{18} = 0.4569$；$\alpha = \ln P_q$。

⑤ 湿空气的湿球温度 $t_s$（℃）可近似用下式计算：

$$t_s = C \cdot \varphi + D \cdot t \tag{1-16}$$

式中　$\varphi$——空气的相对湿度，%；
$t$——空气的干球温度，℃；
$C$、$D$——计算系数，见表 1-2。

**计算系数 C、D**　　表 1-2

| $\varphi$ (%) | $D$ (℃·℃$^{-1}$) | $C$ (℃) | $\varphi$ (%) | $D$ (℃·℃$^{-1}$) | $C$ (℃) |
|---|---|---|---|---|---|
| 30 | 0.750256 | −5.082366 | 70 | 0.928161 | −2.536432 |
| 40 | 0.811202 | −4.740581 | 80 | 0.955048 | −1.666897 |
| 50 | 0.858568 | −4.131947 | 90 | 0.978813 | −0.824302 |
| 60 | 0.896106 | −3.342766 | 100 | 1.000000 | 0.000000 |

⑥ 湿空气的相对湿度：

$$\varphi = (P_q / P_{q,b}) \times 100\% \tag{1-17}$$

⑦ 湿空气的含湿量：

$$d = 622 \times \varphi P_b / (P - \varphi P_b) \tag{1-18}$$

⑧ 湿空气的比焓：

$$h = 1.01t + 0.001d(2500 + 1.84t) \tag{1-19}$$

⑨ 湿空气的密度：

$$\rho = 0.003484P_g / T - 0.00134P_q / T \tag{1-20}$$

⑩ 100℃以下水面上水蒸气的压力值按下列公式计算：

$$L_{gp} = 28.59051 - 8.21g(t + 273.16) + 0.0024804 \times (t + 273.16) - 3142.31/(t + 273.16) \tag{1-21}$$

冰面上的水蒸气分压力值按下列公式计算：

$$L_{gp} = 10.5380997 - 2663.91/(t + 273.16) \tag{1-22}$$

(3) 湿空气焓湿图的应用

现将湿空气焓湿图的详细用途总结如下，供设计人员参考。

1) 利用焓湿图确定空气的状态点及参数，例如：

① 根据夏季空调室外计算干球温度和湿球温度两个参数确定夏季室外空气状态点及其他参数。理论上，空气湿球温度是在定压绝热条件下，空气与水直接接触达到稳定热湿平衡时的绝热饱和温度，也称为热力学湿球温度，即可以理解为焓不变时，空气加湿到饱和时的温度。因此，可以根据夏季空调室外计算干球温度和湿球温度，在焓湿图上求出夏季室外空气状态点（见图 1-9）。

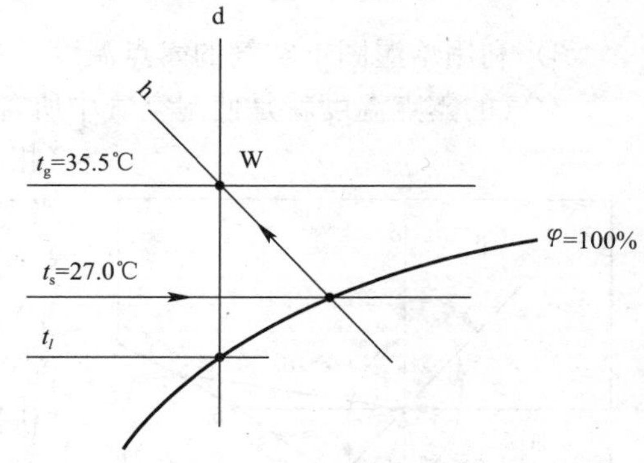

图 1-9　夏季室外空气状态参数

例如，某地的当地大气压为 101325Pa，夏季室外空气干球温度为 35.5℃，湿球温度为 27.0℃，试确定室外空气状态点 W 及其他参数。采用以下三种方法。

选用大气压为 101325Pa 的湿空气焓湿图（见图 1-7），根据干球温度 35.5℃和湿球温度 27.0℃确定室外空气状态点 W，查图得到：焓为 83.1kJ/kg、含湿量为 18.5g/kg、露点温度为 22.9℃、相对湿度为 52.1%。

查焓湿表（见表 1-1）得到：焓为 85.16kJ/kg、含湿量为 19.22g/kg、露点温度为 24.29℃、相对湿度为 52.5%。

查电子版焓湿图（见图 1-8）得到：焓为 84.79kJ/kg、含湿量为 19.07g/kg、露点温度为 24.15℃、相对湿度为 52.1%。

以上三种计算结果的误差都在工程允许的误差范围以内，但查电子版焓湿图和查焓湿表明显比查纸版焓湿图的速度快得多。

② 根据冬季空调室外计算温度和相对湿度两个参数确定冬季室外空气状态点及其他参数。

③ 根据已知的室内空气温度和相对湿度确定室内空气状态点及其他参数。

2）利用焓湿图求两种不同状态的空气混合后的状态点及参数，例如：

① 夏季空调的全空气系统采用混合一定比例新风的回风工况，当室内空气与室外空气（新风）以不同比例混合时，可以在焓湿图上求出混合后的状态点及参数（见图 1-10）。

② 室内空气与经过处理（冷却、加热等）后的空气以不同比例混合时，可以在焓湿图上求出混合后的状态点及参数（见图 1-11）。

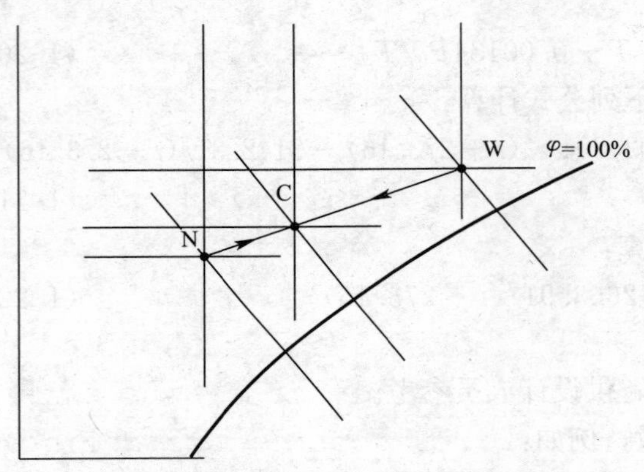


图 1-10　室内室外空气混合

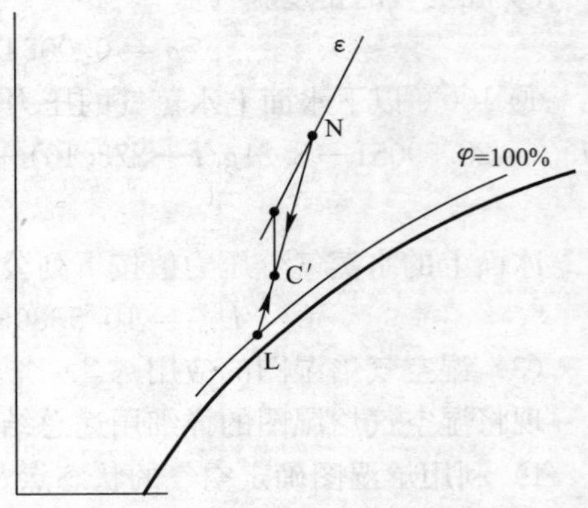


图 1-11　室内空气与处理后空气混合

3）利用焓湿图求空气的露点温度

空气的露点温度就是使湿空气中所含的未饱和水蒸气在含湿量不变的情况下变成饱和（相对湿度为 100%）时的温度，根据空气状态点，沿等含湿量线 $d$ 与饱和曲线（$\varphi=100\%$）交点的温度就是露点温度。在空调工程中，常用设备露点温度表示空气经过淋水室或表面冷却器处理后，所得的接近饱和状态（一般 $\varphi=90\%\sim95\%$）的空气温度，称为“机器露点温度”，使用时应注意这个“机器露点温度”与物理学上的露点温度在概念上是不同的。

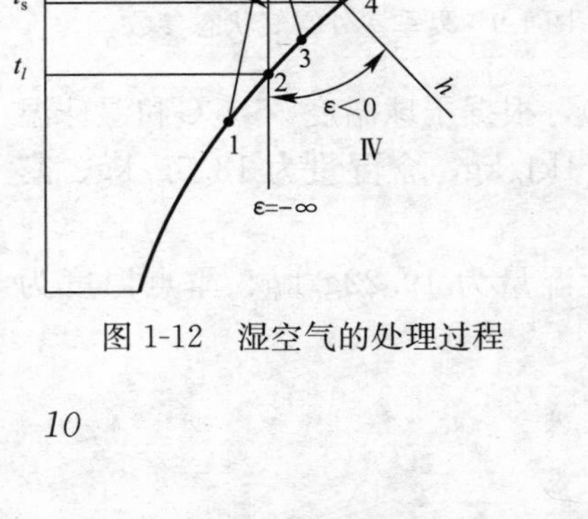

图 1-12　湿空气的处理过程

4）在焓湿图上表示空气的各种处理过程

利用焓湿图上空气状态点的位置，反映热湿交换作用下，空气的处理过程，主要有以下 7 种过程。图 1-12 中的 $t_l$ 是空气的露点温度，$t_s$ 是空气的湿球温度，A 点表示空气的初始状态，1、2、3、4、5、6、7 表示 A 点的空气用不同的处理方法可能达到的状态；A-1 至 A-7 各种处理过程的内容和一般常用的处理方法见表 1-3。

**各种空气处理过程** **表 1-3**

| 过程线 | 所处象限 | 热湿比 ε | 处理过程的内容 | 处理方法 |
|---|---|---|---|---|
| A-1 | Ⅱ | ε>0 | 减焓降湿降温 | 用水温低于 $t_l$ 的水喷淋；用肋管外表面温度低于 $t_l$ 的表面冷却器冷却；用蒸发温度 $t_0$ 低于 $t_l$ 的直接蒸发式表面冷却器冷却 |
| A-2 | d=常数 | ε=−∞ | 减焓等湿降温 | 用水的平均温度低于 $t_l$ 的水喷淋或表面冷却器干式冷却；用蒸发温度 $t_0$ 稍低于 $t_l$ 的直接蒸发式表面冷却器干式冷却 |
| A-3 | Ⅳ | ε<0 | 减焓加湿降温 | 用水喷淋，$t_l<t'$（水温）$<t_s$ |
| A-4 | h=常数 | ε=0 | 等焓加湿降温 | 用水循环喷淋，绝热加湿 |
| A-5 | Ⅰ | ε>0 | 增焓加湿降温 | 用水喷淋，$t_l<t'$（水温）$<t_A$（$t_A$ 为 $A$ 点的空气温度） |
| A-6 | Ⅰ（t=常数） | ε>0 | 增焓加湿等温 | 用水喷淋，$t'=t_A$；喷低压蒸汽等温加湿 |
| A-7 | Ⅰ | ε>0 | 增焓加湿升温 | 用水喷淋 $t'>t_A$；喷过热蒸汽 |

现将几种主要的空气处理过程介绍如下：

① 等湿加热或等湿冷却过程

等湿加热是空调工程中常见的空气处理过程（图 1-13）。民用建筑中的加热器、热泵及其他加热系统中，空气流经加热器简单加热而温度升高。由于没有额外水分加入或析出，其含湿量是不变的。在 $h$-$d$ 图中，空气状态点由 O 沿着等 $d$ 线上升到 A，此时温度上升，含有水蒸气的能力增大，因此空气的相对湿度减小。空气由 O 加热到 A，与图 1-12 的过程 A-2 相反，焓值升高了 $\Delta h_A$，但是含湿量差 $\Delta d=0$，故 $\varepsilon=\dfrac{\Delta h_A}{\Delta d}=+\infty$。加热量 $Q=m\cdot\Delta h_A$。

空调工程中，风机发热和夏季送冷风的管道冷损耗，使空气升温，其过程线等同于空气加热过程，如图 1-13 所示。

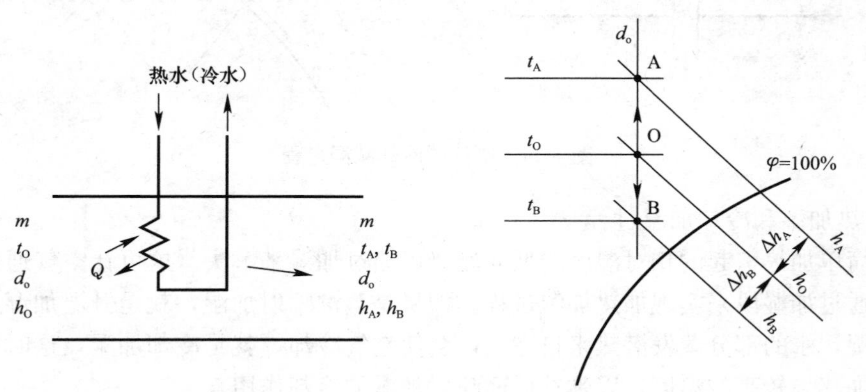


图 1-13　空气的等湿加热、等湿冷却过程

等湿冷却过程与等湿加热过程相反，空气从状态点 O 变到状态点 B，与图 1-12 的过程 A-2 相同，温度下降，含湿量不变，故相对湿度增加，焓值变化为 $\Delta h_B$（焓值下降为负值），同时 $\Delta d=0$，故 $\varepsilon=\dfrac{\Delta h_B}{\Delta d}=-\infty$。冷却量 $Q=m\cdot\Delta h_B$。

空调工程中，等湿冷却过程可以通过空气掠过冷却盘管来实现。但应该注意的是，此时必须是干式冷却，否则就是减湿冷却，没有采用喷水的表面冷却盘管不能实现加湿处理。

② 冷却减湿（减焓减湿）过程

在简单的冷却过程中，相对湿度增加，如果相对湿度增加过多，要达到理想的相对湿度就必须去除多余的水分。空调工程中除采用化学物质（如硅胶）来吸收水分外，大多数场合都是利用将空气冷却到露点而析出水分的方法。用低温工质（水或制冷剂）通过空气冷却器，使其表面上发生结露现象，就出现冷却减湿（减焓减湿）过程，即空气的比焓和含湿量都下降了（图 1-14 的 1-3 过程）。故热湿比 $\varepsilon=\dfrac{h_3-h_1}{d_3-d_1}$。

空气的冷却减湿（减焓减湿）过程是利用制冷系统制备低温水（或制冷剂）供应喷水室或表面冷却器来冷却干燥空气，表现为冷却减湿过程（见图 1-14）。热的湿空气处于状态 1，进入冷却段，经过冷却盘管时，温度下降，相对湿度上升，含湿量不变。如果冷却段足够长，空气会达到露点温度成饱和状态 2。在空气温度降到 $t_2$ 以前的过程还没有冷凝水析出，是等湿过程 1-2，再进一步冷却就使空气中的部分水分凝结。温度降低到 $t_2$ 以下时，空气沿饱和线下滑到 3 点，析出更多的凝结水，温度、湿度继续下降。综合起来，空气的冷却减湿（减焓减湿）过程可以用图 1-14 来描述。空气的冷却减湿（减焓减湿）过程是夏季空气处理的主要过程。

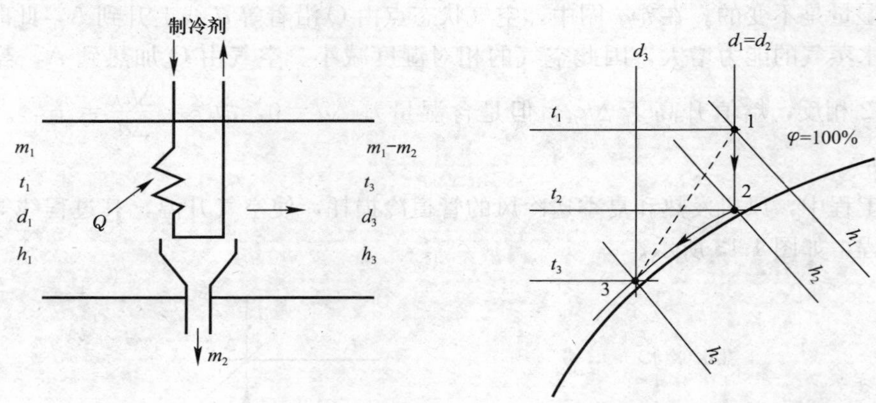


图 1-14　空气的冷却减湿过程

③ 加热加湿和冷却加湿过程

对于简单加热引起的相对湿度降低问题，可通过加湿来解决。这可让空气通过加热段以后，再通过加湿段来实现加热加湿过程。如果是蒸汽喷射加湿，就是升温加湿；如果是水喷射加湿，水的部分蒸发潜热来自空气，会使空气冷却，就是冷却加湿，这时应在加热段把空气加热到较高的温度，以弥补后面喷射加湿的冷却作用。

在喷水室中，当喷水温度高于空气的干球温度时，加湿过程中显热交换量大于潜热交换量，处理后的空气温度高于处理前的空气温度，表现为加热加湿过程，见图 1-15（*a*）。

在喷水室中，当喷水温度低于空气的湿球温度，但又高于空气的露点温度时，空气便失去部分显热，其干球温度下降；同时，由于部分水分蒸发，处理后的空气含湿量大于处理前的空气含湿量，表现为冷却加湿过程；当水温低于空气干球温度，高于空气湿球温度时，也可以获得冷却加湿过程，见图 1-15（$b$）。

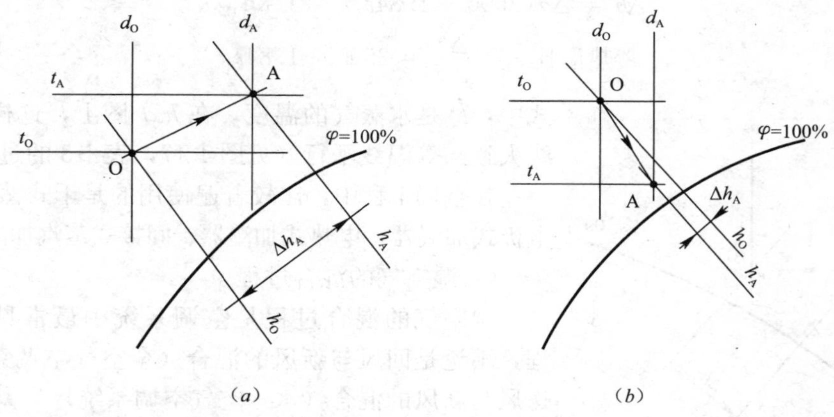


图 1-15　空气的加热加湿、冷却加湿过程

冷却加湿在空调工程中很少采用。

④ 等焓加湿过程

用循环水喷淋空气，使空气加湿。当到达稳定状态时，水的温度等于空气的湿球温度。水吸收空气的热量而蒸发为水蒸气，空气失去显热温度降低，水蒸气进入空气中，增加了空气的含湿量和潜热，加湿过程中虽然有显热和潜热交换，由于显热和潜热交换量相等，因此，空气的比焓基本不变，故称为等焓加湿过程，见图 1-16（表 1-3 的过程 A-4）。这一过程中，从 A 到 B 是等焓过程，$h_A=h_B$，故热湿比 $\varepsilon=\dfrac{\Delta h}{\Delta d}=0$。

空调工程中等焓加湿的设备主要有喷水室（循环水）、高压喷雾加湿器、离心加湿器、超声波加湿器、表面蒸发式加湿器、湿膜气化加湿器、板面蒸发加湿器等。

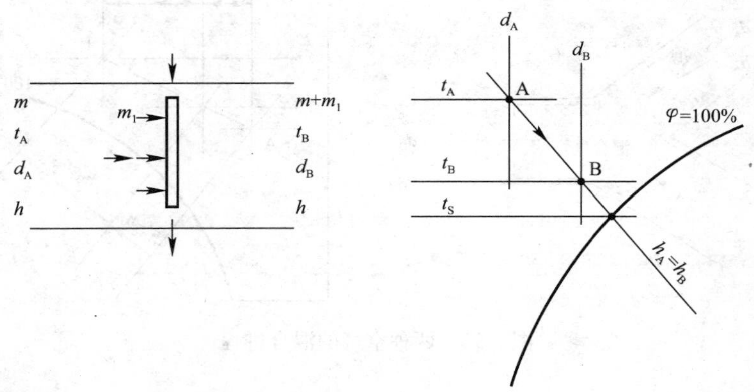


图 1-16　空气的等焓加湿过程

⑤ 等温加湿过程

将低压饱和干蒸汽直接与湿空气混合是最简单的等温加湿方法。将湿空气喷入，控制空气量，不使空气超过饱和状态，那么空气状态的变化就接近等温变化，而含湿量和比焓值将增加，即为等温加湿过程。在此过程中，空气的含湿量增量为 $\Delta d=d_B-d_A$，空气的

比焓值增量为：

$$\Delta h=\Delta d(2500+1.84t_q)\quad \text{kJ/kg}_{干空气} \tag{1-23}$$

$$热湿比\ \varepsilon=\frac{\Delta h}{\Delta d}=2500+1.84t_q \tag{1-24}$$

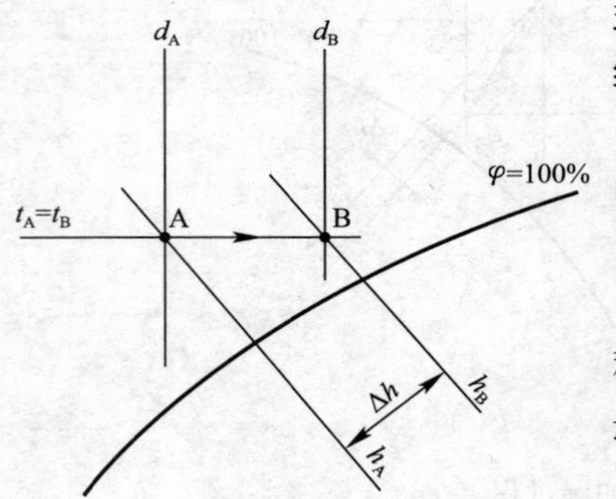

图 1-17 空气的等温加湿过程

式中，$t_q$ 是水蒸气的温度，在 h-d 图上，这样的热湿比线大致与等温线平行（见图 1-17，表 1-3 的过程 A-6）。

在空调工程中，比较普遍使用的是干式蒸汽加湿器、电极式加湿器、电热式加湿器、间接式蒸汽加湿器等。

⑥ 湿空气的混合过程

湿空气的混合过程是空调系统中最常见的一种过程，不论是回风与新风的混合（全空气空调系统）或是送风与新风的混合（水—空气空调系统）。

现将状态 A 和状态 B 的两种空气混合（见图 1-18），它们的流量、比焓和含湿量分别是：$G_A$、$h_A$、$d_A$ 和 $G_B$、$h_B$、$d_B$，混合后空气状态 O 的比焓和含湿量分别是 $h_0$、$d_0$。如果混合过程中与外界没有热湿交换，根据热平衡原理可以得出：

$$\frac{h_B-h_O}{h_O-h_A}=\frac{d_B-d_O}{d_O-d_A} \tag{1-25}$$

上式表示的是一直线方程。在 h-d 图上通过 A 和 B 绘一条直线，混合空气的状态点 O 一定在直线 AB 上，而 O 在 AB 上的具体位置取决于 $G_A/G_B$ 的比值。

如果状态点 A、B 接近饱和曲线，则由于饱和曲线的弯曲和三角形比例关系，就有可能使状态点 O 落在饱和曲线的右下侧，此时，必然发生水蒸气凝结过程。

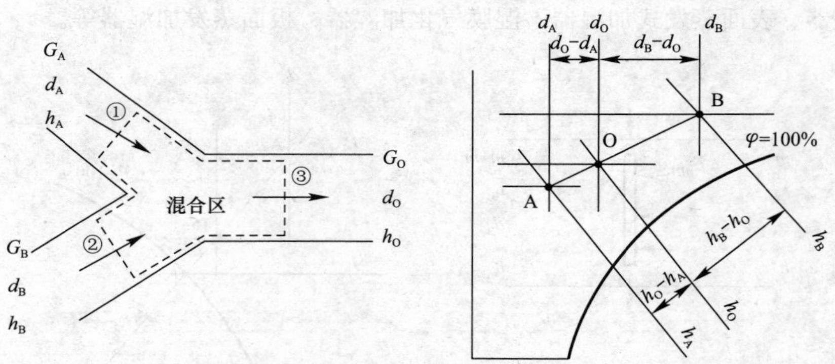

图 1-18 两种空气的混合过程

⑦ 空气的减湿处理

空气的减湿方法中，除加热减湿、冷却减湿是在空气处理室中进行的以外，其他的方法如通风减湿、液体吸湿剂吸收减湿、固体吸湿剂吸附减湿、干式减湿和混合减湿等，都是使用除湿装置或物理方法除湿。

（a）液体吸湿剂吸收减湿

空调工程中常用的液体吸湿剂有氯化钙、氯化锂和三甘醇等。氯化钙溶液对金属有较强的腐蚀作用，氯化锂虽然也有一定的腐蚀作用，但由于其吸湿性较好，在国外使用较多；三甘醇没有腐蚀作用，而且其吸湿性较强，具有很好的发展前途，适用于含湿量要求很低的生产车间。

(b) 固体吸湿剂吸附减湿

空调工程中，常用的固体吸湿剂有硅胶和氯化钙，使用固体吸湿剂处理过程是等焓升温过程。当空气通过固体吸湿材料时，空气中的水蒸气被吸附，同时放出气化潜热又加热了空气，空气减湿前后的焓值不变，而温度上升。适用于除湿量较小的场合。

上述热量传递图和湿空气焓湿图是支撑暖通空调专业的两大理论体系，是暖通专业人员的看家本领，是对热量传递和空气处理过程的经典概括，够我们受用一生的，图虽简单，内涵却是十分丰富的，希望暖通空调专业人员能够做到烂熟于心、应用自如。

## 1.2 室内、室外空气计算参数

室内、室外空气计算参数是进行暖通空调设计的重要基础和依据，正确选用空气计算参数对负荷计算、水力计算、设备选型、方案制定乃至运行管理等都是十分重要的，设计人员应该对计算所用的各种空气计算参数有全面深刻的理解，做到正确选择、正确运用。

### 1.2.1 室内空气设计参数

室内空气设计参数是为满足人们居住、生活与工作要求，根据建筑物的用途，从舒适性和安全卫生两个角度提出的空气参数指标。因此，室内空气设计参数可分为舒适性参数和安全卫生参数两大类。舒适性参数包括室内温度、相对湿度、空气流动速度、辐射程度等；安全卫生参数包括新风量、噪声、污染物浓度等。

供暖和空调区域的舒适性不仅与单一的空气温度有关，还与空气的湿度、空气流动速度、室内辐射程度等有关。室内热舒适性应按照现行国家标准《中等热环境 *PMV* 和 *PPD* 指标的测定及热舒适条件的规定》GB/T 18049 的要求，采用预计平均热感觉指数 *PMV* 和预计不满意者的百分数 *PPD* 来评价，热舒适度等级划分为Ⅰ级和Ⅱ级，见表 1-4。

**不同热舒适度等级对应的 *PMV*、*PPD* 值** **表 1-4**

| 热舒适度等级 | *PMV* | *PPD* |
|---|---|---|
| Ⅰ级 | $-0.5 \leqslant PMV \leqslant 0.5$ | ≤10% |
| Ⅱ级 | $-1 \leqslant PMV < -0.5$，$0.5 < PMV \leqslant 1$ | ≤27% |

我国的工程建设技术标准对各类民用建筑室内空气设计参数作了明确的规定，是各类建筑暖通空调设计必须遵守的准则，现将相关规定汇总如下。

1.《民用建筑供暖通风与空气调节设计规范》GB 50736—2012

(1) 供暖室内设计温度应符合下列规定：

1) 严寒和寒冷地区主要房间应采用 18～24℃；

2) 夏热冬冷地区主要房间宜采用 16～22℃；

3) 设置值班供暖房间不应低于 5℃。

(2) 舒适性空调室内设计参数应符合下列规定：

1）人员长期逗留区域空调室内设计参数应符合下表的规定。

| 类　别 | 热舒适度等级 | 温度（℃） | 相对湿度（%） | 风速（m/s） |
|---|---|---|---|---|
| 供热工况 | Ⅰ级 | 22～24 | ≥30 | ≤0.2 |
| | Ⅱ级 | 18～22 | — | ≤0.2 |
| 供冷工况 | Ⅰ级 | 24～26 | 40～60 | ≤0.25 |
| | Ⅱ级 | 26～28 | ≤70 | ≤0.3 |

注：1. Ⅰ级热舒适度等级较高，Ⅱ级热舒适度等级一般。
　　2. 热舒适度等级划分按表 1-4 的规定。

2）人员短期逗留区域空调供冷工况室内设计参数宜比长期逗留区域提高 1～2℃，供热工况宜降低 1～2℃。短期逗留区域空调供冷工况风速不宜大于 0.5m/s，供热工况风速不宜大于 0.3m/s。

2.《住宅建筑规范》GB 50368—2005

设置集中采暖系统的普通住宅的室内采暖计算温度不应低于下表的规定。

| 空间类别 | 采暖计算温度 |
|---|---|
| 卧室、起居室（厅）和卫生间 | 18℃ |
| 厨房 | 15℃ |
| 设采暖的楼梯间和走廊 | 14℃ |

3.《住宅设计规范》GB 50096—2011

住宅计算夏季冷负荷和选用空调设备时，卧室、起居室室内设计温度宜为 26℃。

设置集中采暖系统的普通住宅的室内采暖计算温度不应低于下表的规定。

| 用　房 | 温度（℃） |
|---|---|
| 卧室、起居室（厅）和卫生间 | 18 |
| 厨房 | 15 |
| 设采暖的楼梯间和走廊 | 14 |

4.《托儿所、幼儿园建筑设计规范》JGJ 39—87

托儿所、幼儿园主要房间室内采暖计算温度及每小时换气次数不应低于下表的规定。

| 房间名称 | 室内计算温度（℃） | 每小时换气次数（$h^{-1}$） |
|---|---|---|
| 音体活动室、活动室、寝室、乳儿室、办公室、喂奶室、医务保健室、隔离室 | 20 | 1.5 |
| 卫生间 | 22 | 3 |
| 浴室、更衣室 | 25 | 1.5 |
| 厨房 | 16 | 3 |
| 洗衣房 | 18 | 5 |
| 走廊 | 16 | |

5.《中小学校设计规范》GB 50099—2011

中小学校内各种房间的采暖设计温度不应低于下表的规定。

| 房间名称 | | 室内设计温度（℃） |
| --- | --- | --- |
| 教学及教学辅助用房 | 普通教室、科学教室、实验室、史地教室、美术教室、书法教室、音乐教室、语言教室、学生活动室、心理咨询室、任课教师办公室 | 18 |
| | 舞蹈教室 | 22 |
| | 体育馆、体质测试室 | 12～15 |
| | 计算机教室、合班教室、德育展览室、仪器室 | 16 |
| | 图书室 | 20 |
| 行政办公用房 | 办公室、会议室、值班室、安防监控室、传达室 | 18 |
| | 网络控制室、总务仓库及维修工作间 | 16 |
| | 卫生室（保健室） | 22 |
| 生活服务用房 | 食堂、卫生间、走道、楼梯间 | 16 |
| | 浴室 | 25 |
| | 学生宿舍 | 18 |

6.《文化馆建筑设计规范》JGJ 41—87

文化馆各种房间的采暖室内计算温度应符合下表的规定。

| 房间名称 | 室内计算温度（℃） |
| --- | --- |
| 观演厅、展览厅、舞厅、阅览室、教室、专业工作室等一般游艺室 | 16～18 |
| 乒乓球类游艺室 | 14～16 |
| 综合排练室 | 18～20 |

7.《图书馆建筑设计规范》JGJ 38—99

（采暖地区）图书馆各种用房冬季采暖室内设计温度应符合下表的规定。

| 房间名称 | 冬季采暖室内计算温度（℃） | 房间名称 | 冬季采暖室内计算温度（℃） |
| --- | --- | --- | --- |
| 少年儿童阅览室 | 18～20 | 装裱修整间 | 16～18 |
| 阅览室 | 18 | 复印室 | |
| 珍善本书、舆图阅览室 | | 读者休息室 | |
| 开架书库 | | | |
| 缩微阅览室 | | 门厅、走廊、楼梯间 | 14～16 |
| 研究室 | | 报告厅（多功能厅） | |
| 电子阅览室 | | 陈列室 | |
| 目录、出纳厅（室） | 16～18 | 书库 | |
| 会议室 | | 厕所 | |
| 视听室 | | 其他 | — |
| 内部业务办公室 | | — | — |

图书馆室内空气调节设计参数应符合下表的规定。

| 房间名称 | 材　质 | 干球温度（℃） | | 相对湿度（%） | | 风速（m/s） | |
|---|---|---|---|---|---|---|---|
| | | 冬 | 夏 | 冬 | 夏 | 冬 | 夏 |
| 舆图、珍善本书库 | | 12～24±2 | | 45～60 | | — | — |
| 母片及永久保存库（长期保存环境） | 银盐醋酸片基 | ≤20 | | 15～40 | | — | — |
| | 银盐醋酸片基 | ≤20 | | 30～40 | | — | — |
| 一般胶片库（中期保存环境） | 银盐醋酸片基 | ≤25 | | 15～60 | | — | — |
| | 银盐醋酸片基 | ≤25 | | 30～60 | | — | — |
| 彩色胶片库（长期保存环境） | 银盐醋酸片基 | ≤2 | | 15～30 | | — | — |
| | 银盐醋酸片基 | ≤2 | | 25～30 | | — | — |
| 彩色胶片库（短期保存环境） | 银盐醋酸片基 | ≤10 | | 15～60 | | — | — |
| | 银盐醋酸片基 | ≤10 | | 25～60 | | — | — |
| 唱片、光盘库 | | ≤10 | | 40～60 | | — | — |
| 磁带库 | 醋酸、聚酯 | ≤10 | | 40～60 | | — | — |
| 少年儿童阅览室 | | 18～20 | 24～28 | 40～60 | 40～65 | <0.2 | <0.3 |
| 普通阅览室 | | 18～20 | 24～28 | 40～60 | 40～65 | <0.2 | <0.3 |
| 装裱修整 | | 18～20 | 24～28 | 40～60 | 40～65 | <0.2 | <0.3 |
| 研究室 | | 18～20 | 24～28 | 40～60 | 40～65 | <0.2 | <0.3 |
| 目录厅、出纳厅 | | 18～20 | 24～28 | 40～60 | 40～65 | <0.2 | <0.3 |
| 视听室 | | 18～20 | 24～28 | 40～60 | 40～65 | <0.2 | <0.3 |
| 报告厅 | | 18～20 | 24～28 | 40～60 | 40～65 | <0.2 | <0.3 |
| 美工室 | | 20～22 | 24～28 | 40～60 | 40～65 | <0.2 | <0.3 |
| 会议室 | | 18～20 | 24～28 | 40～60 | 40～65 | <0.2 | <0.3 |
| 缩微阅览室 | | 18～20 | 24～28 | 40～60 | 40～65 | <0.2 | <0.3 |
| 电子阅览室 | | 18～20 | 24～28 | 40～60 | 40～65 | <0.2 | <0.3 |
| 普通书库 | | 18～20 | 24～28 | 40～60 | 40～65 | <0.2 | <0.3 |
| 公共活动室 | | 18～20 | 24～28 | 40～60 | 40～65 | <0.2 | <0.3 |
| 内部业务办公 | | 18～20 | 24～28 | 40～60 | 40～65 | <0.2 | <0.3 |
| 电子计算机房 | | 18～20 | 24～28 | 40～60 | 40～65 | <0.2 | <0.3 |

8.《档案馆建筑设计规范》JGJ 25—2000

档案库房的温湿度要求应符合下表的规定。

| | 温湿度范围 | 采暖期 | 夏　季 |
|---|---|---|---|
| 温度 | 14～24℃ | 不小于14℃ | 不大于24℃ |
| 相对湿度 | 45%～60% | 不小于45% | 不大于60% |

9.《博物馆建筑设计规范》JGJ 66—91

博物馆内设置空气调节的藏品库房，室内温湿度应满足藏品防护的要求，并符合下表的规定。

| 用房名称 | 温　度 | 相对湿度 |
|---|---|---|
| 裱糊室 | 18～28℃ | 50%～70% |
| 保护技术试验室 | 18～28℃ | 40%～60% |
| 复印室 | 18～28℃ | 50%～65% |
| 声像室 | 20～25℃ | 50%～60% |
| 阅览室 | 18～28℃ | — |
| 磁带库 | 14～24℃ | 40%～60% |
| 展览厅 | 14～28℃ | 45%～60% |
| 工作间（拍照、拷贝、校对、阅读） | 18～28℃ | 40%～60% |
| 拷贝片 | 14～24℃ | 40%～60% |
| 母片 | 13～25℃ | 35%～45% |

若大气环境中的烟雾灰尘和有害气体的日平均浓度超过限值，设置通风或空气调节的藏品库房和陈列室应对新风采取过滤净化措施。浓度限值应符合下表的规定。

| 污染物类别 | 浓度限值（$mg/m^3$） | 污染物类别 | 浓度限值（$mg/m^3$） |
| --- | --- | --- | --- |
| 烟雾灰尘 | 0.15 | 臭氧（$O_3$） | 0.01 |
| 二氧化硫（$SO_2$） | 0.01 | 一氧化氮（NO） | 0.05 |
| 二氧化氮（$NO_2$） | 0.01 | 一氧化碳（CO） | 4.00 |

10.《剧场建筑设计规范》JGJ 57—2000

剧场空气调节室内设计参数应符合下表的规定。

| 参数名称 | 夏　季 | 冬　季 |
| --- | --- | --- |
| 干球温度（℃） | 24～26 | 20～16 |
| 相对湿度（%） | 50～70 | ≥30 |
| 平均风速（m/s） | 0.2～0.5 | 0.2～0.3 |

采暖地区未设空气调节的剧场，冬季室内采暖设计参数应符合下表的规定。

| 房间名称 | 室内计算温度（℃） | 房间名称 | 室内计算温度（℃） |
| --- | --- | --- | --- |
| 前厅 | 12～14 | 舞台 | 20～22 |
| 观众厅 | 14～18 | 化妆室 | 20～22 |

11.《电影院建筑设计规范》JGJ 58—2008

采暖地区冬季室内设计参数应符合下表的规定。

| 房间名称 | 室内设计温度（℃） | 房间名称 | 室内设计温度（℃） |
| --- | --- | --- | --- |
| 门厅 | 14～18 | 放映机房 | 16～20 |
| 休息厅 | 16～20 | 观众厅 | 16～20 |

观众厅空气调节室内设计参数应符合下表的规定。

| 项　目 | 夏　季 | 冬　季 |
| --- | --- | --- |
| 干球温度（℃） | 24～28 | 16～20 |
| 相对湿度（%） | 55～70 | ≥30 |
| 工作区平均风速（m/s） | 0.30～0.50 | 0.20～0.30 |

12.《办公建筑设计规范》JGJ 67—2006

根据办公建筑分类，其室内主要空调指标应符合下列要求。

| 房间名称 | 夏季 | | | 冬季 | | | 最小新风量［$m^3/(h \cdot p)$］ |
| --- | --- | --- | --- | --- | --- | --- | --- |
| | 温度（℃） | 相对湿度（%） | 气流速度（m/s） | 温度（℃） | 相对湿度（%） | 气流速度（m/s） | |
| 一类标准 | 24 | ≤55 | ≤0.2 | 20 | ≥45 | ≤0.2 | 30 |
| 二类标准 | 26 | ≤60 | ≤0.25 | 18 | ≥30 | ≤0.25 | 30 |
| 三类标准 | 27 | ≤65 | ≤0.3 | 18 | — | ≤0.3 | 30 |

13.《综合医院建筑设计规范》JGJ 49—88

综合医院室内采暖计算温度推荐值可参照下表的规定。

| 用房名称 | 计算温度（℃） |
|---|---|
| 诊查室、病人活动室、医生办公室、护士室 | 18～20 |
| 病房、病人厕所、治疗室、放射科诊断室 | 18～22 |
| 儿科病房、待产室 | 20～22 |
| 病人浴室、盥洗室 | 21～25 |
| 手术室、产房 | 22～26 |

14.《疗养院建筑设计规范》JGJ 40—87

疗养院各种用房的室内采暖设计温度应符合下表的规定。

| 序　号 | 房间名称 | 计算温度（℃） | 序　号 | 房间名称 | 计算温度（℃） |
|---|---|---|---|---|---|
| 1 | 疗养室 | 18～20 | 12 | 办公室 | 18 |
| 2 | 治疗、诊断室 | 18～20 | 13 | 走道 | 16～18 |
| 3 | X光透视、摄片室 | 22～25 | 14 | 蒸汽消毒室 | 16 |
| 4 | 体疗室 | 18 | 15 | 洗衣房、洗衣、洗衣室 | 16～18 |
| 5 | 电疗、光疗、水疗、蜡疗室 | 22～25 | 16 | 食堂 | 16 |
| 6 | 泥疗治疗室 | 22 | 17 | 烹饪室 | 5 |
| 7 | 储泥及调泥室 | 8～10 | 18 | 食具厨具洗涤室 | 16 |
| 8 | 按摩、针灸室 | 22～25 | 19 | 配膳室 | 16 |
| 9 | X光操纵室及暗室 | 18 | 20 | 疗养员活动室 | 18 |
| 10 | 西药房调剂室 | 18 | 21 | 浴室、盆浴、池浴、淋浴 | 22～25 |
| 11 | 中药房煎药室 | 16 | | | |

15.《殡仪馆建筑设计规范》GB 50320—2001

殡仪馆室内各类用房的采暖计算温度不应低于下表的规定。

| 房间名称 | 室内计算温度（℃） | 房间名称 | 室内计算温度（℃） |
|---|---|---|---|
| 火化间 | 10 | 取灰室 | 16 |
| 遗体处置用房 | 15 | 冷藏室 | 5 |

16.《旅馆建筑设计规范》JGJ 62—90

一、二、三级旅馆建筑应设空调；四级旅馆建筑在夏季宜设降温空调；五、六级旅馆建筑不宜设空调。室内暖通空调设计参数及噪声标准应符合下表的规定。

| | | 一级 | | 二级 | | 三级 | | 四级 | | 五级 | | 六级 |
|---|---|---|---|---|---|---|---|---|---|---|---|---|
| | | 夏季 | 冬季 | 夏季 | 冬季 | 夏季 | 冬季 | 夏季 | 冬季 | 夏季 | 冬季 | 夏季 |
| 温度（℃） | 客房 | 24～25 | 22 | 25～26 | 22 | 26～27 | 20 | 27～28 | 20 | — | 18 | — |
| | 餐厅、宴会厅 | 24～25 | 22 | 24～25 | 22 | 26～27 | 20 | 26～27 | 20 | — | 18 | — |
| 相对湿度（%） | 客房 | 50～60 | 40～50 | 55～65 | 40～50 | ＜65 | ≥40 | — | | | | |
| | 餐厅、宴会厅 | 50～60 | 40～50 | 55～65 | 40～50 | ＜65 | ≥40 | | | | | |
| 新风量［m³/(h·人)］ | 客房 | 50 | | 40 | | 30 | | — | | | | |
| | 餐厅、宴会厅 | 25 | | 20 | | 20 | | | | | | |

续表

<table>
<tr><th colspan="2" rowspan="2"></th><th colspan="2">一级</th><th colspan="2">二级</th><th colspan="2">三级</th><th colspan="2">四级</th><th colspan="2">五级</th><th>六级</th></tr>
<tr><th>夏季</th><th>冬季</th><th>夏季</th><th>冬季</th><th>夏季</th><th>冬季</th><th>夏季</th><th>冬季</th><th>夏季</th><th>冬季</th><th>夏季</th></tr>
<tr><td rowspan="2">停留区风速（m/s）</td><td>客房</td><td>≤0.25</td><td>≤0.15</td><td>≤0.25</td><td>≤0.15</td><td>≤0.25</td><td>≤0.15</td><td colspan="5" rowspan="2">—</td></tr>
<tr><td>餐厅、宴会厅</td><td>≤0.25</td><td>≤0.15</td><td>≤0.25</td><td>≤0.15</td><td colspan="2">—</td></tr>
<tr><td rowspan="2">空气含尘量（mg/m³）</td><td>客房</td><td colspan="2"><0.20</td><td colspan="4"><0.35</td><td colspan="5" rowspan="2">—</td></tr>
<tr><td>餐厅、宴会厅</td><td colspan="6"><0.35</td></tr>
<tr><td rowspan="2">噪声标准（NR）</td><td>客房</td><td colspan="2">30</td><td colspan="2">35</td><td colspan="2">35</td><td colspan="2">50</td><td colspan="3" rowspan="2">—</td></tr>
<tr><td>餐厅、宴会厅</td><td colspan="2">35</td><td colspan="2">40</td><td colspan="2">40</td><td colspan="2">55</td></tr>
</table>

17.《商店建筑设计规范》JGJ 48—88

商店冬季采暖计算温度宜采用16～18℃；平均风速不应大于0.3m/s。

商店夏季通风室内计算温度应根据夏季通风室外计算温度按下表确定。

| 夏季通风室外计算温度（℃） | ≤22 | 23 | 24 | 25 | 26 | 27 | 28 |
|---|---|---|---|---|---|---|---|
| 夏季通风室内计算温度（℃） | ≤32 | 32 | | | | | |

当商店营业厅设置空气调节时，室内空气计算参数应符合下表的规定。

| 参数名称 | 夏季 | | 冬　季 |
|---|---|---|---|
| | 人工冷源 | 天然冷源 | |
| 干球温度（℃） | 26～28 | 28～30 | 16～18 |
| 相对湿度（%） | 55～65 | 65～80 | 30～50 |
| 平均风速（m/s） | 0.2～0.5 | >0.5 | 0.1～0.3 |
| $CO_2$ 浓度（%） | ≯0.2 | | |
| 最小新风量［m³/(人·h)］ | 8.5 | | |

18.《饮食建筑设计规范》JGJ 64—89

饮食建筑各类房间冬季采暖房间室内设计温度应符合下表的规定。

| 房间名称 | 室内设计温度 | 房间名称 | 室内设计温度 |
|---|---|---|---|
| 餐厅、饮食厅 | 18～20℃ | 干菜库、饮料库 | 8～10℃ |
| 厨房和饮食制作间（冷加工） | 16℃ | 蔬菜库 | 5℃ |
| 厨房和饮食制作间（热加工） | 10℃ | 洗涤间 | 16～20℃ |

一级餐馆的餐厅、一级饮食店的饮食厅和炎热地区的二级餐馆的餐厅宜设置空调，空调设计参数应符合下表的规定。

| 房间名称 | 夏季室内设计温度（℃） | 夏季室内相对湿度（%） | 噪声标准［db（A）］ | 新风量［m³/(h·人)］ | 工作地带风速（m/s） |
|---|---|---|---|---|---|
| 一级餐厅、饮食厅 | 24～26 | <65 | NC40 | 25 | <0.25 |
| 二级餐厅 | 25～28 | <65 | NC50 | 20 | <0.3 |

19.《科学实验建筑设计规范》JGJ 91—98

采暖地区科学实验建筑通用实验室的冬季采暖室内计算温度应为18～20℃；通用实验室的夏季空气调节室内计算参数为16～28℃，相对湿度小于65％。

20.《铁路旅客车站建筑设计规范》GB 50226—95

铁路旅客站房各主要房间采暖计算温度应符合下表的规定。

| 房间名称 | 室内采暖计算温度（℃） |
| --- | --- |
| 进站大厅 | 12～14 |
| 普通候车室、售票厅、小件寄存处 | 14～16 |
| 母婴候车室、贵宾候车室、软席候车室、车站各类办公室、通信、客运自动化设备机械室 | 18 |
| 行包库 | 不采暖 |

冬季空气调节室内计算参数：温度18～20℃，相对湿度不小于40％；

夏季空气调节室内计算参数：温度26～28℃，相对湿度40％～65％。

21.《汽车库建筑设计规范》JGJ 100—98

严寒地区和寒冷地区的汽车库内应设集中采暖系统，其室内计算温度应符合下表的规定。

| 房间名称 | 室内计算温度（℃） |
| --- | --- |
| 停车间 | 5～10 |
| 汽车保修间 | 12～15 |
| 管理办公室、值班室、卫生间 | 18～20 |

22.《汽车加油加气站建筑设计与施工规范》GB 50156—2002

汽车加油加气站内各类房间的采暖室内计算温度应符合下表的规定。

| 房间名称 | 采暖室内计算温度（℃） |
| --- | --- |
| 泵房、压缩机房、调压器间、消防器材间、发电间 | 5 |
| 消防水泵房、卫生间 | 12 |
| 营业室、仪表控制室、办公室、值班休息室 | 16～18 |

23.《汽车客运站建筑设计规范》JGJ 60—99

汽车客运站采暖室内计算温度应符合下表的规定。

| 房间名称 | 室内计算温度（℃） | 房间名称 | 室内计算温度（℃） |
| --- | --- | --- | --- |
| 候车室、售票厅 | 14～16 | 办公室、广播室 | 16～18 |
| 母婴候车室、医务室 | 18～20 | 厕所、门卫、走道 | 13～15 |

24.《港口客运站设计规范》JGJ 86—92

港口客运站采暖室内计算温度应符合下表的规定。

| 序　号 | 房间名称 | 室内计算温度（℃） |
|---|---|---|
| 1 | 候船厅、售票厅、行包托运、提取厅 | 14～16 |
| 2 | 二等舱候船厅、母子候船厅、医务室 | 18～20 |
| 3 | 国际客运用房、通信用房 | 18～20 |
| 4 | 售票房、广播室、问询处 | 16～18 |
| 5 | 值班室、休息室、各办公室、会议室 | 16～18 |
| 6 | 厕所、盥洗室、饮水处、内走道 | 14～16 |

25.《体育建筑设计规范》JGJ 31—2003

比赛大厅空调设计参数宜按下表确定。

| 房间名称 | | 夏季 | | | 冬季 | | | 最小新风量[m³/(h·人)] |
|---|---|---|---|---|---|---|---|---|
| | | 温度（℃） | 相对湿度（%） | 气流速度（m/s） | 温度（℃） | 相对湿度（%） | 气流速度（m/s） | |
| 体育馆 | | 26～28 | 55～65 | ≯0.5<br>≯0.2 | 16～18 | ≮30 | ≯0.5<br>≯0.2 | 15～20 |
| 游泳馆 | 观众区 | 26～29 | 60～70 | ≯0.5 | 22～24 | ≤60 | ≯0.5 | 15～20 |
| | 池区 | 26～29 | 60～70 | ≯0.2 | 26～28 | 60～70 | ≯0.2 | |

辅助房间冬季室内设计温度宜按下表执行。

| 序　号 | 房间名称 | | 室内设计温度（℃） | |
|---|---|---|---|---|
| | | | 冬季 | 夏季 |
| 1 | 运动员休息室 | | 20 | 25～27 |
| 2 | 裁判员休息室 | | 20 | 24～26 |
| 3 | 医务室 | | 20 | 26～28 |
| 4 | 练习房 | | 16 | 23～25 |
| 5 | 检录处 | 一般项目 | 20 | 25～27 |
| | | 体操 | 24 | |
| 6 | 观众休息厅 | | 16 | 26～28 |
| 7 | 一般库房、空调制冷机房 | | 10 | — |

26.《特殊教育学校建筑设计规范》JGJ 76—2003

聋学校采暖设计温度应为16～18℃；盲学校、弱智学校的普通教室采暖设计温度不应低于18℃；盲学校的按摩教室，冬季室内采暖设计温度不宜低于22℃。

27.《人民防空地下室设计规范》GB 50038—2005

防空地下室战时通风时的室内空气温度和相对湿度应符合下表的规定。

| 防空地下室用途 | | | 夏季 | | 冬季 | |
|---|---|---|---|---|---|---|
| | | | 温度（℃） | 相对湿度（%） | 温度（℃） | 相对湿度（%） |
| 医疗救护工程 | 手术室、急救室 | | 22～28 | 50～60 | 20～28 | 30～60 |
| | 病房 | | ≤28 | ≤70 | ≥16 | ≤30 |
| 柴油电站 | 机房 | 人员直接操作 | ≤35 | — | | |
| | | 人员间接操作 | ≤40 | — | | |
| | 控制室 | | ≤30 | ≤75 | | |
| 专业队队员掩蔽部、人员掩蔽工程 | | | 自然温度及相对湿度 | | | |
| 配套工程 | | | 按工艺要求确定 | | | |

平时使用的防空地下室的室内空气温度和相对湿度应符合下表的规定。

| 工程及房间类别 | 夏季 | | 冬季 | |
| --- | --- | --- | --- | --- |
| | 温度（℃） | 相对湿度（%） | 温度（℃） | 相对湿度（%） |
| 旅馆客房、会议室、办公室、多功能厅、图书阅览室、文娱室、病房、商场、影剧院 | ≤28 | ≤75 | ≥16 | ≥30 |
| 舞厅 | ≤26 | ≤70 | ≥18 | ≥30 |
| 餐厅 | ≤28 | ≤80 | ≥16 | ≥30 |

28.《展览馆建筑设计规范》JGJ 218—2010

设置采暖系统的展览馆建筑的各功能用房室内设计采暖温度宜按下表确定。

| 房间名称 | 室内设计采暖温度（℃） | 房间名称 | 室内设计采暖温度（℃） |
| --- | --- | --- | --- |
| 展厅 | 14～18 | 会议室 | 18～20 |
| 门厅 | 12～16 | 餐厅 | 16～18 |
| 办公室 | 18～20 | | |

设置空气调节系统的展览馆建筑的各功能用房室内设计参数宜按下表确定。

| 房间名称 | 夏季 | | | 冬季 | | | 最小新风量 [m³/(h·p)] |
| --- | --- | --- | --- | --- | --- | --- | --- |
| | 温度（℃） | 相对湿度（%） | 气流速度（m/s） | 温度（℃） | 相对湿度（%） | 气流速度（m/s） | |
| 展厅 | 25～27 | ≤65 | ≤0.5 | 16～18 | — | ≤0.3 | 15 |
| 门厅 | 25～27 | ≤65 | ≤0.5 | 16～18 | — | ≤0.3 | 10 |
| 办公室 | 24～26 | ≤65 | ≤0.3 | 18～20 | ≥30 | ≤0.2 | 30 |
| 会议室 | 24～26 | ≤65 | ≤0.3 | 18～20 | ≥30 | ≤0.2 | 30 |
| 餐厅 | 24～26 | ≤65 | ≤0.3 | 16～18 | ≥30 | ≤0.2 | 20 |

我国的工程建设技术标准对各类民用建筑室内空气参数的规定，既是满足人们居住、生活和工作的舒适性及安全卫生要求所必需的，也是与社会生产力发展水平、能源消费水平、社会经济实力相适应的，脱离了后者，不恰当的追求过高的舒适性是不对的。

**【案例 1】**某地怡都会所，建筑面积 2146m²，地上 3 层，室内采用 55/45℃地面辐射供暖系统。设计人员采用室内设计温度为 18℃进行热负荷计算。编者审图时提出，在设计地面辐射供暖时，若室内供暖设计温度为 18℃，则供暖热负荷计算书中的计算温度应为 16℃，该设计人员为了不修改计算书，强调要将设计温度改成 20℃，这种做法是不正确的。众所周知，供暖热负荷与室内供暖计算温度和室外计算温度之差成正比，室内供暖计算温度降低 1℃，可节能 5%～10%，因此室内供暖计算温度越高，耗热量及热损失越大，这样会造成无谓的能量浪费。

**【案例 2】**某公司的多功能食堂，建筑面积为 11182.5m²，地下 1 层，地上 3 层，设计方案为散热器供暖和冬夏两用空调系统，在地下一层的健身、舞蹈及其他运动场所，设计人员采用的冬季、夏季室内计算温度都是 18℃。采用夏季室内计算温度 18℃，既违反了舒适性要求，因为室内外温差太大，人们走出房间时无法适应，容易患感冒；又极大地增加了能源消耗，在常规空调系统中也是不能达到的。这种情况虽然比较罕见，却应该引起设计人员的足够重视。

### 1.2.2 室外空气计算参数

室外空气计算参数是暖通空调工程设计各项计算的基础数据，例如，供暖热负荷计算、空调冷/热负荷计算、通风风量计算、冷却塔及各种设备的选型计算等。我国民用建筑工程建设技术标准中的室外空气计算参数是进行暖通空调和制冷设计的基础性资料，没有这些室外空气计算参数，设计就无法进行。但是，室外空气计算参数的确定是一项既严肃又科学的工作，第一，要收集足够年代的气象参数记录，一般统计年代为近30年；第二，从原始气象参数记录中筛选的数据应具有足够高的覆盖率和保证率，例如，夏季的温度要足够高，冬季的温度要足够低，以保证按各季节的计算负荷和设备选型最大限度地满足生产、生活的需求；第三，由于室外气象参数的极端值出现的频率是极低的，如果完全按极端值确定计算值，将会使计算负荷和设置配置达到最大，就会造成极大的浪费。因此，室外空气计算参数不是取极端值，而是按允许全年有少量不保证率，而保证率又达到足够高的原则，经过科学合理的统计分析而确定的。

1. 室外空气计算参数及定义

由我国气象专家和暖通空调专家共同确定的用于暖通空调工程设计的合理的室外空气计算参数中，有19项为统计参数，在2012年10月1日开始实施的国家标准《民用建筑供暖通风与空气调节设计规范》GB 50736—2012中再次得到确认，应该成为广大设计人员共同遵守的重要基础数据。19项统计参数及其定义如下。

（1）冬季供暖室外计算温度，采用历年平均不保证5天的日平均温度；

（2）冬季通风室外计算温度，采用累年最冷月平均温度；

（3）冬季空调室外计算温度，采用历年平均不保证1天的日平均温度；

（4）冬季空调室外计算相对湿度，采用累年最冷月平均相对湿度；

（5）夏季空调室外计算干球温度，采用历年平均不保证50h的干球温度；

（6）夏季空调室外计算湿球温度，采用历年平均不保证50h的湿球温度；

（7）夏季通风室外计算温度，采用历年最热月14时的月平均温度的平均值；

（8）夏季通风室外计算相对湿度，采用历年最热月14时的月平均相对湿度的平均值；

（9）夏季空调室外计算日平均温度，采用历年平均不保证5天的日平均温度；

（10）冬季室外平均风速，采用累年最冷3个月各月平均风速的平均值；

（11）冬季室外最多风向的平均风速，采用累年最冷3个月的最多风向（静风除外）的各月平均风速的平均值；

（12）夏季室外平均风速，采用累年最热3个月各月平均风速的平均值；

（13）冬季最多风向及其频率，采用累年最冷3个月的最多风向及其平均频率；

（14）夏季最多风向及其频率，采用累年最热3个月的最多风向及其平均频率；

（15）年最多风向及其频率，采用累年最多风向及其平均频率；

（16）冬季室外大气压力，采用累年最冷3个月各月平均大气压力的平均值；

（17）夏季室外大气压力，采用累年最热3个月各月平均大气压力的平均值；

（18）冬季日照百分率，采用累年最冷3个月各月平均日照百分率的平均值；

（19）设计计算用供暖期天数，按累年日平均温度稳定低于或等于供暖室外临界温度的总日数确定。一般民用建筑供暖室外临界温度宜采用5℃。

2003年，我国发布了第二次修订的《采暖通风与空气调节设计规范》GB 50019，规范没有附列室外气象参数表，在“前言”中指出：取消“室外气象参数表”，另行出版《采暖通风与空气调节气象资料集》，但在规范发布以后，由于种种原因，该气象资料集一直没有出版。此后的几年中，全国各地执行的很不统一：有的仍引用《采暖通风与空气调节设计规范》GBJ 19—87 附录的数据；有的引用《空气调节设计手册（第二版）》或《实用供热空调设计手册（第二版）》的数据；有的引用地方标准中的数据，例如河北省引用河北省工程建设标准 DB13（J）63—2011 和 DB13（J）81—2009 中的数据。以石家庄市冬季供暖室外计算温度为例，《采暖通风与空气调节设计规范》GBJ 19—87 和《空气调节设计手册（第二版）》为−8℃，《实用供热空调设计手册（第二版）》为−6℃，DB13（J）63—2011 和 DB13（J）81—2009 为−4.8℃，而《民用建筑供暖通风与空气调节设计规范》GB 50736 附录 A 规定为−6.2℃，这样就造成了设计工作的困难。

最新实施的《民用建筑供暖通风与空气调节设计规范》GB 50736—2012 设专题研究了室外空气计算参数的确定方法，这一研究成果即是规范的“附录 A 室外空气计算参数”。该附录共录入全国 294 个气象台站（城市）的室外空气计算参数，其中除列举上述(1)～(18) 各项参数外，还列举了以下资料：台站（城市）的纬度、经度、海拔高度、参数统计年份、最大冻土深度、极端最高气温、极端最低气温及用于确定供暖设计的资料（如“日平均气温≤+5℃的天数”等)，今后设计人员应一律引用《民用建筑供暖通风与空气调节设计规范》GB 50736—2012 的参数。

注：1. 室外空气计算温度简化方法中引用了 6 个气象参数：(1) 累年最冷月平均温度 $t_{lp}$；(2) 累年最低日平均温度 $t_{p.min}$；(3) 累年最热月平均温度 $t_{rp}$；(4) 累年极端最高温度 $t_{max}$；(5) 与累年最热月平均温度和平均相对湿度相对应的湿球温度 $t_{s.rp}$；(6) 与累年极端最高温度和最热月平均相对湿度相对应的湿球温度 $t_{s.ma}$。这些参数出现在《民用建筑供暖通风与空气调节设计规范》GB 50736—2012 的附录 B 中。

2. 早期的文献还有两项参数：(1) 累年最热月月平均温度；(2) 室外最热月计算月平均相对湿度，《民用建筑供暖通风与空气调节设计规范》GB 50736—2012 没有列出，本书在暖通空调设计室外空气计算参数应用示例中保留。

3. 另有一项计算参数（不是统计参数），即根据夏季空调室外计算日平均温度 $t_{wp}$ 确定的夏季空调室外计算逐时温度 $t_{sh}$，该参数用于空调冷负荷的计算，出现在《民用建筑供暖通风与空气调节设计规范》GB 50736—2012 第 4.1.11 条中。

$$t_{sh} = t_{wp} + \beta \Delta t_r \tag{1-26}$$

式中 $t_{sh}$——夏季空调室外计算逐时温度，℃；

$t_{wp}$——夏季空调室外计算日平均温度，℃；采用简化计算方法时，

$$t_{wp} = 0.80 t_{rp} + 0.20 t_{max} \tag{1-27}$$

$\beta$——室外温度逐时变化系数，见表 1-5；

$\Delta t_r$——夏季室外计算平均日较差，按下式计算：

$$\Delta t_r = (t_{wg} - t_{wp})/0.52 \tag{1-28}$$

$t_{wg}$——夏季空调室外计算干球温度，℃；

$t_{rp}$——累年最热月平均温度，℃；

$t_{max}$——累年极端最高温度，℃。

**室外温度逐时变化系数** **表 1-5**

| 时刻 | 1 | 2 | 3 | 4 | 5 | 6 | 7 | 8 |
|---|---|---|---|---|---|---|---|---|
| $\beta$ | −0.35 | −0.38 | −0.42 | −0.45 | −0.47 | −0.41 | −0.28 | −0.12 |
| 时刻 | 9 | 10 | 11 | 12 | 13 | 14 | 15 | 16 |
| $\beta$ | 0.03 | 0.16 | 0.029 | 0.40 | 0.48 | 0.52 | 0.51 | 0.43 |
| 时刻 | 17 | 18 | 19 | 20 | 21 | 22 | 23 | 24 |
| $\beta$ | 0.39 | 0.28 | 0.14 | 0.00 | −0.10 | −0.17 | −0.23 | −0.26 |

4.《民用建筑供暖通风与空气调节设计规范》GB 50736—2012 附录 A 中列举了规范第 4.1.17 条的“设计计算用供暖期天数”及其平均温度，其中“设计计算用供暖期天数”指累年日平均温度稳定低于或等于供暖室外临界温度 5℃的总日数。与此不同的是，《严寒和寒冷地区居住建筑节能设计标准》JGJ 26—2010 引用“采暖度日数 HDD18”来判定各地区的气候属性，由此推断严寒和寒冷地区主要城市建筑节能设计用计算采暖期天数及其室外平均温度（见《严寒和寒冷地区居住建筑节能设计标准》JGJ 26—2010 附录 A），一般规律是，HDD18 越大，采暖期天数越长。内蒙古图里河 HDD18 为 8023℃・d，青海省玛多为全国之最，HDD18 为 7683（℃・d），采暖期天数为 277 天。经过比对，对于同一个城市，两本规范的数据略有差异。

2. 暖通空调室外空气计算参数应用示例

**【案例 3】**许多设计人员对室外空气计算参数的应用不甚了了，不能按规范的规定加以引用。河北某国际大酒店，建筑面积 30721m²，地下 1 层，地上 20 层。工程设计采用冬夏双制空调系统，设计人员在“设计说明”中称，夏季空调室外计算温度为 35.2℃，夏季空调室外计算相对湿度为 61%，这种书写是错误的。殊不知，第一，35.2℃是指夏季空调室外计算干球温度，以区别于夏季空调室外计算湿球温度，不能泛称温度；第二，61%不能冠以“夏季空调室外计算相对湿度”，因为各种文献（教材、规范、手册等）列举的暖通空调室外空气计算参数中，没有“夏季空调室外计算相对湿度”这一说法，夏季空调室外空气状态点应由夏季空调室外计算干球温度和夏季空调室外计算湿球温度确定，说明设计人员的基本概念很模糊。

为了帮助设计人员了解和掌握暖通空调室外空气计算参数的应用场合，编者将各种文献中出现的暖通空调室外空气计算参数以示例形式列举各种参数的应用，以期对提高本专业的设计质量和设计水平有所裨益。

（1）冬季供暖室外计算温度 $t_{wn}$

1）求供暖围护结构的基本耗热量 $Q$

$$Q = \alpha FK(t_n - t_{wn}) \tag{1-29}$$

2）求围护结构最小传热热阻 $R_{0,min}$

$$R_{0,min} = \frac{Q(t_n - t_w)}{\Delta t_y a_n} \tag{1-30}$$

式中冬季围护结构室外计算温度 $t_w$ 由冬季供暖室外计算温度 $t_{wn}$ 按下式计算：

① I 类围护结构，$t_w = t_{wn}$ (1-31)

② II 类围护结构，$t_w = 0.6t_{wn} + 0.4t_{p,min}$ (1-32)

③ III 类围护结构，$t_w = 0.3t_{wn} + 0.7t_{p,min}$ (1-33)

3）求门窗冷风渗透压差综合修正系数 $m$

$$m = C_r \cdot \Delta C_f \cdot (n^{1/b} + C) \cdot C_h \tag{1-34}$$

式中 $t_{wn}$ 用于求门窗上的有效热压差与有效风压差之比 $C = \dfrac{70(h_z - h)}{\Delta C_f \nu_0^2 h^{0.4}} \cdot \dfrac{t'_n - t_{wn}}{273 + t'_n}$。

4）冬季供暖用部分室外机械送风和部分室内空气循环时，求空气的热平衡

$$\left(\sum Q_0 - \sum Q_s\right) + V_p c\rho_n (t_n - t_{wn}) = V_{js} c\rho_{wn} (t_{js} - t_{wn}) \tag{1-35}$$

5）求冬季热风供暖机械送风系统空气加热器的加热量 $Q$

$$Q = Gc_p(t_z - t_{wn}) \tag{1-36}$$

6）求冬季局部送风系统空气加热器的加热量 $Q$

$$Q = Gc_p(t_r - t_{wn}) \tag{1-37}$$

7）求冬季补偿局部（全面）排风时的送风耗热量 $Q$

$$Q = V_{\mathrm{p}} c\rho_{\mathrm{n}}(t_{\mathrm{n}} - t_{\mathrm{wn}}) \tag{1-38}$$

8）求冬季消除有害气体所需通风的空气加热量 $Q$

$$Q = \frac{M}{y_{\mathrm{n}} - y_j} c\rho_{\mathrm{wn}}(t_{\mathrm{n}} - t_{\mathrm{wn}}) \tag{1-39}$$

9）求冬季消除粉尘所需通风的空气加热量 $Q$

$$Q = \frac{M}{s_{\mathrm{n}} - s_j} c\rho_{\mathrm{wn}}(t_{\mathrm{n}} - t_{\mathrm{wn}}) \tag{1-40}$$

10）求冬季运入车间、厂房的材料吸热量 $Q$

$$Q = Gc(t_{\mathrm{n}} - t_{\mathrm{c}})\beta \tag{1-41}$$

式中材料温度 $t_{\mathrm{c}}$ 由冬季供暖室外计算温度 $t_{\mathrm{wn}}$ 按下式计算：

① 存放在室外的金属制品 $t_{\mathrm{c}} = t_{\mathrm{wn}}$

② 散粒材料 $t_{\mathrm{c}} = t_{\mathrm{wn}} + 20℃$

③ 非散粒材料 $t_{\mathrm{c}} = t_{\mathrm{wn}} + 10℃$

11）求冬季进入供暖机车库中蒸汽机车的吸热量 $Q$

$$Q = 0.5Gc[t_{\mathrm{n}} - (t_{\mathrm{wn}} + 10)]\beta \tag{1-42}$$

12）求冬季进入供暖机车库中内燃机车的吸热量 $Q$

$$Q = [G_1 c(t_{\mathrm{n}} - t_{\mathrm{wn}} - 10) - G_2 c(50 - t_{\mathrm{n}}) - G_3 c_{\mathrm{s}}(50 - t_{\mathrm{n}})]\beta \tag{1-43}$$

（2）冬季通风室外计算温度 $t_{\mathrm{wfd}}$

1）求冬季用于补偿消除余热的全面排风时的耗热量 $Q$

$$Q = \frac{Q_{\mathrm{y}}}{c\rho_j(t_{\mathrm{p}} - t_{\mathrm{s}})} \cdot c\rho_{\mathrm{wd}}(t_{\mathrm{s}} - t_{\mathrm{wfd}}) \tag{1-44}$$

2）求冬季用于补偿消除余湿的全面排风时的耗热量 $Q$

$$Q = \frac{G}{d_{\mathrm{p}} - d_{\mathrm{s}}} \cdot c(t_{\mathrm{s}} - t_{\mathrm{wfd}}) \tag{1-45}$$

（3）夏季通风室外计算温度 $t_{\mathrm{wf}}$

1）求夏季热车间无局部排风时消除余热的自然通风量 $V$

$$V = \frac{Q}{\alpha c_{\mathrm{p}}(t_{\mathrm{p}} - t_{\mathrm{wf}})} \text{ 或 } V = \frac{Q}{\alpha c_{\mathrm{p}}(t_{\mathrm{n}} - t_{\mathrm{wf}})} \tag{1-46}$$

2）已知上部排风口排风温度 $t_{\mathrm{p}}$ 时，求夏季热车间无局部排风时的散热量有效系数 $m$

$$m = \frac{t_{\mathrm{n}} - t_{\mathrm{wf}}}{t_{\mathrm{p}} - t_{\mathrm{wf}}} \tag{1-47}$$

3）已知 $m$ 时，求无局部排风时的热车间上部排风口的排风温度 $t_{\mathrm{p}}$

$$t_{\mathrm{p}} = t_{\mathrm{wf}} - \frac{t_{\mathrm{n}} - t_{\mathrm{wf}}}{m} \tag{1-48}$$

4）当能确定 $m$ 时，求夏季热车间有局部排风时的自然通风量 $V$

$$V = \frac{mQ}{c(t_{\mathrm{n}} - t_{\mathrm{wf}})} \text{ 或 } V = \frac{mQ}{c(t_{\mathrm{n}} - t_{\mathrm{wf}})\beta} + (1 - m)V_{\mathrm{gp}}/\beta \tag{1-49}$$

5）当能确定排风温度 $t_{\mathrm{p}}$ 时，求有局部排风的车间的自然通风量 $V$

$$V = \frac{Q}{e(t_{\mathrm{p}} - t_{\mathrm{wf}})} + V_{\mathrm{gp}} \frac{t_{\mathrm{p}} - t_{\mathrm{n}}}{t_{\mathrm{p}} - t_{\mathrm{wf}}} \tag{1-50}$$

6）若能确定系数 $m$，且计算出的自然通风量 $V$ 大于局部排风量 $V_{gp}$ 时，求上部排风口的排风温度 $t_p$

$$t_p = t_{wf} + \frac{Q - c(t_n - t_{wf})V_{gp}}{e(V - V_{gp})} \tag{1-51}$$

7）求夏季局部送风系统的空气需要冷却处理的热量 $Q$

$$Q = Vc_p\rho_{wf}(h - h_{wf}) \tag{1-52}$$

式中，入口空气焓值 $h_{wf}$ 由夏季通风室外计算温度 $t_{wf}$ 及相对湿度 $\varphi_{wf}$ 确定。

8）求一般地下生产车间和平战结合的人防地下室在非烘洞的工作时间的洞内设计温度 $t_s$

$$t_s = 22 + \frac{1}{2}(t_{wf} - 22) + \frac{1}{3}(t_{sp} - 18) \tag{1-53}$$

9）求冷却物冷藏间（贮存鲜果蔬）夏季通风换气量 $Q_3$

$$Q_3 = \frac{1}{3.6}\left[\frac{(h_w - h_n)n \cdot V \cdot \rho_n}{24} + 30n_t\rho_n(h_w - h_n)\right] \tag{1-54}$$

式中，室外空气焓值 $h_w$ 由夏季通风室外计算温度 $t_{wf}$ 及相对湿度 $\varphi_{wf}$ 确定。

10）求冷库操作开门的热量 $Q_{5b}$

$$Q_{5b} = 0.278\frac{V \cdot n(h_w - h_n)M \cdot \rho_n}{24} \tag{1-55}$$

式中，室外空气焓值 $h_w$ 由夏季通风室外计算温度 $t_{wf}$ 及相对湿度 $\varphi_{wf}$ 确定。

11）求夏季热车间自然通风进风口的面积 $F_j$、排风口面积 $F_p$

$$F_j = \frac{V_j}{3600\sqrt{\dfrac{2gp_{wf}h_j(\rho_{wf} - \rho_{np})}{\xi_j}}} \tag{1-56}$$

$$F_p = \frac{V_p}{3600\sqrt{\dfrac{2gph_p(\rho_p - \rho_{np})}{\xi_p}}} \tag{1-57}$$

式中，室外空气密度 $\rho_{wf}$ 由夏季通风室外计算温度 $t_{wf}$ 确定。

（4）夏季通风室外计算相对湿度 $\varphi_{wf}$

$\varphi_{wf}$ 主要用于通风计算时，由它与 $t_{wf}$ 共同确定室外空气参数。

1）求夏季局部送风系统的空气需要冷却处理的热量 $Q$

$$Q = Vc_p\rho_{wf}(h - h_{wf}) \tag{1-58}$$

式中，入口空气焓值 $h_{wf}$ 由夏季通风室外计算温度 $t_{wf}$ 及夏季通风室外计算相对湿度 $\varphi_{wf}$ 确定。

2）求冷却物冷藏间（贮存鲜果蔬）夏季通风换气量 $Q_3$

$$Q_3 = \frac{1}{3.6}\left[\frac{(h_{wf} - h_n)n \cdot V \cdot \rho_n}{24} + 30n_t\rho_n(h_{wf} - h_n)\right] \tag{1-59}$$

式中，室外空气焓值 $h_{wf}$ 由夏季通风室外计算温度 $t_{wf}$ 及夏季通风室外计算相对湿度 $\varphi_{wf}$ 确定。

3）求冷库操作开门的热量 $Q_{5b}$

$$Q_{5b} = 0.278\frac{V \cdot n(h_{wf} - h_n)M \cdot \rho_n}{24} \tag{1-60}$$

式中，室外空气焓值 $h_{wf}$ 由夏季通风室外计算温度 $t_{wf}$ 及夏季通风室外计算相对湿度 $\varphi_{wf}$ 确定。

(5) 冬季空气调节室外计算温度 $t_{wk}$

1）采用空调设备送热风时，求空气调节系统的冬季热负荷 $Q$

如围护结构基本耗热量 $Q=\alpha Fk(t_n-t_{wk})$ (1-61)

2）采用空调设备送热风时，求冬季新风的热负荷 $Q$ 式中的焓 $h_w$

$$Q = G_w(h_s - h_w) \tag{1-62}$$

式中，室外空气焓值 $h_w$ 由冬季空气调节室外计算温度 $t_{wk}$ 及冬季空气调节室外计算相对湿度 $\varphi_{wk}$ 确定。

(6) 冬季空气调节室外计算相对湿度 $\varphi_{wk}$

采用空调设备送热风时，求冬季新风的热负荷 $Q$

$$Q = G_w(h_s - h_w) \tag{1-63}$$

式中，室外空气焓值 $h_w$ 由冬季空气调节室外计算温度 $t_{wk}$ 及冬季空气调节室外计算相对湿度 $\varphi_{wk}$ 确定。

(7) 夏季空气调节室外计算干球温度 $t_{wg}$

1）求制冷机风冷冷凝器的冷凝温度 $t_k$

$$t_k = t_{wg} + 15 \tag{1-64}$$

2）求制冷机风冷冷凝器的风量 $V$

$$V = \frac{3.6Q_k}{1000\rho c_p(t_2 - t_{wg})} \tag{1-65}$$

3）求表面式空气冷却器的接触系数 $\varepsilon$

$$\varepsilon = 1 - \frac{t_{g2} - t_{s2}}{t_{g1} - t_{s1}} \tag{1-66}$$

新风工况时，取进口空气干球温度 $t_{g1}$ 等于夏季空气调节室外计算干球温度 $t_{wg}$。

4）求表面式空气冷却器的析湿系数 $\xi$

$$\xi = \frac{h_1 - h_2}{c_p(t_{g1} - t_{g2})} \tag{1-67}$$

新风工况时，取进口空气干球温度 $t_{g1}$ 等于夏季空气调节室外计算干球温度 $t_{wg}$。

5）求表面式空气冷却器的冷冻水初温 $t_{s1}$

$$t_{s1} = t_{g1} - \frac{t_{g1} - t_{g2}}{\varepsilon} \tag{1-68}$$

新风工况时，取进口空气干球温度 $t_{g1}$ 等于夏季空气调节室外计算干球温度 $t_{wg}$。

6）求夏季室外计算平均日较差 $\Delta t_r$ 和室外计算逐时温度 $t_{sh}$

$$\Delta t_r = \frac{t_{wg} - t_{wp}}{0.52} \tag{1-69}$$

$$t_{sh} = t_{wp} + \frac{\beta(t_{wg} - t_{wp})}{0.52} \tag{1-70}$$

(8) 夏季空气调节室外计算湿球温度 $t_{ws}$

1）求湿空气的焓 $h_s$

$$\begin{aligned} h_s &= 1.01t_{ws} + d(2500 + 1.84t_{ws}) \\ &= (1.01 + 1.84d)t_{ws} + 2500d \end{aligned} \tag{1-71}$$

或由夏季空气调节室外计算湿球温度 $t_{ws}$ 在对应的大气压下的 $h$-$d$ 图上查出。

2）求制冷机蒸发式冷凝器的冷凝温度 $t_k$

$$t_k = t_{ws} + (8 \sim 15) \tag{1-72}$$

3）求冷却塔的效率 $E$

$$E = \frac{t_{s1} - t_{s2}}{t_{s1} - t_{ws}} \tag{1-73}$$

4）求冷却塔风量 $V$

$$V = \frac{3600Q_k}{h_2 - h_1} \tag{1-74}$$

式中，$h_1$ 是对应于夏季空气调节室外计算湿球温度 $t_{ws}$ 的饱和空气焓值。

5）求表面式空气冷却器的接触系数 $\varepsilon$

$$\varepsilon = 1 - \frac{t_{g2} - t_{s2}}{t_{g1} - t_{s1}} \tag{1-75}$$

新风工况时，取进口空气湿球温度 $t_{s1}$ 等于夏季空气调节室外计算湿球温度 $t_{ws}$。

6）求表面式空气冷却器的析湿系数 $\xi$

$$\xi = \frac{h_1 - h_2}{c_p(t_{g1} - t_{g2})} \tag{1-76}$$

新风工况时，进口空气焓值 $h_1$ 由夏季空气调节室外计算湿球温度 $t_{ws}$ 确定。

7）求室外新风带入的热量 $Q_w$

$$Q_w = G_w(h_w - h_n) \tag{1-77}$$

式中，入口新风焓值 $h_w$ 由夏季空气调节室外计算湿球温度 $t_{ws}$ 确定。

8）求混合状态点 $h_m$

$$h_m = \frac{G_w(h_w - h_n)}{G} + h_n \tag{1-78}$$

式中，室外空气焓值 $h_w$ 由夏季空气调节室外计算湿球温度 $t_{ws}$ 确定。

（9）夏季空气调节室外计算日平均温度 $t_{wp}$

1）室温允许波动范围 $\Delta t \geqslant \pm 1.0$℃的空调区，其非轻型外墙温差传热计算式中的空调室外计算日平均综合温度 $t_{zp}$.

$$CL_{wq} = FK(t_{zp} - t_n) \tag{1-79}$$

式中　$t_{zp} = t_{wp} + \dfrac{\rho J_w}{\alpha_w}$

2）空调区与邻室的夏季温差大于 3℃时，通过隔墙、楼板等内围护结构传入热量形成的冷负荷计算式中的邻室计算平均温度 $t_{ls}$

$$CL_{wn} = KF(t_{ls} - t_n) \tag{1-80}$$

式中　$t_{ls} = t_{wp} + \Delta t_{ls}$

3）求夏季空气调节室外计算逐时温度 $t_{sh}$ 和平均日较差 $\Delta t_\tau$

$$t_{sh} = t_{wp} + \beta\Delta t_\tau = t_{wp} + \frac{\beta(t_{wg} - t_{wp})}{0.52} \tag{1-81}$$

$$\Delta t_\tau = \frac{t_{wg} - t_{wp}}{0.52} \tag{1-82}$$

4）求冷库库房外墙、屋面等围护结构的温差传热量 $Q$

$$Q = KF(t_{wp} - t_n)\alpha \tag{1-83}$$

5）求冷库库房地面保温层（地面下部无通风等加热装置或地面保温层下为通风架空层）的传热量 $Q$

$$Q = KF(t_{wp} - t_n)\alpha \tag{1-84}$$

6）求冷库包装材料和运载工具热量 $Q_{2b}$

$$Q_{2b} = G \cdot B\frac{(t_1 - t_2)C_b}{T} \tag{1-85}$$

式中　$t_1 = \alpha t_{wp}$

7）求冷库热量 $Q_{2b}$ 式中从外地调入冷库已包装货物的运载工具的初始温度 $t_1$

$$t_1 = \alpha t_{wp} \tag{1-86}$$

8）求夏季空气调节玻璃窗温差传热冷负荷 $Q$

$$Q = XK_c F_c(t_w - t_n) \tag{1-87}$$

式中，外侧计算温度 $t_w = t_{wp} + \beta \Delta t_r$

9）求夏季空气调节外墙和屋盖冷负荷 $Q$

$$Q = K_w F_w(t_w - t_n), \tag{1-88}$$

式中，外侧计算温度 $t_w = t_{wp} + \beta \Delta t_{fp} + \Delta t_w$

10）求夏季空气调节从顶棚传入的热量形成冷负荷 $Q$

$$Q = KF(t_{ls} - t_n) \tag{1-89}$$

式中，顶棚内温度 $t_{ls} = t_{wp} + \Delta t_{ls}$

11）求有外墙的工艺性空调房间距外墙 2m 以内的地面的传热冷负荷 $Q_D$

$$Q_D = K_D F_D(t_{wp} - t_n) \tag{1-90}$$

（10）夏季空气调节室外计算逐时温度 $t_{sh}$

1）求夏季空气调节外窗的温差传热冷负荷 $CL$

$$CL = KF(t_{wl} - t_n) \tag{1-91}$$

式中，$t_{wl}$ 按夏季空气调节室外计算逐时温度 $t_{sh}$ 通过计算确定。

2）求夏季空气调节外墙、屋顶温差传热冷负荷 $CL$

$$CL = KF(t_{wl} - t_n) \tag{1-92}$$

式中，$t_{wl}$ 按室外计算逐时综合温度 $t_{zs} = t_{sh} + \frac{\rho J}{\alpha_w}$ 的值通过计算确定。

（11）累年最热月月平均温度 $t_{rp}$

1）求防止结露的最小绝热层厚度

$$\text{平壁：}\delta = \frac{\lambda}{\alpha_w} \cdot \frac{t_{wb} - t_n}{t_w - t_{wb}} \tag{1-93}$$

$$\text{圆筒：}(d + 2\delta)\ln\frac{d + 2\delta}{d} = \frac{2\lambda}{\alpha_w} \cdot \frac{t_{wb} - t_n}{t_w - t_{wb}} \tag{1-94}$$

当绝热管道（平壁）不在空调房间或布置在室外时，取 $t_w$ 等于累年最热月月平均温度 $t_{rp}$。

2）求冷损失 $q$

$$\text{平壁：}q = \frac{t_w - t_n}{\frac{1}{\alpha} + \frac{\delta}{\lambda}} \tag{1-95}$$

圆筒：$q=\dfrac{q\tau(t_w-t_n)}{\dfrac{1}{\alpha\lambda}\ln\dfrac{d_w}{d_n}+\dfrac{1}{\alpha d_n}}$ (1-96)

当绝热管道（平壁）不在空调房间或布置在室外时，取 $t_w$ 等于累年最热月月平均温度 $t_{rp}$。

3）简化统计时，求夏季通风室外计算温度 $t_{wf}$

$$t_{wf}=0.71t_{rp}+0.29t_{max}$$

4）简化统计时，求夏季空气调节室外计算干球温度 $t_{wg}$

$$t_{wg}=0.71t_{rp}+0.29t_{max}$$

5）简化统计时，求夏季空气调节室外计算日平均温度 $t_{wp}$

$$t_{wp}=0.80t_{rp}+0.20t_{max}$$

6）简化统计时，求夏季空气调节室外计算湿球温度 $t_{ws}$

① 北部地区 $t_{ws}=0.72t_{s,rp}+0.28t_{s,max}$

② 中部地区 $t_{ws}=0.75t_{s,rp}+0.25t_{s,max}$

③ 南部地区 $t_{ws}=0.80t_{s,rp}+0.20t_{s,max}$

式中，$t_{s,rp}$是与累年最热月月平均温度 $t_{rp}$和最热月室外计算月平均相对湿度 $\varphi_{rp}$相对应的最热月湿球温度。

（12）室外最热月计算月平均相对湿度 $\varphi_{rp}$

1）求防止结露的最小绝热层厚度

平壁：$\delta=\dfrac{\lambda}{\alpha_w}\cdot\dfrac{t_{wb}-t_{nb}}{t_w-t_{wb}}$ (1-97)

圆筒：$(d+2\delta)\ln\dfrac{d+2\delta}{d}=\dfrac{2\lambda}{\alpha_w}\cdot\dfrac{t_{wb}-t_{nb}}{t_w-t_{wb}}$ (1-98)

当绝热管道（平壁）不在空调房间或布置在室外时，取 $t_{wb}$比绝热层外空气露点温度 $t_L$ 高 1.5℃，即 $t_{wb}=t_L+1.5$，其中 $t_L$ 按 $t_w$ 和最热月室外计算月平均相对湿度 $\varphi_{rp}$从当地大气压下的 $h$-$d$ 图上查出。

2）简化统计时，求夏季空气调节室外计算湿球温度 $t_{ws}$

式中的最热月湿球温度 $t_{s,rp}$是与累年最热月月平均温度 $t_{rp}$和最热月室外计算月平均相对湿度 $\varphi_{rp}$相对应的最热月湿球温度，同（11）6）。

以上各式符号说明：

| | | |
|---|---|---|
| $B$—重量，系数； | $c$—比热容，系数； | $b$—指数； |
| d—含湿量，直径； | $C$—压差比； | $E$—冷却效率； |
| $F$—面积； | $t$—温度； | $G$—重量，重量流量； |
| $V$—体积，体积流量； | $h$—标高，高差，焓值； | $v$—流速； |
| $J$—太阳总辐射照度； | $y$—有害物浓度； | $K$—传热系数； |
| $CL$—冷负荷； | $M$—有害物产生量； | $\alpha$—系数，表面换热系数； |
| $m$—综合修正系数，散热量有效系数； | | $\beta$，$\gamma$—系数； |
| $n$—朝向修正系数； | $\xi$—局部阻力系数，析湿系数； | $\phi$—相对湿度； |
| $P$—粉尘产生量； | $\varepsilon$—接触系数； | $Q$—热（冷）量，热（冷）负荷； |
| $\delta$—保温层厚度； | $q$—绝热热损失； | $\lambda$—导热系数； |

$R$—传热热阻；　　$\rho$—密度，吸收系数；　　$S$—粉尘浓度。

下标说明：

1—流体进口；2—流体出口；b—保温；

c—材料，窗；D—地面；d—冬季；

f—通风，辐射，风压；g—工作（区），干球；hx—循环；

j—机械，进风；k—冷凝；L—露点；

$l$—冷负荷；$l$s—邻室；m—混合；

max—最大；min—最小；n—室内，内部，采暖；

o—围护结构，平均；r—热压，加热，日；s—送（风），设备，水，设计，湿球；

w—室外，外部；y—允许，余热；z—中和，综合；zs—逐时综合。

## 1.3 如何掌握和应用工程建设专业技术规范

工程建设专业技术规范属于“标准”范畴。“标准”是对重复性事物做的统一规定，并以特定形式发布，作为共同遵守的准则和依据。专业技术规范是专业技术工作的法规，是专业理论与专业实践的统一，是应用理论指导实践的准则，是实际经验的高度概括和总结。正确理解、掌握和应用专业技术规范是专业技术人员应尽的职责之一，也是提高自身素质和技术水平、提高设计质量的根本保证，对于确保设计质量具有极端的重要性。因此，每个专业技术人员都应努力学习规范，熟练掌握规范，正确应用规范，指导自己的工作。

下面根据编者的工作实践和体会，简述执行规范时应注意的几个问题，供广大专业技术人员参考。

### 1.3.1 注意标准的编号

标准的编号由“标准的代号”、“标准发布的顺序号”和“标准发布的年号”三部分构成。标准的编号主要供查询用，同时由标准的代号可以知道标准的等级，由发布的年号可以知道标准的发布时间。GB 140—59 中，标准代号 GB 代表国家标准，顺序号为 140，发布年号为 1959 年。但是在“顺序号”的表述上有一个例外应引起注意。我国规定工程建设类国家标准从 GB 50001 号开始排序，与 GB 50000 以前的标准并无连续性的顺序关系，如 GB 50019—2003 中，GB 代表国家标准，顺序号为 50019，表示工程建设类标准的 19 号，发布年号为 2003 年。“标准的代号”即是标准的级别。

### 1.3.2 注意标准的级别

按《中华人民共和国标准化法实施条例》的规定，我国自上而下将标准分为四级：国家标准、行业标准、地方标准和企业标准。国家标准和行业标准分为强制性标准和推荐性标准。在我国，各级标准之间的原则是下级标准服从上级标准，下级标准不得与上级标准相矛盾；但这并不意味着上级标准的水平一定高于下级标准：在国外往往代表先进水平的标准是企业标准，而不是国家标准。因此，我国要求企业标准的水平应高于国家标准（或行业标准），即鼓励企业制订高于国家标准的企业标准。我们在选用标准时，应注意同一内容是否有不同等级的标准，如果有的话，应选用更为严格或水平较高的标准。

### 1.3.3 注意标准的发布年号和现行有效性

标准的发布年号是批准机关下发批文的年号，但是发布日期并不是实施日期，一般是把实施日期推后，两者之间要隔一段时间。如《住宅设计规范》GB 50096—2011 的发布日期是 2011 年 7 月 26 日，而实施日期是 2012 年 8 月 1 日，其间相隔一年时间。因此，一般不是在发布之日起就执行该标准，总要留出一段过渡期。另外，应确认是否为现行有效版本，尤其注意防止选用作废的过期标准，以免给工作造成损失。国家对工程建设标准作局部修改时，采用在标准代号后加注修改年号的办法，即是现行有效版本，例如《高层建筑设计防火规范》GB 50045—95（2005 年版）发布后，就替代了原来的 GB 50045—95 和 GB 50045—95（2001 年版）。

### 1.3.4 注意标准的层次

按工程建设的特征，可将工程建设类标准自上而下分为三个层次，即基础标准、通用标准和专用标准。由于在制订标准时已经注意到了不同层次标准的统一协调性。因此，同一专业的上层标准的内容一般是下层标准共性内容的提升，上层标准制约下层标准。例如：暖通空调工程设计中，《民用建筑供暖通风与空气调节设计规范》GB 50736—2012 为基础标准，《公共建筑节能设计标准》GB 50189—2005 为通用标准，《多联机空调系统工程技术规程》JGJ 174—2010 为专用标准。

### 1.3.5 注意标准的适用范围

按国家标准 GB 1.1 的规定，标准正文的第一章均应指明该标准的适用范围，以引起选用者的注意。因此，在选用时一定要仔细推敲，不能选用不合适用范围的标准。在参加湖北省建设厅、武汉市建委组织的各级设计院设计质量检查活动中和河北省、石家庄市的暖通空调施工图设计审查工作中，笔者发现有选用标准不符合适用范围的现象，例如，有的项目本应执行 GB 50016—2006，但设计者不甚了解，却执行 GB 50045—95（2005 年版）。由于适用范围不对，可能造成降低设计质量，也可能造成经济上大量浪费，类似现象应引起足够重视。

### 1.3.6 注意阅读“条文说明”

我国发行工程建设类标准正文时，已逐步出版相应的“条文说明”。“条文说明”对照标准正文的各条，阐明了该条的编写意图、依据、使用要点及注意事项，有些还提供了实验数据和调查研究的资料，以便更准确的执行标准。可见，“条文说明”是标准的重要组成部分，因此建议每个专业技术人员细心地阅读“条文说明”，不要认为是可有可无之事。

### 1.3.7 应略知其他专业的标准

专业技术人员在选用标准时，除应熟知本专业的标准外，还应略知其他专业的相关标准，以便在确定本专业设计方案、相互提资时有所遵循，防止各专业间互相矛盾，或此专业的要求不符合彼专业的标准，应做到各专业间协调一致。对于有多专业内容的标准规范，各专业人员都应通读全文，以便略知其他相关专业的标准。例如，《人民防空地下室设计规范》GB 50038—2005 中关于室外进风口与排风口及柴油机排烟口位置的规定、关于与扩散室连接的通风管位置的规定，都是列在“第三章建筑”中，并不在“第五章采暖通风与空气调节”中。所以，暖通空调专业人员也要阅读并了解其他章节的内容。

### 1.3.8 应了解设计标准外的其他标准

工程建设是一项系统工程，专业设计只是其中的一部分工作。专业设计人员在选用设计标准时，尚应了解与设计标准有关的其他标准，如施工及验收标准、质量检验评定标准、建筑材料标准、建筑设备及制品标准、工程机械标准、安全卫生防灾标准等。同时，在执行设计标准时，必须兼顾相关的标准彼此呼应，相互吻合，不可出现顾此失彼的现象。因此，设计人员对设计标准外的其他标准亦应重视。在设计标准中有指定引用标准者，应与设计标准同等对待。标准的“用词说明”规定，标准中指明应按其他有关标准执行时，要求“应符合…的规定（或要求）”或“应按…执行”。

### 1.3.9 注意标准中的用词

我国现行工程建设类标准多在正文后附有“用词说明”，遵守“用词说明”的规定是正确执行标准的必要条件。“用词说明”将执行标准的严格程度用词分为：

（1）表示很严格，非这样做不可的：正面词采用“必须”，反面词采用“严禁”；

（2）表示严格，在正常情况下均应这样做的：正面词采用“应”，反面词采用“不应”或“不得”；

（3）表示容许稍有选择，在条件许可时首先应这样做的：正面词采用“宜”，反面词采用“不宜”；表示有选择，在一定条件下可以这样做的，正面词采用“应尽量”和“可”。

在执行标准时，应仔细斟酌标准用词，严格遵循条文的规定。

以上采用“用词说明”的方法是早期编制标准的一般作法，并一直保留至今。但是后来为了强调建筑安全和建筑节能的极端重要性，在“必须”的严格程度上，又增加了强制性条文，并用黑体字标明，表示比“必须”更严格，也是施工图审查的重点。设计人员在设计时一定不要违反强制性条文的规定。

### 1.3.10 注意确切理解与灵活运用

每个专业技术人员在执行标准时都应确切理解条文的内涵，融会贯通，切不可望文生义，要保持标准的严肃性。另外，要求我们在确切理解、认真执行标准的同时，必须做到灵活运用，因为在制订标准时，考虑到综合技术-经济原则，有些条文中的数值给出了一定的取值范围，而不是个固定值。此时专业技术人员应综合各方面的因素，并根据自己的经验选定一个合适的值（上限、下限或中间值）。因此，在执行标准时能否应用自如，也是检验专业技术人员技术功底的一个重要尺度。

# 第 2 章　室内供暖系统

改革开放以来，国民的居住条件开始改善，这种改善不仅反映在住房面积的增加、选择自己理想的居住条件的机会增加，同时反映在居住建筑室内环境的改善。设置供暖设施是改善居住建筑室内环境的重要措施之一。但是对于达到什么标准可以设置供暖设施（集中供暖设施），改革开放以前的几十年间，我国的工程建设类标准规范中从未作过明确具体的规定，各地执行的标准也不一样，“供暖区”、“非供暖区”的说法也是并不严格的界定。《严寒和寒冷地区居住建筑节能设计标准》JGJ 26—2010 提出了设置供暖设施的原则界限：“位于严寒和寒冷地区的居住建筑，应设置采暖设施……”，《住宅设计规范》GB 50096—2011 规定“严寒和寒冷地区的住宅宜设集中采暖系统”。《民用建筑供暖通风与空气调节设计规范》GB 50736—2012 沿袭《采暖通风与空气调节设计规范》GB 50019—2003，作了更明确的规定，编者将这些规定归纳如下表所示。

| 类　别 | 累年日平均温度（℃） | 天数（d） | 设置供暖设施 | 采用集中供暖 |
|---|---|---|---|---|
| 1 | ≤5 | ≥90 | 应设置 | 宜采用 |
| 2 | ≤5 | 60～89 | 宜设置 | * |
| 3 | ≤5 | ≤59 | 宜设置 | * |
|  | ≤8 | ≥75 |  |  |

* 2、3 两类地区的幼儿园、养老院、中小学校、医疗机构等建筑宜采用集中供暖，其他建筑不作规定。

这就为所设计民用建筑是否设置供暖（集中供暖）设施提供了法律依据。

对于我国的夏热冬冷地区，过去一般按“非供暖区”对待，在民用建筑中是否设置供暖设施，虽然《采暖通风与空气调节设计规范》GB 50019—2003 4.1.2 和 4.1.3 作了原则规定，但由于没有气象资料，执行时依据不足。以湖北省武汉市为例，过去当地的居住建筑基本不会设计供暖设施，按《民用建筑供暖通风与空气调节设计规范》GB 50736—2012 附录 A 中的室外空气计算参数，其累年日平均温度≤5℃的天数为 50 天，小于 59 天，但同时累年日平均温度≤8℃的天数为 98 天，大于 75 天，因此属于第 3 类，应划入“宜设置供暖设施”的范围，这是一个很大的变化。

## 2.1　供暖系统分类、设计内容及任务

### 2.1.1　室内供暖系统的分类

为了维持冬季室内正常的空气温度，须将热量从热源输送到用户，由热源、输送管道和用户组成的系统称为供热系统。

室内供暖系统是供热系统的用户部分，其分类方式如下：

(1) 按是否集中，分为局部供暖和集中供暖，集中供暖是当前城市建筑中广泛采用的供暖形式。

（2）按供热介质，分为热水供暖、蒸汽供暖和热风供暖，由于蒸汽供暖只能用于极个别的特殊场所和热风供暖一般只用于工业建筑中，所以目前居住和公共建筑等民用建筑中，几乎都是采用热水供暖系统。

（3）按热水循环方式，分为重力（自然）循环系统和机械循环系统，随着社会城市化进程的加速和城镇集中供热的快速发展，重力（自然）循环供暖系统的应用领域已经越来越少，机械循环供暖系统已成为热水供暖系统的主流。

（4）按供暖系统的末端装置，分为散热器供暖、辐射板供暖和暖风机供暖，散热器供暖、辐射板供暖是民用建筑中大量采用的供暖方式。

本书主要论述机械循环热水供暖系统的设计。

### 2.1.2 室内供暖系统设计的内容及任务

一项完整的室内供暖系统设计应包括以下内容和任务：

（1）供暖热负荷计算，这是整个供暖系统设计的前提和基础；

（2）供暖热媒种类及温度的确定；

（3）供暖系统形式的选择；

（4）供暖末端装置的确定和选择计算；

（5）供暖系统管材的确定；

（6）供暖系统水力计算，确定管道直径、系统阻力、工作压力和系统资用压头；

（7）补水定压方式的确定；

（8）其他附属部件（热计量表、温控阀、水力平衡部件、排水放气阀等）的选择；

（9）水压试验压力和检验方法的确定；

（10）施工技术要求。

## 2.2 供暖热负荷计算

我们知道，供暖热负荷是进行供暖系统设计的唯一的基础性数据，正确地进行供暖热负荷计算，对选择管道直径、供暖设备、进行水力计算、从事节能运行管理都是至关重要的，可以说，没有正确的供暖热负荷数据就根本不能进行供暖系统设计，所以，施工图设计阶段，必须对每个房间进行热负荷计算。是否掌握供暖热负荷计算方法、能否准确地进行供暖热负荷计算，是对暖通空调设计人员能力和水平的检验，希望大家不要忽视这一点。

### 2.2.1 确定民用建筑冬季热负荷的因素

根据国家标准《民用建筑供暖通风与空气调节设计规范》GB 50736—2012 第 5.2.2 条的规定，民用建筑冬季热负荷应根据建筑物下列失热量、得热量确定：

（1）围护结构的耗热量；

（2）加热由外门、窗缝隙渗入室内的冷空气耗热量；

（3）加热由外门开启时经外门进入室内的冷空气耗热量；

（4）通风耗热量；

（5）通过其他途径散失或获得的热量。

以上的内容比《采暖通风与空气调节设计规范》GB 50019—2003 的内容更精炼。

其中（1）～（4）项为建筑物的失热量，需要由供暖（供热）系统补偿；而通风耗热量在单纯居住建筑中几乎没有。如果建筑物中出现得热量，一般应从耗热量中扣除，但要区分不同的情况区别对待：1）目前居住建筑户型面积越来越大，内部不稳定的散热量可作为安全因素，不予扣除；2）大型公共建筑中稳定而大的散热量，在确定系统热负荷时，应予扣除。本书编者提醒广大设计人员，供暖建筑的各项耗热量之和并不是供暖热负荷，各项耗热量之和扣除得热量之后才是供暖热负荷，或称“供暖需热量”更贴切。

## 2.2.2 民用建筑供暖热负荷计算方法

民用建筑供暖热负荷应优先采用经鉴定的热负荷计算软件进行计算，采用计算软件编制的热负荷计算书应注明软件名称、研发单位、鉴定机构、鉴定证书编号和版本等。设计人员应能熟练地应用计算软件进行计算。

一般民用建筑的供暖耗热量由围护结构耗热量 $Q_1$、加热由外门、窗缝隙渗入室内的冷空气耗热量 $Q_2$ 和加热由外门开启时经外门进入室内的冷空气耗热量 $Q_3$ 三部分组成。

1. 围护结构耗热量 $Q_1$ 的计算

围护结构耗热量包括基本耗热量 $Q_j$ 及其附加耗热量：

（1）首先，计算围护结构基本耗热量 $Q_j$

围护结构基本耗热量 $Q_j$ 按稳定传热计算：

$$Q_j = KF(t_n - t_{wn})\alpha \tag{2-1}$$

式中 $K$——围护结构的传热系数，W/(m$^2$·℃)；

$F$——围护结构的传热面积，m$^2$；

$t_n$——供暖室内设计温度，℃；

$t_{wn}$——供暖室外计算温度，℃；

$\alpha$——温差修正系数，见表 2-1。

注：引进温差修正系数 $\alpha$ 是指当无法得到低温侧的温度时，对温差（$t_n - t_{wn}$）进行修正，以便更精确地计算热负荷；当已知或可求出低温侧的温度时，$t_{wn}$ 一项可直接以低温侧的温度值代入，不再乘以温差修正系数 $\alpha$。

**温差修正系数** **表 2-1**

| 围护结构特征 | $\alpha$ 值 |
|---|---|
| 外墙、屋顶、地面以及与室外相通的楼板等 | 1.0 |
| 闷顶及与室外空气相通的不采暖地下室上面的楼板等 | 0.90 |
| 与有外门窗的不采暖楼梯间相邻的隔墙（1～6 层建筑） | 0.60 |
| 与有外门窗的不采暖楼梯间相邻的隔墙（7～30 层建筑） | 0.50 |
| 不采暖地下室上面的楼板： | |
| 外墙上有窗户时 | 0.75 |
| 外墙上无窗户且位于室外地坪以上时 | 0.60 |
| 外墙上无窗户且位于室外地坪以下时 | 0.40 |
| 与有外门窗的不采暖房间相邻的隔墙 | 0.70 |
| 与无外门窗的不采暖房间相邻的隔墙 | 0.40 |
| 伸缩缝墙、沉降缝墙 | 0.30 |
| 防震缝墙 | 0.70 |

在计算基本耗热量 $Q_j$ 的基础上，对基本耗热量 $Q_j$ 进行朝向修正、风力附加和外门附加等三项附加：

$$Q'_j = Q_j(1+\beta_{ch}+\beta_f+\beta_m) \tag{2-2}$$

式中 $Q_j$——围护结构基本耗热量，W；

$\beta_{ch}$——朝向修正率：

- 北、东北、西北 0～10%；
- 东、西－5%；
- 东南、西南－10%～－15%；
- 南－15%～－30%；

$\beta_f$——风力附加率，一般取 5%～10%；

$\beta_m$——外门附加率（下式中 $n$ 为楼层数）：

- 一道门，65%×$n$；
- 两道门（有门斗），80%×$n$；
- 三道门（有两个门斗），60%×$n$；
- 公共建筑的主要出入口 500%。

（2）其次，在以上三项附加的基础上对 $Q'_j$ 进行高度附加

$$Q''_j = Q'_j(1+\beta_g) \tag{2-3}$$

式中 $\beta_g$——高度附加率：

- 散热器供暖，最大 15%；
- 地面辐射供暖，最大 8%。

（3）最后，对 $Q''_j$ 进行间歇供暖附加，得到围护结构耗热量 $Q_1$（W）

$$Q_1 = Q''_j(1+\beta_{jx})$$

$$即\ Q_1 = Q_j(1+\beta_{ch}+\beta_f+\beta_m)(1+\beta_g)(1+\beta_{jx}) \tag{2-4}$$

式中 $\beta_{jx}$——间歇附加率。对于间歇使用的建筑物，按间歇供暖系统设计，间歇附加率可按下列数值选取，附加在围护结构耗热量的总和上：

- 仅白天使用的建筑物，可取 20%；
- 不经常使用的建筑物，可取 30%。

有些文献还介绍了另外两项修正：1）两面外墙修正——当供暖房间有两面以上外墙时，对其外墙、窗、门的基本耗热量附加 5%；2）窗墙面积比超大修正——当公共建筑房间的窗、墙（不含窗）面积比超过 1∶1 时，对窗的基本耗热量附加 10%。设计人员可以根据实际情况进行修正。

2. 多层和高层民用建筑，加热由门窗缝隙渗入室内的冷空气耗热量 $Q_2$

$$Q_2 = 0.28c_p \cdot \rho_{wn} \cdot L(t_n - t_{wn}) \tag{2-5}$$

式中 $Q_2$——加热由门窗缝隙渗入室内的冷空气的耗热量，W；

$c_p$——空气的定压比热容，$c_p$=1.01kJ/(kg·℃)；

$\rho_{wn}$——室外供暖计算温度下的空气密度，kg/m$^3$；

$L$——渗透冷空气量，m$^3$/h；

$t_n$——供暖室内设计温度，℃；

$t_{wn}$——供暖室外计算温度，℃。

考虑风压和热压联合作用的渗透冷空气量 $L$($m^3$/h)

$$L = l_1 \cdot L_0 \cdot m^b \tag{2-6}$$

式中 $l_1$——外门窗缝隙的长度，m；

$L_0$——在单纯风压作用下，不考虑朝向修正和建筑物内部隔断情况时，通过每米门窗缝隙理论渗透冷空气量，$m^3$/(m·h)，按式（2-7）进行计算；

$m$——风压与热压共同作用下，考虑建筑体型、内部隔断和空气流通等因素后，不同朝向、不同高度的门窗冷风渗透压差综合修正系数，按式（2-8）进行计算；

$b$——门窗缝隙渗风指数，一般取 0.67。

每米门窗缝隙理论渗透冷空气量 $L_0$[$m^3$/(m·h)]

$$L_0 = \alpha_1 \left(\frac{\rho_{wn} \cdot v_0^2}{2}\right)^b \tag{2-7}$$

式中 $\alpha_1$——外门窗缝隙渗风系数，$m^3/(m \cdot h \cdot Pa^{0.67})$，见表 2-2；

$\rho_{wn}$——室外供暖计算温度下的空气密度，kg/$m^3$；

$v_0$——冬季室外最多风向的平均风速，m/s；

$b$——门窗缝隙渗风指数，一般取 0.67。

门窗冷空气渗透压差综合修正系数 $m$

$$m = C_r \cdot \Delta C_f \cdot (n^{1/b} + C) \cdot C_h \tag{2-8}$$

式中 $C_r$——热压系数，见表 2-3；

$\Delta C_f$——风压差系数，可取 0.7；

$n$——单纯风压作用下，渗透冷空气量的朝向修正系数，见附录 D；

$C$——作用于门窗上的有效热压差与有效风压差之比；

$C_h$——高度修正系数，

$$C_h = 0.3h^{0.4} \tag{2-9}$$

门窗缝隙两边有效热压差与有效风压差之比 $c$ 的确定：

$$C = \frac{70(h_z - h)}{\Delta C_f v_0^2 h^{0.4}} \cdot \frac{t'_n - t_{wn}}{273 + t'_n} \tag{2-10}$$

式中 $h_z$——单纯热压作用下，建筑物中和面标高，m，可取建筑物总高度的 1/2；

$h$——计算门窗的中心线标高，m；

$\Delta C_f$——风压差系数，可取 0.7；

$v_0$——冬季室外最多风向的平均风速，m/s；

$t'_n$——建筑物内形成热压作用的竖井计算温度，℃；

$t_{wn}$——供暖室外计算温度，℃。

**外门窗缝隙渗风系数 $\alpha_1$** **表 2-2**

| 建筑外窗空气渗透性能分级 | Ⅰ | Ⅱ | Ⅲ | Ⅳ | Ⅴ |
|---|---|---|---|---|---|
| $\alpha_1$ [$m^3/(m \cdot h \cdot Pa^{0.67})$] | 0.1 | 0.3 | 0.5 | 0.8 | 1.2 |

**热压系数 $C_r$** **表 2-3**

| 内部隔断情况 | 开敞空间 | 有内门或房门 | | 有前室门、楼梯间门或走廊两端设门 | |
|---|---|---|---|---|---|
| $C_r$ | 1.0 | 密闭性差 | 密闭性好 | 密闭性差 | 密闭性好 |
| | | 1.0～0.8 | 0.8～0.6 | 0.6～0.4 | 0.4～0.2 |

编者将围护结构耗热量 $Q_1$ 和加热由外门、窗缝隙渗入室内的冷空气耗热量 $Q_2$ 的计算公式汇总成表 2-4（其中的条、式、表均为《民用建筑供暖通风与空气调节设计规范》GB 50736—2012 中的编号），以形成完整的概念，供设计人员参考。当然，现在已有完善的计算软件可供使用，但供暖热负荷计算的基本概念是必须清楚的。

**$Q_1$ 和 $Q_2$ 的计算公式汇总** **表 2-4**

<table>
<tr><td rowspan="5">围护结构的基本耗热量 $Q_j=KF(t_n-t_{wn})\alpha$ 式（5.2.4）</td><td colspan="4">$K$</td><td>围护结构的传热系数，W/(m²·℃)</td><td></td></tr>
<tr><td colspan="4">$F$</td><td>围护结构的传热面积，m²</td><td></td></tr>
<tr><td colspan="4">$t_n$</td><td>供暖室内设计温度,℃</td><td>3.0.1 条</td></tr>
<tr><td colspan="4">$t_{wn}$</td><td>供暖室外计算温度,℃</td><td>4.1.2 条</td></tr>
<tr><td colspan="4">$\alpha$</td><td>围护结构的温差修正系数</td><td>表 5.2.4</td></tr>
<tr><td rowspan="6">考虑附加后的围护结构耗热量 $Q_1=Q_j''(1+\beta_{jx})$</td><td rowspan="5">$Q_j''=Q_j'(1+\beta_g)$</td><td rowspan="4">$Q_j'=Q_j(1+\beta_{ch}+\beta_f+\beta_m)$</td><td colspan="2">$Q_j$</td><td>围护结构的基本耗热量，W</td><td>式（5.2.4）</td></tr>
<tr><td colspan="2">$\beta_{ch}$</td><td>朝向修正率</td><td>5.2.6 条 1</td></tr>
<tr><td colspan="2">$\beta_f$</td><td>风力附加率 5%～10%</td><td>5.2.6 条 2</td></tr>
<tr><td colspan="2">$\beta_m$</td><td>外门附加率</td><td>5.2.6 条 3</td></tr>
<tr><td colspan="3">$\beta_g$</td><td>高度附加率，15%或 8%</td><td>5.2.7 条</td></tr>
<tr><td colspan="4">$\beta_{jx}$</td><td>间歇供暖附加率，20%或 30%</td><td>5.2.8 条</td></tr>
<tr><td rowspan="22">加热由门窗缝隙渗入室内冷空气的耗热量 $Q_2=0.28c_p\rho_{wn}L(t_n-t_{wn})$ 式(F.0.1)</td><td colspan="4">0.28</td><td>单位换算系数</td><td></td></tr>
<tr><td colspan="4">$c_p$</td><td>空气的定压比热容，1.01kJ/(kg·℃)</td><td></td></tr>
<tr><td colspan="4">$\rho_{wn}$</td><td>供暖室外计算温度下的空气密度，kg/m³</td><td></td></tr>
<tr><td rowspan="17">渗透冷空气量(m³/h) $L=L_0\cdot l_1\cdot m^b$ 式(F.0.2-1)</td><td colspan="2" rowspan="4">每米缝隙理论渗透冷风量 $L_0=\alpha_1(\rho_{wn}v_0^2/2)^b$ 式（F.0.2-2)</td><td>$\alpha_1$</td><td>外门窗缝隙渗风系数</td><td>表 F.0.3-1</td></tr>
<tr><td>$\rho_{wn}$</td><td>供暖室外计算温度下的空气密度，kg/m³</td><td></td></tr>
<tr><td>$v_0$</td><td>冬季室外最多风向的平均风速，m/s</td><td></td></tr>
<tr><td>$b$</td><td>门窗缝隙渗风指数，0.67</td><td></td></tr>
<tr><td colspan="3">$l_1$</td><td>外门窗缝隙的长度，m</td><td></td></tr>
<tr><td rowspan="11">热压与风压共同作用下考虑建筑体型、内部隔断和空气流通等因素后，不同朝向、不同高度的门窗冷风渗透压差综合修正系数 $m=C_r\cdot\Delta C_f\cdot(n^{1/b}+C)\cdot C_h$ 式(F.0.2-3)</td><td colspan="2">$C_r$</td><td>热压系数</td><td>表 F.0.3-2</td></tr>
<tr><td colspan="2">$\Delta C_f$</td><td>风压差系数，0.7</td><td></td></tr>
<tr><td colspan="2">$n$</td><td>单纯风压作用下，渗透冷空气量的朝向修正系数</td><td>附录 G</td></tr>
<tr><td colspan="2">$b$</td><td>门窗缝隙渗风指数，0.67</td><td></td></tr>
<tr><td rowspan="6">有效热压差与有效风压差之比 $C=\frac{70\ (h_z-h)}{\Delta C_f v_0^2 h^{0.4}}\cdot\frac{t_n'-t_{wn}}{273+t_n'}$ 式（F.0.2-5)</td><td>$h_z$</td><td>建筑物中和面标高，m</td><td></td></tr>
<tr><td>$h$</td><td>计算门窗的中心线标高，m</td><td></td></tr>
<tr><td>$\Delta C_f$</td><td>风压差系数，0.7</td><td></td></tr>
<tr><td>$v_0$</td><td>冬季室外最多风向的平均风速，m/s</td><td></td></tr>
<tr><td>$t_n'$</td><td>竖井计算温度,℃</td><td></td></tr>
<tr><td>$t_{wn}$</td><td>供暖室外计算温度,℃</td><td>4.1.2 条</td></tr>
<tr><td colspan="2">$C_h$</td><td>高度修正系数 $C_h=0.3h^{0.4}$</td><td>式（F.0.2-4)</td></tr>
<tr><td colspan="3">$b$</td><td>门窗缝隙渗风指数，0.67</td><td></td></tr>
<tr><td colspan="4">$t_n$</td><td>供暖室内设计温度,℃</td><td>3.0.1 条</td></tr>
<tr><td colspan="4">$t_{wn}$</td><td>供暖室外计算温度,℃</td><td>4.1.2 条</td></tr>
</table>

3. 加热由外门开启时经外门进入室内的冷空气耗热量 $Q_3$

这种耗热量在居住建筑中很少出现，但有些公共建筑是不能忽视的，应引起设计人员的注意，设计时可参考有关的设计资料。

长期以来，我国的众多学者对户间传热进行了深入的研究，以期更真实地反映建筑物的热负荷。《民用建筑供暖通风与空气调节设计规范》GB 50736—2012 规定“在确定分户热计量供暖系统的户内供暖设备容量和户内管道时，应考虑户间传热对供暖负荷的附加，但附加量不应超过 50%，且不应统计在供暖系统的总热负荷内”。对长期以来一直悬而未决的户间传热问题作出了明确的规定。由于存在相邻住户的户间传热，开启供暖的住户与无人入住的相邻房间就会有温差传热，已住户的室内温度就达不到设定的温度，因此，必须计算户间传热附加热负荷。附加量不计入供暖系统的总热负荷，并不影响热源和外网的投资，只是影响到室内系统的初投资。

另一个不容忽视的问题是相邻房间的温差传热。《民用建筑供暖通风与空气调节设计规范》GB 50736—2012 沿袭了《采暖通风与空气调节设计规范》GB 50019—2003 的精神，对相邻房间的温差传热的计算原则作了规定：“与相邻房间的温差大于或等于 5℃，或通过隔墙和楼板等的传热大于该房间热负荷的 10%时，应计算通过隔墙或楼板等的传热量”，以保持供暖房间能够达到设计温度。

### 2.2.3 供暖热负荷计算中发现的问题分析

**【案例 4】**河北某居住建筑 18 号楼，总面积 17007.6m²，地下 1 层，地上 21 层，设计人员计算高层建筑门窗冷风渗透耗热量（热负荷）时，不采用热压与风压共同作用进行计算，而是采用换气次数法。在编者提出这样计算概念不对、应进行修改时，设计人员称，《严寒和寒冷地区居住建筑节能设计标准》JGJ 26—2010 第 4.3.10 条规定用换气次数计算。其实，这是概念上的错误：（1）《严寒和寒冷地区居住建筑节能设计标准》JGJ 26—2010 第 4.3.10 条的规定，只是在进行权衡判断，计算建筑物耗热量指标 $q_H$ 中的空气渗透耗热量 $q_{INF}$ 的冷风渗透量 $NV$ 时，采用换气次数法，是指特定的场合；（2）《采暖通风与空气调节设计规范》GB 50019—2003 附录 D 规定，门窗冷风渗透耗热量（热负荷）中的渗透冷空气量 $L$ 应按热压与风压共同作用计算（D.0.2-1），当无相关数据时，多层建筑可以按换气次数法计算；（3）《全国民用建筑工程设计技术措施　暖通空调·动力 2009》第 2.2.13 条规定，当无准确的数据时，多层民用建筑按缝隙法或换气次数法计算冷风渗透量；第 2.2.14 条规定，高层民用建筑应按热压与风压共同作用进行计算，对多层和高层作了区别对待。但是，2012 年 10 月 1 日实施的《民用建筑供暖通风与空气调节设计规范》GB 50736—2012 在正文中没有规定可以按换气次数法计算渗透冷空气量 $L$，而在“条文说明”中明确了“采用缝隙法确定多层和高层民用建筑渗透冷空气量”。因此，即使是多层民用建筑，今后也不可以采用换气次数法计算渗透冷空气量，应一律采用缝隙法计算，这一点请设计人员特别注意。

**【案例 5】**河北某居住建筑 3 号楼，总面积 13986.86m²，高度 51.20m，地下一层，地上 17 层。最早报送的热负荷计算书为一层、二～十六层和十七层三部分，其中二～十六层只有一层的数据，注明按“2 层×15”计算总负荷，而且二～十六层就是采用的换气次数法。当时编者指出，高层建筑应按热压与风压联合作用分层计算热负荷，设计人员便将按换气次数计算的二层所有数据和热负荷一字不差地复制到三～十六层，并不严格进行分层负荷计算，这是一种严重的错误行为，是一个有责任心的工程技术人员应该摒弃的。

**【案例 6】**寒冷地区的标准化菜市场或类似场所（如大开间厂房）中，冬季设供暖设备，抵消围护结构耗热量和冷风渗透耗热量。菜市场或大开间厂房内还设有机械排风，大门也是经常开启的，但是设计人员不对冬季通风进行加热处理，回复审查意见时，称“通风耗热量由供暖设备分担”，由于没有设备选型计算书，也无法判断。编者认为，这类场所应遵循专业基本原理，围护结构耗热量和冷风渗透耗热量由供暖设备分担，通风耗热量宜采用 SRZ、SRL 型空气加热器的通风系统负担，因为（1）～（3）项耗热量计算方法与（4）项计算方法是不同的，寒冷地区的这类场所宜进行冬季通风加热处理才合理。例如，河北某修理厂房施工图，厂房共 3 层，总面积约 10300m$^2$，层高 15m。供暖热负荷为 305kW 左右，通风换气面积约 9300m$^2$，设计人员为 3 层厂房共布置 30 台轴流风机，总换气风量为 116000m$^3$/h，没有进行送风加热处理。审图曾提出冬季送冷风不合适，设计人员称，供暖散热器考虑了通风热负荷。实际上，经计算通风热负荷约为 790kW，比供暖热负荷大得多，是供暖散热器无法承担的。

**【案例 7】**地面辐射供暖热负荷计算未执行《地面辐射供暖技术规程》JGJ 142 第 3.3.2 条的规定，将室内计算温度降低 2℃或按对流供暖热负荷 90%～95%进行计算，这种情况是十分普遍的，建议在“设计说明”或计算书中予以明确，在审图人员提出意见后，设计者应进行修改。河北某房地产项目二期有 5 栋 4～5 层的居住建筑，采用 50/40℃低温热水地板供暖系统，室内计算温度为 18℃。设计者报送的热负荷计算书，没有将室内计算温度降低 2℃或按对流供暖热负荷 90%～95%进行计算，计算温度仍为 18℃。审图后提出让设计者修改，设计者在回复意见中称“按当地热力公司的要求，室内温度不能降低 2℃”，最后竟称：《采暖通风与空气调节设计规范》GB 50019—2003 第 3.1.1 条规定，民用建筑的主要房间宜采用 16～24℃，坚持不作修改。实际上，室内设计温度 18℃是指实际应达到的标准，即经过检测应达到的温度，而降低到 16℃是指计算耗热量时采用的温度，或称为“计算温度”，并不是把室内温度标准降低 2℃。

**【案例 8】**《地面辐射供暖技术规程》JGJ 142 第 3.3.5 条规定不计算一层地面的耗热量，但一些设计人员并不注意，地面辐射供暖热负荷计算中出现一层地面的耗热量，这种情况十分普遍。

**【案例 9】**许多设计人员只按户型（如 A、B、C 等）计算热负荷，而不按组合平面（如 A—B—B 反或 A 反—C—C 反等）进行楼栋热负荷汇总，同时，也不进行单元热负荷汇总。我们知道，单元热负荷是进行管径选择和水力计算重要数据，设计人员在进行热负荷计算时，中间必须计算单元热负荷，才能选择管径和进行水力计算。

**【案例 10】**不按基本理论计算高层居住建筑的门窗冷风渗透耗热量，计算书在中和面以上各层出现门窗冷风渗透耗热量。例如河北某住宅小区有 5 栋居住建筑，地下 2 层，地上 17 层，建筑面积为 8201.5～17304.5m$^2$，室内为 80/60℃散热器供暖系统，计算书中在十七层还出现外窗冷风渗透耗热量，这种情况是错误的。

**【案例 11】**相反的情况是，计算书中反映，高层居住建筑中只有一、二层出现外窗冷风渗透耗热量，其他各层均为零。例如河北某住宅小区 1 号楼，建筑面积 22853.43m$^2$，地下2层，地上25层，采用50/40℃低温热水地板供暖系统。报送的热负荷计算书中只有一、二层出现外窗冷风渗透耗热量，其他各层均为零。出现这种情况是计算软件的问题，还是数据输入的问题，应引起设计人员的高度重视。

**【案例12】**更极端的情况是，在计算书的冷风渗透耗热量一项中，所有的楼层都是0，说明设计人员根本不知道应计算冷风渗透耗热量，这是理论知识的严重缺失。在各类民用建筑中，特别是高层建筑中，冷风渗透耗热量是不容忽视的。有研究表明，一般建筑的冷风渗透耗热量占总耗热量的10%以上，有时高达30%左右，所以，设计人员必须认真进行冷风渗透热负荷计算。

**【案例13】**热负荷计算书的表格里不注明室内外计算温度。编者针对某一围护结构表面的耗热量$Q$，用$\Delta T = t_n - t_{wn} = Q/(K \cdot F)$进行校核时，发现室内设计温度$t_n$与“设计说明”的18℃不符合。例如河北某小区1号楼，建筑面积20767.89m$^2$，地下2层，地上17层，采用50/40℃低温热水地板供暖系统。编者审图时按$t_n - t_{wn} = Q/(K \cdot F)$校核，得到室内计算温度为20℃，这种情况也是应该避免的。

**【案例14】**有的设计人员在对计算温度或传热系数等作修改后，返回的热负荷计算书的总热负荷仍和以前的一样，并没有不同，这样回复明显是错误的。因为利用软件计算时，任何一个输入参数的变化都会改变最后的计算结果，改变输入参数而不改变计算结果的情况也是不能容许的，这种情况在实际工作中相当普遍。

**【案例15】**不进行分层供暖热负荷计算，将上下不同的楼层简化为标准层，只出具一层（冠以“标准层”字样）的计算结果。例如河北某房地产项目二期有5栋15层的居住建筑，热负荷计算书只有一层、二层的结果。编者审图后要求设计者补充其他楼层的计算结果，但设计人员坚持不予补充，在其回复意见中称：其中一层数据表示的是标准层的计算数据，二层的计算数据是顶层的计算数据，标准层的相同计算数据没有必要每层列出来。设计者没有作修改，审图被迫终止。

**【案例16】**计算书中的原始参数（计算温度、传热系数等）与“说明”、“节能表”的数值不一致，这种情况大多数是因为建筑专业人员修改围护结构和传热系数后没有通知暖通专业人员，因此出现彼此矛盾的情况。

**【案例17】**目前市场上使用的供暖热负荷计算软件只列举$Q_1$和$Q_2$的计算过程和单项计算结果，不包括$Q_3$的计算。编者审查的热负荷计算书，大部分没有进行耗热量汇总，更不显示各种得热量，设计人员提供的只是一份计算表格，没有耗热量汇总，更没有扣除室内得热量，不是真正意义上的供暖热负荷计算书，这种情况应该改变。

**【案例18】**有些设计单位的热负荷计算书完全缺乏真实性，设计人员也缺乏认真负责的态度，出现违反常规的情况。例如，河北某住宅小区有5栋高层住宅，地下2层，地上18层，建筑面积8494～18354m$^2$；计算书中没有反映出各单元的负荷，但1号楼有3个单元，审查单元热力入口平面图发现，有山墙的R1入口和没有山墙的R2入口的热负荷都是50.37kW，这是一种不应该出现的错误。

### 2.2.4 供暖热负荷、供暖热负荷指标多大比较合理

许多暖通空调工程师作了很多年施工图设计，过去很少进行建筑物热负荷计算，因此，对建筑物供暖热负荷和热负荷指标应该多大才比较合理，心中不太清楚。本书提供一

些背景材料供大家参考。

(1) 建筑物供暖热负荷及热负荷指标的大小，除了与室内外计算参数有关外，最主要的影响因素是建筑物的热工性能，包括围护结构的传热系数以及建筑物的体形系数、窗墙面积比、外门窗气密性等。因此，为了降低建筑物的供暖热负荷，节约能源，我国的各类建筑节能设计标准首先从改善建筑物围护结构的热工性能开始，对建筑物围护结构的传热系数以及体形系数、窗墙面积比、外门窗气密性等级、外窗遮阳系数、周边地面和地下室外墙的保温材料热阻都提出了限值要求，而且都是以强制性条文规定的。

(2) 采用强制性条文对建筑物的热工性能指标作出规定，就为供暖系统节能提供了基本保证。我国规定，居住建筑从1986年8月1日起的第一步目标是节能30%；从1996年7月1日起的第二步目标是节能50%；从2010年8月1日起的第三步目标是节能65%，即目前所谓的“第三步节能”。

(3) 为了实现既定的目标，并尊重设计师的创造性劳动，规范不限定所有的建筑物热工性能指标必须全部达到限值的要求，而是允许有个别指标超限，但需要用“建筑物耗热量指标”进行权衡判断，只要“建筑物耗热量指标”符合要求，就认为整体上达到了节能目标。

(4) “建筑物耗热量指标”和“采暖热负荷指标”是不同的两个概念。“建筑物耗热量指标”指在计算供暖期室外平均温度条件下，为保持室内设计计算温度，单位建筑面积在单位时间内消耗的需由室内供暖设备供给的热量。它与建筑物所在地的气候区划、建筑物的规模有关；行业标准《严寒和寒冷地区居住建筑节能设计标准》JGJ 26—2010对不同气候区和不同规模的居住建筑物耗热量指标作了规定，这应该是一个刚性规定，所有居住建筑的供暖耗热量指标不应高于规定的限值。

(5) “采暖热负荷指标”是一个不够严谨的术语，被替代的行业标准《民用建筑节能设计标准（采暖居住建筑部分）》JGJ 26—95曾将“采暖热负荷指标”定义为：在采暖室外计算温度条件下，为保持室内计算温度，单位建筑面积在单位时间内消耗的需由锅炉房或其他供热设施供给的热量。为了满足可行性研究和初步设计的需要，许多文献提供了不同建筑物的供暖热负荷指标参考值，供设计人员选用，现在施工图设计已不允许用热负荷指标计算热负荷。但实际工程设计中，大多数设计人员并不知道自己计算的结果是否正确，当然如果严格按照规定进行计算，就应该相信计算的结果。

(6) 文献中提供的不同建筑物的供暖热负荷指标参考值彼此相差很大，有时同一类建筑物的供暖热负荷指标相差1倍甚至超过2倍，因此，只能供可行性研究和初步设计阶段参考。那么，目前的节能建筑设计中，比较合理的供暖热负荷指标应该是多少呢？

1) 20世纪60年代末至70年代，我国工程和学术界有个大致的看法：在一般情况下，北方供暖地区1t蒸汽可以供10000m$^2$（建筑面积）建筑物供暖；按压力0.3MPa的饱和蒸汽计算，扣除回收凝结水的焓以后，折合单位建筑面积的热负荷指标约为60W/m$^2$。当时金属框单层玻璃外窗的传热系数为6.40W/(m$^2$·℃)，单框双层窗为3.49W/(m$^2$·℃)，是目前的2～3倍。

2) 20世纪90年代末，中国建筑科学研究院空调所（现建筑环境与节能研究院）在北京和沈阳对已建住宅的供暖热负荷进行了测定，经过数据整理，得到建筑物的供暖热负荷指标如下。北京多层砖混，46～58W/m$^2$；多层加气砖混，67～74W/m$^2$；高层壁板，46～51W/m$^2$；沈阳：52～58W/m$^2$。要知道，这些指标是没有执行建筑节能设计标准以前的情况，但是编者在施工图审查中发现的问题却十分耐人寻味。

**【案例 19】**某设计单位设计的河北某度假山庄有 70 栋别墅全部为 2 层，建筑面积为 150～650m$^2$。设计单位提供的各建筑热负荷指标如表 2-5 所示。

**度假山庄建筑热负荷指标** **表 2-5**

| 楼　号 | 9 号 | 31/32 号 | 33 号 | 25/26 号 | 27/28 号 | 49 号 | 54 号 |
|---|---|---|---|---|---|---|---|
| 热负荷指标（W/m$^2$） | 85.7 | 92.0 | 139.0 | 105.3 | 105.3 | 97 | 89 |

仅按热负荷指标评价，这样的建筑物供暖热负荷指标比 20 世纪 60 年代末至 70 年代的非节能建筑还高得多，说明设计人员缺乏最基本的专业知识。

**【案例 20】**河北某住宅小区，有居住建筑 5 栋，地下 2 层，地上 26/28 层，建筑面积 22310.1～27229.5m$^2$，体形系数为 0.21～0.23，各项热工指标都符合规范的限值。设计单位提供的“设计说明”和“节能表”中的供暖热负荷指标为 45.5～47.5W/m$^2$。在正常情况下，这 5 栋居住建筑的建筑热工性能情况很不错，可以达到第三步节能目标，供暖热负荷指标不应该有这么大。

**【案例 21】**河北某小区有 8 栋居住建筑，都是地下 2 层，地上有 17 层、22 层和 27 层，建筑面积为 7176.5～18596m$^2$；室内为 60/40℃散热器供暖系统。同一个小区，8 栋楼的形式、结构、建筑热工性能指标都很接近，但设计单位提供的“设计说明”和“节能表”中的供暖热负荷指标最大的为 34.14W/m$^2$，最小的为 16.05W/m$^2$，竟相差一倍以上，这种现象是不合理的。

**【案例 22】**某地交警大队综合楼，建筑面积 8843.8m$^2$，地上 7 层，室内为 60/50℃地面辐射供暖系统，设计热负荷 288.1kW，热负荷指标 42.5W/m$^2$，在“节能表”上填写的建筑物耗热量指标为 13.2W/m$^2$，低于标准规定的限值 14.6W/m$^2$。由于审图时没有见到设计者提交的计算书，同时计算“建筑物耗热量指标”是十分复杂的，在热负荷指标为 42.5W/m$^2$ 时，建筑物耗热量指标为 13.2W/m$^2$ 的可信度不高。

在此提醒设计人员，施工图设计时，首先应该严格认真进行供暖热负荷计算，在此基础上，如何认定热负荷和热负荷指标的准确性，结合以上背景和案例分析，大致提出以下几项原则供设计人员参考。

（1）节能建筑的热负荷指标绝不应超过非节能建筑的热负荷指标，【案例 19】的情况是不正常的、是违反基本原则的。

（2）“采暖热负荷指标”和“建筑物耗热量指标”虽然不是同一个概念，两者之间也没有互相换算的关系，但对于同一类居住建筑，两者基本上应该是趋于同步变化，【案例 22】中的计算结果不尽合理。

（3）根据建筑物的规模（总层数、总面积）、体形系数、热工性能等进行判断，一般的规律是：规模越大、体形系数越小、热工性能越好，采暖热负荷指标就较小，反之就较大。近期有文献建议的热负荷指标为 32W/m$^2$，编者认为只能作为参考而已，这种参考值至少可以避免出现【案例 19】和【案例 22】的情况，归根到底，还是应该以计算为准。

### 2.2.5 建筑物耗热量指标

行业标准《严寒和寒冷地区居住建筑节能设计标准》JGJ 26—2010 对建筑物围护结构提出了明确的热工性能要求，如果这些要求全部得到满足，则认为所设计的建筑物达到了节能设计要求。但是如果建筑物围护结构部分热工性能超过了限值要求，通过采取措施也可以使总体热损失得到控制，故引入权衡判断法。权衡判断法的重要判据就是建筑物耗热量指标 $q_H$，其计算过程如下。

(1) 所设计建筑的建筑物耗热量指标，$W/m^2$

$$q_{\mathrm{H}} = q_{\mathrm{HT}} + q_{\mathrm{INF}} - q_{\mathrm{IH}} \tag{2-11}$$

(2) 折合到单位建筑面积上单位时间通过建筑围护结构的传热量，$W/m^2$

$$q_{\mathrm{HT}} = q_{\mathrm{Hq}} + q_{\mathrm{HW}} + q_{\mathrm{Hd}} + q_{\mathrm{Hmc}} + q_{\mathrm{Hy}} \tag{2-12}$$

(3) 折合到单位建筑面积上单位时间通过墙的传热量，$W/m^2$

$$q_{\mathrm{Hq}} = \frac{\sum q_{\mathrm{Hq}i}}{A_{\mathrm{o}}} = \frac{\sum \varepsilon_{\mathrm{q}i} K_{\mathrm{mq}i} F_{\mathrm{q}i}(t_{\mathrm{n}} - t_{\mathrm{e}})}{A_{\mathrm{o}}} \tag{2-13}$$

(4) 折合到单位建筑面积上单位时间通过屋面的传热量，$W/m^2$

$$q_{\mathrm{HW=}} = \frac{\sum q_{\mathrm{HW}i}}{A_{\mathrm{o}}} = \frac{\sum \varepsilon_{\mathrm{w}i} K_{\mathrm{w}i} F_{\mathrm{w}i}(t_{\mathrm{n}} - t_{e})}{A_{\mathrm{o}}} \tag{2-14}$$

(5) 折合到单位建筑面积上单位时间通过地面的传热量，$W/m^2$

$$q_{\mathrm{Hd}} = \frac{\sum q_{\mathrm{Hd}i}}{A_{\mathrm{o}}} = \frac{\sum K_{\mathrm{d}i} F_{\mathrm{d}i}(t_{\mathrm{n}} - t_{\mathrm{e}})}{A_{\mathrm{o}}} \tag{2-15}$$

(6) 折合到单位建筑面积上单位时间通过外窗（门）的传热量，$W/m^2$

$$q_{\mathrm{Hmc}} = \frac{\sum q_{\mathrm{Hmc}i}}{A_{\mathrm{o}}} = \frac{\sum [K_{\mathrm{mc}i} F_{\mathrm{mc}i}(t_{\mathrm{n}} - t_{\mathrm{e}}) - I_{\mathrm{ty}i} \cdot C_{\mathrm{mc}i} \cdot F_{\mathrm{mc}i}]}{A_{\mathrm{o}}} \tag{2-16}$$

(7) 折合到单位建筑面积上单位时间通过非采暖封闭阳台的传热量，$W/m^2$

$$q_{\mathrm{Hy}} = \frac{\sum q_{\mathrm{Hy}i}}{A_{\mathrm{o}}} = \frac{\sum [K_{\mathrm{qmc}i} F_{\mathrm{qmc}i} \zeta_i (t_{\mathrm{n}} - t_{\mathrm{e}}) - I_{\mathrm{tv}i} C'_{\mathrm{mc}i} F_{\mathrm{mc}i}]}{A_{\mathrm{o}}} \tag{2-17}$$

(8) 折合到单位建筑面积上单位时间空气渗透耗热量，$W/m^2$

$$q_{\mathrm{INF}} = \frac{(t_{\mathrm{n}} - t_{\mathrm{e}}) C_{\mathrm{p}} \rho N V}{A_{\mathrm{o}}} \tag{2-18}$$

(9) 折合到单位建筑面积上单位时间内建筑物内部得热量，$W/m^2$

$$q_{\mathrm{IH}} = 3.8 \tag{2-19}$$

由于建筑物耗热量指标 $q_{\mathrm{H}}$ 的计算比较繁杂，编者将所有计算过程及参数制成计算表 2-6，表中的公式、表、附录的编号均引自行业标准《严寒和寒冷地区居住建筑节能设计标准》JGJ 26—2010，有设计工程师按此表进行编程并建立数据库，计算起来也十分方便。目前设计单位报送的“节能审查备案登记表”中的建筑物耗热量指标 $q_{\mathrm{H}}$ 缺乏真实性，如【案例 22】，主要是因为计算过程繁杂。

**建筑物耗热量指标 $q_H$ 计算表** **表 2-6**

<table>
<tr><td rowspan="35">建筑物耗热量指标<br>$q_H=q_{HT}+q_{INF}-q_{IH}$<br>（4.3.3）</td><td rowspan="35">围护结构的传热量<br>$q_{HT}=q_{Hq}+q_{HW}+q_{Hd}+q_{Hmc}+q_{Hy}$<br>（4.3.4）</td><td rowspan="6">墙的传热量<br>$q_{Hq}=\sum q_{Hqi}/A_o=\sum \varepsilon q_i K_{mqi} F_{qi}(t_n-t_e)/A_o$（4.3.5）</td><td colspan="5">$\varepsilon_q$—外墙传热系数的修正系数</td><td>表 E.0.2</td></tr>
<tr><td colspan="5">$K_{mq}$—外墙的平均传热系数</td><td>附录 B</td></tr>
<tr><td colspan="5">$F_q$—外墙的面积</td><td>附录 F</td></tr>
<tr><td colspan="5">$t_n$—室内计算温度，18℃或 12℃</td><td></td></tr>
<tr><td colspan="5">$t_e$—采暖期室外平均温度</td><td>表 A.0.1-1</td></tr>
<tr><td colspan="5">$A_o$—建筑面积</td><td>附表 F</td></tr>
<tr><td rowspan="6">屋面的传热量<br>$q_{HW}=\sum q_{HWi}/A_o=\sum \varepsilon_{wi} K_{wi} F_{wi}(t_n-t_e)/A_o$<br>（4.3.6）</td><td colspan="5">$\varepsilon_w$—屋面传热系数的修正系数</td><td>表 E.0.2</td></tr>
<tr><td colspan="5">$K_w$—屋面的传热系数</td><td></td></tr>
<tr><td colspan="5">$F_w$—屋面的面积</td><td>附录 F</td></tr>
<tr><td colspan="5">$t_n$—室内计算温度，18℃或 12℃</td><td></td></tr>
<tr><td colspan="5">$t_e$—采暖期室外平均温度</td><td>表 A.0.1-1</td></tr>
<tr><td colspan="5">$A_o$—建筑面积</td><td>附表 F</td></tr>
<tr><td rowspan="5">地面的传热量<br>$q_{Hd}=\sum q_{Hdi}/A_o=\sum K_{di} F_{di}(t_n-t_e)/A_o$<br>（4.3.7）</td><td colspan="5">$K_d$—地面的传热系数</td><td>附录 C</td></tr>
<tr><td colspan="5">$F_d$—地面的面积</td><td>附录 F</td></tr>
<tr><td colspan="5">$t_n$—室内计算温度，18℃或 12℃</td><td></td></tr>
<tr><td colspan="5">$t_e$—采暖期室外平均温度</td><td>表 A.0.1-1</td></tr>
<tr><td colspan="5">$A_o$—建筑面积</td><td>附表 F</td></tr>
<tr><td rowspan="16">外窗（门）的传热量<br>$q_{Hmc}=\sum q_{Hmci}/A_o=\sum[K_{mci}F_{mci}(t_n-t_e)-I_{tyi}\cdot C_{mci}\cdot F_{mci}]/A_o$（4.3.8-1）</td><td colspan="5">$K_{mc}$—窗（门）的传热系数</td><td></td></tr>
<tr><td colspan="5">$F_{mc}$—窗（门）的面积</td><td></td></tr>
<tr><td colspan="5">$t_n$—室内计算温度，18℃或 12℃</td><td></td></tr>
<tr><td colspan="5">$t_e$—采暖期室外平均温度</td><td>表 A.0.1-1</td></tr>
<tr><td colspan="5">$I_{ty}$—窗（门）外表面采暖期平均太阳辐射热</td><td>表 A.0.1-1</td></tr>
<tr><td rowspan="11">窗（门）的太阳辐射修正系数<br>$C_{mc}=0.87\times0.70\times SC$（4.3.8-2）</td><td colspan="5">0.87—3mm 普通玻璃的太阳辐射透过率</td></tr>
<tr><td colspan="5">0.70—折减系数</td></tr>
<tr><td rowspan="9">窗的综合遮阳系数<br>$SC=SC_c SD$<br>（4.2.3）</td><td rowspan="6">外遮阳系数<br>$SD=aX^2+bX+1$<br>（D.0.1-1）<br>或 $SD=1-(1-SD^*)(1-n^*)$<br>（D.0.3）</td><td rowspan="2">外遮阳特性值 $X=A/B$<br>（D.0.1-2）</td><td colspan="2">$A$</td></tr>
<tr><td colspan="2">$B$</td></tr>
<tr><td>$a$</td><td rowspan="2" colspan="2">拟合系数表（D.0.1）</td></tr>
<tr><td>$b$</td></tr>
<tr><td colspan="3">$SD^*$ 采用非透明材料制作时的外遮阳系数（D.0.1-2）</td></tr>
<tr><td colspan="3">$n^*$—遮阳板的透射比 表 D.0.3</td></tr>
<tr><td rowspan="3">窗本身的遮阳系数 $SC_c=SC_B\times(1-F_k/F_c)$</td><td colspan="3">$SC_B$—玻璃的遮阳系数</td></tr>
<tr><td colspan="3">$F_k$—窗框的面积</td></tr>
<tr><td colspan="3">$F_c$—窗的面积</td></tr>
<tr><td colspan="6">$F_{mci}$—窗（门）的面积</td><td></td></tr>
<tr><td colspan="6">$A_o$—建筑面积</td><td>附录 F</td></tr>
</table>

续表

<table>
<tr><td rowspan="20">建筑物耗热量指标 $q_H=q_{HT}+q_{INF}-q_{IH}$ (4.3.3)</td><td rowspan="12">围护结构的耗热量 $q_{HT}=q_{Hq}+q_{HW}+q_{Hd}+q_{Hmc}+q_{Hy}$ (4.3.4)</td><td rowspan="12">非采暖封闭阳台的传热量 $q_{Hy}=\sum q_{Hyi}/A_o=\sum\left[Kq_{mci}Fq_{mci}\zeta i(t_n-t_e)-Ityi\cdot C'_{mci}\cdot F_{mci}\right]/A_o$ (4.3.9-1)</td><td colspan="2">$K_{qmc}$—分隔封闭阳台和室内的墙的平均传热系数，窗（门）的传热系数</td></tr>
<tr><td colspan="2">$F_{qmc}$—分隔封闭阳台和室内的窗（门）的面积</td></tr>
<tr><td colspan="2">$\zeta$—阳台的温差修正系数 表 E.0.4</td></tr>
<tr><td colspan="2">$t_n$—室内计算温度，18℃或12℃</td></tr>
<tr><td colspan="2">$t_e$—采暖期室外平均温度 表 A.0.1-1</td></tr>
<tr><td colspan="2">$I_{ty}$—封闭阳台外表面采暖期平均太阳辐射热 表 A.0.1-1</td></tr>
<tr><td rowspan="4">分隔封闭阳台和室内的窗（门）的太阳辐射修正系数 $C'_{mci}$= $(0.87\times SC_W)$ $(0.87\times0.70\times SC_N)$ (4.3.9-2)</td><td>0.87</td></tr>
<tr><td>0.70</td></tr>
<tr><td>$SC_W$—外侧窗的综合遮阳系数（4.2.3）</td></tr>
<tr><td>$SC_N$—内侧窗的综合遮阳系数（4.2.3）</td></tr>
<tr><td colspan="2">$F_{mc}$—分隔封闭阳台和室内的墙窗（门）的面积</td></tr>
<tr><td colspan="2">$A_o$—建筑面积 附录 F</td></tr>
<tr><td rowspan="7">空气渗透耗热量 $q_{INF}=(t_n-t_e)\cdot C_p\cdot\rho NV/A_o$ (4.3.10)</td><td colspan="3">$t_n$—室内计算温度，18℃或12℃</td></tr>
<tr><td colspan="3">$t_e$—采暖期室外平均温度 表 A.0.1-1</td></tr>
<tr><td colspan="3">$C_p$—空气的比热容，0.28Wh/(kg·k)</td></tr>
<tr><td colspan="3">$\rho$—空气的密度，取采暖期室外平均温度 $t_e$ 下的值</td></tr>
<tr><td colspan="3">$N$—换气次数，取 $0.5h^{-1}$</td></tr>
<tr><td colspan="3">$V$—换气体积 附录 F</td></tr>
<tr><td colspan="3">$A_o$—建筑面积 附录 F</td></tr>
<tr><td colspan="4">$q_{IH}$—内部得热量，3.8</td></tr>
</table>

## 2.3 供暖系统的热水温度

### 2.3.1 供暖系统热水温度的确定

热水供暖系统的热水温度应根据建筑物性质、供暖方式、室内卫生标准、管材种类等因素确定。国家标准《采暖通风与空气调节设计规范》GB 50019—2003 正文对地板辐射供暖系统、吊顶辐射板系统的供水温度作了规定，但对散热器供暖系统的供水温度未作规定。现将目前国内其他规范、措施中关于热水供暖系统供水温度的规定汇总于表 2-7。

**热水供暖系统供水温度的规定汇总** **表 2-7**

<table>
<tr><td rowspan="2"></td><td colspan="2">居住建筑</td><td colspan="2">公共建筑</td></tr>
<tr><td>文献〔1〕</td><td>文献〔2〕</td><td>文献〔3〕</td><td>文献〔2〕</td></tr>
<tr><td>金属管</td><td>≤95℃</td><td>≤85℃</td><td>无</td><td>≤95℃</td></tr>
<tr><td>热塑性塑料管</td><td>≤85℃</td><td rowspan="3">≤85℃</td><td rowspan="3">无</td><td rowspan="3">≤85℃</td></tr>
<tr><td>铝塑复合管-非热熔连接</td><td>≤90℃</td></tr>
<tr><td>铝塑复合管-热熔连接</td><td>按热塑性塑料管</td></tr>
<tr><td>地面辐射供暖</td><td>≤60℃</td><td>≤60℃</td><td>无</td><td>≤60℃</td></tr>
</table>

注：文献〔1〕为《严寒和寒冷地区居住建筑节能设计标准》JGJ 26—2010。
文献〔2〕为《全国民用建筑工程设计技术措施 暖通空调·动力（2009）》。
文献〔3〕为《公共建筑节能设计标准》GB 50189—2005。

需要说明的是，上表引用的规范、措施只是针对管材种类和供暖形式（散热器供暖或地板辐射供暖）所作的规定，对于不同的使用性质、室内卫生标准等，尚应遵守表 2-8 的规定。

**不同建筑物采暖热媒及温度** **表 2-8**

| 建筑物性质 | 适宜采用 | 允许采用 |
| --- | --- | --- |
| 住宅、医院、幼儿园、托儿所等 | 不超过 95℃的热水 | |
| 办公室、学校、展览馆等 | 不超过 95℃的热水 | 不超过 110℃的热水 |
| 车站、食堂、商业建筑等 | 不超过 110℃的热水 | 蒸汽* |
| 一般娱乐部、影剧院等 | 不超过 110℃的热水 | 不超过 130℃的热水 |

*采用蒸汽时，必须经技术论证合理，经济上也合理时才允许。

关于热塑性塑料管/铝塑复合管的使用温度，有这样一个变化过程：早期的国际标准 ISO/10508：1995 将热塑性塑料管使用条件等级分为 1、2、3、4、5 级，3 级的正常使用温度为 30℃、40℃，4 级的正常使用温度为 40℃、60℃、20℃，两者都适用于地板辐射供暖。现在已不采用 3 级，只保留 1、2、4、5 级，4 级适用于地板辐射供暖，5 级的正常使用温度为 60℃、80℃，20℃，适用于高温水供暖。本来 5 级的正常使用温度是 80℃，曾经出现想提高供水温度到 85℃的愿望，北京市建筑设计院的研究人员提出设立 5A 级，将正常温度提高到 85℃，河北省也沿袭了这一作法，见河北省建设厅《河北省房屋建筑和市政工程设施工程施工图设计文件审查要点（2007）》。但《全国民用建筑工程设计技术措施暖通空调 · 动力 2003》是按标准的要求，确定不超过 80℃，现在采用的《全国民用建筑工程设计技术措施暖通空调 · 动力 2009》又确定为不超过 85℃，这种情况请大家注意。

热水供暖系统的供水温度对室内的舒适度、能源消耗、设备管材使用寿命及运行费用等有重要的影响，长期以来国内外学者对此进行了大量研究和实践。以前的散热器供暖系统，基本上是按水温 95/70℃进行设计的，散热器的标准散热量也是按水温 95/70℃、室温 18℃、温差 64.5℃测定和给出数据的。实际运行情况表明，合理降低建筑物内供暖系统的水温，有利于提高散热器供暖的舒适度、降低能耗和节省运行费用。经过国内学者多年的研究，认为对于采用散热器的集中供暖系统综合考虑供暖系统的初投资和年运行费用，当二次网设计水温为 75/50℃时，方案最优，其次是 85/60℃时。根据国内外研究和实践的结果，国家标准《民用建筑供暖通风与空气调节设计规范》GB 50736—2012 作了如下规定：

（1）散热器集中供暖系统宜按 75/50℃连续供暖进行设计，且供水温度不宜大于 85℃，供回水温差不宜小于 20℃。

（2）热水地面辐射供暖系统供水温度宜采用 35～45℃，不应大于 60℃；供回水温差不宜大于 10℃，且不宜小于 5℃。

（3）毛细管网辐射系统供水温度宜满足：顶棚布置采用 25～35℃，墙面布置采用 25～35℃，地面布置采用 30～40℃；供回水温差宜采用 3～6℃。

（4）热水吊顶辐射板的供水温度宜采用 40～95℃。

这些规定应该成为今后热水集中供暖系统设计的基本准则。

### 2.3.2 审图发现的问题分析

**【案例 23】** 施工图审查发现的最普遍的问题是，设计人员在从事成片小区多栋居住建筑设计时，不注意各单体建筑设计的供水温度是否一致，经常出现同一小区内供水温度不同的情况，特别是多栋居住建筑由不同的设计单位设计时，更容易出现这种情况。河北某住宅小区，有 4 栋 3 层商业建筑，采用地面辐射热水供暖系统，水温为 60/50℃；另有 8 栋 11 层至 27 层的居住建筑，设计采用散热器供暖系统，水温为 65/50℃。同一个设计单位，同一小区内，没有设置热交换设备，却采用两种不同的水温，这种情况应该避免。

**【案例 24】** 河北某住宅小区的 8 栋 11 层至 27 层的居住建筑，设计采用散热器供暖系统，水温为 65/50℃。但是居住楼栋内有部分商业用房，采用的是地面辐射热水供暖系统，设计人员不做分析，仍然采用水温 65/50℃。这里特别提醒设计人员，采用热塑性塑料管或铝塑复合管时，应注意其使用温度，该工程出现供水温度高于使用温度的情况，这是非常危险的，设计时应该杜绝这种情况的出现。

## 2.4 供暖系统的形式

供暖系统有哪些形式是一个老生常谈的问题，大量文献都作了详尽的介绍。但是这些介绍并没有引起广大设计人员足够的重视，一些设计人员并不了解各种形式的特点及使用场合，编者审查的施工图中出现的问题，有些是触目惊心的。

### 2.4.1 供暖系统的基本形式

室内热水供暖系统的形式很多，设计时采用什么形式，取决于建筑物的使用性质和规模。编者根据自己的理解，将目前应用较多的机械循环热水供暖系统作如下分类。

(1) 按散热器或辐射供暖的分集水器在供水和回水管之间是串联还是并联，分为单管系统和双管系统。

(2) 按系统的管道和各层散热器或辐射供暖的分集水器之间的关系，分为串联系统和并联系统。

(3) 按连接散热器或辐射供暖的分集水器的干管所处的位置不同，分为垂直立管系统和水平干管系统。

由于实际工程的复杂多样性，供暖系统也不可能采用单一的串联系统、并联系统、垂直系统或水平系统，必然是多种不同形式的组合，例如：垂直双管并联系统、水平双管并联系统、垂直单管串联系统、水平单管串联系统等。

以下按双管并联系统和单管串联系统进行分析。

### 2.4.2 双管并联系统

凡有供、回水双管的系统必然是并联系统，散热器或辐射供暖的分集水器并联在供水和回水管之间，按供水干管的位置不同，可分为上供、中分和下供三种形式。

1. 上供下回垂直双管系统（见图 2-1）

供水干管布置在系统顶层，回水干管布置在一层地面上或返上至一层的顶面下，这种系统中，供回水立管和散热器支管都有阀门，可以分组调节和控制，便于检修，未推行供热计量之前，广泛用于各类工业及民用建筑。该系统不采用温控措施时，由于自然压头的作用，容易引起竖向水力失调，出现上热下冷现象；为了减少水力失调的程度，只能用于四层及以下的建筑中。由于该系统可以实现室温控制和流量调节，因此《民用建筑供暖通风与空气调节设计规范》GB 50736—2012 推荐在居住和公共建筑中采用。

**【案例 25】** 某设计院设计的河北某生化公司的公寓楼，建筑面积 3510.7m²，地上 6 层，供暖热负荷约 168kW，供回水温度为 95℃/70℃，供暖系统为上供下回垂直双管散热器系统，而且没有设置温控阀。该设计严重违反了不超过四层和必须设置温控阀的规定，属于基本原理错误，这种情况是不能允许的。

2. 上供上回垂直双管系统（见图 2-2）

对于某些建筑物，因设置地沟有困难，又不容许在地面上安装管道，也可以把回水干管布置在系统的上方，构成上供上回双管系统。目前这种系统多用于单层或低层公共建筑或某些厂房仓库中。

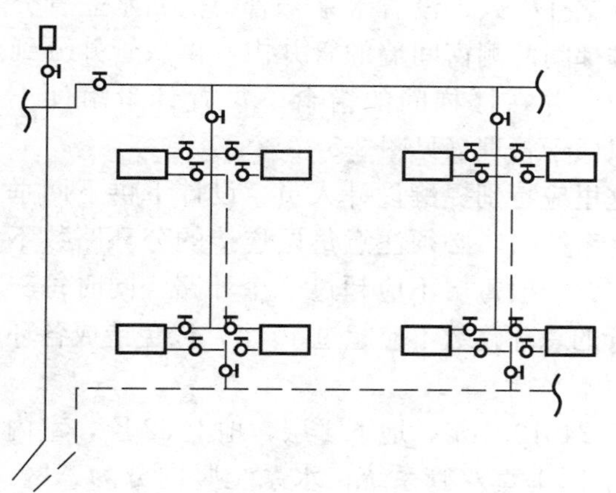

图 2-1　上供下回垂直双管系统

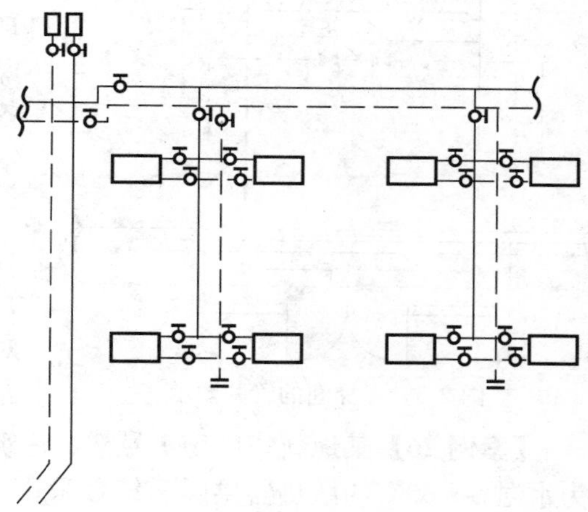

图 2-2　上供上回垂直双管系统

3. 中分式双管系统（见图 2-3）

对于低层公共建筑或某些厂房仓库，为了简化系统，有时采用中分式双管系统，该系统在相邻上下两层间设置公共水平干管，将供回水管都布置在下层的楼板下，不致影响人员和车辆的通行，是工业厂房采用较多的一种形式。

4. 下供下回垂直双管系统（见图 2-4）

下供下回垂直双管系统的立管一般为异程式，供回水干管均布置在一层地面或地沟内。散热器（辐射供暖的分集水器）并联在供回水立管上，热水流经各层散热器（辐射供暖的分集水器）环路的流程各不相同。这种系统中，楼层越高，环路的自然压头越大，同时，楼层越高，环路的阻力损失也越大。根据计算，对于层高为 3m 的居住建筑，50/40℃的地板供暖系统，每层的自然压头约为 95Pa，80/55℃的散热器系统，每层的自然压头约为 300Pa，基本可以克服层高差产生的阻力损失。因此，下供下回垂直双管系统

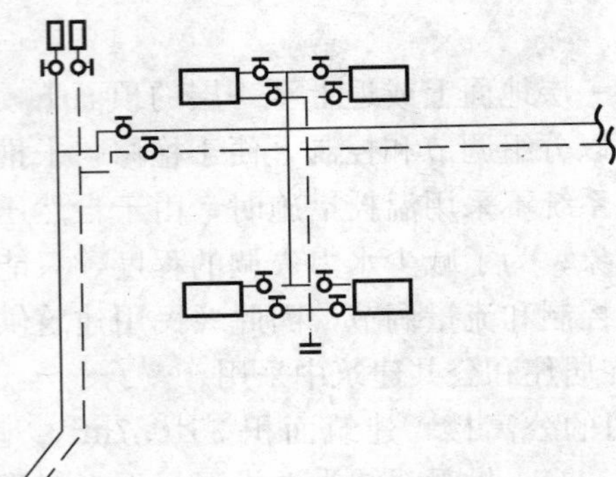

图 2-3　中分式双管系统

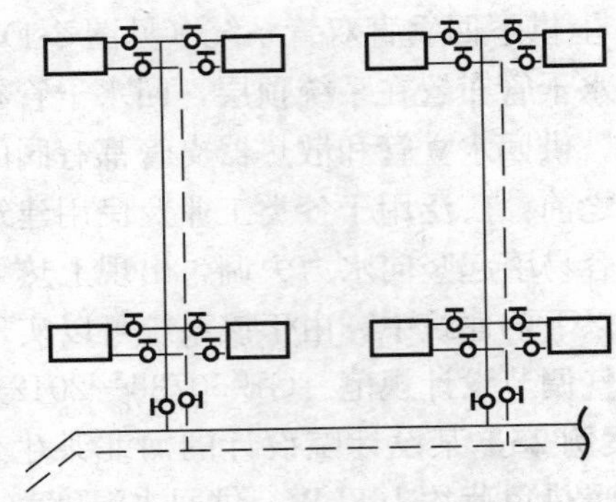

图 2-4　下供下回垂直双管系统

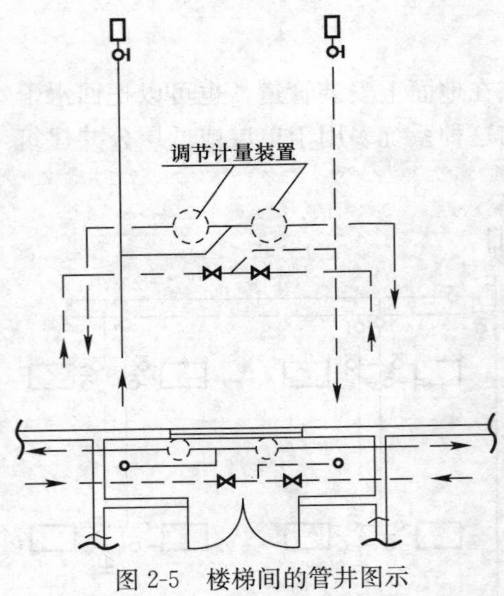


图 2-5　楼梯间的管井图示

避免了自然压头逐层积累的弊病，目前垂直异程立管可以带 11 层左右。实行分户供热计量以来，各地出现了许多新的系统形式，北方实行分户供热计量的多层及高层居住建筑基本上采用的“新双管系统”就是这种系统。这种系统的供回水管直接从室外引入，没有水平干管，供回水立管分设在楼梯间两侧窗间墙的管井内，再从管井分到各用户，并在楼梯间的窗台下设置计量附件小室，以便于管理（见图 2-5）。

这里应特别提醒设计人员，设计下供下回垂直双管系统时，必须注意每层连接的分环路数不宜太多，一般每层不应超过 3 个环路，同时每一对立管的总环路数不应超过 40 个，以免造成各环路水力不平衡。

**【案例 26】**某地新华广场 1 号楼，建筑面积 24810.4m²，地下 1 层，地上 32 层，室内为水温 80/60℃的散热器供暖系统，采用下供下回垂直双管系统；水系统竖向分为三区：一～十二层为低区，十三～二十四层为中区，二十五～三十二层为高区。设计者将每层都是分为 5 个环路，低区、中区的立管各带有 60 个环路，而且每层的 5 个环路都是直接连接在总立管上，供回水立管各有 60 个焊口，这样的设计十分不合理：第一，供回水立管上 120 个焊口，故障率很高；第二，60 个环路分布在不同楼层、不同环路之间，运行调节十分困难。正确的设计方案应该是每层设置供回水集管，再从集管上分环路，首先靠集管的阀门调节各层的水力平衡，在此基础上进行二级调节，调节同一层各环路的水力平衡，既可以达到理想的效果，又可以减少立管上的焊口和故障的几率。然后，在分层设置集管的基础上，还要减少立管的总环路数量，保持每一对立管总环路数量不超过 40 个。

5. 水平双管并联系统（见图 2-6）

水平双管并联系统指从立管引出的干管呈水平布置，水平干管上不再设分支立管而是直接连接散热器（辐射供暖的分集水器），根据水平干管的位置，可以分为下供下回系统、上供下回系统和上供上回系统。在居住建筑分户热计量散热器供暖系统中，河北省基本上采用下供下回系统，但是该系统因为双管埋地占用地沟较宽，为解决地沟较宽和埋地管故障率较高的问题，兰州市普遍采用配合装饰的顶置双管、散热器上供上回系统，这种形式也广泛用于单层建筑中，低层非居住类建筑最好采用垂直双管或带跨越管垂直单管系统。

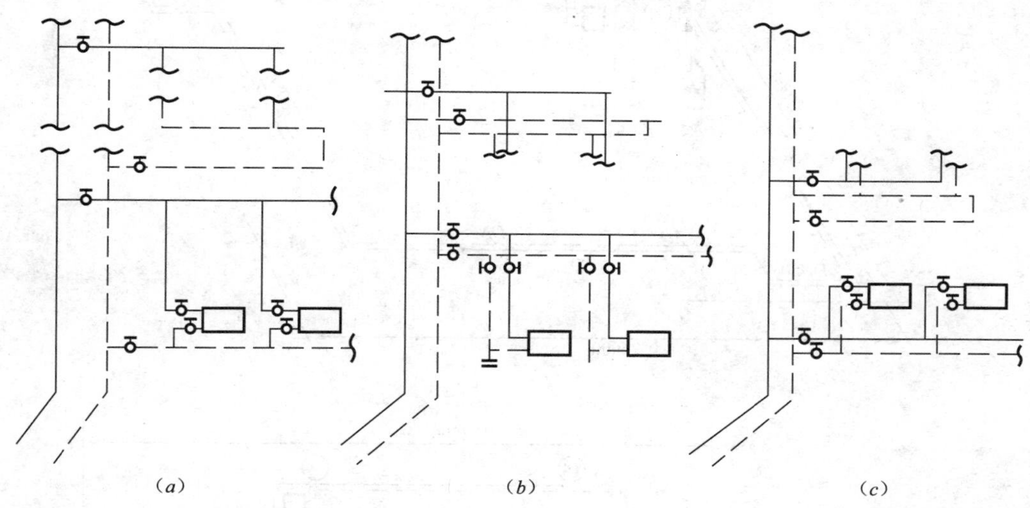

（*a*）　　（*b*）　　（*c*）

图 2-6　水平双管并联系统

（*a*）上供下回式；（*b*）上供上回式；（*c*）下供下回式

需要提醒设计人员的是，我国在实行分户热计量以前，民用建筑供暖系统基本上是采用垂直双管并联或单管串联系统，垂直立管两侧（或单侧）连接一组（或一组以上）散热器。实行分户热计量以后，居住建筑成为供暖系统热计量改革的重点，全国各地普遍采用的是共用垂直双立管的分户供暖系统——有些地区称为"新双管系统"，垂直双立管一般是下供下回式。并联在双立管之间的不再是散热器，而是各户内的供暖系统环路，如果户内采用散热器系统，就是共用垂直双立管的分层户内水平单管或双管散热器供暖系统，这种系统形式只适宜在分户供暖的居住建筑中采用。

**【案例 27】**编者审查的某机械制造基地的综合楼，地上 3 层，建筑面积 2892m²，采用 95/70℃散热器供暖系统，设计热负荷为 113.6kW。按常规的设计，可以采用上供下回带跨越管垂直单管系统，在散热器进水管设置温控阀。但该工程设计人员采用类似于居住建筑分层户内的上供上回水平双管系统，或者类似于采用风机盘管的空调水系统，室外供回水管引入后，在综合楼的每一层沿梁下布置异程式水平双管，散热器上供上回连接，每一层 19 组散热器。这样的设计违背了一般的设计原则，既增加了工程造价，又不如带跨越管垂直单管系统简单并易于调节，这样的工程案例虽然是极个别的，却是不应该出现的。

**【案例 28】**在严寒和寒冷地区的低层公共建筑或生产厂房设计中，多数都是采用散热器供暖系统，经常出现围护结构耗热量大、需布置大量散热器的情况。设计人员并不认真进行水力平衡计算，而是简单地采用同程式水平双管系统，认为只要采用同程式系统就可以使并联环路的阻力自动平衡。例如，河北某化工有限公司的职工食堂，建筑面积 11182m²，地上 3 层；设计热负荷 320kW，采用供回水温度 80/55℃、水平干管同程式、立管顺序式垂直单管散热器系统，第三层为大餐厅，平面面积 76m×51m，供水干管布置于三层顶板下面，供热半径约 240m，带 31 副立管［见图 2-7（*a*）］。这种系统不容易实现水力平衡。

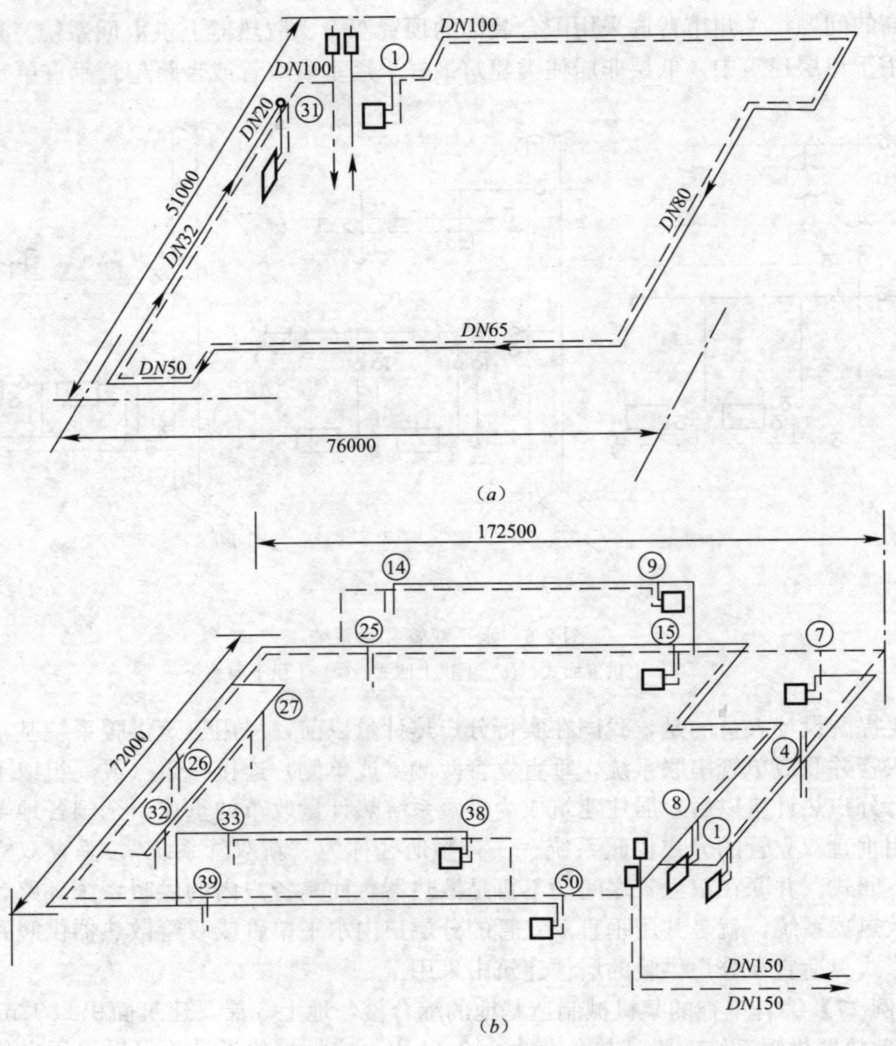


图 2-7 超大水平双管同程采暖系统

**【案例 29】**秦皇岛某扩建工程的单层建筑，东西总长度（轴线）为 172.5m，南北宽度（轴线）为 72m，建筑面积 12510m²，设计热负荷 580kW，采用供回水温度 95/70℃散热器供暖系统，因为是单层建筑，设计人员采用水平双管并联上供上回系统［见图 2-7（*b*）］。为了达到“自动平衡”的效果，设计人员采用双管同程系统，该建筑只有一个热力入口，管径 *DN*150，供水、回水干管各长 480m 左右，带 50 副立管。设计者并不知道，这样的系统必然会产生严重的水力失调。

有研究指出，这种系统是无法实现水力平衡的，即使认真地进行水力平衡计算和管径选择，由于供热半径超长，从水力坡降曲线上会发现，有个别供水管水力坡降曲线与其相应的回水管水力坡降曲线相交，出现“逆循环”现象，即某些立管的资用压差为负值，严重破坏系统的正常循环。研究表明，即使是三层以下的低层建筑，也不能认为这种同程式水平双管系统能够“自动实现”水力平衡。为了描述系统的平衡程度，可以采用立管数 $M$ 与楼层数 $N$ 之比来进行判定，当 $M/N \geqslant 4$ 时称为矮宽型，$M/N < 4$ 时称为高窄型。通过

计算可知，对于同程式系统，矮宽型的供热半径大、立管数量多、各立管的热负荷小，就很难达到水力平衡，而高窄型的供热半径小、立管数量少、各立管的热负荷大，就容易实现水力平衡，所以对于面积较大的低层建筑，不适合采用同程式水平双管采暖系统，建议首先划小系统，采用水平串联式或跨越式系统，减少供热半径和立管数，采用高窄型系统。

### 2.4.3 单管串联系统

不论是垂直立管还是水平干管，只要是单管，就必然是串联系统；单管串联系统按连接散热器的立（干）管所处的位置不同，分为垂直（立管）单管串联系统和水平（干管）单管串联系统。提醒设计人员，单管串联系统只适用于末端为散热器的供暖系统，不适用于设置分集水器的地面辐射供暖系统。

1. 垂直单管串联系统

垂直单管串联系统根据是否设置跨越管分为顺序式垂直单管系统（见图 2-8）和带跨越管垂直单管系统（见图 2-9）。

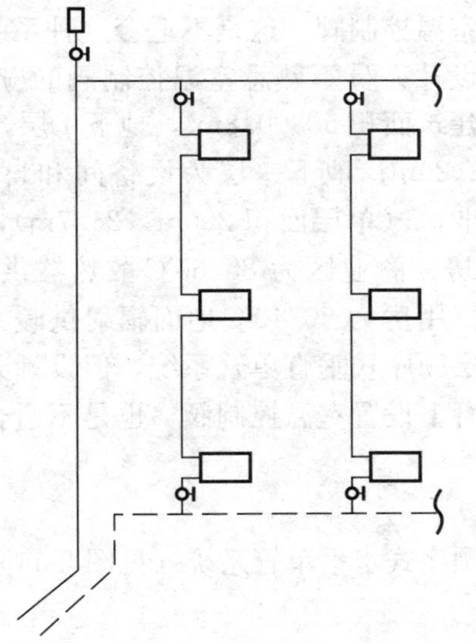

图 2-8 顺序式垂直单管系统

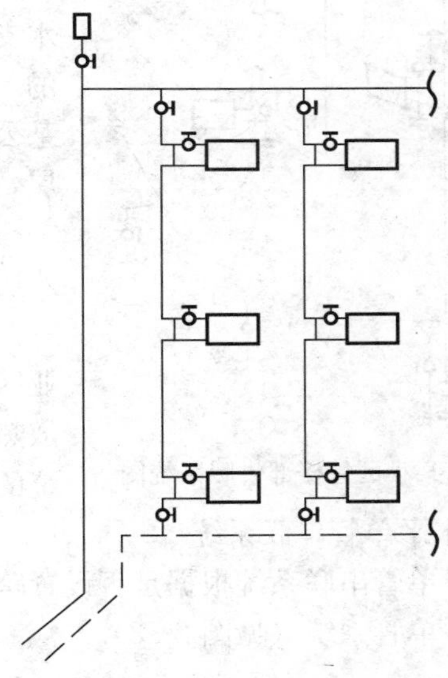

图 2-9 带跨越管垂直单管系统

（1）顺序式垂直单管系统中，热水顺序流过串联的散热器，水流上游的散热器水温较高，但下游的散热器水温较低，造成散热器面积过大而不好布置。另外，散热器供回水支管不设阀门，各散热器不能调节流量和散热量，容易出现上热下冷的室温不均匀现象，是这种系统的最大缺点。早期这种系统曾用于普通多层居住建筑中，现在实行分户热计量和采用地面辐射供暖后，这种系统在居住建筑中已完全淡出，目前只能用于低层的公共建筑或厂房中，层数再多就会造成下游的散热器不好布置。国家标准《民用建筑供暖通风与空气调节设计规范》GB 50736—2012 没有推荐该制式，国内的技术文献也不再介绍这种制式，大家尽量不要采用。

（2）带跨越管垂直单管系统中，一部分热水流过散热器，另一部分直接流过跨越管，与由散热器流出的回水混合，混合后的水再流入下一层散热器，这样，下一层散热器的供水温度就比顺序式单管系统的高。同时，在散热器入口设置三通调节阀或在供水支管上设置二通阀，就可以调节散热器的流量和散热量，底层散热器供水温度也比较高，在设计合理的情况下，可以带5～7层，是当前多层公共建筑推荐使用的系统之一，其设计要点见本书第2.5节。

**【案例30】** 某地桃园丽景城售楼部，建筑面积2340m²，地上6层，供暖热负荷约98.5kW，为85/60℃散热器供暖系统。对于这样的工程，一般的方案是采用带跨越管垂直单管系统，散热器温控调节。但是设计者采用的是顺序式垂直单管系统（见图2-10），这样的设计是极其错误的，也是违反基本原理的。

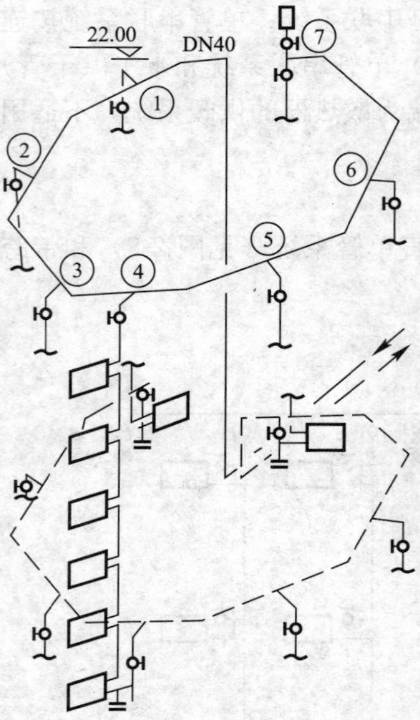

图2-10 某小区售楼部供暖系统图

**【案例31】** 顺序式垂直单管系统散热器的供回水支管是不安装控制阀和调节阀，也无法进行流量调节和室温控制的，这样能保证热水的正常流动。某地公安局2号建筑物建筑面积2553.08m²，地上2层，室内为85/60℃单管串联散热器供暖系统，设计人员称在散热器供水支管上设置室温控制阀，这是不适合这种系统的特点的，同时说明设计人员不熟悉室温控制阀的应用场合。某公寓工程，建筑面积58800.8m²，地下1层，地上18层，总高度53.20m；地下一层为设备间和自行车库，一～二层为商业区（单层面积200m×24.7m），三～十八层为公寓用房，商业区为85/60℃散热器供暖系统，三～十八层公寓用房为50/40℃地面辐射供暖系统。商业区为上下2层顺序式垂直单管系统，但设计人员称在散热器供水支管上设置室温控制阀，也是不适合这种系统的特点的。

2. 水平单管串联系统

水平单管串联系统根据是否设置跨越管分为顺序式水平单管系统（见图2-11）和带跨越管水平单管系统（见图2-12）。

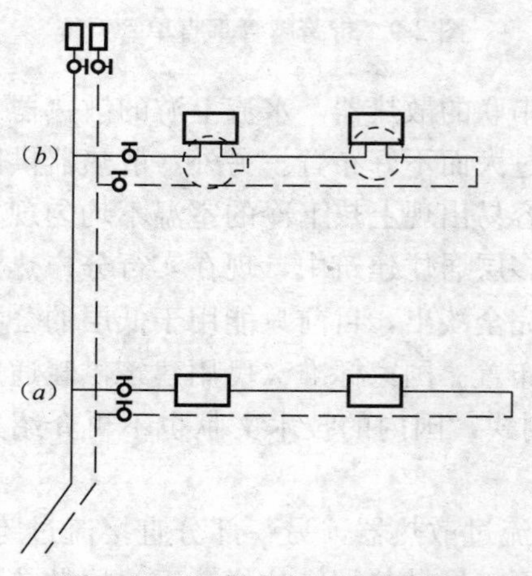

图2-11 顺序式水平单管系统

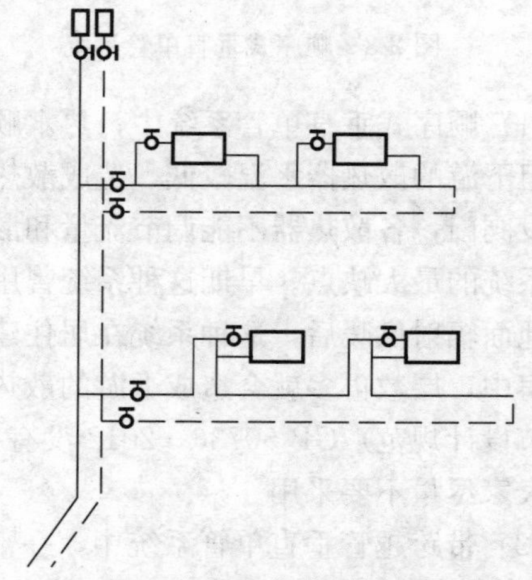
图2-12 带跨越管水平单管系统

（1）与顺序式垂直单管系统相同，顺序式水平单管系统的热水顺序流过串联的散热器，水流上游的散热器水温较高，但下游的散热器水温较低，造成散热器面积过大而不好布置。另外，散热器供回水支管不设阀门，各散热器不能调节流量和散热量，是这种系统的最大缺点。同时，串联散热器的数量太多时，管道的热胀冷缩问题处理不好容易漏水。因此，建议每一环路串联散热器的数量以不超过 6 组为宜［见图 2-11（*a*）］。有些设计人员在分户计量的散热器采暖系统设计中，采用这种顺序式水平单管系统，但供、回水管是下进下出，并且在供、回水管之间设置 H 阀，可以进行散热器流量调节，克服了顺序式水平单管系统不能进行散热器流量调节的弊端，是一种新的选择［见图 2-11（*b*）］。但是国家标准《民用建筑供暖通风与空气调节设计规范》GB 50736—2012 也没有推荐该制式，大家尽量不要采用。

（2）带跨越管水平单管系统中，一部分热水流过散热器，另一部分直接流过跨越管，与由散热器流出的回水混合，混合后的水再流入下一组散热器，这样，下一组散热器的供水温度就比顺序式单管系统的高。同时，在散热器入口设置三通调节阀或在供水支管上设置二通阀，就可以调节散热器的流量和散热量，下游散热器供水温度也比较高，在设计合理的情况下，不宜超过 6 组散热器，适用于实行分户热计量居住建筑中一户的规模。目前，这种形式已成为分户热计量居住建筑中采用散热器供暖的一种主要形式，其应用范围仅次于地板辐射供暖形式。

国家标准《民用建筑供暖通风与空气调节设计规范》GB 50736—2012 推荐的散热器供暖系统制式为：（1）居住建筑室内供暖系统的制式宜采用垂直双管系统或共用立管的分户独立循环双管系统，也可以采用垂直单管跨越式系统；（2）公共建筑室内供暖系统的制式宜采用上/下分式垂直双管系统、下分式水平双管系统、上分式垂直单管跨越式系统和下分式水平单管跨越式系统。垂直单管跨越式系统的楼层不宜超过 6 层，水平单管跨越式系统的散热器不宜超过 6 组。不再推荐顺序式垂直单管系统和顺序式水平单管系统，提醒广大设计人员不要再采用。

**【案例 32】**河北某医院住院楼，建筑面积 23175.3m$^2$，采暖面积 20861m$^2$，地下 1 层，地上 9 层，建筑高度 34.80m；采暖热负荷 966.3kW，热负荷指标约 46.3W/m$^2$，室内为 80/55℃散热器供暖系统，系统制式为垂直单管跨越式系统。虽然采用的是带温控阀的跨越式系统，但设计人员没有进行水力计算，认为建筑高度不超过 50m，就没有进行竖向分区，每根立管带 9 层散热器，总供回水温差为 25℃，层间的温差只有 2.8℃左右。根据散热器温控阀接近线性的调节特性，必须采用加大散热器温差的办法，只有减少散热器的流量，造成散热器出口水温降低和平均水温降低，散热器面积必须增加。编者的计算表明，85/60℃水温的 6 层垂直单管跨越式系统，分流系数 $\alpha$=0.3，0.2 时的散热器总数量比 $\alpha$=1 的散热器数量分别增加 13.6%和 24.2%。层数增加，面积会进一步增加。在不进行详细计算而随意布置散热器的情况下，容易造成一～三层室温过低。经编者提出审图意见后，原设计者改为一～五层和六～九层上下两个系统，每个系统都不超过 6 层。

**【案例 33】**对于上供下回的垂直单管或垂直双管系统，供水干管肯定是在最高层的顶板下，但是回水干管布置在哪一层却值得认真研究。现在审查的施工图发现，很多设计人员不作分析，为了避免回水干管妨碍门和走道，不问具体情况，一律将回水干管返上到 1 层甚至 2 层的顶板下。某地公寓工程，建筑面积 58800.8m$^2$，地下 1 层，地上 18 层，总高度 53.20m；地下一层为设备间和自行车库，面积 200m×24.7m；一～二层为商业区，三～十八层为公寓用房，商业区为 85/60℃散热器供暖系统，三～十八层公寓用房为 50/40℃地面辐射供暖系统。商业区为上下 2 层顺序式垂直单管系统，设计人员不作分析，不问具体情况，将回水干管返上到 1 层的顶板下（见图 2-13）。该工程东西长 200m，一、二层商业区建筑面积 14986m²，供暖热负荷 442.77kW，分 4 个热力入口，室内分 14 个环路，共设 168 副立管，地下室层高 4.2m，已有很多管道在地下室的顶板下安装。因此，应将商业区的供暖立管改为直接接入地下室，回水干管沿顶板下安装，可以节省 *DN*20 的管道约 500m，90°弯头、三通、排水阀各 168 个。

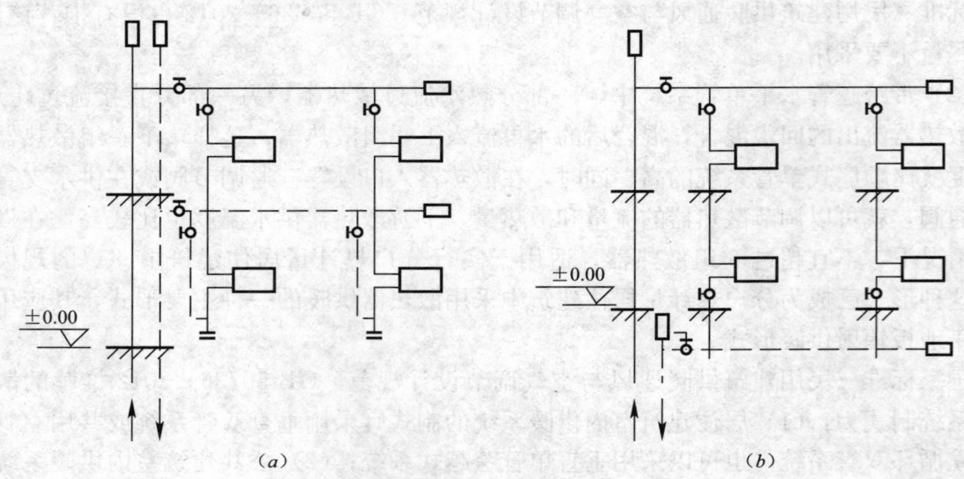


图 2-13　回水干管修改图示

(*a*) 原设计；(*b*) 修改设计

**【案例 34】**有的工程在楼梯间散热器的进水管上设置温控阀。某地生态科技公司的办公楼，建筑面积 2168.5m²，地上 3 层，供暖热负荷 86.2kW，室内为 80/60℃上供下回顺序式垂直单管散热器供暖系统。设计人员在楼梯间设置单独立管，一、二层布置散热器，符合规范关于“管道有冻结危险的场所，散热器的供暖立管或支管应单独设置”的强制性规定，严禁将有冻结危险场所的散热器与邻室共用立管，以防影响邻室的供暖效果，甚至冻裂散热器。但设计人员在每组散热器的进水管上设置室温控制阀。编者提出应取消散热器的进水管上的阀门，因为在每组散热器的进水管上设置阀门，容易被误操作关闭后造成水流中断而使管道和散热器冻裂。由于楼梯间是上下串通的，不必进行室温控制，同时，在顺序式串联的每组散热器的进水管上设置室温控制阀也是一种概念的错误，室温控制阀适用于双管系统和带跨越管的单管系统，不能用于顺序式串联的单管系统，请设计人员特别注意。

## 2.5　散热器供暖系统

### 2.5.1　散热器评价与常用类型

国家标准《住宅设计规范》有针对性地提到散热器的选择问题，规定“应采用体型紧凑、便于清扫、使用寿命不低于钢管的散热器”。目前，散热器品种繁多，选择的余地很大。

1. 散热器的评价

评价和选择散热器，必须从以下几方面全面了解和比较：

(1) 热工性能：散热器的传热系数或单位面积散热量，是评价散热器热工性能的主要指标。传热系数越大，表示单位面积、1℃温差时的散热量越大，说明散热能力越大；散热量大，则说明散热器的热工性能好，放热率高。

(2) 经济性和节能性：散热器的经济性和节能性可以用金属热强度来衡量。金属热强度是指散热器内热媒平均温度与室内空气温度之差为1℃时，1kg重量的散热器所散发出的热量，可用下式计算：

$$q = K/W \tag{2-20}$$

式中 $q$——散热器的金属热强度，W/(kg·℃)；

$K$——散热器的传热系数，W/($m^2$·℃)；

$W$——散热器每$m^2$散热面积的重量，kg/$m^2$。

$q$值越大，说明散热器放出同样的热量所消耗的金属材料越少。由于金属消耗减少，不仅生产成本降低，而且生产能耗也减少，也就是说，它的经济性和节能性越好，这是考核和评价同一材质散热器经济性和节能性的主要指标。

(3) 构造特性：要求组装简便，结构紧凑，占地面积少，承压能力高。

(4) 外观：造型美观，外表光滑，便于清扫，与室内装饰容易协调。

2. 散热器的类型及使用条件

(1) 散热器的类型

散热器的类型是多种多样的，在民用建筑热水供暖系统中，经常使用的散热器有：内腔无砂灰铸铁散热器、钢制散热器、铜（钢）铝复合型散热器、铜管对流散热器、铝制柱翼型散热器。

1) 内腔无砂灰铸铁散热器

① 基本要求与适用范围（见表2-9）

**内腔无砂灰铸铁散热器** **表2-9**

| 名　称 | 基本要求 | 适用范围 |
|---|---|---|
| 灰铸铁柱型散热器<br>灰铸铁翼型散热器<br>灰铸铁柱翼型散热器 | 采用牌号HT150或HT100的灰铸铁，主要技术指标必须达到国家或行业标准要求 | 民用建筑热水采暖系统，对采暖水质无特殊要求，内腔无砂产品可满足计量供热要求 |

② 主要技术经济性能（见表2-10）

**内腔无砂灰铸铁散热器主要技术经济性能** **表2-10**

| 名　称 | 金属热强度[W/(kg·℃)] | 工作压力（MPa） | 使用寿命（a） |
|---|---|---|---|
| 灰铸铁柱型散热器<br>灰铸铁翼型散热器<br>灰铸铁柱翼型散热器 | ≥0.32 | 0.4/0.8/0.2（蒸汽） | ≮20 |

2）钢制散热器

① 基本要求与适用范围（见表 2-11）

**钢制散热器** **表 2-11**

| 名　称 | 基本要求 | 适用范围 |
| --- | --- | --- |
| 柱型、板型<br>扁管型、管型<br>卫浴型<br>翅片管散热器 | 用无缝钢管与优质冷轧钢板制作，承压不低于 0.46～0.8MPa，主要技术指标必须达到国家或行业标准要求。<br>对水质无特殊要求 | 民用建筑热水采暖系统符合散热器使用条件的场合。在水质与管理不规范的情况下应用，产品必须进行合格的内部防腐蚀处理。<br>民用或工业建筑 |

② 主要技术经济性能（见表 2-12）

**钢制散热器主要技术经济性能** **表 2-12**

| 名　称 | 金属热强度[W/(kg·℃)] | 工作压力（MPa） | 使用寿命（a） |
| --- | --- | --- | --- |
| 钢制板型散热器 | 1.0～1.2 | 0.4～0.8 | |
| 钢管散热器 | ≮1.0 | 1.0 | ≮15 |
| 卫浴型采暖散热器 | ≮1.0 | 1.0 | |

3）铜（钢）铝复合型散热器

① 基本要求与适用范围（见表 2-13）

**铜（钢）铝复合型散热器** **表 2-13**

| 名　称 | 基本要求 | 适用范围 |
| --- | --- | --- |
| 铜铝复合柱翼型<br>钢铝复合柱翼型 | 采用 TP2 或 TU2 挤压轧制拉伸铜管、无缝钢管和 LD31 铝材制作，承压不低于 1.0MPa | 民用建筑热水采暖系统符合散热器使用条件的场合 |

② 主要技术经济性能（见表 2-14）

**铜（钢）铝复合型散热器主要技术经济性能** **表 2-14**

| 名　称 | 金属热强度[W/(kg·℃)] | 工作压力（MPa） | 使用寿命（a） |
| --- | --- | --- | --- |
| 铜铝复合柱翼型 | 1.8～2.5 | 1.0 | ≮15 |
| 钢铝复合柱翼型 | 无行业标准 | 1.0 | ≮15 |

4）铜管对流散热器

① 基本要求与适用范围（见表 2-15）

**铜管对流散热器** **表 2-15**

| 基本要求 | 适用范围 |
| --- | --- |
| 采用 TP2 或 TU2 挤压轧制拉伸铜管和铝片制作，承压不低于 1.0MPa | 民用建筑热水采暖系统符合散热器使用条件的场合 |

② 主要技术经济性能（见表 2-16）

**铜管对流散热器主要技术经济性能　　表 2-16**

| 金属热强度[W/(kg·℃)] | 工作压力（MPa） | 使用寿命（a） |
|---|---|---|
| 1.8～2.5 | 1.0 | ≮15 |

5）铝制柱翼型散热器

① 基本要求与适用范围（见表 2-17）

**铝制柱翼型散热器　　表 2-17**

| 基本要求 | 适用范围 |
|---|---|
| 采用 ADC12 铝合金或 LD31 铝材制作，承压不低于 1.0MPa，用于集中供热采暖系统时应进行严格的内防腐蚀处理 | 内部无防腐蚀处理的产品适用于中性热水的分户采暖系统。用于集中供热采暖系统时应进行严格的内防腐蚀处理 |

② 主要技术经济性能（见表 2-18）

**铝制柱翼型散热器主要技术经济性能　　表 2-18**

| 名　称 | 金属热强度[W/(kg·℃)] | 工作压力（MPa） | 使用寿命（a） | 备　注 |
|---|---|---|---|---|
| 铝制柱翼型散热器（型材焊接） | ≮1.5 | 0.8 | ≮10 | 压铸铝合金散热器适用范围：内部无防腐蚀的产品适用于中性热水的分户采暖系统。用于集中供热采暖系统时应进行严格的内防腐蚀处理 |

（2）散热器的使用条件

为确保散热器的使用寿命，应注意严格控制散热器的使用条件。各类散热器使用条件见表 2-19。

**散热器使用条件　　表 2-19**

| 散热器类型 | 热媒温度（℃） | 工作压力（MPa） | pH | 使用条件 |
|---|---|---|---|---|
| 钢制板型散热器 | ≯120 | ≯0.4 或 0.6 | 10～12 | 氯离子含量≯300mg/L，溶解度≯0.1mg/L |
| 钢管散热器 | ≯120 | 1.0 | ≮8（20℃） | 含氧量≯0.1g/m³，氯离子质量分数≯$120\times10^{-6}$ |
| 钢制翅片管散热器 | 无特殊要求 | 热水：1.0<br>蒸汽：0.3 | 无特殊要求 | — |
| 铜铝复合柱翼型散热器 | ≯95 | 1.0 | 7～12 | 氯离子和硫酸根含量分别≯100mg/L |
| 铜管对流散热器 | ≯95 | 1.0 | 7～12 | 氯离子和硫酸根含量分别≯100mg/L |
| 铝制柱翼型散热器 | ≯95 | 0.8 | 6.5～8.5 | 氯离子质量分数≯$120\times10^{-6}$ |
| 灰铸铁柱型散热器 | 材质不低于≯130HT100 | 热水：0.5<br>蒸汽：0.2 | — | — |
| | 材质不低于≯150HT150 | 热水：0.8<br>蒸汽：0.2 | | |
| 灰铸铁翼型散热器 | 材质为≯130 HT150 | 热水：0.5<br>蒸汽：0.2 | — | 无特殊要求 |
| | 材质不低于≯130HT150 | 热水：0.7<br>蒸汽：0.2 | | |

### 2.5.2 散热器的选用及布置

1. 散热器的选用应遵循以下原则。

(1) 按建筑物使用功能、特点进行散热器选型，主要依据为工作压力、散热能力、耐用性能、阻力特性、产品外观等。根据国家对节能环保的要求，在选用散热器时，还应考虑散热器在生产过程中的节能，以及散热器的金属热强度等。

(2) 散热器散热量应按国家标准《采暖散热器散热量测试方法》GB/T 13754，由经国家认定的单位测试。厂家提供产品时，需校核产品测试报告，若实际运行条件（系统供回水温度、室内温度、有无外罩等）与标准散热量测试条件不同时，则应对散热量进行修正。散热量测试条件为：上进下出连接方式，在闭式小室内进行，进水温度为95℃，回水温度为70℃，室内温度为18℃；对流器进水温度为88.7℃，出水温度为76.3℃，$\Delta t=[(95+70)/2]-18=64.5$℃。

(3) 辐射性散热器外表面涂刷银粉等金属漆，会显著降低辐射换热能力，不得再采用，应采用不含金属材质的表面涂料，以改善散热器的热工性能和装饰效果。

(4) 应避免在轻质隔断上直接悬挂散热器。

(5) 对于集中供暖系统，钢制、铝制散热器应选用经过严格内防腐蚀处理的产品。对于满足以下要求的产品，无需进行内防腐蚀处理：1) 钢制散热器用于闭式循环系统中、水质符合 GB 1576 工业锅炉水质标准要求而且能实现非供暖期满水保养时；2) 铝制柱翼型散热器：用于中性热水的分户采暖系统，或 pH 为 6.5～8.5 的二次水供暖系统。

(6) 钢、铝、铜（钢）铝复合、铜管对流器等轻型散热器宜带包装安装，在室内装饰完成后或使用前拆除包装。

(7) 散热器连接宜选用专用配件。禁止铝制散热器的铝制螺纹与钢管直接连接。

(8) 除灰铸铁散热器以外，散热器供暖系统应采用闭式循环系统，膨胀水箱宜选用带隔膜式类型产品，防止空气通过水箱进入系统。钢制散热器应选用内防腐型，在非供暖期中要求充水保养，如供暖系统不能保证满水养护，则应将散热器内的存水全部排出。

(9) 安装热量表和恒温阀的热水供暖系统不宜采用水流通道内含有粘砂的铸铁散热器。

(10) 在相对湿度较大的房间，应采用耐腐蚀的散热器。

2. 散热器的布置与连接

(1) 散热器宜安装在外墙窗台下，当安装或布置管道有困难时，也可靠内墙安装。

(2) 两道外门之间的门斗内，不应设置散热器。

(3) 楼梯间的散热器，应分配在底层或按一定比例分配在下部各层。

(4) 除幼儿园、老年人公寓和有特殊功能要求的建筑外，散热器应明装；必须暗装时，装饰罩应有合理的气流通道、足够的通道面积，并方便维修。

(5) 粗柱型（包括柱翼型）散热器组装不宜超过 20 片，细柱型散热器不宜超过25 片。

(6) 垂直单管和垂直双管供暖系统，同一房间的两组散热器，可采用异侧连接的水平单管串联连接方式，也可以采用上下接口同侧连接方式。当采用上下接口同侧连接方式时，散热器之间的上下连接管应与散热器接口直径相同。

### 2.5.3 集中热水供暖系统散热器的计算

1. 散热器面积及片数的确定

当供暖热负荷、系统形式和散热器选型确定后，即可决定散热器的面积及每一组的片数（或长度）。

散热器的散热面积 $F(\mathrm{m}^2)$ 按下式计算：

$$F=\frac{Q}{K(t_{\mathrm{p}}-t_{\mathrm{n}})}\beta_1\cdot\beta_2\cdot\beta_3\cdot\beta_4 \tag{2-21}$$

式中　$Q$——散热器的热负荷，W；

注：许多书籍、资料都将 $Q$ 冠名为“散热量”，其实，$Q$ 应该是满足区域热负荷所需的散热量，称“散热器的热负荷”或“需热量”比较准确，与所称“标准散热量 $Q_b$”是不同的。

$K$——散热器的传热系数，$\mathrm{W/(m^2\cdot℃)}$；

$t_p$——散热器内热媒的平均温度，℃；

$t_n$——室内供暖计算温度，℃；

$\beta_1$——柱型散热器（如铸铁柱型，柱翼型，钢制柱型等）的组装片数修正系数及扁管型、板型散热器长度修正系数（见表 2-20）；

$\beta_2$——散热器支管连接方式修正系数（见表 2-21）；

$\beta_3$——散热器安装形式修正系数（见表 2-22）；

$\beta_4$——进入散热器流量的修正系数（见表 2-23）。

**散热器安装片数（长度）修正系数 $\beta_1$**　　**表 2-20**

| 散热器型式 | 各种铸铁及钢制柱型 | | | | 钢制板型及扁管型 | | |
|---|---|---|---|---|---|---|---|
| 每组片数（长度） | <6 | 6～10 | 11～20 | >20 | ≤600 | 800 | ≥1000 |
| $\beta_1$ | 0.95 | 1.00 | 1.05 | 1.10 | 0.95 | 0.92 | 1.00 |

**散热器支管连接方式修正系数 $\beta_2$**　　**表 2-21**

| 连接方式 | 同侧上进下出 | 异侧上进下出 | 异侧下进下出 | 异侧下进上出 | 同侧下进上出 |
|---|---|---|---|---|---|
| 各类柱型 | 1.0 | 1.009 | 1.251 | 1.39 | 1.39 |
| 铜铝复合柱翼型 | 1.0 | 0.96 | 1.10 | 1.39 | 1.39 |

**散热器安装形式修正系数 $\beta_3$**　　**表 2-22**

| 安装形式 | $\beta_3$ |
|---|---|
| 装在墙体的凹槽内（半明装）散热器上部距墙距离为 100mm | 1.06 |
| 明装但散热器上部有窗台板覆盖，散热器距离台板高度为 150mm | 1.02 |
| 装在罩内，上部敞开，下部距地 150mm | 0.95 |
| 装在罩内，上部、下部开口，开口高度均为 150mm | 1.04 |

**进入散热器流量的修正系数 $\beta_4$**　　**表 2-23**

| 散热器类型 | 流量增加倍数 | | | | | | |
|---|---|---|---|---|---|---|---|
| | 1 | 2 | 3 | 4 | 5 | 6 | 7 |
| 柱型、柱翼型、多翼型、长翼型、镶翼型 | 1.0 | 0.90 | 0.86 | 0.85 | 0.83 | 0.83 | 0.82 |
| 扁管型 | 1.0 | 0.94 | 0.93 | 0.92 | 0.91 | 0.90 | 0.90 |

注：表中流量增加倍数为 1 时的流量即为散热器进出口水温差为 25℃时的流量，亦称标准流量。

2. 供暖水温对散热器散热量的影响

（1）单位面积散热器的散热量（$W/m^2$）按下式计算：

$$Q_S = K(t_p - t_n) \tag{2-22}$$

而散热器的传热系数 $K$ 与温差（$t_p - t_n$）有关，一般的关系为：

$$K = A(t_p - t_n)^B = A\Delta T^B \quad [W/(m^2 \cdot ℃)]$$

$$故\ Q_S = A\Delta T^B \cdot \Delta T = A\Delta T^{(1+B)}$$

（2）由上式可知，$Q_S$ 随 $\Delta T$ 的减少而下降，在低温水散热器系统设计时应特别注意温差（$t_p - t_n$）的影响。

**【案例 35】**普通散热器不宜用于低温水系统。河北某公司年产 8 万吨粘胶短纤维项目采用水源热泵空调系统，夏季水温为 7/12℃，冬季水温为 55/45℃，设计人员除在部分子项中采用风机盘管外，还大量采用散热器供暖，而没有进行水温修正，直接按散热器的标准散热量 $Q_b$ 选型。编者提醒设计人员，这种选型计算是错误的，设计时应进行散热量修正。即使进行散热量修正，也会大量增加散热器数量。

由传热学原理和实验可知，散热器的散热量 $Q_S$ 与 $\Delta T^{(1+B)}$ 成正比，而 $(1+B)>1$，所以 $Q_S-\Delta T$ 为指数曲线。有研究指出，在低温水区域（60℃以下）范围，$Q_S-\Delta T$ 曲线可采用与高温水区域（95/70℃）相同的形式，即认为是高温水区 $Q_S-\Delta T$ 曲线的延伸，因此散热量 $Q_S$ 随 $\Delta T$ 的减少而急剧下降。举例如下：

某铸铁散热器高温水区的 $K=6.607(t_p-t_n)^{0.275}=6.607\Delta T^{0.275}$，

高温水区散热量 $Q_S=K\Delta T=6.607\Delta T^{1.275}$（$W/m^2$），

实验得出低温水区的散热量 $Q_S=7.571\Delta T^{1.251}$（$W/m^2$）。

由于相对误差为 5%，对于未作实验的散热器，低温水区可以采用高温水区的 $Q_S-\Delta T$ 曲线进行计算，见表 2-24。

**散热器的 $Q_S-\Delta T$** **表 2-24**

| 参数及 $\Delta T$（℃） | | 高温区，$W/m^2$（%）<br>$\Delta T$=65～45℃ | 低温区，$W/m^2$（%）<br>$\Delta T$=40～25℃ |
|---|---|---|---|
| 95/70/18 | 64.5 | 1340.3（100） | |
| 85/60/18 | 54.5 | 1081.2（80.7） | |
| 75/50/18 | 44.5 | 835.0（62.3） | |
| 60/50/18 | 37 | | 693.4（51.7） |
| 55/45/18 | 32 | | 578.0（43.1） |
| 50/40/18 | 27 | | 467.5（34.9） |

$$\therefore \quad t_p \downarrow \rightarrow \Delta T \downarrow \rightarrow K \downarrow \rightarrow Q_S \downarrow \rightarrow F = \frac{Q}{Q_S} \uparrow$$

由表 2-24 可知，上述案例中，55/45℃的散热器系统，散热器实际散热量仅为标准散热量的 43.1%，因此，散热器的面积要增加 1 倍以上。设计人员必须注意这种情况。

所以，热水温度下降时，散热器的散热量 $Q_S$ 按指数曲线下降。散热器面积需大幅度增加，在散热器选型计算时，应引起足够注意，不仅是低温水系统中的散热器，95/70℃串联系统末端的散热器也不能直接用 95/70℃的标准散热量 $Q_b$ 进行计算。过去生产厂、检测机构出具的产品样本和检测报告的数据都是采用的 95/70℃条件，其他条件的数据极为罕见，设计人员使用时应注意甄别。

3. 不保温明装管道的散热量

管道明装时，不保温管道的散热量有提高室温的作用，可补偿一部分的耗热量，其值应通过不保温明装管道外表面与室内空气的传热计算确定。提醒广大设计人员，供暖系统不保温管道明装时，应计算管道的散热量对散热器数量的折减，即计算散热器面积的需热量应为房间热负荷与不保温明装管道的散热量之差，不保温明装管道的散热量是不容忽视的。

室内每米长不保温明装管道的散热量按下式计算：

$$Q = F \cdot K \cdot \eta(t_p - t_n) \tag{2-23}$$

式中 $F$——不保温的明装管道的外表面积，$m^2$；

$K$——不保温管道的传热系数，$W/(m^2 \cdot ℃)$，见表 2-25；

$\eta$——管道安装位置系数，见表 2-26；

$t_p$——管道内热水平均温度，℃；

$t_n$——室内计算温度，℃。

**不保温管道的传热系数 $K[W/(m^2 \cdot ℃)]$　　表 2-25**

| 水平或垂直管道直径（mm） | 管道内平均水温与室温之差（℃） | | | | | 蒸汽压力（kPa） | |
|---|---|---|---|---|---|---|---|
| | 40～50 | 50～60 | 60～70 | 70～80 | 80 以上 | 70 | 200 |
| 32 及以下 | 12.8 | 13.4 | 14 | 14.5 | 14.5 | 15.1 | 17 |
| 40～100 | 11 | 11.6 | 12.2 | 12.8 | 13.4 | 14 | 15.6 |
| 125～150 | 11 | 11.6 | 12.2 | 12.2 | 12.4 | 13.4 | 15 |
| 150 以上 | 9.9 | 9.9 | 9.9 | 9.9 | 9.9 | 13.4 | 15 |

**管道安装位置系数 $\eta$　　表 2-26**

| 管道安装位置 | 立　管 | 沿顶棚下的水平管道 | 沿地面上的水平管道 | 连接散热器的支管 |
|---|---|---|---|---|
| $\eta$ | 0.75 | 0.5 | 1.0 | 1.0 |

**【案例 36】**求散热器面积（长度）所需的热负荷，应扣除不保温明装管道散热的有利因素，GB 50189、GB 50736 都有规定，但多数设计人员不进行计算，因此这一点也被忽略了，其实这部分散热量有时是很大的。例如，河北某公司的职工食堂，建筑面积 11182$m^2$，地上 3 层，设计热负荷 320kW，采用供回水温度 80/55℃的同程式垂直单管散热器系统［见图 2-7（$a$）］，第三层为大餐厅，平面面积 76m×51m，供水干管布置于三层顶板下面，供热半径约 240m，带 31 副立管。

根据 $Q=F \cdot K \cdot \eta(t_p-t_n)$，对不保温明装管道的散热量计算如下：

水温 $t_p=(80+55)/2=67.5℃$，室温 $t_n=18℃$，$t_p-t_n=49.5℃$，管道沿顶棚敷设，$\eta=0.5$。

不保温明装管道的散热量计算　　表 2-27

| 直径 DN（mm） | 100 | 80 | 65 | 50 | 40 | 32 | 25 | 20 |
|---|---|---|---|---|---|---|---|---|
| 长度（m） | 73 | 41 | 34 | 32 | 28 | 15 | 4 | 11 |
| 单位长度面积（$m^2/m$） | 0.358 | 0.278 | 0.235 | 0.181 | 0.151 | 0.133 | 0.105 | 0.084 |
| 总面积（$m^2$） | 26.14 | 11.4 | 8.0 | 5.8 | 4.23 | 2.0 | 0.42 | 0.924 |
| 传热系数[W/($m^2$·℃)] | | | 11.0 | | | | 12.8 | |
| 散热量（W） | 7115 | 3104.7 | 2178 | 1579 | 1151.6 | 633.4 | 133 | 292.7 |

供回水管总散热量为 16.19kW，约占总热负荷的 5.1%；如果供暖供回水温度为 95/70℃，温差 $t_p-t_n=64.5℃$，则供回水管总散热量为 21.1kW，占总负荷的 6.6%，简单折合散热器 151 片（原设计为 2289 片）。因此，在计算散热器面积时，应详细计算不保温明装管道的散热量，并从耗热量中扣除，不扣除散热量的有利因素，就会产生很大的误差，这一点应引起设计人员的注意。

4. 带跨越管垂直单管系统的散热器计算

**【案例 37】** 编者在审图时发现绝大多数公共建筑的散热器热水供暖系统都是这种系统，满足了不超过 6 层和设置带温控阀的跨越管两个条件，图页上没有可挑剔的，问题是许多设计人员对设计要点不甚了解。

（1）分流系数对散热器计算的影响

设散热器环路的流量和阻抗为 $G_S$ 和 $S_S$，跨越管环路的流量和阻抗为 $G_K$ 和 $S_K$，则得到 $G=G_S+G_K$，$\Delta P_S=\Delta P_K=S_SG_S{}^2=S_KG_K{}^2$。散热器环路流量 $G_S$ 与总流量 $G$ 之比称为分流系数 $\alpha=\frac{G_s}{G}=\frac{1}{1+\sqrt{\frac{S_s}{S_k}}}$，设计时应预先确定散热器环路和跨越管环路的阻抗 $S_s$ 和 $S_k$，由此求出 $\alpha$，进而得出 $G_s=\alpha G$。

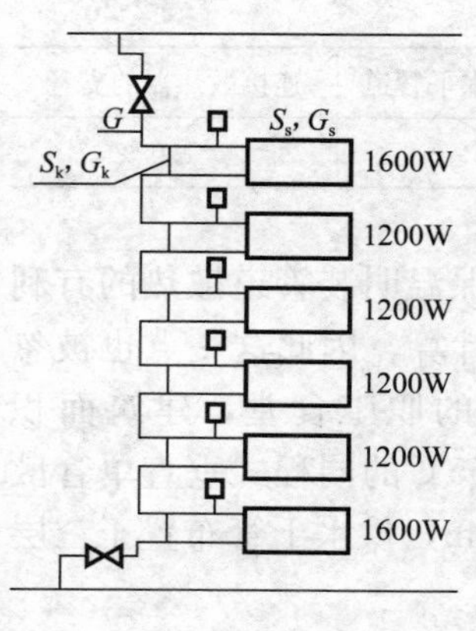

图 2-14　垂直单管系统计算图示

为保证足够的 $G_s$，以免大幅增加散热器面积，对于有相同负荷分布的立管，分流系数不同时，各组散热器的流量 $G_s$ 和水温降也不同，导致散热器计算面积不同。分流系数不能太小，否则要增加散热器面积。对于图 2-14 所示的 85/60℃系统，$\alpha=1$ 时，$\Delta t=25℃$，散热器总数量为 $66m^2$；当 $\alpha=0.3$ 时，散热器总数量为 $75m^2$；当 $\alpha=0.2$ 时，散热器总数量为 $82m^2$。可知，$\alpha=0.3$，0.2 时的散热器总数量比 $\alpha=1$ 的散热器数量分别增加 13.6%和 24.2%。设计人员不计算分流系数，按 $\alpha=1$ 选择散热器，必然造成散热器数量误差较大。一般建议 $\alpha\geqslant0.3$。

（2）进水管上的温控阀可以用二通恒温控制阀，也可以用三通调节阀，建议优先选用二通恒温控制阀，温控阀应为低阻力型的。

(3) 控制阀的阻力特性用流量系数 $K_v$ 表示，满足 $\alpha \geqslant 0.3$ 的低阻力两通恒温阀的直径≥$DN20$，全开时的流量系数 $K_{vs}$ 应满足要求，跨越管的直径一般比散热器支管小一号。

总之，设计带跨越管垂直单管系统时，不能按 $\alpha=1$ 选择散热器，应尽量加大散热器的分流系数，选用流通能力大的低阻力温控阀。

图 2-14 所示为带 6 层散热器的单管跨越式供暖系统一立管，各层热负荷如图 2-14 所示。供回水温度 85/60℃，室温为 18℃，TZ4-6-5（四柱 760）型散热器的散热量公式为：

$$Q_S = 0.9\Delta T^{1.232} = 0.9(t_p - t_n)^{1.232}$$

立管总负荷 $Q_Z=1600+1200+1200+1200+1200+1600=8000\text{W}$，立管总流量 $G_Z=\dfrac{0.86Q_z}{\Delta t}=\dfrac{0.86\times 8000}{85-60}=275.2\text{kg/h}$

分别对分流系数 $\alpha=\dfrac{G_s}{G_z}=1$，0.3，0.2 进行计算，现以六层 $Q=1600\text{W}$，$\alpha=0.3$ 为例进行计算（见图 2-15）。

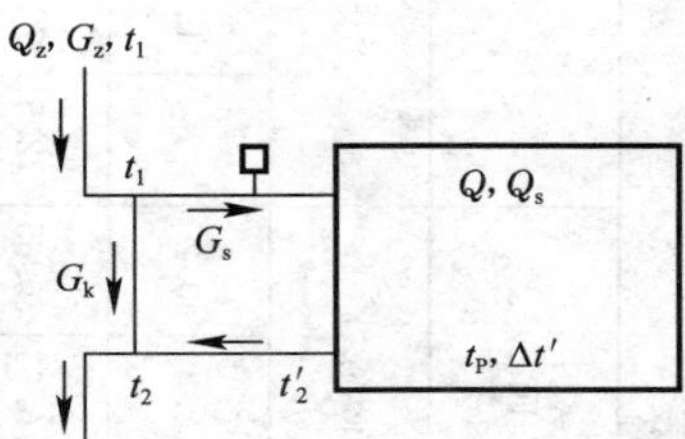

图 2-15　散热器选型计算简图

1）散热器内水温降 $\Delta t'=\dfrac{0.86\times 1600}{0.3\times 275.2}=16.7℃$；

2）散热器供水温度 $t_1=85℃$（以下各层为上一层散热器回水混合水温度 $t_2$）；

3）散热器回水温度 $t_2'=t_1-\Delta t'=85-16.7=68.3℃$；

4）散热器平均水温 $t_p=\dfrac{1}{2}(t_1+t_2')=76.65℃$；

5）散热器平均水温与室温之差 $\Delta T=t_p-t_n=76.65-18=58.65℃$；

6）散热器回水混合水温度（下一层供水水温 $t_1$）$t_2=0.7t_1+0.3t_2'=0.7\times 85+0.3\times 68.3=80℃$；

7）跨越管（本层散热器）水温降 $\Delta t=t_1-t_2=5℃$；

8）平均水温 $t_p$ 时，散热器的散热量 $Q_s=0.9\Delta T^{1.232}=0.9\times 58.65^{1.232}=137.75\text{W}/$片；

9）散热器的计算数量（设 $\beta_1\cdot\beta_2\cdot\beta_3\cdot\beta_4=1$）$F=\dfrac{Q}{Q_s}=\dfrac{1600}{135.75}=11.78\approx 11.8$ 片；

再根据每片散热器面积 $f$（$\text{m}^2$/片）求散热器片数 $n=F/f$（片）。其他计算从略，计算结果填入表 2-28。

由计算可知，对于热负荷同样是 1200W 的五至二层，由于供水温度的降低，分流系数 $\alpha=0.3$ 时，二层的散热器数量为五层的 1.32 倍，$\alpha=0.2$ 时是 1.35 倍；对于热负荷同样是 1600W 的六层和一层，$\alpha=0.3$ 时，一层的散热器数量为六层的 1.67 倍，$\alpha=0.2$ 时是 1.67 倍。

**散热器选型计算表** **表 2-28**

| 序号 | | 计算式 | 六 | | | 五 | | | 四 | | | 三 | | | 二 | | | 一 | | |
|---|---|---|---|---|---|---|---|---|---|---|---|---|---|---|---|---|---|---|---|---|
| 1 | 热负荷 $Q$(W) | | 1600 | | | 1200 | | | 1200 | | | 1200 | | | 1200 | | | 1600 | | |
| 2 | 分流系数 $\alpha$ | | 1 | 0.3 | 0.2 | 1 | 0.3 | 0.2 | 1 | 0.3 | 0.2 | 1 | 0.3 | 0.2 | 1 | 0.3 | 0.2 | 1 | 0.3 | 0.2 |
| 3 | 供水温度 $t_1$（℃） | 2 | 85 | 85 | 85 | 80 | 80 | 80 | 76.65 | 76.65 | 76.65 | 72.5 | 72.5 | 72.5 | 68.75 | 68.75 | 68.75 | 65 | 65 | 65 |
| 4 | 出口水温 $t_2'$(℃) | 3 | 80 | 68.3 | 60 | 76.25 | 67.5 | 61.25 | 72.25 | 63.75 | 57.5 | 68.75 | 60 | 53.75 | 65 | 56.25 | 50 | 60 | 48.34 | 40 |
| 5 | 散热器内水温降 $\Delta t_2'$(℃) | 1 | 5 | 16.7 | 25 | 3.75 | 12.5 | 18.75 | 3.75 | 12.5 | 18.75 | 3.75 | 12.5 | 18.75 | 3.75 | 12.5 | 18.75 | 5 | 16.66 | 25 |
| 6 | 散热器平均水温 $t_p$（℃） | 4 | 82.5 | 76.65 | 70.25 | 78.13 | 73.8 | 70.63 | 74.38 | 70 | 66.88 | 70.63 | 66.25 | 63.13 | 66.88 | 62.5 | 59.38 | 60.25 | 56.67 | 52.5 |
| 7 | 散热器平均水温与室温之差 $\Delta T$（℃） | 5 | 64.5 | 58.65 | 52.25 | 60.13 | 55.8 | 52.63 | 56.38 | 52 | 48.88 | 52.63 | 48.25 | 45.13 | 48.88 | 44.5 | 41.38 | 42.25 | 38.67 | 34.5 |
| 8 | 混合水水温 $t_2$（℃） | 6 | 80 | 80 | 80 | 76.65 | 76.65 | 76.65 | 72.5 | 72.5 | 72.5 | 68.75 | 68.75 | 68.75 | 65 | 65 | 65 | 60 | 60 | 60 |
| 9 | 跨越管温降 $\Delta t$（℃） | 7 | 5 | 5 | 5 | 3.75 | 3.75 | 3.75 | 3.75 | 3.75 | 3.75 | 3.75 | 3.75 | 3.75 | 3.75 | 3.75 | 3.75 | 5 | 5 | 5 |
| 10 | 平均水温 $t_p$ 时，散热器散热量 $Qs$(W/m$^2$) | 8 | 152.6 | 135.75 | 117.7 | 140 | 127.7 | 118.8 | 129.3 | 117 | 108.45 | 118.8 | 106.74 | 98.3 | 108.5 | 96.6 | 88.33 | 90.63 | 81.26 | 70.6 |
| 11 | 散热器片数（m$^2$） | 9 | 10.5 | 11.8 | 13.6 | 8.6 | 9.4 | 10.1 | 9.3 | 10.3 | 11.1 | 10.1 | 11.2 | 12.2 | 11.1 | 12.4 | 13.6 | 17.7 | 19.7 | 22.7 |

注：为简化起见，计算散热器片数时，取 $\beta_1 \cdot \beta_2 \cdot \beta_3 \cdot \beta_4 = 1$。

## 2.6 低温热水地面辐射供暖

低温热水地面辐射供暖是辐射供暖的一种形式，随着建筑节能工作的推进和该技术的日趋成熟，已成为继散热器对流供暖后另一种主要形式，应用也日益广泛。

### 2.6.1 地面辐射供暖的特性

1. 室内温度场及舒适性

经试验测定，三种供暖系统的室内空气温度竖向分布对比如图 2-16 所示。由图可知，对流散热器供暖时，地面温度低，至 2m 高度处气温升高且温度变化大，使人感觉“脚凉头热”；而辐射供暖时，地面温度高，至 2m 高度处气温略降，且温度均匀分布，使人感觉“脚暖头凉”，感到清醒和舒适。

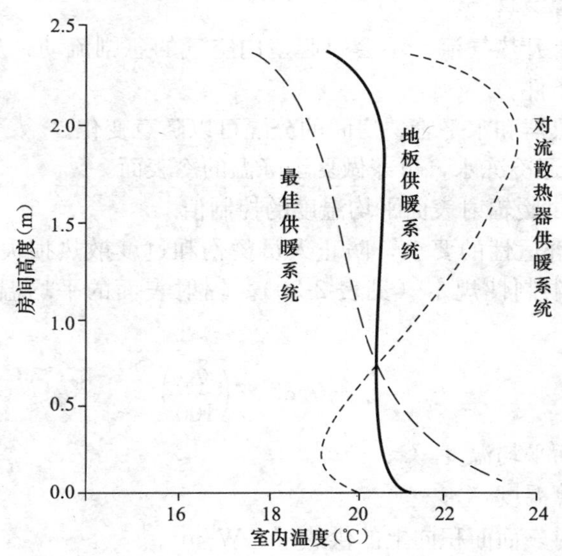


图 2-16 室内空气温度竖向分布图

2. 节能性分析

散热器沿外墙布置在窗下时，在墙内壁形成的上升气流可阻止从窗户渗入的下降冷空气，使窗户表面维持一定的温度，可较好地维持室内活动区和近地面区的热舒适性。但这种方式使散热器背面的墙体被过分加热，这部分热量会通过外墙无效的损失掉。同时，由于热空气上浮的特征出现温度沿高度分布不均匀的现象，在房间顶棚处形成热空气停滞层，造成房间上部区域过热，这实际也是一种无效热损失。而将散热管埋在楼（地）板中的辐射供暖房间，室内温度沿高度的分布是均匀的，并将大大减少上述两部分热损失，达到节能的目的。

3. 辐射供暖的优点

（1）由于有辐射强度和温度的双重作用，造成了真正符合人体散热要求的热状态，因此具有最佳的舒适感。研究表明，当预计平均热感觉值 *PMV* 为 3.5～4.5 时，将有 90%

以上的人对热环境感到满意，此值即为所谓舒适区域。

（2）由于提高了围护结构内表面的温度，减少了内表面对人体的冷辐射，因此进一步提高了舒适感。

（3）室内沿高度方向的温度分布符合人体的生理需要——下热上凉或脚暖头凉的要求，在这样的环境里，人们会头脑清醒，有利于提高工作效率。

（4）由于室内上部空气温度低，所以上部的无效热损失大大减少。

（5）在建立同样舒适条件的前提下，根据 *PMV* 值分析计算并考虑室内温度分布均匀对人体舒适的影响，可将地板辐射供暖房间的室内设计温度降低 2℃，同时也减少了供暖设计热负荷。

（6）由于室内设计温度的降低，同时上部空间的温度也降低，减少了室内外温差及热损失，从而可以节省供暖能耗。据多篇文献的报道，一般可节能 20%～25%。

（7）不需要在室内布置散热器和水平管，不占用建筑面积，一般可增加使用面积 1%～3%，且便于布置家具。

（8）由于减少了上升热气流，不会引起室内空气的急剧流动，从而减少了灰尘飞扬，有利于改善室内卫生条件。

（9）由于没有散热器和水平管，房间的分隔可以随意变化。

（10）夏季在管内通冷冻水，可兼做夏季降温的冷表面。

4. 低温热水辐射供暖辐射表面平均温度的控制值

为了满足热环境舒适性的要求，防止人员烫伤和过度散热损失，我国的设计规范对辐射表面的温度作了限制性规定（见表 2-29）。辐射表面的平均温度按式（2-24）近似计算：

$$t_{pj} = t_n + 9.82 \times \left(\frac{q_X}{100}\right)^{0.969} \tag{2-24}$$

式中 $t_{pj}$——辐射表面平均温度，℃；

$t_n$——室内计算温度，℃；

$q_X$——单位辐射表面面积向上的供热量，$W/m^2$。

**辐射表面平均温度** **表 2-29**

| 设置位置 | 宜采用的温度（℃） | 温度上限值（℃） |
|---|---|---|
| 人员经常停留的地面 | 25～27 | 29 |
| 人员短期停留的地面 | 28～30 | 32 |
| 无人停留的地面 | 35～40 | 42 |
| 房间高度 2.5～3.0m 的顶棚 | 28～30 | — |
| 房间高度 3.1～4.0m 的顶棚 | 33～36 | — |
| 距地面 1m 以下的墙面 | 35 | — |
| 距地面 1m 以上 3.5m 以下的墙面 | 45 | — |

地面的表面平均温度若高于表 2-29 的最高限值，会造成环境不舒适，此时应减少地面辐射供暖系统负担的热负荷，采取改善建筑热工性能或设置其他辅助供暖设施等措施，以满足设计要求。

### 2.6.2 辐射供暖的评价

辐射供暖系统中，热量的传播以辐射为主，同时也伴随着对流传热形式，一般情况下约各占50%。所以既不能单纯地以辐射强度来衡量供暖效果，也不能仅以室内设计温度作为基本标准，因此引入“实感温度”作为评价辐射供暖的标准。

实感温度也称等感温度或黑球温度，它标志着在辐射供暖环境中，人或物体受辐射和对流换热综合作用时，以温度表示出来的实际感觉。

实感温度可按下式近似计算，也可用黑球温度计来测量。

$$T_s = 0.52t_n + 0.48t_{pj} \tag{2-25}$$

$$t_{pj} = A_1t_1 + A_2t_2 + \cdots + A_nt_n/(A_1 + A_2 + \cdots A_n)$$

式中 $A_1$，$A_2$，…，$A_n$——室内四周围护结构的表面积，$m^2$；

$t_1$，$t_2$，…，$t_n$——室内四周围护结构的表面温度，℃；

$T_s$——实感温度，℃；

$t_{pj}$——平均辐射温度，℃；

辐射供暖时，人体受辐射强度和室内温度的双重作用，但两者必须保持一定的比例，只有当此比例与人体散热的规律符合时，才会产生良好的感觉。在辐射供暖环境中，辐射强度越大，实感温度比室内温度就越高。研究证明，辐射强度与室内温度有如下定量关系：

$$E = 175.85 - 9.77t_n \tag{2-26}$$

式中 $E$——室温为 $t_n$ 时的辐射强度，$W/m^2$；

$t_n$——室内空气温度，℃。

在辐射供暖环境中，除地面辐射供暖外，其他的方式都是辐射线（热）首先射到人的头部或脸部，因此，辐射强度应以人体头部所有能感受的极限为上限。另外，辐射供暖环境中，人体各部分接受的辐射强度是不均匀的。因此，需要以适当的空气温度作补充。人体对辐射强度的反应见表2-30。计算表明，当 $t_n$=10℃时，配以 $E$=63$W/m^2$ 比较理想；根据我国的情况，当 $t_n$=12～15℃时，以 $E$=30～60$W/m^2$ 比较适合。

**室温 $t_n$ 时的辐射强度** **表2-30**

| 辐射强度 $E$($W/m^2$) | 人体的感觉描述 | 室温 $t_n$ (℃) |
|---|---|---|
| 1047 | 急剧难忍的痛感 | — |
| 175 | 很烤，不舒服 | 0 |
| 154 | 热视觉紧张，烤痛 | 2.28 |
| 105 | 烤，长期不舒服 | 7.28 |
| 70 | 较舒服，有微烤感 | 10.86 |
| 47 | 温暖，较舒服 | 13.2 |
| 36 | 感觉温暖 | 14.4 |
| 23 | 微暖，长期较冷 | — |
| 12 | 轻微的温暖感 | 16.78 |

### 2.6.3 热负荷计算

由于辐射供暖的热负荷计算是很复杂且十分困难的，因此，国内外普遍采用近似法，在对流供暖热负荷计算的基础上进行修正或调整。

1. 基本方法

(1) 修正系数法

有文献推荐，将对流供暖热负荷乘以一个修正系数，即得到辐射供暖热负荷 $Q_t=\varphi Q_d$，其中的修正系数 $\varphi$，严寒地区取 0.95，寒冷地区取 0.90。

(2) 调整温度法

按对流供暖的计算方法，但将室内设计温度降低 2℃。

按最新实施的《民用建筑供暖通风与空气调节设计规范》GB 50736—2012 第 3.0.5 条的规定："辐射供暖室内设计温度宜降低 2℃"，没有规定采用修正系数法，请设计人员设计时注意这一点，不要再采用修正系数法。

2. 热负荷计算的其他规定

(1) 由于房间敷设了地面供暖盘管，不存在室内通过地面（地板）向室外的传热，因此，不计算敷设有加热管道地面的热负荷。

(2) 对集中供暖分户热计量或采用分户独立热源的住宅，应考虑间歇供暖、户间建筑热工条件和户间传热等因素，在上述计算热负荷的基础上，增加一定的附加量，确定房间热负荷 $Q$。

(3) 局部区域供暖、其他区域不供暖的辐射供暖热负荷，可在按全面辐射供暖热负荷计算后，再根据供暖区域面积与房间总面积的比值 $m$ 乘以表 2-31 列出的计算系数 $a$。但《民用建筑供暖通风与空气调节设计规范》GB 50736—2012 第 5.2.11 条在以往文献的基础上，增加了供暖区域面积与房间总面积的比值 $m$"≥0.75"和"≤0.20"的部分，使涵盖的范围更广，即

$$Q_{f,j}=aQ_{f,q} \tag{2-27}$$

**局部区域辐射供暖热负荷的计算系数** **表 2-31**

| 供暖区域面积与房间总面积的比值 $m$ | ≥0.75 | 0.55 | 0.40 | 0.25 | ≤0.20 |
|---|---|---|---|---|---|
| 计算系数 $a$ | 1.0 | 0.72 | 0.54 | 0.38 | 0.30 |

(4) 进深大于 6m 的房间，宜以距外墙 6m 为界分区，当作不同的单独房间，分别计算热负荷和进行地面辐射供暖设计。

**【案例 38】**目前一些工程设计不考虑房间朝向、外墙、外窗及室内设施、地面覆盖物等不同情况，在整个房间等距离布管，对供暖的有效散热量影响较大，这种情况相当普遍。因此，应考虑不同情况对有效散热面积的影响，通过计算确定有效散热量。

目前暂按以下两种方法处理：

1) 地面上的固定设备和卫生器具下，不应布置加热管，考虑遮挡因素，按房间地面总面积 $F$ 乘以适当的修正系数 $n$，确定地面有效散热面积 $F_1=n\cdot F$，其中 $n<1.0$。

2) 施工时尽量将加热管布置在通道及有门的墙处，即通常不布置设备、家具的地方，

其他地方少设或不设加热管。

表 2-32 为地面覆盖物的热阻 $R_f$。

**地面覆盖物热阻 $R_f$** **表 2-32**

| 覆盖物种类 | $R_f(m^2 \cdot K/W)$ |
|---|---|
| 橡胶 | 0.009 |
| 轻质地毯 | 0.106 |
| 轻质地毯衬橡胶垫 | 0.176 |
| 轻质地毯衬轻质垫 | 0.246 |
| 轻质地毯衬重质垫 | 0.299 |
| 沥青 | 0.009 |
| 重质沥青 | 0.141 |
| 重质沥青衬橡胶垫 | 0.211 |
| 重质沥青衬轻质垫 | 0.282 |
| 重质沥青衬重质垫 | 0.334 |

3. 板面的传热计算

辐射板的传热量是辐射传热与对流传热的综合传热量。

(1) 辐射传热

由于各非加热表面的表面温度 $t_b$ 各不相同，所以各非加热表面的平均温度应以面积的加权平均温度替代，即 $T_f=\dfrac{\sum t_b \cdot A}{\sum A}+273$；当已知室内温度 $t_n$、室外温度 $t_w$ 和非加热表面的传热系数 $K$ 时，非加热表面温度 $t_b=t_n-\dfrac{K(t_n-t_w)}{9.4}$。构形系数 $F_x$ 与辐射系数 $F_f$ 的乘积 $F_{fu}=F_xF_f$ 称为复合系数。一般情况下 $F_{fu}=0.87$，所以

$$q_f=5.72\times 0.87\left[\left(\frac{T_{pj}}{100}\right)^4-\left(\frac{T_f}{100}\right)^4\right]=4.98\times\left[\left(\frac{T_{pj}}{100}\right)^4-\left(\frac{T_f}{100}\right)^4\right] \quad (2\text{-}28)$$

(2) 对流传热

对流传热简化为以下三种情况：

1) 顶面辐射供暖时 $q_d=0.14(t_{pj}-t_n)^{1.25}$；

2) 地面辐射供暖时 $q_d=2.17(t_{pj}-t_n)^{1.31}$；

3) 墙面辐射供暖时 $q_d=1.78(t_{pj}-t_n)^{1.32}$。

(3) 综合传热

由板面至室内的综合传热，可以通过把辐射传热与对流传热分别相加而得：$q=q_f+q_d$。以上各式中 $t_{pj}$ 为辐射板表面的平均温度,℃。

(4) 辐射板热阻

四种不同辐射板的热阻 $R(m^2 \cdot K/W)$ 如下：

1) 水泥、陶瓷砖、水磨石或石料，$R=0.02$；

2) 塑料地面，$R=0.075$；

3) 木地板，$R=0.1$；

4) 地面层以上铺地毯，$R=0.15$。

4. 地面辐射供暖的水温

地面辐射供暖的供回水温度应经计算确定，同一热源输配系统的各建筑物，应按相同的水温计算。

《民用建筑供暖通风与空气调节设计规范》规定，热水地面辐射供暖系统供水温度宜采用35～45℃，不应大于60℃，供回水温差不宜大于10℃，且不宜小于5℃。

### 2.6.4 系统形式与构造

1. 地面辐射供暖的系统形式

(1) 根据房间的热工特性和保证温度均匀的原则，地面辐射供暖加热管的排列，分别采用图2-17所示的三种布管方式。

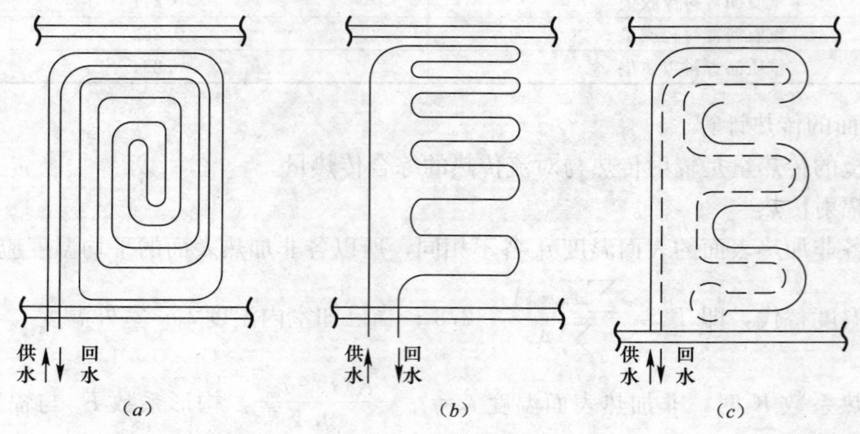


图2-17 加热管排列方式

(a) 回折型；(b) 平行型；(c) 双平行型

其中回折型和双平行型的排列特点是低温回水顺高温供水线路逆向返回，供水、回水管邻近，埋管层温度均匀；供水侧温度较高，回水侧温度较低，布置时宜将供水侧布置在外墙（侧）区。

(2) 低温地面辐射供暖系统应设计成双管系统，以保证每副盘管的供水温度基本相同。

(3) 直接利用热源热水的系统，可在回水分支管或集水器总回水管上设电动二通阀，通过室温控制器调节管内的水量以自动调节室温。此时在总供回水干管间设压差控制器和电动调节阀控制供回水压差，形成变水量系统。

(4) 大型辐射供暖系统的变水量控制还可以采用变速水泵、多台水泵并联运行等方法。

(5) 利用其他热水（余热、地暖、供暖或空调系统的回水）时，由温度调节器控制电动三通阀，调节外供水与辐射供暖回水的混合水温至所需的供水温度，一般只在小系统中采用。

(6) 利用二次换热制备辐射供暖板的热水，此时选择换热器应注意大水量、小温差的特点。

2. 地面辐射供暖的地板构造

辐射地板由地面层、填充层（内设加热管）、绝热层、防水（潮）层、找平层及加热管（埋在填充层内）等组成，如图 2-18 所示。

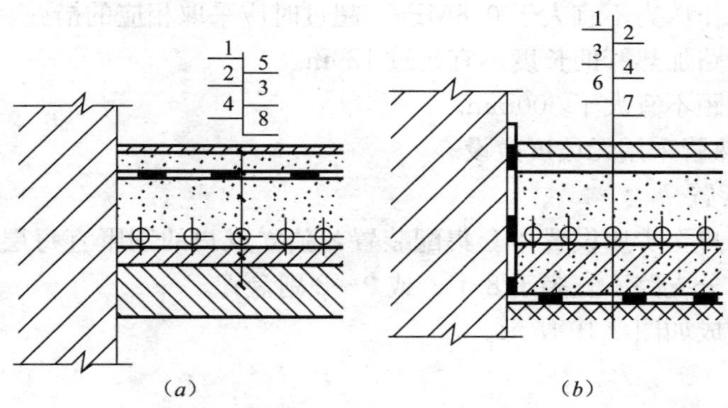


图 2-18　辐射供暖地面构造

（a）楼层辐射地面；（b）底层辐射地面；

1—地面层（包括地面装饰层及保护层）；2—填充层（卵石混凝土）；3—加热管；4—绝热层；
5—防水层（仅设在潮湿房间的地面）；6—防潮层（仅设在地面底层土壤上）；7—土壤；8—楼板

## 2.6.5　系统设计

1. 系统设计要点

（1）单位地面面积散热量由辐射散热和对流散热两部分组成，而且与室内非加热表面平均温度 $t_{fj}$ 及室温 $t_n$ 有关：

$$q = q_f + q_d \tag{2-29}$$

$$q_f = 4.98 \times 10^{-8}[(t_{pj} + 273)^4 - (t_{fj} + 273)^4] \tag{2-30}$$

$$q_d = 2.17(t_{pj} - t_n)^{1.31} \tag{2-31}$$

式中　$q$——单位地面面积散热量，W/m²；

$q_f$——单位地面面积辐射散热量，W/m²；

$q_d$——单位地面面积对流散热量，W/m²；

$t_{pj}$——地表面平均温度，℃；

$t_{fj}$——室内非加热表面的面积加权平均温度，℃；

$t_n$——室内计算温度，℃。

（2）单位地面面积散热量和向下的传热损失，应通过计算确定。由于计算的复杂性，目前都是借用《地面辐射供暖技术规程》JGJ 142—2004 附录 A 查找。确定地面所需的散热量时，应将计算所得的房间热负荷扣除来自上层地面向下的传热量。

（3）单位地面面积所需的散热量应按下式计算：

$$q_x = Q/F \tag{2-32}$$

式中　$q_x$——单位地面面积所需的散热量，W/m²；

$Q$——房间所需的地面散热量（热负荷），W；

$F$——敷设加热管的地面面积，m²。

（4）地面辐射供暖系统的阻力应计算确定，同一集配装置的每个环路加热管长度应尽量接近。

（5）加热管内热水流速不应小于 0.25m/s，一般为 0.25～0.5m/s。

（6）加热管阀门以后每个环路的系统阻力不宜大于 30kPa。

（7）系统的工作压力不宜大于 0.8MPa，超过时应采取相应的措施。

（8）最长分支路加热管的长度不宜超过 120m。

（9）加热管间距不宜大于 300mm。

（10）地面加热管采用无坡度敷设。

2. 热媒集配装置

单元式住宅每户至少应设置一套集配装置，独立成户的别墅宜每层设一套集配装置。每一套集配装置的分支路不宜多于 8 个，或 3～8 副盘管。

集配装置的部件构成如图 2-19 所示。

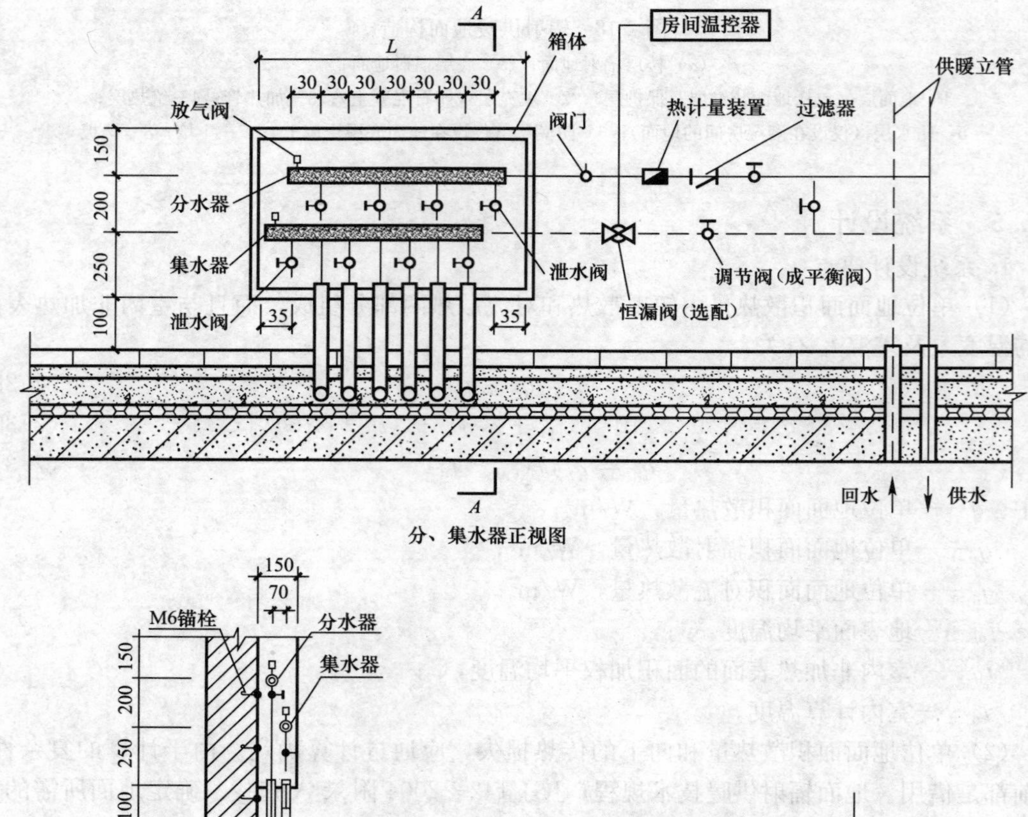


图 2-19　热媒集配装置

集配装置（分水器、集水器）的直径应大于总供回水管直径。

总管穿过楼板时应加套管。

供回水总管和每一供回水分支管，均应配置阀门。

集配装置应高于地面加热管，并设置排气阀。

在供水阀的内侧应设置过滤器。

供回水总管上宜设置压力表和温度计。

建筑设计应为集配装置的合理设置，提供适当的条件。

### 2.6.6 设计文件深度和二次设计问题

1. 设计文件深度

行业标准《地面辐射供暖技术规程》JGJ 142—2004 第 3.1.5 条规定，地面辐射供暖工程施工图设计文件的内容和深度，应符合下列要求：

(1) 施工图设计文件以施工图纸为主，包括图纸目录、设计说明、加热管或发热电缆平面布置图、温控装置布置图及分水器、集水器、地面构造示意图等内容。

(2) 设计说明中应详细说明供暖室内外计算温度、热源及热媒参数或配电方案及电力负荷、加热管或发热电缆技术数据及规格；标明使用的具体条件如工作温度、工作压力或工作电压以及绝热材料的导热系数、密度、规格及厚度等。

(3) 平面图中应绘出加热管或发热电缆的具体布置形式，标明敷设间距、加热管的直径、计算长度和伸缩缝要求等。

**【案例 39】**河北某小区 2 号楼，建筑面积 14970.8m²，地下 2 层，地上 16 层，供暖热负荷 479kW，室内为 50/40℃低温热水地面辐射供暖系统。因为房地产公司提出地面辐射供暖系统由地暖公司总承包，将来要进行二次设计，设计单位的施工图没有加热管具体布置形式，这种情况十分普遍。这样的要求是不合理的，设计单位应按规程的规定出具加热管的具体布置图。

2. 关于二次设计

由于低温热水地面辐射供暖技术在我国应用的时间不长，许多设计计算方法是引用国外的方法，有些设计要点虽然在规程中提到，但由于实践经验不足或情况的不确定性，并未提出解决问题的办法，成为设计和审图时甄别的难点，现举例如下。

(1) 加热管的计算面积

在单位地面面积所需散热量的公式 $q_x = Q/F$ 中，《地面辐射供暖技术规程》JGJ 142—2004 称 $F$ 为敷设加热管的地面面积，编者认为称 $F$ 为计算面积较妥，因为计算散热量时，应考虑家具及其他覆盖物的影响，在覆盖物下的计算面积不等于敷设加热管的地面面积。《地面辐射供暖技术规程》JGJ 142—2004 有两条与此有关，第 3.4.7 条规定：“地面散热量应考虑家具及其他地面覆盖物的影响”，第 3.5.7 条规定：“地面的固定设备和卫生洁具下，不应布置加热管”。因此，在扣除不布置加热管的面积后，应区分为无覆盖物遮挡、直接敷设加热管的面积和考虑家具等地面覆盖物影响以后的面积两部分。但究竟固定设备和卫生洁具应扣除多少面积，如何考虑家具等地面覆盖物的影响，规程并没有明确的规定。实际上，对于住宅而言，由于入住业主的不同爱好和户型的千差万别，各种因素的随机性很大，情况十分复杂，不可能对这两者做出哪怕是极其近似的规定，这就给设计增加了一定的难度，施工图审查时也看不到设计者是如何考虑这种影响的或影响到什么程度。

文献［1］、［2］、［3］推荐了考虑家具和覆盖物影响的系数，如表 2-33 所示。

**使用房间面积及覆盖率** **表 2-33**

| 功　能 | 平均地面面积（$m^2$） | | | 计算覆盖率（%） | | |
|---|---|---|---|---|---|---|
| | 文献［1］ | 文献［2］ | 文献［3］ | 文献［1］ | 文献［2］ | 文献［3］ |
| 主卧 | 15～20 | 8～36 | 10～18 | 35～30 | 49 | 21～12 |
| 次卧 | 8～15 | 8～36 | 6～16 | 40～25 | 49 | 33～14 |
| 客厅 | 20～25 | 10～60 | 9～26 | 20～15 | 36 | 22～64 |
| 餐厅 | | 5～24 | | | 39 | |
| 书房 | 10～15 | 6～29 | 6～12 | 15 | 38 | 34～20 |

注：文献［1］指北京市建筑设计研究院，建筑设备专业技术措施。
文献［2］指赵艳峰等，住宅地面辐射供暖系统中因地板覆盖产生的散热量安全系数。
文献［3］指董重成等，地面遮挡对地板辐射采暖散热量的影响研究。

由上表可知三者的差异还是较大的，文献［2］的结果是经过一番调查的，可供参考，但作者指出，“未能发现这些因素与地板覆盖率之间的规律。”

文献［2］推荐考虑覆盖物影响的散热量计算公式为：

$$Q = Fkq \tag{2-33}$$

$$k = (1-\beta) + A\beta \tag{2-34}$$

式中 $F$——敷设加热管的地面面积，$m^2$；
$k$——安全系数，取 0.65～0.85；
$A$——覆盖程度修正系数，取 0.5～0.7；
$\beta$——覆盖率（见表 2-33）。

编者建议设计者应在“说明”中明示考虑这种影响的程度、扣除的固定覆盖物的面积等，以形成明晰的概念，待实际施工时再做必要的调整，也就是必须进行二次设计。

（2）加热管的间距和总长度

众所周知，设计者在进行加热管布置（确定加热管直径、长度和敷设间距）时，先由公式 $q_x = Q/F$ 计算出单位地面面积所需的散热量 $q_x$，再根据加热管种类、水温、室温及地面材料的热阻，借用《地面辐射供暖技术规程》JGJ 142—2004 附录 A 的资料确定管间距并由此计算总长度，以满足房间所需的散热量（热负荷）$Q$。由于不同热阻的地面材料构成的辐射地面的散热量差别是很大的，因此会影响加热管间距和总长度的确定。曾经有文献指出，地面材料的影响、家具的遮挡可以忽略不计。但这只是个案，不能成为定论。针对这种情况，编者建议：1）设计者初次只给出准确的房间所需散热量（热负荷）$Q$ 和建议的加热管地面面积，初步出具管路布置图，由业主根据地面材料和实际面积委托专业公司进行二次设计；2）设计者初次布置加热管时，应明示设计所用的地面材料及热阻、加热管地面面积和单位地面面积散热量等，实际施工时，由原设计者或专业公司进行必要的修改，使设计更符合实际；3）不论采用以上哪种方法，都应在“设计说明”中明示面层材料热阻的最大限值不超过 0.05$m^2$·℃/W，以规范面层材料的采购，进而保证设计的效果。

### 2.6.7 审图中发现的问题及分析

1. 未指出设计计算的前提条件

众所周知，设计者在进行低温热水地面辐射供暖工程设计和加热管布置（确定加热管直径、长度和敷设间距）时，先由公式 $q_x=Q/F$ 求出单位地面面积所需的散热量 $q_x$，再根据水温、室温、埋地管材料种类及直径、地面面层材料及热阻，借助《地面辐射供暖技术规程》JGJ 142—2004 附录 A 计算埋地塑料管的布置间距和环路长度等，以满足房间所需的散热量（热负荷）$Q$。但是，除水温、室温、管材三个条件外，只有知道实际计算面积 $F$ 和面层材料及热阻，才具备唯一确定性。因此，设计计算必须明确该前提条件。

**【案例 40】**编者审查的施工图中，设计人员能依规定注明水温、室温、埋地管材料种类及直径。但是，几乎有 90%的项目，设计人员并不注明地面面层材料及热阻，仍然绘制加热管布置图，这是一种极不正常的现象。由传热学原理可知，热阻不同的地面材料构成的地面辐射供暖散热面的散热量差别是很大的，如以陶瓷砖等为面层的地面比以木板为面层的地面的散热量高 30%～60%。但由于住宅建筑已形成业主个性装修的市场模式，施工图设计时并不能预测业主入住后采用何种地面材料，有的业主喜欢陶瓷类地砖，有的业主欣赏木地板，因此，对实际运行的效果是很难预料的，地面材料是随机的，地面散热量和实际效果也是随机的，设计时难以掌握，审图时也难以甄别。

2. 忽视对分环路控制室温的要求

《地面辐射供暖技术规程》JGJ 142—2004 第 3.8.1 条以强制性条文规定“新建住宅低温热水地面辐射供暖系统，应设置分户热计量和温度控制装置”。在审查的施工图文件中，不少项目在“设计说明”中遗漏了对室温控制的要求，一部分施工图虽然从分、集水器安装图和图例对照能猜到在加热管上设了控制阀，但并未提出对控制阀性能的要求。“说明”中无表述，对控制阀无要求，实际上是被设计人员忽视的一个环节。

3. 埋地加热塑料管的选择

近几年塑料类管材在暖通空调工程中得到日益广泛的应用，主要是由于低温热水地面辐射供暖系统、顶板或地面冷暖辐射系统、集中供暖计量供热或分户独立热源的住宅户内供暖系统等的需要。

在编者审查的施工图中，设计人员选用的加热塑料管种类，按出现的频率依次为交联聚乙烯（PE-X）管、无规共聚聚丙烯（PP-R）管、聚丁烯（PB）管和非交联耐热聚乙烯（PE-RT）管，未发现采用聚氯乙烯耐热（PVC-C）管及铝塑复合管的情况。

设计人员选择塑料管出现的问题如下：

（1）忽略标注塑料管的使用条件级别

塑料管的使用条件级别体现了综合热作用（即设计温度和最高设计温度作用周期的总和）的概念，这是因为塑料管在其全部使用期（寿命周期）内，必然存在不同温度的时间分布，不可能始终处在同一温度作用条件下。使用条件级别对塑料管在不同作用温度下的作用频率作了规定，供工程设计时选用。

按国家标准《冷热水系统用热塑性塑料管材和管件》GB/T 18991 的规定，低温热水地面辐射供暖工程中，塑料管的使用条件级别为 4 级，即在总寿命周期中，40℃热作用共历时 20a，60℃热作用共历时 25a，70℃热作用共历时 2.5a，各种不同温度热作用周期的总和为 50a，还允许意外运行条件下 100℃热作用累计不超过 100h。因此设计人员在“说明”中应标注塑料管的使用条件级别。应该注意的是，不应标注为“5 级”。

(2) 塑料管管系列 $s$ 值计算错误

在进行塑料类管材的强度验算时，引进了管系列 $s$ 值的概念，用于确定塑料类管材的尺寸系列，其表达式为：

$$\frac{\sigma_D}{p} \geqslant \frac{D-e}{2e} = s \tag{2-35}$$

式中 $s$——管系列值；

$\sigma_D$——管材许用设计应力，MPa；

$p$——系统工作压力，MPa；

$D$——管道外直径，mm；

$e$——管道壁厚度，mm。

用上式可以在已知管材的许用设计应力 $\sigma_D$ 和系统工作压力 $p$ 的条件下，直接计算所选塑料类管材的管系列 $s$ 值，进而确定不同管道外径所需的管壁厚。

**【案例 41】**施工图审查过程中，屡屡发现设计人员在不明确系统工作压力（个别案例甚至不明确塑料管的使用级别）的情况下，信手确定管系列 $s$ 值，多数情况都是确定的 $s$ 值偏小，例如，工作压力为 0.4MPa 的系统，选用 PE-X 管材标注的管系列值为 $s_5$，对应了较大的工作压力，进而确定的管壁厚也偏大。上述情况在提出审图意见后都能得到更正。

(3) 管壁厚度选择不合理

管材的公称壁厚应根据选择的管系列 $s$ 值及施工和使用中的不利因素综合确定。个别设计人员忽略规范标准中关于限制最小壁厚的规定，选用的壁厚小于最小壁厚。

**【案例 42】**某地住宅小区 4 号楼，地下 2 层，地上 27 层；室内为地面辐射供暖系统，水温 50/40℃，选用塑料管直径为 De20×1.9，不符合《地面辐射供暖技术规程》JGJ 142—2004 附录第 B.1.3 条“对管径大于或等于 15mm 的管材壁厚不应小于 2.0mm”的规定。这类问题除设计时及时发现外，更应在材料选购和施工时严格把关。

4. 片面注意加热管最大长度的限制，忽视了最小流速的限制

《地面辐射供暖技术规程》JGJ 142—2004 第 3.5.2 条规定，“连接在同一分水器、集水器上的同一管径的各环路，其加热管的长度宜接近，并不宜超过 120m”。在编者审查的所有施工图中，尚未发现长度超过 120m 的环路，一方面是规程规定应不超过 120m，另一方面是超过 120m 时会在填充层内增加接头，《地面辐射供暖技术规程》JGJ 142—2004 第 5.3.4 条对此作了限制，因此没有发现加热管长度超过 120m 的情况。

问题是不少设计人员不能按户内实际情况布置环路，信手布置或者限于条件，将环路长度设定的很小，有的环路总长只有 50～60m 甚至更短，其所承担的热负荷随之较小，热水流量、流速也较小。由于地埋管是无坡度敷设，为了排除管道内的空气，《地面辐射供暖技术规程》JGJ 142—2004 第 3.5.6 条规定，“加热管内水的流速不宜小于 0.25m/s”。根据编者的计算，为保证足够的流速，热水流量（热量）应有一最小值，对于供回水温度为 50/40℃、室温为 18℃的系统，管径 De20×2.0mm PE-X 管道、管间距 250mm 和瓷砖地面为条件计算的热负荷应不小于 2100W，管径 De25×2.3mm 管道的热负荷应不小于

3300W，否则流速就达不到要求。

**【案例43】**某小区C区3号楼，建筑面积39650.53m²，地下2层，地上26层，设计水温50/40℃的地面辐射供暖系统，检查发现，最短环路的盘管长度只有41.3m。按水温50/40℃、室温18℃、管径De20×2.0mm的PE-X管、管间距250mm和瓷砖地面为条件计算，铺设管道面积10.3m²，散热量1388.4W，热水流量119.4kg/h，流速只有0.18m/s，远远小于规定的最小流速。

5. 管道排列密集处未采取隔热措施

对于一梯两户的住宅，从管道井通往用户的水管只有两组，而且靠近用户、距离较短，此时只在分集水器附近地面管道排列较密集，一般为6～8根（3～4个环路），部分项目未按《地面辐射供暖技术规程》JGJ 142—2004第5.3.8条的要求，对于管间距小于100mm的加热管设置柔性套管，降低地面温度，防止地面过热。

**【案例44】**对于一梯多户的建筑，管道井通往用户的管道多埋在公共走道地面垫层内，管道十分密集，应设置柔性套管。某项目A区5号楼住宅，总建筑面积21651.68m²，地下2层，地上34层，一梯6户，室内系统为低温热水50/40℃地板辐射供暖。水管出管道井分为两侧，一侧2户，另一侧4户，各户水管从管道井经过电梯前室走廊地面垫层到户内集配器，后者的距离达25m，供回水管8根，由于走廊地面垫层中还有生活给水管，致使采暖水管间距小于100mm，设计人员只按标准图集《低温热水地板辐射供暖系统施工安装》的要求注明在分集水器附近的管道密集处设置柔性套管，甚至引用图集上的详图，但对公共走道地面密集管道的部位，没有提出这一要求，说明设计人员还不能融汇贯通。

6. 设计中未区分对不同塑料管的连接要求

塑料管是低温热水地面辐射供暖系统的热水输送通道，施工过程中必然出现管材的连接问题，不同管材的连接要求是不同的。不少设计人员或由于忽视这一问题，或由于缺少这方面的经验，没有在“设计说明”中明示对管材连接的要求，成为设计中的一个盲点。

7. 在低温热水地面辐射供暖系统中采用钢制散热器

审图中发现个别设计人员基于住宅卫生间不好布置加热管和对地面的防水处理要求严格，常有在卫生间选用小型钢制散热器的情况，而未提出塑料管宜有阻氧层或在水中添加除氧剂的要求。这种情况在审图人员指出后都能进行修改，但是在设计时应尽量避免出现这种情况。

8. 遗漏地面构造中的隔离层（防潮层）

为了保持地面构造中绝热层材料的性能，规程规定卫生间、厨房等潮湿场所应做两层隔离层，与土壤相邻的地面绝热层下部、其他潮湿房间的地面填充层上部均应做隔离层。审图时发现不少项目未遵循相关的规定，遗漏地面构造中的隔离层，势必影响地面辐射供暖系统的使用寿命。

9. 系统工作压力超过规定极限

为了保证低温地面辐射供暖系统管材和附件的安全与使用寿命，《采暖通风与空气调节设计规范》GB 50019—2003和《民用建筑供暖通风与空气调节设计规范》GB 50736—2012都规定“热水地面辐射供暖系统的工作压力不宜大于0.8MPa”。这一规定看似简单，好像很容易做到，但实际上仍有不少设计人员忽视这一点。

【**案例 45**】某住宅小区，1 号楼建筑面积 22836m²，地下 1 层，地上 23 层，4 个单元，2 号楼建筑面积 24006m²，地下 1 层，地上 24 层，3 个单元，屋面高度 71.70m；另有办公楼 3 栋，都是 3 层，会所 1 栋，地上 2 层。住宅建筑室内设置吊顶辐射板冷暖空调加独立新风/卫生间排风的置换通风系统；吊顶辐射板冷暖空调为一个水系统，夏季水温 18/21℃，冬季水温 32/29℃，水系统竖向分为高、低区，系统最大压力不超过吊顶辐射板的工作压力。住宅的新风处理机与办公楼、会所为另一个水系统，末端包括住宅的新风处理机、办公楼和会所的风机盘管和新风机，还包括一间面积约 170m² 的样板间的吊顶辐射板和地埋管。由于新风处理机在 2 号楼屋面上，水系统竖向不分区，水系统顶点高度约 75m，循环水泵扬程 38m，设计人员确定的系统工作压力为 1.2MPa，而样板间在会所的一层，这样就超过了地埋管工作压力不大于 0.8MPa 的规定。设计人员应该尽量避免这种情况。

## 2.7 室内供暖系统节能设计

节能减排是我国的基本国策，建筑节能是我国可持续发展的战略选择。经过改革开放 30 多年的发展，我国城市化进程加快，2011 年达到 51.3%，包括暂住人口在内的城市人口已超过全国人口的一半，民用建筑的建筑面积和建筑能耗都大幅度增加。我们目前论及的建筑节能，并不是鼓励或提倡减少能源消费，而是在保证社会生活和生产基本要求的前提下，提高能源利用率或效率，降低单位产品或单位建筑面积的能耗水平。

### 2.7.1 民用建筑节能的规定及目标

1. 民用建筑节能的规定

为了推动我国民用建筑节能工作的开展，从 1986 年开始，我国相继发布了《民用建筑节能设计标准（采暖居住建筑部分）》JGJ 26—86（已替代）、《夏热冬冷地区居住建筑节能设计标准》JGJ 134—2001（已替代）、《夏热冬暖地区居住建筑节能设计标准》JGJ 75—2003、《公共建筑节能设计标准》GB 50189—2005、《严寒和寒冷地区居住建筑节能设计标准》JGJ 26—2010 和《夏热冬冷地区居住建筑节能设计标准》JGJ 134—2010 等，形成了民用建筑节能设计标准的完整体系。

2. 民用建筑节能的目标

（1）民用建筑节能的目标值

我国的第一个居住建筑节能设计标准——《民用建筑节能设计标准（采暖居住建筑部分）》JGJ 26—86，从 1986 年 8 月 1 日起执行。该标准要求将居住建筑供暖能耗在当地 1980～1981 年住宅通用设计的基础上节能 30%。通用设计是指体形系数为 0.3 左右、有 4 个单元的 6 层住宅楼的耗热量指标计算值，经线性处理后的数据作为基准能耗，在此基础上，第一步节能指供暖能耗降低 30%。第二阶段的节能设计标准——《民用建筑节能设计标准（采暖居住建筑部分）》JGJ 26—95，从 1996 年 7 月 1 日起执行。该标准要求将居住建筑供暖能耗在第一步节能的基础上再节能 30%，即将居住建筑供暖能耗在当地 1980～1981 年住宅通用设计的基础上累计节能 50%，即通常所称的第二步节能。2007 年将第二步节能标准进行全面修订，并更名为《严寒和寒冷地区居住建筑节能设计标准》JGJ 26—

2010，即第三步节能标准，指在第二步节能的基础上再降低30%，累计降低能耗65%。对于公共建筑，是以20世纪80年代改革开放初期建造的公共建筑作为比较能耗的基础，称为“基准建筑”，计算“基准建筑”全年的暖通空调和照明能耗，将它作为100%。再将“基准建筑”按《公共建筑节能设计标准》的设定，计算全年的暖通空调和照明能耗，应该相当于50%，所以，公共建筑目前的目标是降低能耗50%。

居住建筑第三步节能目标的目标值指所设计建筑物的耗热量指标应小于或等于《严寒和寒冷地区居住建筑节能设计标准》JGJ 26—2010附录A中表A.0.1-2严寒和寒冷地区主要城市的建筑物耗热量指标，表中未列的城市参照附近城市的标准。

（2）对建筑物节能程度的判断

按照《严寒和寒冷地区居住建筑节能设计标准》JGJ 26—2010的规定，建筑物的建筑设计应满足围护结构热工设计的要求，即要求建筑物的体形系数、窗墙面积比、围护结构的传热系数、周边地面和地下室外墙的保温材料层热阻、寒冷（B）区外窗综合遮阳系数等五项指标必须满足相关限值的规定，这五项都是强制性指标。但是，随着住宅的商品化、开发商和建筑师更加关注居住建筑的个性化，有时会出现所设计建筑不能全面满足五项限值的情况。为了尊重建筑师的创造性工作，同时又使所设计建筑物能够符合节能设计标准的要求，因此引入建筑物围护结构热工性能“权衡判断法”，容许五项限值的个别项超过限值，不拘泥于围护结构各局部的热工性能，而是从总体热工性能上判断是否满足节能标准的要求。当个别超过限值的所设计建筑物的耗热量指标符合建筑物耗热量指标限值的要求时，即判定该建筑物符合节能标准的要求。

### 2.7.2 供暖系统设计的节能措施

自1986年执行《民用建筑节能设计标准（采暖居住建筑部分）》以来，我国已经出现和总结了许多供暖系统设计的节能措施，经过业内人员的共同努力，原有的措施不断完善，新的措施不断涌现，已经形成了一整套行之有效的措施。

1. 集中供暖系统应采用热水作为热媒

《民用建筑供暖通风与空气调节设计规范》GB 50736—2012第5.3.1条规定，散热器供暖系统应采用热水作为热媒。实践证明，热水供暖能提供较好的供热品质，在采取必要的调节与控制措施后，可以根据室内负荷和室外气温的变化，改变水温或水量，实现按需供热和合理分配，减少热源装机容量，以提高能源利用率，达到最大限度的节能。

2. 不应盲目提高供暖设计温度

在满足热环境要求的前提下，不盲目提高室内供暖设计温度是重要的节能措施之一。以住宅建筑为例，《住宅建筑规范》、《住宅设计规范》均规定，卧室、起居室（厅）、厕所的设计温度不低于18℃，虽然说这是最低要求，但也不应该盲目提高。

**【案例46】**某居住小区6号楼，建筑面积34359.65m$^2$，地下2层，地上33层，设计为50/40℃地面辐射供暖系统。“说明书”称卧室室内设计温度为18℃，编者审查热负荷计算书发现，计算书中卧室等场所的室内计算温度也为18℃，设计者未按规定方法（室内温度降低2℃或按对流供暖热负荷的95%计算）计算热负荷，并提出审图意见。但是设计者回复称，把室内设计温度提高到20℃，在计算书中保持18℃，坚持不改计算温度和热负荷计算书。这样的做法不是一个科技工作者应有的态度。

【案例 47】河北某小区有 5 栋 26～28 层的居住建筑，其中 11 号楼建筑面积 27229.53m²，底下 2 层，地上 28 层，采暖热负荷 543.1kW，采用 50/40℃低温热水地面辐射供暖系统，设计单位提交的热负荷计算书中没有注明室内外计算温度。编者针对某一围护结构表面的耗热量 $Q$，用 $\Delta T = t_n - t_{wn} = Q/(KF)$ 进行校核时，发现室内设计温度 $t_n$ 与“设计说明”的 18℃不符合，住宅的室内温度为 24℃，商业用房的室内温度为 27.5℃，比“设计说明”的 18℃高的太多。经询问设计者，称建设地点为北方沿海地区，担心冬季采暖效果不好，将室内温度提高。这是一种不负责任的态度。

这种盲目提高采暖设计温度的方法是一种错误的方法。一方面，我国规范规定的室内设计温度已能满足工作和生活的需要，从热舒适感角度不必再提高。另一方面，计算温度由 16℃提高到 18℃，必然会增大热负荷。冬季供暖室温越高，系统能耗越大。一般的规律是，室内计算温度降低 1℃可降低能耗 5%～10%。另有研究表明，室内设计温度从 20℃降到 18℃，可降低能耗 22.8%，数量是十分可观的。因此，冬季供暖不应盲目提高供暖设计温度，这是最重要、最有效、实施起来最简单的措施之一。

3. 供暖热负荷计算应扣除室内的得热量

根据第 2.2.1 节的论述，供暖热负荷应是室内计算热耗量与室内得热量之差，供暖热负荷也可以称为“需热量”。室内耗热量按规定的方法计算，但得热量的情况却差别很大。在居住建筑中，主要是家用电器发热量，由于电器设备功率不大（4kW/户），计算时被忽略了，成为有利因素。公共建筑中的电器发热量是十分巨大的，按《公共建筑节能设计标准》的设定，各种功能区的电器设备功率（W/m²）如表 2-34 所示，固定设备的稳定散热量在计算时是不应该忽略的。

**公共建筑电器设备功率（W/m²）** **表 2-34**

| 办公建筑 | | | 宾馆建筑 | | | 商场建筑 | |
|---|---|---|---|---|---|---|---|
| 普通办公室 | 高档办公室 | 会议室及其他 | 普通客房 | 高档客房 | 会议室及其他 | 一般商店 | 高档商店 |
| 20 | 13 | 5 | 20 | 13 | 5 | 13 | 13 |

【案例 48】目前编者审查的供暖热负荷计算书，不论采用哪个公司的计算软件，都只列出供暖区围护结构面积、传热系数、室内外计算温度、基本耗热量、各项附加耗热量、门窗冷风渗透耗热量、开启的外门附加耗热量及户间传热等，任何计算软件没有一个列举室内得热量的。使用软件的设计人员也不加分析，没有一份计算书计算室内得热量，都是直接把耗热量作为热负荷。

4. 散热器表面不应刷金属涂料

《公共建筑节能设计标准》第 5.2.4 条、《严寒和寒冷地区居住建筑节能设计标准》第 5.3.5 条、《民用建筑供暖通风与空气调节设计规范》第 5.3.9 条均规定，散热器的外表面应刷非金属涂料，其目的是增加单位面积（质量）散热器的散热量，节约能源。

【案例 49】河北某小区 2 号楼，建筑面积 13415m²，地下 1 层，地上 24 层，室内设计为 85℃/60℃散热器供暖系统，采用铸铁散热器，设计人员按以前的要求，注明在散热器外表面刷银粉，这种做法是不符合规定的。

早有研究表明，散热器表面涂料对散热器的辐射换热有一定影响，同时也对散热器的散热量有影响，但是，这个问题在实际工程中没有受到应有的重视。清华大学散热器检测室的研究表明，若将柱型铸铁散热器的表面涂料由传统的银粉改为非金属涂料就可提高散热量13%～16%，这是一种简单易行的节能措施，应该大力推广。

5. 除幼儿园等工程外，散热器应明装

散热器安装在罩内时，由于空气的自然对流受限制，热辐射被遮挡，散热效率比明装时低，因此，散热量会大幅度减少，而且由于罩内空气温度远远高于明装时空气温度，使罩内墙体的温差传热损失大大增加。现在不少市民在室内装修时，在散热器外面加罩，这样不但增加建造费用，还必须占用一部分建筑面积。因此，除托儿所、幼儿园等特殊工程需要暗装外，提醒设计人员在“设计说明”中必须强调散热器应为明装，以减少能源浪费。

6. 选择热工性能好的散热器

散热器的传热系数越大，表示传热温差为1℃时单位面积散热器的散热量越大，热工性能越好；散热器的金属热强度越大，表示传热温差为1℃时单位重量散热器的散热量越大，热工性能也越好。选择热工性能好的散热器，传递相同的热量，就可以减少散热器的面积和重量，也即减少生产散热器的能源和资源消耗。

7. 散热器的进水支管应装恒温阀

当室内采用散热器供暖时，应在每组散热器的进水支管上安装散热器恒温控制阀。双管系统应采用高阻力阀，单管系统应采用低阻力阀；恒温控制阀必须水平安装，且应避免受到阳光照射。

**【案例50】**某中学教学楼为4层建筑，建筑面积4841m$^2$，供暖系统为95/70℃上分式带跨越管的单管散热器系统，设计人员只在跨越管上安装手动阀，以为这样可以通过调节手动阀改变散热器的流量，而没有在散热器进水支管上安装散热器恒温控制阀，无法自动调节散热器的流量，是不符合规范规定的。

安装在散热器进水支管上的散热器恒温控制阀，是一种自力式调节控制阀，用户可根据对室温的要求，调节并设定温度，恒温控制阀可以确保各区的温度恒定，避免散热器的水量不平衡，以及单管系统上下室温不均匀的问题。而且还能根据室内获得“自由热”（阳光照射、大型电器发热等）的程度，及时调整流经散热器的水量，不仅保持室内舒适，同时达到节能的目的，一般可节省能耗10%～15%左右。

8. 选择散热器面积应扣除明装管道散热量

室内不保温明装管道的散热是室内稳定的发热量，是抵消耗热量的有利因素，在选择散热器时，应从计算耗热量中扣除不保温明装管道的散热量，作为散热器应承担的热负荷——“需热量”，这样就会减少散热器的计算面积。

**【案例51】**某地滑雪场接待中心建筑面积8324m$^2$，地下1层，地上2层，供暖系统为85/65℃散热器系统，地下1层多功能区共分8个并联水平双管异程系统，最大环路的作用半径约160m，带26对立管，8个环路供回水水平干管总长约1500m（不计立管、支管的长度），未保温明装管道的散热量达124.5kW，占总负荷的23.6%，简单折合散热器约770片。

设计人员在计算散热器数量时，不但不扣除不保温明装管道的散热量，还总担心散热器数量不够，影响供暖效果，对计算结果该舍的不舍，不该进位的进位，层层加码，认为只有散热器散热量大于房间热负荷才安全，这是造成室内过热的根本原因，这种情况必须杜绝。

9. 施工图设计必须进行详细的供暖热负荷计算

建筑物的供暖设计，包括系统配置、设备选型、管径计算、水力平衡等，都是以供暖计算热负荷为基础的，除方案设计和初步设计阶段可借用热负荷指标估算供暖热负荷外，施工图设计阶段必须对每个房间进行详细的热负荷计算。目前我国的建筑市场中，经常出现建设单位为了某种利益将供暖工程交给施工单位总承包情况，施工单位并不进行详细的热负荷计算，只是按经验指标估算供暖热负荷。

我们知道，《民用建筑节能设计标准（采暖居住建筑部分）》JGJ 26—95、《采暖通风与空气调节设计规范》GB 50019—2003 都没有将施工图阶段必须进行供暖热负荷计算列入强制性条文，自 2005 年起，《公共建筑节能设计标准》把施工图阶段必须进行供暖热负荷计算列为强制性条文；随后，《严寒和寒冷地区居住建筑节能设计标准》JGJ 26—2010、《民用建筑供暖通风与空气调节设计规范》GB 50736—2012 都连续作出相同的规定，不能不引起我们的重视。

**【案例 52】**某地生化药业办公楼建筑面积 12017.8m²，地下 1 层，地上 9 层，“设计说明”称供暖热负荷为 700kW；质检楼建筑面积 7543.1m²，地下 1 层，地上 5 层，“设计说明”称供暖热负荷为 660kW。供暖热负荷都是百位或十位整数，很明显是没有经过计算。在节能减排任务十分繁重的今天，这种不负责任的态度是不能容许的，应该坚决禁止。

**【案例 53】**河北某住宅小区，有 6 层、11 层和 18 层住宅共 13 栋，设计人员报送的计算书和节能表显示，其中有 8 栋的供暖热负荷指标都是 28.06W/m²，这明显也是没有进行热负荷计算而信手编写的。

10. 供暖系统宜按南、北向分环布置

长期以来，供暖系统始终存在一个不同朝向房间冷、热不均的问题，在同一建筑中，经常出现一部分房间过热、一部分房间欠热、一部分房间过冷的现象，产生这种现象的主要原因是不同朝向房间得到的太阳辐射热不均匀的缘故。为解决上述温度失调的现象，应在室内供暖系统中采取分环路措施，根据不同朝向（主要是南、北）分设环路，并分别设置自动调节阀。

工程实践和测试充分证明，分环控制不仅可以有效消除南北向房间的温度差异，从根本上克服“南热北冷”的现象，而且可取得明显的节能效果。实施时需做到：（1）南、北向分别设置供水总管和回水总管；（2）在各环路入口供水总管设置电动调节阀；（3）分别在各朝向选择 2～3 个标准间作为控制对象，取其平均温度，输送到温度调节器；（4）通过温度调节器自动改变该环路的水温或水量。这样，才能取得较好的节能效果。

11. 公共建筑的高大空间场所采用辐射供暖方式

在公共建筑的大堂、展厅等高大空间场所，采用传统的对流供暖方式时，普遍存在上部空间温度高、下部人员活动区温度过低的现象，不但影响热环境质量，而且高温的上部空间能耗加大，热的有效利用率低。对高度为 14m 的大厅的测试表明，采用对流供暖时，上下部温度差为 9℃，采用辐射供暖时，上下部温度差只有 2.5℃。事实上，通常只要求使用区离地 1.8m 高度范围内的温度均匀舒适即可，活动区上部的空间，不必保持同样的温度。因此，采用地面辐射供暖方式，可以改善供暖效果，同时可降低供暖能耗 10%～15%。

12. 集中供暖建筑应设置楼前和用户热量计量装置

量化管理是节约能源的重要手段之一，实施供热计量，既是确定建筑物供暖耗热量的依据，又能按照用热量的多少来计收用户的供暖费用，做到公平合理，又有利于提高用户的节能意识。因此，设置集中供暖的民用建筑，均应按规范规定在建筑物的热力入口处设计并安装热量计量装置。楼前热量表是该楼栋与供热单位进行热量结算的依据，而住户则进行按户热量分摊，因此，每户应有相应的计量装置作为对整栋楼的耗热量进行户间分摊的依据。《供热计量技术规程》JGJ 173—2009 要求必须安装热量计量装置，而不能仅预留安装位置。

13. 热水供暖系统并联环路阻力差不应大于 15%

施工图设计时，应严格进行室内供暖管道的水力平衡计算，确保各并联环路间（不包括公共管段）的压力损失差额不大于 15%。要实现这一要求可采取以下措施：

（1）环路布置应力求均匀对称，环路半径不应过大，负担的立管数量不能太多；

（2）应首先通过调整管径使各并联环路间（不包括公共管段）的压力损失相对差额的计算值达到最小；

（3）在调整管径不能满足要求的情况下，在立管或支管上安装静态或动态水力平衡阀。

在水力平衡计算时要计算水冷却产生的附加压力，其值可取设计供、回水温度条件下附加压力值的 2/3。在上供下回垂直双管供暖系统中，供暖水冷却产生的附加压力是造成垂直失调的主要原因，应引起设计人员的足够重视。

14. 尽可能减少建筑物热力入口的数量

在满足系统布置、水力平衡和热量计量（分摊）的前提下，应尽可能减少建筑物供暖入口的数量。这样不仅可以降低室外管网的初投资，还有利于室内外管网的平衡与调节。但是，许多设计人员并不重视这一问题，在住宅小区的底层商铺设置热力入口时，并不进行分组引入，而是一个门面设一个入口。

**【案例 54】**河北某小区 38 号住宅楼，建筑面积 7103m$^2$，地下 1 层，地上 6 层，地上一层为商铺，二～六层为住宅，室内为 50℃/40℃地面辐射供暖系统，住宅部分按单元设 5 个热力入口，对于商铺设计人员不进行优化设计，一个门面设一个入口，共计设置 17 个入口，平均间距仅 4m 左右，整个住宅楼共计 22 个热力入口。

**【案例 55】**河北某商业建筑，地上 2 层，建筑面积只有 4647.48m$^2$，但设计人员不愿认真思考，简单从事，共设置了 39 个热力入口。设计人员应避免这种不科学的作法，采取分组引入、室内分户计量的方案，尽量减少建筑物热力入口的数量。

15. 供暖系统制式应便于实现分室（区）温控

（1）对于居住建筑的散热器供暖系统，应采用双管系统；如采用单管系统，每组散热器均应设置跨越管，并在散热器供水支管上设置温控阀，或装设分配阀（H 阀），不应采用无跨越管或分配阀（H 阀）的顺序式单管系统。

（2）对于公共建筑的散热器供暖系统，采用的制式应根据不同情况，采用下述形式中的一种：

1）垂直双管系统；

2）水平双管系统；

3）垂直单双管系统；

4）带跨越管垂直单管系统；

5）带跨越管水平单管系统。

以上几种制式都必须在散热器供水管上设置恒温阀，以便进行室温控制，同样，不能采用无跨越管或分配阀（H阀）的顺序式单管系统。

**【案例 56】**河北某单位科研楼，建筑面积3581m²，地上3层，局部4层，设计为80/60℃散热器供暖系统，设计人员采用顺序式单管系统，只在供水管起点和回水管终点设置关断阀，这种系统无法进行室温调节，是不允许采用的。

16. 应按不同的制式选用散热器的温控阀

散热器温控阀的选用应遵循以下原则：

（1）垂直或水平双管系统每组散热器上宜在散热器供水支管上设置高阻力手动调节阀或高阻力自力式二通恒温阀；

（2）垂直单双管系统宜在散热器供水支管上设置高阻力自力式二通恒温阀；

（3）带跨越管垂直单管系统每组散热器间应设跨越管，并宜在散热器供水支管上设置低阻力二通阀或低阻力三通恒温阀；

（4）带跨越管水平单管系统每组散热器间应设跨越管，并宜在散热器供水支管上设置低阻力二通阀或低阻力三通恒温阀。

**【案例 57】**某科研单位实验楼，建筑面积9983m²，地下1层，地上5层，供暖面积4971m²，设计为95℃/70℃带跨越管的垂直单管散热器供暖系统，设计人员并不了解不同供暖系统制式应采用不同的温控装置，在散热器供水支管上采用高阻力温控阀，造成散热器流量不足，影响供暖效果。

17. 地面辐射供暖系统必须切实进行调节与控制

国内学者的大量调查显示，在已建成采用地面辐射供暖的建筑中，都不同程度地存在室温过高的现象，在数九寒天里，室温超过25～28℃的情况并不罕见。出现这种现象的原因，一方面是热负荷计算不严格、设计手段不完备，如：埋地加热管的计算只是查《地面辐射供暖技术规程》JGJ 142—2004附录A；另一方面是有些工程未进行正规的设计，而是由不具备设计资质的施工单位进行“总承包”，更重要的原因之一是绝大多数地面辐射供暖工程没有设计和安装室温调节与控制装置，因此，造成能源的极大浪费。《地面辐射供暖技术规程》和《严寒和寒冷地区居住建筑节能设计标准》都强调要“控制室内温度”、“配置室温自动调控装置”，以改变地面辐射供暖系统温度失控的状况。

**【案例 58】**河北某地产工程5号楼，建筑面积10122.93m²，地下1层，地上5层，共7个单元，采用50/40℃地面辐射供暖系统，设计时要求设置分环路室温控制。但建设单位为了节省投资，没有安装室温控制装置，当室外气温较高时，大部分用户室内过热，无法进行调节，不得不开窗采暖，因此造成严重的浪费。

18. 应根据实际的室内负荷大小调节供水温度

我们知道，当建筑物围护结构热工性能一定时，供暖热负荷随室外温度的变化而变化。当室外温度升高时，实时热负荷会减少，相反，热负荷就会增加。供暖系统的质调节就是根据室外温度的变化调节系统的供水温度，如果室外温度升高时，不能降低供水温度，就会出现供热过剩，造成室内温度过高和能量的浪费。要避免供热过剩和能量的浪费，科学的方法是绘制供热系统的“室外温度—供水温度”调节曲线，根据实时室外温度的变化调节供水温度。

为了达到上述要求，常规的做法是在设计换热站时，于换热器二次侧供水管上设置温度传感器，检测二次水的温度，温度传感器按设计工况或其他工况设定出水温度的上、下限。在换热器一次侧的供水管上设置温控阀，根据传感器反馈的实时温度信号及与设定值的偏差，调节温控阀的开度和一次水的流量，以此来调节外供热量，适应室内负荷的变化。当室内负荷减小、二次水温升高时，一次水调节阀关小，减少系统供热量，相反，则加大供热量，做到供热量始终与热负荷基本匹配，不致出现供热过剩现象，减少能源的浪费。

**【案例 59】**某地研发设计中心，地下 2 层，地上 9 层，建筑面积 22667m²，空调面积 15409m²，采用集中空调方案，夏季供回水温度 7/12℃，冬季供回水温度 60/50℃。夏季冷负荷 1587kW（含预留），冬季热负荷 1032kW（含预留），设计人员选用制冷量为 1044kW 的冷水机组 2 台，换热量 1400kW 的水—水换热器 1 台，水温为一次侧 120/70℃，二次侧 60/50℃。设计人员在热水系统只作了最简单的配置——压力表、温度计，而没有设置温度传感器和温控阀，这样的系统无法达到供热量与热负荷基本匹配，当室外气温升高、热负荷减少时，不能减少供热量，就会出现供热过剩和室温过高的情况。

19. 在集中换热站设置气候补偿器

有研究人员调查和测试显示，冬季室外气温升高后，由于不能调节供水温度，出现室温过高，过热损失占供热总能耗的 13%～20%。如何解决供热量与末端热负荷（用户需热量）之间不平衡的问题，是实现建筑供热大幅节能并提高室内供暖质量的关键所在。气候补偿器是一种调节供热量与供暖热负荷之间供需不平衡的设备。气候补偿器不是在温度传感器上人为地设定控制温度，而是根据室外温度变化调节供热量，将系统供水温度控制在一个合理的范围内，以适应末端热负荷的变化，实现系统热量的供需平衡。当供热量大于热负荷时，供水温度会高于允许的控制温度上限，此时，通过气候补偿器内的逻辑控制，换热器一次侧供、回水管之间旁通管上的调节阀开大，低温回水进入供水管的流量加大，降低供水温度，调节一次侧的供热量，就可以缓解供热量大于热负荷的矛盾。由于气候补偿器的温度传感器每隔一定时间采集一次室外温度和室内温度，再由补偿器内的处理器计算适时的控制水温，所以相对于常规的温度传感器—温控阀的控制，增加采集室外空气温度数据，不仅是反映了室内温度的变化，而且在适时跟踪室外空气温度的变化，这种调节的节能效果会更大。气候补偿器还可以根据需要设置成分时控制模式，如针对办公建筑，可以设置不同时间段的不同室温需求，在上班时间正常供暖，在下班时间转换成值班供暖。

20. 严格执行最新公布的集中供暖系统的供水温度及温差

以前的散热器供暖系统设计，基本是采用供水温度 95℃、供回水温差 25℃，实际运行情况表明，合理降低室内供暖系统的热媒参数，有利于提高散热器供暖的舒适性和节约能源。清华大学的专题研究表明，当二次网温差为 25℃时，随着二次网供回水温度的降低，不考虑系统折旧时，供热系统的运行费用降低，但供热系统的初投资逐渐增加。考虑了折旧后，二次网设计温度为 75/50℃时，供热系统的年运行费用最低。因此，推荐的供暖系统热水参数为：供回水温度宜为 75/50℃，且供水温度不宜大于 85℃，供回水温差不宜小于 20℃。热水地面辐射供暖系统供水温度宜采用 35～45℃，不应大于 60℃，供回水温差不宜大于 10℃，且不宜小于 5℃。这应该成为今后指导热水集中供暖系统设计的准则。

21. 散热器的布置应科学合理

目前，散热器仍然是居住建筑和大多数公共建筑冬季供暖的主要设备，因此科学合理地布置散热器是十分重要的。审查的居住建筑施工图中，更多的是强调居住功能和美观，散热器装在内墙边和暗装的情况屡见不鲜。但是，从节能的角度出发，还是应该坚持这样几点：(1) 散热器宜布置在外墙的窗台下，从散热器上升的热气流能阻止从玻璃窗下降的冷气流，使生活区的空气比较暖和，给人以舒适的感觉。(2) 散热器宜明装（除有防烫伤要求的场所），必须暗装时，装饰罩应有合理的气流通道和足够的流通面积。(3) 散热器尽量布置在房间的长边一侧，使热气流容易达到另一侧。(4) 每组散热器均应设置手动或自动放气阀。

22. 正确选择和设置水力平衡阀

由于供暖工程中管道直径的不连续性，完全靠调整管径达到水力平衡是不现实的，因此设置平衡阀就是必要的手段。设计选型应注意以下几点，以取得最大的节能效果：(1) 住宅热力入口的自力式压差控制阀或流量控制阀两端压差不宜大于 100kPa，且不宜小于 8kPa。(2) 定流量水系统（室内单管跨越式供暖系统）的各热力入口应设置水力平衡阀或自力式流量控制阀。(3) 变流量水系统（室内双管供暖系统）的各热力入口应设置自力式压差控制阀。(4) 选择自力式流量控制阀、自力式压差控制阀、电动平衡两通阀或平衡电动调节阀时，应保持阀权度 $S=0.3\sim0.5$。

**【链接服务】**我国指导供暖工程设计的文件包括：

《严寒和寒冷地区居住建筑节能设计标准》JGJ 26—2010；

《地面辐射供暖技术规程》JGJ 142—2004；

《热水集中采暖分户热计量系统施工安装》04K502；

《新型散热器选用与安装》05K405；

《燃气红外线辐射供暖系统设计选用及施工安装》03K501—1；

《低温热水地板辐射供暖系统安装（含 2005 年局部修改版）》03K404、03（05）K404；

《暖通动力施工安装图集（一）（水系统）》10R504，10K509；

《散热器系统安装（2002 合订本）》K402—1，K402—2。

# 第3章　室内通风系统

民用建筑通风的目的是为了防止大量热、蒸汽或有害物质向人员活动区散发，防止热、蒸汽或有害物质污染室内外环境。民用建筑通风有自然通风、机械通风和复合通风三种主要方式，设计中采用何种方式，应根据建筑物的性质、用途、当地社会经济发展水平、降低能源消耗、通风系统的投资和运行费用等多种因素，经技术经济比较确定。

## 3.1　通风设计参数及基本要求

### 3.1.1　通风设计室内空气参数

与供暖空调设计室内空气参数一样，通风设计室内空气参数是通风设计的基本依据，正确选取通风设计室内空气参数，对于确定通风方案、确定风量风压、设备选型、系统控制、经济运行、节约能源都有十分重要的意义。设计人员应熟知各类民用建筑的室内空气参数标准，以便正确进行通风设计。目前我国已发布的通用性室内空气参数标准有：《室内空气质量标准》GB/T 18883、《室内空气中可吸入颗粒物卫生标准》GB/T 17095、《居室空气中甲醛的卫生标准》GB/T 16127、《住房内氡浓度控制标准》GB/T 16146 和《民用建筑室内环境污染控制规范》GB 50325 等。

### 3.1.2　通风空间的通风量计算

室内通风的通风量是满足人员卫生要求、保持室内正压和补充排风、降低各种有害物浓度所必需的。计算通风量主要采用最小新风量法、风量平衡法和换气次数法，计算时应以风量平衡法为基本方法，并用最小新风量进行校核，只有在风量平衡法计算所需的数据不全或不确定时，才允许采用经过实践证明的换气次数，采用换气次数法计算。有条件采用风量平衡法时，应首先采用风量平衡法计算，这一点应引起设计人员的注意。

1. 最小新风量法

人员所需新风量按以下规范的规定确定。

(1)《民用建筑供暖通风与空气调节设计规范》GB 50736—2012

公共建筑主要房间每人所需最小新风量应符合下表的规定。

| 建筑房间类型 | 新风量〔$m^3$/(h·人)〕 |
|---|---|
| 办公室 | 30 |
| 客房 | 30 |
| 大堂、四季厅 | 10 |

高密人群建筑每人所需最小新风量〔$m^3$/(h·人)〕应符合下表的规定。

| 建筑类型 | 人员密度 $P_F$（人/m²） | | |
|---|---|---|---|
| | $P_F \leqslant 0.4$ | $0.4 < P_F \leqslant 1.0$ | $P_F > 1.0$ |
| 影剧院、音乐厅、大会厅、多功能厅、会议室 | 14 | 12 | 11 |
| 商场、超市 | 19 | 16 | 15 |
| 博物馆、展览厅 | 19 | 16 | 15 |
| 公共交通等候室 | 19 | 16 | 15 |
| 歌厅 | 23 | 20 | 19 |
| 酒吧、咖啡厅、宴会厅、餐厅 | 30 | 25 | 23 |
| 游艺厅、保龄球房 | 30 | 25 | 23 |
| 体育馆 | 19 | 16 | 15 |
| 健身房 | 40 | 38 | 37 |
| 教室 | 28 | 24 | 22 |
| 图书馆 | 20 | 17 | 16 |
| 幼儿园 | 30 | 25 | 23 |

(2)《中小学校设计规范》GB 50099—2011

采用机械通风时，人员所需新风量不应低于下表的规定。

| 房间名称 | 人均新风量［m³/(h·人)］ |
|---|---|
| 普通教室 | 19 |
| 化学、物理、生物实验室 | 20 |
| 语言、计算机教室、艺术类教室 | 20 |
| 合班教室 | 16 |
| 保健室 | 38 |
| 学生宿舍 | 10 |

(3)《办公建筑设计规范》JGJ 67—89

办公室每人新鲜空气供给量按下值采用：

一般办公室：20～30m³/(h·人)；高级办公室：30～50m³/(h·人)

(4)《旅馆建筑设计规范》JGJ 62—90

| 房间名称 | 新风量［m³/(h·人)］ | | |
|---|---|---|---|
| | 一级 | 二级 | 三级 |
| 客房 | 50 | 40 | 30 |
| 餐厅、宴会厅 | 25 | 20 | 20 |

(5)《商店建筑设计规范》JGJ 48—88

每人最小新风量 8.5m³/(h·人)。

(6)《饮食建筑设计规范》JGJ 64—89

饮食建筑空调系统新风量应符合下表的规定。

| 房间名称 | 一级餐厅、饮食厅 | 二级餐厅 |
|---|---|---|
| 新风量［m³/(h·人)］ | 25 | 20 |

(7)《铁路旅客车站建筑设计规范》GB 50226—95

站房内主要房间空气调节系统的新风量应符合下表的规定。

| 房间名称 | 最小新风量［$m^3$/(h·人)］ |
| --- | --- |
| 普通候车室、售票厅 | 8 |
| 贵宾候车室、软席候车室 | 20 |

(8)《体育建筑设计规范》JGJ 31—2003

体育建筑空调系统的新风量应符合下表的规定。

| 房间名称 | 最小新风量［$m^3$/(h·人)］ |
| --- | --- |
| 体育馆 | 15～20 |
| 游泳馆观众区 | 15～20 |

(9)《公共建筑节能设计标准》GB 50189—2005

公共建筑主要空间的设计新风量应符合下表的规定。

| 建筑类型与房间名称 | | | 新风量［$m^3$/(h·人)］ |
| --- | --- | --- | --- |
| 旅游旅馆 | 客房 | 5 星级 | 50 |
| | | 4 星级 | 40 |
| | | 3 星级 | 30 |
| | 餐厅、宴会厅、多功能厅 | 5 星级 | 30 |
| | | 4 星级 | 25 |
| | | 3 星级 | 20 |
| | | 2 星级 | 15 |
| | 大堂、四季厅 | 4～5 星级 | 10 |
| | 商业、服务 | 4～5 星级 | 20 |
| | | 2～3 星级 | 10 |
| | 美容、理发、康乐设施 | | 30 |
| | | | |
| 旅店 | 客房 | 一、二、三级 | 30 |
| | | 四级 | 20 |
| 文化娱乐 | 影剧院、音乐厅、录像厅 | | 20 |
| | 游艺厅、舞厅（包括卡拉 OK 歌厅） | | 30 |
| | 酒吧、茶座、咖啡厅 | | 10 |
| 体育馆 | | | 20 |
| 商场（店）、书店 | | | 20 |
| 饭馆（餐厅） | | | 20 |
| 办公 | | | 30 |
| 学校 | 教室 | 小学 | 11 |
| | | 初中 | 14 |
| | | 高中 | 17 |

(10)《剧场建筑设计规范》JGJ 57—2000

剧场最小新风量不应小于：甲级 15$m^3$/(h·p)；乙级 12$m^3$/(h·p)；丙级 10$m^3$/(h·p)。

(11)《电影院建筑设计规范》JGJ 58—2008

不同等级电影院的观众厅最小新风量不应小于下列规定：

| 电影院等级 | 特级 | 甲级 | 乙级 | 丙级 |
| --- | --- | --- | --- | --- |
| 新风量［$m^3$/(h·p)］ | 25 | 20 | 18 | 15 |

2. 风量平衡法

消除余热、余湿及有害物的通风量按风量平衡法进行计算。

（1）消除余热所需的通风量 $G_1$（kg/h）：

$$G_1 = 3600Q/c(t_p - t_j) \tag{3-1}$$

（2）消除余湿所需的通风量 $G_2$（kg/h）：

$$G_2 = G_{sh}/(d_p - d_j) \tag{3-2}$$

（3）稀释有害物所需的通风量 $G_3$（kg/h）：

$$G_3 = \rho M/(c_y - c_j) \tag{3-3}$$

式中 $Q$——余热量，kW；

$t_p$——排出空气的温度，℃；

$t_j$——进入空气的温度，℃；

$c$——空气的比热，1.01kJ/(kg·℃)；

$G_{sh}$——余湿量，g/h；

$d_p$——排出空气的含湿量，g/kg；

$d_j$——进入空气的含湿量，g/kg；

$\rho$——空气的密度，kg/m$^3$；

$M$——室内有害物的散发量，mg/h；

$c_y$——室内空气中有害物的最高允许浓度，mg/m$^3$；

$c_j$——进入空气中有害物的浓度，mg/m$^3$。

3. 换气次数法

以下规范列举了用换气次数法计算通风量的换气次数。

（1）《民用建筑供暖通风与空气调节设计规范》GB 50736—2012

1）居住建筑设计每小时换气次数宜符合下表的规定。

| 人均居住面积 $F_P$ | 每小时换气次数（次/h） |
|---|---|
| $F_P \leqslant 10m^2$ | 0.70 |
| $10m^2 < F_P \leqslant 20m^2$ | 0.60 |
| $20m^2 < F_P \leqslant 50m^2$ | 0.50 |
| $F_P > 50m^2$ | 0.45 |

2）医院建筑设计每小时换气次数宜符合下表的规定。

| 功能房间 | 每小时换气次数（次/h） |
|---|---|
| 门诊室 | 2 |
| 急诊室 | 2 |
| 配药室 | 5 |
| 放射室 | 2 |
| 病房 | 2 |

3）住宅的厨房和卫生间全面通风换气次数不宜小于 3 次/h。

4）部分设备机房机械通风换气次数按下表选用。

| 机房名称 | 清水泵房 | 软化水间 | 污水泵房 | 中水机房 | 蓄电池室 | 电梯机房 | 热力机房 |
|---|---|---|---|---|---|---|---|
| 换气次数（次/h） | 4 | 4 | 8～12 | 8～12 | 10～12 | 10 | 6～12 |

5）公共卫生间、浴室及附属房间机械通风换气次数按下表选用。

| 机房名称 | 公共卫生间 | 淋　浴 | 池　浴 | 桑拿和蒸汽浴 | 洗浴单间或小于5个喷头的淋浴间 | 更衣室 | 走廊、门厅 |
|---|---|---|---|---|---|---|---|
| 换气次数（次/h） | 5～10 | 5～6 | 6～8 | 6～8 | 10 | 2～3 | 1～2 |

（2）《托儿所、幼儿园建筑设计规范》JGJ 39—87

托儿所、幼儿园主要房间室内每小时换气次数不应低于下表的规定。

| 房间名称 | 换气次数（次/h） |
|---|---|
| 音体活动室、活动室、寝室、乳儿室、办公室、喂奶室、医务保健室、隔离室 | 1.5 |
| 卫生间 | 3 |
| 浴室、更衣室 | 1.5 |
| 厨房 | 3 |
| 洗衣房 | 5 |
| 走廊 | — |

（3）《中小学校设计规范》GB 50099—2011

当采用换气次数确定室内通风量时，各主要房间的最小换气次数应符合下表的规定。

| 房间名称 | | 换气次数（次/h） |
|---|---|---|
| 普通教室 | 小学 | 2.5 |
| | 初中 | 3.5 |
| | 高中 | 4.5 |
| 实验室 | | 3.0 |
| 风雨操场 | | 3.0 |
| 厕所 | | 10.0 |
| 保健室 | | 2.0 |
| 学生宿舍 | | 2.5 |

（4）《图书馆建筑设计规范》JGJ 38—99

图书馆各种用房通风、换气次数应符合下表的规定。

| 房间名称 | 通风换气次数（次/h） | 房间名称 | 通风换气次数（次/h） |
|---|---|---|---|
| 陈列室 | 1～2 | 缩微阅览室 | 2 |
| 研究室 | | 装裱修整间 | |
| 目录、出纳厅（室） | | 会议室 | |
| 缩微照相室 | 1～2 | 书库 | 1～3 |
| 普通阅览室 | | 少年儿童阅览室 | |
| 内部业务用房 | 2 | 读者休息室 | 3～5 |
| 报告厅 | | 复印室 | 5～10 |
| 视听室 | | 消毒室 | |
| 珍善本书、舆图阅览室 | | 厕所 | |

（5）《办公建筑设计规范》JGJ 67—2006

吸烟多的公共用房，宜设置排风设施，排风量不大于新风量的80%；卫生间、开水间及设备机房每小时换气次数应符合下表的规定。

| 房间名称 | 换气次数（次/h） | 房间名称 | 换气次数（次/h） |
|---|---|---|---|
| 卫生间 | 5～10 | 蓄电池室 | 10～15 |
| 开水间 | 6～10 | 电梯机房 | 8～15 |
| 冷冻机房 | 4～6 | 厨房（大） | 40～50 |
| 变电所 | 8～15 | 厨房（小） | 30～40 |

（6）《疗养院建筑设计规范》JGJ 40—87

疗养院下列用房应设有机械排风装置，其换气次数应符合下表的规定。

| 序　号 | 房间名称 | | 换气次数（次/h） | |
|---|---|---|---|---|
| | | | 进气 | 排气 |
| 1 | 静电治疗室、紫外线光疗室 | | ＋4 | －5 |
| 2 | 水疗室、浴室 | | ＋4 | －5 |
| 3 | 蜡疗治疗室、熔蜡室 | | ＋4 | －5 |
| 4 | 泥疗治疗室 | | ＋3 | －5 |
| 5 | 针灸室 | | ＋1 | －2 |
| 6 | 西药制剂室 | | ＋2 | －2 |
| 7 | 供应室、敷料制作室 | | ＋2 | －2 |
| 8 | 消毒室 | 污区 | — | －4 |
| | | 洁区 | ＋2 | — |
| 9 | 放射科透视摄片室与暗室 | | ＋21 | －3 |
| 10 | 营养厨房 | | — | －1～1.5 |

（7）《殡仪馆建筑设计规范》GB 50320—2001

殡仪馆各类用房换气次数不低于下表的规定。

| 序　号 | 房间名称 | 换气次数（次/h） | 序　号 | 房间名称 | 换气次数（次/h） |
|---|---|---|---|---|---|
| 1 | 消毒室 | 8 | 6 | 悼念厅 | 6 |
| 2 | 防腐室 | 8 | 7 | 休息室 | 4 |
| 3 | 整容室 | 8 | 8 | 火化间 | 8 |
| 4 | 解剖室 | 8 | 9 | 骨灰寄存室 | 3 |
| 5 | 冷藏室 | 6 | | | |

（8）《铁路旅客车站建筑设计规范》GB 50226—95

候车室、售票厅、旅客厕所等房间宜采取自然通风。当设置机械通风时，主要房间的换气次数应符合下表的规定。

| 房间名称 | 换气次数（次/h） |
|---|---|
| 候车室、售票厅 | 2～3 |
| 旅客厕所 | 5～8 |

(9)《特殊教育学校建筑设计规范》JGJ 76—2003

严寒及寒冷地区，特殊教育学校冬季室内换气次数不应低于下表的规定。

| 房间名称 | 换气次数（次/h） | 房间名称 | 换气次数（次/h） |
|---|---|---|---|
| 普通教室、实验室 | 1 | 学生宿舍 | 2.5 |
| 保健室 | 2 | | |

### 3.1.3 空气热平衡计算

通风系统设计除应进行通风空间的风量平衡计算外，还必须进行空气热平衡计算，热平衡的基本公式如下：

$$(\Sigma Q_h - \Sigma Q_s) + G_p c(t_n - t_w) = G_x c(t_s - t_n) + G_{js} c(t_{js} - t_w) \tag{3-4}$$

式中 $\Sigma Q_h$——围护结构、材料吸热等的总耗热量，kW；

$\Sigma Q_s$——室内工艺设备和散热器的总散热量，kW；

$G_p$——排风量，kg/s；

$G_x$——再循环空气量，kg/s；

$G_{js}$——机械进风量，kg/s；

$c$——空气比热，$c$=1.01kJ/(kg·℃)；

$t_n$——室内温度,℃；

$t_w$——室外空气温度,℃；

$t_s$——再循环送风温度,℃；

$t_{js}$——机械送风温度,℃。

**【案例 60】**某省跳水馆改造工程位于寒冷（A）区，供暖室外计算温度－13.6℃，冬季通风室外计算温度－8.3℃，总建筑面积 5223m$^2$，总高度 22.6m，中部跳水馆池厅面积 1116m$^2$，池底标高－5.0m，池厅地面－2.70m，桁架水平杆标高 15.2m。中部池厅采用 0.2MPa 蒸汽散热器供暖，热负荷 300kW，东综合楼、西训练房采用 85/60℃热水散热器供暖，热负荷分别为 80kW、130kW。在池厅一侧纵墙安装 4 台风量为 15060m$^3$/h 轴流风机排风，另一侧纵墙安装 4 台风机进行补风，风机中心标高 12.20m，风机全部开启时，池厅的换气次数约为 2.9 次/h。设计人员没有认真进行空气热平衡计算，补风也没有加热。这种系统运行一段时间以后，由于室外冷风的大量侵入而没有进行加热，散热器补偿不了侵入冷风的耗热量，室内温度很快会降下来，这样的设计是不合理的。池厅的正确设计方法应该是：(1) 冬季关闭外窗时，池厅内必须进行通风换气，以排除池厅的水蒸气；(2) 池厅通风时，排风量应稍大于送风量，以保持池厅处于负压；(3) 池厅的通风一般应采用直流通风系统，不要使用循环空气；(4) 要保证池厅建筑和构件的内表面温度高于空气的露点温度，防止表面结露；(5) 冬季换气通风时，一定要对送风加热，并认真进行热平衡计算。

### 3.1.4 通风设计基本要求

(1) 建筑物的通风应首先采用不使用动力、不消耗能源、效果良好的自然通风方式。当自然通风不能满足要求时，应采用机械通风，或自然通风和机械通风相结合的复合通风；下列情况应采用机械通风：1) 散发大量余热、余湿的场所；2) 散发异味及有害气体的场所；3）无自然通风条件或自然通风不能满足要求的场所；4）人员停留时间较长且无可开启外窗的场所。

（2）建筑物中散发大量余热、余湿、异味及有害气体的设备，应优先采用带排气罩的局部排风装置，当局部排风不能满足卫生要求时，应采用全面通风或辅以全面通风。

（3）机械通风系统的设置，应符合下列要求：

1）当周围环境空气质量较差而要求空气清洁的房间，室内应保持正压，排风量宜为送风量的80％～90％；放散粉尘、有害气体或有爆炸危险物质的房间，室内应保持负压，送风量宜为排风量的80％～90％。

2）使用要求不同（如送风参数不同、使用时间不同等）的场所，应根据不同的送风参数、使用时间，进行合理分区，并设置各自独立的通风系统。

3）散发大量余热、余湿及有害气体的房间，一般不应与其他房间合用系统；当确有困难必须合用时，应采取防止有害物进入其他房间的技术措施。

4）当一般机械通风不能满足室温要求时，应设置降温或加热设施。

（4）机械通风系统的室外进排风口的设置，应符合下列要求：

1）进风口应直接设置在室外空气较清洁的地点，应尽量设在排风口的上风侧。

2）进风口底部距室外地坪不宜小于2m，设在绿化地带时，不宜小于1m。

3）应避免进风、排风短路，进风口应尽量设置在排风口的上风侧，进风口低于排风口不宜小于3m；当进、排风口处在同一高度时，宜朝不同的方向，且水平距离一般不宜小于10m。

4）进排风口的噪声和直接排入大气的有害物浓度，应符合环保卫生要求，当不能满足要求时，应采取消声和净化处理措施。

（5）自然通风系统的设置，应符合下列要求：

1）自然通风应采用阻力系数小、噪声低、易于操作和维修的进排风口或窗扇。严寒和寒冷地区的进排风口应考虑保温措施，编者审查的施工图中，普通通风系统基本上都没有采取保温防冻措施，在严寒和寒冷地区是很不安全的。

2）夏季自然通风进风口的下沿距室内地面的高度不宜大于1.2m。自然通风的进风口应远离污染物源3m以上；冬季自然通风的进风口的下沿距室内地面的高度小于4m时，宜采取防止冷风吹向人员活动区的措施。

3）采用自然通风的生活、工作的房间的通风开口有效面积不应小于该房间地板面积的5％；厨房的通风开口有效面积不应小于该房间地板面积的10％，并不得小于0.6$m^2$。这里提出两点：①生活、工作房间和厨房的通风开口反映在建筑专业施工图上，暖通专业人员应向建筑专业人员提出要求；②通风开口的有效面积是指考虑百叶风口遮挡后的净面积，根据百叶风口构造的不同，遮挡系数可取0.5～0.7，因此生活、工作的房间的通风洞口毛面积应为地板面积的10％～7％，厨房的通风开口毛面积应为地板面积的20％～15％，或不小于1.2～0.9$m^2$。

（6）事故通风系统的设置应满足下列要求：

1）可能突然放散大量有害物质或有爆炸性危险的气体的场所，应设置事故通风系统，事故通风系统应为机械通风系统，其通风量宜根据放散物的种类、安全及卫生要求，按全面通风计算确定，且换气次数应不小于12次/h。

2）事故排风的室内吸风口，应布置在有害气体或爆炸性气体可能聚集的地点，当排放物比空气重时，吸风口应布置在下部地带，反之应布置在上部地带。

3）事故通风系统应设置检测报警和控制装置，事故通风的通风机应分别在室内、外便于操作的地点设置控制开关。

4）事故排风宜由经常使用的通风系统和事故通风系统共同保证。当事故通风量大于经常使用的通风系统所要求的风量时，宜设置双风机或变速风机；但在发生事故时，必须保证事故通风要求。

5）事故通风的室外排风口设置应符合下列规定：

① 不应布置在人员经常停留或经常通过的地点以及邻近建筑物其他开口的位置；

② 事故通风的室外排风口与室外进风口的水平距离不应小于 20m；当进、排风口的距离不足 20m 时，排风口必须高于进风口，其距离不宜小于 6m；

③ 排风口不应朝向室外空气动力阴影区，不宜朝向空气正压区；

④ 当排风中含有可燃气体时，事故通风系统排风口应远离火源 30m 以上，距火花可能溅落的地点 20m 以上；

⑤ 事故排风口的高度应高于周围 20m 范围内最高建筑屋面 3m 以上。

**【案例 61】**某中医院医疗综合楼，建筑面积 22136.15m$^2$，地下 1 层，地上 15 层，1～4 层为裙楼。笔者审图时发现裙楼部分一些无外窗的工作间未设机械通风系统，特别是治疗室、处置室等散发有害气体较多的场所，应设置可靠的机械通风系统，提醒原设计者修改。但设计者回复称，这些场所设置有风机盘管空调系统，室内维持一定的正压，同时由于人员流动大，工作室的门开启很频繁，可以达到换气的目的。殊不知这样的换气效果是很差的，因为一般空调区的正压只有 5～10Pa，能形成的换气次数只有 1～2 次/h，对于散发有害气体较多的场所，换气次数太少。

**【案例 62】**某化工公司食堂，建筑面积 13130m$^2$，地下 1 层，地上 3 层，大餐厅设在第三层，单层建筑尺寸 42.6m×76m，将操作间分隔后，内部分隔墙距外窗距离分别为 33.6m 和 42m，自然通风不能满足要求，设计人员没有设置机械通风设施，严重影响室内通风效果。

**【案例 63】**编者有一段时间审查了很多某市的标准化菜市场施工图，普遍的设计方案都是散热器供暖加轴流风机排风。在冬季室外气温较低的季节，散热器只能承担围护结构和外窗冷风渗透的热负荷，但是因为市场的大门基本上是常开的，轴流风机又是往外排风，散热器的散热量无法补偿室外冷风耗热量负荷，容易造成室内温度下降。对于严寒和寒冷地区的类似建筑，正确的设计方案应该是设置散热器和暖风机，前者作为基本供暖手段，后者既解决了通风换气的问题，热风供暖又可以维持室内温度不下降。

**【案例 64】**某政府机关的物业楼，建筑面积 2553.08m$^2$，地下 1 层，地上 2 层，采用集中冷热源供空调冷热水，末端为柜式空调器和风机盘管系统。设计人员在 120 人餐厅和 252 人视频会议室分别设置风量为 3000m$^3$/h 和 6000m$^3$/h 的新风换气机各 1 台。设计人员把新风换气机的室外进风口和排风口的位置设置为：（1）排风口比进风口低 1m 左右；（2）进风口处于排风口主气流正前方（方向呈 90°）；（3）进风口与排风口水平距离只有 5m 左右。这样的设计是十分不妥的，违反了设计的基本原理，必然会造成进排风气流短路，污染进风空气，应该杜绝这种现象再次发生（见图 3-1）。

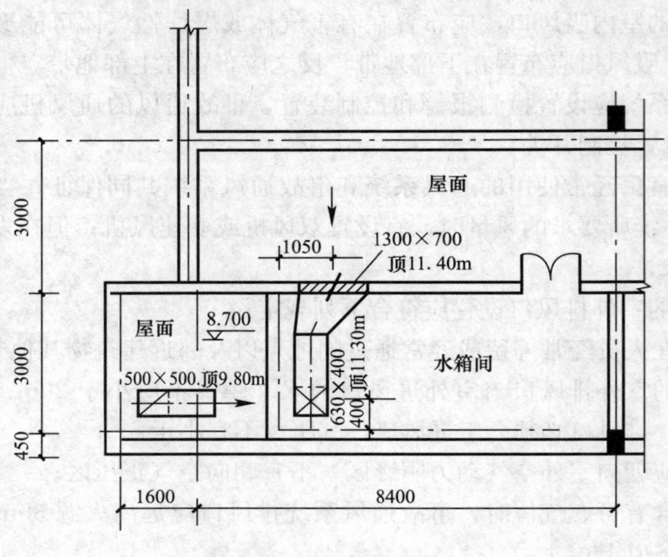


图 3-1　室外风口布置图

## 3.2　汽车库通风设计

近几十年，随着我国经济社会的急剧发展和人民生活水平的快速提高，各种汽车，尤其是小轿车的数量迅速增加，汽车数量的增加需要兴建大量的汽车库、停车场。目前兴建的民用建筑都配有一定比例的汽车库，汽车库通风设计是通风设计中数量最大的一类。

### 3.2.1　采用自然通风的限定条件

地上单排汽车库，当车位小于或等于 30 辆、可开启门窗的面积大于或等于 $2m^2$/辆且布置均匀时，可采用自然通风方式。若可开启门窗面积大于或等于 $0.3m^2$/辆且布置均匀时，可采用机械排风、自然进风的通风方式。当不能达到上述要求或自然通风不能满足 CO 最高浓度低于 $30mg/m^3$ 的标准时，应设置机械通风系统。

地下汽车库位于室外地平面以下，周围没有外窗，仅有供汽车出入的坡道直通室外，有害物极易累计超过允许浓度、污染空气和威胁安全，处于比较封闭的状态，所以，地下汽车库宜设置独立的送风、排风系统。当可以利用坡道进风时，采用机械排风、自然进风的方式，无法利用坡道进风时，采用机械排风、机械进风的方式。室外排风口应设置在建筑下风向，且远离人员活动区。

### 3.2.2　汽车库通风量的计算方法

汽车库通风系统的通风量宜采用以下两种方法进行计算，并取其中的较大值：

（1）稀释有害物浓度法。这种方法被认为是计算汽车库通风换气量最科学、最准确的方法，适用于全部或部分为双层或多层的汽车库。

（2）汽车库体积换气次数法。排风量按换气次数不小于 6 次/h 计算，送风量按换气次数不小于 5 次/h 计算。当汽车库层高＜3m 时，按实际高度计算换气体积；当汽车库层高≥3m 时，按 3m 高度计算换气体积。

两种计算方法中，稀释有害物浓度法是最经典的方法，但是由于实际计算时所涉及的影响因素和边界条件较多，容易出现各种计算结果相差悬殊的现象，而且计算过程复杂，实际计算时有一定的难度。按体积换气次数法计算是基于单位体积换气指标；由于汽车库的通风量应与有害物的散发量有关，而与汽车库容积没有确定的数量关系，相同容积内的车辆的有害物散发量可能不同，采用同一个指标也会得出不同的稀释效果。但由于体积换气次数法计算过程便捷、条件单一、计算简单，已经成为国内普遍采用的方法，而在用于全部或部分为双层或多层的汽车库时，有不尽合理的地方，正因为如此，推荐用于全部或部分为双层或多层的停车库，通风量应按稀释有害物浓度法计算，单层停车库通风量宜按换气次数法计算。为了维持汽车库内的负压，汽车库的进风量按排风量的 80%～90% 计算。

### 3.2.3 汽车库通风设计要点

（1）汽车库机械通风系统的送排风口布置，对迅速排除有害物、保持车库内清新的空气，具有重要的意义，合理的风口布置和气流组织，可以收到事半功倍的效果。送排风口布置应满足下列要求：1）送风口、排风口的布置应保证气流分别均匀，避免通风死角；2）送风口宜设置在汽车主要通道的上部。

（2）车流量变化较大的汽车库的机械通风系统，宜设置 CO 气体浓度传感器，控制通风设备的运行。当采用风管送风时，传感器应多点分散布置；当采用诱导式通风系统时，传感器应设置在排风口附近。

（3）为降低通风系统的能耗，汽车库通风系统的风机可采用多台并联或采用变速风机，夜间或车辆出入不频繁时，风机风量可减少 50%。

（4）按照车库面积超过 $2000m^2$ 应设置机械排烟设施的规定，大部分地下车库都设有机械排烟、补风系统，出于节省投资和建筑空间的考虑，允许车库内排风与排烟合用一个系统，但基于安全需要，首先应满足消防要求。

**【案例 65】**某地的休闲商务广场，建筑面积 $33377.1m^2$，地上 9 层为商务办公用房，面积 $24295.1m^2$，地下 1 层为车库和设备用房，面积 $9082m^2$。经过审图发现，车库部分面积只有 $5940m^2$，划分为 2 个防火分区，设计人员在 2 个防火分区采用的通风方式为机械排风、机械送风补风。实际上，离汽车坡道较远的一个防火分区应设置机械排风和机械送风补风，而离汽车坡道较近的一个防火分区，满足自然补风的条件，这种情况应充分利用汽车坡道进行自然补风，以便节约投资和运行能耗。

## 3.3 设备间和公共厨房通风设计

在民用建筑通风设计中，电气和设备机房通风的数量仅次于汽车库通风，排列在第二位。电气和设备机房包括为民用建筑服务的变配电室、电压缩式制冷机房、燃油或燃气的锅炉房和直燃溴化锂制冷机房、电梯机房、泵房、热交换站等，偶尔还有柴油发电机房，特别是人民防空地下室的柴油发电机房。

### 3.3.1 变配电室的通风设计

变配电室通风设计应符合下列要求：

设在地上的变配电室可采用自然通风或机械排风自然补风，当自然通风不能满足排风要求时，应采用机械通风。

设在地下室的变配电室宜设置独立的机械通风系统。

采用机械通风时，气流宜从高低压配电室流向变压器室，再从变压器室排至室外。

排风量应按热平衡式计算，其中变压器的发热量按下式计算：

$$Q = (1-\eta_1) \cdot \eta_2 \cdot \Phi \cdot W = 0.0126W \sim 0.0152W \tag{3-5}$$

式中 $Q$——变压器发热量，kW；

$\eta_1$——变压器效率，一般取 $\eta_1 = 98\%$；

$\eta_2$——变压器的负荷率，一般取 $\eta_2 = 70\% \sim 80\%$；

$\Phi$——变压器的动率因素，一般取 $\Phi = 0.9 \sim 0.95$；

$W$——变压器的功率，kVA。

缺乏资料时，变电室按换气次数 5～8 次/h，配电室按换气次数 3～4 次/h，变压器室排风温度不宜高于 40℃。

### 3.3.2 电压缩式制冷机房的通风设计

制冷机房的机器设备应保持良好的通风。有条件时可采用自然通风或机械排风自然补风，但应注意防止噪声对周围建筑环境的影响；无条件时应设置机械通风系统，排风系统宜独立设置且应直接排向室外。

当采用封闭式或半封闭式的冷水机组，以及电机为水冷却的大型冷水机组时，可按事故通风确定风量。

当采用开式冷水机组时，应按消除设备发热量和事故通风量两者的较大值确定通风量，设备发热量应包括冷冻机和水泵等电机的发热量，冷冻机的发热量应由生产厂提供。

事故通风量可根据冷媒的性质及生产厂的要求确定。资料不全时，可按下式确定：

$$L = 247.8G^{0.5} \tag{3-6}$$

式中 $L$——事故通风量，$m^3/h$；

$G$——最大一台制冷机的冷媒充液量，kg；

### 3.3.3 锅炉房和直燃机房的通风设计

锅炉房和直燃机房应有良好的通风，民用建筑周围锅炉房和直燃机房的通风设备应进行噪声处理。锅炉间和直燃机房、凝结水箱间、水泵间和油泵间等房间的余热宜采用有组织的自然通风或机械排风自然补风排除。当设在地下室的锅炉房、直燃机房靠自然通风不能满足要求时，应设置机械通风。

燃气锅炉房、燃气直燃机房的通风量不应小于每小时 6 次换气，事故排风量不应小于每小时 12 次换气。

燃油锅炉房、燃油直燃机房的通风量不宜小于每小时 3 次换气，事故排风量不应小于每小时 6 次换气。

燃气调压间连续排风量不应小于每小时 3 次换气，事故排风量不宜小于每小时 12 次换气。油库通风量不应小于每小时 6 次换气，油泵房通风量不应小于每小时 12 次换气；油库、油泵房换气量按房间高度 4m 计算。

地下日用油箱间应有不小于每小时 3 次的换气，当与地下油泵房合用同一房间时，应按油泵房要求执行。

事故通风装置应与可燃气体探测器联锁。

### 3.3.4 电梯机房等设备间的通风设计

电梯机房应根据设备要求采用自带冷源的空调机组降温或设机械排风。排风量应按热平衡计算确定；当缺少资料时，可按换气次数确定。

泵房、热交换站、电话机房、蓄电池室等应有良好的通风，地上建筑可利用外窗自然通风或机械排风自然外风，地下建筑应设机械排风。

### 3.3.5 柴油发电机房的通风设计

柴油发电机房宜单独设置通风系统。

当柴油发电机采用空气冷却时，应按热平衡确定进风量。总送风量应为计算排风量与发电机组燃料燃烧所需的空气量之和。

柴油发电机的发热量应按下述方法确定：

(1) 开式机组按柴油机散热量、发电机散热量与排烟管的散热量之和确定；

(2) 闭式机组还应计入柴油机气缸冷却水管散出的热量；

(3) 当缺少资料时，可按下列数据估算：

全封闭机组，取发电机额定功率的 0.3～0.35 倍；

半封闭机组，取发电机额定功率的 0.5 倍；

当柴油发电机采用水冷却时，可按柴油机额定功率不小于 $20m^3/kWh$ 计算进风量。

柴油发电机房的排风量应为进风量减去燃烧空气量；柴油发电机的燃烧空气量可按柴油发电机额定功率 $7m^3/kWh$ 计算。

柴油发电机房的储油间通风量应不小于每小时 3 次换气。

### 3.3.6 公共厨房的通风设计

公共厨房内的蒸锅、炒灶散发大量的热量、油烟和蒸汽，应设局部排气罩等机械排风设施；其他区域当自然通风无法满足要求时，应设置机械通风。

职工餐厅厨房换气次数不小于 25～35 次/h，西餐厨房换气次数不小于 30～40 次/h，中餐厨房换气次数不小于 40～60 次/h，

公共厨房的蒸炒区相对于其他区域应保持负压，该区的补风量宜为排风量的 80%～90%，且补风不宜直接送入蒸炒区，而应送入与蒸炒区相邻的餐厅或走廊，利用压差补到蒸炒区，这样就可以保证相邻的餐厅或走廊不受油烟蒸汽污染。

产生油烟设备的排风应设置油烟净化设施，油烟净化设施的净化效率和油烟的排放浓

度应符合国家标准《饮食业油烟排放标准》GB 18483 的规定，油烟排放浓度不得超过 2mg/m³；蒸锅间主要散发水蒸气，排风可以不经过净化，直接排出，但排风效果一定要好。

排油烟风道不得与建筑物防火排烟风道共用。水平排风道与竖井连接处应设置 150℃ 时关闭的排烟防火阀。

公共厨房排油烟风道应具有防火、防倒灌的功能，厨房排风管的水平段应设不小于 0.02 的坡度，坡向排风罩。为防止污浊空气或油烟渗入室内，宜在顶部设总排风机。

**【案例 66】**河北某小区 A 区 B1 座商住楼，地下 1 层，地上 9 层，一～四层商业区面积为 16718.2m²，五～九层住宅区面积为 2359.7m²。设计人员在地下室通风设计时，将配电室、水泵房和走廊合用一个排风系统。这样的设计是不合适的，因为水泵房是高湿度的场所，与配电室共用一个排风系统，容易引起配电室发生事故。

**【案例 67】**某地公安局技术用房，建筑面积 9905.77m²，地下 1 层，地上 9 层。在地上一层设有厨房。设计人员按规定在厨房配置了局部排风、全面排风和机械补风系统；但设计人员将室外的新风直接送到蒸煮炒区中心，在风压的作用下，空气从蒸煮炒区中心流向相邻的餐厅或走廊，污染了周围的空气（见图 3-2）。经编者提出审图意见后，设计人员取消了蒸煮炒区中心的送风口，改到相邻的餐厅里。

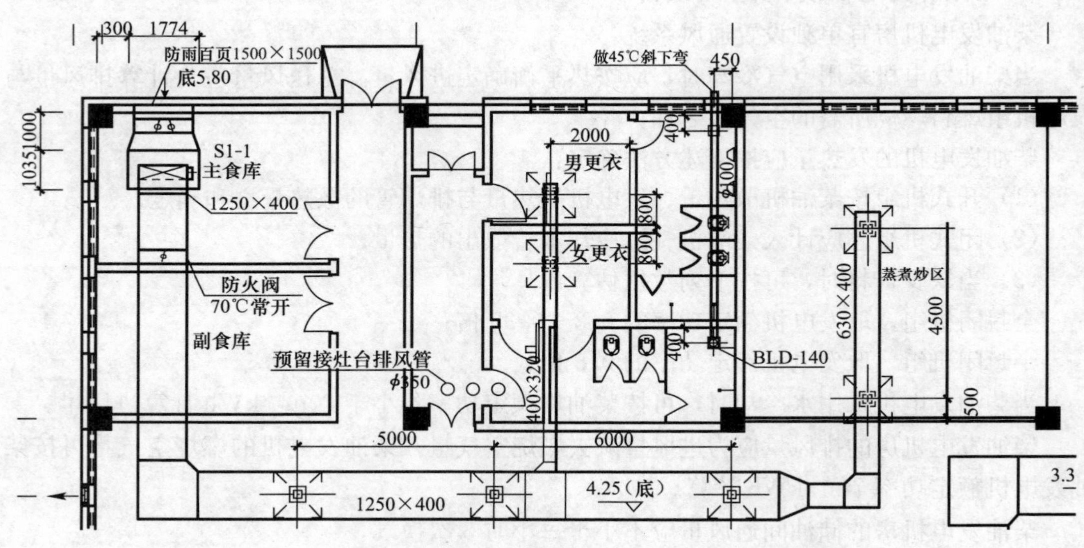


图 3-2　不正确的厨房通风系统图示

**【案例 68】**某地居民回迁区的幼儿园，建筑面积 2540m²，地上 3 层，幼儿园附建一间厨房，但是设计者没有设计必要的通风系统，也没有说明留给专业厨具公司施工，并预留电源。

## 3.4　洗衣房、卫生间及其他场所的通风设计

### 3.4.1　洗衣房通风设计

洗衣房宜采用自然通风和局部排风相结合的方式，当自然通风不能达到要求时，应设

置机械通风系统。

洗衣房排风系统设置应符合下列要求：

洗衣机、烫手机、干洗机、压烫机等上部应设排风罩，排风罩罩口风速不应小于0.5m/s；烘干机上部应设排风管；干洗机和洗衣间应单独设置排风系统。

洗衣房的通风量按设备散热量、散湿量计算确定，相关数据由工艺提供，当缺少资料时，生产车间可按每小时换气20～30次估算，辅助间可按每小时换气15次估算。

洗衣房的通风气流应使空气由取衣部分向收衣部分流动，工作区气流速度一般不应大于0.5m/s。

### 3.4.2 卫生间及其他场所

公共卫生间、高层住宅卫生间、旅馆客房卫生间、喷头数在5个以上的淋浴间及公共开水间应设置机械排风，可采用单独排风或集中排风。多层住宅的卫生间等可设自然排风竖井或机械排风。应注意公共卫生间、淋浴间及公共开水间的风量平衡，保证这些场所对邻近区域维持负压。

设有空调系统的旅馆客房卫生间的通风量为所在客房通风量的80%～90%；其他卫生间和开水间通风量为每小时5～10次换气。

设置集中排风装置时，宜在顶部集中设总排风机，有条件时宜在每层或每个卫生间（开水间）设排气扇；当排气扇不同时运行时，总排风机宜根据排气扇开启数量或风量进行变速调节。

当公共卫生间和开水间合用排风系统时，应采取防止卫生间臭气进入开水间的控制措施。

## 3.5 风系统的设计计算

风管是通风系统、空调系统的重要组成部分，是输送和分配空气的通道，风管设计计算是否合理，直接影响着通风系统、空调系统的使用效果。目前许多工程设计中不注意风管的合理设计、不进行水力计算的现象十分普遍，这样会使系统的安装、调试和运行产生很多问题而不能达到实际使用效果。风管系统的设计计算看似简单，其实技术含量很高，需要工程设计人员潜心钻研。

### 3.5.1 风管的分类

1. 按风管的形状分类

（1）圆形风管　圆形风管具有强度较大、相同横断面积消耗材料比矩形风管少、阻力小等优点。但它占据的安装空间较大，不易与建筑装修配合，而且圆形风管管件的放样、制作较矩形风管困难，在普通民用建筑的通风空调系统中很少采用。

（2）矩形风管　矩形风管具有安装空间少、易与建筑装饰配合、管件加工制作较简单等优点，广泛用于民用建筑的通风空调系统中。但矩形风管中容易产生涡流，增加阻力损失，为避免矩形风管阻力过大，其长、短边之比不宜大于4。但现代建筑通风空调系统风量越来越大（个别系统通风量达到60000$m^3/h$以上），受建筑安装空间高度的限制，偶尔出现长、短边比大于10的情况，这种现象应尽量避免。

2. 按风管的材料分类

(1) 金属风管　金属风管材料主要采用普通薄钢板（黑铁皮）、镀锌薄钢板（白铁皮），为保证风管的强度，《通风与空调工程施工质量验收规范》GB 50243对金属风管的钢板厚度作了规定，其中，钢板（镀锌钢板）风管板材厚度不应小于表3-1的规定。金属风管的优点是易于加工，安装方便，具有较好的强度和良好的防火性能、气流阻力小。但在空调系统中，风管的保温施工都是在高空进行，保温施工难度较大，即使这样，金属风管仍然是目前民用建筑中通风空调系统的首选。

**钢板风管板材厚度**（mm）　　**表3-1**

| 风管直径 $D$ 或长边尺寸 $b$ | 类别 | | | |
|---|---|---|---|---|
| | 圆形风管 | 矩形风管 | | 除尘系统风管 |
| | | 中、低压系统 | 高压系统 | |
| $D(b)\leqslant 320$ | 0.5 | 0.5 | 0.75 | 1.5 |
| $320<D(b)\leqslant 450$ | 0.6 | 0.6 | 0.75 | 1.5 |
| $450<D(b)\leqslant 630$ | 0.75 | 0.6 | 0.75 | 2.0 |
| $630<D(b)\leqslant 1000$ | 0.75 | 0.75 | 1.0 | 2.0 |
| $1000<D(b)\leqslant 1250$ | 1.0 | 1.0 | 1.0 | 2.0 |
| $1250<D(b)\leqslant 2000$ | 1.2 | 1.0 | 1.2 | 按设计 |
| $2000<D(b)\leqslant 4000$ | 按设计 | 1.2 | 按设计 | |

注：1. 螺旋风管的钢板厚度可适当减小10%～15%。
2. 排烟系统风管钢板厚度可按高压系统。
3. 特殊除尘系统风管钢板厚度应符合设计要求。
4. 不适用于地下人防与防火隔墙的预埋管。

(2) 非金属风管　随着近代化学材料工业的发展，出现了各种非金属风管并逐步应用到工程实际中，当前主要的品种有无机玻璃钢风管、纤维板风管、彩钢板复合保温风管。

非金属风管具有耐腐蚀、使用寿命长、不易变形、可作成复合保温管等优点。但此类风管均在专业厂预制、不便于现场制作，现场安装工艺复杂。近年来非金属风管以其优点在工程中日益得到广泛的应用。但国内生产非金属风管的质量良莠不齐，有些企业的产品质量差，强度及耐火性能达不到要求，严重影响工程质量。

为了统一标准，规定金属风管的尺寸应按外径或外边长计；非金属风管应按内径或内边长计。

(3) 土建风管　土建结构的风管一般称为风道，土建风道有钢筋混凝土风道和砖砌风道两类，优点是随土建施工同时进行，节省钢材，经久耐用。但土建风道存在明显的缺点：1) 施工质量不好时漏风严重；2) 内表面抹平困难，比较粗糙，增加流动阻力和风机的能耗；3) 施工管理不善容易导致风管堵塞；4) 作保温施工比较困难。因此目前只用作正压送风、排风（烟）的竖风道，而且规范规定，土建风道内应设置风管。

3. 按风管内空气流速分类

(1) 低速风管　风管内空气流速 $v\leqslant 8$m/s。由于风速较低，风管系统产生的噪声比风机产生的噪声小，广泛用于民用建筑通风空调系统。

(2) 高速风管　风管内空气流速 $v=20\sim30$m/s。在这样高的风速下，应考虑风管系统产生的气流噪声，同时必须配备特殊的消声处理设备和采取有效的消声措施。

4. 按风管工作压力分类

（1）低压系统　系统工作压力 $p \leqslant 500\text{Pa}$；

（2）中压系统　系统工作压力 $500\text{Pa} < p \leqslant 1500\text{Pa}$；

（3）高压系统　系统工作压力 $p > 1500\text{Pa}$。

**【案例 69】**按国家标准《通风与空调工程施工质量验收规范》GB 50243 的规定，金属排烟风管的板材厚度应按高压系统的厚度选用，但审图时发现很多设计人员不注意这一点，这样就存在着安全隐患。如果设计人员没有在“设计和施工说明”中特别注明金属排烟风管的板材厚度，一旦发生火灾进行事故分析时，设计人员也是要承担责任的。

### 3.5.2 风管的阻力

空气在风管内流动时，由于空气的黏滞性和风管内表面的粗糙性，空气内部及空气与管壁之间的摩擦形成流动阻力而产生能量的损失。流经直管的阻力称为沿程阻力，流经风管管件和设备的阻力称为局部阻力。沿程阻力与局部阻力之和构成空气流动的总阻力。

1. 沿程摩擦阻力

（1）空气沿圆形断面形状的风管流动的沿程摩擦阻力按下式计算：

$$\Delta P_{\text{m}} = \frac{\lambda}{D} \cdot \frac{v^2 \rho}{2} l \tag{3-7}$$

式中　$\lambda$——沿程摩擦阻力系数；

$v$——风管内空气的平均速度，m/s；

$\rho$——空气的密度，kg/m$^3$；

$D$——风管直径，m；

$l$——风管长度，m。

通常定义单位长度风管的摩擦阻力为比摩阻 $R_{\text{m}}$，单位为 Pa/m：

$$R_{\text{m}} = \frac{\Delta P_{\text{m}}}{l} = \frac{\lambda}{D} \cdot \frac{v^2 \rho}{2} \tag{3-8}$$

（2）沿程摩擦阻力系数的确定

摩擦阻力系数 $\lambda$ 的大小与空气在风管中的流动状态及管壁的粗糙度有关。当流动为层流时，$\lambda$ 只与雷诺数 $Re$ 有关；当流动为紊流时，则 $\lambda$ 不仅与雷诺数 $Re$ 有关，还与管壁的粗糙度有关。在通风空调工程中，大部分风管内空气的流动状态处于紊流过渡区，此时摩擦阻力系数 $\lambda$ 按式（3-9）计算：

$$\frac{1}{\sqrt{\lambda}} = -2\lg\left(\frac{K}{3.7D} + \frac{2.51}{Re\sqrt{\lambda}}\right) \tag{3-9}$$

式中　$K$——风管的粗糙程度，mm；

$D$——风管直径，mm；

$Re$——雷诺数，表示流体运动状态特征的一个无因次参数。

由于式（3-9）是摩擦阻力系数 $\lambda$ 的隐函数，不能直接进行计算，通常利用式（3-8）和式（3-9）制成线算图（见图 3-3）或计算表，供工程设计时计算管道阻力使用。

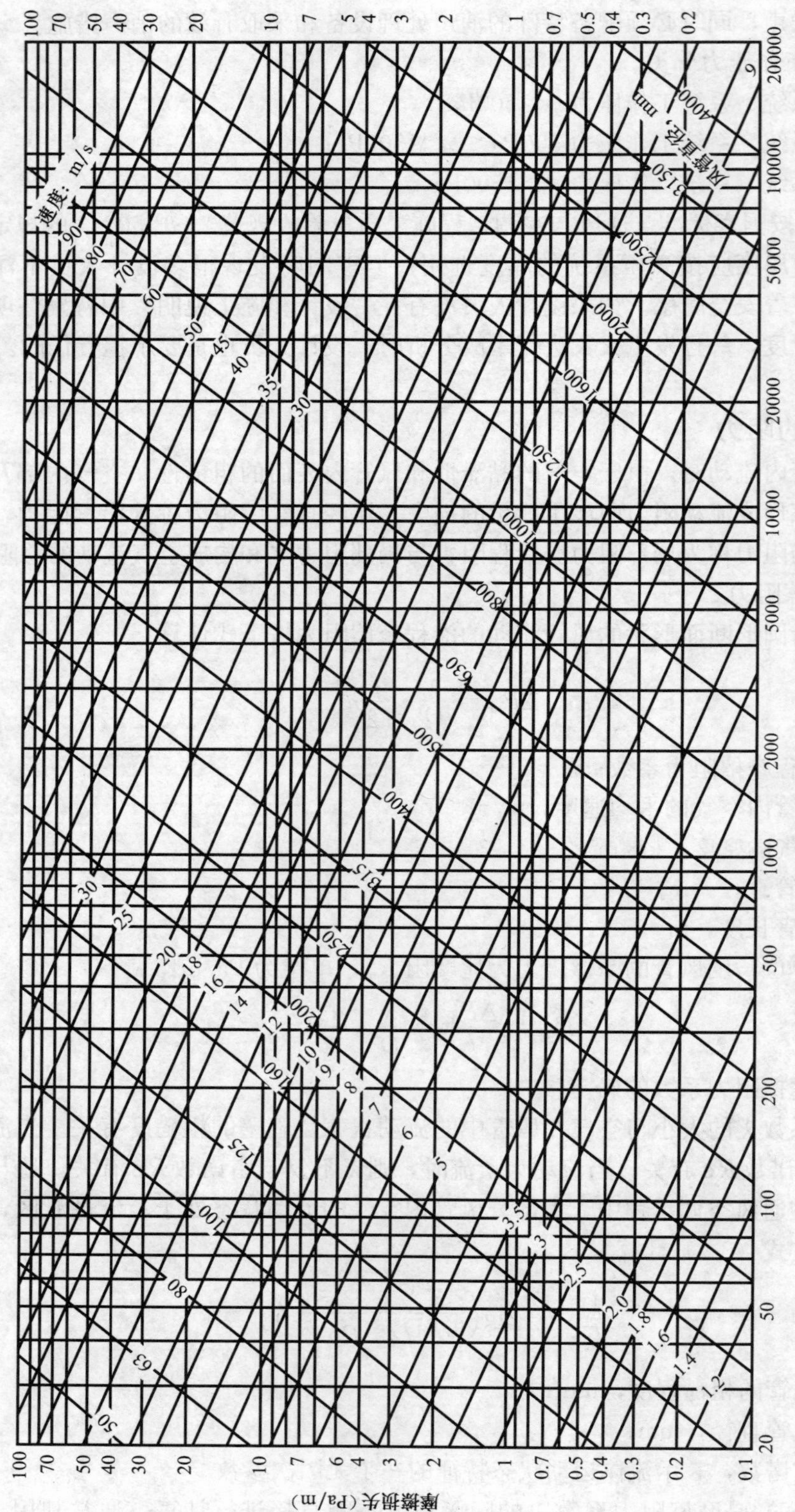


图 3-3 风管单位长度摩擦阻力线算图

(3) 矩形风管的沿程阻力

矩形风管的沿程阻力沿用圆形风管沿程阻力的计算方式，但式中的圆形风管直径用矩形风管的“当量直径”$D_d$ 代替。当量直径就是与矩形风管具有相同比摩阻 $R_m$ 的圆形风管直径，“当量直径”又分为流速当量直径和流量当量直径。

1) 流速当量直径 $D_v$　假设某一圆形风管中的空气流速、比摩阻分别与矩形风管中的空气流速、比摩阻相等，则称该圆形风管的直径是矩形风管的流速当量直径 $D_v$，按下式计算（m）：

$$D_v = \frac{2ab}{a+b} \tag{3-10}$$

式中　$a$——矩形风管的短边，m；

$b$——矩形风管的长边，m。

2) 流量当量直径 $D_L$　假设某一圆形风管中的空气流量、比摩阻分别与矩形风管中的空气流量、比摩阻相等，则称该圆形风管的直径是矩形风管的流量当量直径 $D_L$，按下式计算（m）：

$$D_L = 1.27\left(\frac{a^3b^3}{a+b}\right)^{0.2} \tag{3-11}$$

或以近似的线性方程式计算：

$$D_L \approx 0.8a + 0.35b \tag{3-12}$$

2. 局部阻力

局部阻力按下式计算：

$$\Delta P_j = \zeta\frac{v^2\rho}{2} \tag{3-13}$$

式中　$\zeta$——局部阻力系数；

$v$——与 $\zeta$ 对应的风管断面平均风速，m/s。

局部阻力系数 $\zeta$ 主要通过实验测定，并制成表格供选用。

工程上为简化计算，常将局部阻力视为等值的沿程阻力，即：

$$\Delta P_j = \Delta R_m = \zeta\frac{v^2\rho}{2} = \lambda\frac{l}{D}\cdot\frac{v^2\rho}{2} \tag{3-14}$$

得出

$$\zeta = \frac{\lambda l}{D}$$

定义 $l_d = \frac{\zeta D}{\lambda}$ 为当量长度；

于是

$$\Delta P = \Delta P_m + \Delta P_j = \frac{\lambda(l+l_d)}{D}\cdot\frac{v^2\rho}{2} \tag{3-15}$$

### 3.5.3　风管的水力计算

现按假定流速法、等摩阻法和静压复得法介绍如下。

1. 假定流速法

该方法是先按技术经济要求确定风管的流速，然后再根据风量确定风管断面尺寸和系统阻力，其主要步骤如下：

(1) 绘制风管系统轴测图，进行管段编号、标注长度、风量。

(2) 确定风管内的合理流速。在输送一定量的空气时，加大流速可使风管断面积减小，降低材料消耗和建设费用。因此，必须根据风管系统的建设费用、运行费用、能量消耗等因素进行技术经济比较，确定合理的流速。

（3）根据各段风管的风量和确定的流速，确定各段的断面尺寸。

（4）计算各段的阻力。比摩阻公式中，$D$、$v$、$\rho$ 都是已知数，一般根据风量和断面尺寸（直径），可以在风管单位长度摩擦阻力线算图（风管莫迪图，见图 3-3）上求出流速 $v$ 和比摩阻 $R_m$；长度为 $l$ 的管段的沿程阻力为 $\Delta P_m = R_m l$，根据系统中部件的局部阻力系数 $\xi$ 求 $\Delta P_j = \zeta \frac{v^2 \rho}{2}$，选各段中最不利的管段（环路）计算其总阻力为 $\Delta P$。

（5）并联环路阻力平衡计算。《民用建筑供暖通风与空气调节设计规范》GB 50736—2012 规定，为保证各个管段和风口达到设计的风量，通风与空调风管系统中各并联环路必须进行水力平衡计算，各并联环路压力损失的相对差额，不宜超过15%，当通过调整管径仍无法达到要求时，应设置调节装置。

（6）计算系统阻力。系统总阻力为最不利环路阻力与系统中各种设备的阻力之和。

2. 等摩阻法

低速和低压风管一般采用等摩阻法（也称流速控制法），其特点是将总阻力 $\Delta P$ 平均分配到最不利环路的各管段上，即最不利环路各管段采用相同的比摩阻进行计算。由于比摩阻 $R_m$ 与风速的平方成正比，因此也应有一个经济合理的比摩阻，一般通风空调风管的比摩阻采用 $R_m = 0.8 \sim 1.5\text{Pa/m}$，然后根据比摩阻和已知的风量求风管的断面和流速。等摩阻法适用于系统风机压头已定的设计计算及对分支管道进行阻力平衡的设计计算。尽管不同风管的比摩阻大致相同，但所对应的风管的风速是不同的。低速风管系统各部位的推荐风速和最大风速见表 3-2。

**低速风管系统各部位的推荐风速和最大风速　　表 3-2**

| 位　置 | 推荐风速（m/s） | | 最大风速（m/s） | |
|---|---|---|---|---|
| | 住宅 | 公共建筑 | 住宅 | 公共建筑 |
| 通风机入口 | 3.5 | 4.0 | 4.5 | 5.0 |
| 通风机出口 | 5.0～8.0 | 6.5～10.0 | 8.5 | 11.0 |
| 主风管 | 3.5～4.5 | 5.0～6.5 | 6.0 | 8.0 |
| 支风管 | 3.0 | 3.0～4.5 | 5.0 | 6.5 |
| 从支管上接出的风管 | 2.5 | 3.0～3.5 | 4.0 | 6.0 |

**【例题】**用等摩阻法计算图 3-4 所示简单的风管系统的尺寸和阻力。风管系统的全压为 30Pa，每个散流器在额定风量下的全压损失为 5Pa。

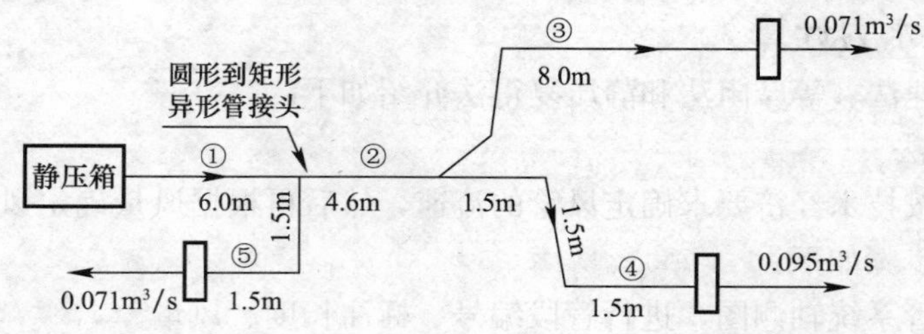


图 3-4　一个简单的风管布置

因为这个系统比较小，所以主风管内的风速不应大于 5m/s，支风管内的风速不应大于 3m/s，除了散流器外，风管内的全压为 $\Delta P_0=30-5=25$Pa。最长风管的路径为①-②-③，采用当量长度法计算风管接头的压力损失。按表 3-3 确定圆形风管接头的当量长度。

**圆形风管接头的当量长度** **表 3-3**

| | 不同直径 $D$（mm）对应的当量长度 $l_d$（m） | | | |
|---|---|---|---|---|
| | 150 | 200 | 250 | 300 |
| 弯管： | | | | |
| 折叠式，90° | 2.4 | 3.1 | 4.0 | 4.6 |
| 折叠式，45° | 1.5 | 1.8 | 2.4 | 2.7 |
| 斜接式，90° | 9.1 | 12.2 | 15.2 | 18.3 |
| 斜接式，有导流叶片 90° | 1.5 | 2.1 | 2.4 | 3.1 |
| 过渡管： | | | | |
| 伸缩型，20° | 0.6 | 0.9 | 0.9 | 1.2 |
| 扩张型，120° | 6.1 | 8.2 | 10.1 | 12.2 |
| 突变扩张口 | 9.1 | 12.2 | 15.2 | 18.3 |
| 圆形到矩形异形管接头 | 7.6 | 10.1 | 12.2 | 15.2 |
| 圆形到矩形异形管接头，直通 | 1.5 | 2.1 | 2.4 | 3.1 |
| 入口： | | | | |
| 突变，90° | 4.6 | 6.1 | 7.6 | 9.1 |
| 喇叭口 | 1.8 | 2.4 | 3.1 | 3.7 |
| 分支通道接头，扩张型： | | | | |
| 叉形，45°，支路 | 3.1 | 4.0 | 5.2 | 6.1 |
| 叉形，45°，直路 | 1.2 | 1.5 | 2.1 | 2.4 |
| T形，支路 | 6.1 | 8.2 | 10.1 | 12.2 |
| T形，直路 | 1.2 | 1.5 | 2.1 | 2.4 |
| 分支通道接头，伸缩型： | | | | |
| 叉形，45°，支路 | 3.1 | 4.0 | 5.2 | 6.1 |
| 叉形，45°，直路 | 1.5 | 2.1 | 2.4 | 3.1 |
| T形，支路 | 6.1 | 8.2 | 10.1 | 12.2 |
| T形，直路 | 1.8 | 2.4 | 3.1 | 3.7 |

管段①的直径 $D$300，$L=6.0$m，一个 90°突变，$l_d=9.1$；

管段②的直径 $D$250，$L=4.6$m，一个圆形到矩形异型管接头-直通，$l_d=2.4$；

管段③的直径 $D$200，$L=8.0$m，一个 45°叉形支路，$l_d=4.0$；一个 45°折叠式，$l_d=1.8$；一个 90°折叠式，$l_d=3.1$；一个圆形到矩形异型管接头，$l_d=10.1$；

总长度 $L=(6.0+9.1)+(4.6+2.4)+(8+4+1.8+3.1+10.1)=49.1$m

则比摩阻 $\dfrac{\Delta P_0}{L}=\dfrac{25}{49.1}=0.51$Pa/m

根据这些数值和风管莫迪图（见图 3-3），就可以确定整个风管系统的风管尺寸，见表 3-4，表中给出了风管尺寸、各管段的风速及全压损失。

**简单风管的水力计算表** **表 3-4**

| 管段号 | Q（$m^3$/s） | $D$（mm） | $v$（m/s） | $\Delta p_o$/L（Pa/m） | $l_d$（m） | $\Delta p_o$（Pa） |
|---|---|---|---|---|---|---|
| ① | 0.237 | 300 | 3.5 | 0.50 | 15.1 | 7.55 |
| ② | 0.166 | 250 | 3.5 | 0.65 | 7.0 | 4.55 |

续表

| 管段号 | $Q$ ($m^3/s$) | $D$ (mm) | $v$ (m/s) | $\Delta p_o/L$ (Pa/m) | $l_d$ (m) | $\Delta p_o$ (Pa) |
|---|---|---|---|---|---|---|
| ③ | 0.071 | 200 | 2.4 | 0.40 | 27.0 | 10.8 |
| ④ | 0.095 | 200 | 3.2 | 0.70 | 32.8 | 22.9 |
| ⑤ | 0.071 | 200 | 2.4 | 0.40 | 31.4 | 12.56 |

校核从静压箱到每个出风口的全压损失：

$$(\Delta p_o)_{①\text{-}②\text{-}③} = 7.55 + 4.55 + 10.8 = 22.9\text{Pa}$$

$$(\Delta p_o)_{①\text{-}②\text{-}④} = 7.55 + 4.55 + 22.9 = 35.0\text{Pa}$$

$$(\Delta p_o)_{①\text{-}⑤} = 7.55 + 12.56 = 20.11\text{Pa}$$

假设每个支风管中的空气流量满足要求，三个不同支风管的全压损失是不同的。然而，在实际情况中，从静压箱到空调区不同风管的全压损失都是相同的。因此，从静压箱流出的总流量将自动对三个支风管分配以满足压力损失的要求。如果不采取调整措施增加风管③和风管⑤的压力损失，那么这些风管内的流量会相对于风管④而增加，从静压箱出来总风量也因为系统阻力的减小而稍微增加，因此，需要在风管③和风管⑤增加调节风门，以平衡各风管的阻力。

3. 静压复得法

高速和高压系统的风管一般采用静压复得法计算。

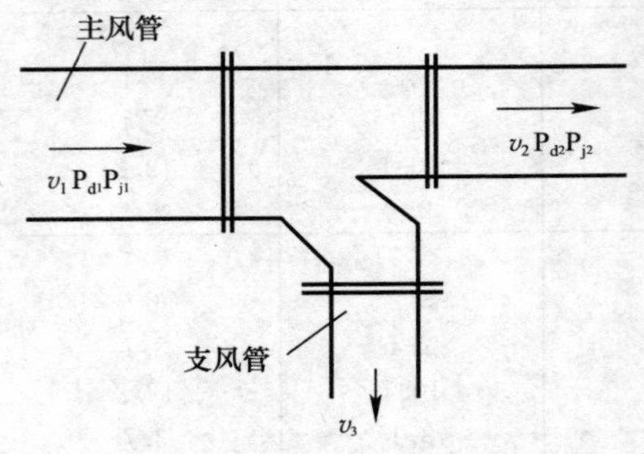


图 3-5 有支风管的系统

静压复得法的基本原理：在有支风管的系统中（见图 3-5），恒定气流的伯努利方程为：

$$P_{j1} + P_{d1} = P_{j2} + P_{d2} + \Delta P \tag{3-16}$$

式中 $P_{j1}$、$P_{d1}$——断面 1 处的静压、动压，Pa；

$P_{j2}$、$P_{d2}$——断面 2 处的静压、动压，Pa；

$\Delta P$——三通的主通道阻力，Pa。

则

$$\Delta P_j = P_{j2} - P_{j1} = (P_{d1} - P_{d2}) - \Delta P = \Delta P_d - \Delta P \tag{3-17}$$

式中 $\Delta P_j$——静压复得值，Pa。

可知，(1) 当 $\Delta P_d > \Delta P$ 时，$\Delta P_j > 0$，三通出口静压 $P_{j2}$ 高于进口静压 $P_{j1}$，设计中可利用升高的静压使系统总阻力得以降低。(2) 当 $\Delta P_d < \Delta P$ 时，$\Delta P_j < 0$，该压差部分应由风机来承担。利用风管中每一分支处的静压复得值（$\Delta P_j > 0$）来克服下一段的风管阻力，进而确定风管断面尺寸，这就是静压复得法的基本原理，即：

$$\Delta P_j = B\left(\frac{v_{i-1}^2\rho}{2} - \frac{v_i^2\rho}{2}\right) = \frac{v_i^2\rho}{2}\left(\frac{\lambda_i}{D_i}l_i + \sum \zeta_i\right) \tag{3-18}$$

式中 $B$——静压复得系数，表示动压转化为静压的百分比，它与三通前后的流速及局部阻力系数等因素有关，一般为 75%～90%；

$v_i$——第 $i$ 段风管风速，m/s；

$l_i$——第 $i$ 段风管长度，m；

$\lambda_i$——第 $i$ 段风管的摩擦阻力系数；

$D_i$——第 $i$ 段风管直径，m；

$\sum\zeta_i$ ——1～$i$ 段风管的局部阻力系数之和。

### 3.5.4 风管系统设计

风管系统设计的内容包括：确定系统类型和布置形式；根据系统最大风量、选用风速确定风管断面；确定风（空调）机房的位置、风（空调）机和风管的连接位置；布置风管平面位置，确定干管、支管走向；确定送回风口的位置、形式、数量和最大设计风量。

1. 风机的选型与布置

（1）通风机应根据管路特性曲线和风机特性曲线进行选型，并符合下列要求：

1）通风机风量应附加风管和设备的漏风量。送、排风系统可附加5%～10%，排烟兼排风系统宜附加10%～20%；

2）采用定速风机时，通风机的压力在计算系统总压力损失上宜附加10%～15%；

3）采用变速风机时，通风机的压力应以计算系统总压力损失作为额定压力损失；

4）设计工况下，通风机效率不应低于其最高效率的90%；

5）通风机输送非标准状态空气时，应对其电动机的轴功率进行验算；

6）多台风机并联或串联运行时，宜选择相同特性曲线的通风机；

7）当通风系统运行时间较长且运行工况有较大变化时，通风机宜采用双速风机或变速风机；

8）空气中含有易燃易爆危险物质的场所的送、排风系统应采用防爆型通风设备；送风机如设置在单独的通风机房内且送风干管上设置止回阀时，可采用非防爆型通风设备。

（2）风机房布置要点

通风机房不宜与要求安静的房间相邻布置，如必须相邻布置时，应采取可靠的消声隔振措施。排风系统的风机应尽可能靠近室外布置，以减少对建筑物内部的干扰。

2. 风机与风管的连接

通风系统和空调风系统中，风机进、出风口接管与配件的安装对系统运行效率有很大的影响，当风机和风管系统连接不正常时，风机的性能会急剧下降。一般来说，正确的连接应该使风机的进风和出风尽可能保持均匀而不会出现风向或风速的剧烈变化。通常风机的安装空间是有限的，有时不得不采用不尽合理的连接，设计人员必须明确由此增加的压力损失。

施工图审图时发现，许多工程中风机进、出风口和风管系统的连接十分随意，现就风机与风管的连接作些提示，以引起设计人员的重视。

（1）风机的出口条件

如图3-6所示，在风机出口一定长度的风管前，出口气流速度分布是不均匀的，这个长度称为有效风管长度。为了最大限度地利

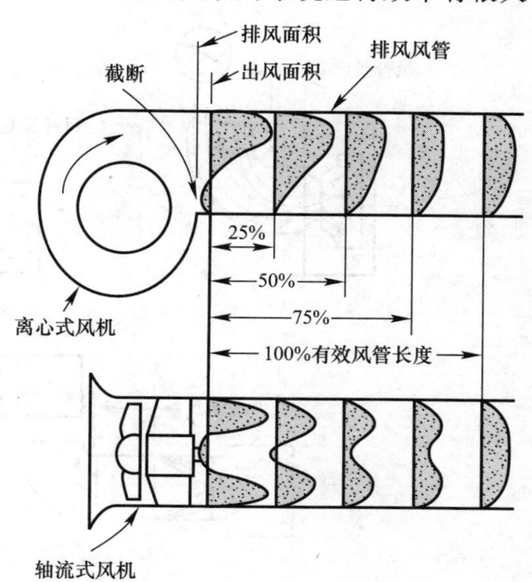

图3-6 风机出口速度的分布

用风机提供的能量，出口风管应该达到有效风管长度，出口风管的尺寸最好与风机的出口尺寸相同，或出口风管面积在风机出口面积的85%～110%的范围内，则系统的流动特性都比较好；收缩过渡部件的斜度不应大于15°，扩张过渡部件的斜度不应大于7°。

实际工程中很难达到有效风管长度，为了减少风管中涡流产生的局部阻力损失，设计时应注意离心风机出口弯头方向与风机旋转方向一致；矩形风管采取内外同心弧形弯头时，弯头的曲率半径宜大于或等于风机出口扩大后主风管平面边长的1.5倍。当平面边长大于500mm，且曲率半径小于平面边长的1.5倍时，应设置弯头导流叶片，如图3-7所示。

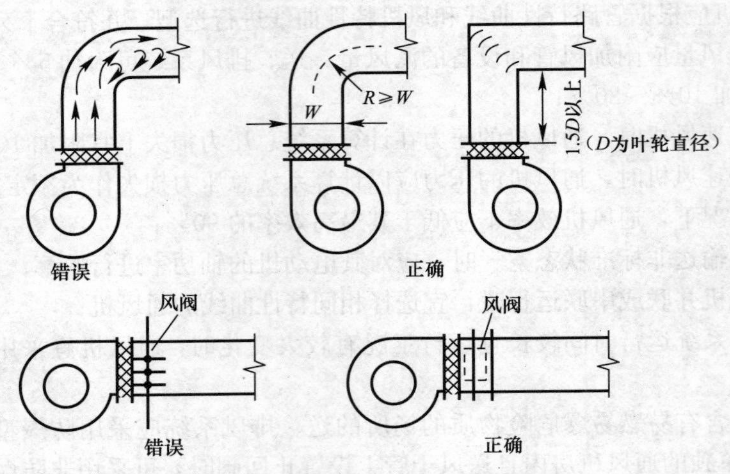

图3-7　离心风机出口接管示意图

(2) 风机的进口条件

风机进口气流产生偏斜和涡流是造成风量减少和压力损失的重要原因。如果非要在风机的进口安装弯头，建议在风机与弯头之间采用一段直管，而且应采用大弯曲半径的弯头，如图3-8所示。风机进口风管的错误连接和正确做法如图3-9所示。

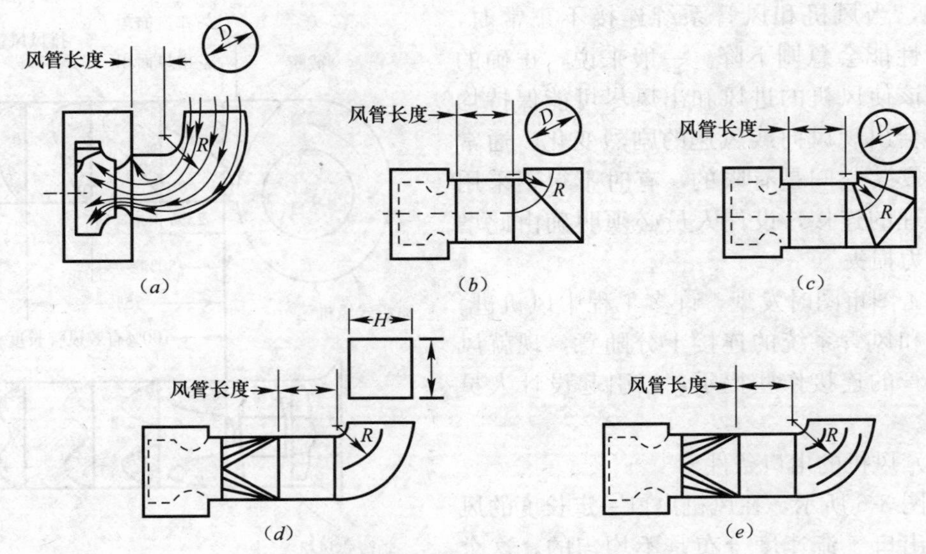

图3-8　风机进口风管连接

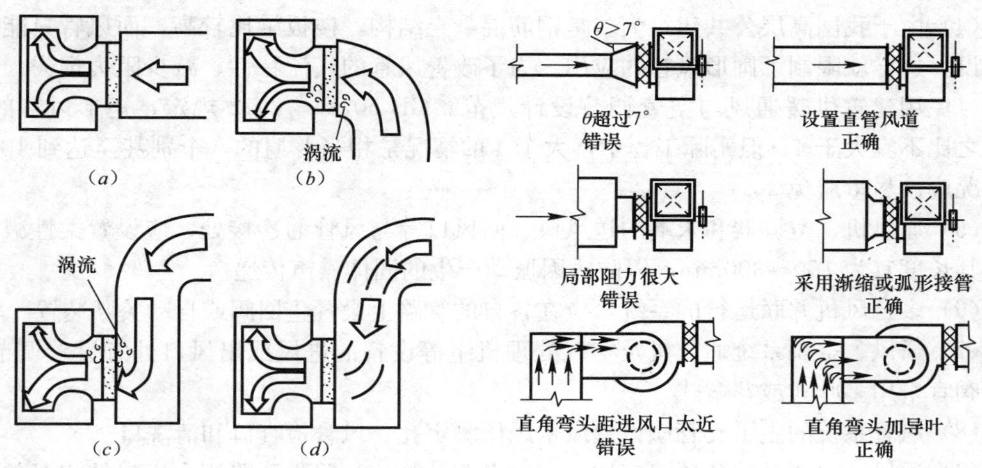


图 3-9 离心风机进口接管图示

(a) 正确；(b) 不妥；(c) 不妥；(d) 改善

3. 风管布置要点

如果一个风机和风管的组合系统不能在规定的风量和风压下运行，这时系统就会偏离设计所确定的运行条件，图 3-10 中 $B$ 点是设计工况点，但是实测结果显示实际的工况点位于 $A$ 点。应该清楚地知道，这种差别是由系统特性曲线的改变而不是由风机性能的变化引起的，风机的特性曲线还是原来的特性曲线，系统特性曲线变化后，风机就在新的工况点运行，所以合理的布置风管是十分重要的。

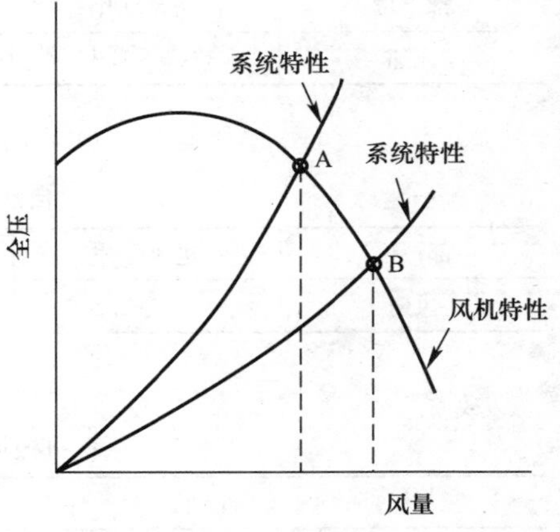


图 3-10 风机与系统的特性曲线

风管设计既是一门科学，又是一门艺术。要成功的设计风管系统必须具有流体力学知识，合理的布置设备、风管及配件，既要求断面合适、初投资较低，又要合理控制风速，降低运行费用。总体上说，风管设计应注意以下几点：

(1) 主风管应尽可能走直线。在满足风速要求的前提下，风管越直，配件越少，初投资就越低；同时直线布置的风管中，三通弯头配件少，空气流动局部阻力损失小，风机的能耗也少。

(2) 不仅主风管要求走直线，支风管也应尽可能走直线，以减少风机的能耗；特别要避免出现空气连续的 90°和 180°剧烈的改变流向，造成极大的压力损失，图 3-11 是一个典型的案例。

(3) 不要片面强调节省初投资，频繁缩小风管尺寸；因为缩小风管尺寸会增加配件，并不一定能节省初投资，反而增加了风管的阻力，增加风机能耗。建议风管变尺寸次数不能太多，一般情况下，主风管全部长度范围内，变尺寸次数不宜大于 3～4 次。

(4) 由于我国高层公共建筑大多是钢筋混凝土结构，楼板梁比较高，而风管只能沿梁底敷设，这样就限制了圆形风管的应用。为了改善风管的气流特性、减少阻力损失，国家标准《民用建筑供暖通风与空气调节设计规范》GB 50736—2012 规定，矩形风管的长、短边之比不宜大于 4。但实际工程中，大于 4 的情况是相当普遍的，个别甚至达到 10，这种情况应该尽量避免。

(5) 通风机、空调器和末端的送风口、回风口等与风管的连接处，应设置柔性减振接头，其长度宜为 150～300mm，以防止因振动产生的固体噪声传递。

(6) 多台风机并联运行的系统，应在各自的管路上设置止回阀或自动关断装置。

(7) 通风、空调系统通风机及空气处理机组等设备的进风或出风口处宜设置调节阀，调节阀宜采用多叶式或花瓣式。

(8) 风管系统的主干支管应设置风量风压测定孔、风管检查口和清洗口。

(9) 通风、空调系统各环路应进行水力平衡计算；各并联环路压力损失的相对差额不宜超过 15%。当通过调整管径仍不能得到上述要求时，应设置调节阀。

(10) 自然通风进排风口的风速宜按表 3-5 采用；自然通风风道内的风速宜按表 3-6 采用；机械通风进排风口的风速宜按表 3-7 采用。

**自然通风进排风口的风速** (m/s) **表 3-5**

| 部 位 | 送风百叶 | 排风口 | 地面出风口 | 顶棚出风口 |
|---|---|---|---|---|
| 风速 | 0.5～1.0 | 0.5～1.0 | 0.2～0.5 | 0.5～1.0 |

**自然通风风道内的风速** (m/s) **表 3-6**

| 部 位 | 进风竖井 | 水平干管 | 通风竖井 | 排风道 |
|---|---|---|---|---|
| 风速 | 1.0～1.2 | 0.5～1.0 | 0.5～1.0 | 1.0～1.5 |

**机械通风进排风口的风速** (m/s) **表 3-7**

| 部 位 | | 新风入口 | 风机出口 |
|---|---|---|---|
| 风速 | 住宅和公共建筑 | 3.5～4.5 | 5.0～10.5 |
| | 机房、库房 | 4.5～5.0 | 8.0～14.0 |

(11) 布置支管时，让各末端的支管长度尽量相等或接近，以利于阻力平衡，如图 3-11 所示。

**【案例 70】**某超市，建筑面积 16958.1m²，地下 1 层，地上 3 层。采用冬夏共用的空调系统，夏季冷负荷 2120kW，冬季热负荷 1987kW。图 3-11 为 2 层超市的全空气系统风管布置图，原设计见图 3-11 (*a*) 有一支风管连续 3 次转弯，90°/90°/180°，产生大量涡流，增加了阻力损失；右上侧一个散流器处在回流区，出现气流短路。改进的设计如图 3-11 (*b*) 所示，将支风管作些调整，使同一组 4 个散流器的前端阻力相同，流量比较均匀，通风、空调风管设计有条件时，宜尽量布置成“工”字形。

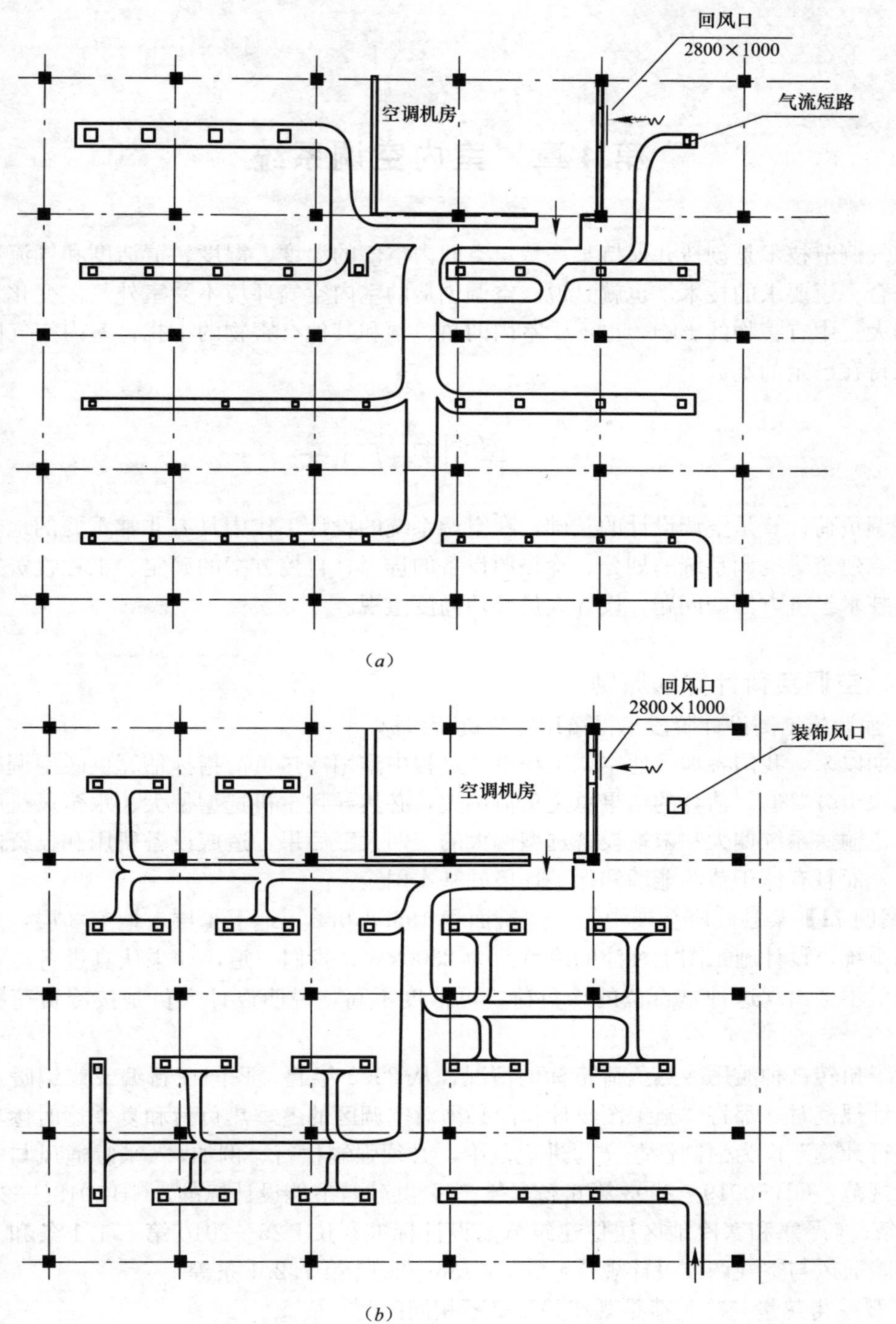


图 3-11　风管布置图分析示图

(a) 原设计；(b) 改进的设计

# 第 4 章　室内空调系统

空气调节技术是创造并保持某一特定空间内空气的温度、湿度、清洁度和气流速度等参数符合一定要求的技术，也就是说，空调创造的室内空气环境不受室外气候变化、太阳辐射和大气中有害物的影响，也不受室内的热、湿和其他有害物的干扰，室内空气的参数始终保持在已定的基数上。

## 4.1　空调负荷计算

空调负荷计算是空调设计的基础，在空调系统的设计工作中具有非常重要的地位，它直接影响建筑物空调系统的划分、冷热源设备的选择、自控方案的确定、工程投资及运行费用等技术经济方面的问题，设计人员必须高度重视。

### 4.1.1　空调负荷计算的原则

1. 强调施工图设计阶段不得滥用冷热负荷指标

长期以来，我国各地暖通空调工程设计过程中滥用冷热负荷指标估算供暖空调冷热负荷的现象十分普遍。估算的结果总是负荷偏大，必然导致主机选型偏大、水泵风机配置偏大、管道输送系统偏大和末端设备选型偏大的“四大”后果，造成设备费用和投资的大幅度增加，而且有悖于节约能源和保护环境的基本国策。

**【案例 71】**某县政府会展中心，建筑面积 19658.0m$^2$，地下 1 层，地上 3 层，采用全年空调系统，设计施工图上标注的冷负荷为 2300kW。我们知道，如果认真进行冷负荷计算，一般不会出现这种整百位的冷负荷，可信度不高，说明设计人员是按冷负荷指标估算的。

为了扭转这种滥用冷热负荷指标的情况，从 2003 年起，我国在新编或修编暖通空调工程设计规范时，都将“施工图设计阶段必须对空调区的冬季热负荷和夏季逐时逐项的冷负荷进行计算”作为强制性条文写进规范中，必须强制执行。例如，《采暖通风与空气调节设计规范》GB 50019—2003 第 6.2.1 条、《公共建筑节能设计标准》GB 50189—2005 第 5.1.1 条、《严寒和寒冷地区居住建筑节能设计标准》JGJ 26—2010 第 5.1.1 条和《民用建筑供暖通风与空气调节设计规范》GB 50736—2012 第 7.2.1 条等。

2. 夏季得热量与冷负荷是既相关联又不相同的两个概念

从现代空调负荷计算方法的基本原理出发，夏季空调区的冷负荷并不简单的就是空调区的得热量，夏季空调区的冷负荷应根据各项得热量的种类、性质以及空调区的蓄热特性分别进行逐时计算，不应将得热量直接视为冷负荷。

空调区的得热量是指某一时刻，通过围护结构进入空调区的热量和空调区内部热源产生的热量的总和，而不管这些热量是否需要空调系统来排除。空调区的冷负荷源于空调区的得热量，但不完全是得热量，冷负荷是指为维持空调区要求的温湿度参数，需在某一时刻从空调区排出去的热量。两者在数值上不一定相等，不同时刻的空调冷负荷也相差很大，这取决于得热量中是否含有时变的辐射成分。得热量中以对流方式传递的显热得热和潜热得热这两部分，可以直接放散到空气中，立刻形成瞬时冷负荷；而以辐射方式传递的得热量，首先被房间内表面和室内的物体所吸收并储存于其中，当这些内表面和室内物体的表面温度高于室内空气温度后，所储存的热量再借助对流方式逐时放出，形成空调区冷负荷，但这时的冷负荷相对于前述对流方式的冷负荷将产生峰值的衰减和时间的延迟。由此可见，任意时刻的瞬时得热量的总和不一定等于同一时刻的瞬时冷负荷。只有在得热量中不含有时变的辐射成分或围护结构与室内物体没有蓄热能力的情况下，得热量才等于冷负荷。因此，在确定空调区的瞬时冷负荷时，必须按不同性质的得热量分别计算，然后取瞬时冷负荷分量之和作为计算冷负荷。

3. 夏季和冬季不同的计算方法

我国用于夏季空调冷负荷计算的“冷负荷系数法”严格区分了空调区的得热量和冷负荷，提出了按非稳态传热进行计算、考虑由于大气和太阳辐射热引起的围护结构的温度波衰减及时间延迟、按综合最大小时冷负荷确定空调区冷负荷的计算方法，由此奠定了我国夏季空调冷负荷计算的理论基础。在设置温度控制的系统中，按冷负荷系数法计算的综合逐时最大小时冷负荷小于各项瞬时冷负荷的累计值，这是冷负荷系数法与稳态传热计算法的根本区别。

冬季空调热负荷对空调区运行经济性的影响不如夏季冷负荷的影响明显，因此，冬季空调热负荷计算方法比夏季宽松，即我国规范规定，冬季空调热负荷计算和冬季供暖热负荷计算方法一样，采用稳态传热理论计算，同时，应注意以下三点：(1) 室内冬季空调对热环境的要求比冬季供暖高，因此，室外计算温度的保证率也应比供暖高，这样就应该采用历年平均不保证 1 天的日平均温度作为冬季空调室外计算温度，代替历年平均不保证 5 天的日平均温度的冬季供暖室外计算温度，提高了保证率。(2) 空调区一般都保持足够的正压，因此，不必计算由门窗缝隙渗入室内的冷空气和由门洞孔口侵入室内的冷空气引起的热负荷。(3) 对工艺性空调、大型公共建筑等，当室内有稳定的散热热源时，应从得热量中扣除这部分散热量，即为空调热负荷。

**【案例 72】**某地运输研发实验中心，建筑面积 9345m$^2$，空调面积 7676.4m$^2$，设计人员采用冬季供暖室外计算温度计算冬季空调热负荷，计算热负荷为 306.8kW，热负荷指标为 34W/m$^2$，由于当地的冬季空调室外计算温度为－8.8℃，而冬季供暖室外计算温度为－6.2℃，因此冬季空调热负荷减少了很多，设备选型也减少，造成冬季室温非常低，这种情况应引起设计人员的注意。

### 4.1.2 空调冷负荷的构成

计算空调冷负荷的第一步是确定室内的得热量。得热量是指当室内空气连续保持一定的温湿度时，在内外干扰的作用下，某时刻进入室内的总热量。

(1) 空调区的夏季计算得热量分为显热得热量和潜热得热量，应根据下列各项确定：

1) 通过围护结构传入的热量；

2) 通过透明围护结构进入的太阳辐射热量；

3）人体散热量；

4）照明散热量；

5）设备、器具、管道及其他内部热源的散热量；

6）食品或物料的散热量；

7）渗透空气带入的热量；

8）伴随各种散湿过程产生的潜热量。

（2）空调区、空调系统及空调冷（热）源计算冷（热）负荷的构成：

1）空调区特指一个集中空调系统所服务的建筑区域。

① 空调区的夏季冷负荷应分项逐时计算，逐时分项累计，按所有空调区的逐时冷负荷的综合最大值确定。

② 空调区的冬季热负荷按稳定传热的累计值计算。

2）空调系统冷（热）负荷：

① 空调系统夏季冷负荷按所服务空调区的逐时冷负荷的综合最大值确定（当系统末端设置温度自控时）或按所服务空调区冷负荷的累计值确定（当系统末端未设置温度自控时）。空调系统夏季冷负荷尚应计入新风冷负荷、再热冷负荷及各项有关的附加冷负荷，计入附加冷负荷的原则是：

（a）宜计入空气通过风机、风管温升引起的附加冷负荷；（b）宜计入冷水通过水泵、管道、水箱的温升引起的附加冷负荷；（c）对空调间歇运行所产生的附加冷负荷，设计中可根据工程实际情况酌情处理。空调系统夏季冷负荷尚应考虑所服务各空调区的同时使用系数。

② 空调系统冬季热负荷应按所服务各空调区的热负荷的累计值稳定，当空调风管、热水管布置在空调区内时，不计入由空调风管、热水管散热引起的各项附加热负荷。如果空调风管、热水管局部布置在空调区外时，应计入空调区外风管、热水管的各项附加热负荷。

3）空调冷（热）源计算冷（热）负荷指在空调系统计算冷（热）负荷的基础上再考虑输送系统和换热设备的冷（热）损失的总负荷。空调冷（热）源计算冷（热）负荷是确定制冷或换热设备容量的依据。

### 4.1.3 “冷负荷系数法”计算空调冷负荷

夏季空调冷负荷计算曾提出过各种不同的方法，包括：谐波反应法、反应系数法、Z传递函数法和冷负荷系数法。我国自20世纪60年代开始研究不稳定传热的各种计算方法，于20世纪80年代完成了研究成果，就是著名的“空调负荷实用计算法——冷负荷系数法”。

1. 两种计算类型

我国的空调冷负荷计算虽然称为“冷负荷系数法”，但按得热量在转变成冷负荷时是否出现时间的延迟和能量的衰减而分为两种类型。

（1）需按“冷负荷系数法”计算的冷负荷——第一类冷负荷

这一类冷负荷是指得热量不能直接视为冷负荷的那一类，计算时应考虑得热量转化为冷负荷时，出现时间的延迟和能量的衰减。其本质是非稳态法计算，即在传热量（冷负荷）计算公式中，不能直接应用夏季空调室外计算干球温度（温度差），而是应用逐时冷负荷计算温度（简称“冷负荷温度”），或冷负荷系数，而且计算的是不同时刻冷负荷的逐时值。《民用建筑供暖通风与空气调节设计规范》GB 50736—2012 沿袭《采暖通风与空气调节设计规范》GB 50019—2003 的精神，规定第一类冷负荷应按非稳态法计算，不得将这类得热量的逐时值直接作为各相应时刻的逐时冷负荷值，这一类得热量包括：

1）通过围护结构传入的非稳态传热量；

2）通过透明围护结构进入的太阳辐射热量；

3）人体散热量；

4）非全天使用的设备、照明灯具散热量等。

在将围护结构传热、太阳辐射热及人员、设备、照明灯具散热转换成冷负荷时，引入了如下重要的参数，应该引起我们足够的重视：

1）求外墙、屋面的温差传热形成的逐时冷负荷引入“逐时冷负荷计算温度”；

2）求外窗的温差传热形成的逐时冷负荷引入“逐时冷负荷计算温度”；

3）求外窗的太阳辐射得热形成的逐时冷负荷引入“标准玻璃太阳辐射冷负荷系数”；

4）求人体显热散热形成的逐时冷负荷引入“人体冷负荷系数”；

5）求照明显热散热形成的逐时冷负荷引入“照明冷负荷系数”；

6）求设备显热散热形成的逐时冷负荷引入“设备冷负荷系数”。

（2）不按“冷负荷系数法”计算的冷负荷——第二类冷负荷

这一类冷负荷基本上是指得热量直接转化冷负荷的那一类，按稳态法计算，计算时不考虑时间的延迟和能量的衰减，也不要求计算不同时刻冷负荷的逐时值。这一类冷负荷包括：

1）室温允许波动范围大于或等于±1℃的空调区，通过非轻型外墙传入的传热量；

2）空调区与邻室的夏季温差大于 3℃时，通过隔墙、楼板等内围护结构传入的传热量；

3）人员密集空调区的人体散热量；

4）全天使用的设备、照明灯具散热量等。

2. 第一类冷负荷计算

空调区的夏季冷负荷宜采用计算机软件进行计算；当采用简化计算方法时，应按非稳态法计算各项逐时冷负荷。

（1）通过围护结构传入的非稳态传热形成的逐时冷负荷，按式（4-1）～式（4-3）计算。

1）外墙温差传热形成的逐时冷负荷（W）：

$$CL_{\mathrm{Wq}} = KF(t_{\mathrm{W1q}} - t_{\mathrm{n}}) \tag{4-1}$$

2）屋面温差传热形成的逐时冷负荷（W）：

$$CL_{\mathrm{Wm}} = KF(t_{\mathrm{W1m}} - t_{\mathrm{n}}) \tag{4-2}$$

3）外窗温差传热形成的逐时冷负荷（W）：

$$CL_{\mathrm{Wc}} = KF(t_{\mathrm{W1c}} - t_{\mathrm{n}}) \tag{4-3}$$

式中 $K$——外墙、屋面或外窗的传热系数，$W/m^2 \cdot ℃$；

$F$——外墙、屋面或外窗的面积，$m^2$；

$t_{\mathrm{W1q}}$——外墙的逐时冷负荷计算温度，℃，可按附表 E-1 至附表 E-4 确定；

$t_{W1m}$——屋面的逐时冷负荷计算温度,℃，可按附表 E-1 至附表 E-4 确定；

$t_{W1c}$——外窗的逐时冷负荷计算温度,℃，可按附表 E-7 确定；

$t_n$——夏季空调区设计温度,℃。

附表 E-1 至附表 E-4 将 36 座典型城市按照纬度和气象条件相近的原则，分成以北京、上海、西安、广州四座城市为代表的 4 个城市分组；对于不同的设计地点，选择其所在城市的分组，对相应的逐时冷负荷计算温度进行修正。附表 E-5、附表 E-6 提供了 13 种外墙、8 种屋面的类型及热工性能指标。

附表 E-7 提供了 36 个典型城市的外窗传热逐时冷负荷计算温度。

(2) 透过玻璃窗进入的太阳辐射得热形成的逐时冷负荷，按式（4-4）计算。

$$CL_C = C_{c1C} C_Z D_{jmax} F_C \tag{4-4}$$

$$C_Z = C_w C_n C_s \tag{4-5}$$

式中 $CL_C$——透过玻璃窗进入的太阳辐射得热形成的逐时冷负荷，W；

$C_{c1C}$——透过无遮阳标准玻璃太阳辐射冷负荷系数，可按附表 E-8 确定；

$C_Z$——外窗综合遮阳系数，按式（4-5）计算；

$C_w$——外遮阳修正系数；

$C_n$——内遮阳修正系数；

$C_s$——玻璃修正系数；

$D_{jmax}$——夏季透过标准窗玻璃的太阳总辐射照度最大值，可按附表 E-9 确定；

$F_C$——窗玻璃净面积，$m^2$。

附表 E-9 提供了 36 个典型城市东、西、南、北四个方向夏季透过标准窗玻璃的太阳总辐射照度最大值 $D_{jmax}$，供设计人员选用。

(3) 人体、照明和设备等形成的逐时冷负荷，按式（4-6）～式（4-8）计算。

$$CL_{rt} = C_{cl_{rt}} \phi Q_{rt} \tag{4-6}$$

$$CL_{zm} = C_{cl_{zm}} C_{zm} Q_{zm} \tag{4-7}$$

$$CL_{sb} = C_{cl_{sb}} C_{sb} Q_{sb} \tag{4-8}$$

式中 $CL_{rt}$——人体散热形成的逐时冷负荷，W；

$C_{cl_{rt}}$——人体冷负荷系数，可按附表 E-10 确定；

$\phi$——群集系数；

$Q_{rt}$——人体散热量，W；

$CL_{zm}$——照明散热形成的逐时冷负荷，W；

$C_{cl_{zm}}$——照明冷负荷系数，可按附表 E-11 确定；

$C_{zm}$——照明修正系数；

$Q_{zm}$——照明散热量，W；

$CL_{sb}$——设备散热形成的逐时冷负荷，W；

$C_{cl_{sb}}$——设备冷负荷系数，可按附表 E-12 确定；

$C_{sb}$——设备修正系数；

$Q_{sb}$——设备散热量，W。

上述遮阳修正系数、玻璃修正系数、群集系数、照明修正系数和设备修正系数可以查阅相关的技术手册或技术指南。

3. 第二类冷负荷计算

（1）室温允许波动范围大于或等于±1℃的空调区，通过非轻型外墙传入热量形成的冷负荷，按式（4-9）计算。

$$CL_{Wq} = KF(t_{zp} - t_n) \tag{4-9}$$

$$t_{zp} = t_{wp} + \frac{\rho J_p}{\alpha_w} \tag{4-10}$$

式中 $t_{zp}$——夏季空调室外计算日平均综合温度,℃；

$t_{wp}$——夏季空调室外计算日平均温度,℃；

$J_p$——围护结构所在朝向太阳总辐射照度的日平均值，W/m²，按附表 F-1 至附表 F-7 确定；

$\rho$——围护结构外表面对于太阳辐射热的吸收系数；

$\alpha_w$——围护结构外表面换热系数，W/(m²·℃)。

（2）空调区与邻室的夏季温差大于 3℃时，通过隔墙、楼板等内围护结构传入热量形成的冷负荷，按式（4-11）计算。

$$CL_{Wn} = KF(t_{ls} - t_n) \tag{4-11}$$

$$t_{ls} = t_{wp} + \Delta t_{ls} \tag{4-12}$$

式中 $CL_{Wn}$——内围护结构传热形成的冷负荷，W；

$t_{ls}$——邻室计算平均温度,℃；

$\Delta t_{ls}$——邻室计算平均温度与夏季空调室外计算日平均温度的差值,℃，可参考表 4-1 确定。

**邻室计算平均温度与夏季空调室外计算日平均温度的差值** **表 4-1**

| 邻室散热量（W/m²） | 很少（如办公室和走廊等） | <23 | 23～116 |
|---|---|---|---|
| $\Delta t_{ls}$（℃） | 0～2 | 3 | 5 |

## 4.1.4 空调区的夏季计算散湿量

空调区的夏季计算散湿量，应考虑散湿源的种类、人员群集系数、同时使用系数以及通风系数等，由下列各项散湿量组成：

（1）人体散湿量；

（2）渗透空气带入的湿量；

（3）化学反应过程的散湿量；

（4）非围护结构各种潮湿表面、液面或液流的散湿量；

（5）食品和气体物料的散湿量；

（6）设备散湿量；

（7）围护结构散湿量。

## 4.1.5 舒适性空调室内设计参数的规定

根据我国学者多年的研究，为了适应不同的热舒适度等级和不同的使用特点，《民用建筑供暖通风与空气调节设计规范》GB 50736—2012 对舒适性空调室内设计参数作了如下调整。

(1) 人员长期逗留区域空调室内设计参数应符合表4-2的规定。

**人员长期逗留区域空调室内设计参数　　表4-2**

| 类　别 | 热舒适度等级 | 温度（℃） | 相对湿度（%） | 风速（m/s） |
|---|---|---|---|---|
| 供热工况 | Ⅰ级 | 22～24 | ≥30 | ≤0.2 |
| | Ⅱ级 | 18～22 | — | ≤0.2 |
| 供冷工况 | Ⅰ级 | 24～26 | 40～60 | ≤0.25 |
| | Ⅱ级 | 26～28 | ≤70 | ≤0.3 |

注：1. Ⅰ级热舒适度较高，Ⅱ级热舒适度一般；
2. 热舒适度等级划分按表1-4确定。

(2) 人员短期逗留区域空调供冷工况室内设计参数宜比长期逗留区域提高1～2℃，供热工况宜降低1～2℃。短期逗留区域供冷工况风速不宜大于0.5m/s，供热工况风速不宜大于0.3m/s。

## 4.2 集中式空调系统

集中式空调系统是民用建筑常用的系统形式，在各类民用建筑中得到广泛应用。全新风（直流式）系统、一次回风系统和风机盘管系统的应用最广，设计人员对各种系统的原理、空气处理过程及计算方法应该做到烂熟于心、得心应手。

### 4.2.1 全新风（直流式）系统

全新风系统是不采用回风的系统，可以认为是一次回风系统的特例（一次回风为零），全新风系统是冷热量消耗最大的系统，全新风空气处理过程可以采用喷水室喷水系统，也可以采用表面换热器系统，见图4-1。除特殊工艺空调外，目前的设计几乎全部采用表面换热器系统。

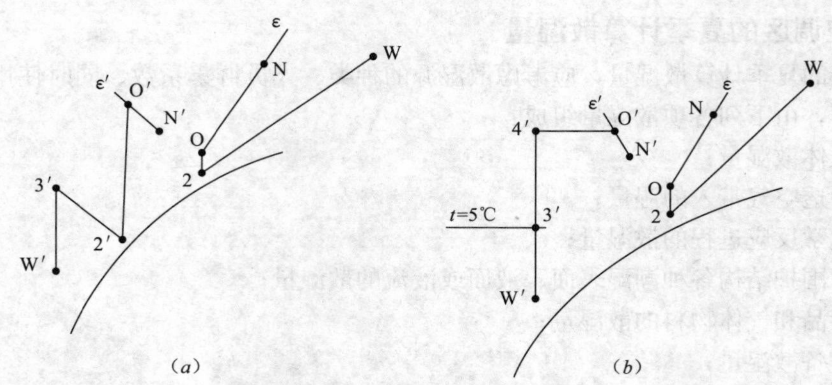


图4-1　全新风空气处理过程
(a) 喷水室处理；(b) 换热器处理

1. 全新风喷水室处理

(1) 冬季室外新风W′经过一次加热到3′，再喷热循环水等焓处理到“露点”2′，经二次加热，与经过室内状态点N′的过程线ε′交于送风状态点O′，沿ε′线送入室内，如

图 4-1（$a$）左图所示。

冬季一次加热量 $Q_1$(kW)　　$Q_1 = Gc_p(t_{3'} - t_{W'})$　　(4-13)

冬季二次加热量 $Q_2$(kW)　　$Q_2 = Gc_p(t_{0'} - t_{2'})$　　(4-14)

（2）夏季室外新风 W 经过喷冷循环水减焓降温处理到"露点"2，经过表面式加热器加热，与经过室内状态点 N 的过程线 ε 交于送风状态点 O，沿 ε 线送入室内，如图 4-1（$a$）右图所示。

夏季耗冷量（kW）　　$Q_l = G(h_w - h_2)$　　(4-15)

2. 全新风换热器处理

（1）冬季室外新风 W′经过一次加热 W′-4′或一、二次加热 W′-3′-4′处理到 4′，再加湿（接近等温）与经过室内状态点 N′的过程线 ε′交于送风状态点 O′，沿 ε′线送入室内。冬季应校核换热器的冻结情况，当可能冻结时，应设预加热，采用一、二次加热；当不可能冻结时，采用从 W′-4′的一次加热，如图 4-1（$b$）左图所示。

冬季一次加热量 $Q_1$(kW)　　$Q_1 = Gc_p(t_{3'} - t_{W'})$　　(4-16)

冬季二次加热量 $Q_2$(kW)　　$Q_2 = Gc_p(t_{O'} - t_{3'})$　　(4-17)

冬季仅有一次加热时的加热量 $Q_3$(kW)：　　$Q_3 = Gc_p(t_{O'} - t_{W'})$　　(4-18)

冬季加湿量 $W$(kg/s)　　$W = \dfrac{G(d_{o'} - d_{W'})}{1000}$　　(4-19)

（2）夏季室外新风 W 经过换热器冷冻水减焓降温处理到"露点"2，经过二次加热（或设备、风管升温），与经过室内状态点 N 的过程线 ε 交于送风状态点 O，沿 ε 线送入室内，如图 4-1（$b$）右图所示。

夏季耗冷量（kW）　　$Q_l = G(h_w - h_2)$　　(4-20)

### 4.2.2　一次回风系统

一次回风系统空气处理过程如图 4-2 所示。

1. 一次回风的喷水室处理

（1）冬季处理过程

1）$h$—$d$ 图绘制［见图 4-2（$a$）左图］

① 在 $h$—$d$ 图上划出室内状态点 N′，室外状态点 W′；

② 过 N′作过程线 ε′；

③ 设冬夏季送风量相同，由 $d_{O'} = d_N - \dfrac{W}{G}$ 画出 $d_{O'}$ 等含湿量线，与过程线 ε′交于 O′，即为冬季送风状态点；

④ 找出 $d_{O'}$ 与 $\varphi = 95\%$ 等相对湿度线的交点 L′，再由 $h_{W1'} = h_{N'} - \dfrac{G(h_{N'} - h_{L'})}{G_W}$ 画出 $h_{L'}$ 等焓线；

⑤ 若 $h_{w'} > h_{W1'}$，则新风需进行预热，过 W′作 $d_{W'}$ 等含湿量线与 $h_{W1'}$ 等焓线交于 $W'_1$，即为预热的终点；

⑥ 连接 N′、$W'_1$，过 L′作 $h_{L'}$ 等焓线，与 $N'W'_1$ 交于 C′即为 N′与 $W'_1$ 的混合状态点。

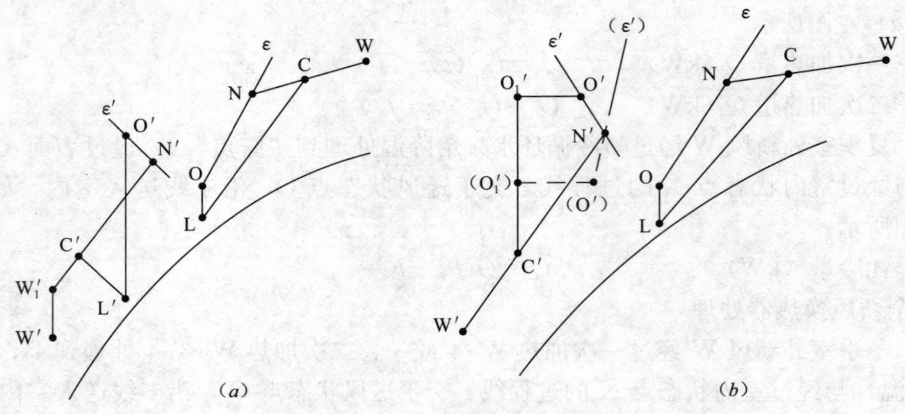


图 4-2　一次回风空气处理过程

(*a*) 喷水室处理；(*b*) 换热器处理

2）处理过程：

$$W' \xrightarrow{\text{一次加热}} W'_1 \left.\right\rangle \xrightarrow{\text{混合}} C' \xrightarrow[\text{(喷水室)}]{\text{绝热加湿}} L' \xrightarrow[\text{(加热器)}]{\text{二次加热}} O' \xrightarrow{\varepsilon'} N'$$

$N'$

3）计算

一次加热量（kW）　　$Q_{r1}=G_W(h_{W1'}-h_{W'})$　　(4-21)

二次加热量（kW）　　$Q_{r2}=G(h_{O'}-h_{L'})$　　(4-22)

加湿量（kg/s）　　$W=\dfrac{G(d_{L'}-d_{C'})}{1000}$　　(4-23)

（2）夏季处理过程

1）$h$—$d$ 图绘制［见图 4-2（*a*）右图］

① 在 $h$—$d$ 图上划出室内状态点 N，室外状态点 W；

② 过 N 作过程线 ε；

③ 根据所取的送风温差 $\Delta t_0$ 画出 $t_0$ 等温线，与过程线 ε 交于 O，即为送风状态点；

④ 过 O 作 $d_O$ 等含湿量线，与 $\varphi=95\%$等相对湿度线交于 L 点，即为喷水室处理的终点；

⑤ 由$\dfrac{G_W}{G}=\dfrac{NC}{NW}$确定回风与新风的混合状态点 C，连接 CL，即为喷水室处理过程线。

2）处理过程

$W$

$$\left.\right\rangle \xrightarrow{\text{混合}} C \xrightarrow{\text{冷却除湿}} L \xrightarrow[\text{(或风机温升)}]{\text{加热}} O \xrightarrow{\varepsilon} N$$

$N$

3）计算

耗冷量（kW）　　$Q_l = G(h_C - h_L)$　　(4-24)

再热量（kW）　　$Q_r = G(h_o - h_L)$　　(4-25)

式（4-13）～式（4-25）中　$t$——温度,℃；

$h$——焓，kJ/kg；

$G$——送风量，kg/s；

$c_p$——空气的定压比热容，kJ/(kg·℃)；

$W$——加湿量，kg/s；

$d$——含湿量，g/kg$_{干空气}$。

2. 一次回风的换热器处理

（1）冬季处理过程

1）$h$—$d$ 图绘制［见图 4-2（$b$）左图］

① 在 $h$—$d$ 图上划出室内状态点 N′，室外状态点 W′；

② 过 N′作过程线 ε′；

③ 设冬夏季送风量相同，由 $d_{O'}=d_N-\frac{W}{G}$ 画出 $d_{O'}$ 等含湿量线，与过程线 ε′交于 O′，即为冬季送风状态点；图中实线为热耗大于室内余热的情况，此时 $t_{O'}>t_{N'}$，当室内余热大于热耗时，送风温度低于室内温度，送风点 O′的 N′左下方（虚线）。

④ 连接 N′W′，由 $\frac{G_W}{G}=\frac{N'C'}{N'W'}$ 确定回风与新风的混合状态点 C′；若 C′处于“雾区”，则新风需进行预热；

⑤ 过 C′作 $d_{C'}$ 等含湿量线，与 $t_{O'}$ 等温线交于 $O'_1$，$O'_1O'$ 即为冬季加湿过程线。

2）处理过程

$$\left.\begin{matrix}W'\\N'\end{matrix}\right\rangle\xrightarrow{\text{混合}}C'\xrightarrow[\text{（加热器）}]{\text{等湿加热}}O'_1\xrightarrow[\text{（干蒸汽加湿）}]{\text{等温加湿}}O'\rightsquigarrow^{\varepsilon'}N'$$

3）计算

加热量（kW） $$Q_r=G(h_{O'_1}-h_{C'})\tag{4-26}$$

加湿量（kg/s） $$W=G(d_{O'}-d_{O'_1})\tag{4-27}$$

（2）夏季处理过程

1）$h$—$d$ 图绘制［见图 4-2（$b$）右图］

① 在 $h$—$d$ 图上划出室内状态点 N，室外状态点 W；

② 过 N 作过程线 ε；

③ 根据所取的送风温差 $\Delta t_O$ 画出 $t_O$ 等温线，与过程线 ε 交于 O，即为送风状态点；

④ 过 O 作 $d_O$ 等含湿量线，与 $\varphi=95\%$ 等相对湿度线交于 L 点，即为换热器处理的终点；

⑤ 由 $\frac{G_W}{G}=\frac{NC}{NW}$ 确定回风与新风的混合状态点 C，连接 CL，即为换热器处理过程线。

2）处理过程

$$\left.\begin{matrix}W\\N\end{matrix}\right\rangle\xrightarrow{\text{混合}}C\xrightarrow{\text{冷却除湿}}L\xrightarrow[\text{（或风机温升）}]{\text{加热}}O\rightsquigarrow^{\varepsilon}N$$

3）计算

耗冷量（kW） $$Q_l=G(h_C-h_L)\tag{4-28}$$

再热量（kW） $$Q_r=G(h_0-h_L)\tag{4-29}$$

### 4.2.3 一、二次回风系统

无论采用喷水换热还是表面换热，一次回风系统在夏季及其前后的工况下，为了降低湿度，都要将空气冷却到“露点”，然后再加热到送风温度，这样的再热过程出现冷热抵消，是一种无效的能耗。为了减少这种能耗，可采用一、二次回风系统，如图 4-3 所示。

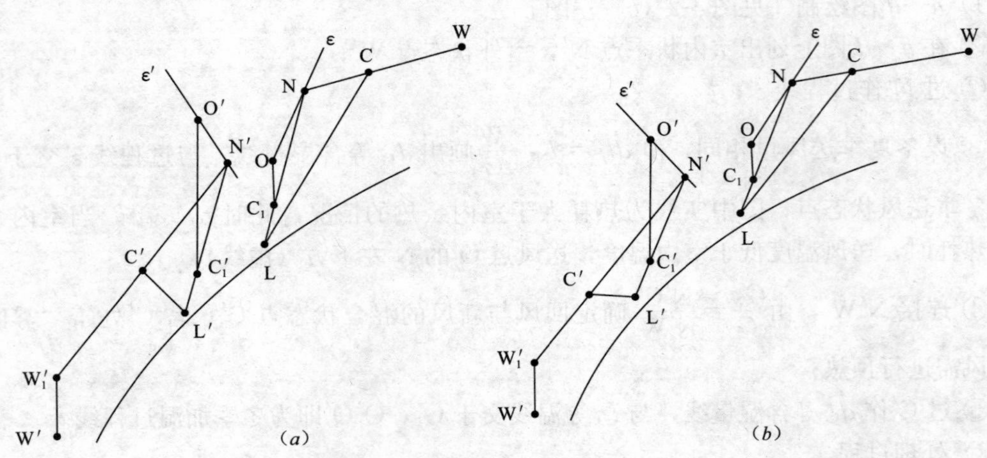


图 4-3　一、二次回风空气处理过程

(*a*) 喷水室处理；(*b*) 换热器处理

一、二次回风系统是指除采用一次回风外，将另一部分回风与经过处理后的空气再次混合。当实际送风温差小于可以达到的送风温差时，采用固定比例的一、二次回风系统，该系统指二次回风固定，一次回风和新风的比例仍可以变化。对于固定比例的一、二次回风系统，当室内负荷较小时，可进一步加大二次回风的比例，演变成变动比例的一、二次回风系统。当室内负荷变化大、且可以采用最大送风温差时，宜采用变动比例的一、二次回风系统。

1. 喷水室一、二次回风系统

(1) 冬季处理过程

1) 处理过程［见图 4-3 (*a*) 左图］

$$\left.\begin{matrix}W' \rightarrow W_1' \\ N'\end{matrix}\right\rangle \xrightarrow{\text{一次混合}} C' \xrightarrow{\text{等焓加湿}} \left.\begin{matrix}L_1' \\ N'\end{matrix}\right\rangle \xrightarrow{\text{二次混合}} C_1' \xrightarrow{\text{二次加热}} O' \overset{\varepsilon'}{\rightsquigarrow} N'$$

2) 计算

一次加热量 (kW)
$$Q_{r1} = G_{W'}(h_{W1'} - h_{W'}) \tag{4-30}$$

二次加热量 (kW)
$$Q_{r2} = G(h_{0'} - h_{C'}) \tag{4-31}$$

加湿量 (kg/s)
$$W = \frac{G(d_{L'} - d_{C'})}{1000} \tag{4-32}$$

(2) 夏季处理过程

1) 处理过程［见图 4-3 (*a*) 右图］

$$\left.\begin{matrix}W\\N\end{matrix}\right\rangle \xrightarrow{一次混合} C \xrightarrow{冷却除湿} L,\quad \left.\begin{matrix}L\\N\end{matrix}\right\rangle \xrightarrow{二次混合} C_1 \xrightarrow{加热} O \overset{\varepsilon}{\rightsquigarrow} N$$

2）计算

耗冷量（kW） $$Q_l = G(h_C - h_L) \tag{4-33}$$

再热量（kW） $$Q_r = G(h_O - h_{C1}) \tag{4-34}$$

2. 换热器一、二次回风系统

（1）冬季处理过程

1）处理过程［见图 4-3（*b*）左图］

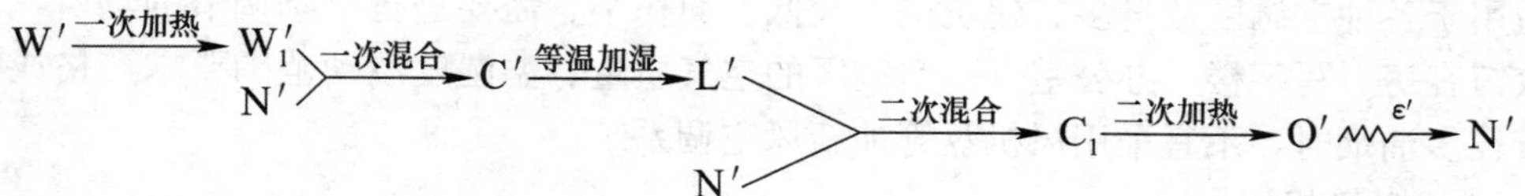


2）计算

一次加热量（kW） $$Q_{r1} = G_{W'}(h_{W1'} - h_{w'}) \tag{4-35}$$

二次加热量（kW） $$Q_{r2} = G(h_{O'} - h_{C_1'}) \tag{4-36}$$

加湿量（kg/s） $$W = \frac{G(d_{L'} - d_{C'})}{1000} \tag{4-37}$$

（2）夏季处理过程

1）处理过程［见图 4-3（*b*）右图］

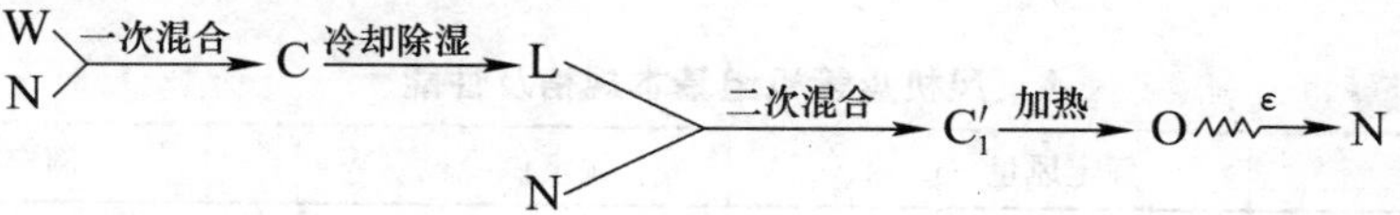


2）计算

耗冷量（kW） $$Q_l = G(h_C - h_L) \tag{4-38}$$

再热量（kW） $$Q_r = G(h_O - h_{C1}) \tag{4-39}$$

## 4.2.4 风机盘管系统

由风机盘管机组（FCU）和独立新风组成的系统属于半集中式空调系统。该系统将风机盘管机组置于空调区，新风通常由独立新风机组处理后送入室内，系统的冷、热负荷由空气和水共同承担，所以属于空气—水系统。风机盘管系统是目前应用最广泛的形式之一。

1. 特性分析

（1）优点

1）机组体型小，布置和安装方便，占用空间小。

2）布置灵活，可单独使用，也可以与集中处理的新风系统联合使用。

3）各空调区可以独立进行调节控制，并可根据用途开、停机组，节省运行费用，使用灵活。

4）与集中空调系统相比，不需要回风管，节省建筑空间。

5）独立新风系统风量较小，机房面积小。

6）各空调区空气不混合，不会出现交叉污染。

7）建筑物扩建时，比较容易实现局部增加风机盘管。

（2）缺点

1）机组布置分散，敷设各种管线比较复杂，维修管理工作量大。

2）对机组的制造质量要求较高，否则容易产生噪声，增加维修工作量。

3）机组剩余压头小，室内气流分布受限制。

4）水系统复杂，要求保温及施工质量严格，否则容易漏水。

5）无法实现全年多工况节能调节运行。

（3）适用性

适用于各种空调区数量多、建筑层高较低、面积小、需要进行个别调节的场所，如公寓、旅馆客房、写字楼、办公室等。空调区的空气质量、温湿度波动范围要求严格或空气中含有较多油烟时，不宜采用风机盘管加新风空调系统。

2. 风机盘管机组

风机盘管机组是风机盘管系统的末端空气处理设备，其基本功能是完成对室内空气的加热或冷却及过滤处理。由于夏季供水温度低于室内空气的露点温度，所以夏季冷却降温的同时，伴随着空气的干燥除湿过程。

国产风机盘管机组在2003年前是执行行业标准《风机盘管机组》JB 4283—1991，自2003年起执行国家标准《风机盘管机组》GB/T 19232—2003，该标准根据适当归类、减少档次、结构合理的原则，按额定风量的大小，将风机盘管机组分为9档，其基本规格及性能见表4-3。

**风机盘管机组基本规格及性能** **表4-3**

| 规格型号 | 额定风量（$m^3/h$） | 额定供冷量（W） | 额定供热量（W） |
|---|---|---|---|
| FP-34 | 340 | 1800 | 2700 |
| FP-51 | 510 | 2700 | 4050 |
| FP-68 | 680 | 3600 | 5400 |
| FP-85 | 850 | 4500 | 6750 |
| FP-102 | 1020 | 5400 | 8100 |
| FP-136 | 1360 | 7200 | 10800 |
| FP-170 | 1700 | 9000 | 13500 |
| FP-204 | 2040 | 10800 | 16200 |
| FP-238 | 2380 | 12600 | 18900 |

确定风机盘管机组性能参数的基本条件如下：

（1）进口空气状态：夏季干球温度27℃，夏季湿球温度19.5℃，冬季温度21℃；

（2）供水温度：夏季供水温度7℃，供回水温差5℃，冬季供水温度60℃；

（3）机组的额定供冷量的空气焓降一般为15.9kJ/kg；

（4）单盘管机组的供热量一般为供冷量的1.5倍；

（5）高、中、低档风量为额定风量的比例是1：0.75：0.5；

（6）额定风量时，出口低静压为0或12Pa，高静压不小于30Pa。

3. 典型的风机盘管加新风系统空气处理过程及计算

风机盘管加新风系统自20世纪70年代兴起以来，早期对新风的处理方案进行了大量卓有成效的研究，其核心是独立新风机组的出口空气处理到什么状态。20 世纪 90 年代前后，国内学术界提出了各种处理方案，有代表性的方案有：

（1）处理到室内空气状态点的等温度 $t_N$ 线；

（2）处理到室内空气状态点的等含湿量 $d_N$ 线；

（3）处理到室内空气状态点的等焓值 $h_N$ 线；

（4）处理到低于室内空气状态点的等含湿量 $d_N$ 线以下。

以上方法中，方法（1）新风处理焓差小，新风机组没有充分发挥作用，风机盘管机组要承担部分新风热湿负荷，应加大风机盘管的型号，一般不推荐这种方法。方法（2）要求新风机组处理的焓差较大，需要加大新风机组的型号，新风机组除承担新风冷负荷外，还要承担部分室内冷负荷。经过几十年的实践，目前国内学术界的认识已趋于一致：对于温湿度联合处理的系统，适宜采用将新风处理到室内空气状态的等焓 $h_N$ 线上；为配合温湿度独立控制的系统，保证风机盘管在干工况下运行，由新风机组承担全部新风负荷和室内湿负荷，适宜采用将新风处理到室内空气状态的等含湿量 $d_N$ 线以下。

（1）新风处理到室内空气状态点的等焓 $h_N$ 线

根据新风送入室内的位置不同，处理过程又分为以下两种：

1）处理后的新风 L 接到风机盘管的出风口，与风机盘管处理的终点 M 混合，从混合点 0 沿 ε 线达到室内状态点，即风机盘管先处理后混合（见图 4-4）：

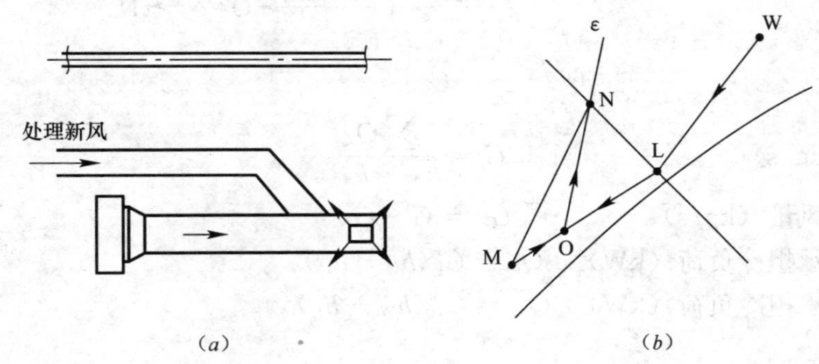


图 4-4　风机盘管先处理后混合

(a) 风管布置图；(b) h-d 图

① h-d 图绘制

- 在 h-d 图上画出室内状态点 N，室外状态点 W；
- 过 N 作过程线 ε，与 $\varphi=95\%$ 等相对湿度线交于 O 点，即为送风状态点；
- 作等焓值 $h_N$ 线，由新风处理过程线的机器露点相对湿度确定 L 点；
- 连接 L，O 两点，并延长至 M，使 $\overline{OM}=\overline{LO}\dfrac{G_W}{G_F}$；
- 连接 N，M，即为风机盘管的处理过程线。

② 处理过程

$$\left.\begin{array}{l}W\xrightarrow{\text{冷却除湿}}L\\N\xrightarrow{\text{冷却除湿}}M\end{array}\right\rangle\xrightarrow{\text{混合}}O\overset{\varepsilon}{\leadsto}N$$

③ 计算

总风量（kg/s） $$G=\frac{\sum Q}{h_N-h_o} \tag{4-40}$$

风机盘管风量（kg/s） $$G_F=G-G_W \tag{4-41}$$

风机盘管承担冷负荷（kW） $$Q_F=G_F(h_N-h_M) \tag{4-42}$$

新风机组承担冷负荷（kW） $$Q_W=G_W(h_W-h_L) \tag{4-43}$$

2）处理后的新风 L 直接送入室内，与室内状态点 N 混合到 C 点，经风机盘管处理到 O，沿 ε 线达到室内状态点，即风机盘管先混合后处理（见图 4-5）。

① $h$-$d$ 图绘制

- 在 $h$-$d$ 图上画出室内状态点 N，室外状态点 W；
- 过 N 作过程线 ε，与 $\varphi=95\%$等相对湿度线交于 O 点，即为送风状态点；
- 过 N 作等焓值 $h_N$ 线，由新风处理过程线的机器露点相对湿度确定 L 点；
- 连接 N、L 点，由$\frac{G_W}{G_F}=\frac{\overline{NC}}{\overline{CL}}$确定混合点 C。
- 连接 C、O 点，即为风机盘管的处理过程线。

② 处理过程

W $\xrightarrow{冷却除湿}$ L；L、N $\xrightarrow{混合}$ C $\xrightarrow{冷却除湿}$ O $\xrightarrow{\varepsilon}$ N

③ 计算

总风量（kg/s） $$G=\frac{\sum Q}{h_N-h_o} \tag{4-44}$$

风机盘管风量（kg/s） $$G_F=G-G_W \tag{4-45}$$

风机盘管承担冷负荷（kW） $$Q_F=G_F(h_C-h_O) \tag{4-46}$$

新风机组承担冷负荷（kW） $$Q_W=G_W(h_W-h_L) \tag{4-47}$$

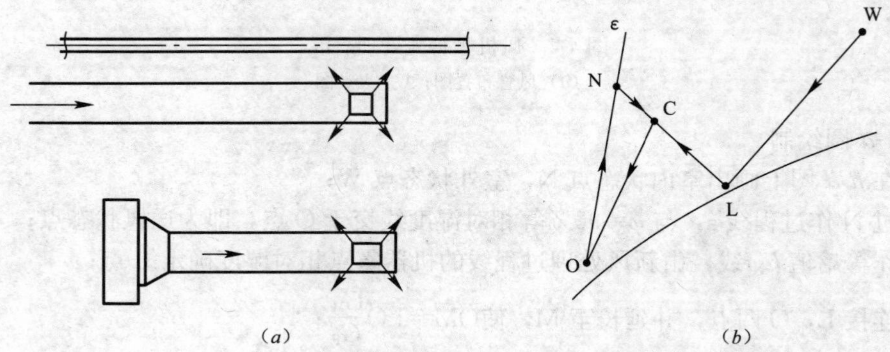


图 4-5 风机盘管先混合后处理

(a) 风管布置图；(b) $h$-$d$ 图

《民用建筑供暖通风与空气调节设计规范》GB 50736—2012 不推荐采用图 4-4 的形式，而推荐采用图 4-5 的形式，设计人员应予注意。

(2) 新风处理到室内状态点等含湿量 $d_n$ 线以下（见图 4-6）

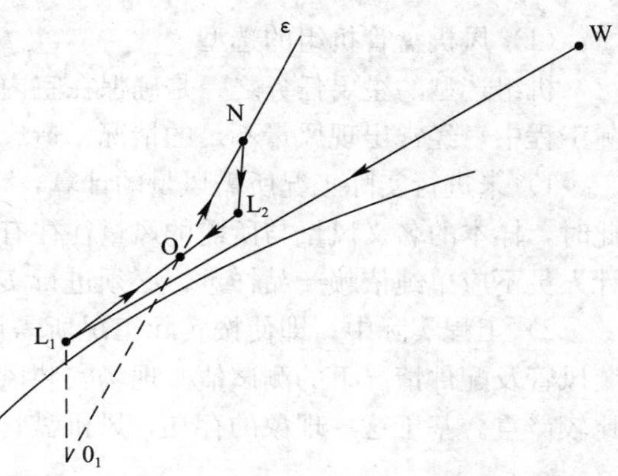

图 4-6　新风处理到室内等含湿量线以下

1）*h-d* 图绘制

① *h-d* 图上画出室内状态点 N，室外状态点 W；

② 过 N 作过程线 ε，与 $\varphi$=95%等相对湿度线交于 O 点，即为送风状态点；

③ 作 $\overline{NO}$ 的延长线至 $O_1$，使 $\frac{\overline{NO}}{\overline{NO_1}}=\frac{G_W}{G}$；

④ 由 $d_{O1}$ 线与 $\varphi$=95%等相对湿度线交于 $L_1$ 点；

⑤ 连接 $L_1$、O，并延长至与 $d_N$ 线交于 $L_2$ 点，$NL_2$ 即为风机盘管的处理过程线。

2）处理过程

$$\left.\begin{array}{l} W \xrightarrow{\text{冷却除湿}} L_1 \\ N \xrightarrow{\text{等湿冷却}} L_2 \end{array}\right\rangle \xrightarrow{\text{混合}} O \overset{\varepsilon}{\rightsquigarrow} N$$

3）计算

总风量（kg/s）
$$G=\frac{\sum Q}{h_N-h_O} \tag{4-48}$$

风机盘管风量（kg/s）
$$G_F=G-G_W \tag{4-49}$$

风机盘管承担冷负荷（kW）
$$Q_F=G_F(h_N-h_{L2}) \tag{4-50}$$

新风机组承担冷负荷（kW）
$$Q_W=G_W(h_W-h_{L1}) \tag{4-51}$$

**【案例 73】** 某地家具商城，建筑面积 67417.4m²，地下 1 层，地上 6 层，设计空调冷负荷 7164.37kW，空调热负荷 3703kW，空调系统为全空气系统和风机盘管加新风系统。设计人员并没有仔细研究新风机组的空气处理过程，不知道处理新风的终状态点在哪里，只是把新风管连接到风机盘管的回风箱进风口，再经风机盘管送入室内。这种方案是十分不妥的，当新风与风机盘管机组的进风口相连，或只送到风机盘管机组的回风吊顶处时，会影响室内的通风。另外，当风机盘管机组的风机停止运行时，新风有可能从带有过滤网的回风口吹出，把过滤网上的灰尘吹到室内，污染室内空气。

对于风机盘管加新风系统，建议将新风处理到室内状态点的等含湿量线及以下，减少风机盘管机组的湿负荷和排出的冷凝水，保持良好的卫生条件；同时宜将新风直接送入人员活动区，《采暖通风与空气调节设计规范》GB 50019—2003 和《民用建筑供暖通风与空气调节设计规范》GB 50736—2012 对此都有明确的规定，请设计人员注意。

4. 风机盘管机组的选型与系统设计

作为半集中式空调系统的主要末端设备，风机盘管机组在民用建筑的空调工程中得到了广泛应用。由于风机盘管机组使用的量大面广，且设计人员认为计算简单，并不进行认真的思考，容易忽视风机盘管的选型与系统设计工作，因此，经常出现设备选型与系统设计不当的问题。

（1）风机盘管机组的选型

机组选型的主要任务之一是确保在室内热湿工况下，满足实际所需的送风量。但是实际工程中，经常出现风量不足的情况，造成风量不足的原因有以下几点：

1）未进行实际工况所需风量的计算，仅按设备厂提供产品样本上的名义制冷量选型，此时，样本的名义风量与所需的风量往往有较大的偏差，导致实际送风量偏少。因此，设计人员不应单纯依赖产品样本，必须进行实际工况下的风量校核计算。

2）工程实际中，即使按实际工况所需风量进行选型，但由于样本上的风量是指不安装风管及配件情况下的测试值。现场安装风管及配件后，会出现风量不足的情况，有时还比较严重。基于这一现象的存在，风机盘管的选型风量（kg/s）可按式（4-52）计算。

$$G_S = K_1 K_2 G_F \quad (4\text{-}52)$$

式中 $G_F$——风机盘管的计算送风量，kg/s；

$K_1$——放大系数，取 1.05～1.15；

$K_2$——湿工况积尘影响的系数，取 1.10。

一般情况下，风机盘管机组的系统规模比较小，构造简单，阻力不大，但由于机组所配风机的全压较小，即使不大的阻力，对实际风量的影响也是非常明显的。这一点应引起设计人员的注意。

（2）系统设计

风机盘管机组的系统规模虽然不大，但是，系统设计不当时，也会造成风量不足，影响实际空调效果。

**【案例 74】**设计人员容易忽视的主要问题是在配置风管和配件时，并不进行系统阻力计算，从而造成风量不足。大多数设计人员设计选型时，一般是在估算一个房间的冷量后，查某个厂家的样本，多数厂家样本都是给出高、中、低三档风量和对应的三档冷量，设计者担心实际风量不足，就按中档风冷量选型，这种现象是十分普遍的。一些参考资料也推荐这样的方法，以为在中档运行达不到风量要求时，改成高档运行就可以弥补，这种思路和方法是不足取的。

产品标准中，风机盘管的额定风量是在不连接风管和配件的条件下测试的。国家标准《风机盘管机组》GB/T 19232—2003 中规定了两种机外静压：低静压机组是在额定风量时出口静压为 0Pa 或 12Pa 的机组（不带风口和过滤器时，出口静压为 12Pa；带风口和过滤器时，出口静压为 0Pa）；高静压机组是出口静压不小于 30Pa 的机组。由于工程现场必然会有风口和过滤器等配件，使用低静压机组的出口静压为零，不能再连接风管及配件。经计算，回风风速为 1.0m/s、送风风速为 1.5m/s 时，总阻力达到 12～16Pa，造成风量下降 10%～20%。工程设计中，机组进出口必然会有送、回风口，甚至还有送风管。以 FP—68 的机组为例，若进、出口变径管各长 500mm，送、回风管各长 1500mm，风管断面为 500mm×120mm，散流器喉部风速为 2.5m/s，回风风速为 1.5m/s，则总阻力约为 60Pa。此时如采用标准机组，风量会下降 30%，即使采用机外静压为 30～40Pa 的高静压机组，风量也会下降 20%左右。所以在选型时，应参照产品样本的风量—机外静压曲线，但是许多设备厂并不能提供风机盘管的风量—机外静压曲线，设计人员也无法进行风量校核计算。因此在系统设计时，不进行系统阻力计算，不进行风量校核、笼统选择高静压机组，就成了系统设计时的通病。《民用建筑供暖通风与空气调节设计规范》GB 50736—

2012 推荐“宜选用出口余压低的风机盘管机组”，这样既可以减少噪声，又可以减少耗电量，请设计人员注意。针对以上情况，提出风机盘管机组正确的选型和系统设计方法应该是：

（1）根据冷负荷计算所需的风量；

（2）进行系统阻力计算，确定所需的机外余压；

（3）根据样本的风量—机外静压曲线，确定选型风量和型号。

### 4.2.5 新风量与新风冷负荷

提供足够的室外新鲜空气是保障良好的室内空气品质的关键，因此应向室内空调区送入一定量的室外新鲜空气（或新风）。新风量的多少是一把双刃剑。一方面，新风量太小时，会影响污染物排除和人员身体健康，引起室内人员头脑发昏、嗜睡、流鼻涕、恶心等，甚至导致疾病的发作。另一方面，新风量过大时，又会增加空调制冷系统与设备的容量；由于夏季室外新风的焓值比室内空气的焓值高，系统的新风处理需消耗一定的能量。空调系统中的新风冷负荷已占空调总负荷的 25%～40%，甚至更高，须增加能量消耗。因此我国规范推荐了在满足室内空气品质要求的前提下的必要的最小新风量作为工程设计的依据。如《公共建筑节能设计标准》GB 50189—2005 第 3.0.2 条对公共建筑主要空间的设计新风量作了规定；《民用建筑供暖通风与空气调节设计规范》GB 50736—2012 以强制性条文对公共建筑主要房间的每人所需最小新风量作了规定，同时对居住建筑和医院建筑设计最小换气次数及高密人群建筑每人所需最小新风量也作了规定，这些规定比其他规范的规定更科学、更合理，大家应该潜心钻研，认真执行。

长期以来，普遍认为“人”是室内唯一的污染源，因此一直沿用每人每小时所需最小新风量这一概念。近年来随着化学工业的发展，越来越多的新型化学材料制品进入建筑物并散发大量污染物，成为除人员污染外的第二大污染源，在这种理念下，室内所需新风量应该是稀释人员污染和建筑物污染两部分之和。根据美国 ASHRAE62.1—2007 的规定，呼吸区的设计新风量 $V_{bz}$（L/s）按下式计算：

$$V_{bz} = R_p P_z + R_a A_z \tag{4-53}$$

式中 $V_{bz}$——呼吸区的设计新风量，L/s；

$R_p$——人员所需最小的新风量，L/(s・人)；

$P_z$——室内人员数，人；

$R_a$——单位地板面积的最小新风量，L/(s・m$^2$)；

$A_z$——空调建筑面积，m$^2$。

空调区、空调系统的新风量计算，应符合下列规定：

（1）人员所需新风量，应根据人员的活动和工作性质，以及在室内的停留时间等因素确定，并符合第 3.1 节的规定。

（2）空调区的新风，应按不小于人员所需新风量、补充排风及保持空调区空气压力所需新风量与新风除湿所需新风量三者中的最大值确定。

（3）当空调系统服务于多个不同新风比的空调区时，全空气空调系统的新风比应小于各空调区中新风比的最大值。

（4）当空调区设有局部排风设置时，为防止室外空气无组织侵入，保持室内正压和空调参数稳定，需要送入新风以补充排风，此时应按风量平衡法计算新风量。通常，空调区的新风比约在10%以下，过大的正压是没有必要的。随着建筑节能标准的执行，建筑外门窗的封密性能越来越好，气密性等级也逐步提高，渗漏风量会越来越少。

(5) 新风系统的新风量，宜按各空调区或系统的新风量的累计值确定，不必考虑同时使用系数。

空调新风冷负荷按式（4-54）计算。

$$Q_w = G_w(h_w - h_N) \tag{4-54}$$

式中 $Q_w$——新风冷负荷，kW；

$G_w$——新风量，kg/s；

$h_w$——室外空气焓值，kJ/kg；

$h_N$——室内空气焓值，kJ/kg。

**【案例 75】** 编者审查的施工图中，很多设计人员在“说明”中注明室内新风量为 $30m^3/(h \cdot 人)$，但是空调设计全是风机盘管系统，没有设置独立新风系统；有的甚至在“说明”中注明“按建设单位要求，不设新风系统，采取开窗补充新风”。设计人员没有正确的专业基本理念，一味屈从于建设单位，今后设计人员一定要执行关于公共建筑主要房间的每人所需最小新风量的强制性规定。

### 4.2.6 送风量的确定

在已知空调区冷（热）、湿负荷的基础上，确定为消除室内余热、余湿及维持室内空气设计参数所需的送风状态和送风量，作为选择空调设备的依据。

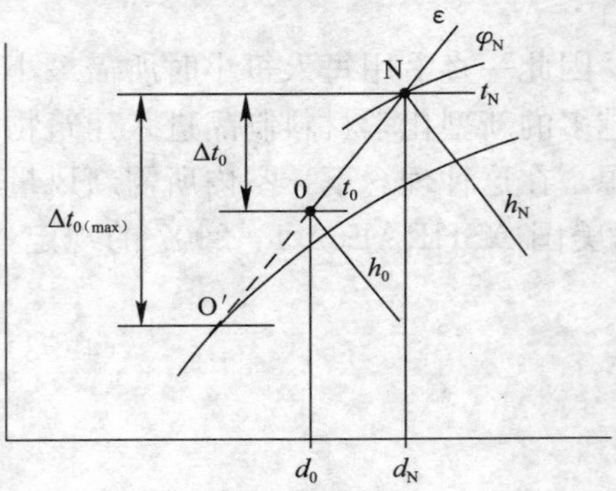

图 4-7 夏季送风量计算用 h-d 图

1. 夏季送风状态及送风量的确定

空调系统送风状态点和送风量的确定可以在 h-d 图上进行，具体步骤如下（见图 4-7）。

(1) 根据已知的室内空气状态参数（如 $t_N$，$\varphi_N$）找出室内空气状态点 N。

(2) 根据计算出的空调区冷负荷 Q 和湿负荷 W，计算热湿比 $\varepsilon = Q/W$，再通过 N 点画出过程线 ε。

(3) 选取合理的送风温差 $\Delta t_0$。

(4) 根据选定的送风温差 $\Delta t_0$，确定送风温度 $t_0 = t_N - \Delta t_0$；在 h-d 图上求 $t_0$ 与过程线 ε 的交点 0，即为送风状态点。但是，对于舒适性空调，一般常采用“露点”送风，“露点”即为送风状态点。

(5) 按式（4-55）计算送风量

$$m = \frac{Q}{h_N - h_o} = \frac{W}{d_N - d_0} \times 1000 \tag{4-55}$$

式中 $h_N$——室内空气的焓，kJ/kg；

$h_o$——送风状态空气的焓，kJ/kg；

$d_N$——室内空气的含湿量，g/kg；

$d_0$——送风状态空气的含湿量，g/kg。

2. 送风温差的确定

上送风方式的夏季送风温差，应根据送风口类型、安装高度、气流射程长度及是否形成贴附等因素确定，并应符合下列要求：

（1）在满足舒适性及工艺要求的条件下，宜加大送风温差。

（2）舒适性空调的送风温差按表 4-4 确定。

**舒适性空调的送风温差** **表 4-4**

| 送风口高度（m） | ≤5.0 | >5.0 |
|---|---|---|
| 送风温差（℃） | 5～10 | 10～15 |

（3）工艺性空调的送风温差按表 4-5 确定。

**工艺性空调的送风温差** **表 4-5**

| 室温允许波动范围（℃） | >±1.0 | ±1.0 | ±0.5 | ±0.1～0.2 |
|---|---|---|---|---|
| 送风温差（℃） | ≤15 | 6～9 | 3～6 | 2～3 |

3. 确定空调系统风量需综合考虑的问题

（1）照明散热引起的回风升温

照明散热对风量的影响与空调系统的回风方式有关，通常设计中回风箱或回风管都设在吊顶内，而照明灯具的散热多集中在吊顶内，流经吊顶的回风温度会升高 1℃左右。

（2）按送风温差计算的冬夏风量不同

系统风量通常是先满足夏季供冷工况，按夏季冷负荷求出送风量，然后按热负荷校核供热送风量。由于夏季供水 5～10℃的冷却盘管处理后的冷风送风温差远小于加热盘管处理后的热风送风温差，所以冬夏季风量有差异，此时最好采用变速送风机。

（3）维持必要的换气次数

空气区内人员活动、设备物品产生的尘埃会影响室内空气的品质，为了保持室内空气的清洁度，应维持一定的换气次数，通常在求出风量后，应校核换气次数是否符合要求。

（4）风量大小影响室内气流组织

理论上讲，加大送风温差可以减小室内循环风量，但送风量太小时，冬季取的送风温度过高，造成热空气上浮，会加剧上热下冷的分层现象；夏季取的送风温度过低，出现冷风下沉现象，这两种情况都不利于合理的室内气流组织。一般要求冬季送风温度不超过 45℃。

（5）送风温差是最重要的因素

系统风量与送风温差成反比，送风温差（度）直接影响送风量大小，送风温差加大一倍，使风量减少一半，不含制冷系统在内，空调系统的材料消耗和投资约减少 40%，动力消耗约减少 50%。因此，正确的选定送风温差是一个相当重要的问题。在确定送风温差（度）时，应综合考虑风机输送能耗、设备土建投资、冷源设备末端再热损失和低温新风供冷等因素，这些因素有时是相互矛盾的，送风温度的高或低各有利弊，因此需要根据气候、工程性质和系统的具体情况进行综合分析后确定。

### 4.2.7 不同工况空调器的选型

我们常将带制冷系统的空气处理设备称为“空调机”，而将不带制冷系统、只有换热盘管的空气处理设备称为“空调器”。“空调器”包括组合（吊、柜）式空调器和风机盘管机组，就空气处理过程而言，风机盘管机组只有回风工况，组合（吊、柜）式空调器既有回风工况，又有新风工况。有些设计人员在选择组合（吊、柜）式空调器时，不注意是那种工况，也不作分析计算，拿来产品样本就信手抄写，经常出现把工况搞错的情况。

**【案例 76】**某地质量技术监督局检验检测大楼建筑面积 17035m²，地下 1 层，地上 11 层，设置集中空调系统，夏季冷负荷 1682kW，冬季热负荷 1802kW。其中二层大会议室的冷负荷为 62.2kW，会议室空调系统按回风工况设计，按冷负荷和送风温差计算，送风量应为 12000m³/h 左右。但设计人员没有进行计算，直接查产品样本，而且没有注意设计工况，选用送风量应为 6700m³/h 的空气处理机，运行后发现空调效果不好。经检查是因为设计人员查样本用的是新风工况的参数，因此风量减少了一半左右，这是因为新风工况处理的空气焓差远大于回风工况处理的空气焓差，处理相同冷量所需的空气量就少。

本书将不同空气处理设备一般情况下的处理能力汇总为表 4-6，供大家参考。表中的数值只是一个大致的范围（因为各地夏季室外空气的比焓有差异，处理焓差也不相同所致），目的在于让大家有一个基本概念，避免出现【案例 76】的错误，空调区的送风量仍应该以计算为准。

**不同空气处理设备处理能力汇总表** **表 4-6**

| 设备型式 | 处理空气焓差范围 | | 风量/冷量范围 |
|---|---|---|---|
| | kJ/kg | kcal/kg | m³/h/W |
| 组合（吊、柜）式回风工况空调器 | 20.9～29.3 | 5～7 | 1∶4.16～1∶5.83 |
| 组合（吊、柜）式新风工况空调器 | 34.0～46.9 | 8.12～11.2 | 1∶8.3～1∶11.7 |
| 水冷冷风单元空调机 | 15～18 | 3.58～4.3 | 1∶5～1∶6 |
| 风冷冷风单元空调机 | 14～17 | 3.34～4.06 | 1∶4.5～1∶5.5 |
| 水冷冷风恒温恒湿空调机 | 15～18 | 3.58～4.3 | 1∶5～1∶6 |
| 风冷冷风恒温恒湿空调机 | 15～17 | 3.58～4.06 | 1∶5～1∶5.8 |
| 水冷机房专用空调机 | 8.5～9.9 | 2.03～2.36 | 1∶2.8～1∶3.3 |
| 风冷机房专用空调机 | 8.0～9.0 | 1.91～2.15 | 1∶2.5～1∶3.0 |
| 风机盘管机组（国家标准） | 15.9 | 3.8 | 1∶5.3 |
| 风机盘管机组（一般文献） | 18.5～19.5 | 4.41～4.66 | 1∶6.17～1∶6.5 |

## 4.2.8 审图中发现的问题及分析

**【案例 77】**同一空调区布置多台风机盘管，不注意送风口、回风口的位置，将后一台的送风口靠近前一台的回风口，造成气流短路，影响空调的效果。这时应改为送风口、回风口各自相互靠近，增加气流流程（见图 4-8）。

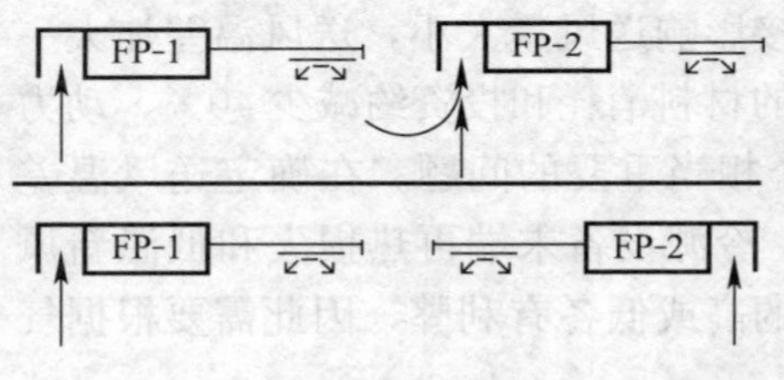

图 4-8 送风口、回风口布置比较

**【案例 78】**高大门厅（中庭）受装饰的限制，将风机盘管（风管）及送风口布置在顶层，冬季时热风送不下来，效果非常差。这时应尽量将风口往下移，应采用旋流风口或喷口送风。

**【案例 79】**某项目为一多功能厅，长×宽＝32m×16m，受装饰的限制，只能在远离外墙的一边（距外墙 16m）布置侧送百叶风口，这样布置气流不能达到对面外墙处，应引起注意。

**【案例 80】**某餐厅全空气系统送风管在平面上转弯了三次，机房出口至最远送风口总长已超过 60m，只在机房墙上设集中回风口，没有回风管，造成最远送风口风量不够，效果不好，这种情况应设置集中回风管。

**【案例 81】**某地文化艺术中心，C 座建筑面积 33702m$^2$，地下 1 层，地上 28 层；F 座建筑面积 5553.83m$^2$，地下 1 层，地上 3 层；裙楼建筑面积 7440.4m$^2$，地下 1 层，地上 5 层，裙楼部分采用风机盘管加新风空调系统。由于设计人员没有认真进行空调区冷负荷计算，又没有进行风机盘管选型计算，风机盘管的送风管长度在 4m 以上，一台 FP-136 的风机盘管带两个 250mm×250mm 的方形散流器，经过运行测试，由于风管及过滤网、回风口、连接软管、散流器等的阻力太大，每个散流器的风量不足 350m$^3$/h，送风温度超过 20℃，空调效果极差。

**【案例 82】**某单位研发中心，建筑面积 22667m$^2$，地下 2 层，地上 9 层，室内空调夏季冷负荷 1587kW，冬季热负荷 1032kW，空调系统为柜式空调器的全空气系统和风机盘管加新风系统。某空调区上下贯通八、九层，设计人员不了解散流器顶送风贴附射流的特点，将九层上部风机盘管送风散流器设在离八层地面 7.35m 的高度（见图 4-9），这样的设计是很不合理的。可以将风机盘管沿侧墙安装侧送风，或降低风管高度，增加垂直支风管长度，同时采用旋流风口，以改善气流组织情况。

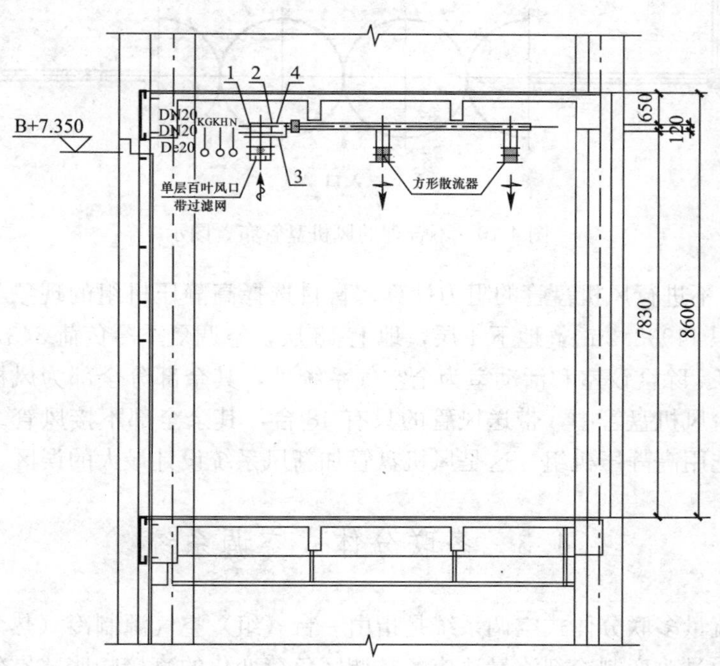


图 4-9 高空间风机盘管散流器送风

1—金属软接头；2—铜闸阀；3—过滤器；4—电动两通位式调节阀

**【案例 83】**设计人员布置风机盘管时不注意送风口、回风口的位置。某县人民医院扩建工程，建筑面积 18708.33m$^2$，地下 1 层，地上 6 层，空调夏季冷负荷 1640.8kW，冬季热负荷 1489.4kW。在风机盘管加新风系统部分，设计人员不分析风机盘管送风口、回风口的空气温度，将风机盘管沿外墙布置，出口接送风管往里送风，回风口在外墙处；特别是一楼大门入口处，回风口空气温度较高，直接影响入口处的空调效果（见图 4-10）。在此提醒设计人员，布置风机盘管时，应将送风口靠近外墙或大门，这样较低温度的送风可以充分同化外墙或外门处的强辐射热，使空调效果更好。

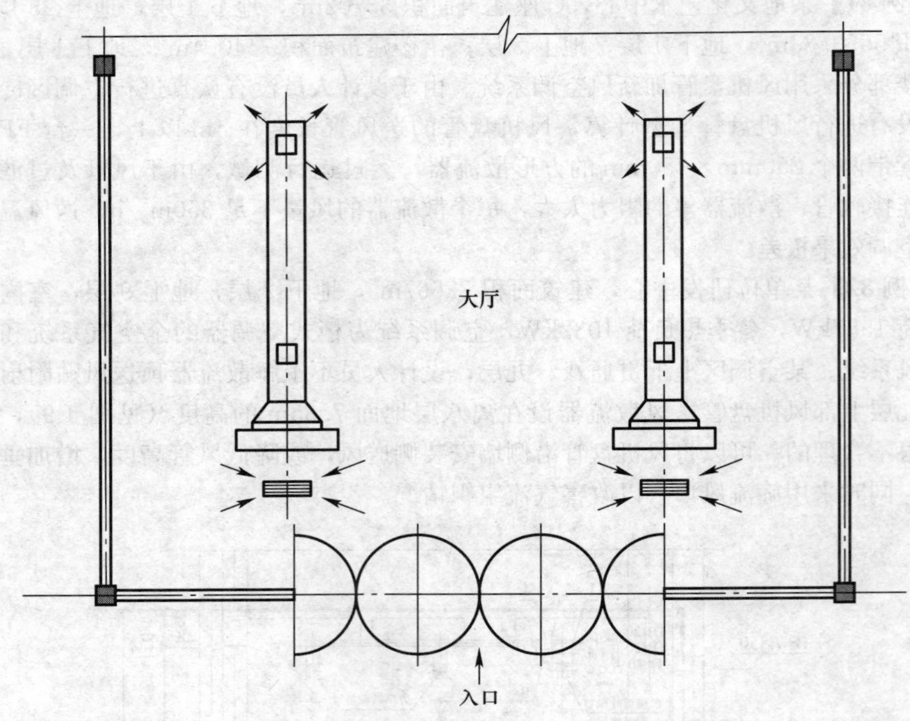


图 4-10　不合理的风机盘管布置图示

**【案例 84】**不进行风机盘管的阻力计算、盲目选择高静压机组的现象十分普遍。某住宅小区建筑面积 44993.2m²，地下 1 层，地上 13 层，空调夏季冷负荷 3437.5kW，冬季热负荷 1489.4kW。除会议室和活动室为全空气系统外，其余部分全部为风机盘管加新风系统，所有 133 台风机盘管中，带送风管的只有 48 台，其余全部不接风管。设计人员不进行分析，全部选用高静压机组，这是风机盘管加新风系统设计最大的误区。

## 4.3　多联分体式空调系统

变制冷剂流量多联分体式空调系统是指由一台（组）空气源制冷（热泵）室外机配置多台室内机，通过改变制冷剂流量适应各空调区负荷变化的直接膨胀式空气调节系统，俗称 VRF 系统。这种系统打破了传统的中央空调的设计理念，在一台室外机连接一台室内机的房间空调器的基础上，研发出了一台室外机连接多台室内机的制冷供热系统。开发初期 VRF 系统多用于普通多层、面积不大的公共建筑物，但是，近几年审查的工程，应用 VRF 系统的项目越来越多。

### 4.3.1　多联分体式空调系统的设备选型

多联分体式空调系统的设备选型一般应遵循以下步骤。

（1）根据夏季室内冷负荷和空调区的功能，初步确定满足要求的额定制冷量和室内机形式。由于夏季空调的设计条件与室内机额定制冷量的测试条件不同，设计人员应根据室内外空气计算温度，预先在制造商提供的室内机制冷容量表中，选出最接近室内冷负荷的室内机。

（2）按功能区对室内机进行分组，根据同一分组室内机的额定制冷/热量总和，选择相应的室外机及其额定制冷/热量；室外机额定制冷/热量是在测试条件下测定的，测试条件如表 4-7 所示。

**额定制冷/热量测试条件** **表 4-7**

| | 制冷工况 | 制热工况 |
|---|---|---|
| 室外温度 | 35℃DB | 7℃DB，6℃WB |
| 室内温度 | 27℃DB，19℃WB | 20℃DB |

（3）按照设计工况，对室外机的制冷/热能力进行室内外温度、室内外机的容量配比系数、冷媒管长和高差、除霜等修正。

1）不同室内外温度的修正

由于空调的设计条件与室外机额定制冷/热量的测试条件并不同，因此室外机的实际制冷/热量与额定制冷/热量也不相同。因为全国各地的气象参数差异很大，不能简单地采用某一套数据，必须根据项目所在地区的气象条件进行修正。某品牌室外机在不同室外、室内温度工况时的制冷能力及修正系数举例如表 4-8 所示。

**不同温度工况时的制冷能力及修正系数** **表 4-8**

| 室外空气干球温度（℃） | 下列室内回风湿球温度（℃）时的制冷量（kW）（括号内为修正系数） | | | | | | |
|---|---|---|---|---|---|---|---|
| | 16.0 | 18.5 | 19.0 | 19.5 | 20.0 | 22.0 | 24.0 |
| 25.0 | 48.2<br>(0.86) | 54.3<br>(0.97) | 56.0<br>(1.00) | 57.7<br>(1.03) | 58.2<br>(1.04) | 61.0<br>(1.09) | 63.8<br>(1.14) |
| 30.0 | 48.2<br>(0.86) | 54.3<br>(0.97) | 56.0<br>(1.00) | 57.7<br>(1.03) | 58.2<br>(1.04) | 61.0<br>(1.09) | 63.8<br>(1.14) |
| 35.0 | 48.2<br>(0.86) | 54.3<br>(0.97) | 56.0<br>(1.00) | 57.7<br>(1.03) | 58.2<br>(1.04) | 61.0<br>(1.09) | 63.8<br>(1.14) |
| 40.0 | 45.8<br>(0.82) | 52.6<br>(0.94) | 53.8<br>(0.96) | 55.4<br>(0.99) | 56.2<br>(1.00) | 59.4<br>(1.06) | 61.1<br>(1.11) |

由上表可知，制冷运行工况时，室外空气温度的升高对制冷能力的影响并不大；当室外空气温度达到 43℃及以上时，对制冷能力的影响比较严重。设计人员宜根据室内外空气温度，对室外机制冷量进行修正。

2）不同室内、室外机容量配比系数的修正

室内、室外机容量配比系数是根据室内机不同的同时使用率，确定配置室内外机容量大小的指标，一般情况下，同时使用率越高，容量配比系数越小，反之，容量配比系数越大，见《全国民用建筑工程设计技术措施 节能专篇 暖通空调·动力》（2007 年）第 5.5.5 条，室内、室外机容量配比系数见表 4-9。

**室内、室外机容量配比系数** **表 4-9**

| 同时使用率 | 最大容量配比系数 |
|---|---|
| 70%及以下 | 125%～135% |
| 70%～80%（含） | 110%～125% |
| 80%～90%（含） | 100%～110% |
| 90%以上 | 100% |

由上表可知，设计时可以将室内机超配30%。但对室内机的超配应该从同时使用率方面理解，一个多联机系统的一台室外机配置的室内机数量较多，在实际运行时并不是所有室内机同时开机，即使多数室内机开机，一般也不是全部在满负荷下运行，从这一层面考虑，适当超配也是可以的，别墅型居住建筑就属于这一类，使用时就比较经济。但是像酒店的餐厅、写字楼的会议室等，一个室内、室外机系统供一个区域，同时开机，就不建议超配。研究和实践证明，当室内机组运行工况一致、且负荷变化较均匀时，多联机分体空调系统在40%～80%负荷率范围内，具有较高的制冷性能系数。

设计人员宜根据使用场合，确定一定的室内、室外机容量配比系数，得到室外机制冷量容量配比系数修正结果。

**【案例 85】** 某工程的纤维检测中心（南楼），建筑面积6039m$^2$，地上3层，空调冷负荷791.1kW，空调热负荷676.4kW，全部采用多联分体式空调系统，共设计室内外机配置比例100%的新风系统3个，新风冷负荷129kW；回风工况系统9个，室外机9台，额定容量582.2kW，室内机114台，额定容量526.0kW。连同新风机的容量，室内机为655.0kW，室外机为711.2kW，室内外机容量配比为92%，室内机容量比冷负荷小136.1kW，室外机容量比冷负荷小79.9kW。这样的容量配置是无法满足要求的，应引起设计人员注意。

3）不同管道长度和高差的修正

根据《多联式空调（热泵）机组》GB/T 18837—2002的规定，多联分体式空调产品性能的测试条件是室内外机等效配管长度为7.5m、室内外机高差为0.0m。实际工程的等效配管长度及高差均与测试条件不同，配管较长、高差较大都会影响设备的能力，设计人员必须对制冷/热能力进行不同管道长度及高差的修正。设备制造厂不同，给出的修正曲线也不同，图4-11为某品牌产品制冷工况时的管道长度和高差的修正图。

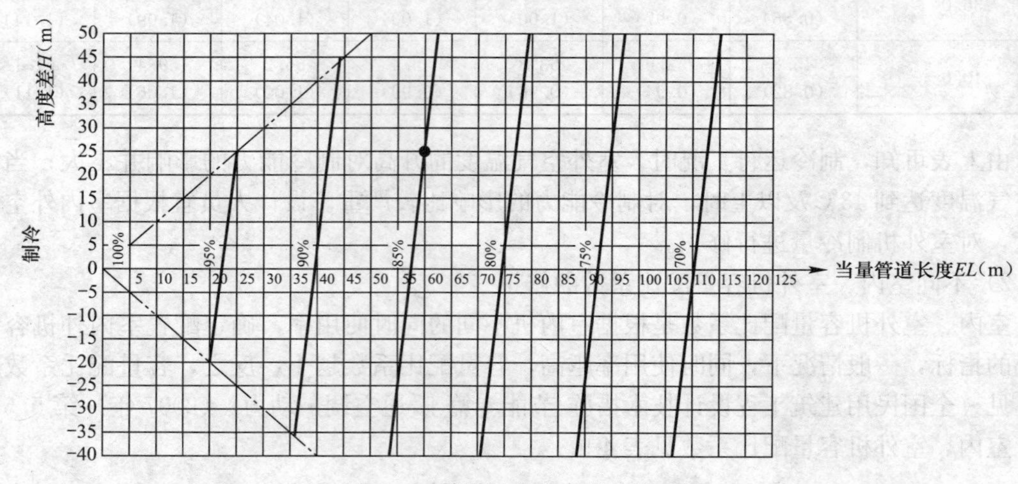


图 4-11 管道长度和高差的修正图

例如，当配管长度为60m、室内外机高差为25m时的修正系数为0.85，这种情况在一般的多层建筑中比较常见；若配管长度达到80～90m、室内外机高差达到40m时，修正系数约为0.77～0.78，即对设备能力的影响比较大，这种情况在高层建筑中比较常见。

另有实验研究表明，对分歧管与室内机之间连接管长度为5m、额定制冷量为28kW的系统，当连接管长度增加至50m时，室内负荷分布均匀时最大制冷量为24kW，负荷分布不均匀时制冷量只有22.5kW；当连接管长度增加至100m时，最大制冷量为22kW，最小制冷量仅为20kW，说明随着连接管长度的增加，多联机系统的制冷量逐渐衰减。实验数据证明，冬季制热时，配管长度及高差对设备能力的影响比较小。

根据制造厂提供的图表，可以得到不同管道长度和高差的修正结果。

4）冬季室内外温度及结霜、除霜的制热量修正。

冬季制热时，对制热量的修正包括：低温状况下蒸发温度降低引起的制热量衰减；运行过程中结霜、除霜引起的制热量下降。

① 与空气源冷水（热泵）机组一样，多联分体式空调系统的室外机以其换热器来实现吸热或放热，在冬季室外低温工况下，蒸发温度降低，室外机的制热量衰减，针对某一品牌产品，可以通过制造厂提供的不同温度工况的制热能力及功率直接查找，举例如下（见表4-10）：

**不同温度工况时的制热能力及功率** **表4-10**

| 室内外机容量配比系数（%） | 室外空气温度（℃） | | 下列室内空气温度（℃）时的制热量及功率 | | | | | |
|---|---|---|---|---|---|---|---|---|
| | | | 20.0 | | 21.0 | | 22.0 | |
| | ℃DB | ℃WB | 制热量（kW） | 功率（kW） | 制热量（kW） | 功率（kW） | 制热量（kW） | 功率（kW） |
| 110%<br>30.8kW | −5.0 | −5.6 | 27.4 | 8.59 | 27.4 | 8.71 | 27.4 | 8.83 |
| | −3.0 | −3.7 | 28.8 | 8.78 | 28.8 | 8.89 | 28.7 | 9.00 |
| | 0.0 | −0.7 | 31.1 | 9.06 | 31.1 | 9.16 | 31.1 | 9.27 |
| | 3.0 | 2.21 | 33.6 | 9.31 | 33.5 | 9.40 | 32.4 | 9.02 |
| | 5.0 | 4.1 | 34.7 | 9.20 | 33.5 | 8.83 | 32.4 | 8.48 |
| | 7.0 | 6.0 | 34.7 | 8.64 | 33.6 | 8.30 | 32.4 | 7.97 |
| 100%<br>28.0kW | −5.0 | −5.6 | 27.4 | 8.93 | 27.3 | 9.03 | 27.3 | 9.14 |
| | −3.0 | −3.7 | 28.7 | 9.10 | 28.7 | 9.20 | 28.7 | 9.30 |
| | 0.0 | −0.7 | 31.0 | 9.35 | 30.5 | 9.20 | 29.5 | 8.82 |
| | 3.0 | 2.2 | 31.5 | 8.70 | 30.5 | 8.36 | 29.5 | 8.03 |
| | 5.0 | 4.1 | 31.5 | 8.18 | 30.5 | 7.87 | 29.5 | 7.56 |
| | 7.0 | 6.0 | 31.5 | 7.70 | 30.5 | 7.41 | 29.5 | 7.12 |

由上表可知，随着室外空气温度的降低，制热量下降，耗功率增加，机组的冬季性能系数降低。

② 多联分体式空调系统的室外机和空气源冷水（热泵）机组一样，在冬季运行过程中，当空气通过室外侧换热器盘管时，会有水凝结在盘管表面，进而结成冰，结在盘管上的冰会降低盘管的传热系数、减小进风通道面积，随着霜层的加厚，制热能力不断下降，因此必须进行除霜。在晴朗的天气里，大约8h除霜一次，一天除3次左右；而在雨雪天气里大约2～3h除霜一次，在0～5℃之间的恶劣天气里，甚至1～2h除霜一次。所以，冬季运行工况下，一定要进行结霜、除霜的修正，结霜的多少和除霜时间的周期与室外空气

的湿球温度有关，某品牌机组除霜修正系数举例如表 4-11 所示。

**室外机制热能力除霜修正系数** **表 4-11**

| 室外空气温度℃DB (85%RH) | −7 | −5 | −3 | 0 | 3 | 5 | 7 |
|---|---|---|---|---|---|---|---|
| 修正系数 | 0.95 | 0.93 | 0.88 | 0.85 | 0.87 | 0.90 | 1.0 |

经过室内外温度和除霜修正，可以得到室外机冬季制热量的室内外温度和除霜修正结果。

本来，根据室内外温度、室内外机的容量配比系数、冷媒管长和高差、除霜修正等确定室外机在设计工况下修正的制冷/热量是十分重要的工作，由于我国地域辽阔，不同地区气象参数差异很大，或使用时段不同，实际运行工况与标准工况不同，此时，一定要根据同时使用系数确定的内外机容量配比系数、室内空气计算干、湿球温度和室外空气计算干球温度，根据厂家提供的室外机选用曲线（或选用表）进行计算，求出室外机在设计工况下的实际制冷/热容量。但是，由于这些计算书都不必报送审图机构，因此也无法进行审核，希望设计人员不要忽视这种基础性的工作。

（4）利用室外机修正的制冷/热量结果，对室内机的实际制冷/热能力进行校核计算。

由于多联分体式空调系统按设计工况对室外机的制冷/热能力进行温度、室内外机负荷比、制冷剂管长、融霜修正后，室内机的实际制冷/热量可能发生变化。因此，应根据同一服务区室内机的位置，求出各室内机的配管长度和高差修正系数，对每台室内机的实际最终制冷/热量进行校核计算，由此确定该区各室内机额定制冷/热总容量，该总容量应大于所服务区域的冷/热负荷，并与室外机的容量相匹配，一般系统配置室内机总能力控制在室外机能力的 50%～130%之间。利用制造厂提供的室内机容量修正图进行室内机实际能力的校核计算时，各制造厂的修正图会略有区别，使用时应当注意。

（5）根据室内机校核结果确认室外机的实际制冷/热能力。

（6）如果计算的室内机实际制热量小于服务范围的热负荷，而又允许采用辅助电加热器时，可设置辅助电加热器。其加热量应根据制热量衰减、除霜修正的不同情况进行配置，但设备厂为简化制造工艺，总是将若干档（如 3 或 4 档）制热量的机组配相同功率的电加热器，这时一定要注意电加热量的调节和电加热器与送风机的安全连锁保护。

### 4.3.2 系统配管设计

多联分体式空调产品性能的测试条件是室内外机等效配管长度为 7.5m、室内外机高差为 0.0m，当实际情况与测试条件不同时，应进行不同管道长度和高差的修正，已如上述。

1. 等效配管长度

影响室内外机制冷/热能力的室内外机之间的配管长度，不仅包括两者之间的直管长度，还包括两者之间的分歧管、弯头等的折算长度。制冷剂管道的等效配管长度是直管道与分歧管、弯头等配件的当量长度之和。

2. 最大等效配管长度、最大高差的限制

当多联分体式空调的使用条件与测试条件不同时，为尽量减少配管长度和高差对机组制冷/热能力的影响，以保证系统安全、稳定、高效的运行，设计时，系统的最大等效配管长度、最大高差不应超过所选用产品的规定，对室内外机之间的等效配管长度、室外机与室内机的高差及室内机之间的高差都有一定的限制。各制造厂根据各自的产品特性给出了等效配管长度、室外机与室内机的高差及室内机之间高差的限制，某品牌的参考限制值举例如表 4-12 所示（标注见图 4-12）。

**冷媒配管长度及高差限值** **表 4-12**

| | | | 允许值 | 配管部分 |
|---|---|---|---|---|
| 配管长度 | 配管总长（实际长度） | | ≤350m（30 匹以下）<br>≤500m（30 匹以上） | $L_1+L_2+\cdots+L_8+a+b+\cdots i$ |
| | 最远配管长度 | 实际长度 | ≤150m | $L_1+L_5+L_6+L_7+L_8+\mathrm{i}$ |
| | | 等效长度 | ≤175m | |
| | 从第一分歧管到最远配管等效配管长度 | | ≤40m | |
| 高差 | 室外机与室内机的高差 | 室外机高于室内机时 | ≤70m | $L_5+L_6+L_7+L_8+i$ |
| | | 室外机低于室内机时 | ≤40m | |
| | 室内机与室内机之间的高差 | | ≤15m | |

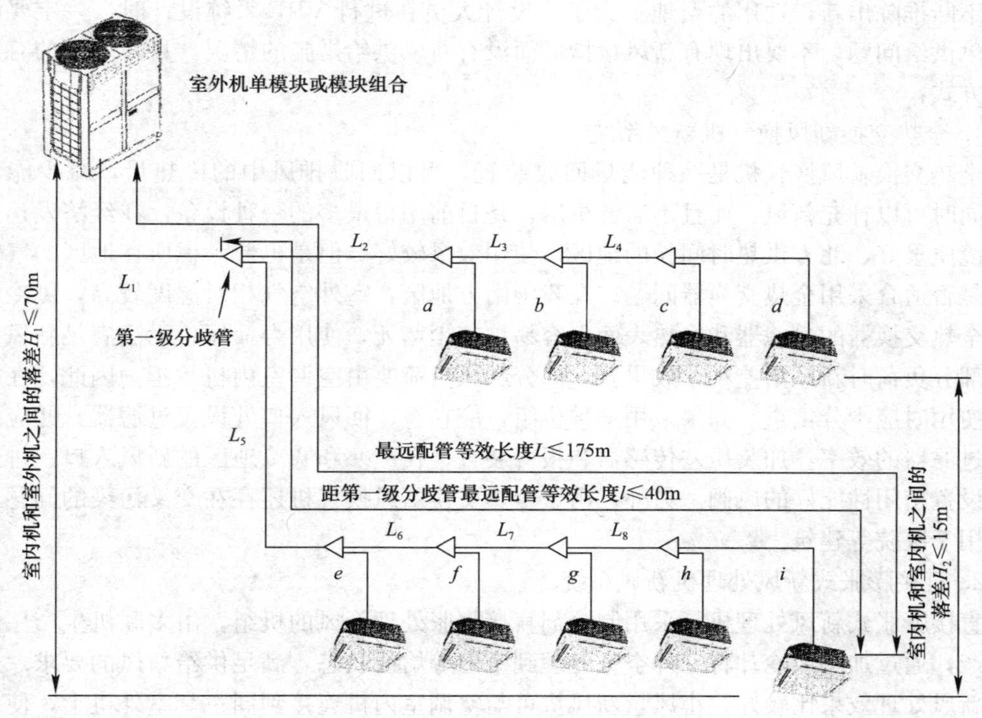

图 4-12 冷媒配管长度及高差限值图示

众多研究表明，随着等效配管长度的增加，制冷剂在管路内的压力损失增大，使得多联分体式空调系统的运行性能下降，影响系统的经济性；有学者通过假定液体管和气体管制冷剂流速估算出配管长度对多联机运行性能的影响，建议多联机配管总长度不宜超过 100m。根据《多联机空调系统工程技术规程》JGJ 174—2010 的规定，等效配管长度的限制条件是保证对应制冷工况下满负荷的性能系数不低于 2.80，即考虑管长影响后的主机满负荷性能系数。当产品计算资料无法满足核算要求时，只要制冷剂管道等效配管长度不超过 70m，即使在室内外机高差达到最大允许高差时，也能满足规程规定的能效指标要求。研究表明，随着配管长度增加（例如，上述品牌产品的最远配管长度为 150～175m）会使压缩机吸气管阻力增加，吸气压力降低，过热增加。彦启森教授的研究表明，吸气过热每增加 1℃，会使系统能效比降低 3%。某品牌管长 150m 时的制冷 COP 只有标准管长(7.5m）时的 68%，也就是说，如果某一品牌多联机空调室外机额定工况的 COP 是 2.4 的话，则配管长度 150m 时的 COP 只有 1.63。所以设计人员不要一味依赖制造厂的样本，无限加大管道长度。

### 4.3.3 新风供给问题

设计人员在设计说明的“室内计算参数”中都能按标准规范的要求标注室内新风量指标，但在 VRF 系统设计时，有些设计没有补充新风的措施。在水系统设计时，可以采用风机盘管加独立新风方式或带一定新风比的全空气系统方式补充新风。早期的厂家并不生产新风工况的直接蒸发式室内机，所以当时很困惑。后来厂家开发了新风工况的直接蒸发式室内机，逐步解决了这一问题，再加上不带冷热源、只带换热器的能量回收新风换气机产品不断推陈出新，选用的余地更大了。设计人员在进行 VRF 系统设计时，一定要解决好新风供给问题，不要出现有新风量指标而没有新风供给措施的情况。目前采用的有以下几种方式：

1. 全热交换新风换气机新风系统

全热交换新风换气机是一种能量回收装置，可以回收排风中的冷热量，减少能源消耗，同时可以补充新风，而且不需要机房，是目前用得最多的一种设备，在经济发达、大气环境质量好、北方供热时间长的地区，使用效果较好。但是也要考虑所在地区的气候条件，是否适合采用全热交换器问题。在我国南方地区，室外空气相对湿度较高，供冷时间长，全热交换器的过滤器和换热表面很容易被灰尘堵死，使用寿命短，无法满足新风量要求，部分负荷时新风焓差小，效果差，部分新风负荷要由空调室内机承担。因此，在南方地区使用时应十分慎重。如果采用这种机组，应在新、回风入口处设置过滤器，并应提高空气过滤器的效率，加装压差传感器和报警装置；在严寒和寒冷地区的新风入口、排风出口应设置密闭性能好的风阀。另外，由于全热交换新风换气机还存在交叉污染的问题，故不宜用于医院等建筑。

2. 直接膨胀式新风处理机新风系统

直接膨胀式新风处理机是采用制冷剂直接膨胀处理新风的机组，由多联机生产厂研制和生产，通过加热或冷却将室外空气处理到室内等焓线状态，满足供给新风的要求。这种机组新风处理效果比较好，小风量新风机可与空调室内机连接到同一套室外机上，使用非常方便。但是，夏季机组全负荷大压差运行时间较长，机组寿命较短，现阶段产品价格比较高，多用于要求较高的场合。

3. 空气源热泵冷（热）水新风系统

传统集中空调新风系统是采用 6～8 排盘管柜式空气处理机处理空气，是我们比较常用的新风系统。这种方法新风处理效果较好，也可以作为 VRF 系统的新风处理机，但系统需另外配置冷热源。一般情况下，可采用空气源热泵冷水机组作冷热源，适用于规模较大、新风量大和同时使用率较高的场合。

4. 蒸发冷凝式全热回收空调热泵机组新风系统

蒸发冷凝式全热回收空调热泵机组是近年新研制的一种设备，把蒸发式冷凝制冷机组与新风处理机组合为一体或分体，运行过程中可回收空调排风及冷凝水的冷量，不存在污染新风的问题，机组效率较高，节能效果好，可装在室内或室外，可用于任何多联机空调场合。

以上四种新风系统中，蒸发冷凝式新风系统同传统的风冷单元式空调机能效等级 1 级水平（EER＝3.2）相比，系统性能系数提高 56.8%；同常规的多联机空调（热泵）机组能效等级 1 级水平（EER＝3.6）相比，系统性能系数提高 39.4%。同时，蒸发冷凝式新风系统对负荷变化的适应性强，是一种具有较高系统能效比的新风系统。

**【案例 86】**某医院的病房楼，建筑面积 11050m²，地下 2 层，地上 9 层，空调区冷负荷 937.5kW，采用 VRF 系统。设计人员简单的采用 VRF 系统的室内机作为新风机，由于新风的焓值远远大于回风的焓值，这样就会降低室内机的处理能力，不能达到处理效果。因此，应该避免采用普通室内机作新风处理机用。

### 4.3.4 大容量多联机空调系统

1. 多联机空调系统容量的界定

表 4-13 为几个制造厂生产的单台室外机组最大额定制冷量的统计结果。

**各制造厂单台室外机组的最大额定制冷量** 表 4-13

| 制造厂代号 | A | B | C | D | E | F | G | H | I |
|---|---|---|---|---|---|---|---|---|---|
| 最大额定制冷量（kW） | 45 | 56 | 45 | 40 | 45 | 30 | 47 | 45 | 28 |

从上表可以看出，单台室外机最大额定制冷量在 28～56kW 之间。我国国家标准《多联机空调（热泵）机组》GB/T 18837—2002 以单机最大制冷量 28kW 为界，用不同的 *IPLV* 来评价多联机的产品性能，故业内学者建议将单台额定制冷量大于 28kW 的室外机构成的多联机系统定义为大容量多联机系统。根据技术经济分析，有学者建议多联机空调系统室外机最大制冷量不宜大于 56kW。

《公共建筑节能设计标准宣贯辅导教材》建议：“在大型公共建筑中，应该对风冷型机组有所限制，不宜于采用小型的空气源（风冷）热泵机组和变冷媒流量多联机组。建议在一定规模（2 万 m²）以上的公共建筑的空调冷（热）源采用 COP 4.0 以上的水冷机组，特别要建议在大规模建筑中不宜采用风冷多联机组”，但是现在使用的规模越来越大。

**【案例 87】**编者审查的某综合楼施工图，总建筑面积 50397.48m²，高度 91.75m，地下 2 层，地上 24 层，一～六层为商场，七～二十四层为开敞式办公室。设计冷负荷 3067.5kW、热负荷 2983.3kW，全部采用多联机空调系统。该工程设置 61 个系统，有室外机 61 台，室内机 712 台。最大一个系统的室外机额定制冷量 151.5kW，远远超过最大制冷量 56kW 的建议，属于超大容量系统，应尽量避免这种情况。

2. 大容量多联机系统的性能

采用额定制冷量为 28kW 的室外机为单元组成多联机系统一般采用两种方式来实现：(1) 采用多台压缩机构成单模块室外机组；(2) 由多个模块室外机构成室外机组。

（1）多台压缩机构成单模块室外机组的系统，压缩机的最大能效比 COP 比采用单台变频压缩机时高 10%左右；实验研究的两台压缩机中，一台为变频压缩机，另一台为定频压缩机。低负荷时，变频压缩机低频运行，此时具有较高的能效比，改善了多联机系统在低负荷情况下的运行性能；中负荷时，变频压缩机高频运行，其效率较低，系统能效比不如采用一台大容量变频机的多联机系统；高负荷时，定频压缩机在高效运行，而变频压缩机高频运行效率降低，整体效率接近单台大容量变频压缩机的多联机系统。所以，在低负荷率出现频率较大的建筑中，采用多台压缩机构成的多联机系统具有较高的运行性能。

（2）由多个模块室外机构成室外机的系统，研究表明，该系统的能效比随着模块室外机数量的增加而降低，因此，并联的模块室外机数量不宜太多，对于负荷较大的建筑，采用多台单模块室外机组多联机系统比一台多模块室外机多联机系统的性能更好。同时，多模块室外机多联机系统在部分负荷时，通过改变运行的模块室外机的台数不能充分利用室外机组内所有换热器的面积，使得多联机系统的性能下降。因此，建议采用模块室外机的容量同步调节，通过共享室外机组内所有换热器的面积，来提高多联机系统的能效比。

### 4.3.5 设计文件深度和二次设计

关于多联分体式空调系统施工图设计文件，《多联机空调系统工程技术规程》JGJ 174—2010 第 3.1.6 条规定，施工图设计文件以施工图纸为主，并应包括目录、设计施工说明、主要设备表、空调系统图、平面图及详图等内容；设计深度应符合《建筑工程设计文件编制深度规定（2008 年版）》的有关要求。

与任何工程的施工图设计一样，多联分体式空调系统施工图设计也是在项目的设备招标之前进行的，而设计单位在招标之前又无权选定设备品牌。目前，我国虽然制定了国家标准《多联机空调（热泵）机组》GB/T 18837—2002，但各制造厂产品的技术参数相差较大，因此，设计人员所进行的只是初步设计，仅仅是根据计算的空调冷热负荷确定室内外机的容量、数量；按楼层、使用功能、室内负荷等因素，综合考虑划分区域和系统；配置制冷剂管道、确定走向、分歧接头；配置冷凝水排水管直径及走向，在设备招标确定之前，并不能完全达到施工设计的要求。目前几乎所有多联分体式空调工程都是分两阶段完成：第一阶段，设计人员完成上述的工作，但无法确定制冷剂管道直径，室内装饰未确定而不能确定管道标高，无法进行室内外机的容量校核等；第二阶段，建设单位根据设计院的图纸组织设备招标，在完成设备招标、确定设备品牌后，由设备供应方配合设计人员进行二次深化设计，此时应进行制冷剂管道直径计算、实际的等效配管长度计算、室内机的校核计算和室外机的校核计算等。二次深化设计也是更重要的阶段，但目前存在的问题比较多，如：（1）设备供应方不具备相应的设计资质；（2）设备供应方并不进行室内外机的容量校核、各项修正和管道直径计算；（3）设计单位完成设计图纸后，并不参与二次深化设计，更不对设备供应方的设计进行确认，而是任凭设备供应方随意操作。这种情况是目前市场上普遍存在的情况，这样是无法保证多联分体式空调系统工程的质量的。要解决这一问题需从两方面着手：（1）各设备制造厂一定要按国家标准《多联机空调（热泵）机组》GB/T 18837—2002 的规定组织设备生产，不要各自为政，造成设备选型困难；（2）在没有进行设备招标之前，仍采用两阶段设计，但是制造厂应认真进行制冷剂管径计算、等效配管长度计算、室内外机校核计算等，保证机组的额定能力与建筑物负荷相匹配；同时，设计人员应参与二次设计，不能放任自流。应根据选定的设备，进行参数调整，由原设计单位出具最终施工图。

**【链接服务】**我国指导多联式空调机系统工程建设的文件包括：

《多联机空调系统工程技术规程》JGJ 174—2010；

《多联式空调机系统设计与施工安装》07K506；

《多联机空调（热泵）机组》GB/T 18837—2002。

## 4.4 能量回收技术与装置

能量回收技术指回收建筑物通风空调系统向外界排放介质（空气、水）中的能量（热量、冷量），用于加热（冷却）送入通风空调系统的空气或其他用途，以节省能耗的技术。

采用能量回收技术进行能量回收的装置称为能量回收装置。

### 4.4.1 能量回收技术的分类

改革开放以来，特别是近20年的经济发展，我国的节能工作越来越受到政府和社会各界的重视，开发新能源和节约在用能源就成为暖通空调专业工作者面临的新课题。就热能的利用而言，第一位的任务是提高热能利用率，减少能量的损失和浪费，其次是充分利用二次能量和回收排放物中的能量。

能量回收技术（装置）按表4-14进行分类。

**能量回收技术（装置）分类表** **表4-14**

<table>
<tr><th>分类方法</th><th colspan="2">技术要点</th></tr>
<tr><td rowspan="2">回收那种介质中的能量</td><td colspan="2">回收空气（排风）中的能量——空气中能量回收</td></tr>
<tr><td colspan="2">回收水中的能量——水中能量回收</td></tr>
<tr><td rowspan="3">回收利用方式</td><td rowspan="2">直接利用式</td><td>混合式——如回收照明设备散热量</td></tr>
<tr><td>热交换式——采用能量回收装置</td></tr>
<tr><td colspan="2">间接利用式——利用热泵循环回收能量</td></tr>
<tr><td rowspan="3">回收能量性质</td><td colspan="2">显热回收——仅回收温度差的热量</td></tr>
<tr><td colspan="2">潜热回收——仅回收湿度差的热量</td></tr>
<tr><td colspan="2">全热回收——同时回收显热和潜热</td></tr>
</table>

根据释放和回收能量的介质种类，暖通空调专业领域常用的能量回收方式有：

（1）空气—空气能量回收，如转轮式热回收器；

（2）水—水能量回收，如冷水热回收机组；

（3）空气—水能量回收，如气—水热回收机组。

### 4.4.2 空气—空气能量回收

空气—空气能量回收是通风空调系统中最常用的能量回收技术，它特指通过空气—空气能量回收装置，回收空调系统排风中的能量（热量、冷量），作为对系统送风进行加热（湿）或降温（湿）的能源。

我国国家标准《空气—空气能量回收装置》GB/T 21087—2007 规定了装置的分类和标记、要求、试验方法、检验规则、标志、包装、运输和贮存等要求。标准定义“空气—空气能量回收装置”为“以能量回收芯体为核心，通过通风换气实现排风能量回收功能的设备组合，简称装置。装置分自身带风机和不带风机两种”。

我国空气—空气能量回收装置的产品十分丰富，根据不同的工作原理，空气—空气能量回收装置有以下 7 类产品：(1) 转轮式热回收器；(2) 板式热回收器；(3) 板翅式热回收器；(4) 热管热回收器；(5) 液体循环热回收器；(6) 溶液喷淋式全热回收器；(7) 全热新风换气机。

1. 热交换效率

评价能量回收装置的性能指标一般包括风量、静压损失、换热效率、有效换气量及内部和外部漏风量。其中，最重要的是热交换效率。《空气—空气能量回收装置》GB/T 21087—2007 定义了以下 3 项换热效率，参见图 4-13。

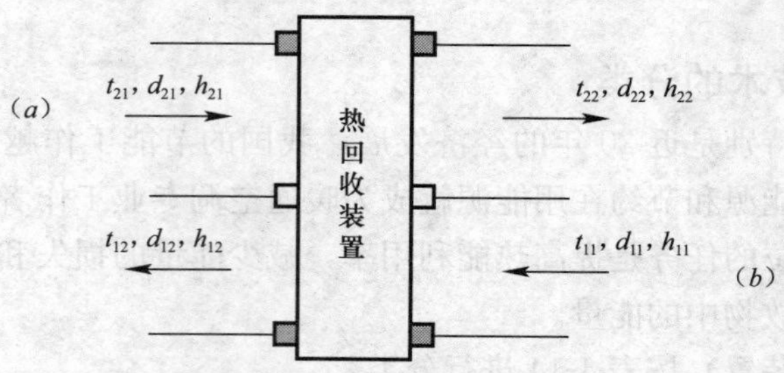


图 4-13 热回收装置空气参数变化图

(a) 为新风侧，参数下标第一位为 2，进口为 21，出口为 22；

(b) 为排风侧，参数下标第一位为 1，进口为 11，出口为 12。

(1) 温度交换效率 定义为“对应风量下，新风进、出口温差与新风进口、排风进口温差的比，以百分数表示”，其计算式为：

$$\eta_t = \frac{t_{22}-t_{21}}{t_{11}-t_{21}} \times 100\% = \frac{t_{21}-t_{22}}{t_{21}-t_{11}} \times 100\% \tag{4-56}$$

(2) 湿度交换效率 定义为“对应风量下，新风进、出口含湿量差与新风进口、排风进口含湿量差的比，以百分数表示”，其计算式为：

$$\eta_d = \frac{d_{22}-d_{21}}{d_{11}-d_{21}} \times 100\% = \frac{d_{21}-d_{22}}{d_{21}-d_{11}} \times 100\% \tag{4-57}$$

(3) 焓交换效率 定义为“对应风量下，新风进、出口焓差与新风进口、排风进口焓差的比，以百分数表示”，其计算式为：

$$\eta_h = \frac{h_{22}-h_{21}}{h_{11}-h_{21}} \times 100\% = \frac{h_{21}-h_{22}}{h_{21}-h_{11}} \times 100\% \tag{4-58}$$

将以上 3 个效率以统一定义表述为：空气在能量回收装置中实际获得的能量（热、湿、焓）变化值与理论上最大可能利用的能量差之比，其通用式为：

$$\eta = \frac{|X_{22}-X_{21}|}{|X_{11}-X_{21}|} \times 100\% \tag{4-59}$$

2. 转轮式热回收器

转轮式热回收器又称热轮或蒙特轮（Munter Wheel），是最常用的空气-空气能量回收装置之一。国际上用于大型电厂的热回收已有 80 多年的历史，它还广泛用于空调和多种工业过程的热回收系统中。中国建筑科学研究院从 1979 年开始与浙江省造纸研究所协作，研制成功国内第一台直径 800mm 石棉转轮式热交换器（800 型热交换器样机），性能达到当时国外同类产品的水平，填补了我国的一项空白。

（1）构造及原理简述

转轮式热回收器的核心部件是转轮，它以特殊复合纤维或铝合金箔作基材，覆以蓄热吸湿材料而构成，并加工成波纹状和平板材料，然后按一层波纹板、一层平板相间，卷绕成一个圆柱形的芯体。在平板与波纹板之间形成许多蜂窝状的通道，称为气流通道，流经通道的气流呈层流状态。转轮芯体以辅助传动机构带动，以 10r/min 左右的低速不断的旋转，在转轮转动的过程中，新风和排风以相反的方向流过转轮，相互间进行传热、传质，完成能量的交换过程。

连接风管时，根据空气的质量决定是否设置空气过滤器，当排风中含有非常粗糙的小粒子、尘埃黏性物或油污时，应在排风侧上游安装空气过滤器。

（2）工作原理

安装转轮式热回收器时，将转轮的两部分顺隔板分别与送风道和排风道的风管连接，两股不同参数（温度、湿度）的空气反向流过转轮，转轮不停地旋转，进行能量传递。

1）加热和冷却

在冬季，处于高温排风道的一半转轮与从室内来的高温排风接触，蓄热材料吸收并储存排风的热量，排风降温后排至室外。蓄热升温后的一半转轮转到另一半与送风道相通时，与低温的室外新风接触，蓄热材料储存的热量传给室外送风，使送风温度升高，转轮蓄热材料的温度又下降，然后转轮再转到排风通道，这样，周而复始，不断从排风中回收热量加热送风，进行热回收。夏季的情况相反，转轮在低温排风的风道内与排风进行热交换，降低蓄热材料的温度，然后转轮转到送风道，与室外高温送风进行热交换，吸收送风的热量，降低送风温度，达到回收排风中冷量的目的。由于热交换过程中，没有水分的转移，这种加热和冷却的过程只是显热交换过程或“干”热交换过程。

2）加湿和减湿

上述加热和冷却过程只有热交换，没有湿交换，不能满足空调室内环境的湿度要求。当转轮的蓄热芯体采用吸湿材料（如氯化锂等）或将非吸湿材料作吸湿处理后，热交换器既可回收排风中的显热，又可吸收排风冷凝时的潜热，这种热回收器称为全热回收器。一般由于夏季室外空气是高温高湿的，需进行干燥冷却，冬季室外空气低温干燥，需进行加热加湿。因此，通常情况下都应该采用全热回收。

（3）性能分析简介

评价转轮热回收器技术性能的主要指标是热湿交换效率和空气的流动阻力。热湿交换效率和空气的流动阻力主要取决于空气的热力学参数和转轮的设计参数。本书对热湿交换的理论和流动阻力特性作扼要介绍。

1）热湿交换的理论

前已述及，热回收器的转轮旋转时，通过蓄热（湿）材料的吸热（湿）、放热（湿）

进行热（湿）交换，转轮蓄热（湿）材料作为两股不同温湿度气流间的热（湿）交换媒介。由传热—传质学理论可知，引起排风—转轮—送风之间热（湿）交换的原因是：①空气与转轮蓄热体的温差和两者的水蒸气分压力之差；②蓄热材料结晶构造质点排列的变化，结晶水得失的变化；③固体表面的吸附作用，这样，就有液态、气态、固态三种热（湿）交换同时进行。由于转轮蓄热材料与空气的热（湿）交换过程是一个复杂的动态过程，进行理论分析时做了以下简化；

① 所有热（湿）交换过程都是稳态过程，同时不考虑结晶构造质点排列的变化、结晶水得失的变化及固体表面的吸附作用的影响。

② 沿转轮厚度方向送风、排风的温（湿）度呈线性分布，沿圆周方向也是呈线性分布（见图 4-14）。

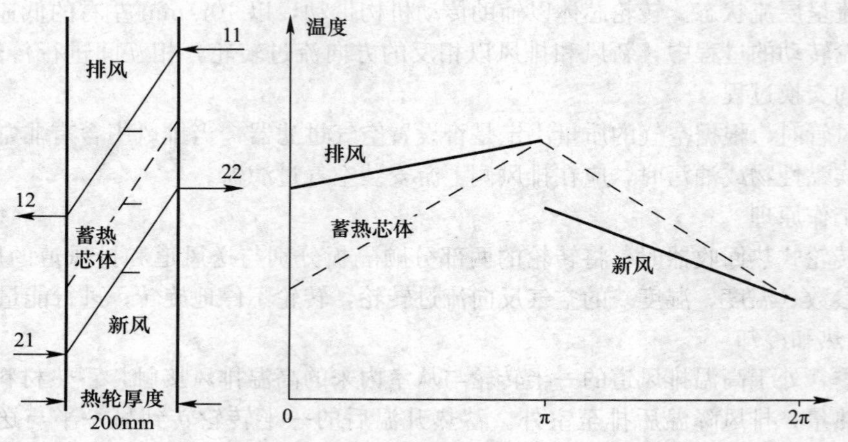


图 4-14　转轮及排风、送风温度分布图

③ 排风、送风的计算温度分别是其起点、终点温度的平均值：

$$t_1 = \frac{t_{11} + t_{12}}{2} \tag{4-60}$$

$$t_2 = \frac{t_{21} + t_{22}}{2} \tag{4-61}$$

④ 转轮进入排风道的平均温度等于排风的平均温度 $t_{r1} = t_1$，转轮进入送风道的平均温度等于送风的平均温度 $t_{r2} = t_2$。

⑤ 送风通道转轮的平均温度等于 $t_{r1}$ 和 $t_{r2}$ 的算术平均值。

⑥ 送风与排风的流量相等，$G_1 = G_2$。

热回收器的热回收效率反映热回收器回收热量的有效程度，用送风状态的变化与排风入口、送风入口状态差的比值来表示：

$$\eta_t = \frac{t_{22} - t_{21}}{t_{11} - t_{21}} \times 100\% = \frac{t_{21} - t_{22}}{t_{21} - t_{11}} \times 100\% \tag{4-62}$$

根据送风侧的热交换建立三个热量方程式：

$$Q_1 = G_2 c_p (t_{22} - t_{21}) \tag{4-63}$$

$$Q_2 = \alpha_2 F_2 (\overline{t_{r2}} - t_2)$$

$$Q_3 = nMc_r (\overline{t_{r1}} - \overline{t_{r2}}) \tag{4-64}$$

式中　$Q_1$——送风吸收的热量，kJ/h；

$Q_2$——转轮与送风之间传递的热量，kJ/h；

$Q_3$——转轮蓄热体释放的热量，kJ/h；

$G_2$——通过转轮的送风量，kg/h；

$c_p$——送风的比定压热容，kJ/(kg·℃)；

$\alpha_2$——转轮与送风间的换热系数，W/(m$^2$·℃)；

$F_2$——转轮与送风间的换热面积，m$^2$；

$n$——转轮的转速，1/h；

$M$——送风侧转轮的质量，kg；

$c_r$——转轮蓄热材料的比热容，kJ/(kg·℃)；

$\overline{t_{r1}}$、$\overline{t_{r2}}$——排风道、送风道转轮的平均温度，℃。

根据热平衡原理，在稳定的热工况下，送风吸收的热量等于转轮与送风间传递的热量，即 $Q_1=Q_2$，

则
$$G_2 c_p(t_{22}-t_{21})=\alpha_2 F_2(\overline{t_{r2}}-t_2) \tag{4-65}$$

即
$$G_2 c_p(t_{22}-t_{21})=\alpha_2 F_2\left(\frac{t_{11}+t_{12}+t_{21}+t_{22}}{4}-\frac{t_{21}+t_{22}}{2}\right) \tag{4-66}$$

由 (4-62) 得：$t_{12}=t_{11}-\eta_t(t_{11}-t_{21})$；

$t_{22}=t_{21}+\eta_t(t_{11}-t_{21})$。

代入 (4-66) 得：

$$\frac{G_2 c_p}{\alpha_2 F_2}=\frac{\overline{t_{r2}}-t_2}{t_{22}-t_{21}}=\frac{[2t_{11}-\eta_t(t_{11}-t_{21})]-[2t_{21}+\eta_t(t_{11}-t_{21})]}{4(t_{22}-t_{21})}$$

$$=\frac{(t_{11}-t_{21})-\eta_t(t_{11}-t_{21})}{2(t_{22}-t_{21})}=\frac{1-\eta_t}{2\eta_t},$$

$$\Rightarrow \frac{G_2 c_p}{\alpha_2 F_2}=\frac{1}{2\eta_t}-\frac{1}{2}$$

$$\Rightarrow \frac{2G_2 c_p}{\alpha_2 F_2}=\frac{1}{\eta_t}-1$$

∴
$$\eta_t=\frac{1}{1+\dfrac{2G_2 c_p}{\alpha_2 F_2}} \tag{4-67}$$

另一方面，送风吸收的热量等于转轮蓄热体释放的热量，即 $Q_1=Q_3$。

则
$$G_2 c_p(t_{22}-t_{21})=nMc_r(\overline{t_{r1}}-\overline{t_{r2}})$$

即
$$G_2 c_p(t_{22}-t_{21})=nMc_r\left(\frac{t_{11}+t_{12}}{2}-\frac{t_{21}+t_{22}}{2}\right) \tag{4-68}$$

同上，此式可整理为：

$$\eta_t=\frac{1}{1+\dfrac{G_2 c_p}{nMc_r}} \tag{4-69}$$

设送风的重量流量 $G_2$ 和转轮的质量 $M$ 分别为：

$$G_2=3600 v_F \gamma F_1; \tag{4-70}$$

$$M=F_3 \mathrm{m} \tag{4-71}$$

式中　$v_F$——送风通道转轮的迎面风速，m/s；

$\gamma$——送风的密度，kg/m³；

$F_1$——送风通道转轮的迎风面积，m²；

$$F_1 = G\frac{1}{2}\cdot\frac{\pi}{4}(D_W^2 - D_n^2) \tag{4-72}$$

$D_W$、$D_n$——转轮的外、内直径，m；

$F_3$——送风侧转轮蓄热材料表面积，m²；

$$F_3 = \frac{1}{2}\cdot\frac{\pi}{4}\cdot\frac{2.5L}{h}(D_W^2 - D_n^2) \tag{4-73}$$

$L$——转轮厚度，m；

$h$——蓄热体波峰高度，m；

m——蓄热材料单位面积的质量，kg/m²。

将 $G_2$ 和 $M$ 代入式（4-69）得到送、排风量相等时热湿交换效率的理论计算公式：

$$\eta_t = \frac{1}{1+\dfrac{3600v_F\gamma c_p h}{2.5nc_r \mathrm{ML}}} \tag{4-74}$$

由此可以看出，影响交换效率的因素有四个方面：

（a）转轮的结构尺寸，如 $L$、$h$；

（b）送风的物理特性，如 $\gamma$、$c_p$；

（c）操作运行参数，如 $v_F$、$n$；

（d）蓄热材料的特性，如 $c_r$、m。

2）流动阻力特性

根据中国建筑科学研究院的实验，转轮热回收器的空气流动有如下特性（见图 4-15）。

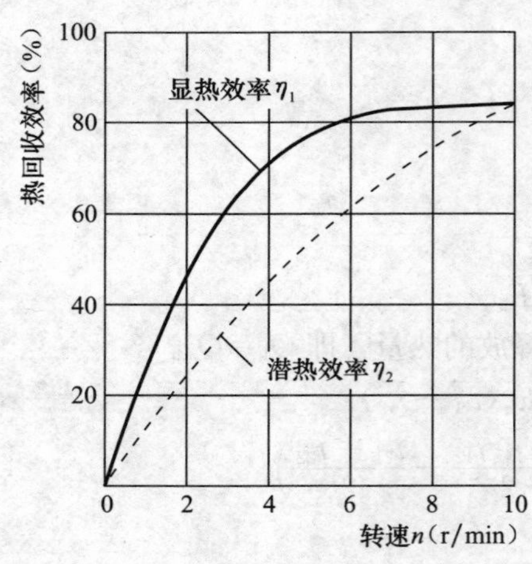


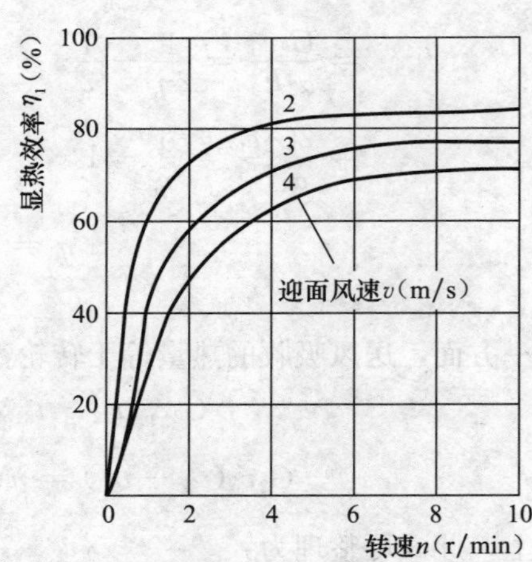


图 4-15　效率与转数、风速的关系

① 效率与转数的关系　实验证明，转数在 $n$=0～4r/min 时，效率增加较快，$n$=4r/min 以后，效率增加较慢，极限转数为 $n$=10r/min。

② 效率、阻力和迎面风速的关系　实验证明，效率随迎面风速的增加而下降，阻力随迎面风速的增加而上升，当迎面风速 $v_F$＞4m/s 时，阻力会增加很多，因此推荐的风速

为 $v_F=2\sim4m/s$。

③ 漏风量与压差的关系　实验证明，漏风量的大小随压差 $P_{21}$-$P_{12}$ 的增加而增加。

④ 效率与空气参数的关系　实验证明，在空调常用的温湿度范围内，当送风、排风比 $c=1$、$v_F=3.5m/s$ 及 $n=10r/min$ 时，效率为 64%～66%，与理论分析结果基本相同，说明空气参数对效率的影响不大。

（4）设备介绍及选型要点

1）目前国内生产转轮式热回收器的企业已不少，早期国内某企业与德国某公式合作生产的转轮式热回收器（Rototherm）有四种型号：

① ET 型热交换器——蓄热体用覆有吸湿性涂层的抗腐蚀铝合金箔制成，具有良好的吸湿性能，可同时吸收显热（冷）和潜热，用于对环境湿度有要求的场合；适宜温度 70℃及以下。

② RT 型热交换器——蓄热体用纯铝制成，无吸湿性，主要用来回收显热（冷），如果排风侧的转轮温度降到排风的露点温度以下，排风中的水分凝结，才有可能对送风加湿，同时发生潜热交换；适宜温度 70℃及以下。

③ PT 型热交换器——蓄热体用耐腐蚀铝合金制成，无吸湿性，主要用来回收显热（冷），用于耐高温的特殊场合，适宜温度达到 130℃，最高达到 200～300℃。

④ KT 型热交换器——蓄热体用耐腐蚀铝合金制成，外覆涂料层，耐腐蚀性强，无吸湿性，主要用来回收显热（冷），用于特殊要求的场合，使用温度达 160℃。

2）选型要点

① 根据空气流动特性，空气流过转轮的风速越大，阻力会大幅增加，但不利于提高效率，因此，迎面风速以 $v_F=2\sim4m/s$ 为宜。

② 由于转轮转数 $n=4r/min$ 以后，效率增加较慢，为减少电力消耗，通常选取转数 $n=10r/min$。

③ 转轮单位体积的换热表面积称为比表面积，比表面积越大，热回收效率越高。但是随着比表面积的增大，转轮的流动阻力也增大，一般认为经济的比表面积为 2800～3000$m^2/m^3$。

④ 为了经济合理，送风量应与排风量接近，若排风量大于送风量 20%以上时，宜采用旁通风管调节。

⑤ 由于转轮的两部分交替的通过高温侧和低温侧，因此应特别注意转轮从低温侧进入高温侧时产生凝结水或结冰的问题。转轮上是否出现凝结水或结冰，取决于转轮的运行温度、排风和送风的参数。

在冬季或过渡季，如果转轮的温度低于排风的露点温度，便产生水分凝结，在显热交换的同时，发生潜热交换。当转轮温度高于－2℃、排风温度在 35℃以下、含湿量在 $18g/kg_{干空气}$ 以下时，转轮上的凝结水全部蒸发到送风中；当转轮温度低于－2℃时，在排风侧形成凝结水并结冰，所生成的冰粒在通过送风侧时升华到送风中。

当排风与送风达到一定的参数时，结冰的速度超过了升华的速度，就会出现结冰现象。结冰的程度取决于转轮的表面温度和转轮上凝结水的多少，转轮温度越低，凝结水越多，结冰也越严重。

为了防止转轮结冰，采取以下三项措施：

(a) 预先加热室外送风。计算表明，在不预热的情况下，排风、送风侧的转轮温度分别为$\overline{t_{r1}}=13.2$℃、$\overline{t_{r2}}=-17.6$℃，经过预热后分别为$\overline{t_{r1}}=14.8$℃、$\overline{t_{r2}}=-8.75$℃；可有效的防止转轮结冰；

(b) 绕过热交换器，在室外送风中混入30%的回风，也可以防止转轮结冰；

(c) 如果运行条件和工艺要求允许的话，可以让转轮停止3～5min，并停止送风以便融化冰粒。

⑥ 转轮的自净是通过新风入口压力$P_{21}$与排风出口压力$P_{12}$之差来保证的。为了保持转轮的自净，要求压力差（$P_{21}-P_{12}$）≥200Pa，但压差太大会增加漏风量，导致风机耗功增加。

⑦ 转轮长时间不工作时，会因局部吸湿过多而导致转轮芯体的不平衡；因此，宜设置定时控制，每隔一段时间，让转轮自动启动短暂运行。

(5) 转轮式热回收器设计步骤

1) 根据排风和送风的特点，选择合适的热回收器的类型。一般民用建筑的通风空调系统空气温度不高，选择耐温70℃及以下的ET型或RT型转轮式热回收器即可。由于我国幅员辽阔，各地气象条件不同，室外空气参数相差很大，因此，选择时一定要考虑送风的特点。例如，西北干燥地区，空气含湿量很低，潜热回收量很小，可以选用显热回收器。

2) 按照送风量和推荐的迎面风速$v_F=2\sim4$m/s，通过设备选型图或性能表，选择热回收器的规格及外形尺寸，以确定安装场地的大小。

3) 根据所选定热回收器的规格及计算风量比$R=G_1/G_2$，查出所选择热回收器的热交换效率$\eta$和转轮的压力损失$\triangle P$。

4) 根据迎面风速$v_F$和热回收效率$\eta$，确定转轮的转数$n$。

5) 根据热回收效率$\eta$，计算未知的空气参数（如$t_{12}$或$t_{22}$）。

6) 计算回收的热量。在已知送风量$G_2$的情况下，根据求出的送风温度$t_{22}$，可按下式计算回收的热（冷）量：

$$Q=G_2c_p(t_{22}-t_{21}) \tag{4-75}$$

7) 计算并选择确定热回收系统的其他配套设备，如送风机、排风机、空气过滤器等。

8) 必要时计算初投资、节约的运行费和投资回收期，进行经济性评价。

(6) 转轮式热回收器的系统控制

精确地控制送风的温度、湿度或焓值，对空调系统的经济运行是十分重要的。系统控制的目标是对送风、排风的参数及转轮的运行进行控制。某企业提供的自动控制装置“控制器83”能实现规定的变速比1∶1000，使最小转数达到0.01r/min，从而实现热回收器的全年经济运行。以下介绍三种控制工况：

1) 恒定的送风温度［见图4-16（*a*）］将传感器②调节到所需的温度值，根据送风温度偏移，通过“控制器83”①来控制热回收器的驱动电机。

2) 通过焓差值进行冷量回收［见图4-16（*b*）］除冬季温度控制回路外，还有夏季焓值控制回路，焓传感器③分别安装在送风和排风的入口处，若送风的焓值大于排风的焓值，热回收器就达到最大转数10r/min，进行冷量回收。

3) 送风或室内空气的含湿量控制［见图4-16（*c*）］将湿度控制器②调节到送风或室

内空气所需的湿度值，通过“控制器 83”①来控制热回收器的驱动电机。

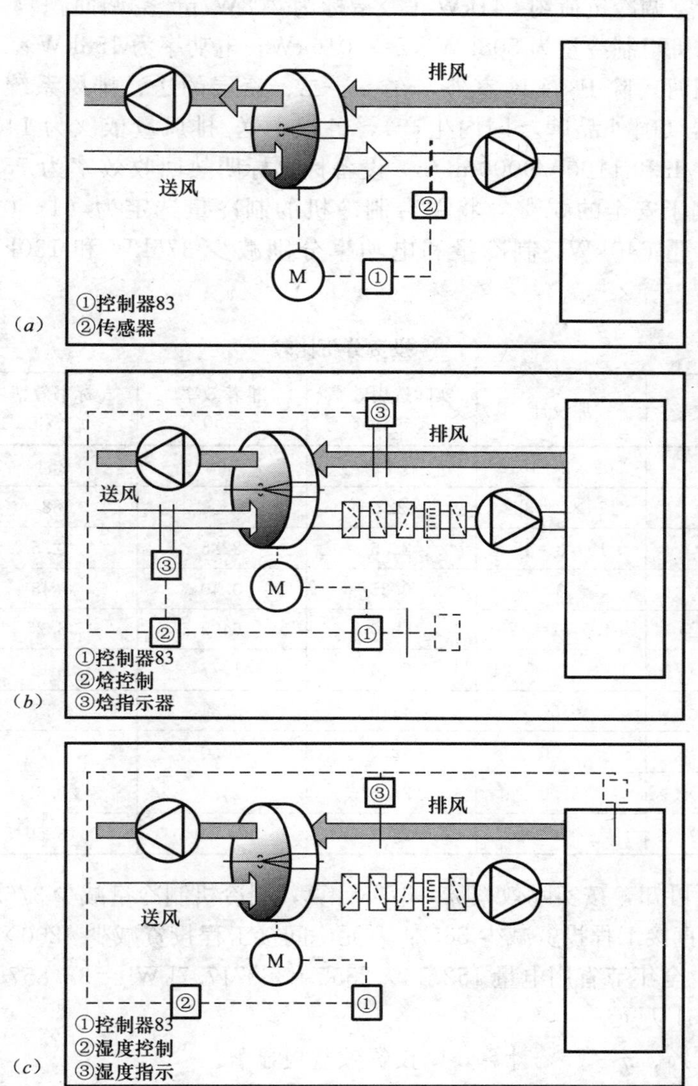

图 4-16　转轮式热回收器控制图

**【工程实例】**笔者参与监理的武汉大学医学院实验动物中心，是集教学、科研开发、实验于一体，具有现代化先进水平的动物实验基地。该中心由实验楼和生产楼两部分组成，实验楼为新建的三层框架结构，建筑面积 1520m²，包括各种实验室、手术室、饲养室，并设有负压实验室和三级生物安全防护实验室（P3 实验室）。负压实验室和 P3 实验室设置独立的净化空调系统，净化空调系统按洁净度 7 级设计，执行国家标准《实验动物环境及设施》GB 14926—2001 的规定。

实验楼空调系统由上海某设计公司设计，上海某净化空调工程公司施工。实验楼所有普通空调系统、净化空调系统均为全直流系统，回风不循环，回风经处理后，排至室外。

在参与监理的过程中，编者提出在净化空调系统（除 P3 实验室）采用转轮热回收器的建议，并编写了可行性研究报告，被建设单位采纳。

实验楼设计空调冷负荷约 941kW（冷指标为 748W/m$^2$ 空调面积），原设计的空气源热泵冷（热）水机组制冷量为 508kW×2＝1016kW，电功率为 158kW×2＝316kW。

修改施工图时，除 P3 实验室外，在一、二、三层的送、排风系统中，设置了 3 台转轮式热回收器（国外品牌，国内生产），各层的送/排风量依次为 14000/10000m$^3$/h、16000/12000m$^3$/h 和 11000/9000m$^3$/h。设备标书标明热回收效率为 75％，设计院在修改设计时，按偏于安全的 37％，将单台制冷机的制冷量选定为（1－0.37）×508kW＝320kW，总制冷量 640kW。制冷量和电功率分别减少 376kW 和 130kW。投资分析见表 4-15。

**投资分析比较** **表 4-15**

| 项　目 | 原设计 | 实际选用效率 $\eta_t$＝37％ | 推荐效率 $\eta_t$＝50％ | 标书效率 $\eta_t$＝75％ | 与原设计比较（±） |
|---|---|---|---|---|---|
| 制冷量（kW） | 508×2＝1016 | 640 | 508 | 254 | －376 |
| 供电功率（kW） | 176×2＝352 | 222 | 176 | 88 | －130 |
| 水泵功率（kW） | 15×3＝45 | 22.5 | 22.5 | 22.5 | －22.5 |
| 转轮功率（kW） | 0 | 0.36 | 0.40 | 0.48 | ＋0.36 |
| 制冷机费用（万元） | 64.5×2＝129 | 79.0 | 64.5 | 38.25 | －50.0 |
| 水泵费用（万元） | 1.08×3＝3.24 | 2.20 | 1.77 | 1.42 | －1.04 |
| 水管及保温（万元） | 6.50 | 4.10 | 3.84 | 3.57 | －2.40 |
| 变压器（万元） | 47.0 | 42.0 | 28.0 | 21.5 | －5.00 |
| 供电系统（万元） | 32.0 | 28.5 | 24.4 | 20.80 | －3.50 |
| 转轮费用（万元） | 0 | 23.7 | 21.10 | 18.50 | ＋23.70 |

由投资分析可知，按实际效率 $\eta_t$＝37％计算，制冷机制冷量减少 376kW，供电功率减少 152.14kW，直接工程投资减少 38.24 万元，间接工程投资减少 4200×152.14＝638988 元＝63.9 万元；全年节省用电量 152.14×2555＝388717.7kWh＝38.857 万 kWh，全年节省运行电费 26.51 万元。

若按 $\eta_t$＝50％、$\eta_t$＝75％计算，则投资效益更显著。

2003 年 9 月 26 日上午，编者进行了实测，三个系统的送风量分别为 13800m$^3$/h、16700m$^3$/h 和 12300m$^3$/h，又测得 $t_{21}=33.3$℃，$\varphi_{21}=65\%$，$t_{22}=30$℃，$\varphi_{22}=69\%$；$t_{11}=23$℃，$\varphi_{11}=63\%$。因此得到，$h_{21}=88$kJ/kg，$h_{22}=78$kJ/kg，$h_{11}=51.5$kJ/kg。将实测的数据代入效率公式，则新风侧的效率为：

$$\eta_{t2}=\frac{33.3-30}{33.3-23}\times100\%=32\%;$$

$$\eta_{h2}=\frac{88-78}{88-51.5}\times100\%=27.4\%。$$

新风回收的冷量为：

$$Q=\frac{(13800+16700+12300)\times1.2}{3.6}\times(88-78)=142667\text{W}=513.6\text{MJ/h}$$

武汉大学医学院实验动物中心实验楼空调系统采用编者提出的排风热回收方案，经实施后，节省直接工程投资 38.24 万元，节省间接工程投资 63.9 万元。每年节省用电 38.87 万 kWh，每年节省运行电费 26.51 万元，实测结果表明，回收的冷量达到 513.6MJ/h。

3. 板式显热回收器

板式显热回收器是一种静止式空气—空气能量回收装置，是通风空调热能回收系统中常用的能量回收装置之一。

(1) 结构及特点

板式显热回收器由外壳、光滑平板及换热材料装配而成，光滑平板形成平面通道，光滑平板之间换热材料构成三角形、∪形或∩形截面，以增大单位体积的换热表面积。从换热特性来看，换热气体逆向流动是效率最高的，但是逆流换热的结构复杂且气密性较差，因此常常采用叉流结构（见图 4-17）。

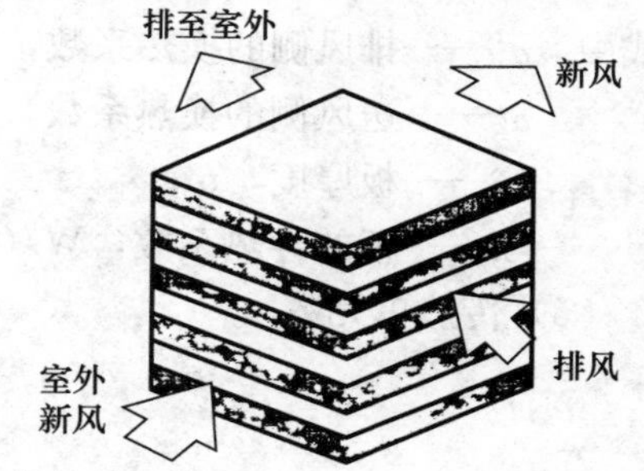

图 4-17　板式显热回收器结构示意图

板式显热回收器的特点：1）结构简单，费用低，初投资少；2）没有中间热媒和传热温差损失；3）不设传动机构，自身不消耗能量；4）运行稳定、可靠；5）只能回收显热，换热效率较低；6）接管位置固定，安装位置受限制。

(2) 换热计算

板式显热回收器运行时应保持送风入口温度不能过低，以免高温的排风侧出现结霜，因此板式显热回收器只回收显热，按干工况进行计算。

1）换热效率 $\eta$

$$\alpha \cdot \eta = \frac{t_{22} - t_{21}}{t_{11} - t_{21}} \tag{4-76}$$

$$\eta = f(NTU, R) \tag{4-77}$$

式中　$t_{21}$、$t_{22}$——送风的进口、出口温度，℃；

$t_{11}$——排风的进口温度，℃；

$NTU$——传热单元数，

$$NTU = \frac{3.6KF}{G_2 c_{p2}};$$

$K$——传热系数，W/($m^2$·℃)；

$F$——换热面积，$m^2$；

$G_2$——送风流量，$m^3$/h；

$c_{p2}$——送风定压比热容，kJ/(kg·℃)；

$\alpha$——安全系数，一般取 0.94；

$R$——风量比，$R=G_1/G_2$。

$\eta$ 值按下式计算：

$$\eta = \frac{1 - e^{-NTU(1-R)}}{1 - Re^{-NTU(1-R)}} \tag{4-78}$$

2）传热系数 $K$

按换热面积计算的传热系数：

$$K=\frac{1}{\frac{1}{\alpha_2}+\frac{\delta}{\lambda}+\frac{1}{\alpha_1}} \tag{4-79}$$

或近似按下式计算：

$$K=\frac{\alpha_1 \cdot \alpha_2}{\alpha_1+\alpha_2} \tag{4-80}$$

式中 $\alpha_1$——排风侧的换热系数，W/(m$^2$·℃)；

$\alpha_2$——送风侧的换热系数，W/(m$^2$·℃)；

$\delta$——板厚度，m；

$\lambda$——板的导热系数，W/(m·℃)。

3）传热单元数

$$NTU=\frac{3.6KF}{G_2 c_{p2}} \tag{4-81}$$

4）压力损失 $\Delta P$(Pa)

$$\Delta P=17v_y^{1.75} \tag{4-82}$$

应该注意的是，如果换热器表面出现冷凝水的湿工况，由式（4-82）计算压力损失时，应乘以湿工况系数 1.20～1.30，迎面风速小时，取下限；迎面风速大时，取上限。

(3) 系统设计注意事项

1）新风温度一般不宜低于－10℃，否则，排风侧会出现结霜，影响设备正常运行。

2）当新风温度低于－10℃时，应在换热器之前设置新风预热器进行预热。

3）新风进入换热器之前，必须先经过过滤器净化处理。一般情况下，室内排风也应设置过滤器；排风较干净时，可不设过滤器。

4. 板翅式全热回收器

板翅式全热回收器也是一种静止式空气—空气能量回收装置，与板式显热回收器的结构基本相同，其区别在于板式显热回收器只回收显热，而板翅式全热回收器既回收显热，又回收潜热，热回收效率稍高于板式显热回收器。

(1) 结构与工作原理

板翅式全热回收器的隔板一般采用多孔纤维性材料，如经特殊加工的纸或膜作基材，对其表面进行特殊处理后制成带波纹的传热单元，然后将单元体交叉重叠，再将单元体的折点与隔板粘接在一起，最后与固定框架相连接。

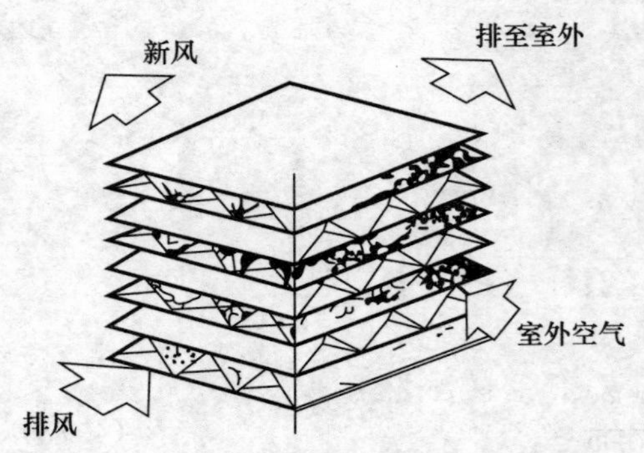

图 4-18 板翅式全热回收器结构示意图

带波纹的传热单元是一种高强度滤纸或膜，其厚度约 0.01mm，极大的减小传热热阻，热交换效率与金属材料制成的热交换器相接近；依靠纸或膜纤维的毛细作用，在水蒸气分压力差的推动下，完成湿传递（见图 4-18）。

某品牌板翅式全热回收器的性能参数列于表 4-16。

某品牌板翅式全热回收器的性能参数 表 4-16

| 规格型号 | | | 温度效率（%） | 湿度效率（%） | 焓效率（%） | | 压力损失（Pa） |
|---|---|---|---|---|---|---|---|
| 系列 | 型号 | 额定风量（$m^3/h$） | | | 冬季平均 | 夏季平均 | |
| 40 | 4041 | 1280 | 80 | 56 | 72 | 65 | 180 |
| | 4042 | 2560 | | | | | |
| | 4043 | 3840 | | | | | |
| | 4044 | 5120 | | | | | |
| | 4045 | 6400 | | | | | |
| | 4041 | 1440 | 78 | 48 | 68 | 58 | 210 |
| | 4042 | 2880 | | | | | |
| | 4043 | 4320 | | | | | |
| | 4044 | 5760 | | | | | |
| | 4045 | 7200 | | | | | |
| | 4041 | 1600 | 77 | 42 | 66 | 54 | 230 |
| | 4042 | 3200 | | | | | |
| | 4043 | 4800 | | | | | |
| | 4044 | 6400 | | | | | |
| | 4045 | 8000 | | | | | |
| 100 | 10041 | 4000 | 77 | 40 | 64 | 52 | 320 |
| | 10042 | 8000 | | | | | |
| | 10043 | 12000 | | | | | |
| | 10044 | 16000 | | | | | |
| | 10045 | 20000 | | | | | |

注：表中的额定风量和压力损失均指新风侧。压力损失仅指热交换器本身，不包括空气过滤器的阻力。排风侧的压力损失可根据风量参照新风侧压力损失确定。

表中的效率是以排风量与新风量之比 $R=G_1:G_2=1$ 为条件编制的，当 $R\neq1$ 时，根据 $R$ 减去从表 4-17 中查出的效率差 $\Delta\eta$。

效率差 $\Delta\eta$ 表 4-17

| $R=G_1:G_2$ | 0.9 | 0.8 | 0.7 | 0.6 |
|---|---|---|---|---|
| $\Delta\eta$ | 4.0 | 8.5 | 13.5 | 20.0 |

（2）设计选用步骤

1）根据所需最小新风量选定热交换器的型号；

2）计算风量比 $R$，由表 4-17 确定 $\Delta\eta$ 值；

3）由表 4-16 查出的效率值减去 $\Delta\eta$ 值，求得实际效率值 $\eta_t$、$\eta_d$；

4）将求得的实际效率值代入式（4-56），求得新风的终状态参数；

5）求出回收热量；

6）查表 4-16，求出新风侧、排风侧的压力损失。

（3）设计选型要点

1）板翅式全热回收器适用于一般通风空调工程，若排风中含有有毒有害物质时，不应采用。

2）实际安装时，最好在排风侧和新风侧分别设置风机，以此来克服热回收器和过滤器的阻力。

3）排风风机和新风风机设置的位置，以新风机在热回收器进口、排风机在热回收器出口为宜，保持新风侧为正压，排风侧为负压，可以避免排风对新风的污染。

4）新风入口应设置过滤器，必要时，排风入口也宜设置过滤器，防止堵塞热回收器。

5）新风入口温度低于−10℃时，应校核排风侧是否会出现结霜；如有可能出现结霜，应在换热器之前设置新风预热器进行预热。

6）为了节能，在过渡季或冬季采用新风供冷时，不应使用热回收器，此时，应在新风管和排风管上分别设置旁通管，并安装密封良好的风阀，关闭热回收器前后的风阀，让空气绕过热回收器。

5. 中间热媒式热回收器

上述三种热回收器都是排风直接通过传热面往新风传递能量，传热面既是分隔界面，又是换热界面，其传热路径是：排风（新风）→传热面（隔板）→新风（排风）。而中间热媒式热回收器与上述三种热回收器不同，传热过程中借用水溶液为中间热媒，其传热路径是：排风（新风）→传热面→水溶液→传热面→新风（排风）。

(1) 结构及原理

中间热媒式热回收器采用两组“水-空气”热交换器，其空气通道分别连接在排风管道和新风管道上，水流通道组成闭式环路，为了水溶液能不停地循环，管路中设置了循环水泵（见图 4-19）。

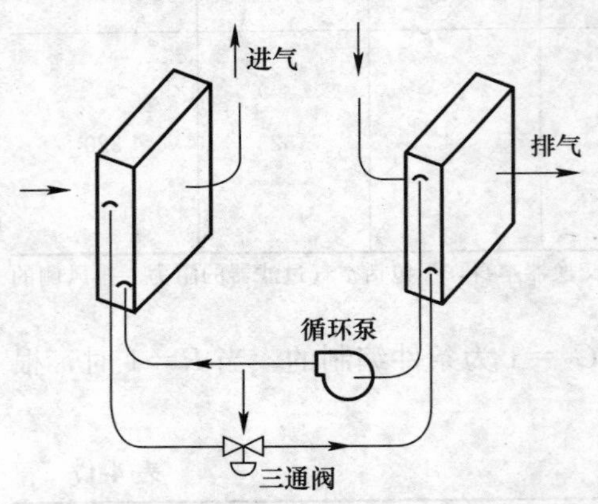

图 4-19 中间热媒式热回收器组成图

在冬季，由于排风温度高于水溶液的温度，排风与水溶液之间存在温差，当排风通过排风侧热交换器时，排风的显热传给水溶液，水溶液的温度升高，排风的温度降低；当水溶液循环到新风热交换器时，由于水溶液的温度高于新风的送风温度，在两者的温差作用下，水溶液的热量传递给新风，新风的温度升高，热量的传递路径为：排风→水溶液→新风，达到回收能量的目的。夏季的原理是一样的，只是能量（热量）的流向相反，在排风侧热交换器中，水溶液把新风中的热量传递给低温排风，排风升温后排至室外，水溶液温度降低后，进入新风热交换器，由于新风温度高于水溶液，在温差的作用下，新风的热量传递给水溶液，新风得到降温，热量的传递路径为：新风→水溶液→排风。

中间热媒式热回收器的中间热媒一般是水，在比较寒冷的地区，为了防止在低温侧热交换器上出现结霜、结冰，必须降低凝露温度，因此要在水中添加凝固点低的其他液体，组合成冰点较低的水溶液，通常采用乙烯乙二醇水溶液。乙烯乙二醇水溶液的凝固点随其浓度的变化而变化，如表 4-18 所示。

**乙烯乙二醇水溶液凝固点** **表 4-18**

| 浓度（%） | 0 | 10 | 20 | 30 | 40 | 50 | 60 | 80 | 90 | 100 |
|---|---|---|---|---|---|---|---|---|---|---|
| 凝固点（℃） | 0 | −4 | −8 | −15 | −22 | −33 | −50 | −46 | −28 | −14 |

(2) 特点简介

中间热媒式热回收器并不是一个定型产品，而是由两台热交换器、1或2台循环水泵及水管组成的能量回收系统，具有以下特点：

1) 排风与新风互不接触，不会发生任何交叉污染。

2) 排风热交换器与新风热交换器用水管连接，两个热交换器可以设置在任意位置，布置灵活方便，且占用空间不大。

3) 中间热媒式热回收器设计选型是选择热交换器和循环水泵，可以选用相关通用设备，然后进行系统设计。

4) 使用寿命长，运行成本低。

5) 中间热媒式热回收器只能回收显热，不能回收潜热。

6) 因为不能回收潜热，热回收效率稍低，一般不高于60%。

7) 由于有循环水泵，需要消耗部分电力。

8) 因为有两次温差传热，故热损失稍大。

(3) 传热计算

传热计算应分别对放热侧热交换器和得热侧热交换器进行设计，包括热交换效率、换热量及未知的温度等，必要时在得热侧还需要运行“湿”工况计算。

放热（高温）热交换器的温度效率：

$$\eta_1 = \frac{t_{22} - t_{21}}{t_{w2} - t_{21}} \tag{4-83}$$

得热（低温）热交换器的温度效率：

$$\eta_2 = \frac{t_{11} - t_{12}}{t_{11} - t_{w1}} \tag{4-84}$$

1) 在放热（高温）热交换器中，水溶液与空气的热交换为：

$$G_2 c_2 (t_{22} - t_{21}) = G_w c_w (t_{w2} - t_{w1}) \tag{4-85}$$

式中 $t_{21}$、$t_{22}$——新风进、出热交换器的温度，℃；

$t_{11}$、$t_{12}$——排风进、出热交换器的温度，℃；

$t_{w1}$、$t_{w2}$——水溶液出、进放热（高温）热交换器的温度，℃；

$G_2$、$G_w$——新风、水溶液的流量，kg/h；

$c_2$、$c_w$——新风、水溶液的比热容，kJ/(kg·℃)。

取

$$\eta = \frac{t_{22} - t_{21}}{t_{11} - t_{21}} \tag{4-86}$$

称 $\eta$ 为综合温度效率。

2) 在得热（低温）热交换器中，需要判别是处于“干”工况，还是处于“湿”工况。

湿工况的判别式符合以下条件即判定为湿工况：

$$t_{w1} < t_{11} - \frac{\eta_0}{\eta_2}(t_{11} - t_{1L}) \tag{4-87}$$

式中 $t_{11}$——排风的进口温度，℃；

$t_{1L}$——排风的露点温度；

$\eta_0$——低温热交换器的接触系数，根据热交换器的型式和排数确定。

① 得热（低温）热交换器为干工况时，综合温度效率为：

$$\eta_g = \frac{1}{\dfrac{1+R}{\eta_1} - r} \tag{4-88}$$

式中　$R$——新风、排风比值指标；

$$R = \frac{G_2 c_2 \eta_2}{G_1 c_1 \eta_1} \tag{4-89}$$

$r$——新风与液体比值指标；

$$r = \frac{G_2 c_2}{G_w c_w} \tag{4-90}$$

② 得热（低温）热交换器为湿工况时，综合温度效率为：

$$\eta_s = \frac{1}{\dfrac{1+R/\xi}{\eta_1} - r} \tag{4-91}$$

式中　$\xi$——析湿系数；

$$\xi = \frac{h_{11} - h_{12}}{c_1 (t_{11} - t_{12})} \tag{4-92}$$

式中　$h_{11}$、$h_{12}$——排风进、出热交换器的焓，kJ/kg；

$c_1$——排风的比热容，kJ/(kg·℃)。

（4）回收热量的计算

热回收器回收的热量按下式计算：

$$Q = G_2 c_2 \eta (t_{11} - t_{21}) \tag{4-93}$$

式中　$G_2$——新风的流量，kg/h；

$c_2$——新风的比热容，kJ/(kg·℃)；

$t_{11}$、$t_{21}$——排风进口、新风进口温度，℃。

通常风量范围内的热交换器可按表 4-19 选择。

**热交换器的型号、性能及规格**　　**表 4-19**

| 型　号 | 风量 ($m^3$/h) | 尺寸 (mm) | | | | 质量 (kg) | | |
|---|---|---|---|---|---|---|---|---|
| | | 宽 | 高 | 长（新风） | 长（排风） | Ⅰ型 | Ⅱ型 | Ⅲ型 |
| 25 | 2500 | 500 | 500 | 300 | 500 | 11 | 12 | 15 |
| 40 | 4000 | 630 | 630 | 300 | 500 | 16 | 19 | 22 |
| 63 | 6300 | 800 | 800 | 300 | 500 | 24 | 32 | 40 |
| 100 | 10000 | 1000 | 1000 | 340 | 540 | 35 | 49 | 59 |
| 160 | 16000 | 1250 | 1250 | 340 | 540 | 54 | 91 | 97 |
| 250 | 25000 | 1600 | 1600 | 340 | 540 | 115 | 128 | 156 |
| 400 | 40000 | 1900 | 1900 | 340 | 540 | 170 | 205 | 255 |
| 630 | 63000 | 2400 | 2400 | 460 | 700 | 235 | 310 | 380 |

注：1. Ⅰ、Ⅱ、Ⅲ为盘管的三种形式，排数 $n=6$，阻力、传热量和水容量依次增大。
2. 普通换热器（表冷器）均可选择。

（5）系统的设计要点

中间热媒式热回收器系统设计应遵循下述事项：

1）换热器的盘管宜采用 6～8 排。

2）通过换热器空气的面风速宜取 2～3m/s。

3）通过换热器管束水溶液的流量，按流速 0.6～1.0m/s 计算。

4）为防止冬季循环水结冻，一般宜采用乙烯乙二醇水溶液，按乙烯乙二醇水溶液的凝固点比当地室外冬季最低空气干球温度低 4～6℃配制水溶液的浓度。

5）为了防止冬季换热器表面结霜，宜采用水量或风量调节装置，如图 4-20 所示。

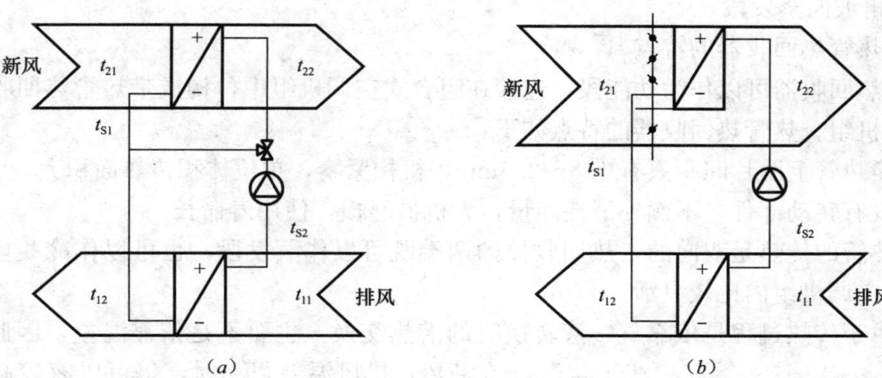


图 4-20　中间热媒式热回收器调节方式

(a) 水量调节；(b) 风量调节

6. 热管热回收器

热管热回收器是由特殊的换热元件——热管组成的换热设备。热管是一种利用相变工质的液—气转换、借助蒸发/冷凝原理进行换热的元件。

(1) 构造及工作原理（见图 4-21）

热管热回收器是由框架、热管元件、隔板及风道连接管等组成定型产品，为了加大换热面积，热管元件外壁都附有肋片，翅化比通常为 10～25；一般热管热回收器装有很多热管，沿气流方向的热管排数一般为 4～10 排（常用 6～8 排）。

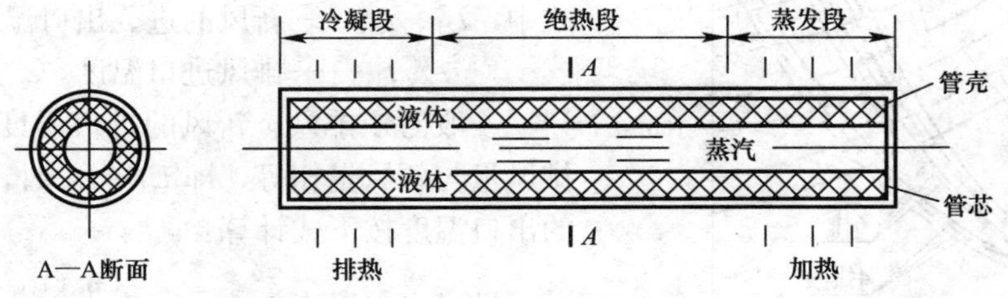


图 4-21　热管工作原理示图

单根热管元件的主体是铜、铝等管材，管内壁附着毛细吸液芯，将管材两端密封后抽真空，并注入相变工质（如氨等）。

热量自高温热源（$T_1$）传入热管时，处于与热源接触段的热管内壁吸液芯中的饱和液体吸热气化，蒸汽进入热管空腔，此段称为蒸发段（加热段或气化段）。当蒸汽不断进入蒸发段空腔，空腔内的压力不断上升，蒸汽分子便由蒸发段经过传输段流向热管的另一端。蒸汽在这一端遇到冷源（$T_2$）凝结成液体，同时对冷源放出冷凝热，液体被吸液芯吸收，这一段叫冷凝段（或冷却段）。

由于热管内气相工质和液相工质同时存在，所以管内压力由气液分界面的温度决定。当蒸发段和冷凝段由于外界的加热和冷却而产生一个温差，管内又存在一个气液分界面，那么，两端之间的蒸汽压就会不同，在此蒸汽压差的推动下，蒸汽从蒸发段流向冷凝段，并在冷凝段冷凝放热凝结成液体，经毛细芯层流回蒸发段，完成一个循环。

为保证液态工质依靠重力流回蒸发段，必须让热管保持一定的倾斜角，一般为 5°～7°，倾斜角坡向蒸发段。

(2) 热管热回收器的特点

热管热回收器可以作为功能段，连接在组合式空调机组中，构成带热管热回收器的组合式空调机组。热管热回收器的特点如下：

1) 换热管上肋片间距只有 1.8～2.4mm，机构紧凑，单位体积传热面积大。

2) 没有转动部件，不额外消耗能量，无机械磨损，使用寿命长。

3) 热管的传热是双向的，热回收器的两端既可以作蒸发段，也可以作冷凝段，组装在组合式空调机组内比较灵活。

4) 由于传热过程是依靠气—液转换时的潜热交换，主要不是依靠温差，因此，可以在新风、排风温差很小时，仍可以有较高的换热效率，10 排时的换热效率达到 70%以上。

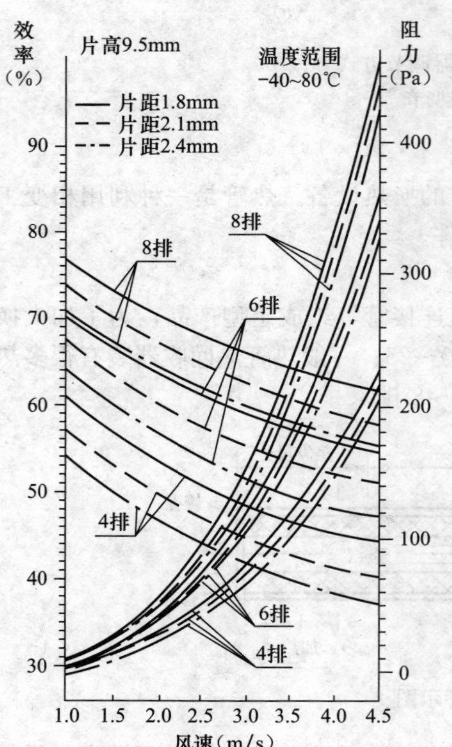

图 4-22　热管热回收器的性能图

5) 新风、排风不会产生交叉污染。

6) 只能回收排风中的显热，不能回收潜热。

7) 接管位置固定，布置不灵活。

8) 全年热回收时，需要改变倾斜角的方向。

(3) 热管热回收器的设计计算

某品牌热管热回收器的温度效率和空气阻力的线算图如图 4-22 所示，其温度效率为：

$$\eta=\frac{t_{22}-t_{21}}{t_{11}-t_{21}}\times 100\% \tag{4-94}$$

式中　$t_{21}$、$t_{22}$——新风的进、出口温度，℃；

$t_{11}$——排风进口温度，℃。

一般已知排风、新风的进口温度 $t_{11}$、$t_{21}$，当排风量与新风量相等，即 $L_1=L_2$ 时，排风、新风的出口温度按下式计算：

排风出口温度　$$t_{12}=t_{22}+\frac{\eta\ (t_{11}-t_{21})}{100} \tag{4-95}$$

新风出口温度　$$t_{22}=t_{21}-\frac{\eta\ (t_{11}-t_{21})}{100} \tag{4-96}$$

回收的热量为：

$$Q=\frac{1}{3.6}L_2\rho_2 c_2(t_{21}-t_{11}) \tag{4-97}$$

式中　$L_2$——新风量，$m^3/h$；

$\rho_2$——新风的密度，$kg/m^3$；

$c_2$——新风的比热容，kJ/(kg·℃)。

(4) 设计注意事项

1) 布置风管时，应将新风进口和排风出口布置在同一侧，使新风、排风在热回收器中逆向流动。

2) 冬季使用时，冷凝段向上倾斜 5°～7°，夏季时向下倾斜 10°～14°。

3) 迎面风速宜控制在 1.5～3.5m/s 之间。

4) 冷、热段之间的分割板，宜采用双层结构，防止因漏风污染新风。

5) 当夏季使用时，由性能图查出的换热效率应乘以修正系数 0.95。当新风量与排风量不相等时，可按风量较小一侧的迎面风速来确定换热效率，以抵消风量不等产生的影响。

6) 考虑热管肋片积灰的影响，应考虑一定的安全因素，由性能图查出的换热效率应乘以修正系数 0.95。

7) 当热气流的含湿量较大时，应设计凝水排除装置。

8) 当冷却端为湿工况时，加热段的换热效率应适当提高，即增加回收的热量，增加的热量可作为安全因素。当需要确定冷却端的终参数时，可按处理后的相对湿度为 90%左右，按下式计算处理后空气的比焓：

$$h_{22}=h_{21}-\frac{3.6Q}{L_2\rho_2} \tag{4-98}$$

式中 $h_{21}$、$h_{22}$——新风进口、出口的比焓，kJ/kg；

$Q$——按冷气流计算的热回收量，kW；

$L_2$——新风量，$m^3/h$；

$\rho_2$——新风的密度，$kg/m^3$。

9) 启动热回收器时，应使冷、热气流同时流动，或首先启动冷气流；停止时，应使冷、热气流同时停止，或首先停止热气流。

10) 在新风、排风入口处，必须设置空气过滤器。要求排风的含尘量小，且无腐蚀性。

7. 溶液喷淋式全热回收装置

前述中间热媒式热回收器是在新风风道、排风风道中各设置表面式热交换器，在两个热交换器的管束中，采用中间热媒水溶液闭式循环，回收排风中的冷(热)量，对新风进行预冷(热)。而溶液喷淋式全热回收装置与中间热媒式热回收器相似，不同的是，水溶液在系统中是开式循环，水与空气的换热也不是表面式间接换热，而是水与空气直接接触的喷淋换热，热交换器中使用的不是盘管，而是换热填料。中间热媒式热回收器通过表面热交换，回收的只是显热(冷段温度过低时会出现冷凝)，而溶液喷淋式全热回收装置既可以回收显热，也可以回收潜热。

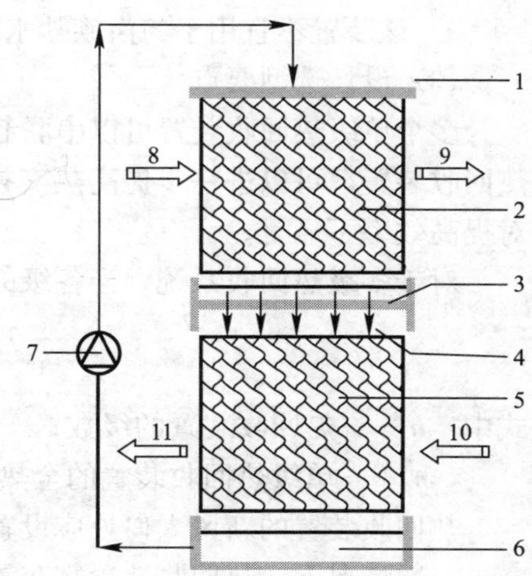

图 4-23 溶液喷淋式全热回收装置

1—全热交换器；2、5—填料；3—隔板；4—管路；6—底部溶液槽；7—溶液泵；8—回风；9—排风；10—新风；11—送风

(1) 结构及原理

溶液喷淋式全热回收装置由两台全热交换器、循环水泵及管道附件组成(见图 4-23)。

全热交换器由外壳、填料、溶液槽、水管接头、风管法兰等组成。填料用于增加溶液与空气的有效接触面积，溶液槽用于储存溶液，循环水泵的作用是将溶液从热交换器底部的溶液槽输送至顶部，通过喷淋使溶液与空气在填料中充分接触。

装置中的水溶液是具有吸湿、放湿特性的盐溶液（如氯化锂水溶液或其他卤族盐水溶液），通过溶液的吸湿、放湿、吸热、放热，在排风与新风之间传递湿量和热量，进行全热回收。

溶液喷淋式全热回收装置分为上下两层，分别连接在空调系统的排风、新风管道上。冬季，排风的温湿度高于新风的温湿度。喷淋的溶液与排风接触后，吸收排风的热量，同时，由于水蒸气的分压力差，排风中的水分转移到溶液中，溶液浓度降低。当溶液在新风换热器中与新风喷淋接触时，又将热量传给新风，同时，在水蒸气的分压力的推动下，溶液中的水分转移到新风中，经过一个循环，排风温度下降、湿度降低，新风温度上升、湿度增加，实现了全热交换。夏季的过程与冬季相反，新风把热量传给排风，并把湿量传给排风，因此，排风温度上升、湿度增加，新风的温度下降、湿度减少。

(2) 溶液喷淋式全热回收装置的特点

1) 全热回收效率很高，可达到60%～90%，是所有空气—空气热回收装置效率最高的之一。

2) 全热回收效率比较稳定，不会随着使用时间的延长而下降。

3) 喷淋溶液可去除空气中大部分微生物、细菌及可吸入颗粒物，有利于净化空气。

4) 新风和排风完全隔离，不会发生交叉污染，新风质量有保证。

5) 结构简单，易于维护，运行稳定可靠。

6) 新风换热器和排风换热器可以布置的距离较远，系统设置和安装比较灵活。

7) 设备体积较大，占用的建筑面积和空间较大。

8) 由于喷淋水溶液为卤族盐水溶液，对设备的金属表面有一定的腐蚀作用，目前采用塑料材料，可以有效防止对管道和设备的腐蚀。

9) 该装置不宜用于与卤族盐水溶液发生化学反应的气体、有毒有害气体的热回收。

(3) 设计选型要点

多个单级热回收装置可以串联起来，组成多级热回收装置，新风和排风逆向流经各级热回收装置，可以进一步提高热交换效率。常用2～3级即可，超过3级以后，增加级数对提高效率不显著。

对于多级热回收系统，当各级的热回收效率均相同时，总热交换效率$\eta$按下式计算：

$$\eta=\frac{n\cdot\eta'}{1+(n-1)\eta'} \tag{4-99}$$

式中 $n$——热回收装置的级数；

$\eta'$——单级热回收装置的全热效率，%。

热回收装置的新风入口处应设置空气过滤器。

一般情况下，热回收装置宜布置在负压段，即新风、排风均采用抽吸式布置。

装置的侧面宜设置旁通风管和阀门，在过渡季节采用全新风或冬季新风供冷时，关闭装置上主风道的阀门，使空气旁通，可以减少系统阻力，降低能耗。

迎面风速不宜过大，通常风速宜控制在1.5～2.5m/s之间。

### 4.4.3 水—水能量回收

水—水能量回收特指将某种含有高能量（热量、冷量）的水，采用热回收技术（装置），回收其中的能量（热量、冷量），提升另一股水的能量（热量、冷量），减少能量的无效排放，达到节约能源的目的。由于水的比热容［4.187kJ/(kg·℃)］是空气比热容［1.005kJ/(kg·℃)］的4倍左右，水的密度为空气的773.4倍，因此，在温差为1℃时，回收1m³水的热量是回收1m³空气热量的3100倍左右。由于节能的需求和暖通空调技术的进步，水-水能量回收已得到越来越广泛的应用。

我们知道，蒸气压缩式制冷循环由压缩机、冷凝器、节流装置和蒸发器4大部件组成，蒸发器吸收的室内余热（冷负荷），通过制冷剂循环，转移到冷凝器中，再通过冷却水循环，从冷却塔排到大气中。一般冷凝器出口冷却水温度达到37℃以上，在冷凝器与冷却塔之间的冷却水回路中设置热交换器，可以回收高温冷却水的热量，作为生活热水使用，这就是热回收冷水机组。

1. 热回收机组

热回收冷水机组分为单冷凝器热回收和双冷凝器热回收两种类型。

（1）单冷凝器热回收　单冷凝器热回收冷水机组是通过在冷却水回路上设置一台热交换器回收冷凝热，冷却水和热负荷回路的水在热交换器的两侧，这样可以确保被加热水的热负荷回路中的水不会被冷却水污染（见图4-24）。

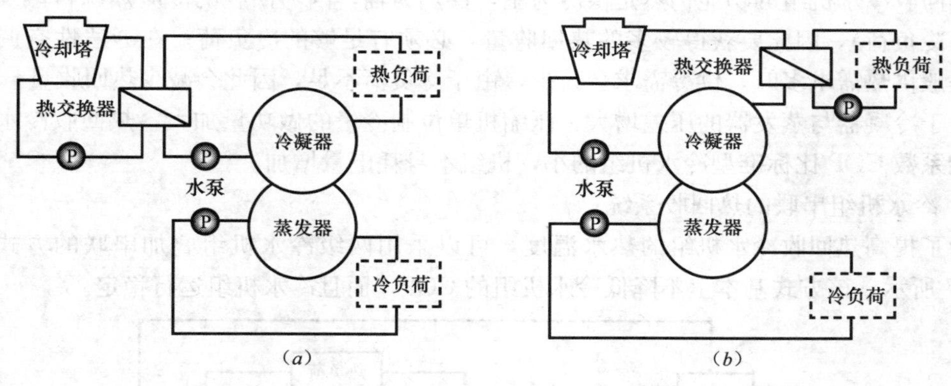


图4-24　单冷凝器热回收系统

(a) 系统1；(b) 系统2

系统（1）中冷却塔在热交换器的低温侧，冷凝器和用户在热交换器的高温侧，用户的供水温度较高，当冷凝热较少时，可以关闭冷却塔回路。

系统（2）中冷凝器和冷却塔在热交换器的高温侧，用户在热交换器的低温侧，用户的供水温度较低，由于不能关闭冷却塔回路，当冷凝热较少时，需要增加辅助加热器。

（2）双冷凝器热回收　双冷凝器热回收冷水机组通常是通过在冷凝器中加装热回收管束和在排气管上增加换热器来实现的（见图4-25）。它利用从压缩机排出的高温气态制冷剂向低温段散热的原理，提高标准冷凝器的水温，促使高温制冷剂流向热回收冷凝器。通过控制标准冷凝器的冷却水温度或冷却塔供回水流量，调节热回收热量的大小。两个冷凝器可以保证热回收水管路与冷却水管路彼此独立，避免冷却水污染用户回路的水。

2. 热回收冷水机组的特点

热回收冷水机组与标准型冷水机组的制冷循环图如图 4-26 所示。

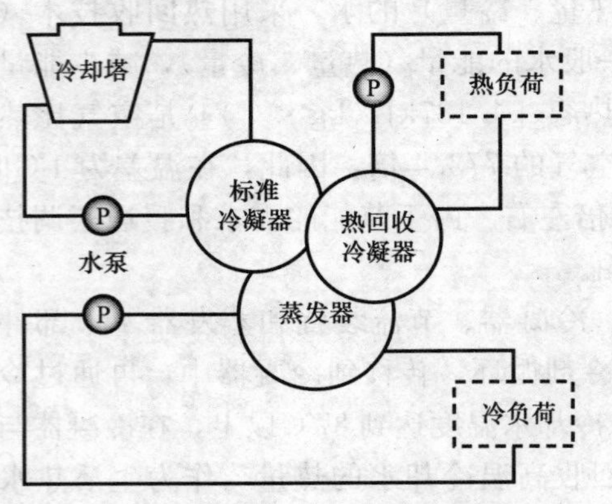


图 4-25 双冷凝器热回收系统　　图 4-26 两种冷水机组的制冷循环

热回收冷水机组制冷循环中，冷凝器与蒸发器的压差比标准型冷水机组的压差大，冷凝压力高。

热回收冷水机组的冷凝热比标准型冷水机组的冷凝热大。理论上，其热回收量等于制冷量与压缩机做功量之和；在部分负荷下，热回收量随制冷量的减少而减少。

热回收冷水机组的功能仍然是供冷为主，供热为辅，因为回收的冷凝热源自蒸发器的吸热（冷负荷），因此要获得较多的热回收量，必须有足够的冷负荷。在舒适性空调系统中，一般供热需求多时，供冷需求会减少，由于冷负荷不足，因此会减少热回收量。

由于冷凝器与蒸发器的压差增大，压缩机单位制冷量的做功量加大，热回收冷水机组的性能系数 COP 比标准型冷水机组的小，机组本身耗电量增加。

3. 冷水机组串联的热回收系统

为了提高热回收冷水机组的热水温度，可以采用两级冷水机组叠加串联的方式，如图 4-27 所示。该方式基本上不降低冷水机组的 COP，而且冷水机组运行稳定。

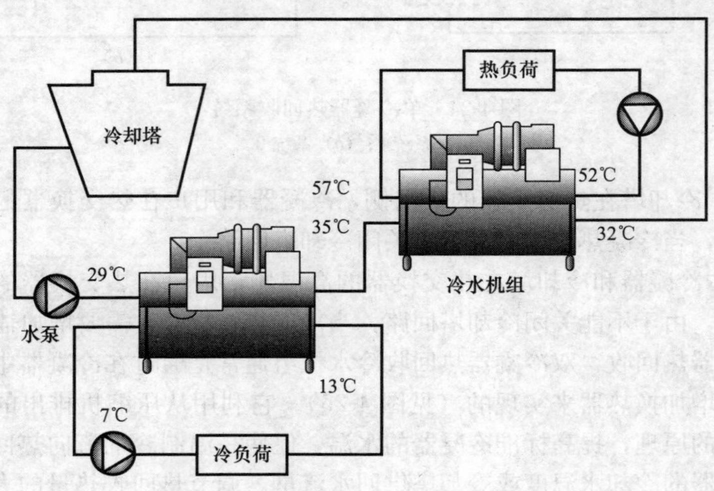


图 4-27 冷水机组串联的热回收系统

该方式中，第一台冷水机组负担末端冷负荷，将冷负荷中的热量转移到冷凝器，冷凝器的冷凝热由冷却水带走，冷却水水温从29℃升至35℃，高温冷却水进入第二台冷水机组的蒸发器，降温至32℃，蒸发器的热量又转移到第二台冷水机组的冷凝器中，在此把用户端的回水加热到57℃，热水在末端放热后温度降至52℃。如果第一台冷水机组的冷凝热在第二台冷水机组的蒸发器中转移不完，出口还有32℃，则多余的热量在冷却塔中散失到大气中，水温降到29℃，再进行下一轮循环，压缩机的做功量也传给冷水机组的冷凝器。

当需冷量与需热量不匹配时，冷却塔可以调节两台冷水机组之间的热量平衡。提供57℃高温热水的冷水机组与标准型冷水机组的运行工况不同，需要对冷水机组进行技术改造，以提高冷水机组的稳定性，同时提高性能系数COP。

### 4.4.4 气—水能量回收

气—水能量回收是指将某种含有高能量的气体（空气或其他气体）的热量，采用热回收技术（装置），回收气体中的能量（热量、冷量），提升另一侧水的能量（热量、冷量），减少能量的无效排放，达到节约能源的目的。

空调领域常用的气—水能量回收装置是在空气源冷水机组的制冷剂回路中，设置热交换器。与水—水热回收机组不同的是，热交换器的高温侧不是接在冷凝器出口的液体管道上，而是接在压缩机出口的制冷剂气体管道上，低温侧都是水，就是所谓的气—水能量回收，如图4-28所示。

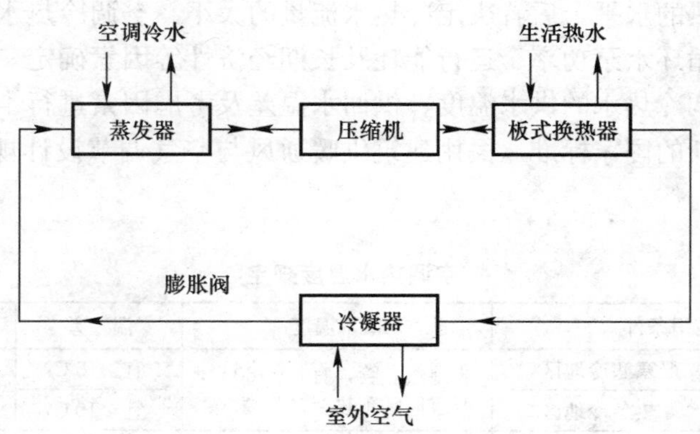


图4-28　气—水热回收工作原理图

由图4-28可知，当机组供冷时，压缩机出口的气态制冷剂先经热回收热交换器，在此与低温侧的水进行热交换、放出部分冷凝热后，进入冷凝器，由室外空气带走剩余的热量。由于生活热水一般储存在热水箱中，且用水量变化较大，当热水量满足要求时，可通过控制让冷凝热全部散到大气中，即系统以常规模式运行，冷凝器起到稳定冷凝压力的作用。这种系统靠回收冷凝热加热生活热水，是一种非常实用的系统，可用于旅馆、医院等用户，节省大量热能。

采用气—水热回收机组应注意以下问题：

（1）当机组提供空调冷水时，所获得的生活热水的能量，完全是回收的能量，是将原来释放到空气中的热量部分回收利用，是很好的节能措施。

（2）当机组在冬季提供空调热水时，也可同时提供生活热水，但此时生活热水得到的热量是占用了空调供热的一部分冷凝热，不能称为是热回收。

（3）当冬季提供的生活热水温度达不到规定的 60℃时，应还采取其他的辅助加热措施。

## 4.5 空调水系统设计

一个完整的空调系统由三部分组成，即冷热源系统、冷热量输送系统和用户末端系统。空调系统的冷热水管道（除制冷剂系统外）是输送冷热水的系统，是集中空调水系统的重点内容。除冷热水系统外，集中空调水系统还包括夏季供冷用于排出室内余热的冷却水系统和由于对空气降温去湿用于排出空气中冷凝水的冷凝水系统，后两个系统虽然没有冷热水系统复杂，但也是不可忽视的环节，应引起设计人员的重视。

随着我国建筑业的高速发展，各种规模、各种功能、各种需求的建筑对空调的要求更加多样化，空调水系统也由简单形式向多元化发展，不断推出各种丰富多彩的新的形式，其技术内容和观点也在不断更新，是暖通空调专业人员需要重点研究的内容。

### 4.5.1 空调冷热水水温的规定

空调冷热水水温是空调系统设计的重要参数，一般选用两个指标：供水温度和供回水温差，前者决定传热的水平，后者决定冷热水流量的大小。空调冷热水水温应根据冷热源装置、末端设备、循环水泵功率、运行能耗及长期经济性等因素确定，国内的学者对各种不同使用条件下空调冷热水的供水温度、供回水温差及考虑因素进行了长期的研究，达成了共识，反映在最新的国家标准《民用建筑供暖通风与空气调节设计规范》GB 50736 中，见表 4-20 和表 4-21。

**空调热水温度规定** **表 4-20**

| 热水制备和使用条件 | | 供水温度 | 温　差 | 考虑因素 |
|---|---|---|---|---|
| 市政热力或锅炉 | 严寒寒冷地区 | 非预热盘管，宜 50～60℃，严寒地区预热≥70℃ | 宜≥15℃ | 热源水温、水泵功率 |
| | 夏热冬冷地区 | | 宜≥10℃ | |
| 直燃式冷（热）水机组、空气源热泵、地源热泵 | | 按设备要求和具体情况确定 | | 使设备具有较高的供热性能系数 |

**空调冷水温度规定** **表 4-21**

| 冷水制备和使用条件 | 供水温度 | 温　差 | 考虑因素 |
|---|---|---|---|
| 冷水机组直接供冷 | 宜≥5℃ | 应≥5℃ | 冷源效率、水泵功率 |
| 蓄冷空调系统 | 根据蓄冷介质和蓄冷、取冷方式确定 | | |
| 温湿度独立控制，负担显热的冷水机组 | 宜≥16℃ | 宜≥5℃ | 房间不结露、末端设备供冷能力、水泵功率 |

续表

| 冷水制备和使用条件 | | 供水温度 | 温差 | 考虑因素 |
|---|---|---|---|---|
| 蒸发冷却或天然冷源 | | 根据气象条件和末端设备能力确定 | 采用强制对流末端设备，宜≥4℃ | 由于供水温度偏高，使平均水温较高，末端设备供冷能力对采用大温差有限制 |
| 辐射供冷末端 | | 末端设备表面不结露 | ≥2℃ | 同上，自然对流的末端设备对采用大温差供冷更困难 |
| 区域供冷 | 直接供冷 | — | 宜≥7℃ | 冷源能力、水泵功率 |
| | 冰蓄冷 | — | 宜≥9℃ | |

提醒广大设计人员，确定空调冷热水水温需要注意以下问题：

(1) 组合式空调机组换热盘管的换热量应根据设计水温和温差进行选型计算，国家标准《组合式空调机组》GB/T 14294—2008 对盘管换热量的计算有详细的规定（见《组合式空调机组》附录 E)。设计人员不要完全依赖设备厂家的样本，因为各设备厂的实验条件不同，彼此之间的数据相差很大，现以 A、B、C 三家品牌为例介绍如下（见表 4-22)。

**组合式空调机组性能比较** **表 4-22**

| 风量 ($m^3/h$) | 5000 (冷量，kW/焓差，kJ/kg) | | 10000 (冷量，kW/焓差，kJ/kg) | | 60000 (冷量，kW/焓差，kJ/kg) | | 100000 (A 厂 111240) (冷量，kW/焓差，kJ/kg) | |
|---|---|---|---|---|---|---|---|---|
| 工况 | 回风，4 排 | 新风，6 排 | 回风，4 排 | 新风，6 排 | 回风，4 排 | 新风，6 排 | 回风，4 排 | 新风，6 排 |
| A | 29.02/17.41 | 79.03/47.41 | 60.56/18.17 | 153.6/46.09 | 365.24/18.26 | 880.6/44.0 | 625.96/16.88 | 1770.7/47.75 |
| B | 28.0/16.80 | 88.0/52.79 | 62.0/18.60 | 175.0/52.51 | 375.0/18.75 | 985.0/49.25 | 610.0/18.30 | 1625.0/48.72 |
| C | 26.3/15.78 | 75.4/45.23 | 56.3/16.89 | 158.5/47.56 | 354.6/17.73 | 983.3/49.17 | 567.4/17.02 | 1633.1/48.97 |

由上表可知，回风工况时的最大最小焓差之比为 18.75：15.78=1.19；新风工况时的最大最小焓差之比为 52.79：44.0=1.20，即都是相差 20%左右，所以，设计人员一定要进行校核计算。

(2) 风机盘管等定型盘管的末端设备，当供水温度和温差与常规工况不同时，对盘管的传热系数和传热量有一定影响，需要校核是否满足要求，不要随意采用超过额定工况的供水温度。

(3) 采用辐射供冷末端时，一定要校核板面的露点温度，《民用建筑供暖通风与空气调节设计规范》GB 50736 规定“供水温度应以末端设备表面不结露为原则确定；供回水温差不应小于 2℃”。

**【案例 88】**某工程的综合楼，建筑面积 1365$m^2$，地上 2 层，夏季空调冷负荷 204.8kW，冬季空调热负荷 147.2kW。采用风机盘管加新风空调系统。邻近建筑物室内冬季只有水温为 85/60℃的散热器供暖系统。由于设备机房面积有限，设计人员没有进行二次换热，而是采用风机盘管冬季供水温度为 85℃，温差为 25℃，这样的设计是不恰当的。根据国家标准《风机盘管机组》GB/T 19232—2003 的规定，风机盘管供热工况下的供水温度是 60℃，供回水温差是 10℃，该工程的供水温度和温差都与供热工况不符，一方面是传热系数和传热量发生很大的变化，需要重新校核计算，但设计人员没有按非标工况进行校核计算，而是按额定工况选型；另一方面，由于目前大多数盘管采用的是铜管串铝片结构和低温材质的密封垫，当供水温度超过 60℃以后，会加剧盘管的热胀冷缩，缩短密封垫的使用寿命，存在很大的安全隐患，因此，设计中应当尽量避免这种情况。

**【案例 89】** 某住宅小区，住宅 1 号楼建筑面积 22836m²，地下 1 层，地上 23 层，4 个单元；2 号楼建筑面积 24006m²，地下 1 层，地上 24 层，3 个单元，屋面高度 71.70m；另有办公楼 3 栋，都是 3 层，会所 1 栋，地上 2 层。住宅建筑室内设置吊顶辐射板冷暖空调加独立新风/卫生间排风的置换通风系统；吊顶辐射板冷暖空调为一个水系统，夏季水温为 18/21℃，冬季水温为 32/29℃。住宅的新风处理机与办公楼、会所为另一个水系统，末端包括新风处理机、办公楼和会所的风机盘管和新风机，还包括一间面积约 170m² 的样板间的吊顶辐射板和地埋管；与住宅建筑的水系统不同，设计人员在该系统中采用夏季水温为 7/12℃，冬季水温为 45/40℃。根据夏季室内温度 26℃、相对湿度 60%，则空气的露点温度为 17.65℃，可知供水温度低于空气的露点温度，会出现结露现象。在这种情况下，只有改变末端设备，或者提高水温，才能根除夏季结露情况。

## 4.5.2 空调冷热水系统分类（见表 4-23）

**空调冷热水系统分类简表** **表 4-23**

| 分类方式 | 系统形式 | 特点简述 |
|---|---|---|
| 按介质是否与空气接触划分 | 开式系统 | 1. 用于喷水处理室和蓄能系统<br>2. 管道和设备易腐蚀<br>3. 需克服静水压力，水泵能耗较高 |
| | 闭式系统 | 1. 水系统与大气不相通或仅在膨胀水箱处接触大气，管道、设备腐蚀较轻<br>2. 不需克服静水压力，能耗较低<br>3. 不推荐用于喷水处理室和蓄能系统 |
| 按并联环路中水的流程划分 | 同程式系统 | 1. 流经每个环路的管道长度相同<br>2. 水量分配较均匀，理论上有利于水力平衡<br>3. 管道长度及阻力增加，投资较高 |
| | 异程式系统 | 1. 流经每个环路的管道长度不同<br>2. 系统较大而没有控制措施时，水力平衡较困难<br>3. 管道长度及阻力较小，投资较低 |
| 按冷热水管道的设置方式划分 | 两管制系统 | 1. 供热供冷合用一个管网，采用季节转换<br>2. 管道系统及控制简单，投资较低<br>3. 无法同时满足供热与供冷要求 |
| | 三管制系统 | 1. 分设供热、供冷水管，合用一根回水管<br>2. 能同时满足供热和供冷要求<br>3. 投资居中 |
| | 四管制系统 | 1. 供热与供冷分设供水管、回水管，可同时满足供热与供冷要求<br>2. 占据建筑空间多，投资较高 |
| | 分区两管制系统 | 1. 两管主系统为供热与供冷合用的系统，两管辅系统为全年供冷的系统<br>2. 系统及控制简单，投资较低<br>3. 合用的冷热水系统采用季节转换 |

续表

| 分类方式 | 系统形式 | 特点简述 |
|---|---|---|
| 按循环水量的特性划分 | 定流量系统 | 1. 系统流量保持恒定，不能适应负荷变化<br>2. 运行能耗最大，不利于节能 |
| | 变流量一级泵系统 | 1. 末端设置温控设施，负荷侧变流量运行<br>2. 源侧一级泵定流量，保证冷水机组流量恒定 |
| | 定流量一级泵/变流量二级泵系统 | 1. 源侧和负荷侧分设循环泵<br>2. 减少一级泵扬程和功率，二级泵采用台数或变速变水量，节能效果更好<br>3. 系统控制复杂 |
| | 一级泵与冷水机同步变流量系统 | 1. 只设一级泵，水泵与冷水机同步变流量<br>2. 系统简单，节能明显<br>3. 要求冷水机变流量的性能好 |

根据我国学术界和工程界的多年研究，认为集中空调水系统的流量是否变化，均是对输配系统而言，并不包括末端，因此建议按表 4-24 进行集中空调水系统分类。

**按输配系统流量的变化进行集中空调水系统分类　　表 4-24**

<table>
<tr><td rowspan="6">空调水系统</td><td rowspan="5">直接连接系统</td><td rowspan="3">一级泵系统</td><td colspan="2">定流量（空调末端无水路调节阀或设水路三通阀）</td></tr>
<tr><td rowspan="2">变流量（空调末端设水路二通阀）</td><td>冷水机组定流量</td></tr>
<tr><td>冷水机组变流量</td></tr>
<tr><td colspan="3">变流量二级泵系统（空调末端设水路二通阀）</td></tr>
<tr><td colspan="3">变流量多级泵系统（空调末端设水路二通阀）</td></tr>
<tr><td colspan="4">间接连接系统：冷源侧一次泵/负荷侧二次泵（变速变流量）</td></tr>
</table>

## 4.5.3　常用典型冷热水管道系统设计

冷热水管道系统的基本功能是向空调区末端输送冷热水，以满足向空调区供冷供热的要求，正确选择冷热水管道系统的形式是十分重要的。

常规的空调水系统设计，大多是按设计工况来配置冷水机组、换热设备、冷热水管道系统和循环水泵等设备。实际上，绝大多数时间空调系统是在 40％～80％的负荷范围内运行的，为了适应这种情况，冷源侧的冷水机组一般是通过卸载来降低能耗，负荷侧则需要采用变水温差或变水量调节来适应空调区负荷的变化。

1. 根据串联水泵级数、输送系统是否变流量划分

随着空调区冷热负荷的变化，一般是采用末端变流量调节。由于冬季末端变流量对换热设备的影响不会危及设备安全，因此重点是讨论夏季冷水变流量系统的特点及相应的水系统形式。

自从空调水系统出现各种新的形式后，除了单一的源侧与负荷侧共用循环水泵的情况外，又出现了源侧水泵和负荷侧水泵的区别。早期的文献中，对源侧水泵和负荷侧水泵的称谓很不统一，有的称为“一次泵”、“二次泵”…，有的称为“一级泵”、“二级泵”…，容易造成概念上的混淆。针对这种情况，2001 年，编者在第十一届全国暖通空调技术信息网大会论文集的《关于空调冷冻水系统泵制的讨论》一文中指出，“一级泵、二级泵在

系统中是同一水系统中的串联泵，故称为一级泵、二级泵较确切，以区别于热交换器两侧不同水系的一次泵、二次泵”。国家标准《民用建筑供暖通风与空气调节设计规范》GB 50736—2012 明确统一采用“一级泵”、“二级泵”…的称谓。

按表 4-24 的分类，本书重点讨论以下三种空调水系统形式：

定流量一级泵系统——负荷侧变流量，采用比例调节阀或电动两通阀；冷源侧定流量，采用定速泵。

定流量一级泵/变流量二级泵系统——负荷侧变流量，采用比例调节阀或电动两通阀，负荷侧采用台数控制或变速泵；冷源侧定流量，采用定速泵。

变流量一级泵系统——负荷侧变流量，采用比例调节阀或电动两通阀；冷源侧变流量，负荷侧与冷源侧采用同一变速泵。

(1) 定流量一级泵系统

定流量一级泵系统是指冷源侧定流量、负荷侧变流量的系统，适用于供水温度和供回水温差要求一致且各区域管路压力损失相差不大、设置一台冷水机组的小型工程。

该系统的配置应符合下列要求：

1) 在空调末端回水管上设置比例调节阀或温度控制的电动二通阀；

2) 当末端负荷减少，电动二通阀关小时，末端流量减少，为保证流过冷水机组蒸发器的流量恒定，应在冷源侧的供回水总管（或分、集水器）之间设置旁通管、压差控制器及由此控制的旁通阀，当末端流量减少时，过剩的水从旁通管流回冷水机组；

3) 多台冷水机与冷水泵之间采用共用集管连接时，应在每台冷水机组进水或出水管道上设置与对应的冷水机组及水泵连锁关闭的电动二通阀。一旦其冷水机组及对应的水泵停机，应自动关闭该冷水机组的冷水通路，以避免运行的冷水机组流量不足造成机组不稳定或发生冻结。该系统根据末端水量的调节方式又可以分为三通阀调节和二通阀调节两种。

① 三通阀调节的系统（见图 4-29）该系统中，水泵始终以定速运行。当末端负荷变化时，冷水量借三通阀来调节，虽然末端负荷及冷水量都减少了，但输配系统的流量没有减少，水泵仍为满负荷运行，消耗大量的电功率，这种系统目前已经淘汰。

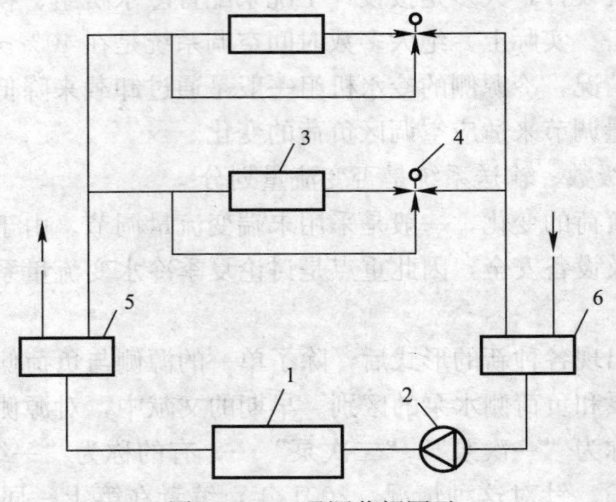

图 4-29　三通调节阀图示

1—冷水机组；2—水泵；3—末端装置；4—三通阀；5—分水器；6—集水器

② 二通阀调节的系统（见图 4-30）在三通阀调节的系统中，末端冷水量减少后，多余的水从三通旁通管返回冷水机组，保持冷水机组水量恒定。而二通阀调节系统在末端负荷减少时，由温控器关小二通阀，系统总水量会相应减少，以满足空调区负荷的减少。但如果通过冷水机组的水量也减少，将会导致冷水机组运行稳定性差，甚至发生结冰现象。为了确保流过冷水机组蒸发器的水流量不变，在这种水系统的供回水总管（或分、集水器）之间安装一根旁通管，其上安装由压差控制器控制的调节阀。当末端负荷减少、流量减少时，供回水管间的压差加大，控制器逐步开大调节阀，让多余的水流过旁通管返回冷水机组。反之则逐步关小调节阀，减少旁通管流量而加大末端流量。

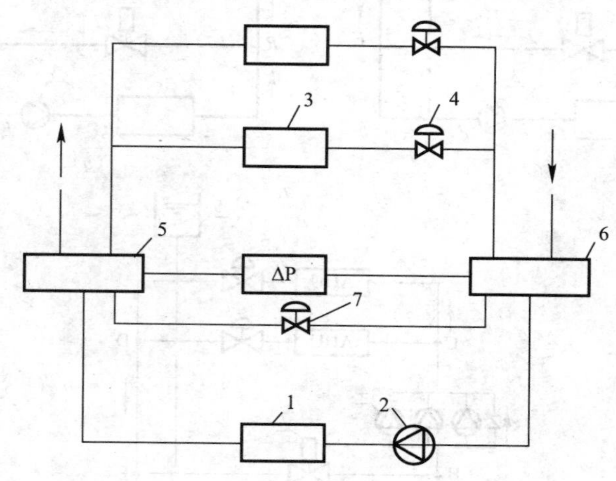


图 4-30　二通调节阀图示

1—冷水机组；2—水泵；3—末端装置；4—二通阀；5—分水器；6—集水器；7—旁通调节阀

这种系统的问题在于，当负荷减少时，负荷侧的流量也减少，但只是通过旁通管将供水返回回水管，一方面冷水机组产生的冷量没有发挥作用，冷水机组白白消耗大量功率，另一方面水泵仍以定转速运行，在部分负荷下，水泵耗电量并没有减少。

尽管如此，由于各方面的原因，特别是该系统的设置相对比较简单，控制不复杂，在部分大型建筑及几乎全部中型以下建筑中，仍然是采用最广泛的一种形式。

(2) 定流量一级泵/变流量二级泵系统

20 世纪 90 年代中期开始，由于变频控制器的日益普及和降价，在内地逐渐开始采用节能效果较好的变流量二级泵变速控制或台数控制的定流量一级泵/变流量二级泵系统。该系统是指冷源侧定流量、负荷侧变流量，在负荷侧采用变速泵或台数控制，适用于负荷侧系统作用半径较大、阻力较高的大型工程。

根据负荷侧的负荷特性和阻力不同，二级泵配置的位置也不相同，编者命名以下三种形式。

1) 单泵总供式　当各环路的设计水温一致且设计水流阻力接近时，宜集中设置二级泵，二级泵采用变速泵，如图 4-31 (*a*) 所示。

2) 多泵分供式　当负荷侧各环路的阻力相差悬殊或各系统的水温、温差要求不同时，采用分区域或分环路设置二级泵比设一组二级泵更节能，二级泵采用变速泵。各环路二级泵特性应与对应环路特性相匹配而各不相同，如图 4-31 (*b*)。

3）多泵联供式　当建筑规模较大，末端环路较多且阻力相差不太悬殊时，采用多泵联供式，二级泵采用变速兼台数控制，按相同参数选型，如图 4-31（*c*）所示。

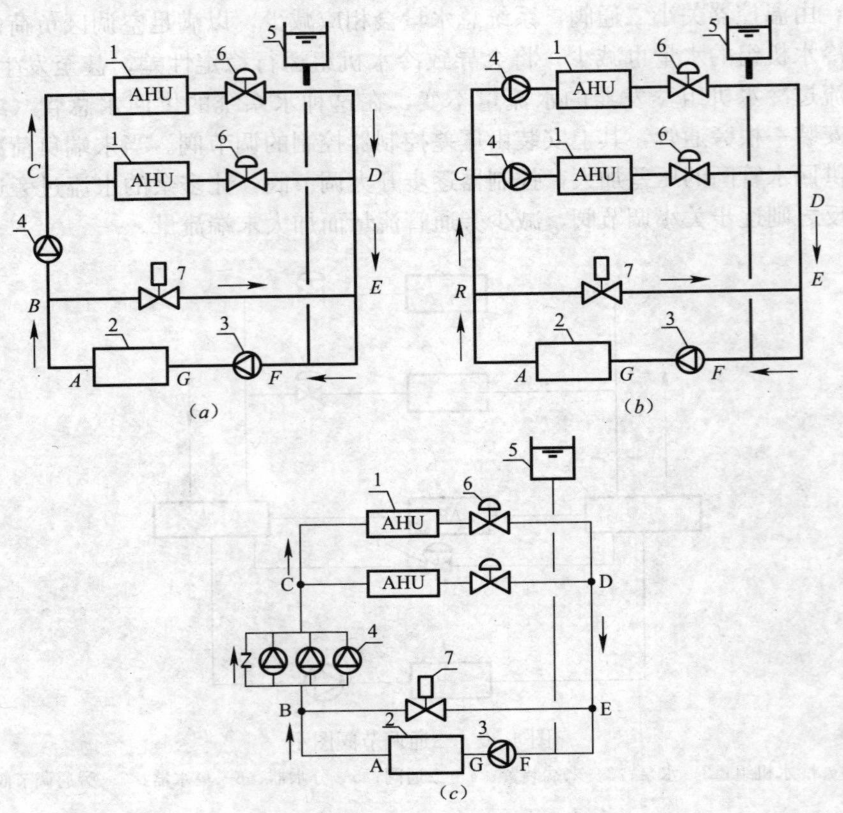


图 4-31　定流量一级泵/变流量二级泵系统

（*a*）单泵总供式；（*b*）多泵分供式；（*c*）多泵联供式

1—表冷器；2—冷水机组；3—一级泵；4—二级泵；5—膨胀水箱；6—电动二通阀；7—压差旁通阀

定流量一级泵/变流量二级泵系统有以下特点：

① 一级环路的 E—F—G—A—B 段保证冷水机组蒸发器在额定流量下工作，而二级环路的 B—C—D—E 段的水量可随负荷的变化而变化，当采用变速泵时，可节省二级泵的耗电量。

② 机组的出水可用任何方式控制。

③ 冷水机组并联运行时，对机组的类型、结构和大小的要求不是那么严格，故特别适用于系统的扩建。

④ 二级环路对不同环路（压力、距离不同）有较大的适应性，甚至还可以增设环路。

⑤ 由于整个系统的阻力分别由两组串联水泵来承担，水泵扬程及管道压力较低，所以各环路设备承受的压力较低。

⑥ 该系统管路结构复杂，水泵数量较多，一般情况下，一、二级泵的总装机功率比一级泵的装机功率大 15%～20%。

⑦ 控制环节增加较多，要求自控水平高。

⑧ 由于增加了水泵和控制装置，就加大了设备占地面积和初投资。

⑨ 对管理工作有较高的要求。

该系统的配置应符合下列要求：

① 在空调末端的回水管上设置温度控制的电动二通阀。

② 应在供回水总管之间冷源侧与负荷侧的分界处设平衡管（耦合管），其两侧接管端点［见图 4-31（$a$）的 B 和 E］，即为一级泵与二级泵分担管网阻力的分界点。对于多泵分供式系统，为了减少一级泵环路的长度及阻力，平衡管两端应在机房内靠近冷水机组—冷水泵进出水口的部位。

③ 对于多泵分供式系统，平衡管直径不宜小于供回水总管直径，直径过小时，会减少冷水机组的流量。应综合考虑空调区的平面布置、系统压力分布等因素，合理确定二级泵的位置。

④ 单泵总供式系统和多泵分供式系统的二级泵应采用变速泵，多泵联供式系统有台数控制的可能，除采用变速泵外，可适当配置定速泵。

⑤ 一级泵与冷水机组配置亦应在每台冷水机组进水或出水管上设置与对应的冷水机组及水泵连锁关闭的电动二通阀。

⑥ 该系统二级泵的扬程选择应十分谨慎，必须要进行详细的水力计算，否则会严重影响空调效果。

**【案例 90】**某省报业集团的新闻采编大楼，建筑面积 33441m$^2$，地下 1 层，地上 19 层，夏季空调冷负荷 3597kW，冬季空调热负荷 2460kW。空调系统采用定流量一级泵/变流量二级泵系统，投入运行后，发现夏季室内温度很高，空调效果很差。起初找不到原因，经过系统现场检测，发现末端的供水温度达到 10℃左右，经过分析，认为是平衡管中出现了冷冻水“倒流”。因为在图 4-31 所示的系统中，正常运行时，旁通管中的冷冻水应从 B 流向 E（如箭头所示），当二级泵扬程选择不当时，E 点的压力高于 B 点的压力，出现冷冻水从 E 流向 B 的“倒流”，导致冷水系统的供水温度逐渐升高、末端无法满足要求而不断加大二级泵转速的“恶性循环”。该工程最后换成扬程较小的二级泵，改善了系统的运行情况。这种现象还比较普遍，希望引起设计人员的注意。

定流量一级泵/变流量二级泵系统根据二级泵的控制方式又可以分为水泵台数控制和变速控制两种。采用二级泵台数控制的定流量一级泵/变流量二级泵系统如图 4-32 所示。该系统的概念流行于 20 世纪 80～90 年代，由境外传入内地，在几个发达城市的工程中使用。由于该系统是利用供回水干管的压力作为增减水泵台数的信号，但是由于 3 台及以上水泵并联后的流量—压力曲线很平坦，各工作点的压力信号差异不大，往往都在压力控制误差范围之内，导致并联水泵台数控制经常失灵，因此这种系统逐渐淡出工程界，并为变速控制所代替，因此，《民用建筑供暖通风与空气调节设计规范》GB 50736—2012 规定，“二级泵等负荷侧各级泵应采用变速泵”。

虽然定流量一级泵/变流量二级泵系统在负荷侧可以采用水泵台数控制或变速控制减少负荷侧的流量和二级泵的能耗，但是一级泵只是因为克服源侧的阻力而减少扬程，其流量因定流量机组的限制无法改变。在末端为部分负荷时，一级泵和冷水机组均按设计工况下的额定流量运行，系统的节能效益只在二次侧显现，一次侧仍然出现低负荷高能耗的现象。

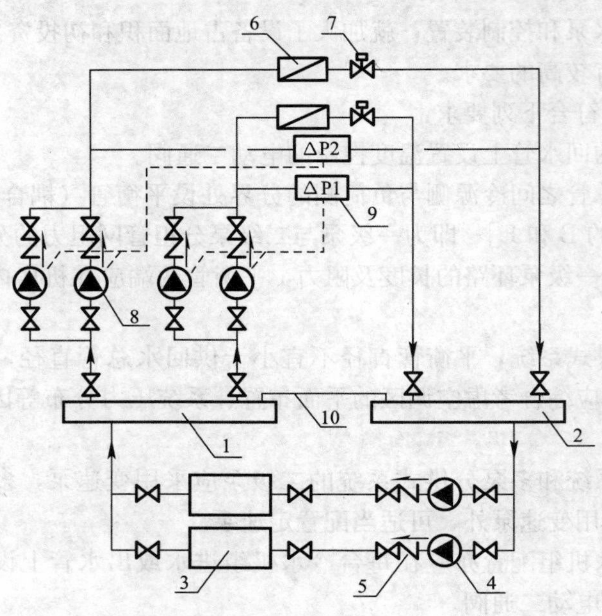


图 4-32　二级泵台数控制图示

1—分水器；2—集水器；3—冷水机组；4—定流量一级冷水水泵；5—止回阀；6—空调末端；7—电动调节阀；8—二级变速水泵；9—压差控制器；10—平衡管

（3）变流量一级泵系统

随着冷水机组的发展和技术进步，国外大型离心式冷水机组的电耗水平从 20 世纪 70～80 年代的 0.23kW/kW，降到 20 世纪 90 年代的 0.17～0.14kW/kW，而空调水系统的电耗水平一般为 0.06kW/kW，水系统电耗占整个系统电耗比例从约 20%上升到 26%～30%。为了降低水系统的能耗，研究工作进一步延伸到变流量一级泵系统的领域，开发了适应变流量一级泵系统的变流量冷水机组，并能保证在低流量下冷水机组的工况稳定和安全运行。

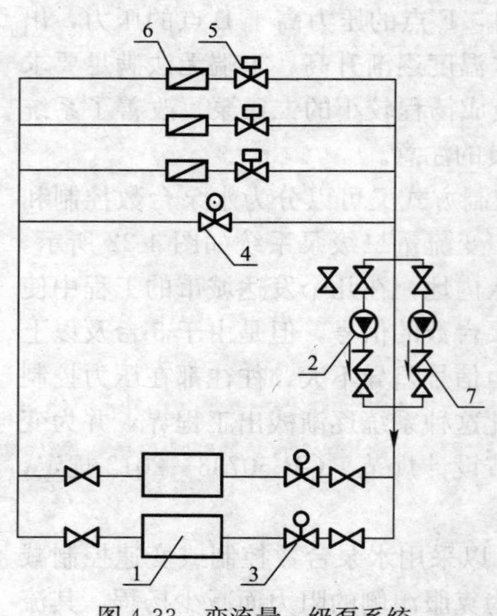


图 4-33　变流量一级泵系统

1—冷水机组；2—变速循环泵；3—电磁隔断阀；4—旁通电动调节阀；5—电动二通阀；6—末端空调器；7—止回阀

变流量一级泵系统比定流量一级泵/变流量二级泵系统的配置简单，如图 4-33 所示，一级泵为变速水泵，冷水机组配置电磁隔断阀。冷水机组和水泵不必一一对应，启停可以分开控制。取消二级泵，保留旁通管及旁通电动调节阀。当负荷侧流量小于单台冷水机组的最小允许流量时，旁通阀打开，使冷水机组的最小流量为负荷侧冷水量与旁通管流量之和，最小流量由流量计或压差传感器控制，系统末端仍设置电动调节阀，变速水泵的转速一般由最不利环路的末端压差来控制。

该系统的配置应符合下列要求

① 为了适应空调区的负荷变化，在末端设备的回水管上应设置温度控制的电动两通阀以调节末端

设备的流量。

② 循环水泵应采用变速泵或台数控制，以适应空调末端设备水量的变化。

③ 冷水机组与循环水泵应采用共用集管连接方式，每台冷水机组进水或出水管道上应设置与对应的冷水机组和水泵联锁的电动二通阀。冷水机组和水泵的启停为分别独立控制，冷水机组与水泵不必一一对应配置。

④ 不再设置二级泵，保留供回水总管之间的旁通管，并增加一个由流量传感器或压差传感器控制的电动二通调节阀，当末端流量减少时，多余的水通过旁通管流回冷水机组，旁通调节阀设计流量应取各规格单台冷水机组允许最小流量的最大值。冷水机组流量下限不应低于机组额定流量的50%。

⑤ 冷水机组应具有滞后积分控制的防冻结功能，对多机并联的系统，当备用机启动时，在用机的流量会突然减少，水温可能降至冻结温度而保护性停机。变流量一级泵系统采用滞后积分控制，在冷水温度低于冻结温度时仍能维持一段时间，只有累加冻结温度以下的度-秒数总和达到临界水平以上才停机。

⑥ 冷水机组应具有允许水量变化范围大、适应水量变化速率大和减少水温波动的控制功能，并要求生产厂提供准确可靠的资料。大范围水量变化是指离心机的变化范围为额定流量的30%～130%，螺杆机的变化范围为额定流量的40%～120%；允许流量变化率不应小于每分钟30%～50%，而且越大越好；流量变化会影响机组的供水温度，因此机组尚应有相对的控制功能，以减少供水温度的波动。

2. 开式系统与闭式系统

根据系统中的介质是否与空气接触，将空调冷热水系统分为开式系统和闭式系统。由各系统的特点确定各自的适用范围。

(1) 采用喷水室进行空气处理（如纺织企业）和采用蓄冷蓄热水池的蓄能系统均采用开式系统，喷水室处理空气必然是开式系统，由于民用建筑空调中已不采用喷水室处理空气，本书不再讨论。而蓄热系统中，当水池水位为系统最高点时，才采用直接供冷供热的开式系统，也不存在增加水泵能耗的问题，如图4-34所示。

(2) 除上述情况和采用直接蒸发冷却器的系统外，应采用闭式系统（包括顶部采用开式膨胀水箱定压的系统），因为该系统中水泵只需克服管道阻力，有利于节能和节省投资。

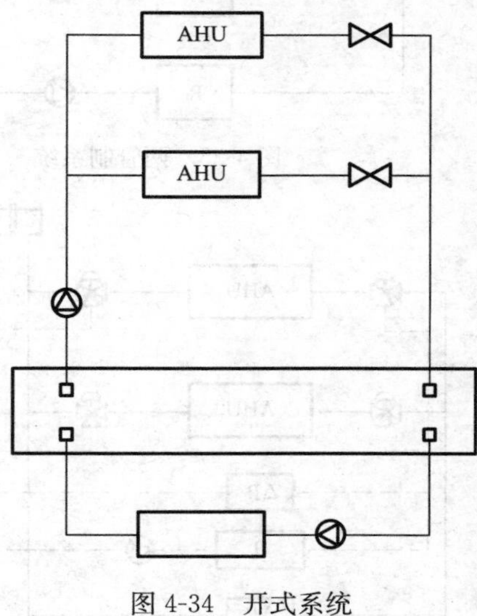

图4-34　开式系统

3. 同程式系统和异程式系统

同程式系统中，由于流经各环路（设备）的管道长度（水流程）相同，故理论上认为水量分配较均匀，有利于水力平衡，但其增加管道长度及系统阻力，并增加投资。散热器供暖系统中，由于散热器的阻力在各环路阻力中比例较小（例如，散热器的局部阻力系数为2、流速为1m/s时，阻力损失仅980Pa），同程式系统中并联环路较多时，容易出现中段环路水流反向的情况，同程式散热器系统中并联环路不能太多。但空调末端设备阻力在各环路阻力中的比例较大（如风机盘管阻力为

30kPa～50kPa)，只要不是特别大的系统，都可以采用异程式系统，在管径选择合适的情况下，并联环路可以多一些。

4. 按供回水管路数量划分

按供回水管路数量，空调水系统制式分为两管制系统、三管制系统、四管制系统和分区两管制系统，目前国内空调水系统设计中，除了少数高档次建筑采用冷、热水管道分置的四管制系统外，普遍采用冷热水合用的两管制系统。各种制式系统的适用范围如下。

(1) 当建筑物所有空调区只需随季节而进行供冷供热转换而不需要同时供冷和供热时，应采用二管制系统。该系统简单，初投资低，能满足大多数普通舒适性空调的需要，是使用最多和首选的系统制式，如图 4-35 所示。

(2) 当建筑物某些空调区需要同时供冷和供热时，为了节省回水管的投资，采用两根供水、一根回水的三管制系统。该系统在回水管中产生冷热混合损失，使用场合不多，如图 4-36 所示。

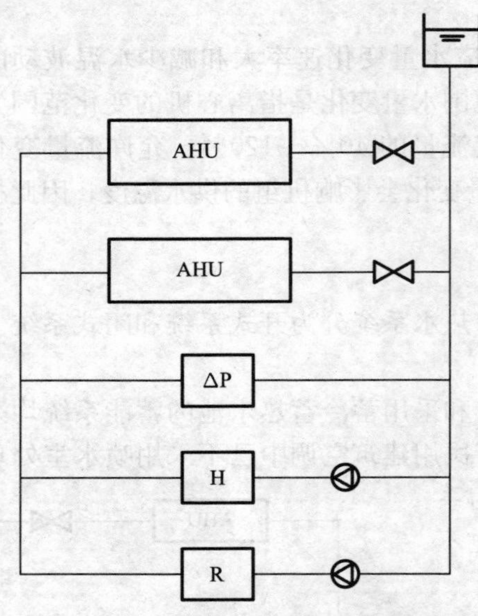

图 4-35　两管制系统

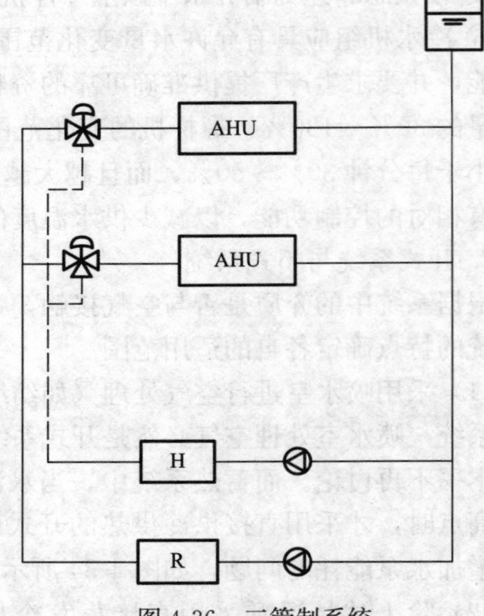

图 4-36　三管制系统

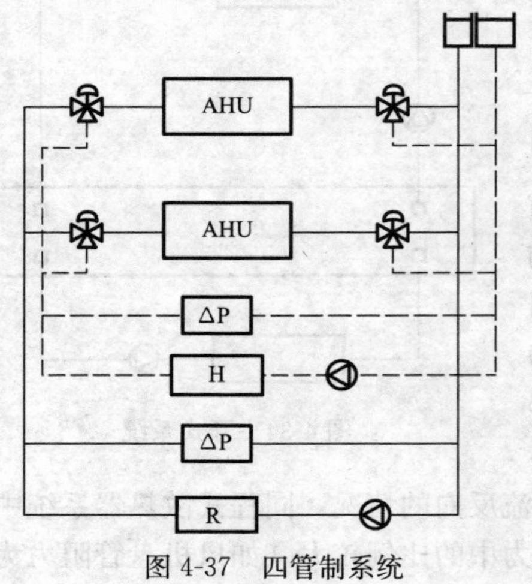

图 4-37　四管制系统

(3) 当空调水系统供冷和供热转换频繁，或需同时供冷供热时，宜采用四管制系统。供冷与供热系统彼此独立，该制式的初投资最高，如图 4-37 所示。

(4) 当建筑物内部分空调区需供冷供热转换而另一些空调区需全年供冷时，对需全年供冷的空调区宜尽量采用室外新风作冷源。当室外新风不能满足要求时，单独为该区域设置全年供冷系统，即构成分区二管制系统，用于风机组管加新风系统的分区二管制系统如图 4-38 所示。

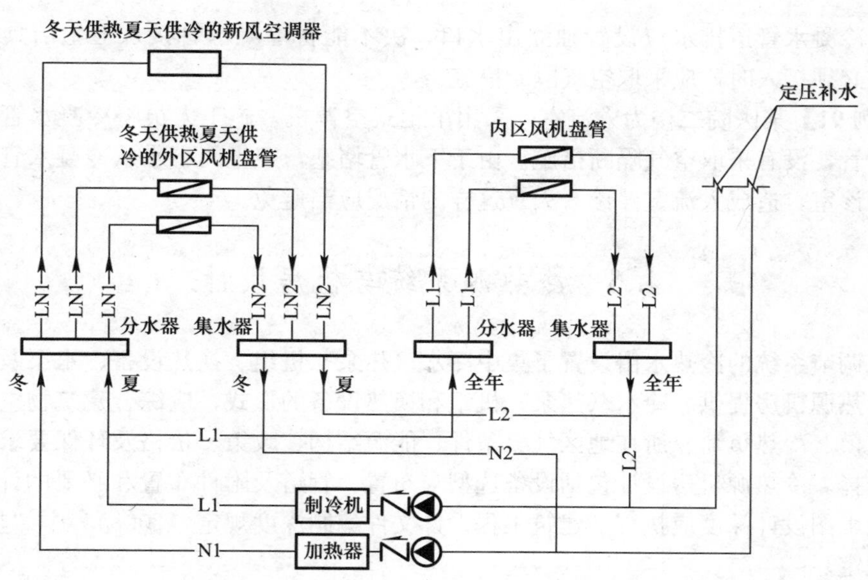


图 4-38 风机盘管加新风分区二管制系统

### 4.5.4 冷凝水管道设计

各种空调末端设备在夏季运行时，低温制冷剂或冷媒水对空气进行冷却除湿处理时产生的冷凝水必须及时排走。不论是集中式空调还是分散式空调、制冷剂系统或冷媒水系统，冷凝水管道的合理设计是不容忽视的环节。

冷凝水管道的设计需注意以下要点：

（1）冷凝水管道可采用镀锌钢管或塑料管，不宜采用焊接钢管。

（2）空气处理机凝水盘的泄水支管坡度不宜小于 0.01；其他支、干管应沿水流方向顺坡不宜小于 0.005，不应小于 0.003，且不允许有集水部位。

（3）空调冷凝水生成量可按 1kW 冷量产生冷凝水 0.4～0.8kg/h 估算，根据冷负荷的大小及不同管道坡度确定冷凝水管道直径如表 4-25 所示。

冷凝水管径选择表　　表 4-25

| 管道坡度 | 冷负荷（kW） | | | | | | | | |
|---|---|---|---|---|---|---|---|---|---|
| 0.001 | ＜7 | 7.1～17.6 | 17.7～100 | 101～176 | 177～598 | 599～1055 | 1056～1512 | 1513～12462 | ＞12462 |
| 0.003 | ＜17 | 17～42 | 43～230 | 231～400 | 401～1100 | 1101～2000 | 2001～3500 | 3501～15000 | ＞15000 |
| 管道直径（mm） | 20 | 25 | 32 | 40 | 50 | 80 | 100 | 125 | 150 |

（4）用金属管作冷凝水管，当可能产生二次冷凝水时，管外应保温，防止管外结露。

（5）冷凝水水平干管的始端应设置扫除口。

（6）当冷凝水盘位于机组内的负压区段时，冷凝水盘的出水口处必须设置水封，存水弯前应有 500mm 高的短管，上部通气口长 50mm。

（7）冷凝水管道服务的空气处理机、风机盘管系统的冷负荷不宜太大，以减少管径或长度，即要划小范围，减少管长和管道下降高度。

（8）冷凝水管道排水应设置独立出水口，决不能将冷凝水管接入卫生洁具的下水管中，实在必须接入时，应采取空气隔断措施。

**【案例 91】**某医院二楼为人流室，采用吊柜式空调机，施工人员将冷凝水管接入卫生间的下水管，没有采取空气隔断措施。由于下水管堵塞，卫生间下水从冷凝水管反流到凝水盘流到诊室，造成人流室停诊 5 天。这样的情况应当避免。

## 4.6　冷热源系统与机房设计

空气调节系统的冷热水由设置了集中冷水（热泵）机组、换热设备、水泵及其他附属设备的冷热源机房提供。冷水（热泵）机组和换热设备的形式，应综合建筑物空气调节的用途、规模、冷热负荷、所在地区气象条件、能源结构、政策、价格及环保要求等各种因素进行选择。冷热源机房设计包括设备选型与布置、管道及附件布置和必要的计算，冷热源机房施工图设计深度应执行《建筑工程设计文件编制深度规定（2008）》中“热能动力”部分的规定。

### 4.6.1　冷水（热泵）机组和换热设备

冷水（热泵）机组和换热设备的形式应根据建筑物规模、用途、建设地点的能源条件、结构、价格以及国家节能减排和环保政策的相关规定等，通过综合论证确定。

1. 冷水（热泵）机组的选择

目前大致有以下几种情况：

（1）工程项目所在地周围电力供应较稳定时，一般首先选择电动压缩式水冷冷水机组、空气源冷水（热泵）机组或水地源冷水（热泵）机组。

（2）工程项目所在地周围电力供应条件一般，但有天然气供应时，经技术经济比较，可以选择燃气溴化锂吸收式冷（热）水机组。

（3）工程项目所在地周围没有市政热力管网，无法采用换热机组供热时，可选择空气源冷水（热泵）机组或水地源冷水（热泵）机组。

（4）工程项目规模较小、无法设置集中式机房时，可选择多联分体式空调机组。

由于影响确定空调冷热源设备形式的因素十分复杂，设计人员应参照《民用建筑供暖通风与空气调节设计规范》GB 50736—2012 第 8.1.1 条的规定，认真分析和比较，并负责任的向建筑业主推荐科学合理的方案，不要盲目屈从于建筑业主的意见。

2. 冷水（热泵）机组容量

《采暖通风与空气调节设计规范》GB 50019—2003 第 7.1.5 条（强制性）规定，“电动压缩式机组的总装机容量，应按本规范第 6.2.15 条计算的冷负荷选定，不另作附加”。作出这一规定的原因是：当时经过近 30 年的发展，无论是合资品牌，还是本土品牌，电动压缩式机组的质量大大提高，冷热量均已达到国家标准规定的指标，性能十分稳定，故障率大大降低；同时，实践证明，空调制冷机组的负荷率大多在 45%～80%，《公共建筑节能设计标准》GB 50189—2005 第 5.4.7 条规定，在标定机组的综合部分负荷性能系数（*IPLV*）时，负荷率 50%和 75%的权重合计达到 87.6%，因此，选定电动压缩式机组时，不应对容量再作附加。《全国民用建筑工程设计技术措施　暖通空调·动力（2009 年版）》

规定，“确定冷水机组的装机容量时，应充分考虑不同朝向和不同用途房间空调峰值负荷同时出现的几率，以及各建筑空调工况的差异，对空调负荷乘以小于 1 的修正系数。该修正系数一般可取 0.70～0.90；建筑规模大时宜取下限，规模小时，取上限”。最新实施的国家标准《民用建筑供暖通风与空气调节设计规范》GB 50736—2012 第 8.2.2 条规定：“电动压缩式冷水机组的总装机容量，应根据计算的空调系统冷负荷值直接选定，不另作附加；在设计条件下，当机组的规格不能符合计算冷负荷的要求时，所选机组的总装机容量与计算冷负荷的比值不得超过 1.1”。这样，就给设备选型提供了一定的灵活性，考虑了更多的现实性和可操作性，而不是拘泥于某些刻板的规定。但是，设计人员应该切记，所选机组的总装机容量与计算冷负荷的比值不得超过 1.1，是对比值的最高限制，而不能理解为选择设备时的“安全系数”或“附加系数”。

**【案例 92】**某工程，总建筑面积约 48290m$^2$，夏季空调冷负荷为 6071.10kW，冬季空调热负荷为 3745.7kW。设计人员为保险起见，选用了 2 台额定制冷量 4200kW 的螺杆式冷水机组，总额定制冷量为计算冷负荷的 1.38 倍，相应地配置了大容量的冷冻水泵、冷却水泵、冷却塔，因此也使供配电系统的容量大增。编者曾建议将 2 台制冷机组额定制冷量改为 3000kW，冷冻水泵、冷却水泵、冷却塔容量及供电系统的配置都相应减小，可以减少电功率 620kW，减少初投资约 250 万元。

3. 换热设备的选择

换热设备可按以下原则选择：

(1) 有市政热力网或区域锅炉房供热的工程项目，应优先引入外供热能，在工程项目中建设换热机房，由换热设备供热；

(2) 无法引入外供热能的工程项目，或自建锅炉房，或采用各种形式的热泵机组供热。

4. 换热设备的容量

《采暖通风与空气调节设计规范》GB 50019—2003 第 7.6.3 条规定，“换热器的容量，应根据计算热负荷确定。当一次热源稳定性差时，换热器的换热面积应乘以 1.1～1.2 的系数”。《全国民用建筑工程设计技术措施暖通空调·动力（2003 年版）》第 8.14.9 条规定：“热交换站总计算热负荷 $Q_{jz} = K \cdot \sum Q_i$，$K$ 为考虑外网热损失的系数，取值范围为 1.05～1.10”，即设备容量不超过热负荷的 10%。但是《全国民用建筑工程设计技术措施 暖通空调·动力（2009 年版）》第 6.7 节、第 6.8 节均取消了相关的表述。《全国民用建筑工程设计技术措施 暖通空调·动力（2009 年版）》第 6.7.3 条变更为“一般服务于同一区域的换热器不宜少于 2 台，当其中一台停止工作时，其余换热器的换热量宜满足供暖、空调系统负荷的 70%”。《民用建筑供暖通风与空气调节设计规范》GB 50736—2012 第 8.11.3 条对换热器的配置作了两个层面的规定：(1) 考虑不同类型换热器的安全性，规定换热器的总换热量应在设计热负荷的基础上乘以附加系数，附加系数的取值为：1) 供暖及空调供热取 1.1～1.15；2) 空调供冷取 1.05～1.1；3) 水源热泵取 1.15～1.25。(2) 对于供暖系统的换热器，则从更高的安全性及结合生活供暖的保障程度，根据不同的气候条件规定：“供暖系统的换热器，一台停止工作时，剩余换热器的设计换热量应保障供热的要求，寒冷地区不应低于设计供热量的 65%，严寒地区不应低于设计供热量的 70%”，以更好地保障生活供暖的需求。编者审图时发现，很多设计人员都是按照这一规定选择换热设备的，但个别工程设计并不遵守这一规定。

**【案例 93】**某地村委会综合楼 1 号楼、2 号楼，建筑面积分别为 24305.69m² 和 19151.74m²，地下 1 层，地上 15 层；二层商铺和二层办公室采用室外热网 95℃/70℃散热器供暖系统，热负荷为 126＋111＝237kW。三～十五层为公寓，在地下一层设置换热器交换成 50℃/40℃低温热水地面辐射供暖系统，热负荷为 465＋359＝824kW。按单台换热量占总负荷的 65%，则换热器的额定换热量应为（237＋824）×0.65＝689.7kW，但设计人员选用单台换热器的换热量为 930kW，超过规定值 34.8%，这样超规模选择设备，有一种可能是设备制造商诱导的结果，有责任心的暖通空调设计工程师应该杜绝这种情况。

### 4.6.2 冷（热）水循环水泵的选型及配置

冷热源机房的循环水泵主要有冷（热）水循环水泵和冷却水循环水泵，循环水泵的选型指根据计算的系统水流量和系统阻力，选择性能合适的水泵。

1. 冷（热）水泵的流量

冷（热）水系统的流量根据冷（热）负荷和供回水温差确定：

$$G = 0.86Q/\Delta t \tag{4-100}$$

式中 $G$——冷（热）水流量，kg/h；

$Q$——冷（热）负荷，W；

$\Delta t$——供回水温差，℃。

冷（热）水泵的流量可取系统水流量的 1.05～1.10 倍。

**【案例 94】**上例中，三～十五层为公寓，在地下一层设置换热器将室外热网 95℃/70℃热水交换成 50℃/40℃低温热水地面辐射供暖系统，热负荷为 465＋359＝824kW，单台换热器的换热量应为 824×0.65＝535.6kW，则单台水泵的流量应为 50.67m³/h；即使按单台换热器的换热量为 930kW 计算，单台水泵的流量应为 80m³/h，但设计人员选用水泵流量为 117m³/h，为规定值的 2.3 倍，为加大后 80m³/h 的 1.46 倍，这样的选型是十分不妥的。

2. 冷（热）水泵的扬程

对于闭式水系统，应首先计算系统中管道、管件、调节阀、过滤器、冷水机组或换热设备的换热器以及末端设备换热器的阻力，确定系统的总阻力。对于开式系统，还应增加系统的静水压力（从蓄水池最低水位到顶层末端设备之间的高差）。由于开式系统要增加蓄水池而且增加系统的静水压力，加大了投资和运行能耗，实际工程中已不再采用。

（1）冷水机组蒸发器的阻力：由设备制造厂提供，一般为 60～100kPa。

（2）管道、附件及过滤器等的阻力：包括沿程阻力和局部阻力，其中单位长度的沿程阻力称为比摩阻。沿程阻力取决于技术经济比较，若取值大则管径小，初投资省，但水泵运行能耗大；若取值小则反之。目前设计中冷水管路的比摩阻宜控制在 150～200Pa/m 范围内；局部阻力近似的取为沿程阻力的一半。

（3）空调末端设备阻力：末端设备的类型有风机盘管、组合式空调器等。它们的阻力是根据空气进、出换热盘管的参数、冷量、水温差等由制造厂经过盘管配置计算后提供的，许多额定工况值在产品样本上能查到。风机盘管阻力一般在 30～50kPa 范围内，见《风机盘管机组》GB/T 19232—2003，组合式空调器比风机盘管的阻力大些。

（4）调节阀的阻力：空调房间总是要求控制室温的，通过在空调末端装置的水路上设置电动二通调节阀是实现室温控制的一种手段。二通阀的规格由阀门全开时的流通能力与允许压力降来选择。如果此允许压力降取值大，则阀门的控制性能好；若取值小，则控制性能差。阀门全开时的压力降占该支路总压力降的百分数被称为阀权度。水系统设计时要求阀权度 $S>0.3$，于是，二通调节阀的允许压力降一般不小于 40kPa。

根据以上所述，可以粗略地估计出一幢约 100m 高的高层建筑空调水系统的阻力损失：

（1）冷水机组蒸发器的阻力取 70kPa（7m）。

（2）管道阻力：取冷冻机房内的过滤器、集水器、分水器及管路等的阻力为 50kPa；取末端系统管道长度为 250m、比摩阻为 200Pa/m，则沿程阻力为 250×200＝50000Pa＝50kPa；如考虑末端系统的局部阻力为沿程阻力的 50%，则局部阻力为 50kPa×0.5＝25kPa，末端系统管路的总阻力为 50kPa＋25kPa＝75kPa（7.5m），机房与末端的阻力之和为 50kPa＋75kPa＝125kPa（12.5m）。

（3）末端装置阻力：组合式空调器的阻力一般比风机盘管阻力大，故取前者的阻力为 60kPa（6.0m）。

（4）二通调节阀的阻力：取 40kPa（4m）。

水系统的各部分阻力之和为 70＋125＋60＋40＝295kPa（29.5m），其中管道阻力大约占总阻力的 45%，占有较大的权重。

循环水泵的扬程应附加 5%～10%的余量，故水泵的设计扬程为 29.5×1.1＝32.45m。

**【案例 95】**某市地产文化中心，建筑面积 17620.7m$^2$，地下 1 层，地上 5 层，位于寒冷地区，设计夏季冷负荷为 1995.3kW，冬季热负荷为 1821.4kW，采用冷热水合用双管系统。该工程末端系统管道长度应在 200m 以内，但设计人员选择水泵的扬程为 38m。经计算，当水泵的效率为 70%时，冷水系统的输送能效比为 0.0254，大于规范规定的 0.0241；由于该工程为一中型项目，管道总长度应当不超过 250m，选用扬程为 38m 的水泵，输送能效比就会超过标准；若将水泵扬程改为 32m，则输送能效比为 0.0214，符合规范的要求。〔注：该案例是实施《民用建筑供暖通风与空气调节设计规范》GB 50736—2012 以前的情况，可供参考。〕

编者提醒广大设计人员，选择空调水系统循环水泵时，应经过详细的水力计算，确定最不利环路的阻力损失，以此来选定循环水泵的扬程，尤其应防止因未经过计算，过于保守，而将系统阻力损失估计过大，水泵扬程选得过大，导致能量浪费。

3. 空调冷（热）水泵配置

关于如何配置空调冷（热）水泵，业界讨论过很多年，分析研究和学术论文也不计其数。其实，《采暖通风与空气调节设计规范》GB 50019—2003 第 6.4.7 条对这一问题已作出规定："两管制空气调节水系统，宜分别设置冷水和热水循环泵。当冷水循环泵兼作冬季的循环泵使用时，冬、夏季水泵运行的台数及单台水泵的流量、扬程应与系统工况相吻合"。由于分别配置空调冷（热）水泵肯定会增加机房面积和工程投资，不能为建设单位所接受，再加上文中采用"宜分别设置"的用词，就成为设计人员不分情况，一律采用合用水泵的借口。编者审查的冷热源机房施工图，除了采用整体换热机组时，机组内单独设置的热水循环泵可能经过计算和选型，分别设置换热器和热水循环泵的工程以外，90%以上都是冬、夏季合用水泵。这已经成了一种约定俗成的方式。

对于两管制空调水系统，传统空调夏季的供回水温差为5℃，冬季供回水温差为10℃或5℃，但多数情况是10℃。当冬季为10℃温差时，冬夏季的供回水温差为2∶1，再加上冷热负荷的不同，冬季热水流量和夏季冷水流量会相差很悬殊。传统的方法都是按夏季工况选择循环水泵，冷水循环泵兼作热水循环泵。但是冬季供热时系统和水泵工况不吻合，冬季水泵不是在高效区运行；即使冬季改变系统的压力设定值而采用水泵变速运行，水泵在设计负荷下也可能长期低速运行，降低水泵效率。因此，国家标准《民用建筑供暖通风与空气调节设计规范》GB 50736—2012 第 8.5.11 条作了更严格的规定，即：如果冬夏季的冷热负荷大致相同，冷热水温差也相同（例如采用直燃机、水源热泵等），流量和阻力基本吻合，或者冬夏季不同的运行工况与水泵特性相吻合时，从减少投资和机房面积的角度出发，也可以合用循环水泵，除此以外，“两管制空调水系统应分别设置冷水和热水循环泵。”文中采用“应分别设置”的用词，以强调这一问题的严肃性，规范实施以后，再不允许冬夏季合用循环水泵，编者提醒设计人员特别注意这一点，要转变观念，适应这一新的变化。

值得注意的是，当空调系统冷水流量、热水流量及管网阻力特性和水泵工作特性相吻合而采用冬、夏季合用水泵方案时，应对冬、夏两种工况下水泵的轴功率进行校核计算，并按照轴功率要求较大者配置水泵电机，以防止水泵电机过载。必要时，也可以调节水泵转速以适应冬季供热工况对水泵流量和扬程的要求。

由于四管制、分区两管制系统的冷、热水为独立的系统，所以必然是分别设置水泵。

### 4.6.3 冷却水系统

冷却水系统是制冷系统的重要组成部分，借助冷却水的循环，把室内的热量转移到室外，完成制冷系统的制冷循环。由于目前许多设计院在专业分工时将冷却水系统设计划归给排水专业，暖通专业人员只向给排水专业人员提供冷却水量，由给排水专业人员选择冷却塔、冷却水泵和进行系统设计，自己并不进行校核，更不进行设计，以至一些暖通专业人员完全忽视了冷却水系统这一部分，这种情况应该改变。

1. 冷却塔的选择

冷却塔的选择包括计算冷却水量、确定单台冷却塔处理水量、确定冷却塔台数及形式。

（1）冷却塔的计算流量

1）冷却水量的计算

$$G = kQ/[c\cdot(t_{w1}-t_{w2})] \quad (kg/s) \qquad (4\text{-}101)$$

式中 $Q$——制冷机的制冷量，kW；

$k$——制冷机制冷时耗功的热力系数，对于蒸汽压缩式制冷机，$k=1+1/COP$，可取1.2～1.3；对于溴化锂吸收式制冷机，可取1.8～2.2；

$c$——水的比热容，4.186kJ/(kg·℃)；

$t_{w1}$、$t_{w2}$——冷却塔进、出水温度，℃；

冷却塔进、出水温度和温度差（$t_{w1}-t_{w2}$）应符合以下规定：

① 冷水机组的冷却水进水温度（冷却塔出水温度）宜按照机组额定工况下的要求确

定，推荐电动冷水机组不宜高于33℃，蒸汽单效型吸收式机组不宜高于34℃；

② 冷却水进水最低温度应按制冷机组的要求确定，电动冷水机组不宜小于15.5℃，溴化锂吸收式冷水机组不宜小于24℃；

③ 冷却塔进、出口温度差应根据冷水机组设定参数和冷却塔性能确定，电动压缩式冷水机组不宜小于5℃，选用普通型冷却塔；对于溴化锂吸收式制冷机宜为5～7℃，此时选用中温型冷却塔。

2）冷却塔的计算流量应为冷却水量的1.1～1.2倍。

（2）冷却塔选型方法

现在有些设计人员，不论是暖通专业，还是给排水专业，选择冷却塔时，仅仅根据冷却水流量一个条件就进行冷却塔选型，这种方法是不科学的，甚至有的设计人员不知道冷却塔的选型计算方法。

编者提醒设计人员，选择冷却塔时，不能简单地按冷水机组样本上提供的冷却水量选配相应流量的冷却塔，而应该根据当地的室外空气湿球温度、冷却塔进、出水温度、冷幅—逼近度的变化，精确计算冷却塔的实际处理水量，校核其是否满足冷水机组的要求。

冷却塔的实际处理水量按如下规律变化：

1）温度差（$t_{w1}-t_{w2}$）相同时，湿球温度越高，处理水量越小；

2）湿球温度相同时，$t_{w1}$、$t_{w2}$越低，处理水量越小；

3）对于冷水机组而言，冷却塔出水温度$t_{w2}$越低，冷水机组的效率越高；但是冷却塔的出水温度$t_{w2}$永远不可能低于室外空气的湿球温度，$t_{w2}$以室外空气的湿球温度为极限，出水温度$t_{w2}$与室外空气的湿球温度之差称为冷幅或逼近度。冷幅或逼近度应不小于1.7～2℃，一般取3～5℃；冷幅或逼近度越小，处理水量越小，处理相同水量的冷却塔尺寸和体积会大幅增加，经济性会大幅降低。

现举例说明如下：

制冷机为ZUW-A5-175型螺杆冷水机组，制冷量为630kW，冷却水温为30/35℃，冷却水量为129.3m³/h，选用一台CTA-225型冷却塔，经过理论计算，该型冷却塔在不同的进水温度、出水温度和室外空气湿球温度条件下的实际处理水量性能参数见表4-26。

**CTA-225型冷却塔性能参数表** **表4-26**

| 工　况 | 进水温度（℃） | 出水温度（℃） | 处理水量（m³/h） | 湿球温度（℃） |
|---|---|---|---|---|
| ① | 37.7 | 32 | 225 | 27 |
| ② | 37.7 | 32 | 196 | 28 |
| ③ | 37.7 | 32 | 163 | 29 |
| ④ | 35.0 | 30 | 159 | 27 |

表中工况①为测试工况，可知：（1）工况④与工况①的湿球温度相同，但进出水温较低，处理水量减少29.3%（一般为25%～30%）；（2）工程所在地湿球温度28.5℃时，冷却塔处理水量按工况②、③的平均值（196+163)/2=179.5m³/h；（3）运行工况的处理水量应进行水温修正和湿球温度修正，即实际处理水量为179.5×〔1－(0.3～0.25)〕=

125.6m³/h～134.6m³/h，均小于测试工况的225m³/h。因此，进、出水温度 $t_{w1}$、$t_{w2}$、湿球温度和冷幅或逼近度对冷却塔的处理水量有重要影响，按照冷却塔样本的流量选型会造成较大的误差。

**【案例96】**某地交通局办公楼，建筑面积约15600m²，地下1层，地上13层，夏季空调冷负荷为2180kW，冷负荷指标为140W/m²。设计人员选用2台单台制冷量1142kW的螺杆冷水机组，每台冷却水额定流量为235.7m³/h，设计施工图标注的冷却塔处理水量为237m³/h，订货时按产品样本选用冷却塔的处理水量为250m³/h，均只是稍大于额定流量；进行水温修正和湿球温度修正后，实际水量只有207.5m³/h，比设计流量小12%，投入运行后，一直不能正常运行，经常出现冷凝压力升高而停机。

(3) 开式冷却塔热力计算举例

为便于设计人员掌握冷却塔设计选型方法，本书分别推荐一种简单的冷却塔选择曲线和一种精确的冷却塔设计方法，供设计人员参考。

1) 按选择曲线选型

**【例题】**试选择一台冷却塔，其条件如下：需处理水量350m³/h，进水温度37℃，出水温度32℃，室外空气湿球温度28℃，冷幅或逼近度为4℃。

**【解】**选择步骤如下（见图4-39）：

① 确定冷却水进出口水温差为37－32＝5℃；

② 从冷幅或逼近度4℃的点画一条水平线，找出与水温差5℃的斜线交于A点；

③ 从A点画垂直线，与湿球温度28℃的斜线交于B点；

④ 从B点画一条水平线，同时从水量350m³/h的点画垂直线，与B点的水平线交于C点；

⑤ C点在流量斜线370～330之间；

⑥ 按大于设计水量350m³/h，选择水量为370m³/h的冷却塔。

2) 按热力计算方法选型

**【例题】**某一台开式冷却塔，冷却水量 $q_{m,w1}$＝126kg/s，被冷却循环水进水温度 $t_1$＝38℃，出水温度 $t_2$＝27℃；空气入口干球温度 $t_3$＝27℃，湿球温度 $t_{wb3}$＝15℃；空气出口干球温度 $t_4$＝32℃，相对湿度 $\phi_4$＝90%，补水温度 $t_5$＝27℃。求：

① 所需的空气量；② 补充水量（见图4-40）。

**【解】**参数的确定：

① 由湿球温度 $t_{wb3}$＝15℃，查表得水蒸气的饱和分压力 $p_{vs}$＝1.705kPa，饱和蒸汽焓值与饱和水焓值之差 $h_{fg}$＝2528.9－62.99＝2465.9kJ/kg（见附录B、附录C）；

② 水蒸气的定压比热 $c$＝1.005kJ/(kg·℃)；

③ 空气出口32℃时水蒸气的焓 $h_{v4}$＝2559.9kJ/kg；

④ 空气入口27℃时水蒸气的焓 $h_{v3}$＝2550.84kJ/kg；

⑤ 循环水进口38℃时水的焓 $h_{w1}$＝159.214kJ/kg；

⑥ 循环水出口及补充水27℃时水的焓 $h_{w2}$＝$h_{w5}$＝113.25kJ/kg；

⑦ 空气出口32＋273＝305K时空气的焓 $h_{a4}$＝305.22kJ/kg；

⑧ 空气入口27＋273＝300K时空气的焓 $h_{a3}$＝300.19kJ/kg。

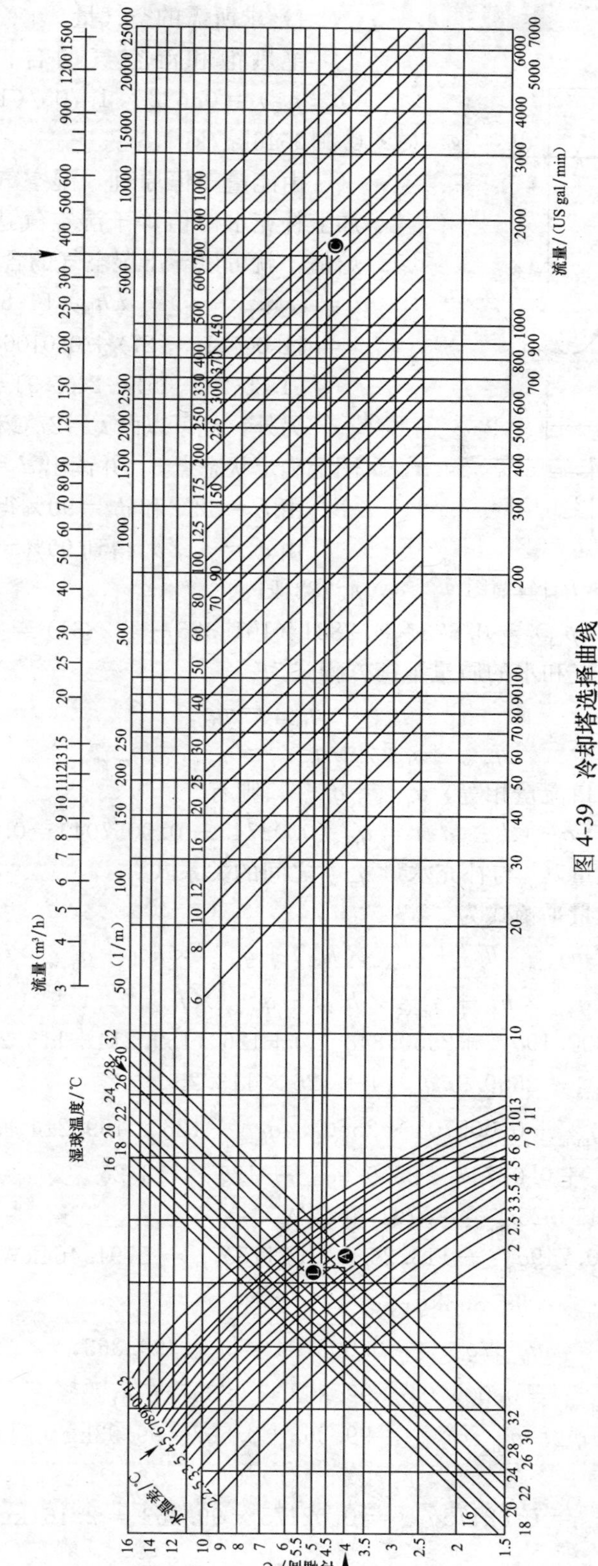


图 4-39　冷却塔选择曲线

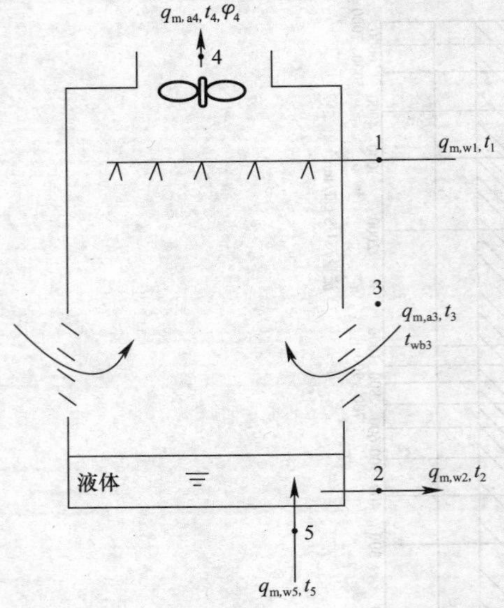


图 4-40 冷却塔热力计算简图

1）求所需的空气量

绝热饱和湿空气的含湿量 $d_s=0.622p_{vs}/(p-p_{vs})=0.622\times1.705/(101.325-1.705)=0.010646\text{kg/kg}_{干空气}$。

由能量守恒原理，湿空气进入冷却塔的焓值加上补充水焓值等于湿空气达到绝热饱和状态的焓值，就可以导出湿空气的含湿量：

$$d_3=[c(t_{wb3}-t_3)+d_s h_{fg}]/[1.86(t_3-t_{wb})+h_{fg}]$$
$$=[1.005(15-27)+0.010646\times2456.9]/[1.86(27-15)+2465.9]=0.005704\text{kg/kg}_{干空气}。$$

另外，也可以由 $t_3=27℃$ 和 $t_{wb3}=15℃$，在 $h$-$d$ 图上确定状态点 3，并读出 $d_3=0.00575\text{kg/kg}_{干空气}$。

由 $t_4=32℃$ 和 $\phi_4=90\%$ 得到 $p_{s4}=4.759\text{kPa}$。

由 $\phi_4=p_{v4}/p_{s4}$ 得到 $90\%=p_{v4}/4.759$，则 $p_{v4}=4.2831\text{kPa}$。

$$d_4=0.622p_{v4}/(p-p_{v4})=0.622\times4.2831/(101.325-4.2831)=0.02745\text{kg/kg}_{干空气}。$$

蒸发冷却塔中空气和水的质量平衡方程式为：

空气 $$q_{m,a3}=q_{m,a4}=q_{m,a}$$

水 $$q_{m,w1}+q_{m,w5}+q_{m,v3}=q_{m,w2}+q_{m,v4}$$

因为循环水进出口流量相等，$q_{m,w1}=q_{m,w2}$，则有

$$q_{m,w5}=q_{m,v4}-q_{m,v3}=q_{m,a}(d_4-d_3)=q_{m,a}(0.02745-0.005704)=0.02175q_{m,a}\text{kg/kg}_{干空气}。$$

上式即为空气流量 $q_{m,a}$ 与补充水量 $q_{m,w5}$ 之间的关系式。

蒸发冷却塔的能量平衡式为

$$(mq_{m,a}\times h_{a3}+q_{m,v3}\times h_{v3})+q_{m,w1}\times h_{w1}+q_{m,w5}\times h_{w5}$$
$$=(q_{m,a}\times h_{a4}+q_{m,v4}\times h_{v4})+q_{m,w2}\times h_{w2}$$

代入数值得到 $(300.19q_{m,a}+2550.84q_{m,v3})+126\times159.214+113.25q_{m,w5}$

$$=(305.22q_{m,a}+2559.9mq_{m,v4})+126\times113.25$$

$$300.19q_{m,a}+0.005704\times2550.84q_{m,a}+126\times159.214+113.25q_{m,w5}$$
$$=305.22q_{m,a}+0.02745\times2559.9q_{m,a}+126\times113.25$$

即 $60.749q_{m,a}-113.25q_{m,w5}=5791.464\text{kW}$，

$$60.749q_{m,a}-113.25\times0.02175q_{m,a}=5791.464\text{kW},$$
$$q_{m,a}=99.363\text{kg}_{干空气}/\text{s}$$
$$d_3=q_{m,v3}/q_{m,a3}\rightarrow0.005704=q_{m,v3}/99.363,$$
$$q_{m,v3}=0.005704\times99.363=0.567\text{kg/s},$$

所需湿空气量为 $q_{m3}=q_{m,a}+q_{m,v3}=99.363+0.567=99.93\text{kg}$（湿）/s。

2）求补充水量

$$q_{m,w5}=0.02175q_{m,a}=0.02175\times99.363=2.161\text{kg/s}。$$

2. 冷却水泵的选择

(1) 冷却水泵的流量

制冷机的冷却水量按式（4-101）计算。

冷却水泵的设计流量应为冷却水量的1.1～1.2倍。

(2) 冷却水泵的扬程

由于冷却水系统一般为开式系统，系统阻力除了冷却水管道及附件的沿程阻力、局部阻力和冷水机组的冷凝器阻力外，还包括冷却塔水盘的水位提升到布水器的高度之差形成的静水压力和冷却塔布水器孔口出流的自由水头，阻力计算公式如下：

$$\Delta P = P_1 + P_2 + P_3 + P_4 \tag{4-102}$$

式中 $P_1$——冷水机组冷凝器的阻力，kPa（m）；

$P_2$——冷却水管道的阻力，kPa（m）；

$P_3$——水位高差的静水压力，kPa（m）；

$P_4$——孔口出流的自由水头，kPa（m）。

根据理论计算和实际经验，各部分阻力取值如下：

1）冷水机组冷凝器的阻力80kPa（8m）；

2）冷却水管道的阻力（包括调节阀），由于冷却水管路没有末端分支环路，管道阻力为机房内管道与立管的阻力之和，按冷却水管总长100m、局部阻力占50%、比摩阻200Pa/m和调节阀60kPa，冷却水管道的阻力为70kPa（7m）；

3）水位高差为4～5m，静水压力取50kPa（5m）；

4）孔口出流的自由水头取25kPa（2.5m），则冷却水系统的阻力为225kPa（22.5m），冷却水泵的扬程应附加5%～10%的余量，故水泵的设计扬程为22.5×1.1=24.75m。

**【案例97】**上例某地交通局办公楼，建筑面积约15600m$^2$，地下1层，地上13层，夏季空调冷负荷2180kW，冷负荷指标为140W/m$^2$。设计人员选用2台单台制冷量1142kW的螺杆冷水机组，每台冷却水量为235.7m$^3$/h，设计施工图标注的冷却水泵流量为237m$^3$/h，订货时按产品样本选用冷却水泵额定流量为250m$^3$/h。实际运行时，由于管路特性的变化，冷却水系统实际流量约为180m$^3$/h，比设计流量减少24%。投入运行后，现场操作人员反映发生以下现象：1）冷水机组及所有设备运行时，冷却塔水盘水面平静，出水口处没有涌水现象；2）不得已时，操作人员进入水盘进行人工搅动，短时间内有点效果；3）冷却水管及冷凝器温度非常高，操作人员用电风扇吹水管和冷凝器。即使这样，仍然是经常停机，办公室温度大部分在30℃以上，个别办公室达到32～34℃，工作人员苦不堪言。这是一个由于设计选型错误和采购无知发生的典型案例。后经论证，认为该工程的冷却塔和冷却水泵选型都存在错误，应该更换设备，但考虑更换冷却塔的工作量较大，决定只换水泵，最后更换2台冷却水泵，性能参数：流量分别为196m$^3$/h、280m$^3$/h、336m$^3$/h，对应扬程分别为31.5m、28m、23m。自更换水泵后，冷水机组运行情况良好，再未出现故障。

**【案例98】**某地人民医院老干部活动中心，建筑面积15440m$^2$，地上5层。设计夏季空调冷负荷为2780.2kW，冷负荷指标约180W/m$^2$，设计人员选用2台冷水机组：1号机额定制冷量为1882.8kW，冷冻水量为323.8m$^3$/h，冷却水量为383.1m$^3$/h；2号机额定制冷量为1065.1kW，冷冻水量为183.2m$^3$/h，冷却水量为217.6m$^3$/h。设计人员没有经过详细的水力计算，1 号机的冷却水泵参数为：流量为 280m$^3$/h、400m$^3$/h、480m$^3$/h，对应扬程为 54.5m、50m、39m，功率 75kW；2 号机的冷却水泵参数为：流量 140m$^3$/h、200m$^3$/h、240m$^3$/h，扬程 53m、50m、44m，功率 45kW。

该工程冷却水泵选型的错误在于：1）水泵流量没有考虑管路特性曲线的变化，现在选择的流量偏小，当管路阻力增加时，水泵的流量达不到设计要求；2）选择水泵扬程 50m 没有依据，造成水泵功率增大和能耗增加。经编者修改，重新选型的水泵参数如下：1 号机水泵流量为 400m$^3$/h、550m$^3$/h、660m$^3$/h，对应扬程为 31.5m、28m、23m，功率为 55kW；2 号机水泵流量为 190m$^3$/h、280m$^3$/h、336m$^3$/h，对应扬程为 31.5m、28m、23m，功率为 37kW，这样的配置既加大流量、减少扬程，满足了冷水机组的要求，又减少了水泵功率，节省了能耗和运行费用。

### 4.6.4 冷热源系统管道设计与配置

1. 冷（热）水管道

冷（热）水管道设计以及与设备的配置应注意以下问题。

（1）水系统运行的最大工作压力位于循环水泵的出口，整个系统的工作压力应经计算确定，机房内设备、管道和附件的额定工作压力应大于系统的工作压力。

（2）机房内冷（热）水管道应根据空调系统末端的规模，采用单环路或设置分水器、集水器的方式。规模较大时应采用设置分水器、集水器的方式，此时，根据末端设备分区分设环路，以减小各分区的管道总长度、系统阻力及水泵的扬程，有利于水泵节能。

（3）在集水器的各环路的回水管上应设静态平衡阀，便于进行初调节。

（4）在换热站的二次水侧，为了防止突然停电时产生水击现象，应在并联循环水泵的进水总管与出水总管之间设置一根带止回阀的泄压旁通管，止回阀的开启方向是从水泵进口到出口；当突然停电时，回水管的压力突然升高，容易产生水击，止回阀在高压回水的作用下开启，防止产生水击。泄压旁通管的直径不小于总管直径的一半。

（5）定流量一级泵系统采用定流量冷水机组，当末端空调设备采用变流量运行时，部分负荷情况下，末端的流量会减少。为保证冷水机组的安全，应在机房的供回水总管或分水器与集水器之间设置带压差控制器的电动调节旁通阀，以旁通末端的流量，保证冷水机组流量稳定，旁通调节阀的设计流量应取容量最大的单台冷水机组的额定流量。

（6）变流量一级泵系统采用变流量冷水机组，应在机房的供回水总管或分水器与集水器之间设置旁通管和电动调节旁通阀，旁通调节阀的设计流量应取各台冷水机组允许的最小流量中的最大值。

（7）一般情况下，冷水循环水泵宜安装在冷水机组的进水管上，编者审查的施工图几乎全部是这种设置方式。这种情况下，冷水机组的工作压力等于静水压力与水泵的扬程之和减去系统阻力，但要求水泵入口不会产生负压。

（8）当冷水机组的额定工作压力大于系统静水压力而小于静水压力与水泵扬程之和减去系统阻力形成的最大工作压力时，为了减少机组的工作压力，可将循环水泵安装在冷水机组的出水管上，这时应校核静水压力在克服管道与冷水机组的阻力之和后，水泵入口是否会出现负压。

（9）选择循环水泵的扬程，一定应进行详细的水力计算，不能根据估计的系统阻力确定水泵的扬程，造成水泵的能耗过高。在选配空调冷热水系统的循环水泵时，应计算循环水泵的耗电输冷（热）比 $EC(H)R$，并应标注在施工图的设计说明中（见 4.7.2-21）。

**【案例 99】** 某小区 B 区 14 号楼，建筑面积 30657.45m²，高度 79.95m，地下 2 层，地上 27 层，设计 55℃/45℃地面辐射供暖系统，热负荷为 622.39kW，地下 2 层设置换热站进行热交换，由于选用整体式换热机组，设计人员没有设置并联水泵进出口之间的旁通管和止回阀。

**【案例 100】** 某地的某商业楼，总面积 16985m²，地下 1 层，地上 5 层。设计冷负荷 2333kW，单位面积冷指标为 148.6W/m²，设计热负荷为 1987kW，单位面积热指标为 131.6W/m²，设集中空调，冷热水共用两管制系统。末端为全空气系统和空气—水系统，末端设备均设置比例调节阀或二通阀。末端为变水量系统，但设计人员在冷热水供回水总管之间没有设置控制器、调节阀和旁通管。在审图人员指出设计中存在的问题后，设计人员返回的变更通知单上的图示是，在供回水总管之间只设置了控制器，并没有旁通管和旁通阀，说明设计人员尚不了解冷源侧定流量、负荷侧变流量的原理，因此出现这种常识性的错误。

2. 冷却水管道

目前最常用的冷却水系统设计方式是冷却塔设在建筑物的屋顶上，冷热源机房设在建筑物的底层或地下室。水从冷却塔的集水槽出来后，直接进入冷水机组而不设水箱。为了使系统安全可靠的运行，实际设计时应注意以下几点：

(1) 冷却水应进行过滤、缓蚀、阻垢、杀菌、灭藻等处理，防止冷却水系统管道和设备的传热性能下降，减少运行能耗。

(2) 并联的多台冷却塔与冷却水泵或冷水机组之间采用公用集管连接时，进出水管布置应确保各并联环路的阻力损失相同，流量分配均匀，防止出现偏流现象。当采用开式冷却塔时，并联冷却塔的水盘之间应设置平衡管，或在各冷却塔底部设置共用集水盘。

(3) 冷却水管路控制阀的设置，应符合以下规定：

1) 多台冷水机组与冷却水泵之间采用公用集管连接时，每台冷水机组的进水或出水管上应设置与冷水机组和水泵连锁开关的电动二通阀；

2) 多台冷却水泵或冷水机组与冷却塔之间采用公用集管连接时，在每台冷却塔的进水管上应设置与水泵连锁开关的电动二通阀；对进口水压有要求的冷却塔，应设置与对应水泵连锁开关的电动二通阀；

3) 当每台冷却塔进水管上设置电动阀时，除设置集水箱或各冷却塔底部设置共用集水盘的情况外，在每台冷却塔的出水管上也应设置与水泵连锁开关的电动二通阀。

(4) 各冷却塔水盘的水位应控制在同一高度，高差应不大于 30mm，对于不同容量的冷却塔，水盘水位较低的，应提高冷却塔基础的高度，以保持水位一致。

(5) 并联冷却塔出水支管采用集管形式，出水支管采用顺流 45°方向与集管连接，集管直径比进水管总干管直径大 2 号。

(6) 冷却水总管直径应经计算确定，各塔（组）的出水管直径宜比进水管直径大一号。

(7) 冷却水泵与冷水机组冷凝器、冷却塔的配置有两种形式：

1) 重力回流式　冷却水泵设置在冷凝器的出水管上，经冷却塔冷却的冷却水借重力先流经冷水机组，然后经水泵加压送至冷却塔进行冷却，此时，冷凝器只承受静水压力。

2）压力回流式　冷却水泵设置在冷凝器的进水管上，经冷却塔冷却的冷却水借重力先流经冷却水泵加压，然后经冷水机组的冷凝器送至冷却塔进行冷却，此时，冷凝器承受静水压力和水泵全压之和。

（8）冷却塔补水总管上应设水表。

3. 制冷系统的设备配置

（1）常规的配置方式

查阅手册、参考书、标准图，审查施工图，发现制冷机房设备配置，基本上都是将主机设在循环水泵的出口，俗称“压入式”，如图 4-41 所示。

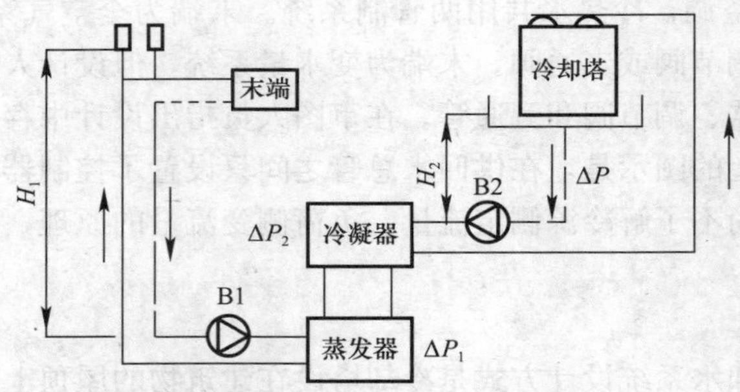


图 4-41 “压入式”水系统图示

这样的配置方式分别为：末端—泵—机和塔—泵—机。之所以采用这种方式，是为了防止水泵入口形成真空，超过水泵的理论汽蚀高度，造成水流中断，对于开式系统，这一点十分重要，此时冷凝器应保证 $H_2>\Delta P$（m）才是安全的。这种配置的优点是，水泵 $B_1$ 的入口始终为正压，不会出现汽蚀；只要 $H_2>\Delta P$，水泵 $B_2$ 入口也是正压，系统都是安全的。不足之处是，制冷机的蒸发器、冷凝器均处在水泵出口，各自承受的压力较大：蒸发器为 $P_d+H_1+H_O-\Delta P$（m），冷凝器为 $H_2+H'_0-\Delta P$（m），式中，$P_d$ 为水系统顶点压力，$H_0$、$H'_0$ 分别为水泵 $B_1$ 和 $B_2$ 的扬程，$\Delta P$ 为系统阻力损失。

（2）改进的配置方式

编者主张尽量将主机设在水泵入口，俗称“抽吸式”（见图 4-42），若将主机设在循环水泵的入口，则变成末端—机—泵和塔—机—泵

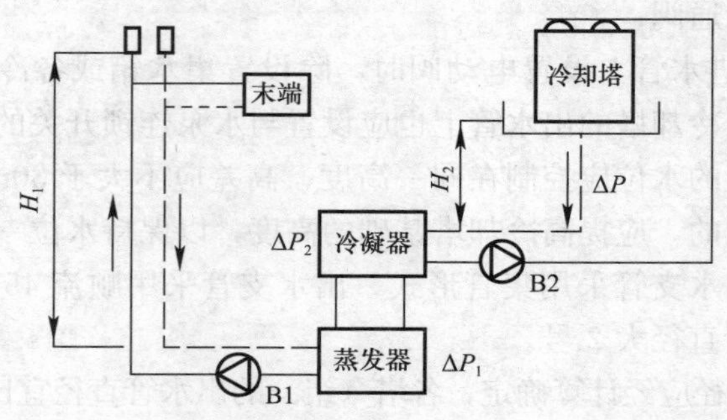


图 4-42 “抽吸式”水系统图示

这种配置的优点是，蒸发器、冷凝器处在水泵入口，各自承受的压力较小：蒸发器为

$P_d+H_1-\Delta P$（m），冷凝器为 $H_2-\Delta P$（m），均比“压入式”水系统小水泵扬程 $H_0$ 和 $H_0'$。不足之处是水泵 $B_2$ 入口可能出现气蚀，此时只要保证 $H_2>\Delta P+\Delta P_2$ 就不会出现汽蚀。蒸发器侧的水泵 $B_1$ 不会出现气蚀。比较两种配置方式可知，如果冷却塔设在建筑物最高层的屋顶，制冷机在地下室，“抽吸式”水系统在一般情况下，冷凝器水泵也不会出现气蚀。但是，蒸发器、冷凝器的承压分别减少 $H_0$ 和 $H_0'$。如果水泵扬程 $H_0=32$m，$H_0'=28$m，阻力 $\Delta P_1=8$m，$\Delta P_2=7$m，$P_d=2$m，$H_1=88$m，$H_2=98$m，阻力 $\Delta P=10$m，则“压入式”水系统中两器的承压分别为 $P_1=P_d+H_1+H_0-10=112\text{m}=1.12\text{MPa}$，$P_2=H_2+H_0'-10=116\text{m}=1.16\text{MPa}$，此时选择两器的额定工作压力应为 1.60MPa（或 1.2MPa）。而“抽吸式”水系统中两器的承压分别为 $P_1=P_d+H_1-10=80\text{m}=0.8\text{MPa}$，$P_2=H_2-10=88\text{m}=0.88\text{MPa}$，可以选择两器的额定工作压力为 1.0MPa。

由于目前制冷量相同而额定工作压力不同的制冷机价格相差不多，额定工作压力低的制冷机在价格上根本没有明显优势，额定工作压力高低对价格影响不大，所以设计中经常推荐选择“压入式”水系统，审图时发现一些项目选用制冷机蒸发器和冷凝器的额定工作压力为 1.60MPa（有些达到 2.0MPa），这只是问题的一方面。虽然制冷机额定工作压力 1.0（或 1.2）MPa 时可以按 1.60MPa 选型，但另一方面，如果严格按设计压力计算，“抽吸式”水系统却可以降低蒸发器、冷凝器本身及进出口管道、附件、垫片等的工作压力，这部分材料的额定压力等级就可以降低，更重要的是可以改善水泵入口管的运行工况，如减少法兰垫片泄漏等。

但是到目前为止，改进的配置方式很少有人用过。编者审查的某市中医院制冷机房改造工程，设计的系统配置是，冷冻水：末端—主机—水泵（改进配置的“抽吸式”）；冷却水：冷却塔—水泵—主机（常规配置的“压入式”）。

（3）有关文献的表述

我国的文献资料中，介绍关于将循环水泵设在“两器”出口“抽吸式”的有：1）《实用供热空调设计手册（第二版）》中的“重力回流式”就属于这一种。2）《全国民用建筑工程设计技术措施　暖通空调·动力（2009 年版）》讲得明确一些，第 6.6.5 节规定：“冷却水泵宜设在冷水机组冷凝器的进水口侧（水泵压入式）；当冷却水泵设置在冷水机组冷凝器的进水口侧，使冷水机组冷凝器进水口侧承受的压力大于所选冷水机组冷凝器的承受压力，但冷却水系统的静水压力不超过冷凝器的允许工作压力，且管件、管路等能够承受系统压力时，冷却水泵可设置在冷凝器的出水口侧（水泵抽吸式）”。文中提出了采用“抽吸式”的 3 个附加条件，但是通过分析可知，在一般情况下，1）水泵压入式在冷凝器进水口侧产生的压力为静水压力与水泵扬程之和减去系统阻力（上例为 1.16MPa），不会超过冷凝器的额定工作压力 1.6MPa 或 2.0MPa；2）冷却水系统的静水压力（上例为 $H_2=98$m），更不会超过冷凝器的额定工作压力 1.6MPa（160m）；3）静水压力也不会超过管件、管路等的额定工作压力（如 1.2MPa）。因此，三个附加条件都不会出现，如果出现任何一种情况，即使采用“抽吸式”也无济于事，只有降低冷却塔的高度。因此，唯一的附加条件应该是“静水压力 $H_2$ 克服管道阻力 $\Delta P$ 和冷凝器阻力 $\Delta P_2$ 后，水泵入口仍然为正压或者水泵入口真空度不大于水泵的理论气蚀余量”。此时，采用“抽吸式”就是安全的（见图 4-42）。

（4）冷却水泵中心线高于冷却塔水盘水面的问题

暖通空调在线·暖通空调E周刊的问答栏有网友提出这一问题（见图4-43）。有网友说把冷却塔抬高，有网友说这个样布置不可以。编者在网上发表了以下意见："一般情况下，不要这样布置。受条件限制不得不这样布置时，需要注意：1）尽量降低水泵位置，减少高差 $H_1$，只要保证吸水高度 $H_1$ 与阻力 $\Delta P$（m）之和小于水泵的理论气蚀高度，就可以安全运行。2）当不能满足条件1）时，应在吸水管入口设底阀（止回阀），保证水泵停止后，泵体和吸水管充满水，第二次就可以正常启动了。3）为了防止底阀不严，泵体和吸水管倒空，水泵无法启动，可以在靠近水泵的吸水管上接一根带阀门的短管，启动前接上水管，打开短管上的阀门，边启动水泵边往吸水管注水，就可以正常启动了"。

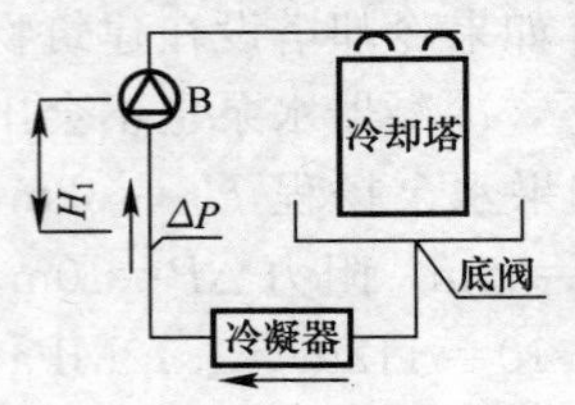


图4-43　水泵高于水盘图示

（5）冷却塔能否可以布置在地下室

暖通空调在线·暖通空调E周刊的问答栏，有网友提出能否把冷却塔布置在地下室。冷却塔布置在地下室，水管系统没有什么特殊，遵循以上几条就可以了，但应注意两个问题：1）冷却塔填料层飘水严重，比没有冷却塔时更应该重视地下室地面排水，尤其要注意防止电气设备进水；2）冷却水经过冷却塔填料喷洒，由风机将冷却水的热量带到空气中，所以流动的空气是冷却的前提。封闭的地下室没有流畅的空气，所以是不能采用的。除非另设通风管道，那就另当别论了。

### 4.6.5　冷热源机房的设置

1. 冷热源机房的位置

冷热源机房的位置宜靠近冷热负荷的中心，以便尽可能减少冷热水的输送距离。机房的构造设计应满足以下要求，暖通专业人员应向相关专业（建筑、结构、水、电）人员提供条件。

（1）宜设置值班室或控制室，值班室或控制室的室内设计参数应满足工作要求。根据使用需求也可以设置维修间、工具间及洗手间。

（2）机房内应有良好的通风设施，机房设于地下室时应设置机械通风和事故通风。

（3）机房应预留安装孔、洞及运输通道，应考虑大型设备的吊装空间。

（4）机房应设电话及事故照明装置，照度不宜小于100lx，测量仪表集中处应设局部照明，消防疏散通道应设事故照明。

（5）机房内的地面和设备基座应采用易于清洗的面层；机房内应设置给水与排水设施，满足系统补水、冲洗和排水要求。

（6）严寒和寒冷地区机房有可能冻结时，应采取供热措施，保证机房温度在5℃以上。

2. 机房内部设备的布置

机房内部设备布置应保持足够的空间，供人员通行、设备运输和维护检修之用，本专业设计人员应熟悉以下要求：

（1）机组或水泵等设备与墙之间的净距离不小于1.0m，与配电柜之间的净距离不小于1.5m；

（2）机房主要通道的净宽度不小于1.5m；

(3) 机组与机组或水泵等其他设备之间的净距离不小于1.2m；

(4) 应留出不小于机组蒸发器、冷凝器或发生器等长度的清洗检修距离；

(5) 机组或水泵等设备与其上方管道、烟道、电缆桥架之间的净距离不小于1.0m。

机房内设置燃油（气）锅炉或直燃吸收式机组时，应满足下列要求：

(1) 面积大于200m$^2$时，机房应设直接对外的安全出口；

(2) 机房应设泄压口，泄压口面积不应小于机房占地面积的10%；

(3) 宜单独设置机房，不能单独设置机房时，机房应靠建筑物的外墙，并采用耐火极限大于2h的防爆墙和耐火极限大于1.5h的现浇楼板与相邻部位隔开；

(4) 机房内不应设置吊顶；

(5) 机房不应与人员密集场所或主要疏散口贴邻布置；

(6) 机房的疏散、防爆、防火等是机房构造设计的重点，必须满足相关规范的规定及工程所在地主管部门的管理要求。

## 4.7 室内空调系统节能设计

清华大学建筑节能研究中心公布的《中国建筑节能年度发展研究报告》显示，我国总的建筑商品能耗从1996年的2.59亿t标准煤增长到2008年的6.55亿t标准煤（不含生物质能），增加了1.5倍。1993年，我国建筑能耗仅占社会总能耗的16%，2008年的建筑能耗（不含生物质能），约占全年社会总能耗的23%（其中电力能耗约占全年社会总电耗的21%），相关资料还显示，2010年这一数据已上升到28%，而且还有不断上升的趋势。另外，我国单位建筑面积供暖能耗相当于气候条件相近发达国家的2～3倍，如不采取有力措施，到2020年我国建筑能耗将是现在的3倍以上，建筑能耗的上升已成为制约社会经济发展的瓶颈，因此，建筑节能对我国实现节能减排具有十分重大的意义。而在建筑能耗中，用于暖通空调系统的能耗占40%～60%，随着暖通空调应用领域的不断扩大，这个比例还将进一步上升，因此暖通空调领域的节能任务是十分繁重的。

### 4.7.1 空调系统节能原则

什么是空调？从表面的直观理解来讲，就是调节室内空气的各项参数（温度、含湿量、含尘量等等），以达到或接近人们生活、生产所需要的参数，提高人们的生活质量及生产产品的质量。但是，从深层次的深刻理解来讲，要实现空调的功能，就是要求空气状态偏离自然状态，比如，在夏季营造低温环境，在冬季营造高温环境；在潮湿地区营造干燥环境，在干燥地区营造潮湿环境；人为地制造冰天雪地，人为地形成高温高湿等。而根据热力学第二定律，要空气状态偏离自然状态，就必须消耗能量，正如宇宙中存在万有引力，根据万有引力定律，要克服万有引力，就必须消耗某种能量。我们学习暖通空调专业，手中握的就是一把双刃剑，暖通空调技术既为人类的生产生活创造了舒适、洁净的环境，同时也消耗了大量人类赖以生存的能量。本书主张暖通空调专业人员牢记以下四句话，搞好空调系统节能设计——·奉行节能理念·推崇节能方案·采取节能措施·选用节能产品。

虽然这样，以上所说的只是问题的一方面。另一方面，提倡“节能”并不是要以牺牲空调的功能和目标为代价，也不是限制能量消费，我们还是要实现空调的功能和目标。所以，本书提出的节能原则也是四句话——·减少不必要的浪费·利用可再生能源·提高能源利用率·回收排放的能量。

### 4.7.2 空调系统设计的节能措施

与供暖系统节能设计一样，自 1986 年执行《民用建筑节能设计标准》以来，我国已经出现和总结了许多空调系统节能设计的措施，经过业内人员的共同努力，原有的措施不断完善，新的措施不断涌现，已经形成了一整套行之有效的措施。

1. 施工图设计阶段，必须进行空调冬季热负荷和夏季逐时冷负荷计算

设计负荷是空调工程设计的最重要的基础数据，是确定空调冷热源容量、空气处理设备能力、输送管道尺寸等的重要数据。施工图设计阶段仍有设计单位和设计人员采用单位面积冷/热负荷指标进行估算，这种情况是不能允许的。施工图阶段采用冷/热负荷指标估算时，总是选取较大的指标，由于负荷估算偏大，必然导致装机容量偏大、水泵风机配置偏大、空气处理设备偏大和管道直径偏大等“四大”现象，其结果是工程的初投资增高，运行费和能源消耗量增大，因此必须做出严格的规定。国家标准《采暖通风与空气调节设计规范》GB 50019、《公共建筑节能设计标准》GB 50189、《严寒和寒冷地区居住建筑节能设计标准》JGJ 26、《民用建筑供暖通风与空气调节设计规范》GB 50736 及各省地方标准都以强制性条文规定在施工图设计阶段必须进行空调热负荷和逐时冷负荷计算。

**【案例 101】**某宾馆，建筑面积 31376.9$m^2$，地下 1 层，地上 16 层，设计文件称，空调区面积为 29925.7$m^2$，设计人员提交的设计说明和节能审查备案登记表记载的冷负荷指标为 100W/$m^2$，这显然不是计算的结果，而是估算冷负荷时采用的数据。这样的项目应按规定补充进行逐时冷负荷计算。

2. 使用时间不同或室内参数不同的空调区，不应并在同一个空调风系统中

由于空调系统运行过程中，转移或同化室内余热的第一步是系统送风与空调区室内空气的混合，系统送风在混合升温后又进入空气处理设备降温，所以按不同的使用时间或温、湿度参数划分空气风系统，是一项十分重要的原则。

但在实际工程设计中，一些设计人员经常忽略不同空调区在使用时间或温、湿度参数上的区别，把使用要求不同（例如明显的不同使用时间）的空调区划分在同一个空调风系统中，这样既造成运行管理上的困难，又增加运行能耗。

空调风系统经常出现划分不合理的情况有：把办公建筑物中的普通办公室与大型会议室合在同一个系统，把商业性空调区与邻近的餐厅合在同一个系统，把计算机信息处理中心等房间与普通办公室合在同一个系统等。如果使用时间不同，同一系统中，部分空调区关闭，空调风系统只能承担在用空调区的负荷，必然造成使用区的风量过大，浪费输送能量；如果室内参数不同，为了照顾对参数要求严（如夏季温度更低等）的空调区，必然提高对非严格区域的要求，这样实际上造成能量的极大浪费。

**【案例 102】**某研发设计中心，建筑面积 22667$m^2$，空调面积 15409$m^2$，地下 2 层，地上 9 层，建筑中有一电子信息机房，设计人员将电子信息机房与普通办公室合在同一个空调风系统。由于电子信息机房的设计参数及控制方式应由机房工艺决定，普通办公室舒适性空调通常无法满足电子信息机房的工艺要求，如果要满足电子信息机房的要求，就会提高普通办公室的设计标准，也会浪费大量能量。因此对于这一类机房应选用专用空调机，

与普通办公室独立分设空调风系统。

3. 合理降低室内温、湿度标准，节约能源

合理降低室内温、湿度标准的含义是：在满足人体舒适度的前提下，选取确定的室内温、湿度值尽量接近当时的自然界空气参数，如夏季尽量选取较高的室内温、湿度；冬季尽量选取较低的室内温、湿度。夏季室内温、湿度越低或冬季室内温、湿度越高，系统能耗就越大，设计人员应确定合理的室内温、湿度值。

（1）室内空气温度对能耗的影响

冬季工况时，无论是散热器供暖还是空调供热，围护结构热负荷、冷风渗透耗热量都与室内外温差成正比，温差越小，热负荷及能耗就越小，这就意味着冬季适当降低室内温度、减小室内外温差可以减少能耗。

夏季工况时，由于辐射传热及除湿过程的存在，空调冷负荷与室内外温差不成正比，而与室内外空气的焓差成正比，即：制冷量 $Q=G(h_{W}-h_{N})$，提高室内设定温度意味提高其焓值（例如相对湿度不变），就可以减少焓差，进而减少冷负荷。

（2）室内空气相对湿度对能耗的影响

合理降低室内温度标准（冬季降低设定值，夏季升高设定值）是空调节能的重要措施，已被实践证实且得到业内人士的普遍认同。而室内空气相对湿度对能耗的影响的问题很久以来未引起人们的注意。虽然早有研究指出，夏季提高相对湿度的节能效果是十分明显的，例如，室内设计相对湿度为50%，温度为20.8℃时，空气露点温度为10℃，若提高相对湿度到57%，露点温度升到12℃，夏季可节省冷量17%。但是我国《公共建筑节能设计标准》GB 50189 规定的空调系统室内计算参数中，冬季、夏季的相对湿度范围太宽泛，波动范围分别为夏季30%～60%和冬季40%～65%，说明对空气相对湿度与能耗的关系还认识不足，对其研究还不够充分。

**【例题】**以某地气象条件为例，计算室内温度变化和相对湿度变化各自对空调能耗的影响程度，以引起设计人员的注意。

若某地夏季室外空气比焓 $h_{W}=83.888$kJ/kg，以室内温度25℃、相对湿度50%为基准，分别计算室内温度提高1℃和相对湿度提高10%对能耗的影响。在 $h$-$d$ 图上的变化见图 4-44，各状态点的参数见表 4-27。

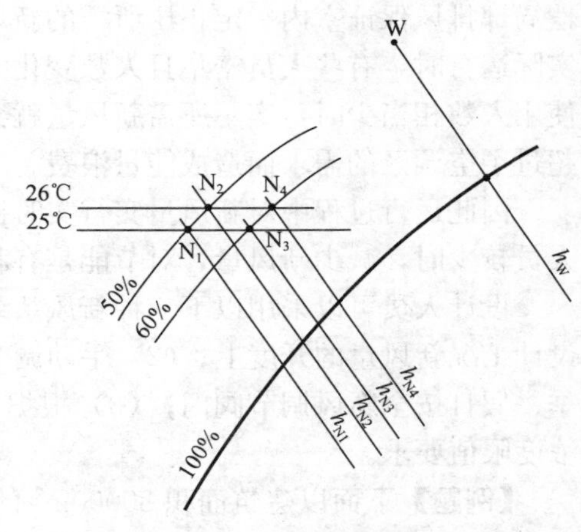


图 4-44　各状态点的 $h$-$d$ 图

各状态点的计算参数　　表 4-27

| 状态点 | 干球温度（℃） | 湿球温度（℃） | 相对湿度（%） | 比焓（kJ/kg） |
|---|---|---|---|---|
| W | 35.2 | 26.8 | 52.35 | 83.888 |
| $N_1$ | 25 | | 50 | 50.417 |
| $N_2$ | 26 | | 50 | 53.012 |
| $N_3$ | 25 | | 60 | 55.547 |
| $N_4$ | 26 | | 60 | 58.471 |

将室内状态点 N2、N3、N4 与基准点 N1 进行比较，求各自的节能率：

相对湿度不变，温度变化时（状态点 $N_2$）：

$$a_{N_2}=\frac{h_{N_2}-h_{N_1}}{h_W-h_{N_1}}\times 100\%=\frac{53.012-50.417}{83.888-50.417}\times 100\%=7.75\%$$

温度不变，相对湿度变化时（状态点 $N_3$）：

$$a_{N_3}=\frac{h_{N_3}-h_{N_1}}{h_W-h_{N_1}}\times 100\%=\frac{55.547-50.417}{83.888-50.417}\times 100\%=15.33\%$$

温度、相对湿度同时变化时（状态点 $N_4$）：

$$a_{N_4}=\frac{h_{N_4}-h_{N_1}}{h_W-h_{N_1}}\times 100\%=\frac{58.471-50.417}{83.888-50.417}\times 100\%=24.1\%$$

计算表明，对于夏季工况，该地气象条件下，在满足人体舒适的范围内，提高相对湿度的节能效果明显高于单独提高室内温度的效果。因此适当提高室内空气相对湿度是夏季节能的重要措施之一。

4. 室内新风需求控制节能

在人员密集且人数变化较大的空调区，根据反映室内人员多少的 $CO_2$ 浓度检测值调整新风量，即采用新风需求控制，使 $CO_2$ 浓度始终维持在卫生标准规定限值内，在满足空调区人员卫生条件的前提下，能够尽可能地减少空调系统的新风引入量，降低新风能耗。

我们知道，新风负荷一般占空调总负荷的 20%～40%，甚至更大。空调系统设计的最小新风量是取以下三项中的最大值：人员所需新风量；稀释污染物浓度所需的新风量和补偿局部排风保证室内一定正压所需的新风量。由此来选取新风处理设备、风管及附件。但实际运行时，有些人员密集且人数变化大的空调区，设计工况下的新风量非常大，但遇到使用人数相当少时，实际所需新风量就会远远小于设计新风量，此时处理新风的冷热量就超过了空调区的需求而造成能量浪费。

因此运行过程中对新风量实行实时控制，即在人数变化时采取按需求控制，特别是在人员较少时，减少新风量，对节能是有利的。

设计人员可以采用以下三种新风系统控制方式：（1）固定新风比，把新风阀门固定在设计工况新风量的开度上；（2）手动调节新风阀，正常工况按设计新风比调节阀门，过渡季、假日按全新风调节阀门；（3）根据 $CO_2$ 浓度监测结果自动控制新风阀门，满足 $CO_2$ 浓度限值要求。

**【例题】**下面以建筑面积 30000m$^2$ 的商业大楼空调新风系统为例，计算采用三种控制方式时消耗能量的比较（见表 4-28）。

**不同新风控制方式的能耗**（GJ/季）　　**表 4-28**

| 季　节 | 供冷（6、7、8、9月） | | | 供暖（12、1、2、3月） | | |
|---|---|---|---|---|---|---|
| 控制方式 | 固定 | 手动 | 自动 | 固定 | 手动 | 自动 |
| 室内负荷 | 7886 | 7886 | 7886 | 423 | 423 | 423 |
| 新风负荷 | 8150 | 6521 | 4156 | 11447 | 7261 | 3427 |
| 总负荷 | 16036 | 14137 | 12042 | 11870 | 7684 | 3846 |
| 节能率% | 0 | 11.8 | 24.9 | 0 | 35.3 | 67.6 |

由上例可见，自动控制新风阀门与固定新风阀相比，夏季冷负荷可减少 24.9%，冬季热负荷可减少 67.6%。

此外，在减少新风量时，必须减少排风量，否则会造成室内负压，所以，排风量也应适应新风量的变化，以保持空调区的正压。

5. 按全年运行工况考虑，合理利用新风能量，减少人工冷热量消耗

空调设计工况是指满足室外气象条件和室内设计条件下最大要求的工况，但空调系统是全年运行的，因此从节能上讲，必须考虑全年运行工况而不仅仅是设计工况。对于定风量全空气空调系统，宜采用实现全新风或可调新风比的措施。例如，在供冷的季节里，采用新风与回风的焓值控制法，当室外新风焓值低于室内回风焓值时，停止供应冷冻水，直接利用室外低焓值的新风供冷，就可以减少人工冷量的消耗；在非设计工况时，采用全新风或加大新风运行，还可以有效的改善空调区的空气品质，是既节能又环保的措施。

该系统中，对空气处理机组新风及排风的设计，提醒设计人员需注意两个问题：(1) 新风管的截面应按全新风的风量设计，目前许多设计人员忽略这一点。审图中就发现有些设计人员并没有有意识地按新风量设计、校核机房的新风管或新风口断面，发现风速达到 10～12m/s，说明设计人员并未按全新风量选择风管或风口的断面，这样就不可能做到全新风运行。(2) 应设有与全新风运行相对的机械排风系统，防止全新风运行时因排风不畅造成室内正压过大而无法达到要求的新风量，为了既保持室内正压又避免正压过大，因此应设置有组织的机械排风，让排风风量与新风风量同步变化，不能仅靠门窗缝隙的无组织渗出，这样才能达到全新风运行的效果。

**【案例 103】**某航空大厦，建筑面积 132897.45$m^2$，地下 1 层，地上 23 层，其中一～十层为配楼，十一层为设备层，十二～二十三层为主楼，夏季冷负荷为 10876kW，冷指标为 102$W/m^2$，冬季热负荷为 4146kW，热指标为 82$W/m^2$。配楼为单风道全空气系统，设 KT-1、KT-2 两个系统，主楼为风机盘管加新风系统，每层 2 台新风处理机，共 44 台。该项目的 KT-1、KT-2 单风道全空气系统只设计送风管，另设置回风口和新风口，没有回风管和排风管。由于门窗缝隙的无组织渗出空气量太小，这种方案无法保证必要的新风，更不能实现全新风运行。

设置机械排风的方式有两种：第一种是将空气处理机房回风管末端外延排风管至室外，靠送风机余压或另设排风机进行排风，此时排风管断面应满足全新风运行时的要求，即：$V_p=(0.80\sim0.90)V_X$；第二种方式是设置独立的排风系统，从空调区直接排风，排风机风量应满足设计工况和全（变）新风量的要求，此时可采用变速风机。

审图时发现实际工程设计中，全空气系统设计不配置排风措施的现象相当普遍，配置排风措施的一般是在空气处理机房设外延的排风管，设独立机械排风系统的情况较少，主要原因是建筑吊顶内布置送风管、回风管和排风管比较困难，这种情况应逐步改变。

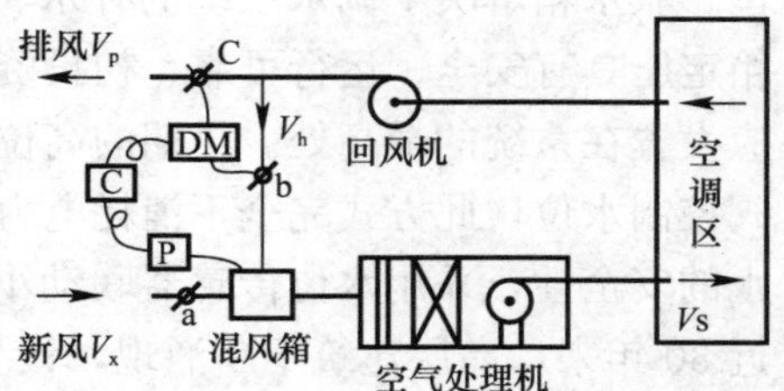

图 4-45　典型的新风、回风和排风系统

图 4-45 是典型的以控制风阀为手段的全（变）新风量空气系统流程图。设计工况时，风阀 a、b、c 按设计工况调节，排风量 $V_P$ 与新风量 $V_X$ 接近；全新风运行时，a、c 全开，b 全关，$V_h=0$，排风

量 $V_P$ 与新风量 $V_X$ 接近；变新风运行时，调节 a、b、c，基本上是 $V_s=V_P+V_h=V_X+V_h$。

6. 间歇运行的全空气系统中，启动过程关闭新风阀减少系统的能耗

对于公共建筑中的大空间空调区（如大型会议室、报告厅、剧场等）的全空气系统，这类系统并非连续运行，当第一次运行停止后，由于墙体、楼板和室内设备用品等蓄热特性及与室外空气的热交换，室内空气状态就偏离设计工况。当第二次重新启动系统达到室内设计工况比连续运行的系统需要更长的时间，也就消耗更多的能量。为了尽快达到设计工况又减少能量消耗，应提前启动系统，并特别关闭新风阀 a，采用全回风循环，此时 $V_h=V_s$，而 $V_X=V_P=0$（见图 4-45）；在人员未进场前，没有新风和新风负荷，可以缩短启动过程的时间和减少处理新风的能耗。对这种间歇运行的系统，也可以采用设置启停时间最优控制的方式，在系统预定使用前设定的时间（如 30min）启动室内空气处理机，同时关闭新风阀，进行全回风循环，缩短启动时间，待启动过程结束，在预定的时间（5～10min）内，开启新风阀，转入正常运行，这是一种控制技术简单而又节能效果明显的措施，应该加以推广。

7. 推广闭式水路循环，减少水路输送能耗

闭式水路循环中，水系统为封闭水路，系统中不设蓄水箱，高层末端的回水静压力作用于水泵入口，水泵的扬程（进出口压差）只用于克服系统管道和设备的阻力损失，而不必提升系统水位，比需要提升系统水位的开式系统，选用水泵扬程小，因此，闭式系统比开式系统的水输送能耗小，有利于节能。目前的实际工程中，除特殊需要外，几乎全部采用封闭式系统。

8. 对只需冷—热转换的空调系统采用两管制水系统

目前实际工程中的空调系统，基本上只要求按冬夏季进行供热和供冷工况转换，对于这样的系统应采用两管制水系统，这样不仅节能工程初投资，也可以节省输送能耗。

9. 采用分区两管制是水系统节能的一项措施

规模（进深）大的建筑，由于存在负荷特性不同的外区和内区，往往存在需要同时供冷和供暖的情况，常规的两管制显然无法同时满足这种要求。当建筑物内有些空调区需全年供冷（内区），有些空调区需随季节转换，交替供冷和供热（外区）时，根据建筑物的负荷特性在冷热源机房内预先将空调水系统分为专供冷水和冷热水合用的两个两管制系统，即构成“分区两管制系统”（见图 4-38），就可以在同一时间分别对不同区域供冷和供热，其投资和运行能耗都比四管制系统低。

10. 当条件允许时，空调水系统宜采用高位膨胀水箱定压

20 世纪 70～80 年代以前，国内高层建筑不多，许多设置空调系统的建筑物，采用高位膨胀水箱解决空调水系统的补水、定压和容纳系统水量的变化（膨胀或收缩）。高位水箱定压具有安全、运行可靠、初投资较低、电力消耗相对较少等优点，唯一的缺点是水箱应设置在系统的最高处。早期的高位水箱进水管直接接到建筑物给水管，采用机械式浮球阀控制水位，此方式完全不消耗电力，但机械式浮球阀容易发生故障。后来，为了提高补水的安全性，采用水位传感器联动小型补水泵代替机械式浮球阀，但消耗了一部分电能。近 30 年来，高层建筑不断涌现，设置高位水箱越来越困难，借鉴给水工程的供水技术，设备厂开发了定压罐定压和变速泵补水的定压补水装置，得到广泛应用。虽然变速泵补水比定速泵补水具有一定的节电效益，由于补水泵的扬程要克服建筑物的静水高差，扬程和

轴功率都比较大，其耗电量远远大于高位膨胀水箱方式。因此，在条件允许时，推荐空调水系统采用高位膨胀水箱定压。

11. 尽量避免采用吊顶直接回风，减少机组负荷以节约能量

实际工程中，全空气系统只设送风管，不设回风管而采用顶板上回风口从吊顶空间回风到空气处理机房或风机盘管系统，没有提出装回风箱而直接从吊顶空间回风至风机盘管的现象屡见不鲜。

**【案例 104】** 某餐饮连锁店的物配中心综合楼位于 4 层（顶层）的客户接待区采用风机盘管加新风系统。设计人员未提出风机盘管应设置回风箱的要求，施工方在总价包干的前提下为降低成本也没有设回风箱，夏季供冷时受屋顶日照的影响，风机盘管入口处回风温度达到 32～34℃，远远高于室内回风温度，送风温度达到 18～20℃，室内温度长期位于 28℃以上，客户反映十分强烈。

位于顶层的空调区由于屋面接受太阳辐射，导致屋面温度较高，随之屋面至吊顶空间的空气温度也升高，由于传热，通过吊顶的回风温度也升至高于室内回风温度。这样就加大了空气处理设备的负担，导致送风温度上升，所以室内温度下不来。因此，要求尽量避免采用吊顶直接回风，一般都应设置带保温层的回风管或回风箱，隔绝吊顶内传热，降低回风温度和送风温度，保证室内空调效果并减轻机组负担以节约能量。

12. 配合风机盘管的新风宜直接送入各空调区

风机盘管加新风系统是舒适性空调领域最常采用的方式之一。风机盘管只对室内循环空气进行热湿处理，但不能提供新风，所以需要单独设置新风处理机，对室外空气进行热湿处理送入空调区，既配合风机盘管的送风承担了新风冷负荷，又保证了人员必需的新风量。

以往的设计中，常有设计人员将新风支管入室后接到风机盘管的回风口，再与回风一起经过风机盘管换热器送入室内。这时，如果风机盘管在低速运行时，就会造成新风量不足，因此，要求将新风直接送到室内人员停留区，这样可以加大室内空气的循环次数，又可以有效地缩短新风的“空气龄”和提高机组效率。

13. 适当设置带能量回收功能的双向换气装置

实际工程中常遇到不设置独立新风、排风系统的空调区，例如在比较分散的空调区，各自采用再循环的空气处理机（如分体式家用机、多联式分体机等），由于没有设置新风、排风系统，无法保证室内必要的新风量。按设计规范，空调区必须保证足够的新风量，而这样的空调方式的一个问题就是无法补充新风，当人员停留时间较长（一般连续停留 3h 以上），又不应开窗换气时，从卫生角度考虑必须设置新风系统并同时排出相应的空气，这时，可采用带热回收功能的双向换气装置。

14. 在有集中排风系统的空调区设置排风热回收装置

编者审查的施工图中，在有集中排风系统的空调区设置排风热回收装置的工程越来越多。

回收排风中的冷热量是节能的一个重要途径。我国大多数地区，冬季的室内温度（18～20℃）比室外空气温度（6～8℃）高 12℃左右，夏季室内温度（24～26℃）比室外空气温度（32～34℃）低 8℃左右。计算表明，热回收装置的能量回收率，对冬季采用矿物能供热系统为 4.54，对电热供热系统为 15.13，节能效果是十分明显的。结合夏季工况，我国《公共建筑节能设计标准》规定，总风量大于或等于 3000$m^3/h$ 的直流式空调系统或新

风量大于或等于 4000m$^3$/h 的循环式空调系统，当新风与排风温差大于等于 8℃时，推荐设置排风热回收装置，要求排风热回收（全热和显热）装置的额定热回收率不应低于 60%。

设置排风热回收装置势必要增加设备、管道附件，增加建筑面积，即要增加投资。审图中发现有些建设项目虽然具备设置排风热回收装置的条件，但建设方仅从经济效益考虑是否设置热回收装置，认为投资回收期较长，经济效益不合算，因此往往舍弃这一方案。

随着世界能源安全问题和全球气候环境问题的日益严重，世人考虑问题的出发点已提高到了保护全球环境这个高度，节省能耗就是保护环境，已成为人类面临的头等大事，在考虑经济效果的同时，更要考虑节能效益和环境效益，这也是有责任心的设计师越来越多地采用排风热回收装置的原因。

15. 在两管制冷、热水系统中，分别设置冷水泵和热水泵有利于节能

一般情况下，建筑物夏季冷负荷与冬季热负荷是不一致的，按夏季供回水温差 5℃、冬季供回水温差 10℃，加上冷热负荷不同，夏季冷水流量与冬季热水流量相差悬殊，同时系统阻力也不同。由于系统流量、阻力损失相差很大，对循环水泵的选型应该是不同的，即循环水泵的流量、扬程应与各自的工况相适应，以保证水泵在高效区运行。但审图时发现，设计人员未经过详细的水力计算和严格的水泵选型，采用比较简单的冬夏季合用循环水泵的方案，一般都是按夏季流量通过查样本选择水泵。这样同一水泵在转换到冬季工况时，由于流量减少，管路特性发生变化，水泵曲线会偏离额定的名义工况，水泵偏离设计工况点运行，效率降低，导致能耗增大。

进行冷热源机房设计和水泵选型时，如果经过计算，证明合用水泵的参数和效率在夏季工况和冬季工况时没有明显的差别，也可以采用合用水泵，但这种情况是很少的，一般都会因为两种工况下管路特性的不同而选用不同的水泵。审图中发现，如果冬季选用带热水循环泵的换热机组时，冬、夏季水泵就都是分设的，各自的选型也比较合理；有些设计单位只选择冬季供热换热器配循环水泵，或者直接利用市政热源的热水，基本上都是冬夏季合泵的情况。最新发布实施的《民用建筑供暖通风与空气调节设计规范》GB 50736—2012 规定："除空调热水和空调冷水系统的流量和管网阻力特性及水泵工作特性相吻合的情况外，两管制空调水系统应分别设置冷水和热水循环泵"。因此，除满足规定的条件外，不允许再采用冬夏合用水泵，提醒广大设计人员高度重视这一点。

16. 冬季关闭供、回水总管旁通阀，采用变速水泵

大家知道，夏季供冷工况下，当出现部分负荷时，末端流量通过调节阀或二通阀的调节而减少，但定流量冷水机组蒸发器的流量不容许减少，因此，供、回水总管之间设置带压差控制器的旁通阀，当末端负荷下降、冷水流量减少时，多余的冷水通过旁通管返回冷水机组，保证蒸发器中的水量恒定，保证冷水机组的安全是必要的。但在冬季供热工况下，换热器（机组）不像冷水机组那样，担心热水流量减少威胁换热器（机组）的安全，换热器（机组）的流量可以和末端的流量同步减少，此时应该关闭旁通阀、采用变速水泵运行，节省运行能耗。

**【案例 105】**编者审查的大量设置集中空调的工程中，凡有冷热源机房设计、冬夏季共用总管的，没有一项提出冬季关闭旁通阀、采用变速水泵的。这样，冬季部分负荷下，水泵仍然是满负荷运行，末端多余的水经过旁通管返回换热器（机组），消耗大量电能。实际上，换热器（机组）不用担心流量太小，可以按小流量运行。因此，编者力主在冬季运

行工况下，应该关闭旁通阀，采用变速水泵小流量运行。

17. 冷却塔减少飘水、控制出水温度等节能措施

冷却塔运行时，空气与水换热过程中，流动的空气将一部分水带出冷却塔，造成大量冷却水损失（飘水），减少冷却水飘水的措施有：(1) 在满足制冷机负荷的情况下，适当调整冷却水量、布水器角度和风机叶片的角度；(2) 在冷却塔布水器上部空气出口处加装收水器，将收集的冷却水回收到冷却塔水盘。

降低冷却水出水温度对提高制冷机组的性能有好处，但是冷却水出水温度不是越低越好。一方面，对于溴化锂吸收式制冷机，冷凝温度太低，会造成制冷剂污染和出现结晶现象；另一方面，降低出水温度意味着加大冷却塔进出水温差，这样就会增加风机的能耗，因此，冷却水出水温度不是越低越好。前已述及，冷却塔的出水温度以当地夏季室外空气的湿球温度为极限，其冷幅——出水温度与湿球温度之差应不小于 1.7～2℃，一般取 3～5℃。因此，建议根据天气变化，调整和控制出水温度。

18. 冷却塔进水管上安装电动调节阀，降低冷凝器进水温度

一般冷却塔的流量是按制冷机在满负荷状态下选择的，实际上制冷机大部分时间在部分负荷下运行，冷负荷下降时，制冷量及冷却水量会同步减少，一部分冷却塔会停止运行，当然是排风机要停止运行，此时如果该冷却塔进出水阀门没有关，停用的冷却塔还有水流过，这部分水没有经过降温冷却，与运行的冷却塔降温冷却的水混合后，会提高冷凝器进口水温，导致制冷机电耗增加，性能下降。因此，冷却塔的进出水管上均应安装调节阀，并在进水管上应安装电动调节阀，与冷却水泵及冷却塔风机连锁控制，以便及时关闭进水阀。

19. 经热湿处理空气的送回风道不应采用土建风道

审图中发现，在体量较大的公共建筑中，空调送风管道有时要竖向穿过楼层或在屋顶设置集中新风处理机分层送风，容易出现采用土建竖井作风道的情况。这时，一方面会造成漏风严重，另一方面土建竖井不做保温，造成严重的能量损失。因此，经热湿处理空气的送回风道不应采用土建风道，即使如剧场等采用土建风道下送风的情况，也应严格进行防漏风和隔热保温施工。

20. 空调风系统的作用半径不宜过大，要控制单位风量耗功率

空调风系统输送空气以风机为动力，风机的动力消耗在整个空调系统中占有一定的比例。为了降低风机的耗功率，鼓励设计师进行合理的风系统设计和风机选型，《公共建筑节能设计标准》GB 50189—2005 给出了单位风量耗功率的计算公式和限值指标。

空调风系统的单位风量耗功率（$W_s$）的定义是：空调风系统中用于输送单位风量（$m^3/h$）所需要的功率（W），其计算公式为

$$W_s = \frac{P}{3600\eta_t} \tag{4-103}$$

式中 $W_s$——单位风量耗功率，$W/(m^3/h)$；

$P$——风机全压值，Pa；

$\eta_t$——包括风机、电机及传动效率在内的总效率，%。

由上式可知，要降低单位风量耗功率，一方面是减少系统阻力以降低风机全压值，另一方面是提高风机的总效率。根据目前国内的情况，空调风系统使用的风机大多数是皮带

传动的离心风机（特别是大风量机组配的风机），其设计总效率平均达到 0.52，我国编制标准时即是采用的这一数值。由于提高风机总效率有较大的难度，所以设计人员应从减少系统阻力和降低风机全压值下工夫。

提醒广大设计人员，对于风量一定的风系统，在其他条件相同的条件下，应尽量减少风系统的作用半径——输送距离，因为过长的距离会增加风管的阻力损失，需要的风机全压更大并增加输送能耗，而控制风系统输送距离是降低单位风量耗功率最直接有效的方法。建议在办公建筑中不超过 90m，商场和酒店建筑中不超过 120m。此外设计人员应选择低阻力的表冷器、过滤器、阀件等，合理布置风管，减少阻力损失以降低机组全压值，将 $W_s$ 控制在限值以下。

单位风量耗功率的规定虽不是强制性条文，但在每年住房和建设部组织的检查提纲中始终是一项重要的指标，因此设计人员应认真进行计算，并在施工图的“设计说明”中明确表述。

21. 进行循环水泵的选型计算，降低水系统耗电输冷（热）比

循环水泵是空调水系统的输送动力，整个空调系统中水泵的功耗远远大于风机的功耗。为了提高水系统的输送效率，降低输配能耗，防止因系统设计流速过高、小温差大流量、选用低效率水泵等原因造成系统能量浪费的现象，特别是为了防止设计人员不进行系统阻力计算，凭经验估算水泵扬程而选择水泵的粗放式设计，《民用建筑供暖通风与空气调节设计规范》GB 50736—2012 采用了改进的耗电输冷（热）比 $EC(H)R$ 的概念，循环水泵的耗电输冷（热）比 $EC(H)R$ 的定义是：空调冷热水系统输送单位能量所需的功耗，对此值进行限制是为了保证水泵的选择在合理的范围内，降低水泵能耗，其计算公式如下：

$$EC(H)R = 0.003096\sum(G \cdot H/\eta_b)/\sum Q \leqslant A(B+\alpha\sum L)/\Delta T \qquad (4\text{-}104)$$

式中 $EC(H)R$——循环水泵的耗电输冷（热）比；

$G$——每台运行水泵的设计流量，$m^3/h$；

$H$——每台运行水泵对应的设计扬程，m；

$\eta_b$——每台运行水泵对应设计工作点的效率；

$\sum Q$——设计冷（热）负荷，kW；

$\Delta T$——规定的设计供回水温差，℃；

$A$——与水泵流量有关的计算系数；

$B$——与机房及用户的水阻力有关的计算系数；

$\alpha$——与 $\sum L$ 有关的计算系数；

$\sum L$——从冷热源机房至该系统最远用户的供回水管道的总输送长度，m；当管道设于大面积单层或多层建筑时，可按机房出口至最远端空调末端的管道长度减去 100m 确定。

上式中设计供回水温差 $\Delta T$ 和计算系数 $A$、$B$、$\alpha$ 的取值参见《民用建筑供暖通风与空气调节设计规范》表 8.5.12-1～表 8.5.12-5 及其注释。

空调水系统耗电输冷（热）比 $EC(H)R$ 是“建筑节能审查备案登记表”的必填项目，设计人员应进行精确的计算并在“设计说明”中加以表述，在“建筑节能审查备案登记

表”中认真填写，以便检查。

22. 空调供热制冷设备的效率不应低于国家标准的限值

空调系统中采用的供热制冷设备是最大的耗能设备，其能耗占空调系统总能耗的70%以上，采用高效节能的供热制冷设备对降低空调系统的能耗，节约能源、保护环境具有重要的意义。

(1) 供热设备中，锅炉既是供暖系统的供热设备，也是空调系统冬季的供热设备。《公共建筑节能设计标准》GB 50189—2005 在第5.4节中强制性规定锅炉的额定效率分别为：燃煤（Ⅱ类烟煤）蒸汽热水锅炉为78%；燃油、燃气蒸汽、热水锅炉为89%，并没有划分锅炉的容量；五年后的《严寒和寒冷地区居住建筑节能设计标准》JGJ 26—2010 强制性规定了不同容量锅炉的最低设计效率；锅炉容量7.0MW燃煤锅炉为78%，燃气、燃油锅炉为89%，而容量大于或等于28MW的锅炉分别为80%和90%，分别有了一定的提高，该标准对用于空调供热的锅炉是同样适用的。

(2) 对电机驱动压缩机的冷水（热泵）机组、各类空调机组和溴化锂吸收式冷（温）水机组的能效，《公共建筑节能设计标准》GB 50189—2005 都作了强制性规定。

23. 可靠合理的条件下尽量加大冷水供回水温差

冷水机组的冷水供回水设计温度差为$\Delta t=12-7=5$℃；由热平衡式可知，供、回水设计温度差越大，水流量越小，系统的输送能耗越小。加大供、回水温度差引起水的平均温度上升，导致设备传热效率下降能耗有所增加。近几年许多研究结果表明：加大供、回水温差减少的能耗大于由于传热效率下降增加的能耗，只要供、回水温差不大于8℃，即回水在15℃以下，加大供、回水设计温差对于整个空调系统具有一定的节能效益。由于加大供、回水设计温差会改变设备运行参数，因此应进行技术经济比较后确定。表4-20和表4-21对此有详细的规定。

24. 实施空调系统运行的自动调节与控制，节约能量

建筑设备自动化系统可将建筑物的空调、电气、防火报警等进行集中管理和最佳控制。包括冷、热源的能量控制、空调系统的焓值控制、新风量控制、设备的启、停控制和运行方式控制、温湿度设定控制、送风温度控制、自动显示、记忆和记录等内容。可通过预测室内、外空气状态参数（温度、湿度、焓、$CO_2$浓度等）以维持室内舒适环境为约束条件，把最小耗能量作为评价函数，来判断和确定所需提供的冷热量、冷热源和空调机、风机、水泵的运行台数，工作顺序和运行时间及空调系统各环节的操作运行方式，以达到最佳节能效果。

25. 采用全空气系统可实现全新风节能运行

房间面积或空间较大、人员较多，或有必要集中进行温湿度控制与管理的空调区（如大型商场、影剧院、候机/车室等场所），为了保证人体健康，确保室内空气品质满足国家标准《室内空气质量标准》GB/T 18883—2002 的要求，推荐采用全空气空调系统，而不应采用风机盘管加新风的空调方式，更不适合采用变制冷剂流量多联分体式VRF空调系统。

风机盘管加新风的空调系统和变制冷剂流量多联分体式VRF空调系统，对再循环空气都缺乏有效和可靠的过滤净化功能，很难保证室内空气质量完全满足标准的要求，尤其对可吸入颗粒物的控制，缺乏有效的手段。而全空气系统不仅容易集中处理噪声和过滤净

化空气，确保空气质量符合标准的要求，而且能方便地实现温湿度的集中控制与管理；更重要的是从节能角度来讲，全空气系统还能充分利用新风的自然冷却能力，实现“免费供冷”，获得最大的节能效益、经济效益和环保效益，这是风机盘管加新风的空调系统和变制冷剂流量多联分体式 VRF 空调系统无法做到的。

26. 划分内外区，分别设计和配置空调系统

对于每层面积较大的建筑，应结合建筑的进深、朝向、分隔等因素恰当地划分内区和外区，由于建筑物内区和外区的负荷特性是不同的，外区有外围护结构，空调负荷随季节转换有很大的变化；而内区一般需要全年供冷，因此应分别设计和配置空调系统。对于内区而言，当室外空气比焓低于室内空气比焓时，即可以采用全新风供冷，可以避免冷热抵消，有很好的节能效果。

27. 采用变风量空调系统节能

当建筑物内区需要全年供冷，或在同一空调系统中各空调区的冷、热负荷差异和变化较大、低负荷进行时间较长、需要分别控制各空调区的参数时，宜采用变风量空调系统。该系统具有灵活、卫生、节能等特点，既能根据空调负荷的变化，自动调节送风量，减少空气处理能耗，又能减少空气的输送能耗，具有双重的节能作用，一般情况下，变风量空调系统比定风量空调系统节能 50%左右。

28. 利用冷却塔为空调系统提供冷水节能

对于建筑物中存在面积较大且余热量较大的内区，需要全年供冷才能保证空调区舒适度要求的场所，如果当地的气候条件具备较长时间能满足冷却塔供冷所需的湿球温度的话，对于采用风机盘管加新风系统的内区，在室外空气比焓值低于室内空气设计比焓值的时段里，利用冷却塔为空调系统提供冷水，而不用开启冷水机组，可获得较好的节能效果(见图 4-46)。

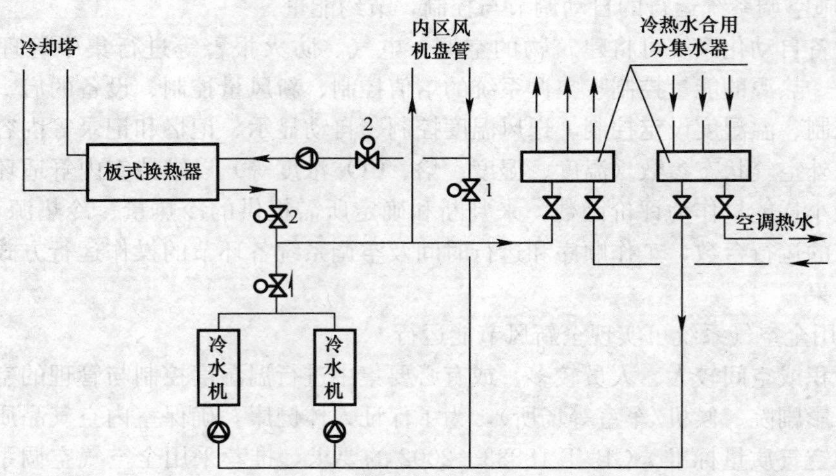


图 4-46　冷却塔供冷空调水系统图示

注：冷水机供冷——阀 1 开，阀 2 关；冷却塔供冷——阀 2 开，阀 1 关。

29. 在冷却水管路上设置自动在线清洗装置

根据当前技术进步和产品研发的情况，经过实践检验，我国学术界和工程界认为冷水

机组冷凝器在线清洗是一项成熟的技术，因此，在国家标准《民用建筑供暖通风与空气调节设计规范》GB 50736—2012 中新增加了“采用水冷管壳式冷凝器的冷水机组，宜设置自动在线清洗装置”的规定，可有效降低冷凝器的污垢热阻，保持冷凝器换热管内壁较高的洁净度，从而降低冷凝温度。从制冷机耗功率和进行费用来说，冷凝温度越低，冷水机组的制冷系数越大，制冷机的耗电量越低，例如，当蒸发温度一定时，冷凝温度每增加1℃，制冷机的耗电量约增加 3%～4%。因此，在冷却水管路上设置自动在线清洗装置，可以提高冷凝器换热效率，降低制冷机的耗电量。

# 第 5 章　暖通空调系统设计的共性问题

我们知道，暖通空调系统设计有许多共同之处，为便于工程设计时参考，本书设专章介绍这些共性问题，包括补水定压问题、水压试验问题、补偿固定问题、管道的水力计算问题、竖向分区问题等。

## 5.1　水系统的补水定压

与给排水系统不同，供暖空调水系统一般采用闭式系统，闭式系统要正常循环、安全运行，与设置循环水泵、换热装置等措施一样，补水定压是不能不提、不容忽略的技术措施。许多设计单位在进行工程设计时，不明示室内水系统的补水定压措施，这是技术环节的缺失，更是不符合供暖空调水系统运行基本原理的，施工图设计中这种现象相当普遍。

### 5.1.1　设置补水定压装置的目的

闭式系统要正常循环、安全运行，必须满足三个条件：防止水系统的水倒空；防止水系统的水汽化；容纳膨胀水。设置补水定压装置（措施）的目的也是保证实现上述要求：必须保证水系统无论是运行时，还是停止运行时，管路及设备中都要充满水，建筑群水系统最高点水位不下降，防止系统倒空，吸入空气；要保证系统中温度最高、压力最低的部位的压力必须高于该处水汽化的饱和压力，水系统最高点的压力大于该系统水温对应的汽化压力，最高点的水不发生汽化；当系统中水温变化时，容纳系统膨胀的水或往收缩的系统中补水。系统的补水，一方面是补充系统的泄漏和正常排污损失的水，另一方面靠补入大于系统漏水量的水，维持系统压力，于是顶点既不会倒空也不会汽化。

供暖空调水系统中，只有水量足够才能维持必需的压力，定压依赖于补水，两者是密不可分的，因此补水和定压是一体化装置。

### 5.1.2　补水定压方式

目前供暖空调循环水系统主要采用以下三种补水定压方式：高位膨胀水箱加定速泵（或自来水）补水；气压罐加定速泵补水；变速补水泵补水。

不论采用哪种补水定压方式，都必须按照不倒空、不汽化两个条件来决定定压点的压力，基本要求是：(1) 高位膨胀水箱的最低水位应比水系统最高点高 0.5m（5kPa，水温小于 60℃的系统）或 1.0m（10kPa，水温 60～95℃的系统）以上；(2) 补水泵定压时，定压点压力应保证系统最高点的压力比大气压高 5～10kPa 以上。定压点一般设置在循环水泵入口或集水器上。

1. 高位膨胀水箱补水定压装置

高位膨胀水箱补水定压装置是在供暖空调水系统的最高点以上设置膨胀水箱（见图

5-1)，依靠系统水位的高度，维持水系统的压力和水位。其设计要点如下：

(1) 供暖系统和空调系统中冷热共用管道的两管制系统，膨胀水箱的有效容积按供热工况计算。

(2) 因为机械循环水系统中，水泵入口处的压力最低，为了降低定压点的压力，所以，系统定压点宜设置在循环水泵的入口处，即在机械循环的水系统中，应将膨胀水箱的膨胀管接至循环水泵的入口处。

(3) 为了保证系统中任意一点的水不汽化，定压点的最低压力宜使系统各点的表压均在 5～10kPa 以上，即要求水箱最低水位在水系统最高点的 0.5m（$t \leqslant 60$℃的系统）或 1.0m（60℃$< t \leqslant 95$℃的系统）以上。

(4) 水箱的循环水管接在系统回水干管上，循环水管连接点与定压点之间应保持不小于 1.5～3m 的水平距离。

(5) 当水系统独立设置定压膨胀水箱时，膨胀管上严禁安装阀门；当多个水系统合用定压膨胀水箱且需要分别检修时，膨胀管上应设置带电信号的检修阀门，同时各水系统应设置安全阀。循环管按膨胀管相同的方法处理，但溢水管上严禁安装阀门。

(6) 膨胀管和循环管应尽量减少弯管，应避免存气。

(7) 系统的膨胀水应引入补水箱进行回收。

(8) 水箱的排水管不可与建筑生活污水管直接连通，排水阀门应设在便于操作的位置。

(9) 带高位膨胀水箱的水系统，可以通过补水管直接往水箱补水，高位膨胀水箱补水定压装置有两种方法：补水泵补水［见图 5-1 (*a*)］；浮球阀补水［见图 5-1 (*b*)］。由于机械式浮球阀极容易损坏，可能造成缺水事故，而补水泵补水运行稳定可靠，因此，一般都是采用补水泵补水。

(10) 若水箱安装在非采暖房间内，应作好水箱箱体、膨胀管、循环管和信号管的保温。

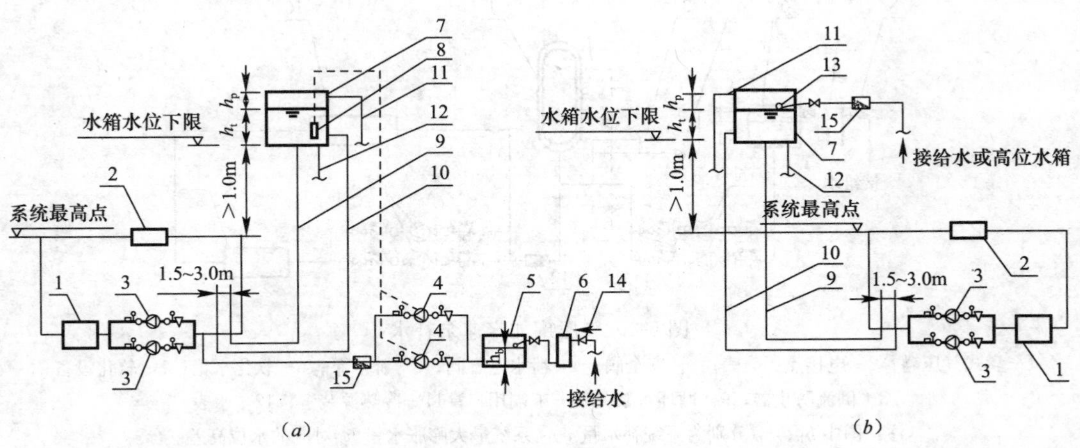


图 5-1　高位膨胀水箱加定速泵补水

(*a*) 补水泵补水；(*b*) 浮球阀补水

1—冷热源装置；2—末端用户；3—循环泵；4—补水泵；5—补水箱；6—软水设备；7—膨胀水箱；8—液位计；9—膨胀管；10—循环管；11—溢水管；12—排水管；13—浮球阀；14—倒流防止器；15—水表

注：图中 $h_t$、$h_p$、$h_b$ 分别为开式膨胀水箱的调节容积 $v_t$，系统最大膨胀水量 $v_p$，系统补水量 $v_b$ 对应的水位高差，$h_t$ 不得小于 0.2m。

国家标准图集推荐的高位膨胀水箱有方形膨胀水箱和圆形膨胀水箱两种，公称容积都是0.5～5.0$m^3$。

高位膨胀水箱补水定压具有系统简单、运行可靠、操作简便、省电节能、节省投资等诸多优点，唯一的不足是需要安装在水系统的最高点以上，在高层或超高层建筑中使用时会受到限制。业内文献资料（如《民用建筑供暖通风与空气调节设计规范》GB 50736 第8.5.18条）和学者都是提出"宜优先采用高位膨胀水箱定压"或"推荐优先采用"，但是编者审查的施工图中，设计自带冷热源动力站的项目，不论建筑高度多少、是否具备安装高位膨胀水箱的条件，90%以上的工程都是采用变速补水泵或气压罐加定速泵补水定压，而不采用高位膨胀水箱补水定压。

**【案例 106】** 编者参加诊断改造的某医院综合楼，建筑面积约13400$m^2$，地下1层，地上13层，设置集中空调系统，水系统为两管制系统，安装一台制冷量为1163kW的螺杆机。原设计采用气压罐加定速泵补水定压，由于设备选型不匹配，导致水系统频频缺水。经过诊断改造，将气压罐加定速泵补水定压装置改为高位膨胀水箱补水定压装置，高位膨胀水箱设置电接点浮球式液位传感器，补水泵为定速泵，实行液位控制的开、停运行模式。经过近10年，至目前运行情况一直很好。

2. 气压罐加定速泵补水定压装置

气压罐加定速泵补水定压装置（见图5-2）是将囊式气压罐连接在循环水泵的入口处(定压点)、以气压罐内的压力为传输信号，控制定速补水泵，对供暖空调水系统进行补水的装置；定速补水泵只作通断控制，进行间断补水。当系统缺水时，气压罐内气压降低，由气压罐上的电接点压力表连锁启动补水泵，往系统补水；当补水足够而水系统压力升高时，气压罐上的电接点压力表连锁停止补水泵。气压罐加定速泵补水定压装置可以不必安装在建筑物最高处，一般是安装在冷热源机房内。

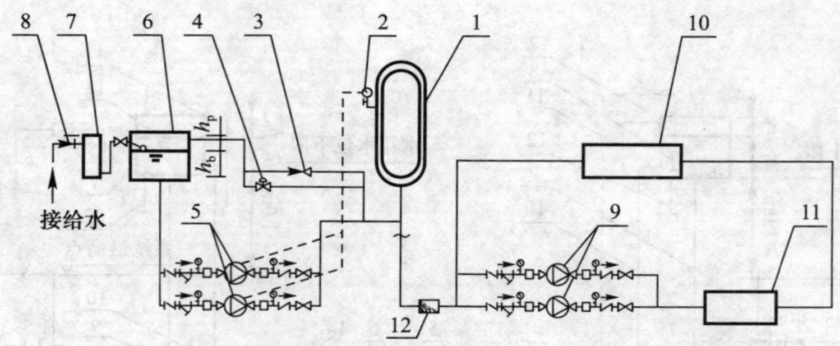


图 5-2 气压罐加定速泵补水

1—囊式气压罐；2—电接点压力表；3—安全阀；4—泄水电磁阀；5—补水泵；6—软化水箱；7—软化设备；8—倒流防止器；9—循环水泵；10—末端用户；11—冷热源装置；12—水表

注：图中 $h_b$、$h_p$ 分别为系统补水量 $v_b$，系统最大膨胀水量 $v_p$ 对应的水位高差。

(1) 气压罐的容积和压力值计算

1) 气压罐的容积按式 (5-1) 计算

$$V \geqslant V_{\min} = \frac{\beta \cdot V_t}{1-\alpha} \tag{5-1}$$

式中 $V$——气压罐实际总容积，$m^3$；

$V_{min}$——气压罐最小总容积，$m^3$；

$V_t$——气压罐调节容积，不宜小于 3min 平时运行的补水泵流量，$m^3$；当采用变速泵时，补水泵流量可按额定转数时补水流量的 1/4～1/3 确定；

$\beta$——容积附加系数，隔膜式气压罐取 1.05；

$\alpha$——$\alpha=\dfrac{P_1+100}{P_2+100}$，$P_1$ 和 $P_2$ 分别为补水泵启动压力和停泵压力（表压，kPa），应综合考虑气压罐容积和系统最高运行工作压力的因素取值。$\alpha$ 宜取 0.65～0.85，必要时可取 0.5～0.9。

2）气压罐的压力值计算（表压，kPa）

① 安全阀开启压力 $P_4$，不得使系统内管道和设备的工作压力超过其额定工作压力。

② 膨胀水量开始流回补水箱的电磁阀开启压力 $P_3$，宜取 $P_3=0.9P_4$。

③ 补水泵停泵压力 $P_2$，宜取 $P_2=0.9P_3$。

④ 补水泵启动压力 $P_1$，满足定压点下限要求，并增加 10kPa 的裕量；定压点下限应符合：循环水温度为 60℃～95℃，应使系统最高点的压力高于大气压 10kPa 以上；循环水温度小于或等于 60℃时，应使系统最高点的压力高于大气压 5kPa 以上。

（2）气压罐加定速泵补水定压装置的设计要点：

1）气压罐的定压点设在循环水泵的入口处。

2）气压罐应有泄水装置，管路系统上应设安全阀、电磁阀、电接点压力表等附件。

3）需要设置软化水补水箱，并应回收水系统膨胀产生的泄水。

4）气压罐加定速泵补水定压装置安装后，应进行强度试验和气密性试验，试验合格后，按设计要求进行系统调试。

国内某企业生产的气压罐加定速泵补水定压装置有 RSN600～RSN2000 等 7 个型号的产品，气压罐总容积分别为 0.35～8.53$m^3$。

**【案例 107】** 编者审查的施工图中，凡在冷热源机房采用气压罐加定速泵补水定压装置的，大约 90%以上的设计人员在“设计说明”中不提系统调试要求，也不计算补水泵启动压力、停泵压力、电磁阀开启压力和安全阀开启压力，这是因为这些设计人员没有参加过系统调试，不知道要计算这些压力，或者不知道怎么计算。

3. 变速补水泵补水定压装置

变速补水泵补水定压装置（见图 5-3）是依靠补水泵的变速，对供暖空调水系统进行补水的装置，该装置以循环水泵入口处的压力为传输信号，通过电力变频器控制变速水泵，进行连续补水，该装置也不必安装在建筑物最高处，一般是安装在冷热源机房内。

变速补水泵补水定压装置设计要点：

（1）变速补水泵的小时流量宜为系统水容量的 5%，不得超过 10%。

（2）变速补水泵的扬程应保证补水压力比系统补水点压力（定压点压力）高 30～50kPa。也可按下式确定：

$$H_P = 1.15(P_A + H_1 + H_2 - \rho g h) \tag{5-2}$$

式中 $H_P$——补水泵的扬程，m；

$P_A$——系统补水点压力，Pa；

$H_1$——补水泵吸入管的总阻力损失，Pa；

$H_2$——补水泵压出管的总阻力损失，Pa；

$\rho$——水的密度，kg/m$^3$；

$g$——重力加速度，m/s$^2$；

$h$——补水箱最低水位高出系统补水点的高度，m。

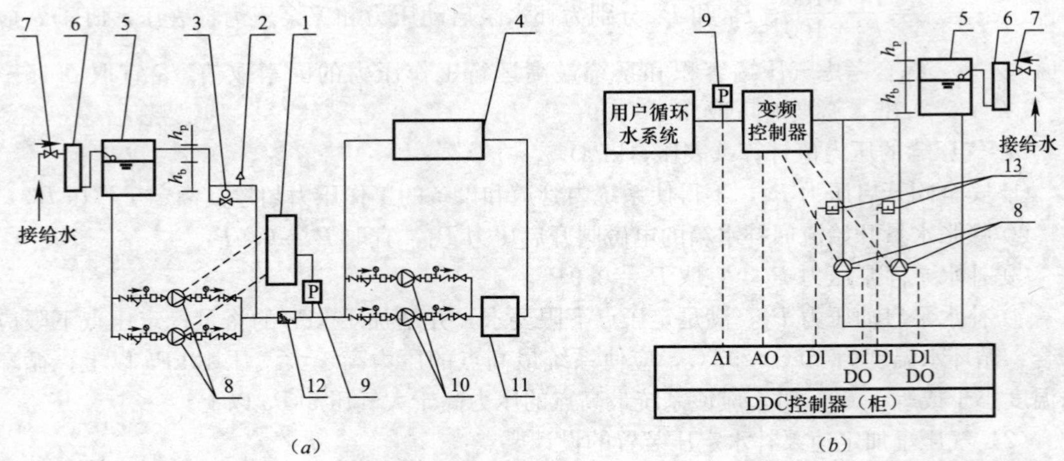


图 5-3　变速补水泵补水

(a) 变频补水泵定压原理图；(b) 变频补水泵定压自控原理图

1—变频控制器；2—安全阀；3—泄水电磁阀；4—末端用户；5—软化水箱；6—软化设备；7—倒流防止器；8—补水泵；9—压力传感器；10—循环水泵；11—冷热源装置；12—水表；13—水流开关

注：图中 $h_b$、$h_p$ 分别为系统补水量 $v_b$，系统最大膨胀水量 $v_p$ 对应的水位高差。

## 5.1.3　补水泵的选择

1. 补水泵的流量

如何确定供暖空调水系统的补水量和补水泵流量，国内各种文献推荐的方法不尽相同：一类文献推荐按系统水容量的一定比例确定，另一类文献推荐按系统循环水泵流量（率）的一定比例确定，到底哪一种方法对呢？我们知道，为什么要往系统补水是因为系统出现缺水（包括泄漏、人为放水、蒸发等），按道理应该是缺多少补多少；而缺水量应与系统的水容量（容积）呈正相关，即系统的水容量越大，缺水的机会越大，相应的补水量也越大。但是系统的缺水量与系统循环水量（每小时流率）不存在正相关，不能说循环水量越大缺水的机会越多。因此，按照科学的原理，本书推荐的方法是：供暖空调水系统的缺水量按系统水容量的 1.0%～1.5%计算，补水量按缺水量的 2 倍即系统水容量的 2%～3%计算，补水泵的小时流量按补水量的 2 倍计算，但不超过系统水容量的 10%（每小时流量），《民用建筑供暖通风与空气调节设计规范》GB 50736—2012 明确规定，“补水泵的总小时流量应为系统水容量的 5%～10%”。由于冷却水系统的水容量比较小，而循环水量较大，为了安全起见，推荐冷却水系统补水量按系统循环水泵小时流量的 2%左右确定，设计者的任务只是根据补水量及流速或当地水压确定补水管的直径，一般不再设补水装置，只维持水位，不存在定压问题。

空调水系统的单位建筑面积水容量可按表 5-1 确定。

**空调水系统的单位建筑面积水容量（$L/m^2$）** **表 5-1**

| 空调方式 | 全空气系统 | 水-空气系统 |
|---|---|---|
| 供冷和采用换热器供热 | 0.40～0.55 | 0.70～1.30 |

2. 补水泵的扬程

(1) 定压点的压力 $P$ 应使系统最高点的压力高于大气压 5～10kPa 以上。

(2) 补水泵的扬程应保证补水压力比定压点压力高 30～50kPa 以上。

3. 补水泵的数量

补水系统宜设置 2 台补水泵，一用一备。当仅设一台补水泵时，严寒及寒冷地区的供暖热水用和空调冷热水合用的补水泵，宜设置备用泵。

### 5.1.4 变速补水泵的适用性（见图 5-4）

现在采用变速补水泵的情况已成为主流形式。但是根据供暖空调水系统的要求，应保证不间断连续补水，否则就容易形成倒空，漏入空气。高位水箱补水时，只要水箱最低水位高于系统最高点，而在达到最低水位时，补水泵能正常启动补水，就不会出现系统倒空。但是变速水泵补水时则可能出现间断补水而使系统倒空的情况。因为当补水量减少时，水泵转速降低，流量减少，虽然水泵仍在运行，但水流不足以使水泵出口的止回阀开启，因而出现水流中断，容易造成空气漏入。另一方面，从补水（软化水）箱经水泵到补水点的管道阻力变化较小，若采用变速调速时，转速变化范围小，补水量较小时，水泵工作点急剧偏离，效率迅速下降。变速时，水泵转速比 $K$ 在 0.85～1.0 之间变化，当补水量为额定流量的 50%时$\left(Q_B=\frac{1}{2}Q_A\right)$，转速比 $K=0.9$，工作点由 A 滑向 B，水泵效率由 70%降到 40%，所以这种连续补水泵效率低。而高位水箱的定速补水泵是随水箱水位的变化间断启停，水泵始终在高效点运行，比变速泵更节能。所以有资料规定，变速补水泵补水定压方式不适用于 2500kW 以下的供暖空调系统。

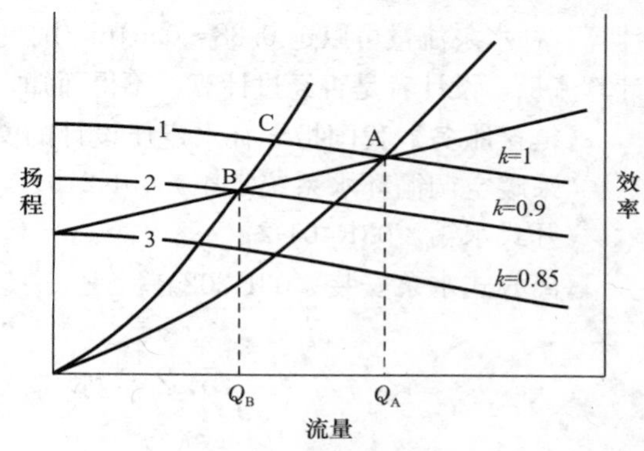

图 5-4 变速补水泵的适用性

### 5.1.5 审图中发现及需注意的一些问题

**【案例 108】**采用气压罐定压补水的系统都应计算补水泵启泵压力、停泵压力、电磁阀开启压力和安全阀开启压力，以指导系统调试，在《全国民用建筑工程设计技术措施—暖通空调·动力（2009）》中有明确的规定。但多数设计人员忽略这一点，而且情况相当普遍；遇到这种情况，编者一般都会提出来，要求设计者进行补充。

**【案例 109】**由于补水点设置错误，系统无法运行。某医院综合楼，建筑面积 31379.9$m^2$，地下 1 层，地上 16 层，夏季空调冷负荷 2102kW，冬季空调热负荷 1769kW。冷热源机房

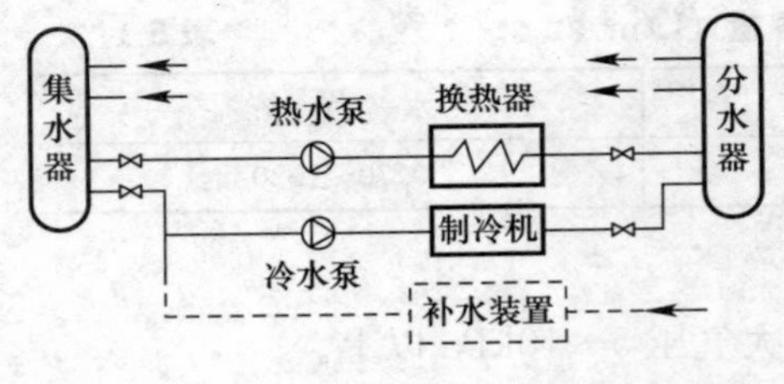

图 5-5　补水点位置不正确

设置在地下室，夏季采用电制冷机，冬季采用城市热网加换热器换热。该工程投入运行后，发现夏季的效果较好，但是冬季最上部几层室温很低。经过现场检查发现，系统上部几层空气处理机的供水管温度计指示不到10℃。根据分析，认为是系统上部出现缺水，再打开供回水立管顶部的排气阀，也没有水流出来，证实是系统上部缺水。到冷热源机房检查，发现补水装置补水泵的出口管只接在冷冻水泵的入口，当夏季转换阀关闭后，冬季水系统没有补水。后来将补水管改到集水器上，不管季节阀门怎么转换，都不会出现缺水问题，如图 5-5 所示。

**【案例 110】**补水装置的水泵流量远大于补水量。某地综合楼，建筑面积 5370.8m²，地上 4 层，空调冷负荷 568kW，空调热负荷 434kW，主要设备为风机盘管加新风机组。近似取单位建筑面积水容量为 1.20L/m²，则空调系统水容量大约为 6.4m³，按水容量的 6%～10%计算，补水泵流量可以选 0.38～0.64m³/h。但是设计者选用水泵流量为 10m³/h，远远大于计算流量，设计者是否经过计算，不得而知，而设备供货商的推荐也是不能排除的因素。

**【链接服务】**我国指导补水定压设计的文件包括：

《采暖空调循环水系统定压》05K210；

《开式水箱》03R401-2；

《离心式水泵安装》03K202。

## 5.2　水系统的水压试验

为保证供暖空调系统安全正常运行，防止发生设备管道机械事故，避免造成人员伤亡和财产损失，规范规定对供暖空调水系统的设备、附件及系统应进行水压试验。

### 5.2.1　水压试验规定汇总表

供暖空调系统、制冷机房、换热站及锅炉房管道与设备的水压试验压力及检验方法见表 5-2。

**管道及设备的压力试验规定汇总表**　　**表 5-2**

| 序号 | 条　款 | 试验项目 | 试验压力 | 检查方法及要求 |
|---|---|---|---|---|
| 1 | 文献〔1〕第 3.2.5 条 | 阀门的强度和严密性试验 | 强度试验压力为公称压力的 1.5 倍；严密性试验压力为公称压力的 1.1 倍 | 试验压力在试验持续时间（表 3.2.5）内应保持不变，且壳体填料及阀瓣密封面无渗漏 |
| 2 | 文献〔1〕第 8.3.1 条 | 散热器的水压试验 | 如设计无要求时，试验压力应为工作压力的 1.5 倍，但不小于 0.6MPa | 试验时间为 2～3min，压力不降且不渗不漏 |
| 3 | 文献〔1〕第 8.4.1 条 | 金属辐射板的水压试验 | 如设计无要求时，试验压力应为工作压力的 1.5 倍，但不小于 0.6MPa | 试验时间为 2～3min，压力不降且不渗不漏 |

续表

| 序号 | 条　款 | 试验项目 | 试验压力 | 检查方法及要求 |
|---|---|---|---|---|
| 4 | 文献〔1〕第 8.5.2 条 | 地板辐射采暖盘管的水压试验 | 试验压力应为工作压力的 1.5 倍，但不小于 0.6MPa | 稳压 1h 内压力降不大于 0.05MPa 且不渗不漏 |
| 5 | 文献〔1〕第 8.6.1 条 | 采暖系统管道保温前的水压试验 | 蒸汽、热水采暖系统，应以系统顶点工作压力加 0.1MPa 作水压试验，同时在系统顶点的试验压力不小于 0.3MPa；高温热水采暖系统，试验压力应为系统顶点工作压力加 0.4MPa；使用塑料管及复合管的热水采暖系统，应以系统顶点工作压力加 0.2MPa 作水压试验，同时在系统顶点的试验压力不小于 0.4MPa | 使用钢管及复合管道的采暖系统在试验压力下 10min 内压力降不大于 0.02MPa，降至工作压力后检查，不渗、不漏；使用塑料管道的采暖系统在试验压力下稳压 1h 内压力降不大于 0.05MPa，然后降至工作压力 1.15 倍，稳压 2h，压力降不得大于 0.03MPa，同时各连接处不渗、不漏 |
| 6 | 文献〔1〕第 11.3.1 条 | 室外供热管道的水压试验 | 试验压力应为工作压力的 1.5 倍，但不得小于 0.6MPa | 试验压力下，10min 内压力降不大于 0.05MPa，然后压力降至工作压力进行检查，不渗不漏 |
| 7 | 文献〔1〕第 13.2.6 条 | 锅炉汽、水系统的水压试验 | 文献〔1〕表 13.2.6 | 在试验压力下 10min 内压力降不超过 0.02MPa，然后降至工作压力进行检查，压力不降，不渗、不漏；观察检查，不得有残余变形，受压元件金属壁和焊缝上不得有水珠和水露 |
| 8 | 文献〔1〕第 13.3.3 条 | 分汽缸（分水器、集水器）安装前的水压试验 | 试验压力应为工作压力的 1.5 倍，但不得小于 0.6MPa | 试验压力下 10min 内无压降、无渗漏 |
| 9 | 文献〔1〕第 13.3.4 条 | 敞口箱、罐安装前的满水试验 | | 满水试验满水后静置 24h 不渗不漏 |
| 10 | 文献〔1〕第 13.3.4 条 | 密闭箱、罐安装前的水压试验 | 密闭箱、罐以工作压力的 1.5 倍作水压试验，但不得小于 0.4MPa | 水压试验在试验压力下 10min 内无压降、不渗不漏 |
| 11 | 文献〔1〕第 13.3.5 条 | 地下直埋油罐的气密性试验 | 试验压力不应小于 0.03MPa | 试验压力下观察 30min 不渗、不漏、无压降 |
| 12 | 文献〔1〕第 13.3.6 条 | 连接锅炉及辅助设备的工艺管道的水压试验 | 试验压力为系统中最大工作压力的 1.5 倍 | 在试验压力 10min 内压力降不超过 0.05MPa，然后降至工作压力进行检查，不渗不漏 |
| 13 | 文献〔1〕第 13.6.1 条 | 供热换热站内热交换器的水压试验 | 以最大工作压力的 1.5 倍作水压试验，蒸汽部分应不低于蒸汽供气压力加 0.3MPa；热水部分应不低于 0.4MPa | 在试验压力下，保持 10min 内压力不降 |
| 14 | 文献〔2〕第 7.3.15 条 | 风机盘管安装前的水压检漏试验 | 试验压力应为工作压力的 1.5 倍 | 试验观察时间为 2min，不渗不漏为合格 |
| 15 | 文献〔2〕第 8.2.10 条 | 制冷管道系统强度、气密及真空试验 | | 试验合格 |
| 16 | 文献〔2〕第 8.3.5 条 | 制冷剂阀门安装前的强度试验 | 试验压力为阀门公称压力的 1.5 倍 | 时间不得少于 5min |
| 17 | 文献〔2〕第 8.3.5 条 | 制冷剂阀门安装前的气密性试验 | 试验压力为阀门公称压力的 1.1 倍 | 持续时间 30s 不漏为合格 |

续表

| 序号 | 条 款 | 试验项目 | 试验压力 | 检查方法及要求 |
|---|---|---|---|---|
| 18 | 文献〔2〕第 9.2.3 条 | 空调冷热水、冷却水系统的水压试验 | ① 当工作压力小于等于 1.0MPa 时，为 1.5 倍工作压力，但最低不小于 0.6MPa；② 当工作压力大于 1.0MPa 时，为工作压力加 0.5MPa；③ 各类耐压塑料管道的强度试验压力为 1.5 倍工作压力，严密性试验压力为 1.15 倍的设计工作压力 | 对于大型或高层建筑垂直位差较大的冷（热）媒水、冷却水管道系统宜采用分区、分层试压和系统试压相结合的方法，一般建筑可采用系统试压方法；分区、分层试压：对相对独立的局部区域的管道进行试压，在试验压力下，稳压 10min，压力不得下降，再将系统压力降至工作压力，在 60min 内压力不得下降、外观检查无渗漏为合格；系统试压：在各分区管道与系统主、干管全部连通后，对整个系统的管道进行系统的试压。试验压力以最低点的压力为准，但最低点的压力不得超过管道与组件的承受压力，压力试验升至试验压力后，稳压 10min，压力下降不得大于 0.02MPa，再将系统压力降至工作压力，外观检查无渗漏为合格 |
| 19 | 文献〔2〕第 9.2.3 条 | 凝结水系统的充水试验 | | 应以不渗漏为合格 |
| 20 | 文献〔2〕第 9.2.4 条 | 空调水系统阀门的强度试验 | 试验压力为公称压力的 1.5 倍 | 持续时间不少于 5min，阀门的壳体、填料应无渗漏 |
| 21 | 文献〔2〕第 9.2.4 条 | 空调水系统阀门的严密性试验 | 试验压力为公称压力的 1.1 倍 | 试验压力在试验持续的时间内应保持不变，时间应符合文献〔2〕表 9.2.4 的规定，以阀瓣密封面无渗漏为合格 |

注：文献〔1〕指《建筑给水排水与采暖工程施工质量验收规范》GB 50242—2002。
文献〔2〕指《通风与空调工程施工质量验收规范》GB 50243—2002。

### 5.2.2 关于水压试验压力及检验方法的讨论

比较《建筑给水排水与采暖工程施工质量验收规范》GB 50242 和《通风与空调工程施工质量验收规范》GB 50243 可知，采暖管道和空调管道水压试验各执行不同的标准，试验压力和观察的位置也不同。

（1）采暖管道水压试验执行《建筑给水排水与采暖工程施工质量验收规范》GB 50242 第 8.6.1 条的规定，采暖系统安装完毕，管道保温之前应进行水压试验，即“试验压力应符合设计要求。当设计未注明时，应符合下列规定：1）蒸汽、热水采暖系统，应以系统顶点工作压力加 0.1MPa 作水压试压，同时在系统顶点的试验压力不小于 0.3MPa；2）高温热水采暖系统，试验压力应为系统顶点工作压力加 0.4MPa；3）使用塑料管及复合管的热水采暖系统，应以系统顶点工作压力加 0.2MPa 作水压试压，同时在系统顶点的试验压力不小于 0.4MPa”。这三种情况，均确定以系统顶点试验压力为准，试验点（压力表）设在系统顶点。

（2）空调管道水压试验执行《通风与空调工程施工质量验收规范》GB 50243 第 9.2.3 条的规定，即水压试验分两步进行—分区、分层试压和系统试压。系统试验压力，当设计无规定时，工作压力小于或等于 1.0MPa 时，试验压力为工作压力的 1.5 倍，但最低不小于 0.6MPa；当工作压力大于 1.0MPa 时，试验压力为工作压力加 0.5MPa。并规定“试验压力以最低点的压力为准"，因为一般系统入口最低点压力最高，所以，试验点（压力表）设在最低点。

由此可以看出，《建筑给水排水与采暖工程施工质量验收规范》GB 50242 规定试验压力以顶点压力为准；《通风与空调工程施工质量验收规范》GB 50243 规定试验压力以最低点压力为准，因此，设置压力表和观察的位置是不同的，设计人员应特别注意。

### 5.2.3 审图发现的问题及分析

**【案例 111】**审图过程中发现普遍存在的问题是照抄施工规范。很多设计人员对供暖管道水压试验全文照抄《建筑给水排水与采暖工程施工质量验收规范》GB 50242 第 8.6.1 条的内容，把三选一的工作推给施工单位，这种情况是十分普遍的。遇到这种情况，编者都会提出修改意见。

其实，《建筑给水排水与采暖工程施工质量验收规范》GB 50242 第 8.6.1 条的原条文包含三层含义：（1）当设计者直接明确试验压力时，"试验压力应符合设计要求"；（2）给出的三种不同方法是"当设计未注明时"的选择；（3）条文列出的三种情况在一个具体系统中不会同时出现。当同时有两种管材时，应以额定工作压力较低管材的要求为准。提醒设计人员，对确定的系统应明示确定的试验压力和检验方法，不能采用多选一的写法，将后续工作推给施工单位。

（1）对于确定管材的供暖管道系统，审图时发现很多设计人员都是照抄规范，如蒸汽、热水供暖系统照抄"应以系统顶点工作压力加 0.1MPa 作水压试验，同时在系统顶点试验压力不小于 0.3MPa"的条文，这就是避简就繁，把简单的问题复杂化。实际上这一段表述应改为"本工程的顶点试验压力为 0.3MPa"，这样既明确，又简单，不需要确定顶点压力，又不用做加法，何乐而不为呢？

（2）在检验方法中，规范规定"降至工作压力后检查"或"降至工作压力的 1.15 倍，稳压 2h；……"。我们知道，系统的工作压力是指最低点 C 处的压力，一般为系统的最大压力，如果在顶点按"工作压力"或"工作压力的 1.15 倍"来检查，肯定超过 0.3MPa 或 0.4MPa，与顶点试验压力 0.3MPa 或 0.4MPa 相矛盾，《建筑给水排水与采暖工程施工质量验收规范》GB 50242 中检验观察的点和试验观察的点不是同一个点，规范前后的表述不太一致。

（3）水压试验压力必须明确试验观察点的标高，不同标高的点试验压力是不同的，以图 5-6 为例：

A 点试验压力：$0.3+\frac{9}{100}=0.39$MPa；

B 点试验压力：$0.3+\frac{9}{100}+\frac{15}{100}=0.54$MPa；

C 点试验压力：$0.3+\frac{9}{100}+\frac{15}{100}+\frac{6+3}{100}=0.63$MPa，所以水压试验时，顶点和最低点都要装压力表。

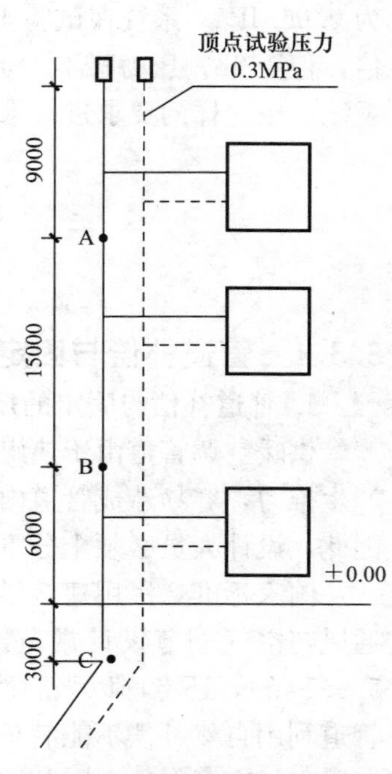

图 5-6 不同标高试验压力图示

**【案例 112】**施工图中经常出现的另一个问题是，层数不同的建筑（例如既有 6 层，又有 9 层）在同一竖向分区内，设计人员不注意顶点标高不同，采用相同的顶点试验压力。这时，顶点（层高）低的试验压力要增加两者的顶点（层高）高度之差，不能采用相同的顶点试验压力 0.3 或 0.4MPa，应按图 5-6 所示的方法进行计算。同样，同一竖向分区的工作压力应以层数最高的计算工作压力为准，大家一定要注意。

**【案例 113】** 很多设计人员在“设计说明”中不交代供暖或空调水系统的工作压力，而在编写“施工说明”时，提出水压试验的检验要求将系统压力降到“工作压力”或“工作压力的 1.15 倍”来检查，由于设计人员没有经验，只知道照抄规范，所以出现这种情况。

**【案例 114】** 某房地产公司 1 号商业综合楼，建筑面积 7130.7m²，地下 1 层，地上 6 层，供暖热负荷 211.26kW，室内为 60/50℃地面辐射供暖系统，地埋管道为交联耐热聚乙烯 PE-RT 管，“施工说明”提出，“以系统顶点工作压力加 0.1MPa 作水压试验，同时在系统顶点的试验压力不小于 0.3MPa，并在试验压力下 10min 内压力降不大于 0.02MPa，降至工作压力后检查，不渗、不漏”。由于设计人员不知道，从安全的角度考虑，塑料类管材的试验压力应比金属管道大一些（不是 0.3MPa，而是 0.4MPa），试验时间要长许多（不是 10min，而是 1h），因此采用错误的试验压力和检验方法，这样是十分危险的。通过与设计人员交流，设计人员认为系统中有金属管道，所以就采用金属管道的标准。本书提醒设计人员，当系统中同时有两种管材时，应以额定工作压力较低管材的要求为准，

**【案例 115】** 与上一案例的情况相反，某房地产公司的写字楼，建筑面积 48019.96m²，空调面积 38185.13m²，地下 1 层为设备用房，地上 27 层，一～三层为商业区，四～二十七层为办公区，夏季冷负荷为 3347.21kW，冬季热负荷为 1710.81kW。该项目局部裙楼为 2 层建筑，冬季为 80/55℃散热器供暖系统，热负荷为 8.12kW，室内管道采用热镀锌钢管，设计者在“施工说明”中要求，“系统干管最高点工作压力为 0.46MPa，试验压力为 0.66MPa。系统在试验压力下 1h 内压力降不大于 0.05MPa，然后降至工作压力的 1.15 倍，稳压 2h，压力降不大于 0.03MPa，同时各连接处不渗不漏”。对于采用金属管的供暖系统，按这样的要求进行水压试验是没有必要的，试验时间应改为 10min。

## 5.3 管道的补偿与固定

### 5.3.1 管道补偿与固定的规定及设计要点

1. 管道补偿与固定的规定

供暖空调管道由于热媒温度变化引起热胀冷缩，在管道内产生应力，对管道的支架等产生推力，容易造成管道内或支架等上面的作用力超过各自的强度极限，从而出现事故，因此，设计人员必须十分重视管道的补偿与固定问题。

国家标准《民用建筑供暖通风与空气调节设计规范》GB 50736—2012 除保留《采暖通风与空气调节设计规范》GB 50019—2003 中关于供暖管道设置补偿器的规定外（第 5.9.5 条），还专门以强制性条文增加了对空调热水管道设置补偿器的要求：“当空调热水管道利用自然补偿不能满足要求时，应设置补偿器”（第 8.5.20 条），说明我国学术界和工程界提高了对这一问题重要性认识的程度。

管道因受热引起的热膨胀量按下式计算：

$$\Delta L = 0.012(t_r - t_a)L \tag{5-3}$$

式中 $\Delta L$——热膨胀量，或理解为计算位移的点的位移量，mm；

$t_r$——热媒温度，℃；

$t_a$——管道安装时的温度，℃；

$L$——计算管段两固定点之间的距离，或理解为计算位移的点到固定点之间的距离，m。

2. 管道补偿与固定的设计要点

(1) 在可能的情况下，经计算满足要求时，应优先采用自然补偿，采用自然补偿器时，常用的有 $L$ 型和 $Z$ 型两种；当自然补偿不能满足要求时，应设置补偿器，采用补偿器时，应优先采用方形（弯管）补偿器。

(2) 水平干管或总立管固定支架的布置，应保证分支干管接点处的最大位移不大于 40mm；连接散热器的立管，应保证管道分支干管接点处由管道伸缩引起的最大位移不大于 20mm；无分支干管接点的管段，间距应保证伸缩量不大于补偿器或自然补偿所能吸收的最大位移量。

(3) 计算管道热膨胀量时，管道的安装温度按冬季环境温度选取，一般可取 0～5℃。

(4) 确定固定点的位置时，要考虑设置固定支架的可能性，必须有牢固可靠的生根结构。

(5) 垂直双管系统及跨越管与立管平行的单管系统的散热器立管，当连接散热器立管的长度小于 20m 时，可在立管中间设固定卡，立管向固定卡两端自由延伸；当长度大于 20m 时，应采取补偿措施。

(6) 采用套管补偿器或波纹补偿器时，需设置导向支架；当直径大于或等于 $DN$50 时，应进行固定支架的推力计算，验算支架的强度。

(7) 户内长度大于 10m 的供回水立管与水平干管连接时，以及供回水支管与立管连接处，应设置 2～3 个过渡弯头或弯管，避免采用“T”形直接连接。

### 5.3.2 垂直管道与水平管道固定支架上受力的区别

一般文献介绍水管上固定支架的作用力时，都是针对水平布置管道的，因此固定支架的作用力分为垂直方向的重力和水平方向的推力，其中重力的计算比较简单。水平推力由三种力组成：(1) 补偿器因热伸缩引起的弹性反力；(2) 管道内压不平衡产生的推力；(3) 活动支架因热伸缩引起的摩擦反力。

目前审查的施工图，绝大部分只做单体，出现的都是室内管井内的立管，只有极少数是位于车库顶部的水平干管。垂直立管固定支架上没有管道和水重量产生的摩擦反力（假设活动支架处没有管道的横向位移，垂直方向的摩擦反力为零）。但会多出管道和水重量产生的垂直力，所以固定支架上的受力情况是不同的。《实用供热空调设计手册（第二版）》对水平管道和垂直管道的外载轴向应力、外载弯曲应力的计算做了详细的说明，可以参考。

### 5.3.3 管井内垂直立管补偿器和固定支架布置要点

本书结合以下案例，分析管井内垂直立管补偿器和固定支架布置要点。

**【案例 116】** 某地的住宅改造工程 1 号楼，建筑面积 7472.6m²，地下 1 层，地上 11 层，高度 31.75m，室内为 85/60℃散热器供暖系统，供暖热负荷为 220.82kW。系统没有进行竖向分区，立管未设补偿器，从上至下也不设任何固定支架。提醒设计人员，普通多层的立管可以不分高低区，但至少应设一个固定支架，固定支架的位移为零，固定支架两端的管道自由延伸。一方面只有布置位移为零的固定支架，才能计算固定支架两端管段的热位移量，由此确定利用自然补偿还是设补偿器；没有固定支架，就不能进行热位移量计算，设计人员所称利用自然补偿是没有依据的。另一方面，没有任何固定支架会引起管道失稳，危及管道安全。

**【案例 117】** 某小区 101 号楼，建筑面积 20324.68m²，地下 2 层，地上 17 层，室内为 55/45℃热水地面辐射供暖系统，地上部分供暖面积为 15272.25m²，供暖热负荷为 360.18kW。立管竖向分为高低区，低区 9 层，在四层设一固定支架；高区立管在六层设补偿器，补偿器的下端设固定支架，补偿器上部为自由端。这样的设置是不对的，根据受力分析，补偿器的两端都应有固定支架，固定支架应成对布置，因为当一侧没有固定支架时，补偿器在这一侧的弹性力没有承力点，补偿器中不会产生弹性力，也失去了补偿器的作用。

**【案例 118】** 某小区 10 号楼，建筑面积 25488.83m²，地下 2 层，地上 31 层，室内为 50/40℃热水地面辐射供暖系统，地上部分供暖面积为 22901m²，供暖热负荷为 735.15kW。室内系统竖向分高、中、低区，立管上设波纹补偿器和固定支架，设计人员将波纹补偿器布置在两个固定支架的中间，这样布置是不恰当的。对于过去常用的方形（弯管）补偿器，在水平管道上布置时，为平衡两边水平方向的摩擦反力，规定将补偿器设在固定支架中间的 1/2 或接近 1/2 处，但波纹补偿器应布置在靠近一个固定支架的位置，补偿器与该固定支架的距离不应大于 4 倍管径，见《实用供热空调设计手册（第二版）》图 7.5-14。对于水平干管，波纹补偿器靠近那一侧固定支架没有什么差别，但对于垂直立管，补偿器的位置有两种意见：(1) 宜靠近上端固定支架，理由是可以减少内压对固定支架的作用力；(2) 宜靠近下端固定支架，理由是补偿器的弹性力可以抵消管道自重对下端固定支架的作用力。因此看出，波纹补偿器布置在上端还是下端，取决于对下端固定支架的作用力的大小，应经过计算确定，不能随便布置，自己都心中无数。

**【案例 119】** 某小区 2 号楼，建筑面积 16380.6m²，地下 2 层，地上 20 层，室内为 65/45℃散热器供暖系统，地上部分供暖面积为 14949.4m²，供暖热负荷为 242.44kW。室内系统竖向分高、低区。设计人员在低区立管上设一个固定支架，高区立管上设两个固定支架，但两个固定支架之间没有补偿器。这样的情况虽然比较少，却是危及管道安全最严重的一种，必须坚决杜绝。

## 5.4 管道的水力计算与水质处理

供暖空调水管的水力计算是在已知水流量和推荐的流速下，确定水管直径和水流阻力。

### 5.4.1 管径的确定

水管直径 $d$ 按下式计算：

$$d=\sqrt{\frac{4L}{\pi v}} \tag{5-4}$$

式中 $L$——水流量，$m^3/s$；

$v$——水的流速，m/s。

采用钢管作水管时，管径的选择可根据拟定的流速、流量和允许管道的摩擦阻力确定。

### 5.4.2 水管的阻力计算

1. 直线管段的沿程阻力按式（5-5）计算

$$\Delta p_y=\frac{\lambda l}{d}\cdot\frac{\rho v^2}{2}=R\cdot l \tag{5-5}$$

式中 $\Delta p_y$——长度为 $l$（m）的直管段的沿程阻力，Pa；

$\lambda$——摩擦阻力系数；

$l$——直管段的长度，m；

$d$——管道内径，m；

$\rho$——水的密度，$kg/m^3$；

$v$——水的流速，m/s；

$R$——长度为 1m 的直管段的摩擦阻力，又称比摩阻，Pa/m。

其中，摩擦阻力系数 $\lambda$ 与流体的性质、流态、流速、管内径大小及管内壁的粗糙度有关。可以用下式计算：

$$\frac{1}{\sqrt{\lambda}}=-2.0\lg\left(\frac{K}{3.71d}+\frac{2.51}{Re\sqrt{\lambda}}\right) \tag{5-6}$$

式中 $K$——管内壁的当量绝对粗糙度，闭式水系统 $K=0.2$mm，开式水系统 $K=0.5$mm，冷却水系统 $K=0.5$mm；

$Re$——雷诺数，$Re=\frac{vd}{\nu}$；

$\nu$——运动黏滞系数，$m^2/s$。

直线管段的沿程阻力采用莫迪图（见图 5-7）进行计算。

2. 局部阻力按式（5-7）计算

$$\Delta p_j=\xi\cdot\frac{\rho v^2}{2} \tag{5-7}$$

式中 $\Delta p_j$——局部阻力，Pa；

$\xi$——局部阻力系数；

$\rho$——水的密度，$kg/m^3$；

$v$——水的流速，m/s。

设计时应按局部阻力系数或局部阻力当量长度进行管道局部阻力计算。

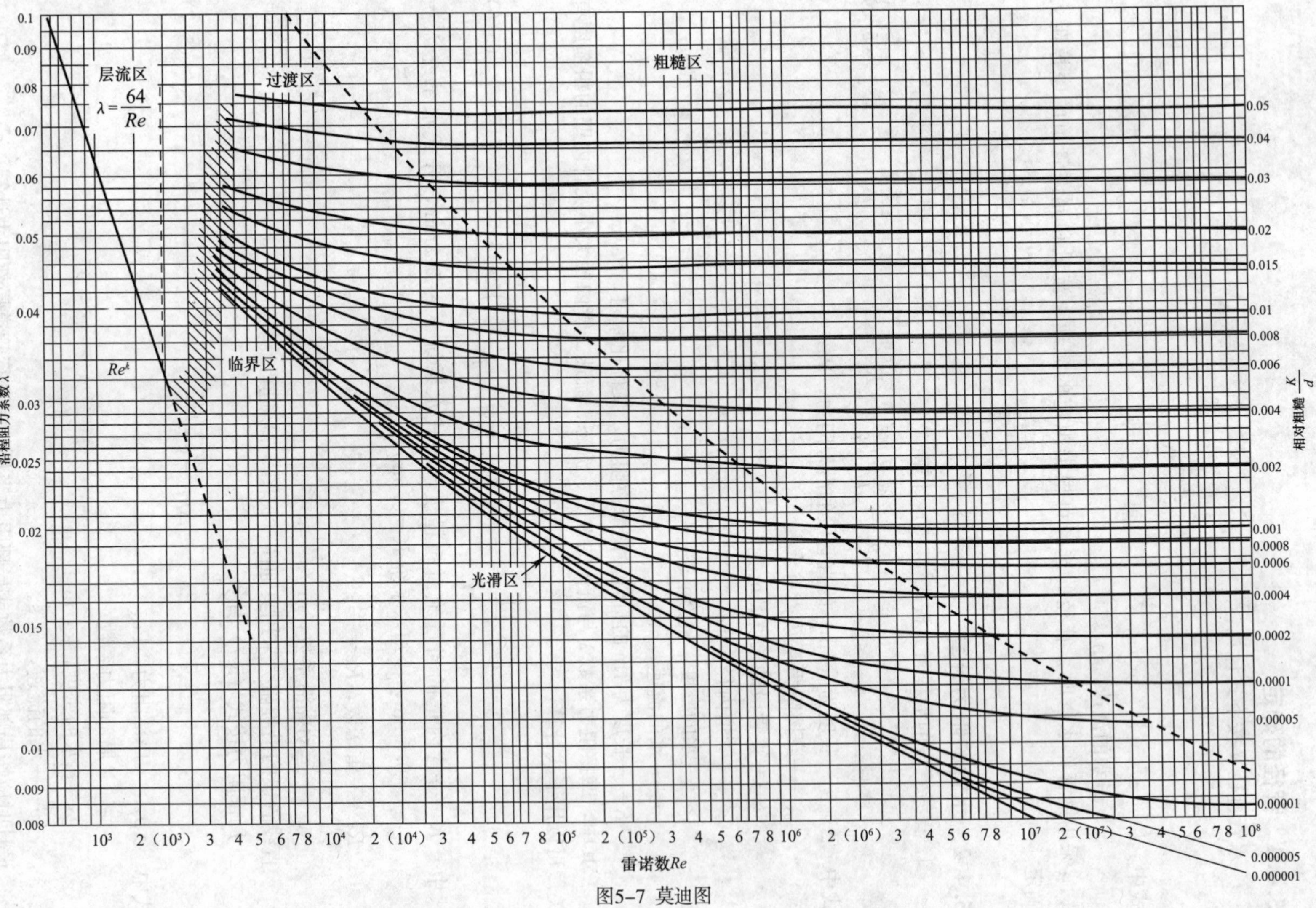
层流区
$\lambda=\frac{64}{Re}$
$Re^k$
临界区
过渡区
粗糙区
光滑区
沿程阻力系数λ
相对粗糙 $\frac{K}{d}$
雷诺数$Re$
0.1
0.09
0.08
0.07
0.06
0.05
0.04
0.03
0.025
0.02
0.015
0.01
0.009
0.008
0.05
0.04
0.03
0.02
0.015
0.01
0.008
0.006
0.004
0.002
0.001
0.0008
0.0006
0.0004
0.0002
0.0001
0.00005
0.00001
0.000005
0.000001

图5-7 莫迪图

阀门及管件的局部阻力系数 ξ 如表 5-3 所示。

**阀门及管件的局部阻力系数 ξ　　表 5-3**

| 局部阻力名称 | ξ | 备注 | 局部阻力名称 | 管径 DN（mm） | | | | | |
|---|---|---|---|---|---|---|---|---|---|
| | | | | 15 | 20 | 25 | 32 | 40 | ≥50 |
| 柱形散热器 | 2.0 | | 截止阀 | 16.0 | 10.0 | 9.0 | 9.0 | 8.0 | 7.0 |
| 突然扩大 | 1.0 | | 旋塞 | 4.0 | 2.0 | 2.0 | 2.0 | — | — |
| 突然缩小 | 0.5 | | 斜杆截止阀 | 3.0 | 3.0 | 3.0 | 2.5 | 2.5 | 2.0 |
| 直流三通 | 1.0 | | 闸阀 | 1.5 | 0.5 | 0.5 | 0.5 | 0.5 | 0.5 |
| 旁流三通 | 1.5 | | 弯头 | 2.0 | 2.0 | 1.5 | 1.5 | 1.0 | 1.0 |
| 合/分流三通 | 3.0 | | 90°煨弯和乙字弯 | 1.5 | 1.5 | 1.0 | 1.0 | 0.5 | 0.5 |
| 直流四通 | 2.0 | | 括弯 | 3.0 | 2.0 | 2.0 | 2.0 | 2.0 | 2.0 |
| 分流四通 | 3.0 | | 急弯双弯头 | 2.0 | 2.0 | 2.0 | 2.0 | 2.0 | 2.0 |
| 方形补偿器 | 2.0 | | 缓弯双弯头 | 1.0 | 1.0 | 1.0 | 1.0 | 1.0 | 1.0 |
| 套筒补偿器 | 0.5 | | 平衡阀 | 15-14 | | | | | |

热水供暖系统局部阻力当量长度如表 5-4 所示。

**热水供暖系统局部阻力当量长度（m）　　表 5-4**

| 局部阻力名称 | 管径 DN（mm） | | | | | | |
|---|---|---|---|---|---|---|---|
| | 15 | 20 | 25 | 32 | 40 | 50 | 70 |
| 柱形散热器 | 0.7 | 1.0 | 1.3 | 2.0 | — | — | — |
| 铸铁锅炉 | — | — | — | 2.5 | 3.21 | 4.4 | 5.8 |
| 钢制锅炉 | — | — | — | 2.0 | 2.5 | 3.5 | 4.6 |
| 突然扩大 | 0.3 | 0.5 | 0.7 | 1.0 | 1.3 | 1.8 | 2.3 |
| 突然缩小 | 0.2 | 0.3 | 0.3 | 0.5 | 0.6 | 0.9 | 1.2 |
| 直流三通 | 0.3 | 0.5 | 0.7 | 1.0 | 1.3 | 1.8 | 2.3 |
| 旁流三通 | 0.5 | 0.8 | 1.0 | 1.5 | 1.9 | 2.6 | 3.5 |
| 合/分流三通 | 1.0 | 1.6 | 2.0 | 3.0 | 3.8 | 2.6 | 3.5 |
| 裤衩三通 | 0.5 | 0.8 | 1.0 | 1.5 | 1.9 | 2.6 | 3.5 |
| 直流四通 | 0.7 | 1.0 | 1.3 | 2.0 | 2.5 | 3.5 | 4.6 |
| 合/分流四通 | 1.0 | 1.6 | 2.0 | 3.0 | 3.8 | 5.3 | 6.9 |
| 方形补偿器 | 0.7 | 1.0 | 1.3 | 2.0 | 2.5 | 3.5 | 4.6 |
| 集气罐 | 0.5 | 0.8 | 1.0 | 1.5 | 1.9 | 2.6 | 3.5 |
| 除污器 | 3.4 | 5.2 | 6.5 | 9.9 | 12.7 | 17.6 | 23.0 |
| 截止阀 | 5.5 | 5.2 | 5.9 | 8.9 | 10.1 | 12.3 | 16.1 |
| 闸阀 | 0.5 | 0.3 | 0.4 | 0.5 | 0.6 | 0.9 | 1.2 |
| 弯头 | 0.7 | 1.0 | 1.0 | 1.5 | 1.3 | 1.8 | 2.3 |
| 90°煨弯和乙字弯 | 0.5 | 0.8 | 0.7 | 1.0 | 0.6 | 0.9 | 1.2 |
| 括弯 | 1.0 | 1.0 | 1.3 | 2.0 | 2.5 | 3.5 | 4.6 |
| 急弯双弯头 | 0.7 | 1.0 | 1.3 | 2.0 | 2.5 | 3.5 | 4.6 |
| 缓弯双弯头 | 0.3 | 0.5 | 0.7 | 1.0 | 1.3 | 1.8 | 2.3 |
| ξ=1 | 0.343 | 0.516 | 0.652 | 0.99 | 1.265 | 1.76 | 2.30 |

空调冷水系统局部阻力当量长度如表 5-5 所示。

**空调冷水系统局部阻力当量长度**（m） **表 5-5**

| 管径 *DN*（mm） | | 25 | 32 | 40 | 50 | 65 | 80 | 100 | 125 | 150 | 200 | 250 | 300 | 350 |
|---|---|---|---|---|---|---|---|---|---|---|---|---|---|---|
| 球阀、止回阀 | | 8.8 | 12 | 13 | 17 | 21 | 26 | 37 | 43 | 52 | 62 | 85 | 96 | 110 |
| 闸阀 | | 0.3 | 0.5 | 0.5 | 0.7 | 0.9 | 1.0 | 1.4 | 1.8 | 2.1 | 2.7 | 3.7 | 4.0 | 4.6 |
| 90°弯头 | 标准 | 0.8 | 1.0 | 1.2 | 1.5 | 1.8 | 2.3 | 3.0 | 4.0 | 4.9 | 6.1 | 7.6 | 9.1 | 10 |
| | $R/D=1.5$ | 0.5 | 0.7 | 0.8 | 1.0 | 1.2 | 1.5 | 2.0 | 2.5 | 3.0 | 4.0 | 4.9 | 5.8 | 7.0 |
| | $R/D=1.0$ | 1.2 | 1.7 | 1.9 | 2.5 | 3.0 | 3.7 | 5.2 | 6.4 | 7.6 | — | — | — | — |
| 45°弯头 | 标准 | 0.4 | 0.5 | 0.6 | 0.8 | 1.0 | 1.2 | 1.6 | 2.0 | 2.4 | 3.0 | 4.0 | 4.9 | 5.5 |
| | $R/D=1.0$ | 0.6 | 0.9 | 1.0 | 1.4 | 1.6 | 2.0 | 2.6 | 3.4 | 4.0 | — | — | — | — |
| 180°回弯 | | 1.2 | 1.7 | 1.9 | 2.5 | 3.0 | 3.7 | 5.2 | 6.4 | 7.6 | 10 | 13 | 15 | 17 |
| 合/分流三通 | | 1.5 | 2.1 | 2.4 | 3.0 | 3.7 | 4.6 | 6.4 | 7.6 | 9.1 | 12 | 15 | 18 | 21 |
| 直流三通 | 同径 | 0.5 | 0.7 | 0.8 | 1.0 | 1.2 | 1.5 | 2.0 | 2.5 | 3.0 | 4.0 | 4.9 | 5.8 | 7.0 |
| | 变径小 1/4 | 0.7 | 0.9 | 1.1 | 1.4 | 1.7 | 2.1 | 2.7 | 3.7 | 4.3 | 5.5 | 6.7 | 7.9 | 9.1 |
| | 变径小 1/2 | 0.8 | 1.0 | 1.2 | 1.5 | 1.8 | 2.3 | 3.0 | 4.0 | 4.9 | 6.1 | 7.6 | 9.1 | 10 |

3. 水管总阻力按式（5-8）计算

$$\Delta p = \Delta p_{y} + \Delta p_{j} = Rl + \xi \cdot \frac{\rho v^{2}}{2} \tag{5-8}$$

### 5.4.3 水管的流速

供暖空调系统水管的流速，目前国内尚无专门的试验资料和统一规定，但设计时又很需要这方面的数据。《民用建筑供暖通风与空气调节设计规范》参考国内外的有关资料和我国管材供应的实际情况，规定室内热水供暖系统水管的最大流速见表 5-6，空调水系统可参照执行。

**室内热水供暖系统水管的最大流速**（m/s） **表 5-6**

| 室内热水管道管径 *DN*（mm） | 15 | 20 | 25 | 32 | 40 | ≥50 |
|---|---|---|---|---|---|---|
| 要求特殊安静的场所 | 0.5 | 0.65 | 0.8 | 1.0 | 1.0 | 1.0 |
| 一般室内热水管道 | 0.8 | 1.0 | 1.2 | 1.4 | 1.8 | 2.0 |

关于供暖空调水管的推荐流速，国内各种文献的叙述也不尽相同，兹举例如下（见表 5-7）。

**水管的推荐流速**（m/s） **表 5-7**

| 管径 *DN*（mm） | 15 | 20 | 25 | 32 | 40 | 50 | 65 | 80 |
|---|---|---|---|---|---|---|---|---|
| 闭式系统 | 0.4～0.5 | 0.5～0.6 | 0.6～0.7 | 0.7～0.9 | 0.8～1.0 | 0.9～1.2 | 1.1～1.4 | 1.2～1.6 |
| 开式系统 | 0.3～0.4 | 0.4～0.5 | 0.5～0.6 | 0.6～0.8 | 0.7～0.9 | 0.8～1.0 | 0.1～1.2 | 1.1～1.2 |
| 管径 *DN*（mm） | 100 | 125 | 150 | 200 | 250 | 300 | 350 | 400 |
| 闭式系统 | 1.3～1.8 | 1.5～2.0 | 1.6～2.2 | 1.8～2.5 | 1.8～2.6 | 1.9～2.9 | 1.6～2.5 | 1.8～2.6 |
| 开式系统 | 1.2～1.6 | 1.4～1.8 | 1.5～2.0 | 1.6～2.3 | 1.7～2.4 | 1.7～2.4 | 1.6～2.1 | 1.8～2.3 |

最大流速只在极少数共用管段中为消除剩余压力或为了计算平衡压力损失时使用，如果把最大流速规定得过小，则不易达到平衡要求，不但管径增加，还需要增加调压板等装置，一般可采用推荐流速。但不论是最大流速还是推荐流速，选定时必须考虑以下四个因素：

1. 水管的允许比摩阻

根据国内学者的长期研究认为，不同类型供暖系统形式的经济比摩阻取值应根据该系统的形式有针对性地选取，基本要求是：采用垂直单管跨越式的供暖系统，合理的经济比摩阻取值范围为100～160Pa/m；采用分户计量水平单管跨越式的供暖系统，合理的经济比摩阻取值范围为110～200Pa/m；采用低温热水地面辐射的供暖系统，可根据建筑层数选取，也可按60～120Pa/m选取。设计人员应合理地选取比摩阻值，比摩阻较大时，可以减小管径和投资，但是阻力损失和能耗会增加；相反的，比摩阻太小时，可以减小阻力损失和能耗，但是管径和投资会增加。

**【案例120】**很多设计人员担心供暖系统阻力大了会影响供暖效果，室内达不到温度，没有经过水力计算，更没有进行水力平衡计算，随意加大管道管径。某小区2号楼，建筑面积10971.9m$^2$，地下1层，地上14层，共2个单元；供暖热负荷为340.11kW，室内为85/60℃热水散热器供暖系统，一～十层为低区，每个单元热负荷为124kW，十一～十四层为高区，每个单元热负荷为46kW；设计人员选择低区管道直径*DN*80，比摩阻为9.77Pa/m，流速只有0.24m/s，高区管道直径*DN*50，比摩阻为12Pa/m，流速只有0.20m/s，这样既增加了投资，还会造成并联环路之间新的水力不平衡。这种情况是十分普遍的，应该引起设计人员的注意，一定要根据水力计算的结果来选择管径。

2. 循环水泵的能耗

这是供暖空调系统水力计算中十分重要的一个问题，即按水管的阻力损失及各项阻力损失之和确定水泵扬程和选择水泵后，必须计算热水供暖系统的耗电输热比*EHR*，计算空调冷热水系统的耗电输冷（热）比*EC*(*H*)*R*，并满足《民用建筑供暖通风与空气调节设计规范》GB 50736—2012的规定。如果不能满足规范的规定，就必须重新设定流速，并计算水管的阻力、计算水泵扬程、计算耗电输热比*EHR*和耗电输冷（热）比*EC*(*H*)*R*，直至满足要求为止，设计人员在进行供暖空调水系统设计时一定不要忘记这一点。

3. 并联环路压力损失的相对差额

国家标准《采暖通风与空气调节设计规范》GB 50019—2003和《民用建筑供暖通风与空气调节设计规范》GB 50736—2012均规定，热水供暖系统、空调水系统设计工况时各并联环路之间计算压力损失的相对差额不应大于15%，当超过15%时，应采取水力平衡措施。因此，设计人员应认真进行管路布置和管径选择，以减少各并联环路之间计算压力损失的相对差额。

4. 系统最小管径的规定

供暖空调水系统供水管的末端、回水管的始端的管道直径，应在水力平衡计算的基础上确定，当计算管径小于*DN*20时，为了避免管道堵塞等情况发生，宜适当放大管径，因此，规范规定供水管的末端、回水管的始端的管道直径不应小于*DN*20，设计人员在设计时应考虑这种情况。

### 5.4.4 水管的摩擦阻力

表5-8是设定水温为20℃时，按式（5-5）和式（5-6）计算的钢管每米的摩擦阻力。*R*1是管内表面当量绝对粗糙度*K*＝0.2mm的闭式系统的阻力，*R*2是管内表面当量绝对粗糙度*K*＝0.5mm的开式系统的阻力。

**水管摩擦阻力计算**（*R*1—闭式系统；*R*2—开式系统）　　**表 5-8**

| 动压 $P_a$ (Pa) | 水流速 $v$ (m/s) | 公称管径 $DN$ (mm) $L$—流量 ($l$/s)<br>$R$1，$R$2—每米长水管的摩擦阻力 (Pa/m) | | | | | | | | | | | | | | | | |
|---|---|---|---|---|---|---|---|---|---|---|---|---|---|---|---|---|---|---|
| | | | 15 | 20 | 25 | 32 | 40 | 50 | 65 | 80 | 100 | 125 | 150 | 200 | 250 | 300 | 350 | 400 |
| 20 | 0.2 | $L$ | 0.04 | 0.07 | 0.11 | 0.20 | 0.26 | 0.44 | 0.73 | 1.03 | 1.57 | 2.45 | 3.53 | 6.72 | 10.5 | 15.0 | 21.2 | 26.1 |
| | | $R$1 | 68 | 45 | 33 | 23 | 19 | 14 | 10 | 8 | 6 | 5 | 4 | 2 | 2 | 1 | 1 | 1 |
| | | $R$2 | 85 | 56 | 40 | 27 | 23 | 16 | 11 | 9 | 7 | 5 | 4 | 3 | 2 | 2 | 1 | 1 |
| 45 | 0.3 | $L$ | 0.06 | 0.11 | 0.17 | 0.30 | 0.40 | 0.66 | 1.09 | 1.54 | 2.35 | 3.68 | 5.29 | 10.1 | 15.8 | 22.5 | 31.9 | 39.2 |
| | | $R$1 | 143 | 95 | 69 | 48 | 40 | 29 | 21 | 17 | 13 | 10 | 8 | 5 | 4 | 3 | 3 | 2 |
| | | $R$2 | 183 | 120 | 86 | 59 | 49 | 35 | 25 | 20 | 15 | 11 | 9 | 6 | 4 | 4 | 3 | 3 |
| 80 | 0.4 | $L$ | 0.08 | 0.14 | 0.23 | 0.40 | 0.53 | 0.88 | 1.45 | 2.06 | 3.14 | 4.90 | 7.06 | 13.4 | 21.0 | 29.9 | 42.5 | 52.2 |
| | | $R$1 | 244 | 163 | 111 | 82 | 68 | 49 | 36 | 28 | 22 | 16 | 13 | 9 | 7 | 5 | 4 | 4 |
| | | $R$2 | 319 | 209 | 150 | 102 | 85 | 60 | 43 | 34 | 26 | 20 | 15 | 10 | 8 | 6 | 5 | 4 |
| 125 | 0.5 | $L$ | 0.10 | 0.18 | 0.29 | 0.50 | 0.66 | 1.10 | 1.81 | 2.57 | 3.92 | 6.13 | 8.82 | 16.8 | 26.3 | 37.4 | 53.1 | 65.3 |
| | | $R$1 | 371 | 248 | 180 | 125 | 104 | 75 | 54 | 43 | 33 | 25 | 20 | 13 | 10 | 8 | 7 | 6 |
| | | $R$2 | 492 | 323 | 231 | 158 | 131 | 93 | 67 | 53 | 40 | 30 | 24 | 16 | 12 | 10 | 8 | 7 |
| 180 | 0.6 | $L$ | 0.12 | 0.21 | 0.34 | 0.60 | 0.7 | 1.32 | 2.18 | 3.09 | 4.70 | 7.35 | 10.6 | 20.2 | 31.6 | 44.9 | 63.7 | 78.3 |
| | | $R$1 | 525 | 351 | 255 | 176 | 147 | 106 | 77 | 61 | 47 | 35 | 28 | 19 | 14 | 11 | 9 | 8 |
| | | $R$2 | 702 | 460 | 330 | 225 | 187 | 132 | 95 | 76 | 57 | 43 | 34 | 22 | 17 | 14 | 11 | 10 |
| 245 | 0.7 | $L$ | 0.14 | 0.25 | 0.40 | 0.70 | 0.92 | 1.54 | 2.54 | 3.60 | 5.49 | 8.58 | 12.4 | 23.5 | 36.8 | 52.4 | 74.3 | 91.4 |
| | | $R$1 | 705 | 471 | 343 | 237 | 198 | 142 | 103 | 82 | 63 | 48 | 38 | 25 | 19 | 15 | 12 | 11 |
| | | R2 | 948 | 622 | 446 | 304 | 253 | 179 | 129 | 102 | 78 | 58 | 46 | 30 | 23 | 18 | 15 | 13 |
| 319 | 0.8 | $L$ | 0.16 | 0.28 | 0.45 | 0.80 | 1.05 | 1.76 | 2.90 | 4.12 | 6.27 | 9.80 | 14.1 | 26.9 | 42.1 | 59.9 | 84.9 | 104.4 |
| | | $R$1 | 911 | 609 | 443 | 306 | 256 | 183 | 133 | 106 | 81 | 61 | 49 | 33 | 25 | 20 | 16 | 14 |
| | | $R$2 | 1232 | 808 | 580 | 395 | 328 | 233 | 167 | 133 | 101 | 75 | 60 | 40 | 30 | 24 | 19 | 17 |
| 404 | 0.9 | $L$ | 0.18 | 0.32 | 0.51 | 0.90 | 1.19 | 1.98 | 3.26 | 4.63 | 7.06 | 11.0 | 15.9 | 30.2 | 47.3 | 67.4 | 95.6 | 117 |
| | | $R$1 | 1142 | 764 | 555 | 384 | 321 | 230 | 167 | 134 | 102 | 77 | 61 | 41 | 31 | 25 | 20 | 18 |
| | | $R$2 | 1553 | 1019 | 731 | 498 | 414 | 293 | 210 | 167 | 127 | 95 | 75 | 50 | 37 | 30 | 24 | 21 |
| 499 | 1.0 | $L$ | 0.19 | 0.35 | 0.57 | 1.00 | 1.32 | 2.20 | 3.63 | 5.14 | 7.84 | 12.3 | 17.6 | 33.6 | 52.6 | 74.9 | 106 | 131 |
| | | $R$1 | 1400 | 936 | 681 | 471 | 394 | 282 | 205 | 164 | 125 | 95 | 75 | 50 | 38 | 31 | 25 | 22 |
| | | $R$2 | 1912 | 1254 | 900 | 613 | 509 | 361 | 259 | 206 | 156 | 117 | 92 | 61 | 46 | 37 | 30 | 26 |
| 604 | 1.1 | $L$ | 0.21 | 0.39 | 0.63 | 1.10 | 1.45 | 2.42 | 3.99 | 5.66 | 8.62 | 13.5 | 19.4 | 37.0 | 57.9 | 82.3 | 117 | 144 |
| | | $R$1 | 1685 | 1126 | 819 | 566 | 473 | 339 | 246 | 197 | 151 | 114 | 90 | 61 | 46 | 37 | 30 | 26 |
| | | $R$2 | 2307 | 1513 | 1086 | 739 | 614 | 435 | 313 | 248 | 188 | 141 | 112 | 74 | 56 | 44 | 36 | 31 |
| 719 | 1.2 | $L$ | 0.23 | 0.42 | 0.69 | 1.20 | 1.58 | 2.64 | 4.35 | 6.17 | 9.41 | 14.7 | 21.2 | 40.3 | 63.1 | 89.8 | 127 | 157 |
| | | $R$1 | 1995 | 1334 | 970 | 671 | 561 | 402 | 292 | 233 | 179 | 135 | 107 | 72 | 54 | 44 | 35 | 31 |
| | | $R$2 | 2739 | 1797 | 1289 | 878 | 729 | 517 | 371 | 295 | 224 | 168 | 132 | 88 | 66 | 953 | 42 | 37 |
| 844 | 1.3 | $L$ | 0.25 | 0.46 | 0.74 | 1.30 | 1.71 | 2.86 | 4.71 | 6.69 | 10.2 | 15.9 | 22.9 | 4.37 | 68.4 | 97.3 | 138 | 170 |
| | | $R$1 | 2331 | 1559 | 1134 | 784 | 655 | 470 | 341 | 273 | 209 | 157 | 125 | 84 | 63 | 51 | 41 | 36 |
| | | $R$2 | 3208 | 2105 | 1510 | 1029 | 854 | 605 | 435 | 345 | 262 | 196 | 155 | 103 | 77 | 62 | 50 | 44 |
| 978 | 1.4 | $L$ | 0.27 | 0.50 | 0.80 | 1.40 | 1.85 | 3.08 | 5.08 | 7.20 | 11.0 | 17.2 | 24.7 | 47.0 | 73.6 | 105 | 149 | 183 |
| | | $R$1 | 2693 | 1801 | 1310 | 906 | 757 | 543 | 394 | 315 | 241 | 182 | 145 | 97 | 73 | 59 | 48 | 42 |
| | | $R$2 | 3714 | 2437 | 1748 | 1191 | 989 | 701 | 503 | 400 | 304 | 227 | 180 | 119 | 90 | 72 | 58 | 51 |

续表

| 动压 $P_a$ (Pa) | 水流速 $v$ (m/s) | 公称管径 $DN$ (mm) $L$—流量 ($l$/s) $R1$，$R2$—每米长水管的摩擦阻力 (Pa/m) | | | | | | | | | | | | | | | | |
|---|---|---|---|---|---|---|---|---|---|---|---|---|---|---|---|---|---|---|
| | | | 15 | 20 | 25 | 32 | 40 | 50 | 65 | 80 | 100 | 125 | 150 | 200 | 250 | 300 | 350 | 400 |
| 1123 | 1.5 | $L$ | 0.29 | 0.53 | 0.86 | 1.50 | 1.98 | 3.30 | 5.44 | 7.72 | 11.8 | 18.4 | 26.5 | 50.4 | 78.9 | 112 | 159 | 196 |
| | | $R1$ | 3082 | 2061 | 1499 | 1036 | 867 | 621 | 451 | 361 | 276 | 208 | 166 | 111 | 84 | 67 | 54 | 48 |
| | | $R2$ | 4258 | 2793 | 2004 | 1365 | 1134 | 803 | 577 | 458 | 348 | 260 | 206 | 136 | 103 | 82 | 66 | 58 |
| 1278 | 1.6 | $L$ | 0.31 | 0.57 | 0.91 | 1.60 | 2.11 | 3.52 | 5.80 | 8.23 | 12.5 | 19.6 | 28.2 | 53.8 | 84.2 | 120 | 170 | 209 |
| | | $R1$ | 3496 | 2338 | 1701 | 1176 | 983 | 705 | 512 | 409 | 313 | 236 | 188 | 126 | 95 | 77 | 62 | 54 |
| | | $R2$ | 4838 | 3174 | 2277 | 1551 | 1289 | 913 | 656 | 521 | 395 | 296 | 234 | 155 | 117 | 93 | 75 | 66 |
| 1442 | 1.7 | $L$ | 0.33 | 0.60 | 0.97 | 1.70 | 2.24 | 3.74 | 6.16 | 8.74 | 13.3 | 20.8 | 30.0 | 57.1 | 89.4 | 127 | 180 | 222 |
| | | $R1$ | 3937 | 2633 | 1915 | 1324 | 1107 | 794 | 576 | 461 | 353 | 266 | 212 | 142 | 107 | 86 | 70 | 61 |
| | | $R2$ | 5456 | 3579 | 2568 | 1749 | 1453 | 1029 | 739 | 587 | 446 | 334 | 264 | 175 | 132 | 105 | 85 | 74 |
| 1617 | 1.8 | $L$ | 0.35 | 0.64 | 1.03 | 1.80 | 2.37 | 3.96 | 6.53 | 9.26 | 14.4 | 22.1 | 31.8 | 60.5 | 94.7 | 135 | 191 | 235 |
| | | $R1$ | 4404 | 2945 | 2142 | 1481 | 1238 | 888 | 644 | 515 | 394 | 298 | 237 | 158 | 120 | 96 | 78 | 69 |
| | | $R2$ | 6110 | 4009 | 2876 | 1959 | 1627 | 1153 | 828 | 658 | 499 | 374 | 295 | 196 | 147 | 118 | 95 | 83 |
| 1802 | 1.9 | $L$ | 0.37 | 0.67 | 1.09 | 1.90 | 2.50 | 4.18 | 6.89 | 9.77 | 14.9 | 23.3 | 33.5 | 63.8 | 99.9 | 142 | 201 | 248 |
| | | $R1$ | 4896 | 3274 | 2382 | 1647 | 1377 | 987 | 717 | 573 | 439 | 331 | 263 | 176 | 133 | 107 | 87 | 76 |
| | | $R2$ | 6002 | 4462 | 3202 | 2181 | 1812 | 1284 | 922 | 732 | 556 | 416 | 329 | 218 | 164 | 131 | 105 | 93 |
| 1996 | 2.0 | $L$ | 0.39 | 0.71 | 1.14 | 2.00 | 2.64 | 4.40 | 7.25 | 10.3 | 15.7 | 24.5 | 35.3 | 67.2 | 105 | 150 | 212 | 261 |
| | | $R1$ | 5415 | 3621 | 2634 | 1821 | 1523 | 1092 | 793 | 634 | 485 | 366 | 291 | 195 | 148 | 119 | 96 | 84 |
| | | $R2$ | 7513 | 4940 | 3545 | 2415 | 2006 | 1421 | 1021 | 811 | 615 | 461 | 364 | 241 | 182 | 145 | 117 | 103 |
| 2201 | 2.1 | $L$ | 0.41 | 0.74 | 1.20 | 2.10 | 2.77 | 4.62 | 7.61 | 10.8 | 16.5 | 25.7 | 37.0 | 70.6 | 110 | 157 | 223 | 274 |
| | | $R1$ | 5960 | 3985 | 2899 | 2004 | 1676 | 1202 | 872 | 698 | 534 | 403 | 320 | 214 | 162 | 131 | 105 | 93 |
| | | $R2$ | 8297 | 5443 | 3905 | 2660 | 2210 | 1563 | 1124 | 893 | 678 | 508 | 401 | 266 | 200 | 160 | 129 | 113 |
| 2416 | 2.2 | $L$ | 0.43 | 0.78 | 1.26 | 2.20 | 2.90 | 4.85 | 7.98 | 11.3 | 17.3 | 27.0 | 38.8 | 73.9 | 116 | 165 | 234 | 287 |
| | | $R1$ | 6531 | 4367 | 3177 | 2196 | 1837 | 1371 | 956 | 765 | 585 | 441 | 351 | 235 | 178 | 143 | 115 | 102 |
| | | $R2$ | 9099 | 5969 | 4283 | 2918 | 2423 | 1717 | 1233 | 979 | 744 | 557 | 440 | 292 | 219 | 176 | 141 | 124 |
| 2640 | 2.3 | $L$ | 0.45 | 0.81 | 1.31 | 2.30 | 3.03 | 5.07 | 8.34 | 11.8 | 18.0 | 28.2 | 40.6 | 77.3 | 121 | 172 | 244 | 300 |
| | | $R1$ | 7128 | 4766 | 3468 | 2397 | 2005 | 1437 | 1043 | 835 | 639 | 482 | 383 | 256 | 194 | 156 | 126 | 111 |
| | | $R2$ | 9939 | 6520 | 4678 | 3187 | 2647 | 1875 | 1347 | 1070 | 812 | 608 | 481 | 318 | 240 | 192 | 154 | 135 |
| 2875 | 2.4 | $L$ | 0.47 | 0.85 | 1.37 | 2.40 | 3.16 | 5.29 | 8.70 | 12.4 | 18.8 | 29.4 | 42.3 | 80.6 | 126 | 180 | 255 | 318 |
| | | $R1$ | 7751 | 5183 | 3771 | 2607 | 2180 | 1563 | 1135 | 907 | 694 | 524 | 417 | 279 | 211 | 170 | 137 | 121 |
| | | $R2$ | 10816 | 7096 | 5091 | 3468 | 2881 | 2041 | 1466 | 1164 | 884 | 662 | 523 | 347 | 261 | 209 | 168 | 147 |
| 3119 | 2.5 | $L$ | 0.49 | 0.89 | 1.43 | 2.51 | 3.29 | 5.51 | 9.06 | 12.9 | 19.6 | 30.6 | 44.1 | 84.0 | 131 | 187 | 265 | 328 |
| | | $R1$ | 8400 | 5617 | 4087 | 2825 | 2363 | 1694 | 1230 | 984 | 753 | 568 | 452 | 302 | 229 | 184 | 149 | 131 |
| | | $R2$ | 11730 | 7695 | 5522 | 3761 | 3124 | 2214 | 1590 | 1263 | 959 | 718 | 567 | 376 | 283 | 226 | 182 | 160 |
| 3374 | 2.6 | $L$ | 0.51 | 0.92 | 1.49 | 2.61 | 3.43 | 5.73 | 9.43 | 13.4 | 20.4 | 31.9 | 45.9 | 87.3 | 137 | 195 | 276 | 339 |
| | | $R1$ | 9075 | 6069 | 4415 | 3052 | 2553 | 1830 | 1329 | 1063 | 813 | 614 | 488 | 327 | 247 | 199 | 161 | 141 |
| | | $R2$ | 12681 | 8319 | 5969 | 4066 | 3377 | 2393 | 1719 | 1365 | 1036 | 776 | 613 | 406 | 306 | 245 | 196 | 173 |
| 3639 | 2.7 | $L$ | 0.53 | 0.96 | 1.54 | 2.71 | 3.56 | 5.95 | 9.79 | 13.9 | 21.2 | 33.1 | 47.6 | 90.7 | 142 | 202 | 287 | 352 |
| | | $R1$ | 9776 | 6538 | 4756 | 3288 | 2750 | 1972 | 1431 | 1145 | 876 | 661 | 526 | 352 | 266 | 214 | 173 | 152 |
| | | $R2$ | 13669 | 8968 | 6434 | 4383 | 3641 | 2580 | 1853 | 1471 | 1117 | 836 | 661 | 438 | 330 | 264 | 212 | 186 |

续表

| 动压 $P_a$ (Pa) | 水流速 $v$ (m/s) | 公称管径 DN（mm）L—流量（l/s）<br>R1，R2—每米长水管的摩擦阻力（Pa/m） | | | | | | | | | | | | | | | | |
|---|---|---|---|---|---|---|---|---|---|---|---|---|---|---|---|---|---|---|
| | | | 15 | 20 | 25 | 32 | 40 | 50 | 65 | 80 | 100 | 125 | 150 | 200 | 250 | 300 | 350 | 400 |
| 3913 | 2.8 | L | 0.54 | 0.99 | 1.60 | 2.81 | 3.69 | 6.17 | 10.2 | 14.4 | 22.0 | 34.3 | 49.4 | 94.1 | 147 | 210 | 297 | 365 |
| | | R1 | 10504 | 7024 | 5110 | 3533 | 2955 | 2118 | 1538 | 1230 | 94.1 | 710 | 565 | 378 | 286 | 230 | 186 | 164 |
| | | R2 | 14695 | 9640 | 6917 | 4712 | 3914 | 2773 | 1992 | 1582 | 1201 | 899 | 711 | 471 | 354 | 284 | 228 | 200 |
| 4198 | 2.9 | L | 0.56 | 1.03 | 1.66 | 2.91 | 3.82 | 6.39 | 10.5 | 14.9 | 22.7 | 35.5 | 51.2 | 97.4 | 153 | 217 | 308 | 378 |
| | | R1 | 11257 | 7528 | 5477 | 3786 | 3167 | 2270 | 1648 | 1318 | 1009 | 761 | 605 | 405 | 307 | 247 | 199 | 175 |
| | | R2 | 15757 | 1033 | 7417 | 5052 | 4197 | 2973 | 2136 | 1696 | 1288 | 964 | 762 | 505 | 380 | 304 | 244 | 215 |
| 4492 | 3.0 | L | 0.58 | 1.06 | 1.71 | 3.01 | 3.95 | 6.61 | 10.9 | 15.4 | 23.5 | 36.8 | 52.9 | 101 | 158 | 225 | 319 | 392 |
| | | R1 | 12037 | 8049 | 5856 | 4049 | 3386 | 2428 | 1762 | 1409 | 1079 | 814 | 647 | 433 | 328 | 264 | 213 | 188 |
| | | R2 | 16856 | 11058 | 7934 | 5405 | 4489 | 3181 | 2285 | 1815 | 1378 | 1031 | 815 | 540 | 406 | 325 | 261 | 230 |

### 5.4.5 供暖空调系统的水质处理

目前国内的工程中，热水供暖系统都是闭式系统；空调冷热水系统多为闭式系统，空调冷却水系统多为开式系统。闭式系统中的水都是循环使用的，循环使用后，水中的 $Ca^{2+}$、$Mg^{2+}$、$Cl^{-}$、$SO_4^{2-}$ 等离子、溶解固体和悬浮物相应增加，如果是开式系统，还有空气中污染物如灰尘、杂物、可溶性气体等均可进入循环水中，使系统中的设备和管道结垢、腐蚀或滋生微生物，造成换热器传热效率降低，过水断面减少，甚至使设备管道腐蚀穿孔。因此，暖通空调设计人员应熟知循环水的水质标准及水质稳定处理方法，并在设计中采取相应的措施，保证循环水的水质符合要求。

闭式供暖水系统、空调冷热水系统中，系统水不与空气接触，只有补充水会给循环水带入溶解氧而引起腐蚀。空调冷冻水的水温较低（7～12℃），因此腐蚀速度很缓慢，只要采用向系统中投入腐蚀抑制剂作为防腐蚀的技术措施，就可以满足防腐要求。因此，空调冷水系统一般不需要为防止水生成水垢而进行水处理，也不需要为控制水藻而使用药物。但是对于冷热水两用的空调水系统应采用软化水，故水系统中应设置水处理设备，对循环水和补充水进行处理。

空调冷却水系统为开式系统，循环水直接与空气接触，比闭式系统条件恶劣，容易产生结垢、腐蚀、泥渣和水藻，因此开式循环冷却水系统是空调水质稳定处理的重点。

1. 循环冷却水系统的水质变化

（1）盐类的浓缩

冷却水经过不断蒸发，其中的盐类不断浓缩，为了控制盐类浓缩，需排掉一部分水，称为排污水，并补充新鲜水，称为补充水。根据水系统的含盐量平衡，控制浓缩倍数 $N\leqslant$ 5～6 比较合适。

（2）$CO_2$

冷却塔的循环水与空气接触，使水中的 $CO_2$ 发生变化，$CO_2$ 含量与水温的关系见表 5-9。

**不同温度下水中游离 $CO_2$ 含量** **表 5-9**

| 温度（℃） | 10 | 20 | 25 | 30 | 35 | 40 | 45 | 50 |
|---|---|---|---|---|---|---|---|---|
| $CO_2$ 含量（mg/l） | 14.5 | 7.7 | 5.2 | 3.5 | 2.0 | 1.5 | 0.3 | 0 |

（3）充氧

冷却塔循环水与空气接触过程中，水中含氧量接近于该水温条件下氧的饱和溶解度，一般为 6～10mg/l。由于氧的去极化作用和扩散作用，加速了设备和管道的腐蚀。

（4）浊度增加

冷却塔循环水与空气接触过程中，空气中的灰尘、细菌等被截留下来，冷却水的浊度不断增加。

（5）pH 的变化

循环冷却水的 pH 随着浓缩倍数 $N$ 的增大而升高，大多数稳定在 6～8.5 之间。

（6）碱度的变化

循环冷却水的碱度随浓缩倍数 $N$ 的增加而增加。

（7）微生物含量的变化

由于循环水的水温、溶解氧、营养物（P、C、N）等对微生物提供了有利繁殖条件，微生物将滋生繁殖。

2. 循环水的水质指标

（1）供暖空调水系统

目前我国还没有制定供暖空调冷热水系统专用的国家标准，基本上都是参考相关的标准，而这些标准都不是专门针对供暖空调系统的。现在专门针对供暖空调系统的有北京市地方标准《供热采暖系统水质及防腐技术规范》DBJ 01-619—2004。

尽管如此，相关的标准还是被设计人员频频引用，例如：《工业锅炉水质》GB/T 1576—2008，针对锅炉及采暖水质的指标有：炉外化学处理时，给水 pH≥7（25℃时）、溶解氧≤0.1mg/$l$、锅水 pH＝10～12（25℃时），并规定额定供热量 $Q$<4.2MW 的热水锅炉宜进行给水除氧，$Q$≥4.2MW 的热水锅炉应进行给水除氧。

《城市热力网设计规范》CJJ 34—2002 规定热水热力网补给水的水质标准有：悬浮物≤5mg/$l$，溶解氧≤0.1mg/$l$，pH＝7～12。

上述标准中，后者是对以热电厂或锅炉房为热源的一次水的水质要求，前者是对锅炉给水的水质要求，且对热网水没有作出具体规定。总之，对室内供暖空调系统来说，都缺乏针对性，仅能作为参考而已。

（2）冷却水系统

开式循环冷却水系统的水质标准可参考国家标准《工业循环冷却水处理设计规范》GB 50050—2007 和《工业循环水冷却设计规范》GB/T 50102—2003。现将《工业循环冷却水处理设计规范》GB 50050—2007 表 3.1.8 摘录如下（见表 5-10）。

**开式循环冷却水系统水质标准**（摘录）　　　　**表 5-10**

| 项　目 | 单　位 | 要求和使用条件 | 允许值 |
|---|---|---|---|
| 悬浮物 | mg/$l$ | 根据生产工艺要求确定 | ≤20 |
| | | 换热设备为板式、翅片管式、螺旋板式 | ≤10 |
| pH | mg/$l$ | 根据药剂配方确定 | 7.0～9.2 |
| 甲基橙碱度 | mg/$l$ | 根据药剂配方及工况条件确定 | ≤500 |
| $Ca^{2+}$ | mg/$l$ | 根据药剂配方及工况条件确定 | 30～200 |
| $Fe^{2+}$ | mg/$l$ | | <0.5 |

续表

| 项　目 | 单　位 | 要求和使用条件 | 允许值 |
|---|---|---|---|
| $Cl^-$ | mg/$l$ | 碳钢换热设备 | ≤1000 |
| | | 不锈钢换热设备 | ≤300 |
| 游离氯 | mg/$l$ | 在回水总管处 | 0.5～1.0 |

3. 循环水处理措施

供暖空调系统循环水处理包括以下四类措施。

（1）机械过滤

由于施工中的遗留物、循环水中的悬浮物浓度过高或有较大直径的颗粒物无法通过设备和管道的流道，造成设备和管道的堵塞，致使散热器、空调器的温控阀、热计量表、分支环路控制阀甚至水泵等堵塞或无法使用。为了防止或减轻堵塞，简单而经济的方法是在系统上安装各种形式的机械过滤器（除污器）。过滤器应安装在设备、附件的进水管上并要定期清洗。

**【案例 121】**某办公楼工程，建筑面积 12871.2m²，地下 1 层，地上 10 层，供暖热负荷为 857.1kW，采用城市热网加板式换热器供供暖热水，换热站位于地下一层。设计人员将水系统的机械过滤器设置在循环水泵的进水管，而板式换热器进水管没有过滤器（见图 5-8）。原因是设计人员按水泵样本的图示将过滤器设置在循环水泵的进水管（所有厂家的产品样本都是这样），而没有考虑板式换热器比水泵更容易堵塞，而且价格也高得多。此时正确的做法应该是以保护换热器为主，把过滤器设置在板式换热器的进水管，并尽量缩短换热器与水泵之间的距离，可以省去水泵进水管的过滤器。

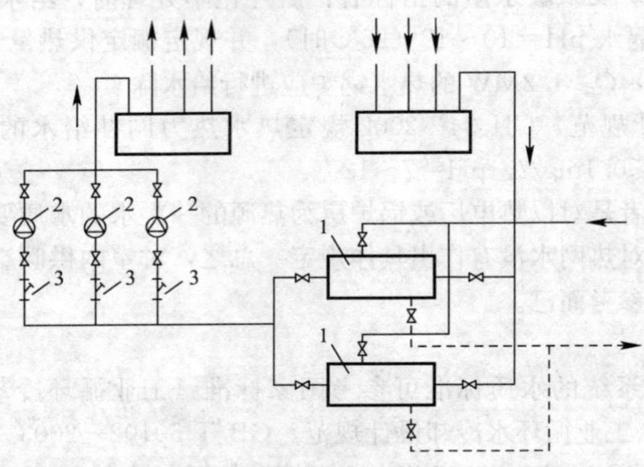

图 5-8　换热器进口没有过滤器

1—换热器；2—循环水泵；3—过滤器

**【案例 122】**某地文化中心，建筑面积为 17620m²，地下 1 层，地上 5 层，室内为集中空调系统，夏季冷负荷为 1995.3kW，冬季热负荷为 1821.4kW，冷热源机房位于地下室。设计人员在机房水系统设计时未认真考虑，把冬季换热器的进水管接在总回水管上过滤器的入口处（见图 5-9），这样，冬季供热时的回水未经过过滤器，容易造成系统堵塞，这种情况应当避免。

（2）结垢控制

循环冷却水能产生多种盐垢（俗称水垢），如碳酸钙、硫酸钙、磷酸钙等。在循环冷

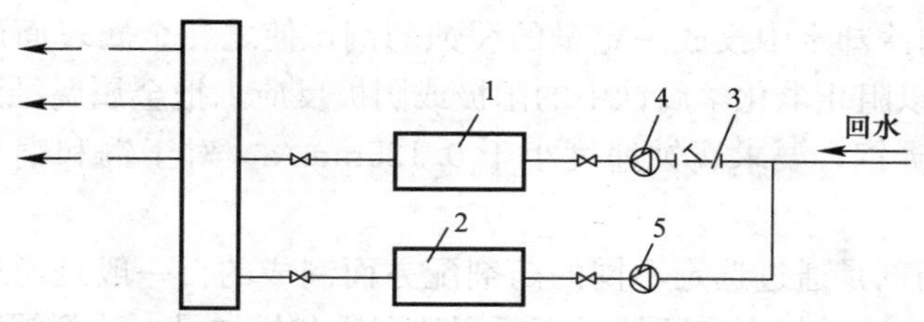

图 5-9　换热器进口接在过滤器进口

1—冷水机组；2—换热器；3—过滤器；4—冷水循环泵；5—热水循环泵

却水如果投加处理药剂，会使垢的成分发生变化，达到控制结垢、阻垢的目的。常用的方法有：

1）用石灰软化或其他方法软化，去除补充水中的致盐垢的成分或将其转化为非致盐成分。

2）排污法。当补充水中的碳酸盐硬度较低时，可以采用限制循环冷却水的浓缩倍数来防止结垢，限制浓缩倍数可用排污水量来控制。一般排污水量以不超过冷却水流量的3%～5%为宜，如排污水量过大，不宜单独采用此法。

3）酸化法。在补充水中投加强酸，可将碳酸盐硬度转化为溶解度较大的盐类，从而也可以防止结垢。通常采用硫酸，加酸处理一般控制 pH＝7.2～7.8。本法适用于碳酸盐硬度较大的场合。使用本法时，应控制酸化后生成的碳酸钠浓度小于相应水温下的溶解度。

4）投加阻垢药剂。向水中投加各种具有阻垢性能的药剂，可以在循环冷却水系统中有效地阻止盐垢的产生。常用的有聚磷酸盐、有机磷酸盐、聚丙烯酸等。

5）防止污垢的方法有减少或切断污染源、投加分散剂、旁滤和杀菌等。

当以地表水为补充水时，必须经过澄清过滤处理，还要减少由空气中进入冷却水系统的污染物；

用于阻垢的各种分散剂可以使污染物保持悬浮状态，最终在排污时从系统中排除，对污垢也有良好的分散作用。

采用旁滤可以滤除大部分悬浮物和微生物，控制冷却水系统中的悬浮固体含量。采用杀菌方法来控制微生物在系统内的繁殖，对于防止污垢就显得十分重要。

（3）腐蚀控制

循环冷却水系统中的腐蚀分为三类：化学腐蚀、电化学腐蚀和微生物腐蚀。

化学腐蚀是指溶于水中的 $H_2S$、$SO_2$ 等腐蚀性气体及设备泄露的酸污染所引起的腐蚀，在循环冷却水系统中，这种情况不多见。

电化学腐蚀是由于两种金属或同一金属不同部位的电位差不同。电极电位低的易溶解，成为阳极，电极电位高的难以溶解而成为阴极，在电位差的作用下，阳极放出电子到达阴极，再到溶液中被吸收即形成腐蚀。

微生物腐蚀是由于黏泥沉积层下是贫氧区，由于氧浓度差电流的作用使金属腐蚀，微生物在代谢过程中生成各种酸，也引起腐蚀。

目前采用的控制腐蚀的方法有：药剂法、阳极或阴极保护法、表面涂耐蚀层和改进设备材质等。

1）药剂法是向冷却水中投放一定量的缓蚀药剂，使之在金属表面形成一层致密而完整的金属保护膜，以阻止电化学腐蚀中的阳极或阴极反应，把金属腐蚀速率控制在可以接受的水平上，对于碳钢，要求腐蚀速度小于0.125mm/a，对于铜和铜合金、不锈钢小于0.005mm/a。

2）缓蚀阻垢药剂是通过选定不同的药剂配方而制成的，一般是通过模拟实验筛选来确定合适的复合配方，并根据实际情况不断调整配比和投加量，达到缓蚀阻垢的目的。

（4）微生物控制

循环冷却水中的藻类、真菌和原生物在水温和pH值合适时，随着冷却水的蒸发会迅速生长，不仅使冷却水水质恶化，而且还和其他杂质掺混形成黏垢附着在管壁上，导致换热器效率大大降低，严重时还会形成点穿孔腐蚀造成设备报废。为了控制微生物及其危害，最常用的方法是向系统投加杀生剂。

控制微生物的方法有：

1）设置旁滤装置，去除水中的悬浮物以及菌、藻等微生物。

2）加强补充水的处理，改善补充水的水质。

3）采用非氧化型杀生剂，当冷却水的氮过高，有机物过高和pH高、浊度增大时，游离氯无法维持，应采用非氧化型杀生剂作为辅助药剂，与氧化型杀生剂配合使用。

4）采用剥离剂，既可以抑制微生物繁殖，又可以将微生物和它们所造成的生物黏泥从管道设备的表面上剥离下来。既消除了污垢对传热的影响，又解决了垢下腐蚀和排放物对环境的污染。

药品投加注意事项：投加时应有足够的时间以保持一定的剩余浓度，浓度越高，杀菌效果越好。投药量必须使药剂浓度大于杀生控制的最低浓度，正确选择适宜的杀生剂和操作方法。

## 5.5 水系统的竖向分区

随着国家经济的飞速发展，人们生活水平的不断提高，城市化进程的加快，全国各地城镇的民用建筑楼层越来越高，严寒和寒冷地区的高层居住建筑也越来越多。为了防止高层建筑下部的压力超过散热器、空调器、管道以及部件等的额定工作压力，高层建筑的供暖空调水系统应根据工作压力的大小进行竖向分区。

### 5.5.1 系统的工作压力与设备、管路及部件的额定工作压力

国家标准《民用建筑供暖通风与空气调节设计规范》GB 50736—2012新增加了关于管道设备工作压力的强制性规定："空调冷（热）水和冷却水系统中的冷水机组、水泵、末端装置等设备和管路及部件的工作压力不应大于其额定工作压力"（第8.1.8条），提出了一个十分重要的问题，是《采暖通风与空气调节设计规范》GB 50019中没有提及的。

高层建筑按层高分几个区与系统内设备、管路及部件所受的工作压力及其额定工作压力有关。如果工作压力大于额定工作压力，应进行分区或采取其他措施，反之就可以不分区。因此设计人员应对系统的工作压力和设备、管路及部件的额定工作压力有所了解。

1. 系统的工作压力

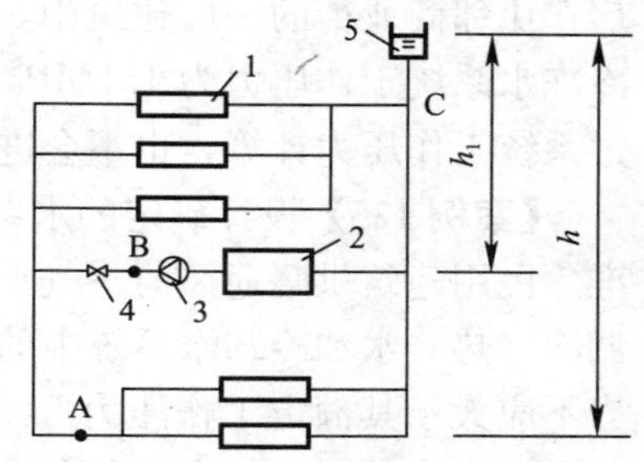

图 5-10　水系统压力分析
1—用户；2—制冷换热机组；3—水泵；4—阀门；5—水箱

系统的最高压力：系统的最高压力在系统的最低处或水泵出口处，设计时应对各点的压力进行分析，以选择合适的构件和设备。就图 5-10 所示系统的压力分析三种情况：

（1）系统停止运行时，A 点工作压力最大：

$$P_{\mathrm{A}} = 9.81h \tag{5-9}$$

（2）系统正常运行时，A 点和 B 点均可能工作压力最大：

$$P_{\mathrm{B}} = 9.81h_1 + P_{\mathrm{g}} - H_{\mathrm{CB}} \tag{5-10}$$

$$P_{\mathrm{A}} = 9.81h + P_{\mathrm{g}} - H_{\mathrm{CB}} - H_{\mathrm{BA}} \tag{5-11}$$

（3）系统刚开始运行，动压还未形成，阀门 4 可能处于关闭状态，则 B 点的工作压力最大：

$$P_{\mathrm{B}} = 9.81h_1 + P \tag{5-12}$$

式中　$P_{\mathrm{A}}$、$P_{\mathrm{B}}$——A 点和 B 点的静压，kPa；

$h$、$h_1$——水箱液面至 A 点、B 点的垂直距离，m；

$H_{\mathrm{CB}}$——C 点至 B 点的阻力，kPa；

$H_{\mathrm{BA}}$——B 点至 A 点的阻力，kPa；

$P_{\mathrm{g}}$、$P$——水泵的静压和全压，kPa；

$$P_{\mathrm{g}} = P - \frac{v^2}{2g} \tag{5-13}$$

$v$——B 点处管内流速，m/s。

2. 设备、管路及部件的额定工作压力

设备、管路及部件的额定工作压力如下。

（1）焊接钢管 1.0MPa；加厚管及螺纹管 1.0～1.6MPa；无缝钢管 1.6～2.5MPa。

（2）阀门 1.6MPa、2.5～6.4MPa、10～100MPa。

（3）管道　低压 2.5MPa；中压 4～6.4MPa；高压 10～100MPa。

（4）设备　普通型冷水机组 1.0MPa；加强型冷水机组 1.7MPa；表冷器、风机盘管 1.6MPa；水泵壳体 1.0～1.6MPa。

**【案例 123】**设计人员未经计算，随意编写水系统的工作压力。某小区 17 号住宅楼，建筑面积 27885.3m²，地下 2 层，地上 27 层，屋面标高 78.8m，室内为 50/40℃地面辐射供暖系统，供暖热负荷为 722.2kW。设计人员把水系统分为高、低两区，一～十四层为低区，十五～二十七层为高区，设计人员未经计算，“设计说明”称低区工作压力为 0.6MPa。经检查发现，低区水系统的顶点标高为 41.6m，设系统顶点的工作压力为 0.1MPa，外网水泵扬程为 38m，静压占扬程的一半，为 19m，则入口最低点的工作压力应为 41.6＋0.1×100＋19＝70.6m＝0.71MPa，而不是 0.6MPa。因此，设计人员应认真计算工作压力，而不要随意编写。

**【案例 124】**与上一案例情况相反，某地 F 区商业街，建筑面积 29866.19m²，地上 3 层，屋面标高 13.60m；室内为柜式空调器全空气系统和风机盘管加新风系统。冷热源机房在比邻商业街的一层建筑中，冷却塔在该建筑屋面上。设计人员在“设计说明”中称：冷冻水系统工作压力为1.1MPa，冷却水系统工作压力为0.6MPa，说明设计人员没有经过系统工作压力计算，也不会进行计算。

**【案例125】**设计确定的水系统工作压力大于设备的额定工作压力。最新实施的国家标准《民用建筑供暖通风与空气调节设计规范》GB 50736—2012新增强制性条文规定“空调冷（热）水和冷却水系统中的冷水机组、水泵、末端装置等设备和管路及部件的工作压力不应大于其额定工作压力”。某住宅小区，1号楼建筑面积22836m²，地下1层，地上23层，4个单元，2号楼建筑面积24006m²，地下1层，地上24层，3个单元，屋面高度76.70m；住宅建筑室内设置吊顶辐射板冷暖空调加独立新风/卫生间排风的置换通风系统；吊顶辐射板冷暖空调为一个水系统，夏季水温18/21℃，冬季水温32/29℃，水系统竖向分为高、低区，系统最大压力不超过吊顶辐射板的工作压力。新风处理机水系统为另一个水系统，竖向不分区，新风处理机在2号楼屋面上，水系统顶点高度约75m，冷水机组在地下1层，静水高度为78m，循环水泵扬程38m，设计人员确定的系统工作压力为1.2MPa，但选择冷水机组的额定工作压力为1.0MPa，违反了水系统工作压力不应大于设备额定工作压力的强制性规定，设计中应避免这种情况，这时应降低新风机组的水系统高度或选择加强型冷水机组。

## 5.5.2 空调水系统的分区

高层建筑空调水系统是否分区和分几个区的基本原则是保证各分区段内系统的工作压力不超过最低层设备、管路及部件的额定工作压力，所以在进行高层建筑空调水系统竖向分区时，应按上节的规定计算分区段内最不利的压力是否超过该处设备、管路及部件的额定工作压力。如果系统工作压力超过额定工作压力，则应在竖向进行分区。

针对不同的建筑物高度，在保证不超过设备、管路及部件额定工作压力的前提下，大致可以遵循以下的具体原则进行分区：

一般情况下，建议将冷热水循环泵置于冷水机组、换热机组的出水端，以减少设备、管路及部件的工作压力，即采用“抽吸式”系统；

对冷热源设备在水泵入口端的“抽吸式”系统，总高差（从水泵中心线算起）在100m以内时可以不进行竖向分区，但循环水泵的额定工作压力应在1.2MPa以上；

对于冷热源设备在水泵出口端的“压入式”系统，总高差（从水泵中心线算起）超过70m时，应进行竖向分区；

如果实际工程不具备竖向分区的条件，精确的压力计算认定工作压力高于设备、管路及部件的额定工作压力时，切记不应再选用标准型的冷水机组和换热器，而应选用加强型的机组。如果经济比较合适，这不失为一种简化系统的方法。

总结国内大量的工程实例，高层建筑空调水系统的竖向分区大致有以下几种主要模式：

1. 竖向分两区

（1）高、低区合用冷热源设备

低区采用冷热水机组直供，同时在设备层设置换热器，作为高低区水压的分界面，减少高区最低层设备的工作压力，如图5-11（*a*）所示。

值得注意的是，高区水系统的水是经过换热后的二次水，其供（回）水温度将比一次水温夏季高 1.5～2℃，冬季低 2～3℃。这样高区末端设备的换热能力就会下降。以 PF63 风机盘管夏季工况为例，高区二次水供水温度为 8.5℃，一次水供水温度为 7℃时，其制冷量约下降 17%，冬季亦如此。这样在同样的冷热负荷情况下，必然要求增大高区的末端设备，比如将风机盘管加大一号，这样必然造成投资的增加。

（2）高低区分设冷热源设备

根据工程的具体情况，分散或集中布置高区、低区的冷热源设备，如图 5-11（*b*）中，低区设备在地下室，高区设备在中部设备层，当然，高区的冷水机组和循环水泵也可以集中在地下室。

2. 竖向分三区

根据国内设计的经验，建议在系统总高差（从水泵中心线算起）超过 200m 时，将水系统竖向分为高、中、低三区，以减少各区内最低层设备的工作压力。

对于竖向分三区的水系统，合用冷热源设备及换热器的模式中，只允许有一级换热，不能再用二次水作为二级换热器的一次水，这样二级换热后水温升（降）太大，直接影响末端设备的选型。因此，竖向分三区的水系统最好有两处为一次冷（热）源，中间只发生一次换热，如图 5-11（*c*）所示。

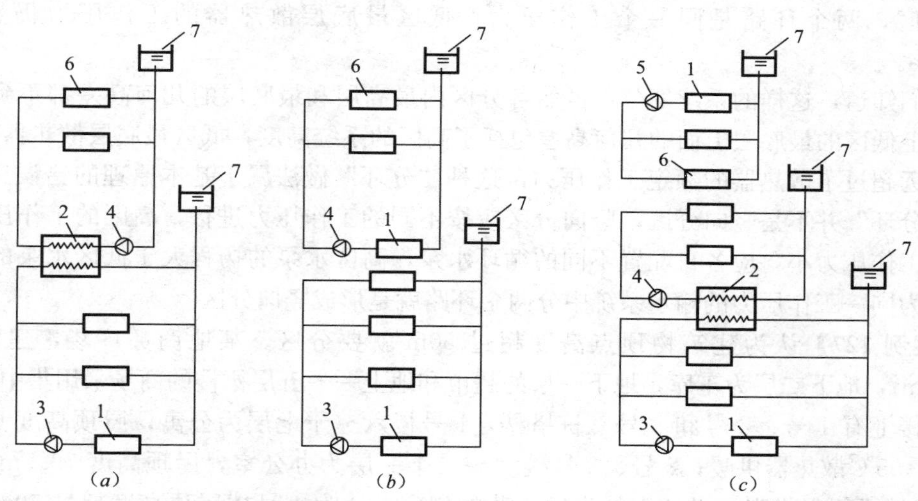


图 5-11 高层建筑空调水系统分区图示

1—冷（热）水机组；2—换热器；3—低区水泵；4、5—中、高区水泵；6—末端设备；7—膨胀水箱

### 5.5.3 供暖水系统的分区

1. 供暖水系统竖向分区的规定及误区

（1）供暖水系统竖向分区的规定

《采暖通风与空气调节设计规范》GB 50019—2003 第 4.3.9 条规定："建筑物的热水采暖系统高度超过 50m 时，宜竖向分区设置"。《民用建筑供暖通风与空气调节设计规范》GB 50736—2012 第 5.1.10 条规定："建筑物的热水供暖系统应按设备、管道及部件所能承受的最低工作压力和水力平衡要求进行竖向分区设置"。作出这些规定的目的是：减小散热器、埋地加热管以及室内供暖系统其他附件的工作压力，保证系统安全运行，同时分

散立管负荷、避免立管直径过大及出现垂直失调等现象。目前一般铸铁散热器的额定工作压力为0.6MPa（60m）左右，如果供暖系统的循环压力为30～50kPa（3m～5m）左右，则铸铁散热器的安全静水压应为0.55MPa（55m），所以对于铸铁散热器，按照50m进行竖向分区是安全的；如果采用铸铝散热器或铜铝复合散热器，额定工作压力达到1.0MPa以上，对于采用铜铝复合散热器（额定工作压力1.2MPa）的系统，分区的最大高度大约为60m左右。最近实施的《民用建筑供暖通风与空气调节设计规范》GB 50736—2012没有按50m进行划分，就是考虑了不同散热器的额定工作压力不相同这一情况，而没有作硬性规定。只要设计计算正确，一个竖向水系统的静水高度可以超过50m，这是一个新的变化。

（2）竖向分区出现的误区

**【案例126】**认为竖向分环就是竖向分区。2001年前后，夏热冬冷地区的一些住宅小区开始设计集中供暖系统，成为当地商品房的新卖点。某地花园小区C栋，建筑面积21312m$^2$，地下1层为汽车库，地上24层为住宅。设计人员根据高度超过50m的建筑供暖系统应进行竖向分区的规定，将供暖系统分为上、下两区，每区水系统高度不超过50m。但是，设计人员只是在热源划分了两个环路，并没有按不同工作压力进行竖向分区，两个环路是同一个工作压力，低区最底层散热器的工作压力仍然超过0.6MPa。

我们知道，这样的系统划分，虽然各分区内最高层和最底层的几何高差都不到50m，但实际上低区的最底层上面的几何高差包括了高区的系统高度，低区最底层散热器的工作压力远远超过了散热器的额定工作压力，这种“分环”做法属于基本原理的错误。因此，竖向“分环”并不是竖向分区，竖向分区应按不同的工作压力进行，高区的工作压力大，低区的工作压力小，应各自配置不同的循环水泵，高区水泵的扬程大于低区水泵的扬程，不能认为同一工作压力的输水系统中分两个环路就是形成竖向分区。

**【案例127】**认为建筑物顶点高度超过50m就要分区。某地商务广场，建筑面积122310m$^2$，地下二层为车库，地下一层的超市和地上一～五层裙楼的商场采用集中空调系统；裙楼上有1号、2号和3号三栋塔楼，1号楼六～十七层为公寓，屋顶高度65.7m，采用80/55℃散热器供暖；2号、3号楼六～二十一层为办公室，屋顶高度79.7m，采用50/40℃地面辐射供暖。设计人员生搬规范的规定，认为1号楼屋顶高度超过50m，将1号楼竖向进行分区，六～十一层为低区，共6层，高差约21m，十二～十七层为高区，共6层，高差约21.0m。2号、3号楼为50/40℃地面辐射供暖，与1号楼不是同一个系统，六～二十一层高度差为56.0m，竖向分为高低两个区。

对1号楼的分区方法，说明设计人员并不理解规范的真正含义，误认为1号楼建筑物顶点高度为65.7m，超过50m就要分区，实际上该系统六～十七层共12层，高差仅42m左右，可以不进行分区，所以设计人员这样分区是不合适的。

**【案例128】**不作分析，随意进行分区。某小区，有居住建筑19栋，建筑面积为3498.4～19863.2m$^2$不等，地下为1或2层，地上为6、7、9、18、30、33层，室内为50/40℃热水地面辐射供暖系统。设计人员没有认真地进行分析，只是简单地按单体建筑物高度（层数）的1/2或1/3进行分区，所以低区线有九层、十层和十一层3条线，中区线有二十层、二十二层2条线，这样的分区既复杂又不合理。遇到这种情况，正确的分区方法应该是，以三十三层为准，分为低区一～十一层，中区十二～二十二层，高区二十三～三十三层；十八层和三十层的低区线都是十一层，三十层的中区线是二十二层，六层、七层、九层都在低区线以下。

2. 高层建筑直连供暖技术

当室外供热管网只有低压等级而且室外管网供水压力不能满足高层系统的运行要求时，通常应优先采用换热器间接连接方式，除此以外，还可以采用高层直连采暖装置，使高层系统与室外低压管网直接连接，高层建筑可以与多层建筑共用一套室外管网系统，而不用配置高压力等级的室外管网系统。

(1) 采暖系统竖向分区现实情况

目前我国北方严寒和寒冷地区的居住建筑出现了大量的高层建筑，考虑建筑成本和防烟楼梯间自然防烟的限制，总建筑高度都不超过 100m，设计院的施工图都按规定进行了竖向分区。以层高 2.9～3.0m 的住宅为例，50m 的几何高差可以负担 16 层左右，实际工程中一般的分区方法是：建筑层数 9～11 层及以下的不进行分区，建筑层数 20 层左右的，分为低区和高区，建筑层数 32 层左右的，分为低区、中区和高区；这样的竖向分区，每一个区段中，最高层和最低层的几何高差都在 40m 以内，是偏于安全的。采暖系统采用竖向分区后，由室外热力网引入的供回水管道也必须分别设置，即每一分区应有一组对应的供回水管来自锅炉房或换热站，这样，外网和单元入口的管道数量就由一供一回的两根变成两供两回的四根或三供三回的六根。一方面，总体上大大增加了外网的建筑成本；另一方面，锅炉房或换热站必须设置两套或三套换热装置，也增加了设备数量、锅炉房或换热站面积以及建筑成本。

(2) 直连供暖技术要点

为了解决供暖系统竖向分区后出现的室外管网数量、锅炉房或换热站面积及建筑成本增加的问题，从 20 世纪末期开始出现高层建筑直连供暖技术，提出了采用一套装置和一供一回双管来供中区、高区的技术问题。即采用低区压力的管网铺设到小区或单元热力入口处，可以采用的方法是在小区或单元热力入口处设置增压装置，靠增压水泵将低压的外网水送到中区或高区，在中区或高区产生循环。但是，增压后中区或高区的压力比低区的高，其回水并入低区管网时，会影响低区的运行，甚至在低区出现倒流现象。为了解决中区或高区的回水进入低区系统又不影响低区的运行，必须将中区或高区的回水压力降到与低区回水压力同一个水平。当然，如果室外只是低压管网，也可以在建筑物热力入口设置换热器进行间接换热，在换热器的二次侧为中区或高区配置循环水泵，解决中区或高区供暖系统的循环问题。目前，国内用于高层建筑直连供暖的技术有两类：一类是采用阻断回水、释放其压力的带阻断器的高层建筑直连供暖装置；另一类是带减压阀直接将回水进行减压的高层建筑直连供暖装置，现分别介绍如下。

1) 带阻断器的高层建筑直连供暖装置

该装置由增压泵、止回阀、驱动管、阻断器、排气阀及控制柜组成，增压泵出口管接中区或高区的供水管，中区或高区的回水管连接阻断器的进水管，在阻断器内释放中区或高区回水的压力，与低区的回水压力相平衡，由阻断器出水管进入外网的回水管；阻断器出口的压力通过阻断器顶部的调节器进行调节（见图 5-12）。

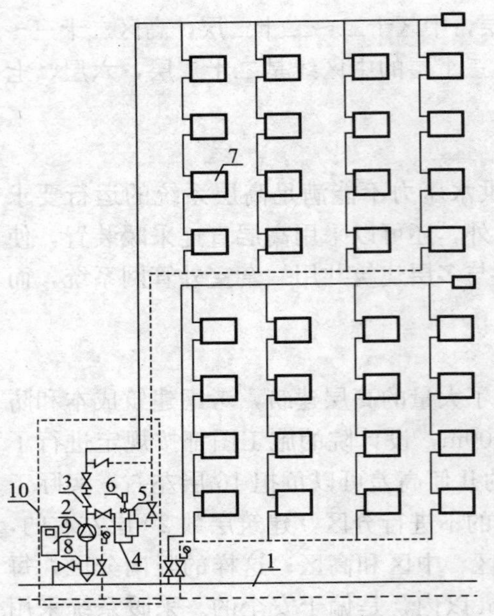

图 5-12 带阻断器的高层直连采暖装置
1—低区管网；2—加压泵；3—止回阀；4—驱动管；5—阻断器；6—排气阀；7—散热器；8—除污器；9—微机控制柜；10—加压机组

2）带减压阀的高层建筑直连供暖装置

这是一种解决高低区压力不同的高层建筑直连供暖装置，适用于热源与用户温度相同或不同、压力不同、同一建筑物内有2或3个竖向分区的散热器或地面辐射供暖系统。该装置通过供水增压泵增压，提供中、高区的循环动力并调节流量；回水减压，停泵时隔断（将高、中、低区分为各自独立的系统，压力互不影响），运行时为一个整体系统，彻底解决高、中区回水不能与低区并网的问题。根据管道材质不同，机组又分为普通型和限温型两种形式。当管材耐温有限制时，可采用限温型（见图5-13）。

带减压阀的高低区直连供暖装置的设计，采用先进数字控制系统与变频控制技术，通过变频调节水泵转速，从而达到出口压力恒压、流量恒定，通过数字式控制调节回水压力与低区压力相同且保持稳定。当停泵时，数字控制系统隔断回水管路，将高、低区分为两个不相通的独立系统。

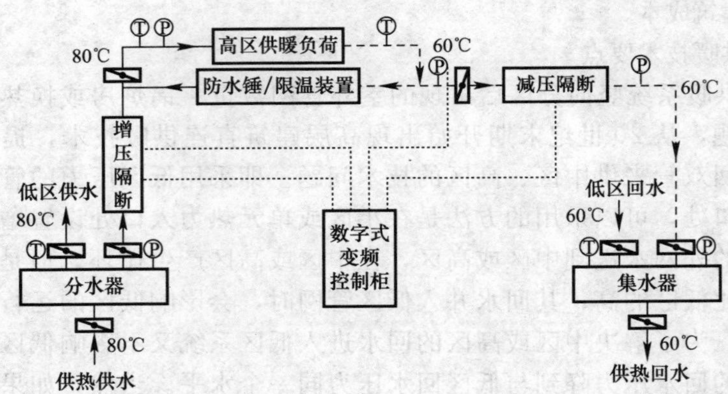

图 5-13 带减压阀的高层直连采暖装置（只增压不调温型）

3）设备选型

配套增压泵的流量按中区或高区的热负荷计算：

$$V = 0.86Qk/[\rho(t_1 - t_2)]\text{m}^3/\text{h} \tag{5-14}$$

式中 $Q$——中区或高区的热负荷，W；

$\rho$——供水的密度，kg/m$^3$；

$t_1$、$t_2$——供水、回水的温度，℃；

$k$——附加系数，取1.1～1.2。

配套增压泵的扬程

$$H = 1.1 \times (H_1 - H_2 + H_3) \tag{5-15}$$

式中　$H_1$——水系统高度，m；

$H_2$——水泵入口压力对应水柱高度，m；

$H_3$——管网阻力对应水柱高度，m。

(3) 应用实例介绍

1) 工程概况

达诺现代城项目位于某地新区，共有 3 栋 32 层居住建筑，建筑高度 99.7m，总建筑面积约 134240m²，供暖热负荷约为 5009.1kW，采用低温热水地面辐射供暖系统，供、回水温度 50～40℃。室内系统竖向分 3 个区：一～十一层为低区，水系统高度为 36.7m，面积约为 46140m²，热负荷为 1851.8kW；十二～二十二层为中区，水系统高度为 69.7m，面积约为 45980m²，热负荷为 1607.2kW；二十三～三十二层为高区，水系统高度为 98.2m，面积约为 42120m²，热负荷为 1550.3kW。

2) 供暖解决方案

采用直连机组，该机组由增压隔断、减压隔断、防水锤及数字控制柜组成，机组通过增压装置满足中、高区压力要求，减压装置采用持压泄压阀减压隔断，为了增加机组的安全性，机组采用双重隔断装置，即电动阀瞬间隔断和持压泄压阀二级隔断。当一次侧供水温度高于用户系统的供水温度时，供水先经过高低温调温机组后，然后进入高低区调压机组，相当于又增加一套减压隔断系统，更增加了系统的安全性。

数字控制柜可以根据远传压力表的压力信号来调整水泵转速，稳定系统的压力，使系统不受外网压力波动影响而稳定运行，实现无人操作。假如外网压力异常，超出机组调整范围时，机组自动关闭，将系统分为独立的压力区。机组的防水锤装置有效地解决了由于停泵或者停电时机组把高、中、低区隔离成独立系统时产生的水锤现象。

由于该工程室外管网的供水温度为 55～65℃，经常运行在 60℃左右，而室内地面辐射采暖的设计水温为 50～40℃，因此在室外供回水管间增加一套高低温调温机组，将室内 40℃回水混入室外 60℃供水中，将供水温度调到 50℃左右，满足室内采暖的要求。供热系统图如图 5-14 所示。

3) 设备选型

① 低区采用高低温调温机组

低区供暖系统水泵流量：

$$V = 0.86Qk/[\rho(t_1 - t_2)] = 0.86 \times 5009.1 \times 1.2/(1.0 \times 10) = 517\text{m}^3/\text{h}$$

低区加压水泵只完成调温和低区供暖系统循环，因此加压水泵的扬程为：

$$H = 1.1 \times (36.7 - 30 + 4.3) = 12.1\text{m}$$

水泵选型为 TWQ250-250A，流量为 530m³/h，扬程为 14.5m，标配功率为 37kW。

机组选型为 SGZJ-10-13-3-D。

② 中区采用高低区调压并网直连机组

中区供暖系统水泵流量：

$$V = 0.86Qk/[\rho(t_1 - t_2)] = 0.86 \times 1607.2 \times 1.2/(1.0 \times 10) = 165.8\text{m}^3/\text{h}$$

中区水泵扬程为：

$$H = 1.2 \times (69.7 - 43.2 + 6.5) = 36.3\text{m}$$

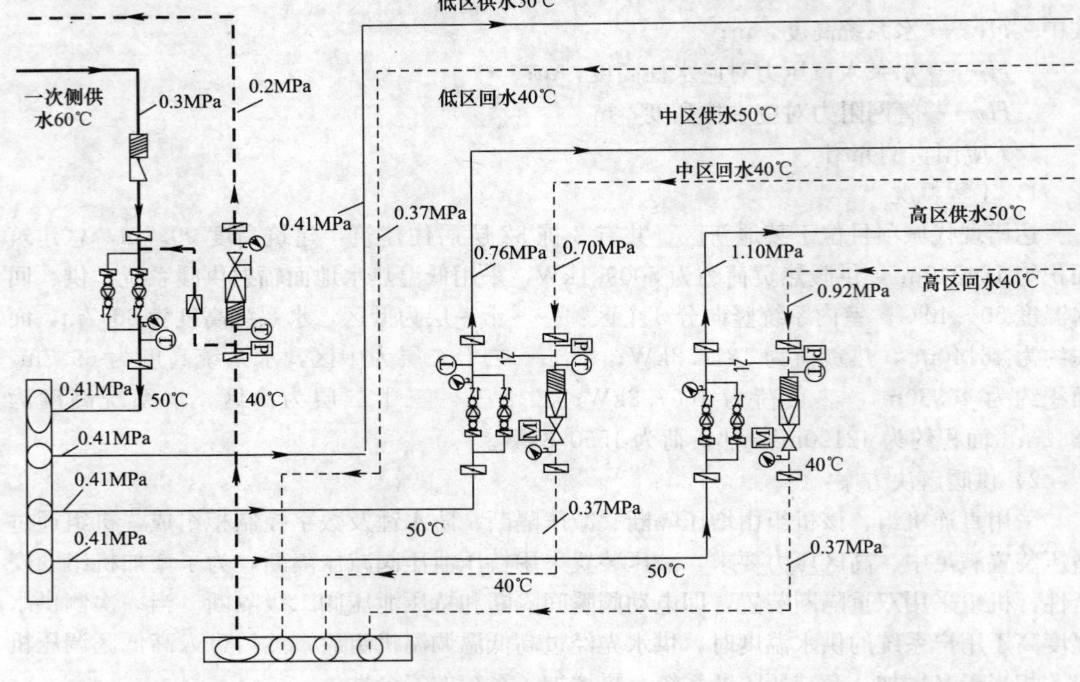


图 5-14 高层直连供暖技术供热系统图

水泵的选型为 TWQ 125—200B，流量为 180m³/h，扬程为 37.5m，标配功率为 22kW。

机组选型为 SGZJ-27-4.0-1-D。

③ 高区采用高低区调压并网直连机组

高区供暖系统水泵流量：

$$V = 0.86Qk/[\rho(t_1 - t_2)] = 0.86 \times 1550.0 \times 1.2/(1.0 \times 10) = 160\text{m}^3/\text{h}$$

高区水泵扬程为：

$$H = 1.1 \times (98.2 - 43.2 + 8.6) = 70.0\text{m}$$

加压水泵选型为 TWQ125-250A 流量为 180m³/h，扬程为 73.8m，标配功率为 45kW。

机组选型为 SGZJ-60-4.1-1-D。

4）运行情况介绍

该项目于 2008 年开始施工，2010 年竣工，年底供暖系统投入运行，经过一个供暖期的调试，到供暖期结束时已达到设计要求，根据 2011 年 12 月 25 日至 2012 年 1 月 13 日供暖期水温运行的现场记录，各区的供回水温度均达到设计要求，室内温度达到 18～22℃左右。

(4) 高层直连的几种形式及应用范围

现以高、中、低三区为例，对工程中出现的高层供暖系统直连的几种形式及应用范围分析如下（见图 5-15）。

1）外网低压管道直接接到楼栋单元入口处，低区由外网直供，在入口处设置两套直连机组，分别供高区和中区，如图 5-15（*a*）所示。其特点为：小区内只有低压管网，室

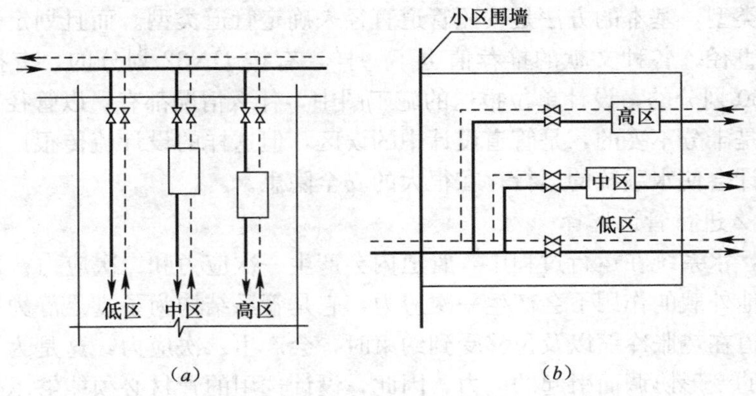


图 5-15　高层直连供暖装置配置方式
(*a*) 单元入口图示；(*b*) 调压站（室）图示

外土建及管道工程量小；但每一单元入口设 2 套机组，机组容量小，数量多，管理分散复杂，故障机会较多。这是目前采用最多的一种形式。这种形式适用于小区内高层建筑的楼栋（单元）数量所占比例很少的情况，主要考虑低层建筑，高区小容量直连机组数量不太多。

2）外网低压管道接到小区调压站（室），在调压站（室）设置两套大型直连机组，由调压站（室）分别向高区和中区敷设室外管网至单元入口及用户，低区仍由室外管网直供，如图 5-15（*b*）所示。其特点为：直连机组容量较大，数量较少，管理集中；但是小区内须设高区、中区管网，土建及管道工程量较大。由于集中的大容量机组投资一般比分散的小容量机组总投资省一些，大体上可以和小区室外管网土建及管道增加的投资相抵消，同时可以节省更多的单元入口处的直连装置占用的建筑面积，工程设计中也有这样的案例。当小区内大部分或全部为高层建筑的楼栋（单元）时，为了减少小容量直连机组数量，适宜设置小区调压站（室），适当增加外网的投资，也不失为一种不错的选择。

3）如遇到市政热网有低压、中压两个压力等级的管网时，则可以在单元入口或调压站（室）从低压或中压管网上接高区直连机组。这种形式要根据具体情况而定，采用这种形式的工程极少。

# 5.6　水系统的管材

管道及附件是供暖空调水系统的重要组成部分，应和其他部分一样，受到设计人员的重视。但是，许多设计人员并不重视这一部分内容，造成很大的安全隐患，提醒设计人员，应该引起高度的重视。

## 5.6.1　选择冷热水系统金属管道的依据和方法

1. 目前的情况

目前在工程设计中，很多设计人员并不进行水系统的工作压力计算，不是依据系统的工作压力来选择管道的类型：焊接钢管或无缝钢管，而是按照规范、措施、手册推荐的方法确定管道的类型，基本的方法是按照管道直径来确定管道类型。而且划定采用焊接钢管或无缝钢管的直径，各种文献的推荐值也不一样，有按 *DN*32 划分的，有按 *DN*40 划分的，有按 *DN*50 划分的，设计单位报送的施工图中，什么情况都有。以管径大小来确定管材种类的做法是十分不妥的，是管道设计中的误区，但这样的设计流传很广，几乎无处不在。这样的设计会使水系统的运行存在很大的安全隐患。

2. 依据什么进行管道选择

我们知道，水系统在运行过程中，管道内会产生一次应力和二次应力：(1) 管道在内压、自重及其他外载的作用下会产生一次应力，它是管系结构为了满足静力平衡条件而产生的；(2) 管道在热胀冷缩以及位移受到约束时，会产生二次应力，这是为了满足管系结构各部分之间的变形协调而引起的应力。因此，设计选用的管材必须能够承受系统在运行过程中产生的应力，才能保证系统的安全可靠。换句话说，当系统的工作压力超过了管道的额定工作压力时，管道在一次应力和二次应力作用下产生的应力强度达到甚至超过了管材的屈服极限时，由于管材进入屈服或静力平衡的条件得不到满足，管道必将产生很大的变形甚至出现破坏。因此，我们应该依据系统的工作压力来选择管材的种类，而不是按流行的作法，依据管道直径来选择管材的种类。

3. 系统的作用压力

系统的作用压力分析见第 5.5 节。

4. 钢管的公称压力（额定工作压力）

根据管材的类型不同，将钢管的公称压力（额定工作压力）列举如下：

普通焊接钢管（或镀锌钢管），$p_N \leqslant 1.0\text{MPa}$；

加厚普通焊接钢管（或镀锌钢管），$1.0\text{MPa} < p_N \leqslant 1.6\text{MPa}$；

直缝、螺旋缝电焊钢管，$1.0\text{MPa} < p_N \leqslant 1.6\text{MPa}$；

无缝钢管，$1.6\text{MPa} < p_N \leqslant 2.5\text{MPa}$。

5. 金属管道的正确选择方法

(1) 供暖空调水系统金属管道的选择应以水系统的工作压力为依据，而不能以管径来确定。

(2) 当水系统工作压力 $p_N \leqslant 1.0\text{MPa}$、系统管道最大公称直径小于或等于 *DN*150mm 时，选择普通焊接钢管（或镀锌钢管）就能满足系统的承压要求。

(3) 当水系统工作压力 $1.0\text{MPa} < p_N \leqslant 1.6\text{MPa}$、系统管道最大公称直径小于或等于 *DN*150mm 时，可选择加厚焊接钢管（或镀锌钢管）。

(4) 当水系统工作压力 $1.6\text{MPa} < p_N \leqslant 2.5\text{MPa}$、且系统竖向不分区时，不论其公称直径为多少，均应选择无缝钢管；当系统竖向分区时，可根据高、低区不同的工作压力进行管道的选择。

## 5.6.2 塑料管的选择

1. 选择塑料管的依据和方法

(1) 选择塑料管时，依据工程条件、散热器或地板辐射供暖、运行压力、运行水温及其作用时间，确定管材的使用条件等级。国际标准 ISO/10508:1995 推荐的分级如表 5-11 所示。

塑料管使用条件分级　　**表 5-11**

| 使用条件 | | 正常工作温度 | | 最大工作温度 | | 异常温度 | | 典型应用范围举例 |
|---|---|---|---|---|---|---|---|---|
| | | (℃) | 时间（a） | (℃) | 时间（a） | (℃) | 时间（h） | |
| 应力安全系数 | | 1.5 | | 1.3 | | 1.0 | | |
| 等级 | 1 | 60 | 49 | 80 | 1 | 95 | 100 | 供 60℃热水 |
| | 2 | 70 | 49 | 80 | 1 | 95 | 100 | 供 70℃热水 |
| | 3 | 30 | 20 | 50 | 4.5 | 65 | 100 | 低温地板辐射采暖 |
| | | 40 | 25 | | | | | |
| | 4 | 40 | 20 | 70 | 2.5 | 100 | 100 | 低温地板辐射采暖和低温散热器采暖 |
| | | 60 | 25 | | | | | |
| | | 20 | 2.5 | | | | | |
| | 5 | 60 | 25 | 90 | 1 | 100 | 100 | 85/60℃热媒散热器采暖 |
| | | 80 | 10 | | | | | |
| | | 20 | 14 | | | | | |

注：其中 3 级已不使用。

例如，某地居住建筑室内设置热水温度为 85/60℃的散热器供暖系统，按国际标准 ISO/10508:1995 的 5 级，即在总共 50 年的使用周期中，运行温度 20℃共历时 14 年；60℃共历时 25 年；80℃共历时 10 年；最大工作温度 90℃共历时 1 年；100℃的意外运行条件不超过 100h。

（2）选择管材材质并得到许用设计应力。根据使用条件分级，确定管材许用设计应力 $\sigma_D$。例如，选用 PP-R 管，使用条件 5 级时，许用设计应力为 $\sigma_D=1.90$MPa。

（3）选择管材系列。根据环应力 $\sigma$ 不大于许用设计应力 $\sigma_D$ 以及所选管材系列的 $S$ 值应不大于计算得到的 $S_{CALC.MAX}$ 值的原则，选择、确定管材系列 $S_{CALC.MAX}$ 按下式计算：

$$S_{CALC.MAX}=\frac{\sigma_D}{P_D} \tag{5-16}$$

式中　$\sigma_D$——许用设计应力，MPa；

$P_D$——系统工作压力，MPa。

例如，当系统工作压力 $P_D=0.8$ MPa 时，$S_{CALC.MAX}=\frac{\sigma_D}{P_D}=\frac{1.9}{0.8}=2.375$，根据上述选择原则，应选择 S2 系列的 PP-R 管，因为 $2<2.375$。

（4）在所选管材系列中，按管材公称外径确定所需最小厚度。

例如，在 S2 系列内，$D_e$16 的壁厚为 3.3mm，$D_e$20 的壁厚为 4.1mm。

（5）按壁厚检验所选择管材是否合理。

例如，$D_e$20 壁厚已达到 4.1mm，一般无此产品，只能改用其他管材。

（6）改用其他管材的验算。

例如，改用 PB 管，使用条件 5 级，$\sigma_D=4.31$MPa，$S_{CALC.MAX}=\frac{\sigma_D}{P_D}=\frac{4.31}{0.8}=5.388$，根据管材系列选择原则，选择 S5 系列。在 S5 系列中，$D_e$16 的壁厚为 1.5mm，$D_e$20 的壁厚为 1.9mm，可以满足要求。

2. 设计选用要点

（1）埋设在地面垫层内的塑料类管材，不允许有接头，应严格执行有关规程的规定。

（2）应注意塑料类管材有线膨胀系数较大的特性。

（3）除铝塑复合管外，其他塑料类管材都有透氧性，当采用钢制散热器时，宜选用有阻氧层的管材。

(4) 无规共聚聚丙烯管的低温催化温度为−10℃，其他塑料类管材为−70℃。

(5) 除铝塑复合管外的其他塑料类管材，应按外径乘壁厚（或S系列）标注管径。

(6) 当选用上述四种以外的其他新型塑料类管材时，同样也应根据该管材在不同使用条件分级时的许用设计应力，确定其壁厚。

(7) 铝塑复合管是由塑料与铝材两种杨氏模量相差很大的材料组成的多层管，在承受内压时，厚度方向的环应力分布是不等值的，无法考虑各种使用温度的累积作用。而且，每一种管径只有一个壁厚，因此不能用$S$值来选用管材或确定管材的壁厚。应根据生产厂提供的“长期工作温度”和“允许工作压力”，直接选择不同类别的铝塑复合管以及不同管径的单一壁厚。

## 5.7 管道设备的保温

暖通空调系统管道设备保温（冷）的目的在于：保证管道系统正常安全运行；减少管道设备的热损失，节约能源；防止高温表面烫伤或低温表面结露，保证管理操作人员的安全，改善工作环境；保证管道设备内的热水温度不降低或冷水温度不升高。

### 5.7.1 管道设备保温（冷）设计计算类型

根据不同的保温（冷）目的，管道设备保温（冷）设计有以下7种计算类型：

(1) 冷热水表面按“经济厚度”法计算绝热层厚度；

(2) 冷热水表面按允许散热损失（允许热流密度）要求计算绝热层厚度；

(3) 冷热水表面按允许温升（降）要求计算绝热层厚度；

(4) 热水表面按防烫伤表面温度要求计算绝热层厚度；

(5) 热水表面按防止冬季冻结计算绝热层厚度；

(6) 蒸汽管道按满足参数要求计算绝热层厚度；

(7) 冷水表面按防止结露的表面温度要求计算绝热层厚度。

本书对常用的 (1)、(2)、(4) 和 (7) 等4种计算类型加以介绍。

### 5.7.2 保温厚度计算方法

1. 冷、热表面按“经济厚度”法计算绝热层厚度

(1) 冷热水系统中直径大于400mm的设备和空调风管，按平壁绝热层经济厚度计算：

$$\delta = 1.8975 \times 10^{-3}\sqrt{\frac{P_E \cdot \lambda \cdot t \mid T_0 - T_a \mid}{P_T \cdot S}} - \frac{\lambda}{\alpha_s} \tag{5-17}$$

式中 $\delta$——绝热层经济厚度，m；

$P_E$——能量价格，元/GJ；

$\lambda$——绝热材料在平均设计温度下的导热系数，W/(m·℃)；

$$\lambda = \lambda_0 + A\frac{T_0 + T_S}{2} \tag{5-18}$$

$\lambda_0$——绝热材料在0℃时的导热系数，W/(m·℃)；

$A$——系数；

$t$——年运行时间，h；

$T_0$——管道或设备的外表面温度，当管道为金属材料时，可取管内的介质温度,℃；

$T_a$——环境温度，取管道或设备运行期间的平均气温,℃；

$P_T$——绝热结构层单位造价，元/m³；

$S$——贷款年分摊率，取 0.2374；

$\alpha_s$——绝热层外表面向周围环境的放热系数，W/(m²·℃)；

$$\alpha_s = 1.163 \times (10 + \sqrt{W})$$

$W$——年平均风速，m/s。

(2) 圆筒型绝热层经济厚度计算：

$$(D_0 + 2\delta)\ell_n \frac{D_0 + 2\delta}{D_0} = 3.795 \times 10^{-3} \sqrt{\frac{P_E \cdot \lambda \cdot t \mid T_0 - T_a \mid}{P_T \cdot S}} - \frac{2\lambda}{\alpha_s} \tag{5-19}$$

式中 $\ell_n$——绝热层厚度，m；

$D_0$——管道或设备的外径，m；

$T_a$——环境温度，取管道或设备运行期间的平均气温,℃；

其余符号同式（5-17）和式（5-18）。

2. 热表面按允许散热损失（允许热流密度）要求计算绝热层厚度

(1) 平壁绝热层的厚度按下式计算：

$$\delta = \lambda \left[ \frac{T_0 - T_a}{[Q]} - \frac{1}{\alpha_s} \right] \tag{5-20}$$

式中 δ——绝热层厚度，m；

$[Q]$——以每平方米绝热层外表面积为单位的最大允许热量损失，W/m²。

(2) 圆筒型绝热层的厚度按下式计算：

$$(D_0 + 2\delta)\ell_n \frac{D_0 + 2\delta}{D_0} = 2\lambda \left[ \frac{T_0 - T_a}{[Q]} - \frac{1}{\alpha_s} \right] \tag{5-21}$$

3. 热表面按防止烫伤表面温度要求计算绝热层厚度

为防止烫伤，要求绝热层外表面温度不高于 60℃。

(1) 平壁 $$\delta = \frac{\lambda}{\alpha_s} \cdot \frac{T_0 - 60}{60 - T_a} \tag{5-22}$$

(2) 圆筒型 $$(D_0 + 2\delta)\ \ell_n \frac{D_0 + 2\delta}{D_0} = \frac{2\lambda}{\alpha_s} \cdot \frac{T_0 - 60}{60 - T_a} \tag{5-23}$$

4. 冷表面按防止结露的表面温度要求计算绝热层厚度

(1) 平壁（风管及直径大于 400mm 的设备）按下式计算：

$$\delta = \frac{B\lambda}{\alpha_s} \cdot \frac{T_s - T_0}{T_a - T_s} \tag{5-24}$$

式中 $T_s$——绝热层外表面温度，应高于露点温度 0.3℃，$T_s = T_d + 0.3$；

$T_d$——当地气象条件下最热月的露点温度,℃；露点温度所对应的相对湿度为最热月的月平均相对湿度；

$B$——由于吸湿、老化等原因引起的保冷厚度增加的修正系数，视材料性质、性能及价格等因素而定，通常取 $B$=1.05～1.30；性能稳定的材料取低值，反之取高值；

$\alpha_s$——绝热层外表面向周围环境的放热系数，取 8.141W/($m^2$·℃)。

（2）圆筒型按下式计算：

$$\left(D_0+\frac{2\delta}{B}\right)\ell_n\frac{D_0+\frac{2\delta}{B}}{D_0}=\frac{2\lambda}{\alpha_s}\cdot\frac{T_s-T_0}{T_a-T_s} \quad (5\text{-}25)$$

### 5.7.3 最大允许散热损失标准

1. 保温管道最大允许散热损失

按国家标准《设备及管道绝热技术通则》GB/T 4272—2008 的要求，单位面积保温层的表面的最大允许散热损失标准见表 5-12 和表 5-13。

季节运行工况最大允许散热损失　　表 5-12

| 温度（℃） | 50 | 100 | 150 | 200 | 250 | 300 |
|---|---|---|---|---|---|---|
| [Q]($W/m^2$) | 116 | 163 | 203 | 244 | 279 | 308 |

全年运行工况最大允许散热损失　　表 5-13

| 温度（℃） | 50 | 100 | 150 | 200 | 250 | 300 | 350 | 400 | 450 | 500 | 550 | 600 | 650 |
|---|---|---|---|---|---|---|---|---|---|---|---|---|---|
| [Q]($W/m^2$) | 58 | 93 | 116 | 140 | 163 | 186 | 209 | 227 | 244 | 262 | 279 | 296 | 314 |

2. 保冷管道最大允许冷损失

（1）当 $T_a-T_d\leqslant4.5$℃时，$[Q]=-(T_a-T_d)\alpha_s$　　(5-26)

（2）当 $T_a-T_d>4.5$℃时，$[Q]=-4.5\alpha_s$　　(5-27)

式中　$T_a$——当地气象条件下夏季空气调节室外计算干球温度，℃；

$\alpha_s$——绝热层外表面向周围环境的放热系数，取 8.141W/($m^2$·℃)。

### 5.7.4 应用注意事项

（1）绝热层计算的各种类型中，应首先采用“经济厚度”法，当无法采用“经济厚度”法时，按单位面积最大允许散热损失计算。研究表明，在供暖空调工程中，管道绝热在满足“经济厚度”要求后，已大大超过了满足热损失的要求，因此，我国国家标准的绝热层厚度都是按“经济厚度”法计算的。

（2）国家标准中，计算供暖管道最小保温厚度采用的材料导热系数是不同的，如《严寒和寒冷地区居住建筑节能设计标准》JGJ 26—2010 中采用的材料导热系数为：

玻璃棉：$\lambda_m=0.024+0.00018t_m$W/(m·℃)，

聚氨酯硬质泡沫塑料：$\lambda_m=0.02+0.00014t_m$W/(m·℃)。

《公共建筑节能设计标准》GB 50189—2005 中采用的材料导热系数为：

离心玻璃棉：$\lambda_m=0.033+0.00023t_m$W/(m·℃)，

柔性发泡塑料：$\lambda_m=0.03375+0.0001375t_m$W/(m·℃)。

式中，$t_m$ 为保温材料的平均温度，可取管内介质温度与保温层外表面温度的平均值，当没有保温层外表面温度数据时，可用周围空气温度代替。

由于我国各厂家和各种绝热材料的加工工艺、材料成分的差异，材料的导热系数方程会有所不同，有的相差还比较大。因此，规范规定，应按实际材料的导热系数，对最小保温厚度按下式修正：

$$\delta'_{min}=\frac{\lambda'_{m}\cdot\delta_{min}}{\lambda_{m}} \tag{5-28}$$

式中 $\delta'_{min}$——修正后的最小保温层厚度，mm；

$\delta_{min}$——标准规定的最小保温层厚度，mm；

$\lambda'_{m}$——实际选用材料在平均温度下的导热系数，W/(m·℃)；

$\lambda_{m}$——标准规定的材料在平均温度下的导热系数，W/(m·℃)。

(3) 冷热两用管道绝热厚度是按比较厚的热管道确定的，当用于冷管道时，绝热厚度有富裕，但在用柔性泡沫塑料保冷时，在个别高湿度地区，设计人员应进行防结露校核计算。

1) 国家标准《严寒和寒冷地区居住建筑节能设计标准》JGJ 26—2010 附录 G 对采暖管道的绝热作出了规定；《公共建筑节能设计标准》GB 50189—2005 附录C、第 5.3.29 条分别对空调冷热水管及空调风管的绝热作出了规定；《采暖通风与空气调节设计规范》GB 50019—2003 附录 J 对设备和管道最小保冷厚度及冷凝水管防凝露厚度作出了规定；《民用建筑供暖通风与空气调节设计规范》GB 50736—2012 附录 K 对设备与管道最小保温、保冷厚度、空调风管绝热层的最小热阻和空调冷凝水管防结露最小绝热层厚度作出了规定。

2) 对圆筒型管道，式 (5-19) 和式 (5-21) 是隐函数，需在计算出 $A=(D_0+2\delta)\ell_n\frac{D_0+2\delta}{D_0}$后，按表 5-14 查出保温层厚度 $\delta$。

**圆筒型保温厚度表** **表 5-14**

| 直径（mm） | | $A=(D_0+2\delta)\ell_n\frac{D_0+2\delta}{D_0}$ | | | | | | | |
|---|---|---|---|---|---|---|---|---|---|
| 公称直径 | 外径 | | | | | | | | |
| 15 | 23 | 0.027 | 0.064 | 0.107 | 0.155 | 0.206 | 0.262 | 0.320 | 0.380 |
| 20 | 28 | 0.026 | 0.061 | 0.101 | 0.146 | 0.195 | 0.245 | 0.301 | 0.358 |
| 25 | 34 | 0.025 | 0.058 | 0.096 | 0.138 | 0.184 | 0.233 | 0.284 | 0.338 |
| 32 | 43 | 0.024 | 0.055 | 0.090 | 0.130 | 0.172 | 0.217 | 0.265 | 0.315 |
| 40 | 48 | 0.024 | 0.054 | 0.088 | 0.126 | 0.167 | 0.211 | 0.257 | 0.305 |
| 50 | 60 | 0.023 | 0.051 | 0.083 | 0.119 | 0.157 | 0.198 | 0.241 | 0.386 |
| 65 | 73 | 0.023 | 0.050 | 0.080 | 0.113 | 0.150 | 0.188 | 0.228 | 0.271 |
| 80 | 89 | 0.022 | 0.048 | 0.077 | 0.109 | 0.143 | 0.179 | 0.217 | 0.256 |
| 100 | 108 | 0.022 | 0.047 | 0.074 | 0.105 | 0.137 | 0.171 | 0.206 | 0.244 |
| 150 | 159 | 0.021 | 0.045 | 0.070 | 0.098 | 0.127 | 0.157 | 0.189 | 0.222 |
| 200 | 219 | 0.021 | 0.044 | 0.068 | 0.093 | 0.120 | 0.148 | 0.178 | 0.209 |
| 250 | 273 | 0.021 | 0.043 | 0.066 | 0.091 | 0.116 | 0.143 | 0.171 | 0.200 |
| 300 | 325 | 0.021 | 0.042 | 0.065 | 0.089 | 0.114 | 0.140 | 0.167 | 0.194 |
| 保温层厚度（mm） | | 10 | 20 | 30 | 40 | 50 | 60 | 70 | 80 |

**【举例】** 设管道直径为 $DN100$，计算得到 $A=0.17$，则保温层厚度为 60mm。

(4) 空调系统风管保温层的最小热阻应符合表 5-15 的规定。

**空调风管保温层的最小热阻** **表 5-15**

| 风管类型 | 最小热阻（m·℃/W） |
|---|---|
| 一般空调风管 | 0.81 |
| 低温送风空调风管 | 1.14 |

(5) 管道和支架之间及管道穿墙、穿楼板处应采取防止“热桥”或“冷桥”的措施。

(6) 保冷层的外表面不得产生凝露。

(7) 采用非闭孔材料保温时，外表面应设保护层；采用非闭孔材料保冷时，外表面应设隔汽层和保护层。

### 5.7.5 施工图审查发现的问题及分析

暖通空调工程的保温、保冷设计是工程项目设计的重要内容之一，但从审查的施工图看出，很多设计人员并不重视这一内容，往往只是敷衍地交代一下，并不认真进行设计。

**【案例 129】** 大多数施工图设计不进行供暖空调冷、热水管道、空调风管保温（冷）厚度的计算，也不报送计算书。由于《建筑工程设计文件编制深度规定（2008 年版）》没有要求进行管道保温（冷）计算，设计人员也不进行计算，一般都是按规范中的选用表选择保温（冷）层厚度。

**【案例 130】** 很多工程施工图虽然标注了不同管径的保温（冷）厚度，但是一般不仔细说明保温材料的品种及使用温度、密度、强度等技术指标，特别是遗漏材料的导热系数和吸湿率等热工性能指标；当实际选择材料的导热系数与选用表中的导热系数不同时，也不进行计算厚度的修正。最后只能是施工时任凭施工单位随意购买材料，监理单位和监理人员无法进行控制。

**【案例 131】** 设计人员在“设计说明”中不明示管道和设备的保温部位，由施工单位在现场随意处置。例如某公司开关站，建筑面积 1381m$^2$，室内为 85/60℃散热器供暖系统，设计人员明确了保温作法，但没有说明保温部位。编者审图时提出意见后，设计人员回复作了补充。有些施工图虽有说明，但没有指出明确的部位。例如某小区的物业楼，建筑面积 3920m$^2$，地上 3 层，供暖热负荷为 96.4kW。设计人员在“设计说明”中对隔热的要求称：“对人员容易碰到的管子和设备需做隔热措施，以防烫伤”，这样实际上是没有明确隔热的部位，把这个决定权交给了施工单位。

**【链接服务】** 我国指导保温绝热工程设计的文件包括：

《绝热材料及相关术语》GB/T 4132—1996；

《设备及管道绝热技术通则》GB/T 4272—2008；

《设备及管道绝热设计导则》GB/T 8175—2008；

《工业设备及管道绝热工程设计规范》GB 50264—97；

《工业设备及管道绝热工程施工规范》GB 50126—2008；

《工业设备及管道绝热工程质量检验评定标准》GB 50185—93；

《管道与设备绝热——保温》08K507-1 08R418—1；

《管道与设备绝热——保冷》08K507-2 08R418—2。

## 5.8 管道设备的消声隔振

### 5.8.1 噪声及控制

物体振动时，迫使其周围的空气质点交替产生压缩、稀疏状态而形成的波动，当频率范围为 20～20000Hz 的波动传到人耳时，就成为声音。

各种不同频率和声强的声音无规律地组合，就成为噪声。广义地说，一切使人烦躁、讨厌、不需要的声音称为噪声。

1. 噪声的评价

对噪声的评价指标主要有以下几项：

(1) A 声级

由于人耳并非对所有频率的声音一样敏感，为得到比声压级更能与人耳响度判别密切相关的级，在声级计中设置“频率计权网络”，其中，A、B 和 C 计权网络分别模仿响度级为 40 方、70 方、100 方的等响曲线；A 计权网络得到最广泛的应用，因为它能较好地模仿人耳的频响特性，记为 A 声级，单位为 dB (A)。

(2) NC 曲线

在噪声控制设计中，单值 A 声级不能确切地反映该噪声的频率特性，不同的频带声压级谱，可能有相同的 A 声级，需要用噪声频谱来控制，即采用噪声评价曲线 NC 曲线，其倍频带声压级见表 5-16。

**NC 噪声评价曲线对应的倍频带声压级** **表 5-16**

| 评价曲线 (NC-) | 倍频带中心频率（Hz）声压级（dB） | | | | | | | |
|---|---|---|---|---|---|---|---|---|
| | 63 | 125 | 250 | 500 | 1000 | 2000 | 4000 | 8000 |
| NC-15 | 47 | 36 | 29 | 22 | 17 | 14 | 12 | 11 |
| NC-20 | 51 | 40 | 33 | 26 | 22 | 19 | 17 | 16 |
| NC-25 | 54 | 44 | 37 | 31 | 27 | 24 | 22 | 21 |
| NC-30 | 57 | 48 | 41 | 35 | 31 | 29 | 28 | 27 |
| NC-35 | 60 | 52 | 45 | 40 | 36 | 34 | 33 | 32 |
| NC-40 | 64 | 56 | 50 | 45 | 41 | 39 | 38 | 37 |
| NC-45 | 67 | 60 | 54 | 49 | 46 | 44 | 43 | 42 |
| NC-50 | 71 | 64 | 58 | 54 | 51 | 49 | 48 | 47 |
| NC-55 | 74 | 67 | 62 | 58 | 56 | 54 | 53 | 52 |
| NC-60 | 77 | 71 | 67 | 63 | 61 | 59 | 58 | 57 |
| NC-65 | 80 | 75 | 71 | 68 | 66 | 64 | 63 | 62 |

(3) N (NR) 曲线

N (NR) 曲线是各国最常用的标准曲线。N (NR) 曲线号码为中心频率 1000Hz 倍频程声压级的分贝数。由于高频噪声比低频噪声对人们的影响严重些，因此应将高频噪声控制在较低的水平，适当提高低频噪声倍频声压级。N (NR) 曲线有 NR-0 至 NR-120 共 26 级。

(4) A 声级 ($L_A$)、NC 和 N (NR) 曲线的关系

在通常情况下，对于大多数噪声，$L_A$、NC 和 N (NR) 曲线之间有如表 5-17 所示的关系：

**噪声 $L_A$、NC 和 N (NR) 曲线之间的关系** **表 5-17**

| 评价方法 | A 噪声级 $L_A$ | NC 曲线 | N 曲线 |
|---|---|---|---|
| A 噪声级 $L_A$ | — | NC+10 | N+5 |
| NC 曲线 | $L_A-10$ | — | N−5 |
| N 曲线 | $L_A-5$ | NC+5 | — |

2. 民用建筑噪声允许标准

(1) 住宅室内允许噪声级(《民用建筑隔声设计规范》GB 50118—2010)

卧室、起居室(厅)内的允许噪声级应符合下表的规定。

| 房间名称 | 允许噪声级(A声级,dB) | |
|---|---|---|
| | 昼间 | 夜间 |
| 卧室 | ≤45 | ≤37 |
| 起居室(厅) | ≤45 | |

高要求住宅的卧室、起居室(厅)内的允许噪声级应符合下表的规定。

| 房间名称 | 允许噪声级(A声级,dB) | |
|---|---|---|
| | 昼间 | 夜间 |
| 卧室 | ≤40 | ≤30 |
| 起居室(厅) | ≤40 | |

(2) 学校建筑室内允许噪声级(《民用建筑隔声设计规范》GB 50118—2010)

学校建筑中各种教学用房内的噪声级应符合下表的规定。

| 房间名称 | 允许噪声级(A声级,dB) |
|---|---|
| 语言教室、阅览室 | ≤40 |
| 普通教室、实验室、计算机房 | ≤45 |
| 音乐教室、琴房 | ≤45 |
| 舞蹈教室 | ≤50 |

学校建筑中教学辅助用房内的噪声级应符合下表的规定。

| 房间名称 | 允许噪声级(A声级,dB) |
|---|---|
| 教师办公室、休息室、会议室 | ≤45 |
| 健身房 | ≤50 |
| 教学楼中封闭的走廊、楼梯间 | ≤50 |

(3) 医院建筑室内允许噪声级(《民用建筑隔声设计规范》GB 50118—2010)

医院建筑主要房间内的噪声级应符合下表的规定。

| 房间名称 | 允许噪声级(A声级,dB) | | | |
|---|---|---|---|---|
| | 高要求标准 | | 低限标准 | |
| | 昼间 | 夜间 | 昼间 | 夜间 |
| 病房、医护人员休息室 | ≤40 | ≤35 | ≤45 | ≤40 |
| 各类重症监护室 | ≤40 | ≤35 | ≤45 | ≤40 |
| 诊室 | ≤40 | | ≤45 | |
| 手术室、分娩室 | ≤40 | | ≤45 | |
| 洁净手术室 | — | | ≤50 | |
| 人工生殖中心净化室 | — | | ≤40 | |
| 听力测听室 | — | | ≤25 | |
| 化验室、分析实验室 | — | | ≤40 | |
| 入口大门 | ≤50 | | ≤55 | |

（4）旅馆建筑室内允许噪声级（《民用建筑隔声设计规范》GB 50118—2010）

旅馆建筑各房间内的噪声级应符合下表的规定。

| 房间名称 | 允许噪声级（A 声级，dB） | | | | | |
|---|---|---|---|---|---|---|
| | 特级 | | 一级 | | 二级 | |
| | 昼间 | 夜间 | 昼间 | 夜间 | 昼间 | 夜间 |
| 客房 | ≤35 | ≤30 | ≤40 | ≤35 | ≤45 | ≤40 |
| 办公室、会议室 | ≤40 | | ≤45 | | ≤45 | |
| 多用途厅 | ≤40 | | ≤45 | | ≤50 | |
| 餐厅、宴会厅 | ≤45 | | ≤50 | | ≤55 | |

（5）办公建筑室内允许噪声级（《民用建筑隔声设计规范》GB 50118—2010）

办公室、会议室内允许噪声级应符合下表的规定。

| 房间名称 | 允许噪声级（A 声级，dB） | |
|---|---|---|
| | 高要求标准 | 低限标准 |
| 单人办公室 | ≤35 | ≤40 |
| 多人办公室 | ≤40 | ≤45 |
| 电视电话化验室 | ≤35 | ≤40 |
| 普通会议室 | ≤40 | ≤45 |

（6）商业建筑室内允许噪声级（《民用建筑隔声设计规范》GB 50118—2010）

商业建筑各房间内空场时的噪声级应符合下表的规定。

| 房间名称 | 允许噪声级（A 声级，dB） | |
|---|---|---|
| | 高要求标准 | 低限标准 |
| 商场、商店、购物中心、会展中心 | ≤50 | ≤55 |
| 餐厅 | ≤45 | ≤55 |
| 员工休息室 | ≤40 | ≤45 |
| 走廊 | ≤50 | ≤60 |

3. 暖通空调系统的噪声源

民用建筑暖通空调系统的噪声，虽然在噪声强度绝对值上明显小于工矿企业，但因建筑本身的功能主要是供人们开会、休息、娱乐等，要求环境特别安静。为了保证室内的人员能够正常地工作、休息和娱乐，必须有效控制噪声的产生。

噪声对周围环境的影响主要包括两个方面：其一是对建筑周围环境的影响，这部分噪声通常是由设置于建筑外部的设备（如冷却塔、外置式风机），以及进、排风口等产生的；其二是对建筑内部房间的影响，通常是由于机房内设备运转或空调管道振动传声所引起的。

暖通空调系统中产生噪声的设备种类很多，噪声的来源可概括为两个方面：一是冷水机组、水泵、风机、空调机组、冷却塔等设备；二是部分管件在运行工况不良时，产生的附加噪声。

由于使用特点的不一致，各种设备在噪声的强度和频率范围上有较大区别，即使是同种设备，由于制造加工技术和安装位置的不同，也会使噪声强度不甚一致。因此，对设备噪声进行精确的计算是相当困难的。

(1) 设备噪声

1) 风机噪声是最主要的噪声来源。目前常用的关于通风机噪声的评价和计算公式主要包括两部分：第一部分是设备的比声功率级，它反映了该设备的制造加工水平，通常这个值是生产厂商给出的；第二部分是与设备的运行参数有关的计算值，它反映了同种标准设备在不同运行工况时的噪声区别。

风机噪声主要是由叶片驱动空气产生的湍流引起的宽频带气流噪声，即空气动力性噪声和相应的旋转噪声（机械噪声）两部分所组成，其中又以空气动力性噪声为主。风机噪声的大小取决于风机的结构形式、风量、叶片片数、风压及转速等因素。

2) 水泵是供暖空调冷（热）水和冷却水的主要输送设备，水泵的噪声主要来自于电动机和水在泵内产生的气蚀噪声。水泵噪声机理主要是在泵吸入液体时发生气蚀及气体分离产生的气蚀噪声；泵的叶片经过蜗壳的舌部或导向器边缘时，因压力变动而辐射出空气噪声；叶轮入口处的流速在圆周方向分布不均匀，因压力变化而产生噪声及涡流引起的噪声；水泵壳体受激振动辐射的噪声和机座因振动产生的噪声。

3) 冷水机组是空调系统中的大型设备，由压缩机和电动机等组成，具有运转速度高、功率大的特点，其发出的噪声频带复杂，声功率级强。

(2) 气流噪声

气流噪声是指空调通风风管系统中，气体流经管道附件时产生的附加噪声。管道附件包括直管道、弯头、三通、变径管、阀门和出风口。研究表明，所有管道附件产生的噪声均与气流速度有关，而且是风速越大，气流噪声越大。例如直管道的气流噪声声功率$L_W$(dB)可按下式计算：

$$L_W = L_{WC} + 50\lg v + 10\lg F \tag{5-29}$$

式中 $L_{WC}$——比声功率级，一般直管道取 10dB（A）；

$v$——管道内气流速度，m/s；

$F$——管道断面积，$m^2$。

4. 暖通空调系统的噪声自然衰减

暖通空调系统的噪声自然衰减主要是指空气流经风管、风口和房间时，会产生噪声强度的衰减，其原因在于：(1) 管材对部分噪声波的吸收；(2) 部分噪声可能穿透到管外；(3) 空气流速降低；(4) 风管转弯处和断面变化处部分噪声被反射等。噪声源噪声经自然衰减后得到的噪声称为剩余噪声。剩余噪声必定小于噪声源噪声，因此，噪声的衰减在消声设计中成为有利因素；设计时不仅应计入噪声的自然衰减，而且要主动充分利用噪声衰减，以减少剩余噪声，进而减少设置消声装置的投资。产生噪声自然衰减的部位有：直管道、弯头、三通、变径管、风口反射及空气进入室内的风口，举例如下：

当计算得到从风口进入室内的声功率级后，应把它转换成室内人耳所接受的声压级(室内允许噪声标准是用声压级表示和测量的)。室内测量点的声压级与人耳（或测点）离风口（声源）的距离、声辐射的方向、角度有关。另外，还与建筑物内的吸声面积和材料吸声系数有关。实际上，相当于噪声进入房间后进入人耳前的又一次衰减。风口的声功率级 $L_W$ 与室内的声压级 $L_P$ 之间的关系是：$L_W = L_P - \Delta L$，故室内声压级为：

$$L_P = L_W - \Delta L \tag{5-30}$$

式中 $\Delta L$——进入室内噪声的衰减，也即风口声功率级对于室内噪声级的转换，可由下式算出：

$$\Delta L = 10\lg\left(\frac{Q}{4\pi r^2}+\frac{4}{R}\right) \tag{5-31}$$

式中 $Q$——声源与测点（人耳）间的指向性因素，主要取决于声源 A 与测点 B 间的夹角 $\theta$，见图 5-16，它与频率和风口长边尺寸的乘积有关，其值按表 5-18 查得；

$r$——A、B 点之间的距离，m；

$R$——房间常数，$m^2$，由房间大小和吸声系数 $\bar{\alpha}$（查表 5-19）所决定，$R$ 值可由图 5-17 直接查得。

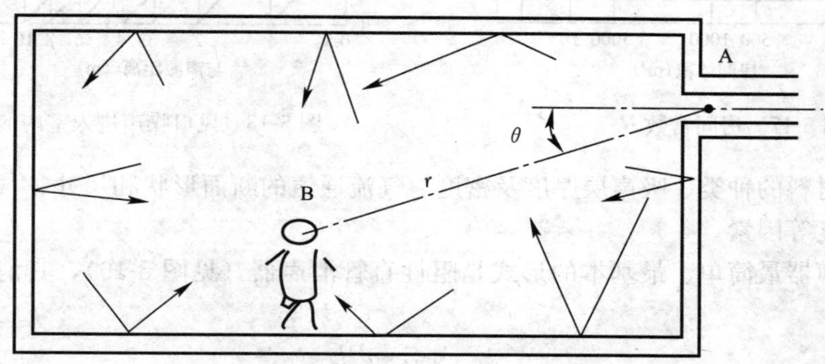


图 5-16 声源 A 与测点 B 及夹角 $\theta$ 图示

**用以确定 $\Delta L$ 值的指向性因素 $Q$ 值** **表 5-18**

| 频率×长边（Hz×m） | 10 | 20 | 30 | 50 | 75 | 100 | 200 | 300 | 500 | 1000 | 2000 | 4000 |
|---|---|---|---|---|---|---|---|---|---|---|---|---|
| $\theta=0°$ | 2 | 2.2 | 2.5 | 3.1 | 3.6 | 4.1 | 6 | 6.5 | 7 | 8 | 8.5 | 8.5 |
| $\theta=45°$ | 2 | 2 | 2 | 2.1 | 2.3 | 2.5 | 3 | 3.3 | 3.5 | 3.8 | 4 | 4 |

**吸声系数 $\bar{\alpha}$** **表 5-19**

| 房间名称 | 吸声系数 $\bar{\alpha}$ | 房间名称 | 吸声系数 $\bar{\alpha}$ |
|---|---|---|---|
| 广播台、音乐厅 | 0.4 | 剧场、展览馆等 | 0.1 |
| 宴会厅等 | 0.3 | 体育馆等 | 0.05 |
| 办公室、会议室 | 0.15～0.20 | | |

图 5-18 为风口噪声进入室内的衰减。

例如，若房间常数 $R$ 为 $50m^2$，人耳与风口的距离为 $r$=1m，指向性因素为 1，由图 5-18 可查得 $\Delta L$=6dB；如果距离 $r$=10m，则 $\Delta L$=11dB。

5. 通风空调系统的消声器

消声器是由吸声材料按不同的消声原理设计而成的消声构件，根据不同的消声原理，消声器可分为阻性型、抗性型、共振型及复合型等。

（1）阻性消声器

阻性消声器是利用敷设在气流通道内的多孔吸声材料来吸收声能，降低沿通道传播的噪声，具有良好的中、高频消声性能，形式简单，应用范围广泛。阻性消声器的声学性能

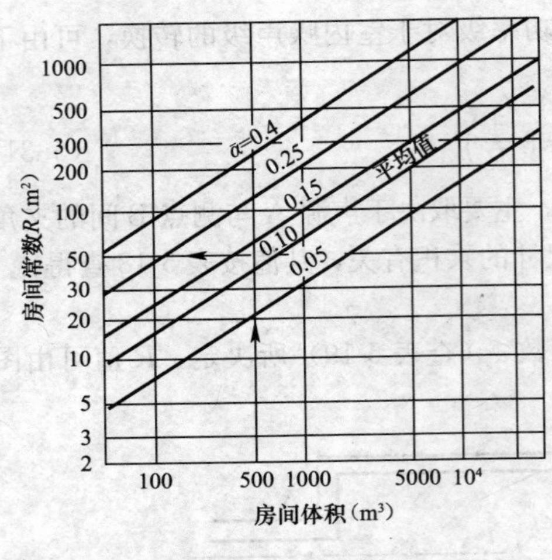


图 5-17　房间常数 $R$

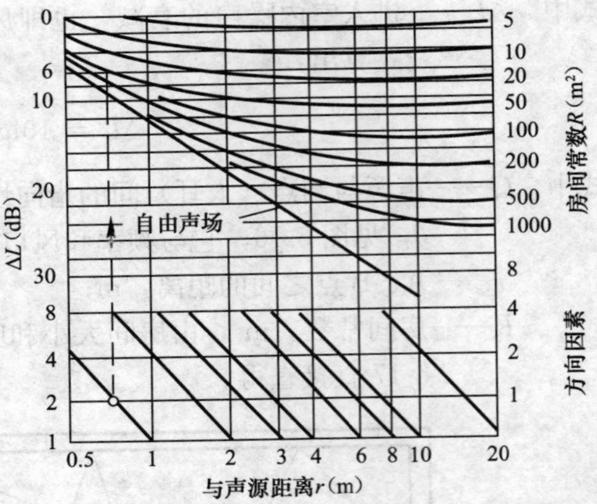

图 5-18　风口噪声进入室内的衰减

取决于吸声材料的种类、吸声层厚度及密度、气流通道的断面形状和尺寸、气流速度以及消声器的长度等因素。

阻性消声器最简单、最基本的形式是阻性直管消声器（见图 5-19），其消声量按下式计算：

$$\Delta L = K_1 \frac{\alpha PL}{F} \tag{5-32}$$

式中　$\Delta L$——消声量，dB（A）；

$\alpha$——吸声材料消声系数；

$P$——管道周长，m；

$F$——管道横断面积，m²；

$L$——消声器长度，m；

$K_1$——系数，取 1.6。

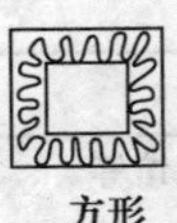


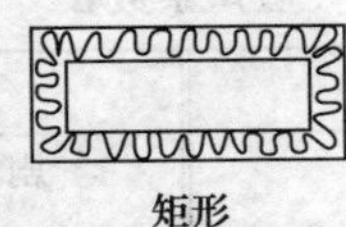


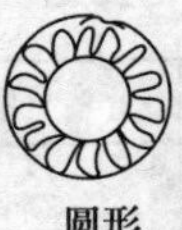


图 5-19　阻性直管消声器

消声系数 $\alpha$ 与垂直入射吸收率 $\alpha_0$ 有关，见表 5-20。

**消声系数 $\alpha$ 与垂直入射吸收率 $\alpha_0$**　　表 5-20

| 垂直入射吸收率 $\alpha_0$ | 0.1 | 0.2 | 0.3 | 0.4 | 0.5 | 0.6 | 0.7～1.0 |
|---|---|---|---|---|---|---|---|
| 消声系数 $\alpha$ | 0.11 | 0.24 | 0.39 | 0.55 | 0.75 | 0.90 | 1.0～1.5 |

由式（5-32）可见，消声器的消声量 $\Delta L$ 除与消声材料的种类有关外，还与消声器的长度 $L$、通道截面周长 $P$ 成正比，与通道截面积 $F$ 成反比，因此，增加有效长度 $L$ 及通

道周长与截面积之比 $P/F$，可提高消声量，当截面积一定时，合理选择气流通道截面形式，可以明显改善消声效果。

(2) 抗性消声器

抗性消声器是利用声波通道截面的突变（扩张或收缩），使沿通道传播的某些特定频段的声波反射回声源，从而达到消声的目的，其作用犹如一个声学滤波器。抗性消声器又称扩张式（或膨胀式）消声器，如图 5-20 所示。

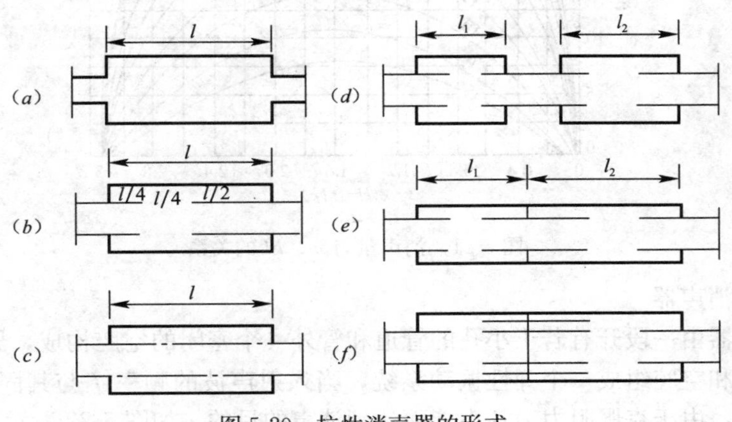


图 5-20　抗性消声器的形式

抗性消声器的消声量主要取决于膨胀比 $m$ 值（定义为膨胀室截面积 $S_2$ 与原气流通道截面积 $S_1$ 之比）及扩张室的长度 $l$ 值。适用于以低、中频噪声为主的噪声源。

典型单节抗性消声器的消声量按下式计算：

$$\Delta L = 10\lg\left[1+\frac{1}{4}\left(m-\frac{1}{m}\right)^2 \sin^2 kl\right] \tag{5-33}$$

式中　$m$——膨胀比，$m=S_2/S_1$；

$k$——波数，$k=\frac{2\pi}{\lambda}=\frac{2\pi f}{c}$（$k$ 值变化相当于频率变化）；

$l$——膨胀室长度，m。

可见，$\Delta L$ 是 $kl$ 的周期性函数，即随着频率的变化，吸声量在零和极大值之间变化。表 5-21 表明 $\Delta L_{min}$ 与 $m$ 的关系，图 5-21 表明消声量 $\Delta L$ 与 $m$、$kl$ 的关系。

**$\Delta L_{min}$ 与 $m$ 的关系**　　**表 5-21**

| $m$ | $\Delta L_{min}$ [dB (A)] | $m$ | $\Delta L_{min}$ [dB (A)] |
|---|---|---|---|
| 1 | 0 | 12 | 15.6 |
| 2 | 1.9 | 14 | 16.9 |
| 3 | 4.4 | 16 | 18.1 |
| 4 | 6.5 | 18 | 19.1 |
| 5 | 8.3 | 20 | 20.0 |
| 6 | 9.8 | 22 | 20.8 |
| 7 | 11.1 | 24 | 21.6 |
| 8 | 12.2 | 26 | 22.3 |
| 9 | 13.2 | 28 | 22.9 |
| 10 | 14.1 | 30 | 23.5 |

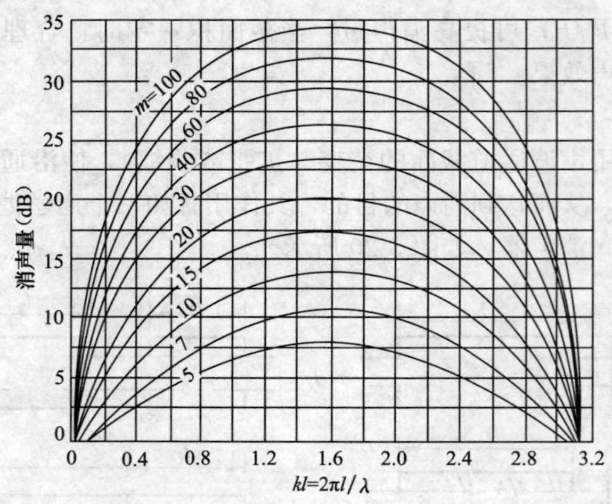


图 5-21 消声量与 $m$、$kl$ 的关系

(3) 共振消声器

共振消声器由一段开有若干小孔的管道和管外一个密闭的空腔构成，属于抗性消声器的范畴。小孔和空腔组成一个弹性振动系统，当入射声波的频率 $f$ 与其固有频率 $f_0$ 相等而激起共鸣时，由于克服阻力消耗声能而达到消声的目的，如图 5-22 所示。

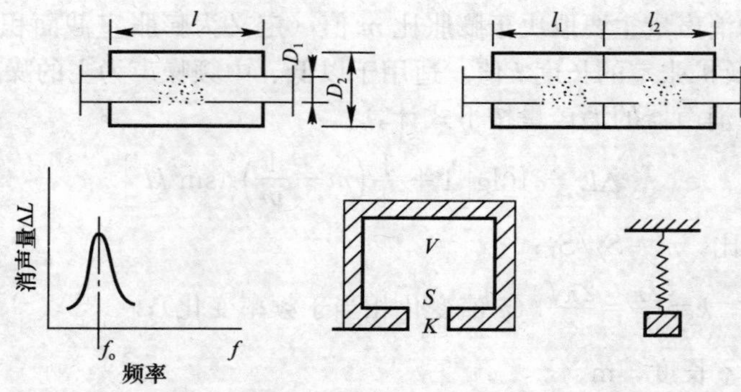


图 5-22 共振消声器及其原理

共振消声器的消声量 $\Delta L$ (dB) 按下式计算：

$$\Delta L = 10\lg\left[1 + \left(\frac{K}{\frac{f}{f_0} - \frac{f_0}{f}}\right)^2\right] \tag{5-34}$$

式中 $K$——与消声器消声性能有关的无量纲数

$$K = \frac{\sqrt{GV}}{2F} \tag{5-35}$$

$G$——传导率，是一个以长度为单位的物理量，定义为共振消声器的小孔总面积与孔板有效厚度之比，m；

$V$——共振腔体积，$m^3$；

$F$——消声器通道横截面积，$m^2$；

$f$——入射声波的频率，Hz；

$f_0$——固有频率，Hz。

共振消声器适用于带有明显低频噪声峰值声源的消声处理及对气流阻力要求严格的场合。

(4) 阻抗复合消声器

为避免在抗性消声器中出现通过频率，改善其消声频率特性，通风空调工程中常将阻性消声器与抗性消声器结合而构成阻抗复合消声器。阻性消声器用于中高频率段，抗性消声器用于低中频率段，是通风空调工程中应用最广泛的一种消声器。阻抗复合消声器广泛应用于空调系统中降低中、低压风机噪声，为加强消声效果，可以多节消声器串联使用（见图 5-23）。消声器使用风速宜为 6～8m/s，且不应超过 8m/s，消声器阻力系数 $\xi=0.4$。

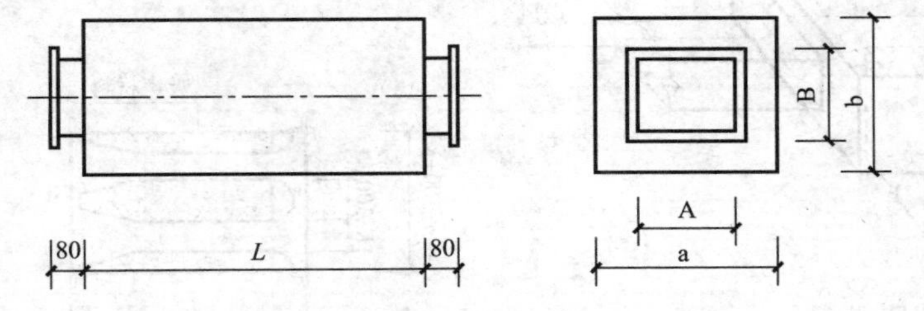


图 5-23 阻抗复合消声器

阻抗复合消声器系列及风量表 表 5-22

| 型号 | 外形尺寸 a×b | 内腔尺寸 A×B | 长度 L | 法兰尺寸 | 有效截面积 ($m^2$) | 风量（$m^3/h$） | | | |
|---|---|---|---|---|---|---|---|---|---|
| | | | | | | 风速 6m/s | 风速 8m/s | 风速 10m/s | 风速 12m/s |
| 1 | 800×500 | 520×230 | 1600 | 30×30×4 | 0.093 | 2000 | 2660 | 3330 | 4000 |
| 2 | 800×600 | 510×370 | 1600 | 30×30×4 | 0.139 | 3000 | 4000 | 5000 | 6000 |
| 3 | 1000×600 | 700×370 | 1600 | 30×30×4 | 0.176 | 4000 | 5330 | 6670 | 8000 |
| 4 | 1000×800 | 770×400 | 1600 | 30×30×4 | 0.231 | 5000 | 6660 | 8320 | 10000 |
| 5 | 1200×800 | 700×550 | 900 | 30×30×4 | 0.278 | 6000 | 8000 | 10000 | 12000 |
| 6 | 1200×1000 | 780×630 | 900 | 30×30×4 | 0.372 | 8000 | 10660 | 13340 | 16000 |
| 7 | 1500×1000 | 1000×630 | 900 | 30×30×4 | 0.463 | 10000 | 13320 | 16640 | 20000 |
| 8 | 1500×1400 | 1000×970 | 900 | 30×30×4 | 0.695 | 15000 | 20000 | 25000 | 30000 |
| 9 | 1800×1400 | 1330×970 | 900 | 40×40×4 | 0.928 | 20000 | 26700 | 33400 | 40000 |
| 10 | 2000×1800 | 1500×1310 | 900 | 50×50×5 | 1.390 | 30000 | 40000 | 50000 | 60000 |

(5) 消声静压箱

消声静压箱是安装在风机出口或空气分布器前的消声设备，静压箱一般在施工现场制作，在空调机房空间比较狭小、制作弯头不能满足弯曲半径要求的场所，连接风管比较灵活，可以稳定气流、起到连接箱的作用。静压箱内贴附吸声材料，既可以恒定静压，又可以利用内腔面积的突变和箱体内表面的吸声作用，有效地衰减风机的噪声（见图 5-24）。消声静压箱的消声量与材料的吸声能力、箱内断面积及出口侧风道的面积等因素有关。当已知吸声材料各频率的吸声系数时，消声量 $\Delta L$ 可用下式计算：

$$\Delta L = 10\lg\frac{A}{S_e} \tag{5-36}$$

式中 $A=S_w\cdot\bar{\alpha}$，箱体的吸声能力，$m^2$；

$S_w$——箱体内侧的总表面积，m²；

$\bar{\alpha}$——贴附材料的吸声系数；

$S_e$——出口断面积，m²。

（6）片式消声器

片式消声器的外框采用冷轧钢板制造，吸声片采用热浸锌穿孔板护面及流线型体，减少了风管阻力，吸声材料为 20～25g/m³ 的超细玻璃棉。消声器吸声片厚度固定，依靠调整片距及改变消声器的长度控制消声器的消声量和空气阻力（见图 5-25）。

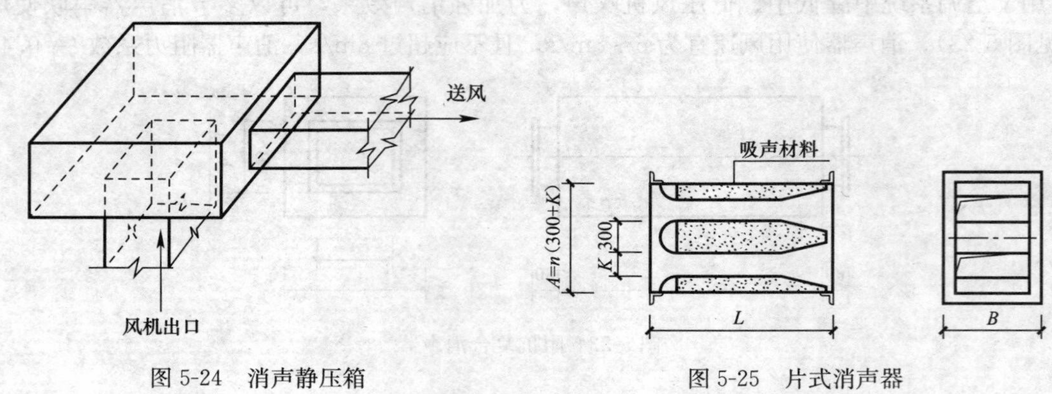


图 5-24　消声静压箱

图 5-25　片式消声器

矩形风管片式消声器规格见表 5-23，矩形风管片式消声器性能参数见表 5-24。

**矩形风管片式消声器规格**（消声片厚度 300mm）　　**表 5-23**

| 通道数 $n$ | 1 | | | | 2 | | | | 3 | | | |
|---|---|---|---|---|---|---|---|---|---|---|---|---|
| 通道宽度 $K$（mm） | 150 | 200 | 250 | 300 | 150 | 200 | 250 | 300 | 150 | 200 | 250 | 300 |
| $A$（mm） | 450 | 500 | 550 | 600 | 900 | 1000 | 1100 | 1200 | 1350 | 1500 | 1650 | 1800 |

**矩形风管片式消声器性能参数**（消声片厚度 300mm）　　**表 5-24**

| 规格 | | 下列频率（Hz）下的消声量 dB（A） | | | | | | | | 下列风速（m/s）下的空气阻力（Pa） | | | | | | | |
|---|---|---|---|---|---|---|---|---|---|---|---|---|---|---|---|---|---|
| | | 63 | 125 | 250 | 500 | 1K | 2K | 4K | 8K | 2 | 4 | 6 | 8 | 10 | 12 | 14 | 16 |
| $K$=150mm | $L$=900mm | 7 | 14 | 17 | 21 | 28 | 20 | 15 | 14 | 14 | 57 | 120 | 195 | | | | |
| | $L$=1200mm | 10 | 16 | 23 | 28 | 32 | 26 | 21 | 17 | 16 | 60 | 130 | 205 | | | | |
| | $L$=1500mm | 11 | 18 | 28 | 33 | 38 | 30 | 25 | 20 | 18 | 65 | 220 | | | | | |
| | $L$=1800mm | 13 | 20 | 33 | 39 | 44 | 35 | 27 | 22 | 20 | 70 | 230 | | | | | |
| $K$=200mm | $L$=900mm | 6 | 11 | 15 | 26 | 29 | 16 | 14 | 13 | | 30 | 56 | 90 | 135 | 190 | | |
| | $L$=1200mm | 7 | 12 | 20 | 29 | 31 | 22 | 17 | 16 | | 32 | 58 | 92 | 138 | 193 | | |
| | $L$=1500mm | 8 | 15 | 24 | 36 | 37 | 26 | 20 | 17 | | 33 | 60 | 97 | 145 | 200 | | |
| | $L$=1800mm | 10 | 18 | 27 | 40 | 41 | 30 | 22 | 13 | | 34 | 63 | 107 | 150 | 210 | | |
| $K$=250mm | $L$=900mm | 3 | 10 | 14 | 21 | 21 | 13 | 13 | 8 | | 20 | 40 | 62 | 90 | 125 | 160 | 195 |
| | $L$=1200mm | 5 | 12 | 18 | 26 | 25 | 16 | 16 | 9 | | 23 | 43 | 65 | 95 | 132 | 165 | 200 |
| | $L$=1500mm | 7 | 14 | 22 | 30 | 30 | 19 | 17 | 11 | | 25 | 47 | 72 | 100 | 145 | 175 | 210 |
| | $L$=1800mm | 9 | 16 | 26 | 36 | 35 | 24 | 18 | 13 | | 27 | 49 | 78 | 110 | 150 | 185 | 220 |
| $K$=300mm | $L$=900mm | 3 | 8 | 13 | 18 | 15 | 13 | 12 | 9 | | | 28 | 43 | 58 | 80 | 105 | 135 |
| | $L$=1200mm | 5 | 10 | 15 | 23 | 17 | 15 | 13 | 11 | | | 30 | 45 | 62 | 85 | 110 | 137 |
| | $L$=1500mm | 6 | 12 | 20 | 27 | 23 | 17 | 15 | 13 | | 10 | 32 | 47 | 65 | 90 | 115 | 143 |
| | $L$=1800mm | 7 | 14 | 23 | 31 | 31 | 20 | 16 | 14 | | 12 | 36 | 50 | 70 | 98 | 120 | 155 |

6. 通风空调系统的消声设计与噪声控制技术

（1）通风空调系统的消声设计

1）消声设计步骤

① 确定消声量。首先根据室内的噪声要求，确定房间允许噪声 NC（或 NR）曲线值，然后按管道系统分别计算设备噪声、气流噪声及噪声自然衰减量。气流噪声减去自然衰减量即得到剩余气流噪声。考虑到气流噪声影响，房间原来规定的允许噪声值相应要下降些，变成房间计算允许噪声值。设备噪声经自然衰减后，得到设备剩余噪声，减去上述房间计算允许噪声值，即为系统必需的消声量，据此设计和选用消声器。

② 消声器设计步骤如下：

（a）根据房间功能确定房间的允许噪声值的 NC（或 NR）评价曲线。

（b）计算各种设备的声功率级。

（c）计算管道系统各部件的噪声衰减量，并计算空气流经管道后噪声衰减后的设备剩余噪声。

（d）求房间内某点的声压级。

（e）根据 NR 评价曲线的各频带的允许噪声值和房间内某点各频率的声压级，确定各频带所需的消声量。

（f）根据必需的消声量选择消声器。

在实际工程中当采用低速风管（$v \leqslant 5$m/s）时，一般可不计算气流噪声源；当管道简单、路程不长或 $v > 8$m/s 时，可不计算自然衰减量，而作为安全因素考虑。对于噪声有严格要求的房间，或风管中风速过大时，则应对气流噪声进行校核计算。如果系统管道各部件的剩余气流噪声大于房间允许噪声值，必须调整管道内的流速，降低气流的噪声，否则设置的消声器的性能再好，也不能达到消声设计的目的。

③ 空气流速规定。有消声要求的通风和空调系统，风管内的空气流速宜符合表 5-25 的规定。

**风管内的空气流速** **表 5-25**

| 室内允许噪声级［dB（A）］ | 主管风速（m/s） | 支管风速（m/s） |
|---|---|---|
| 25～35 | 3～4 | ≤2 |
| 35～50 | 4～7 | 2～3 |

注：风机与消声器之间风管风速可采用 8～10m/s。

由式（5-29）可知，对于直管道，气流速度增大一倍，噪声级增加 15dB（A），其他的管道，噪声级也会随着风速增大而相应增大。因此，必须严格控制管道内的气流速度。

2）消声器的设计选型

① 消声器的选型。消声器选型是由通风空调系统噪声存在的方式和性质，以及消声器本身的性能特点而决定的。其选型还要考虑以下因素：

（a）要用风机（噪音源）的噪声频率特性与系统管路自然衰减和适用房间的容许噪声频率特性的差值确定消声器需要提供的频率衰减量。

（b）管道系统容许消声器的压力损失。

（c）消声器本身的气流噪声。

(d) 设置消声器的空间、位置。

(e) 是否有特殊要求，如防水、防腐、防尘、防火等。

通风空调系统所选用的消声器一般均需要衰减量存在的频带宽一些，即以阻抗复合式较为常用。

② 消声器的设置位置。当消声器入口声级较高时，一般来说，其出口声级也会较高，只要出口声级高于消声器气流噪声的声功率计 $L_{WA}$，消声器的使用就是有效的。因此，消声器的入口应设在声级较高的位置，通常设于空调机或风机的出口是合理的。

为了防止通过负压管道引起的噪声传播，在风机的吸入口通常也应考虑一定的消声措施。由于这时声波的传播方向与气流方向相反，因此消声器的消声量将得以提高。

当设计风速较大时，尽管消声器设在风机出口对设备的消声有利，但消声器的出口噪声仍有可能较大而不满足使用要求。在此情况下，有效的方法是在送风流速较小的末端上增设消声设备或送风口上加消声静压箱等。

消声器安装位置应设在气流平稳段。当主管流速不大时，为使靠近声源处噪声降低，防止噪声激发管道振动，应设计在靠近风机的管段上，但不要设在机房上部。如条件有限，只能放在机房上部时，必须相应的做好消声器外壳隔声处理，以防出现声桥。对消声要求严格的房间，每个送、回风支管宜增设消声器，且不宜设调节阀。若必须设置调节阀时，应设在距送、回风口 10 倍以上空调管道直径的管段处。

对降噪要求高的系统，消声器不宜集中设置在一起，可以在主管、各层分支管、风口前等位置分别设置，这样做可以分别按气流速度的大小选用相应的消声器，把气流再生噪声的影响减到最低程度。

(2) 噪声控制技术

控制通风空调系统的噪声，应遵循下述原则进行，即在满足使用功能的前提下，根据噪声的频率特性及传播方式等，严格通过设计计算确定噪声控制的方法。常用的主要技术有以下几种：

1) 吸声降噪

该方法是指利用吸声材料和吸声结构来吸收声能，从而控制噪声，降低其强度。吸声材料的吸声性能用吸声系数 $\alpha$ 和声阻抗 $Z_A$ 表征，将被吸收的声能与入射声能之比定义为吸声材料的吸声系数，即 $\alpha$=吸收声能/入射声能。

在建筑中，一般不会单独进行吸声处理，而是与装修材料统一考虑（只有一些对噪声要求较严格的房间才会单独考虑此点）。吸声处理更多用于噪声强度较高的环境中，例如在放置各类精密机械的房间中应用。

2) 隔声降噪

隔声就是把发声的物体，或者把需要安静的场所封闭在一个小的空间里，使其与周围环境隔绝开。空气声的隔离一般采用下述方式：单体实心墙；带空气层的双层隔声结构；密度不同的隔声材料。

3) 消声器降噪

消声器是一种既可使气流顺利通过，又能有效地降低噪声的设备，或者说，消声器是一种具有吸声内衬或特殊结构形式、能有效降低噪声的气流管道。消声器种类很多，主要有阻性消声器、抗性消声器、阻抗复合型消声器三类。另外，还有微穿孔板消声器、喷注耗散型消声器等。

上述几种消声器在噪声治理中应用广泛，它们降噪机理的共同特点是通过噪声声波与声学材料或声学结构的相互作用消耗声能，从而降低噪声，是目前工程设计和工程实践中效果较好、广泛应用的噪声控制方法。

(3) 噪声控制的主要内容

噪声控制主要是控制声源的输出和阻断声音的传播途径，或者对接受者进行保护。其中以降低噪声源处的噪声最为有效。但当降低设备噪声源的噪声一时难以解决，或受各种因素的制约而无法有效实施时就必须采用相应的消声措施。

1) 机房的布置

通风、空调和制冷机房的位置，不宜靠近声环境要求较高的房间；当必须靠近时，应采取隔声、吸声和隔振措施。

设计时尽量使机房远离要求安静的环境和房间，尤其对于低速系统，由于管路较长，自然衰减大，可能无须采用其他消声措施就能满足要求。

通风空调的机房、管路设计，应和系统的消声设计同时考虑，综合各种因素合理布置机房位置，并采取必要的噪声控制措施，消除或降低机房、管路噪声对环境或房间的影响。

2) 风机的选择

当确定了系统所需的风量和风压后，从降低噪声的角度考虑，应首先选用低噪声风机。使风机运行的工况点尽可能接近最高效率点，此时风机的运行噪声最低，反之噪声就较高。风机叶片向后弯的比其他类型（向前弯或平板式）叶片的风机噪声低。风机与电动机的传动方式以直联为最佳，联轴器次之，皮带传动则差一些。当系统较大时，应考虑设置回风机，克服系统阻力的工作由送、回风机分别承担。

3) 设备的安装

精心的设备安装是控制噪声的重要环节，当使用低噪声设备时，若安装不良，会导致噪声控制措施前功尽弃。因此，设备应安在弹性减振基础上，并注意调节机组的动静平衡，以免损坏隔振效果和出现其他问题。特别是采用钢架基础上的隔振措施时，调节机组的动、静平衡更为重要。

风机、水泵、空调器的进、出口应设置软接头，减小振动沿管道的传递。

风机和管道的不合理连接可使风机性能急剧变化，增加气流再生噪声。应尽量使进、出风机时的气流均匀，减少方向或速度的突然变化（见图 5-26）。

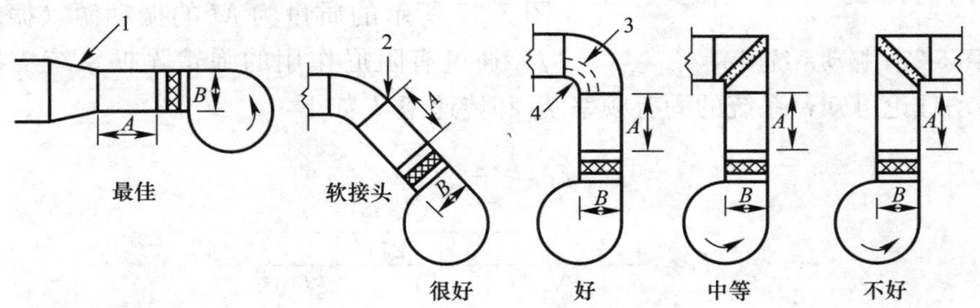


图 5-26 风机和管道连接方式比较

1—优先采用 1∶7 斜度，在风速低于 10m/s 时，允许 1∶4 斜度；2—最小的 A 尺寸为 1.5$B$，其中 $B$ 为出风管的大边尺寸；3—导风叶片应该扩展到整个弯头半径范围；4—最小半径为 15cm

4）管路设计及流速控制

系统管路设计及流速控制，原则上应尽可能使气流均匀流动，即从机房至使用房间的管路中气流速度逐步减小，避免急剧转弯产生涡流并引起速度回升、气流噪声增大。

经消声器后的流速应严格控制，使之比消声器前的流速低，否则容易出现气流噪声回升，将破坏消声效果。

设置风管系统管道时，消声处理后的风管不宜穿过高噪声的房间；噪声高的风管，不宜穿过要求噪声低的房间，当必须穿过时，应采取隔声处理措施。

5）防止管道窜声

当相邻房间的送回风使用同一系统时，必须采用消声措施来避免相邻房间之间的窜声，例如增加相邻空调房间的送风口距离、在空调管道内粘贴吸声材料，对应空调房间送风主管增加消声器或弯头；要求特别严格时应设置独立送回风系统，否则达不到噪声控制的要求。

6）管壁隔声

由于通风空调系统管道的管壁较薄，隔声量低，当管道通过要求安静的房间时，管内噪声由管壁透射就会影响使用房间。另一方面，当管道穿过高噪声房间时，噪声又会经管壁透射而增加管内噪声。在要求很严格的情况下，要对管道进行隔声处理。

## 5.8.2 振动及控制

暖通空调系统中的转动设备（制冷机组、通风机、水泵、空调器）是产生振动的振源，它是由于旋转部件的惯性力、偏心不平衡力产生的扰动而引起的强烈振动。振荡除产生高频噪声外，还通过设备底座、管道与构筑物连接部分引起建筑结构的振动。

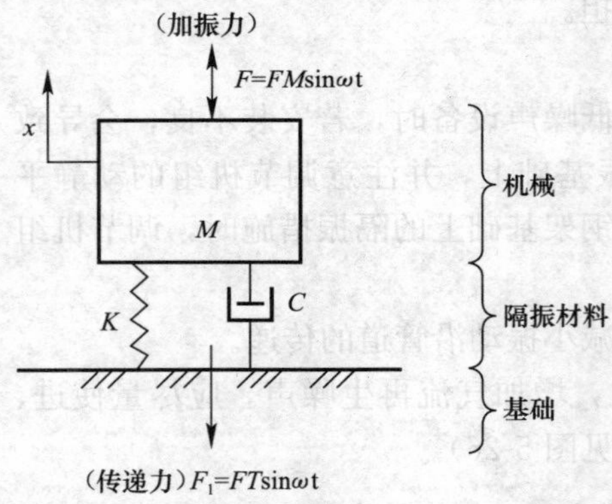


图 5-27　振动系统图示

为防止和减小冷水机组、通风机、水泵、空调器等产生的振动沿楼板、梁柱、墙体的传递，在设备底部安装隔振元件（如阻尼弹簧减振器、橡胶隔振器），在管道上采用橡胶挠性接管（或金属波纹管、金属软管），风机进出口处用帆布接头等柔性连接，并对管道支架吊架托架等同时进行隔振处理，可以防止或减少振动的传递。

1. 振动传递率和减振标准

振动传递率 $T$ 是评价隔振效果的重要指标。图 5-27 所示的质量为 $M$ 的振动源（振动频率为 $f$）通过有阻尼作用的弹簧隔振系统支撑在基础上。由振动理论可知，系统的固有频率 $f_0$ 和传递率 $T$ 如下：

$$f_0 = \frac{1}{2\pi}\sqrt{\frac{K}{M}} \tag{5-37}$$

$$T = \frac{x_0}{u_0} = \sqrt{\frac{1 + (2\xi f')^2}{(f'^2 - 1)^2 + (2\xi f')^2}} \tag{5-38}$$

式中　$K$——减振器的弹簧系数，N/m；

$M$——物体的质量，kg；

$x_0$——弹性支撑上物体的振幅；

$u_0$——基础本身的振幅；

$\xi = C/C_0$，称为阻尼比；

$C$——阻尼系数；

$C_0$——临界阻尼系数；

$f' = f/f_0$

$f$——设备的驱动频率，Hz。

当$\xi = 0$时，即为无阻尼系统，上式变成

$$T = \frac{1}{|f'^2 - 1|} \tag{5-39}$$

图 5-28 为式（5-38）的线算图，表明了 $\xi$、$f/f_0$ 和 $T$ 的关系。由线算图可知，当 $f' = f/f_0$ 趋于 0 时，$T$ 接近于 1，此时隔振器不起作用；当 $f = f_0$ 时，传递率 $T$ 趋于无穷大，表示系统发生共振，这时不仅不起隔振作用，反而使系统的振动加剧，这是隔振设计必须避免的。只有 $f/f_0 > \sqrt{2}$ 即 $f'^2 > 2$ 时，传递率 $T < 1$，隔振器才起作用；理论上比值 $f/f_0$ 越大，隔振效果越好。但因设计很低的 $f_0$，不仅造价高，而且当 $f/f_0 > 5$ 时，隔振效果提高得很慢，通常在工程设计上选用 $f/f_0 = 2.5 \sim 5$。不同的建筑物所允许的传递率 $T$ 也不相同，定义 $\eta = (1 - T) \times 100\%$ 为隔振效率，其 $T$、$f/f_0$、$\eta$ 值列于表 5-26。

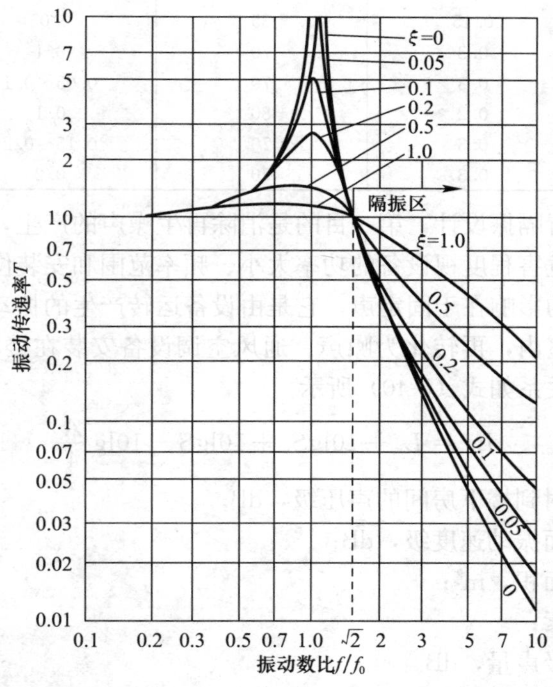


图 5-28　振动传递率与振动数比

**不同建筑允许的 $T$、$f/f_0$、$\eta$ 值**　　表 5-26

| 场　所 | 示　例 | $T$ | $f/f_0$ | $\eta$（%） |
|---|---|---|---|---|
| 只需隔声的场所 | 工厂、地下室、仓库、车库 | 0.8～1.5 | 1.4～1.5 | 20～50 |
| 一般场所 | 办公室、商店、食堂 | 0.2～0.4 | 2～2.8 | 60～80 |

续表

| 场所 | 示例 | $T$ | $f/f_0$ | $\eta$（%） |
|---|---|---|---|---|
| 应注意的场所 | 旅馆、医院、学校、会议室 | 0.05～0.2 | 2.8～5.5 | 80～95 |
| 特别注意的场所 | 播音室、音乐厅、宾馆 | 0.01～0.05 | 5.5～15 | 95～99 |

2. 通风空调系统振动控制设计

（1）隔振设计

在进行隔振设计前，首先应知道设备的安装位置，隔振应达到的基本要求，通过计算选择隔振方式和隔振器。

在民用建筑中，通风空调设备相对于使用房间而言，均应采用积极的隔振方式。在进行隔振设计前应根据设备安装的位置和对其主要房间的影响，确定隔振应达到的要求，就是选择必要的隔振传递率和隔振效率。

机械设备隔振系统的 $T$ 和 $\eta$ 参考值列于表 5-27。

**机械设备隔振系统的 $T$ 和 $\eta$** 表 5-27

| | 地下室、底层 | | 二层以上 | |
|---|---|---|---|---|
| | $T$ | $\eta$（%） | $T$ | $\eta$（%） |
| 水泵 | 0.2～0.3 | 70～80 | 0.05～0.1 | 90～95 |
| 往复式制冷机 | 0.2～0.3 | 70～80 | 0.05～0.15 | 85～95 |
| 离心式制冷机 | 0.15 | 85 | 0.05 | 95 |
| 通风机 | 0.3 | 70 | 0.1 | 90 |
| 管路系统 | 0.3 | 70 | 0.05～0.1 | 90～95 |
| 发电机 | 0.2 | 80 | 0.1 | 90 |
| 冷却塔 | 0.3 | 70 | 0.15～0.2 | 80～85 |
| 空调设备 | 0.3 | 70 | 0.2 | 80 |

在民用建筑中进行隔振设计，第一目的是消除再生噪声的产生，其次是消除振动对人的直接影响，后者的危害程度视设备的功率大小、频率范围和安装位置而定。

振动对民用建筑的影响在于固定声，它是由设备运转产生的振动，以弹性波的形式沿基础和建筑构件传到室内，再转化为噪声。通风空调设备安装在楼板上，激发楼板振动，并辐射发出噪声，其关系如式（5-40）所示

$$L_{\mathrm{P}} = L_{\mathrm{v}} + 10\lg S_{\mathrm{v}} + 10\lg S - 10\lg \frac{A}{4} \tag{5-40}$$

式中 $L_{\mathrm{P}}$——楼板辐射到楼下房间的声压级，dB；

$L_{\mathrm{v}}$——楼板表面振动速度级，dB；

$S_{\mathrm{v}}$——楼板表面积，$\mathrm{m}^2$；

$S$——辐射因素；

$A$——房间总吸声量，dB。

由于隔振前后，$S_{\mathrm{V}}$、$S$、$A$ 值基本无变化，由式（5-40）可得：

$$\Delta L_{\mathrm{P}} = \Delta L_{\mathrm{v}} \tag{5-41}$$

式中 $\Delta L_{\mathrm{P}}$——楼板辐射到楼下房间的声压级，dB；

$\Delta L_{\mathrm{v}}$——楼板表面振动速度级，dB。

（2）设备的减振

在民用建筑中应对所有的空调、制冷设备、水泵、风机等进行有效的隔振处理，即使

忽视的是一个小振源，也可能会造成固体噪声的产生。

1）风机减振

现在使用较多的是轴流（混流）式风机和箱式风机。风机的安装方式一般有吊装和落地安装两种。吊装风机稳定性差，其工作时产生的振动很容易放大，且一般安装处离使用场所较近，没有隔离屏障，振动的危害较大，应采取隔振措施。常用的方法是使用吊式减振器，根据风机的转速和质量，可使用橡胶吊式减振器或弹簧吊式减振器。

落地安装的风机可置于隔振台座上，台座的质量为风机质量的 1～3 倍。减振台座的优点是降低了隔振系统的重心，可忽略设备表面位移隔振，可获得稳定的隔振效率，且各点的压缩量接近，使隔振器的布置比较容易。风机减振安装如图 5-29 所示。

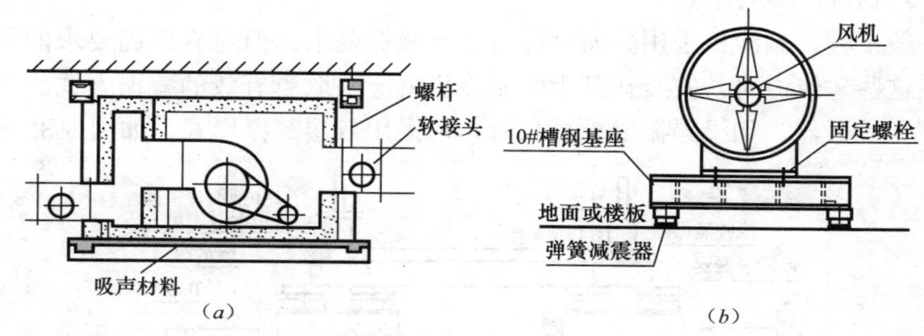


图 5-29　风机减振图示

（a）悬挂风机减振；（b）落地风机减振

2）水泵减振

在民用建筑中，各类水泵使用较多，电动机功率大，其产生的振动很容易通过结构传到室内。水泵不应采用硬安装，应选择合适的传递率进行隔振计算，使隔振系统与水泵转速的频率比大于 3。常用的做法是采用减振台座，台座的质量应是水泵质量的 1.5～2.5 倍。台座形式以钢混构造较好，特点是体积小、坚固耐用、可进行标准化设计，如图 5-30 所示。

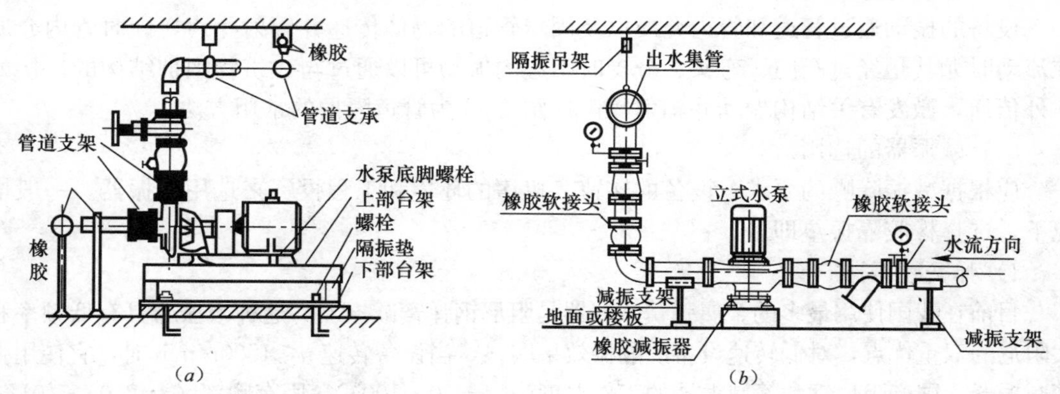


图 5-30　水泵减振图示

（a）卧式水泵减振；（b）立式水泵减振

3）空调箱减振

当空调机房贴邻有特殊要求的房间时，置于机房内的设备应采取减振措施。常用的方法是使用弹簧减振器，为使减振器布置均匀，并有利于调整，要在空调基座下配置型钢台座，如图 5-31 所示。

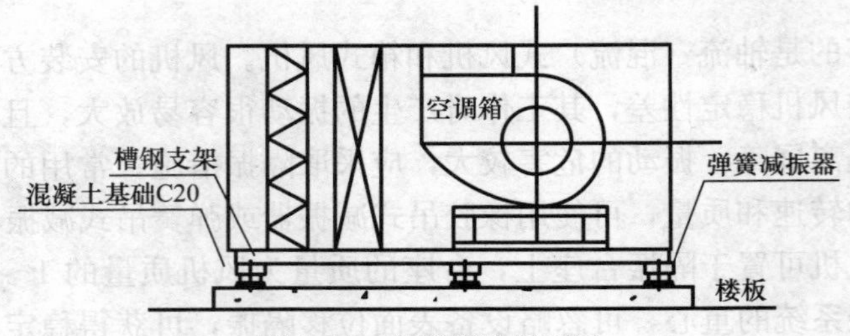


图 5-31　空调器减振图示

4）制冷机和冷却塔减振

对于一般工程，制冷机采用减振垫即可达到减振要求。但对有很高要求的场所等，制冷站又设在这些建筑内时，安装在其中的制冷机就应采取更有效的减振方式。常用的方式是型钢台座＋减振器，如果隔振要求更高时，可采用双层减振形式，如图 5-32 所示。

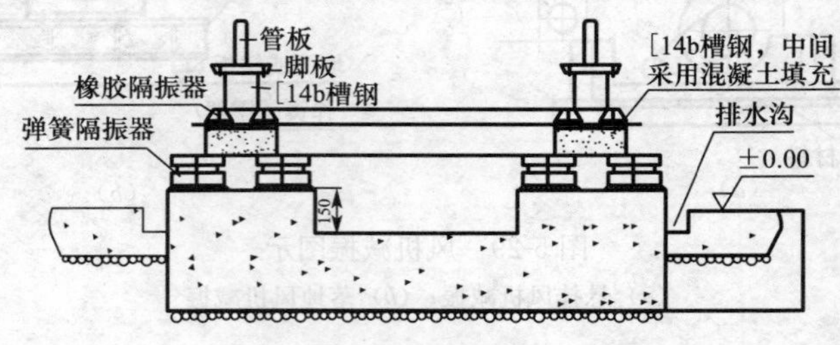


图 5-32　冷水机组减振图示

置于屋面的冷却塔工作时产生振动，将影响其下面的房间，应采取减振措施。基本方法是：型钢台座下面布置弹簧减振器，减振器应根据塔脚的荷载进行布置，要特别注意调整水平度，避免塔身歪斜。

（3）管道隔振

设备的振动通过管道和管内介质以及固定管道的物体传递并辐射噪声，同时管内介质在流动时尤其是经过阀门、弯头、分支时引起的振动可以通过与建筑物围护结构的连接处向外传递，激发有关结构振动并辐射噪声。图 5-33 为管道隔振的常用方法。

（4）减振器的选用

应根据减振降噪的要求、设备的转速、机房的环境和工程投资来选用减振器。一般情况下，选择橡胶隔振垫即可。

1）弹簧减振器

目前在我国使用最多的金属弹簧减振器是阻尼钢弹簧减振器。这种减振器具有低频率和大阻尼的双重优点，对低转速设备的隔振效果明显，当设备转速 $n \leqslant 1500$r/min 时，宜使用弹簧减振器。国产阻尼钢弹簧减振器的工作温度为：－30～100℃，固有频率 $f_n$＝2.0～5.0Hz，荷载范围 110～35000N。使用弹簧减振器且共振振幅较大时，宜与阻尼大的材料联合使用，避免高频短路现象（见图 5-34）。

2）橡胶减振器

橡胶减振器具有持久的高弹性和优良的隔振冲击性能，阻尼大，吸收机械能量强，尤其对高频能量的吸收更为有效。按受力情况和变形情况不同，橡胶减振器可分为压缩型、剪切

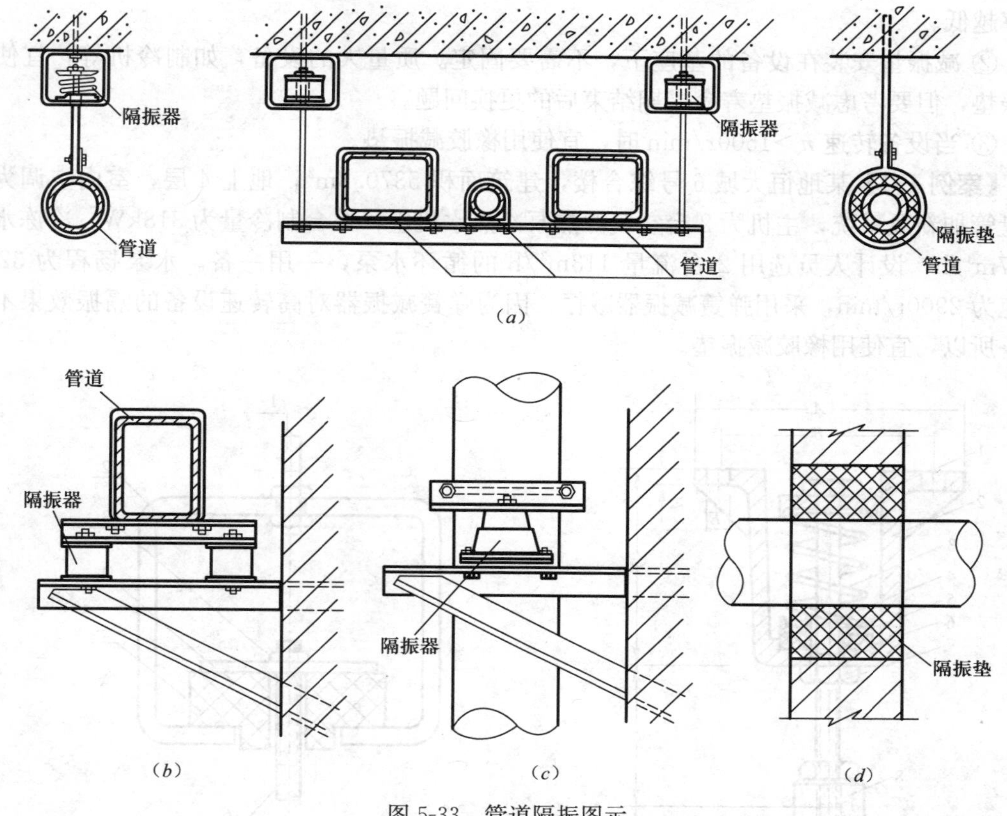

图 5-33 管道隔振图示

(a) 水平管道隔振吊架；(b) 水平管道隔振支架；(c) 垂直管道隔振支承；(d) 穿墙管道隔振支承

型和复合型 3 大类。橡胶减振器的动态系数为 1.4～2.8，阻尼比为 0.2～0.075。另外非运转设备如分集水器、换热器、变压器等均可用橡胶减振器来吸收脉冲运动引起的冲击振动。

当设备转速 $n>1500\mathrm{r/min}$ 时，宜使用橡胶减振器。设备扰动频率 $f_n$ 与橡胶减振器竖直方向的自振频率 $f_0$ 之比应大于 3（见图 5-35）。

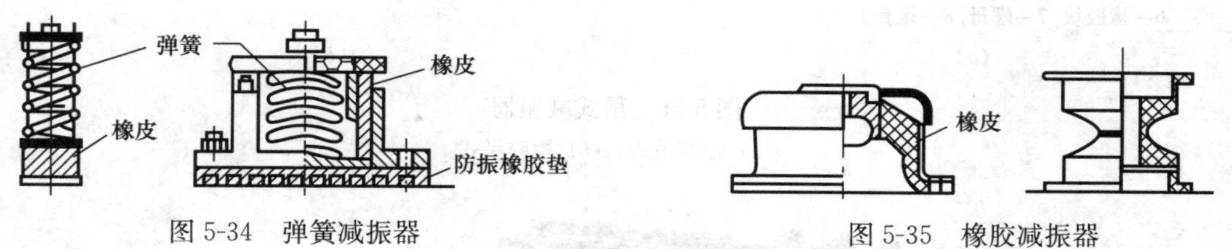

图 5-34 弹簧减振器

图 5-35 橡胶减振器

3）吊式减振器（弹性吊钩）

吊式减振器的支撑方式是悬挂，主要用于吊挂风机、风管、水管等，用于隔离振动，减少固体传声。吊式减振器弹性元件有金属弹簧和橡胶，可根据频率进行选择（见图 5-36）。

4）橡胶减振垫

橡胶减振垫是历史最悠久的减振元件，它具有形式简单、安装方便、价格低廉、隔振效果好等优点，广泛用于一般的减振场所。在选用减振垫时，要注意以下几个因素：

① 减振垫的固有频率与橡胶材料的硬度和层数有关，同种材料的减振垫，层数越多，

频率越低。

② 减振垫安装在设备的基座下，不需要固定。质量大的设备，如制冷机等，宜使用减振垫，但要考虑减振垫寿命周期结束后的更换问题。

③ 当设备转速 $n>1500$r/min 时，宜使用橡胶减振垫。

**【案例 132】** 某地恒大城 6 号综合楼，建筑面积 5370.8m²，地上 4 层，室内空调为风机盘管加新风系统，主机为 2 台空气源热泵冷热水机组，单台制冷量为 318kW，冷冻水量 54.7m³/h，设计人员选用 2 台流量 113m³/h 的循环水泵，一用一备。水泵扬程为 32m，转速为 2900r/min，采用弹簧减振器减振，因为弹簧减振器对高转速设备的隔振效果不明显，所以，宜使用橡胶减振垫。

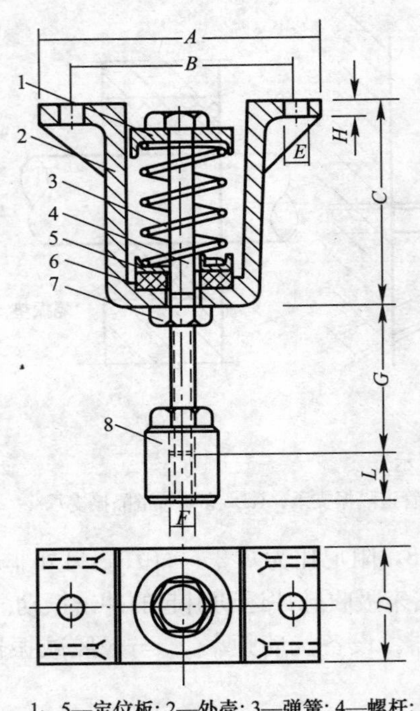


1、5—定位板；2—外壳；3—弹簧；4—螺杆；6—橡胶块；7—螺母；8—螺套

(*a*)

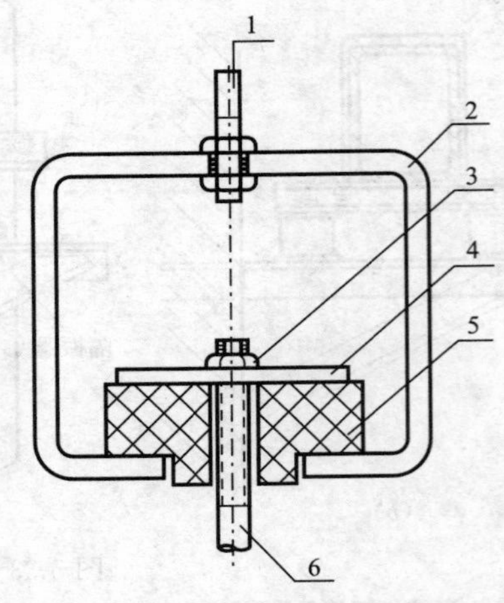


1—吊杆与楼板、梁连接；2—框架；3—螺母；4—垫片；5—橡胶减振器；6—吊杆与风管吊架连接

(*b*)

图 5-36 吊式减振器

(*a*) 弹簧吊式；(*b*) 橡胶吊式

图 5-37 橡胶减振垫

# 第6章 建筑物防排烟设计

## 6.1 防排烟目的及方式

建筑设计中的防烟排烟设计属于暖通空调专业的任务，暖通空调专业人员要熟悉建筑物防排烟设计的理论、方法及各种措施。

### 6.1.1 防排烟的目的

一般建筑物（特别是高层建筑）发生火灾后，烟气在室内外温差引起的烟囱效应、燃烧气体的浮力和膨胀力、风力等的作用下，会迅速从着火区域蔓延、传播到建筑物其他非着火区域，甚至疏散通道，严重影响人员逃生及扑救灭火工作。因此，有效的烟气控制是保护人民生命财产安全的重要手段。所谓烟气控制即指通过有效的防排烟设计，控制烟气的合理流动，最大限度地保护人民生命财产安全。防排烟的目的有以下三点：

（1）将烟气控制在一定的范围内。为了减少人员伤亡和财产损失，防止火势蔓延扩大，应阻止着火区的烟气向非着火区扩散，有效的防烟分隔和及时的排烟能迅速将火灾区的烟气排至室外，并带走大量热量。

（2）保证室内人员的安全疏散。火灾情况下，着火区烟雾弥漫，视线不清，室内人员无法分辨逃生方向。在设置合理可靠的排烟设施的情况下，从着火区及其附近迅速排除烟气，室内人员沿烟气流动的相反方向逃向非着火区和疏散通道，为安全疏散创造有利条件。

（3）保证消防援救工作的顺利开展。在浓烈的火势和烟雾弥漫时，消防人员进入着火现场睁不开眼睛，看不清着火区的情况，不能迅速找到起火点，会影响灭火的时间和效果。如果采取有效的防排烟措施，消防人员进入火场，情况看得比较清楚，可以迅速确定起火点，判断火势方向，及时扑救，最大限度地减少火灾损失。

### 6.1.2 防火分区与防烟分区

按各种规范的专业章节划分，防火分区和防烟分区的内容都放在建筑专业部分，防火分隔、防烟分隔构造也是反映在建筑专业施工图上。但是暖通空调专业人员应按防火分区、防烟分区设置防排烟系统，因此，暖通空调专业人员应该熟知防火分区、防烟分区的划分原则，并主动配合建筑专业人员划分防火分区与防烟分区，以便合理地进行防排烟系统设计，不能认为划分防火分区与防烟分区只是建筑专业的事，与暖通空调专业无关。

1. 防火分区

划分防火分区就是把建筑平面按空间划分为若干个防火单元，把火势控制在起火单元，阻止火势进一步蔓延，有利于人员疏散和消防扑救。

划分防火分区的方法：（1）水平防火分区用防火墙、防火卷帘或防火门将同一楼层水平方向划分成若干个防火分区。（2）垂直防火分区一般按楼层划分，用耐火楼板、窗间墙等将上下层隔开，对于串通2层及2层以上设有走廊、自动扶梯等的开口部位，应将相连通的各层作为一个防火分区，即连通部分各层面积之和不应超过最大水平防火分区的面积。（3）所有串通楼板的电缆井、排烟井、管道井等应单独设置防火分区，要求井道材料为不燃烧材料，井道与楼板之间应用耐火材料进行防火分隔。

防火分区的允许最大建筑面积规定。

（1）高层建筑内每个防火分区的允许最大建筑面积见表6-1。

**高层建筑防火分区的允许最大建筑面积** **表6-1**

| 建筑类别 | 每个防火分区建筑面积（$m^2$） |
|---|---|
| 一类建筑 | 1000 |
| 二类建筑 | 1500 |
| 地下室 | 500 |

注：1. 设有自动灭火系统的防火分区，其允许最大建筑面积可按本表增加1倍；当局部设置自动灭火系统时，增加面积可按局部面积的1倍计算。

2. 一类建筑的电信楼，其防火分区的允许最大建筑面积可按本表增加50%。

（2）高层建筑内的商业营业厅、展览厅等，当设有火灾自动报警系统和自动灭火系统，且采用不燃烧或难燃烧材料装饰时，地上部分防火分区的允许最大建筑面积为4000$m^2$；地下部分防火分区的允许最大建筑面积为2000$m^2$。

（3）当高层建筑与其裙房之间有防火墙等分隔设施时，其裙房的防火分区允许最大建筑面积不应大于2500$m^2$，当设有自动喷水灭火系统时，防火分区允许最大建筑面积可增加1.00倍。

（4）非高层建筑内每个防火分区的允许最大建筑面积见表6-2。

**非高层建筑防火分区的允许最大建筑面积** **表6-2**

| 耐火等级 | 每个防火分区建筑面积（$m^2$） |
|---|---|
| 一、二级 | 2500 |
| 三级 | 1200 |
| 四级 | 600 |
| 地下、半地下建筑（室） | 500 |

注：建筑内设置自动灭火系统时，该防火分区的最大允许建筑面积可按本表的规定增加1.0倍；局部设置时，增加面积可按该局部面积的1.0倍计算。

（5）地上商店营业厅、展览建筑的展览厅，当1）设置在一、二级耐火等级的单层建筑内或多层建筑的首层；2）设置有自动喷水灭火系统、排烟设施和火灾自动报警系统；3）内部装修设计符合现行国家标准《建筑内部装饰设计防火规范》GB50222的有关规定时，每个防火分区的允许最大建筑面积不应大于10000$m^2$。

（6）地下商店当设有火灾自动报警系统和自动灭火系统，且建筑内部装修符合现行国家标准《建筑内部装饰设计防火规范》GB 50222的有关规定时，每个防火分区的最大允许建筑面积可增加到2000$m^2$。

2. 防烟分区

划分防烟分区是把一个防火分区划分成若干个防烟单元，目的是在着火时将烟气控制在一定的范围内，防止烟气向该单元外蔓延，有利于人员疏散和消防扑救。防烟分区的最大面积应符合以下规定：

(1) 地上建筑每个防烟分区的建筑面积不宜超过 $500m^2$。

(2) 地上建筑中单层净空高度超过 6.00m 的房间，不划分防烟分区，取所在房间防火分区的标准。

(3) 一般地下建筑每个防烟分区的建筑面积不宜超过 $500m^2$，地下汽车库每个防烟分区的建筑面积不宜超过 $2000m^2$

划分防烟分区的方法：(1) 防烟分区采用隔墙、挡烟垂壁或顶板下突出不小于 0.5m 的梁来划分，但是防烟分区不应跨越防火分区。(2) 当走道按规定设置排烟设施而房间不设时，分为两种情况：1) 当走道与房间的门为防火门，只认定走道为防烟分区，不包括房间；2) 当走道与房间的门不是防火门，则防烟分区尚应包括房间面积。(3) 当房间按规定设置排烟设施而走道不设时，分为两种情况：1) 当走道与房间的门为防火门，只认定房间为防烟分区，不包括走道；2) 当走道与房间的门不是防火门，则防烟分区尚应包括走道面积。(4) 当走道与房间均设排烟设施时，可合并或分设排烟系统。

### 6.1.3 防排烟方式

(1) 防烟方式分为可开启外窗的自然防烟和机械加压送风防烟，这两种方式都是针对疏散途径上的防烟楼梯间及其前室、消防电梯前室及防烟楼梯与电梯的合用前室而言的，除这三个场所外的其他场所，都不是防烟，而是排烟（自然排烟或机械排烟）。采用防烟的部位应优先采用可开启外窗的自然防烟。

(2) 排烟方式分为可开启外窗的自然排烟和机械排烟。当自然排烟和机械排烟二者都具有设置的条件时，应优先采用可开启外窗的自然排烟，这样可以减少防排烟工程的初投资、节省建筑空间和节约能源，是防排烟的首选方案。

自然排烟是利用火灾烟气产生的浮力、热压或室外风力的作用，通过可开启外窗或专门设置的排烟窗把烟气排至室外，这种方式的优点是不需要专门的排烟设施、简单经济；但其缺点是排烟效果不稳定，受室外风力、排烟温度、排烟面积大小及距离着火点远近等因素的影响，因此设计人员必须进行精心的设计，以达到稳定的排烟效果。

## 6.2 自然防烟与机械防烟

### 6.2.1 自然防烟条件的规定

下列场所具备自然防烟条件，可采用自然防烟：

(1) 靠外墙每五层内可开启的外窗面积之和不小于 $2.0m^2$ 的防烟楼梯间。

(2) 每层可开启的外窗面积不小于 $2.0m^2$ 的防烟楼梯间前室、消防电梯间前室。

(3) 每层可开启的外窗面积不小于 $3.0m^2$ 的合用前室。

（4）净空高度小于12m而且可开启外窗或高侧窗的面积不小于中庭地面面积5%的中庭。

（5）自然排烟口净面积不小于地面面积5%的剧场的舞台。

（6）高层民用建筑中可开启的外窗面积不小于地面面积2%、且长度不超过60m的内走道。

（7）其他可开启的外窗面积不小于地面面积2%～5%的房间（或排烟分区）。

## 6.2.2 机械加压送风防烟的规定

下列场所应设置机械加压送风防烟设施：

（1）建筑高度超过50m的一类公共建筑和建筑高度超过100m的居住建筑的防烟楼梯间、消防电梯间前室或合用前室（不论是否具备自然排烟条件，均应设置）。

（2）不具备自然排烟条件的防烟楼梯间、消防电梯间前室或合用前室（包括人民防空地下室的上述场所）。

（3）具备自然排烟条件的防烟楼梯间，其不具备自然排烟条件的前室。

（4）高层建筑的封闭避难层（间）。

（5）人民防空地下室的避难走道的前室。

（6）带裙房的高层建筑防烟楼梯间及其前室、消防电梯前室及防烟楼梯与电梯的合用前室，当裙房以上部分利用可开启外窗进行自然排烟，裙房部分不具备自然排烟条件时，其前室或合用前室应设置局部机械加压送风防烟系统。

## 6.2.3 机械加压送风防烟设计

机械加压送风防烟设计应遵循以下规定。

1. 机械加压送风量

（1）高层建筑防烟楼梯间及其前室、消防电梯前室及防烟楼梯与电梯的合用前室的机械加压送风量应由计算确定，或按《高层民用建筑设计防火规范》GB 50045表6.3-1～表6.3-4确定，并取两者中的较大值。

（2）其他建筑防烟楼梯间及其前室、消防电梯前室及防烟楼梯与电梯的合用前室的机械加压送风量应由计算确定，或按《建筑设计防火规范》GB 50016表9.3.2确定，并取两者中的较大值。

（3）高层建筑的封闭避难层（间）的机械加压送风量应按封闭避难层（间）净面积每平方米不小于30$m^3$/h计算

（4）人民防空地下室防烟楼梯间的机械加压送风量不应小于25000$m^3$/h。当防烟楼梯间与前室或合用前室分别送风时，防烟楼梯间的送风量不应小于16000$m^3$/h，前室或合用前室的送风量不应小于12000$m^3$/h。（注：楼梯间及其前室或合用前室的门按1.5m×2.1m计算，当采用其他尺寸的门时，送风量应按门的面积按比例修正）

（5）人民防空地下室的避难走道的前室机械加压送风量按前室入口门洞风速0.7～1.2m/s计算确定。

2. 机械加压送风机

（1）机械加压送风机的风量应大于计算加压送风量，并应留有5%～10%余量。

(2) 机械加压送风机的全压，除计算最不利管道压头损失外，应留有余压. 其余压值应符合下列要求：

1) 防烟楼梯间为 40～50Pa;

2) 前室、合用前室、消防电梯间前室为 25～30Pa;

3) 封闭避难层（间）为 25～30Pa;

4) 人民防空地下室的避难走道的前室为 25～30Pa;

(3) 机械加压送风机可采用轴流风机或中、低压离心风机，风机位置应根据供电条件、风量分配均衡、新风入口不受火、烟威胁等因素确定。

3. 加压送风系统设计、风管及风口

(1) 防烟楼梯间和合用前室的机械加压送风系统宜分别单独设置，当必须共用一个系统时，应在通向合用前室的支风管上设置压差自动调节装置。

(2) 层数超过 32 层的高层建筑，其送风系统及送风量应分段设计。

(3) 剪刀楼梯间应分别设置送风系统，当合用一个风道时，其风量应按 2 个楼梯间风量计算，并分别设置送风口。

(4) 防烟楼梯间每 2～3 层设一个正压送风口，前室或合用前室每层设一个正压送风口。

(5) 机械加压送风道的风速：采用金属风道时，不大于 20m/s；采用内表面光滑的各种非金属风道时，不大于 15m/s。

(6) 正压送风口的风速不大于 7.0m/s。

(7) 人民防空地下室的避难走道的前室宜设置条形送风口，并应靠近前室入口门，且通向避难走道的前室两侧宽度均应大于门洞宽度 0.1m。

(8) 机械加压送风防烟系统的风管、送风口必须采用不燃烧材料制作。

## 6.3 自然排烟与机械排烟

### 6.3.1 自然排烟条件的规定

下列场所可采用自然排烟：

(1) 靠外墙每五层内可开启的外窗面积之和不小于 2.0$m^2$ 的防烟楼梯间。

(2) 每层可开启的外窗面积不小于 2.0$m^2$ 的防烟楼梯间前室、消防电梯间前室。

(3) 每层可开启的外窗面积不小于 3.0$m^2$ 的合用前室。

(4) 可开启外窗或高侧窗的面积不小于中庭地面面积 5%且净空高度小于 12m 的中庭。

(5) 自然排烟口净面积不小于地面面积 5%的剧场的舞台。

(6) 高层民用建筑中可开启的外窗面积不小于地面面积 2%且长度不超过 60m 的内走道。

(7) 其他可开启的外窗面积不小于地面面积 2%～5%的房间（或排烟分区）。

### 6.3.2 机械排烟条件的规定

下列场所应设置机械排烟：

（1）一类高层建筑和建筑高度超过 32m 的二类高层建筑的下列部位：

1）无直接自然通风，且长度超过 20m 的内走道或虽有直接自然通风，但长度超过 60m 的内走道。

2）面积超过 100m²，且经常有人停留或可燃物较多的地上无窗房间或设固定窗的房间。

3）不具备自然排烟条件或净空高度超过 12m 的中庭。

4）不具备自然排烟条件的各房间总面积超过 200m² 或一个房间面积超过 50m²，且经常有人停留或可燃物较多地下、半地上建筑或地下室、半地下室。

（2）其他建筑的下列部位：

1）不具备自然排烟条件的占地面积大于 1000m² 的丙类仓库。

2）公共建筑中不具备自然排烟条件，经常有人停留或可燃物较多，且建筑面积大于 500m² 的地上房间以及长度大于 20m 的内走道。

3）设置在一、二、三层且房间面积大于 200m² 的歌舞娱乐放映游艺场所或设置在四层及四层以上或地下、半地下不具备自然排烟条件的歌舞娱乐放映游艺场所（后者不论面积大小，均应设置机械排烟）。

4）其他建筑中不具备自然排烟条件、长度大于 40m 的疏散走道。

5）面积超过 2000m² 的地下汽车库。

### 6.3.3 机械排烟系统设计

1. 机械排烟系统排烟量

（1）负担一个防烟分区或净空高度大于 6.00m 不划分防烟分区的房间，以及人民防空地下室负担一个或两个防烟分区排烟时，应按每平方米不小于 60m³/h 计算，且每台排烟风机的排烟量不小于 7200m³/h，其中人民防空地下室应按防烟分区总面积计算。

（2）负担两个或两个防烟分区排烟以及人民防空地下室负担三个或三个以上防烟分区排烟时，应按最大防烟分区面积每平方米不小于 120m³/h 计算，且最大不宜大于 60000m³/h。

（3）中庭体积小于或等于 17000m³ 时，排烟量按中庭体积的 6 次/h 换气计算，中庭体积大于 17000m³ 时，排烟量按中庭体积的 4 次/h 换气计算，但最小排烟量不应小于 102000m³/h。

（4）地下汽车库排烟量按换气次数不小于 6 次/h 计算。

2. 机械排烟系统的排烟风机

（1）排烟风机的风量应大于计算排烟量，并应留有 20％的漏风量。

（2）排烟风机的全压应满足排烟系统最不利环路的阻力，并应留有 20％的余量。

（3）排烟风机可采用离心风机或排烟轴流风机，排烟风机应能在 280℃时连续工作不少于 30min。

我国的防火规范对排烟风机风压、风量取值的规定不完全相同（见表 6-3），设计人员可根据实际情况灵活掌握。

**排烟风机风压、风量对比表** **表 6-3**

| | 风　压 | 风　量 |
|---|---|---|
| GB 50016—2006<br>第 9.4.8 条 | 排烟风机的全压应满足排烟系统最不利环路的要求 | 其排烟量应考虑 10%～20%的漏风量 |
| GB 50045—95（2005 年版）<br>第 8.4.12 条 | 排烟风机的全压应按排烟系统最不利循环管道进行计算 | 其排烟量应增加漏风系数 |
| GB 50067—97 | — | 排烟风机的排烟量应按换气次数不小于 6 次/h 计算确定 |
| GB 50098—2009 | 排烟风机的余压应按排烟系统最不利环路进行计算 | 排烟量应增加 10% |

3. 机械排烟系统设计、风管及风口

（1）需设置机械排烟设施且室内净高小于或等于 6.0m 的场所应划分防烟分区，一般建筑的每个防烟分区面积不宜超过 500m²，汽车库每个防烟分区面积不宜超过 2000m²；防烟分区不应跨越防火分区。室内净高大于 6.0m 的场所不划分防烟分区。

（2）机械排烟系统与通风、空气调节系统宜分开设置。若合用时，必须采取可靠的防火安全措施，并应符合排烟系统要求。

（3）机械排烟系统横向宜按防火分区设置；竖向穿越防火分区时，垂直排烟管道宜设置在管井内；穿越防火分区的排烟管道应在穿越处设置排烟防火阀。

（4）排烟口或排烟阀应按排烟分区设置。排烟口或排烟阀应与排烟风机连锁，当任一排烟口或排烟阀开启时，排烟风机应能连锁启动。

（5）排烟口应设置在顶棚或靠近顶棚的墙上，且与附近安全出口沿走道方向相邻边缘之间的最小水平距离不应小于 1.50m（GB 50098 规定，排烟口宜在该防烟分区内均匀布置，并应与疏散出口的水平距离大于 2m）。设在顶棚上的排烟口，距可燃构件或可燃物的距离不应小于 1.00m（GB 50098—2009 第 6.5.2 条规定，排烟管道与可燃物的距离不应小于 0.15m，或应采取隔热防火措施）。排烟口平时关闭，并应设置手动和自动开启装置。

（6）设置机械排烟设施的地下、半地下不具备自然排烟条件的歌舞娱乐放映游艺场所或面积大于 50m² 的房间，室内应设置排烟口；地上的歌舞娱乐放映游艺场所或面积不大于 50m² 的房间以及其他场所可以仅在疏散走道设置排烟口。

（7）防烟分区内的排烟口距最远点的水平距离不应超过 30m；排烟支管上应设置当烟气温度超过 280℃时能自行关闭的排烟防火阀。

（8）在排烟风机入口处的总管上应设置当烟气温度超过 280℃时能自行关闭的排烟防火阀，该阀应与排烟风机连锁，当该阀关闭时，排烟风机应能停止运转。

（9）当排烟风机及系统中设置有软接头时，该软接头应能在 280℃时连续工作不少于 30min。

（10）排烟风机和用于排烟补风的送风机宜设置在通风机房内。

（11）排烟系统的排烟管道、排烟口和排烟阀等必须采用不燃材料制作。

（12）排烟口的风速不宜大于 10m/s。机械排烟管道的风速，采用金属风道时，不大于 20m/s；采用内表面光滑的各种非金属风道时，不大于 15m/s。

### 6.3.4 排烟及其补风系统

(1) 在地下建筑和地上密闭场所中设置机械排烟系统时，应同时设置补风系统。当设置机械补风系统时，其补风量不宜小于排烟量的 50%。

(2) 汽车库内无直接通向室外的汽车疏散出口的防火分区，当设置机械排烟系统时，应同时设置进风系统，且送风量不宜小于排烟量的 50%。

(3) 机械加压送风防烟管道和排烟管道不宜穿过防火墙。当需要穿过时，过墙处应设置防火阀：机械加压防烟送风管道防火阀 70℃关闭；排烟补风管道防火阀 280℃关闭。

### 6.3.5 关于室外排烟（风）口与加压送风口、排烟补风口距离的规定

(1) GB 50016—2006 第 9.4.7 条：机械加压防烟送风系统和排烟补风系统的室外进风口宜布置在室外排烟口的下方，且高差不宜小于 3.0m；当水平布置时，水平距离不宜小于 10m。

(2) GB 50038—2005 第 3.4.2 条：人民防空地下室室外进风口宜设置在排风口和柴油机排烟口的上风侧，进风口与排风口之间的水平距离不宜小于 10m；进风口与柴油机排烟口之间的水平距离不宜小于 15m 或高差不宜小于 6.0m。

### 6.3.6 不要设置排烟设施的场所

(1)《人民防空工程设计防火规范》GB 50098—2009 第 4.1.1 条指出："水泵房、污水泵房、水池、厕所、盥洗室等无可燃物的房间，其面积可不计入防火分区的面积之内"。

(2)《人民防空工程设计防火规范》GB 50098—2009 第 4.1.4 条指出："自行车库属于戊类物品库，摩托车库属于丁类物品库"。

设计人员可根据以上规定灵活掌握。

## 6.4 加压送风和排烟补风系统的防火阀设置

### 6.4.1 问题的提出

机械加压送风防烟系统是指为阻止火灾烟气进入防烟楼梯室及其前室、电梯前室或合用前室而设置的机械送风系统。关于送风口的形式、送风系统上是否设置防火阀，防火规范 GB 50016、GB 50045、GB 50067 和 GB 50098 都没有明确的规定，探讨的文献也是连篇累牍。送风口的形式虽然各有差异，但认识已基本趋于一致：防烟楼梯间采用自垂百叶风口或常开百叶风口；前室采用常闭型百叶风口，或者当前室的疏散门为带启闭信号的常闭防火门时，可采用常开型百叶风口，但应在加压送风机的压出段上设置防回流装置或电动调节阀。但机械加压送风防烟系统是否设置防火阀、排烟补风系统是否设置防火阀，各单位执行得很不一致。

### 6.4.2 施工图审查中发现的情况

**【案例 133】**施工图审查中，防烟楼梯间加压送风系统上未见到在加压风机出口或送风

口上设防火阀的情况。但前室或合用前室加压送风系统上设防火阀的情况比比皆是，设置的位置和防火阀的关闭温度也是五花八门，有时同一单位在不同时期作的不同项目，处理的方法也不同，显得比较随意。现举例如下（均为屋顶加压送风且不穿越防火分区、火灾危险性房间或防火墙的情况）：

| 设计单位及项目 | 层　数 | 审图时间 | 风机出口 | 送风口 |
| --- | --- | --- | --- | --- |
| A-1 | −2/33 | 2008.03 | 无 | 70℃ |
| B-1 | −2/26 | 2008.06 | 无 | 280℃ |
| C-1 | −2/27 | 2009.04 | 无 | 70℃ |
| D-1 | −1/31 | 2009.06 | 280℃ | 无 |
| D-2 | −2/22 | 2009.08 | 无 | 280℃ |
| D-3 | −3/15 | 2010.06 | 无 | 70℃ |
| D-4 | −2/31 | 2011.03 | 无 | 无 |

### 6.4.3　相关资料的表述

（1）《全国民用建筑工程设计技术措施暖通空调·动力 2009》规定：机械加压送风管和用于机械排烟的补风管道不宜穿过防火分区或其他火灾危险性较大的房间，当必须穿越时，应在穿过处设置防火阀，加压送风管道防火阀的动作温度为 70℃，补风管道防火阀的动作温度可为 280℃。但北京市建筑设计研究院的《建筑设备专业技术措施》（2006 年版）规定：加压送风管道需穿越有火灾危险的房间（或走道）进入楼梯间（或前室），或穿越其他防火墙时，应在防火墙处设置 280℃关闭的防火阀。两者在叙述上有显著的差异，简单地说，前者称加压送风管道为 70℃和补风管道为 280℃，后者称加压送风管道为 280℃。虽然这样，两者有两点是相同的：1）设置防火阀的前提都是送风管和补风管穿越防火分区（墙）或其他火灾危险性较大的房间；2）都没有要求在送风口设防火阀。

（2）《实用供热空调设计手册（第二版）》也没有规定在风机出口、前室的常闭型或常开型送风口设防火阀。

（3）明确说明加压送风系统上不需设置防火阀的条文是北京市建筑设计研究院的《建筑设备专业技术措施》（2006 年版）第 18.3.10 条的“说明”：在屋顶设置风机的加压送风系统一般是将室外新风直接送入楼梯间或前室的混凝土竖井内的送风管道中，不经过有火灾危险的场所，因此不需设置防火阀。

### 6.4.4　问题分析

早年编者与同行探讨过这一问题，对于施工图审查中经常出现的不穿越火灾危险性房间（走道）的简单的竖井加压送风系统，需不需要设防火阀，认为可分为以下三种工况（指不穿越防火分区、火灾危险性房间或防火墙的情况）：

（1）在设置风机的屋面失火。我们知道，根据消防原理，加压送风的作用是当室内火灾时把室外新风送入前室阻挡烟火，有利于人员疏散和扑救火灾；如果在设置风机的屋面火灾，本不应开启风机，因此不应再在风机出口和送风口设防火阀。

（2）前室或合用前室失火。因为前室或合用前室是疏散通道，既没有可燃物，人员停留时间也短，本来火灾可能性就少，有同行提出走道烟气进入前室或合用前室会发生爆燃起火；我们知道，前室或合用前室是疏散通道，相对于走道应保持 25～30Pa 的余压，本来是不允许进烟的，也不会发生爆燃。如果万一发生爆燃，再送风就会扩大火势，所以此时的控制方式是停止加压送风，防止火势扩大，而不是关闭防火阀，所以不必设防火阀。

(3) 屋面和前室（合用前室）同时失火。此时根本不允许开启加压送风机，又何必设防火阀呢？

综上所述，编者认为对于大量存在的简单的混凝土竖井加压送风系统，风机出口和送风口都没有理由设防火阀。

### 6.4.5 排烟补风系统的防火阀动作温度问题

审图发现许多单位设计地下车库排烟补风系统时常在风管上设 70℃防火阀，因为设计人员认为规范规定风管穿机房时应设 70℃防火阀。实际上设置 70℃防火阀只适用于一般通风空调风管，如果用于排烟的补风系统上，70℃防火阀比 280℃防火阀提前关闭，排烟风机还在排烟，补风风机已停止，无法继续补充送风，对排烟是不利的，所以此时应设 280℃防火阀，延长补风时间，以提高安全性。

## 6.5 审图中发现的问题及分析

**【案例 134】**剪刀楼梯间正压送风计算风量错误。某小区 18 号楼为居住建筑，总面积 15007.57m$^2$，地下 1 层，地上 21 层，两个单元各设置剪刀楼梯间、消防电梯、普通客梯各一部，楼梯间和合用前室分别单独送风，其送风量为 22000m$^3$/h 和 15000m$^3$/h。该工程在剪刀楼梯间设置合用风道，两梯段均设风口分别单独送风。经检查发现，该工程把剪刀楼梯间等同于普通楼梯，未按两个楼梯间计算风量，容易造成火灾时送风量不足。

**【案例 135】**审图发现，有些设计人员只要是长度超过 60m 的走道，就设置机械排烟。对于长度超过 60m 的走道，只在两端有可开启外窗而中间无外窗时，应设置机械排烟，如果走道中部有足够的开窗面积，就可以不设置机械排烟设施。但如果中部是疏散楼梯，则不能作为自然排烟口，为保证人员从楼梯疏散，应在与附近安全出口沿走道方向相邻边缘之间不小于 1.50m 处设置机械排烟口及排烟系统。

**【案例 136】**审图发现，有些设计人员不标注防火阀距防火分隔处的距离，信手画图，现场施工人员也不遵守规范的规定，防火阀远离防火分隔处。防火阀的作用是与防火分隔共同组成阻火屏障，防止不同防火分区之间的火灾蔓延，如果防火阀离防火分隔处太远，就起不到防火作用。所以，《建筑设计防火规范》GB 50016—2006 第 10.3.14 条规定“防火阀宜靠近防火分隔处设置”，该条条文说明附图 17 明示防火阀距防火分隔处的距离应不大于 200mm。

**【案例 137】**送风口的风速超过极限值。许多设计人员忙于出图，并不仔细校核风管和风口的风速，特别是送风口、排风（烟）口，没有注意百叶风口的遮挡率及有效面积，致使风口风速大大超过规定值或风量不够。某地房地产公司的香山公寓，建筑面积 58800.84m$^2$，地下 1 层，地上 18 层，属于二类高层建筑，防烟楼梯间与电梯合用前室地上部分开窗面积满足排烟要求，设计人员为地下一层设计加压送风系统，风机风量为

20000$m^3$/h，该系统只有地下室1个送风口，面积为500mm×1500mm＝0.75$m^2$，按百叶风口的遮挡率50%计算，此时风口速度达到14.8m/s；按最大流速7m/s计算，风口净面积应大于0.8$m^2$，设计人员应注意，风口名义面积应不小于风口计算净面积的1.6～2倍，风口面积应为1.28～1.6$m^2$。

**【案例138】**把自动扶梯通道当成中庭设置机械排烟设施。河北某房地产公司的商业楼，建筑面积16958.26$m^2$，地下1层，地上5层，中部设置竖向自动扶梯，形成高大空间。项目设计人员不作分析，把该空间视为中庭，在自动扶梯上的屋顶上设置排烟风机进行机械排烟。仔细分析可以看出，多层建筑的自动扶梯四周设有防火卷帘，火灾时，防火卷帘应降下来，同时，除消防电梯外，自动扶梯也停电，自动扶梯不能作为疏散通道，因此，不应设置机械排烟设施。

**【案例139】**排烟支管上设置排烟防火阀比较随意。某地皇城家园三期1号楼，建筑面积11497.3$m^2$，地下1层，地上11层。地下汽车库面积3660$m^2$，划分为两个防烟分区，均小于2000$m^2$，每个防烟分区设置一套机械排烟系统。由于防烟分区比较长，按排烟口距最远点不大于30m要求，设计人员设置2个排烟口，并按“在排烟支管上应设当烟气温度超过280℃时能自行关闭的排烟防火阀”的要求，在每个排烟口支管上设置当烟气温度超过280℃时能自行关闭的排烟防火阀，这是对规范条文的误解。原条文的本意是，当一个排烟系统负担多个防烟分区的排烟，某个防烟分区烟气达到280℃时，该分区排烟支管上的排烟防火阀应立即关闭，防止烟火蔓延到其他防烟分区而影响整个排烟系统正常运行。同一个防烟分区没有必要在排烟支管上设当烟气温度超过280℃时能自行关闭的排烟防火阀。

**【案例140】**地下车库不同的防烟分区不能合用一个排烟系统。某小区B区3号楼，地下汽车库面积为8530.72$m^2$，扣除楼梯间等部位的面积，车库划分为两个防火分区，每个防火分区面积不超过4000$m^2$，每个防火分区分为两个防烟分区，防烟分区面积不超过2000$m^2$。设计人员按地上建筑设置排烟系统的方法，每个防火分区各设置一套机械排烟系统，一个排烟系统负担两个防烟分区。按规范规定，地下汽车库排烟风量不小于每小时6次换气次数，以车库层高3m计算，排烟风量为36000$m^3$/h，此时风机的规格和风管的尺寸就比较合适。如果一个防火分区只设一个排烟系统，则排烟风量超过70000$m^3$/h，这样就造成排烟系统风量过大，风管尺寸过大，控制系统也过于复杂。所以，地下汽车库应按防烟分区设置独立的排烟系统，而不能两个防烟分区共用一个排烟系统。

**【案例141】**地下变配电室配置排风系统不当。某地酒业公司综合办公楼，总面积27139.68$m^2$，总高度66.3m，地下1层，地上15层。在地下室设备间，设计人员不适当的在变配电室设置机械排烟系统，这是由于设计人员对变配电室的灭火特性不了解。按《气体灭火系统设计规范》GB 50370—2005第3.2.9条和第6.0.4条的规定，变配电室采用气体灭火，即在极短的时间、在密闭的变配电室迅速喷发灭火剂窒息灭火。这时，关闭门窗、停止通风，等火焰窒息后，开启排风系统进行排风，因此，变配电室等使用气体灭火的场所不应设置机械排烟系统，更不应在灭火时排烟。

**【案例142】**合用前室自然防烟开窗面积不够。某回迁楼9号楼，建筑面积为10335.5$m^2$，地下1层，地上17层，各层层高均为3.0m。防烟楼梯间外墙较宽，自然排烟开窗面积足够；由于GB 50045—95（2005年版）第6.1.1.2条规定，18层及18层以下每个单元设有一座通向屋顶的疏散楼梯，单元之间的楼梯通过屋顶连通，单元与单元之间设有防火墙，户门为甲级防火门，窗间墙宽度、窗槛墙高度大于1.2m而限制了合用前室外墙的开窗面积，只有1.2m×1.6m，造成开启外窗面积未达到3.0m²，合用前室自然防烟开窗面积不够。

**【案例143】**排烟防火阀设置不妥。某小区地下汽车库，建筑面积18553.5m²，共分6个防火分区，9个防烟分区，其中有一个防烟分区面积超过2000m²，这是违反规定的，应该杜绝出现这种现象。另外，设计者在每台排烟风机的进、出口都安装烟气温度超过280℃关闭的排烟防火阀，这样会增加消防控制的复杂程度，是没有必要的。

**【案例144】**排烟防火阀失去作用。某地住宅小区地下汽车库，建筑面积6517.27m²，共分两个防火分区，4个防烟分区，设计人员将熔断温度280℃的排烟防火阀设置在排烟风机的出口，这样是无法保护排烟风机的，说明设计者对熔断温度280℃排烟防火阀作用不甚了解。

**【案例145】**地下室窗井排烟不合理。某地居民楼回迁工程7号楼，建筑面积32440.7m²，地下2层，地上33层，总高度92.85m，地上部分防烟楼梯间、合用前室均满足自然防烟条件，但地下一、二层无自然防烟条件，同时地下室的公共走廊也没有自然排烟条件。设计者为了不设正压送风系统，并解决公共走廊排烟问题，在走廊、防烟楼梯间、储藏室地下室外墙开窗，设一个公用排烟通道，再在储藏室外侧面设排烟竖井通向室外（见图6-1）。这样的方案存在很大的隐患，当走廊着火时，烟气蔓延的排烟通道，容易窜入防烟楼梯间和合用前室，造成地下室人员逃生困难，这是非常危险的。

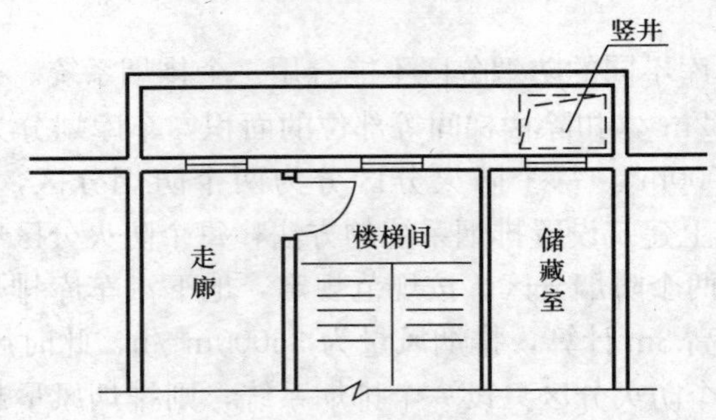


图6-1　不合理的地下室排烟竖井

**【案例146】**排风口与排烟口设置不当。某小区2号汽车库位于地下二层，建筑面积8094m²，分两个防火分区，4个防烟分区，设计人员在设计排风兼排烟的通风系统时，只按排烟的要求布置风口供排风排烟合用；由于按排烟口到防烟分区最远点的距离不超过30m而布置的风口3个，风口之间的距离很远，在平时排风时，车库内会出现许多气流死角，影响平时的排风效果，这样的设计是不合理的。因此，对于排风与火灾排烟合用的系统，风口的布置既要满足火灾排烟的要求，也要满足平时排风的要求，防止出现气流短路，影响平时排风效果。

**【案例147】**某公司的物流综合服务中心，建筑面积6050.98m²，地下1层，地上3层。地下一层为物资库，地面标高−4.5m，建筑轴线面积为72.00×18.50=1332m²，除了18.50m一侧有一扇3.8×2.1=8m²的大门对室外，其他三面再没有门窗。该工程设计人员没有采取任何通风或排烟的措施，因为大门面积不到地面面积的 2%，大门对边距大门又达到 72m，不采取排烟措施是违反规范规定的。经编者提出后，设计人员作了修改。

**【案例 148】**防烟楼梯间正压送风设计出现基本错误。某地 F 地块商业街，建筑面积 29866.19m²，地上 3 层，屋面标高 13.6m。设计人员为三个不具备自然排烟条件的防烟楼梯间设置了正压送风系统，设计人员不加任何思索，也不遵循基本的设计原理，设计的方案为：(1) 防烟楼梯间每层设一个送风口，共 3 个，不符合基本规定；(2) 正压送风机的风量为 60000m³/h，风压为 624Pa，风量没有经过计算，风压也是随意编写的，按送风口风速 7m/s 计算，动压约 30Pa，长度 13.6m 的送风井阻力约 13.6×5＝68Pa，选择风压 624Pa 是没有任何根据的；(3) 设计的送风口为 800mm×800mm，开口面积只有 0.8×0.8＝0.64m²，按有效面积 0.65 计算，出口风速为 60000/(3×3600×0.64×0.65) ＝13.35m/s，约为允许风速的 2 倍。这是一个设计人员随意设计、校对审核人员也不负责任的典型案例。

**【链接服务】**我国指导建筑防烟排烟设计的文件包括：

《高层民用建筑设计防火规范》GB 50045—95（2005 年版）；

《建筑设计防火规范》GB 50016—2006；

《汽车库、修车库、停车场设计防火规范》GB 50067—97；

《人民防空工程设计防火规范》GB 50098—2009；

《建筑防排烟及暖通空调防火设计》07K103-1；

《防排烟系统设备及附件选用与安装》07K103-2。

# 第7章 防空地下室防护通风设计

根据《中华人民共和国人民防空法》的规定，在城市中新建民用建筑时，应按国家和当地政府的有关规定，修建一定数量的防空地下室。防空地下室的设计应符合战时及平时的功能要求，平战结合，做到安全、适用、经济、合理。

1. 人防工程的类别

分类：甲类——战时能防常规武器、生化武器和核武器的人防工程。

乙类——战时只防常规武器、生化武器，不防核武器的人防工程。

抗力级别：防常规武器抗力级别5级和6级（简称常5级、常6级）；

防核武器抗力级别4级、4B级、5级、6级和6B级（简称核4级、核4B级、核5级、核6级和核6B级）。

2. 功能组成

人防工程的功能组成如表7-1所示。

**人防工程的功能组成** **表7-1**

| 工程类别 | | 单体工程 | 分项名称 |
|---|---|---|---|
| 1 | 指挥通信工程 | 各级人防指挥部 | |
| 2 | 医疗救护工程 | 中心医院 | |
| | | 急救医院 | |
| | | 救护站 | |
| 3 | 防空专业队工程 | 专业队掩蔽所* | 专业队队员掩蔽部 |
| | | | 专业队装备掩蔽部 |
| 4 | 人员隐蔽工程 | 一等人员隐蔽所 | |
| | | 二等人员隐蔽所 | |
| 5 | 配套工程 | 核生化检测中心 | |
| | | 食品站 | |
| | | 生产车间 | |
| | | 区域电站 | |
| | | 区域供水站 | |
| | | 物资库 | |
| | | 人防汽车站、交通干（支）线 | |
| | | 报警站 | |

* 专业队包括：抢险抢修、医疗救护、消防、防化、通信、运输、治安等。

## 7.1 防护通风系统

### 7.1.1 防空地下室防护通风系统的作用

防空地下室防护通风分为平时通风和战时通风两种工况，各自的作用如下。

1. 防空地下室平时通风的作用

(1) 通过防护通风系统向防空地下室送入新鲜空气，排除地下室的污浊空气，对防空地下室进行通风换气，以保证防空地下室的空气品质符合相关的卫生标准。

(2) 人员在防空地下室内工作和生活，以及物资在地下室存放，都需要适宜的空气温湿度环境。由于防空地下室的封闭性和围护结构的蓄热性，因此，具有"阴、冷、潮"等特点。通过空调系统向防空地下室送入温湿度适宜空气，创造适宜的温湿度环境。

2. 防空地下室战时通风的作用

(1) 与平时通风一样，在战时情况下，也需要向防空地下室送入新鲜空气，排除地下室的污浊空气，对防空地下室进行通风换气，以保证防空地下室的空气品质符合相关的卫生标准。

(2) 为创造人员工作生活和存放物资的适宜环境，宜通过空调系统向防空地下室送入温湿度适宜空气，改善地下室室内环境。

(3) 在现代战争的情况下，防空地下室应能保证室内人员和物资的安全。因此，防空地下室首先要具有密闭性，此时应确保通风系统在空气染毒和受放射性污染的情况下能正常通风换气，从而保证工程内人员和物资的安全。

### 7.1.2 防护通风方式与系统组成

防空地下室战时的使用功能一般为医疗救护、专业队队员隐蔽、人员隐蔽、战备物资隐蔽，以及食品站、生产车间、柴油发电站、报警站等。

1. 防护通风方式

防空地下室的防护通风方式应根据区域的功能、地下室外的工况（平时或战时）及具体要求确定。

(1) 对于有人员隐蔽和工作的防空地下室，平时可按与地上部分相似的方式组织通风。但战时则应设置三种防护通风方式：清洁通风、滤毒通风和隔绝通风。这三种通风方式的正确转换程序是：清洁通风—隔绝通风—滤毒通风（或隔绝通风）。

(2) 对于无人员隐蔽和工作的防空地下室（如战备物资库、区域供水站、报警站、汽车库等），战时应设置清洁通风和隔绝通风两种方式，滤毒通风的设置可根据实际需要确定。

2. 防护通风系统组成与设计

对于有人员隐蔽和工作的防空地下室，可将内部区域分为送风区和排风区两类。送风区是人员生活和工作的中心，对空气卫生标准要求较高，需要不断送入新鲜空气或经过空调设备处理后具有一定温度、湿度的空气，如人员隐蔽区、休息室、办公室、会议室等；排风区是指不断产生异味或有害物的场所，如厕所、盥洗室、污水泵房、蓄电池室等。为了防止排风区的有害气体流向送风区，必须让送风区用过的空气有序地通过排风区排至室外。对于无人员隐蔽和工作的防空地下室，也需要将室外新鲜空气送入送风区，同时将室内的污浊空气排出室外，达到通风换气的目的。

(1) 通风系统的组成

通风系统分为进风系统和排风系统。

1) 进风系统的组成

根据不同的通风方式，防空地下室的进风系统应由进风竖井、消波设施、油网滤尘器、过滤吸收器、密闭阀门、调节阀、进风机以及连接这些设备的管道组成。消波设施是阻挡冲击波进入并削弱冲击波压力的设施，一般由防爆波活门和扩散室（或扩散箱）组成。

2）排风系统的组成

根据不同的通风方式，防空地下室排风系统的组成也不同。排风系统一般由排风区的排风口、密闭阀门、排风机、消波设施、排风竖井以及连接这些设备的管道组成。但进风系统实施滤毒通风时，还包括洗消间的排风设施，如超压排气活门、通风短管等。

(2) 进风系统的设计

前已述及，有人员隐蔽和工作的防空地下室，战时则应设置三种防护通风方式：清洁通风、滤毒通风和隔绝通风。对于无人员隐蔽和工作的防空地下室，战时一般只设置清洁通风和隔绝通风两种方式。

1）进风系统运行原理

进风系统运行原理图中（见图 7-1），图 7-1（*a*）和图 7-1（*b*）可实现清洁通风、滤毒通风和隔绝通风三种通风方式，其中图 7-1（*a*）为清洁进风与滤毒进风合用通风机的系统图示；图 7-1（*b*）为清洁进风与滤毒进风分别设置通风机的系统图示；图 7-1（*c*）为只设有清洁通风的进风系统图示。

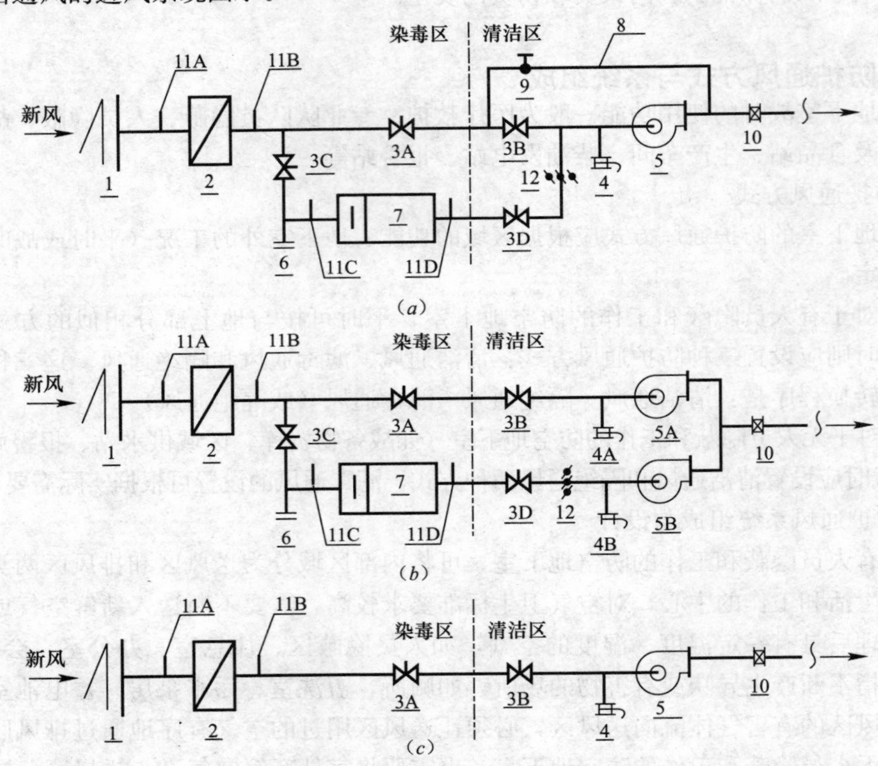


图 7-1　防空地下室进风系统原理图示

（*a*）清洁通风与滤毒通风合用通风机的进风系统；（*b*）清洁通风与滤毒通风分别设置通风机的进风系统；（*c*）只设清洁通风的进风系统；

1—消波设施；2—油网滤尘器；3—密闭阀门；4—风管插板阀；5—进风机；5A—清洁进风机；5B—滤毒进风机；6—换气堵头；7—过滤吸收器；8—增压管（DN25 镀锌钢管）；9—铜球阀；10—防火阀；11A、11B—油网滤尘器压差测量管；11C、11D—过滤吸收器压差测量管；12—风量调节阀

① 清洁通风进风系统运行原理。清洁通风是指在战时防空地下室周围的空气未受毒

剂等污染物污染时实施的通风方式，此时的空气流程为：室外空气→1→2→3A→3B→5（5A）→10→室内；各图示中，均打开阀门 3A、3B 和 10，关闭其他阀门，而在分别设置进风机的图示中应关闭进风机 5B。

② 滤毒通风进风系统运行原理。滤毒通风是指在战时防空地下室周围的空气已受毒剂等污染物污染，但污染物的种类和浓度能采用专用设备清除时的通风方式，此时，室外的空气必须经过油网滤尘器、过滤吸收器的除尘滤毒处理后，才能送入地下室的清洁区。图 7-1（*a*）和图 7-1（*b*）空气流程为：室外空气→1→2→3C→7→3D→12→5（5B）→10→室内；各图示中，均打开阀门 3C、3D 和 10，关闭其他阀门，而在分别设置进风机的图示中应关闭进风机 5A。

③ 隔绝通风进风系统运行原理。隔绝通风是指在战时防空地下室周围的空气已受毒剂等污染物污染，但污染物的种类和浓度超过了专用设备清除能力的特殊情况时，采取室内空气内部循环的通风方式。实施隔绝通风时，应关闭所有与室外连通的门和通风系统上的阀门，利用工程本身的防护能力和围护结构的气密性，防止污染物进入室内。此时的空气流程为：室内空气→4（4A）→5（5A）→10→室内空气；各图示中，均打开插板阀 4（4A）和10，关闭其他阀门，而在分别设置进风机的图示中应关闭插板阀 4B 和进风机 5B。

战时滤毒室、进风机房布置图如图 7-2 所示。

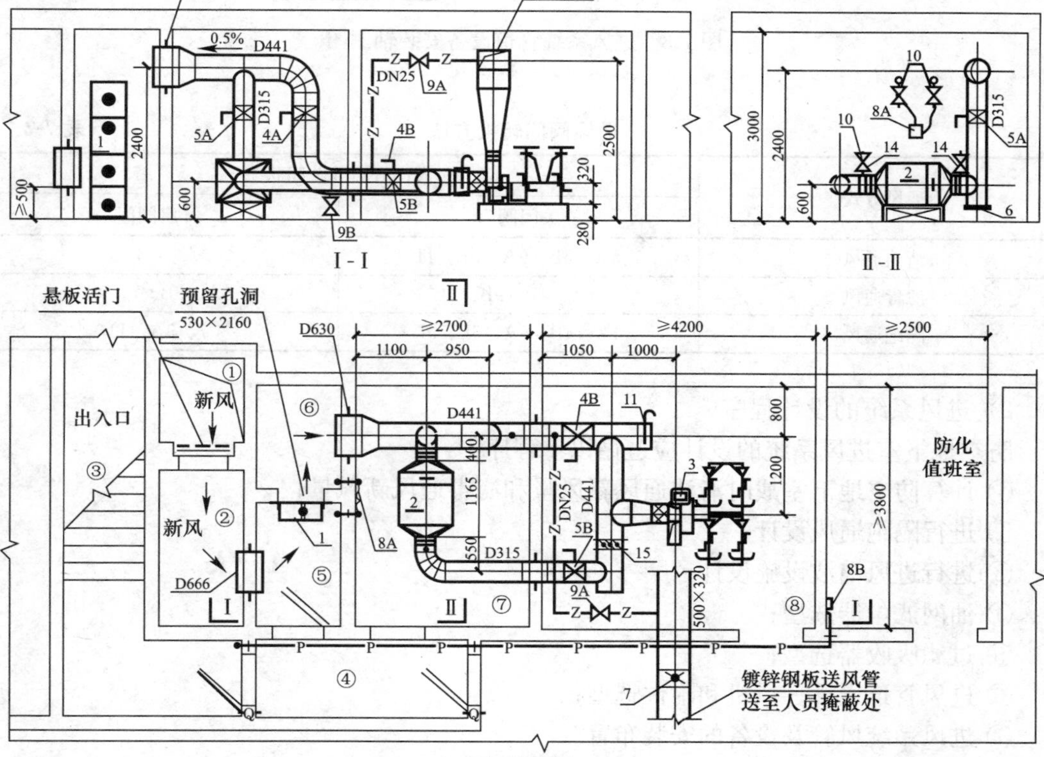

I - I　　Ⅱ - Ⅱ

平面布置图

①新风竖井；②进风扩散室；③出入口；④密闭通道；⑤油网滤尘器室；⑥集气室；⑦滤毒室；⑧进风机室；—— P —— 测压管（镀锌钢管DN15）；—— Z —— 增压管（镀锌钢管DN25）；—— Q —— 气密测量管（镀锌钢管DN50）

图 7-2　战时滤毒室、进风机房布置图

战时滤毒室、进风机房管道设备安装轴测图如图 7-3 所示，通风阀门转换方法如表 7-2 所示。

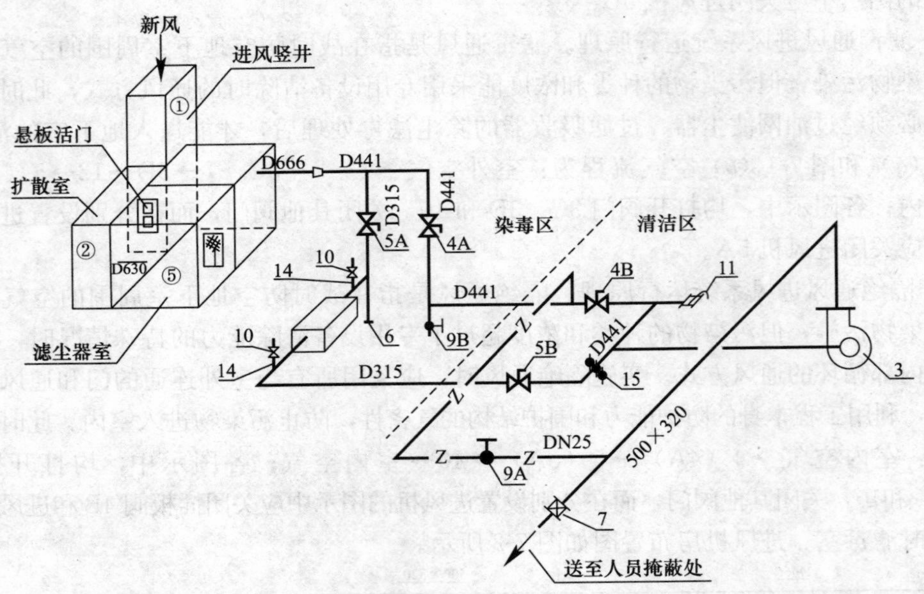


图 7-3　进风系统管道设备安装轴测图

通风阀门转换方法　　表 7-2

| 通风方式 | 阀门开启或关闭状态 | |
|---|---|---|
| | 关闭阀门 | 开启阀门 |
| 清洁通风 | 5A、5B、9A、9B、11 | 4A、4B、7 |
| 滤毒通风 | 4A、4B、9B、11 | 5A、5B、7、9A |
| 隔绝通风 | 4A、4B、5A、5B、9B | 7、9A、11 |

2）进风系统的设计程序

防空地下室进风系统的设计应遵循以下程序：

① 计算防空地下室战时清洁通风新风量和滤毒通风新风量；

② 进行隔绝通风设计；

③ 进行进风消波设施设计；

④ 油网滤尘器选型；

⑤ 过滤吸收器选型；

⑥ 进风管道设计、风机和附件选型；

⑦ 进风系统风管及设备的安装布置。

进风系统设备管道设计计算见本书第 7.2 节和第 7.3 节。

（3）排风系统设计

防空地下室战时排风系统与进风系统组成了完整的防空地下室通风系统。防空地下室战时排风系统也应具备一定的防护能力，根据不同的情况，排风系统由消波设施、密闭阀门、超压自动排气活门（简称自动排气活门）及风机等组成。按不同的通风方式，排风方式分为清洁通风时的排风和滤毒通风时的排风两种方式。

1）排风系统运行原理

根据排风口部设置洗消间、简易洗消间或者防毒通道兼简易洗消间的不同情况，图 7-4 中列举了设简易洗消间和自动排气活门的排风系统、设防毒通道兼简易洗消间和自动排气活门的排风系统及设洗消间和自动排气活门的排风系统。

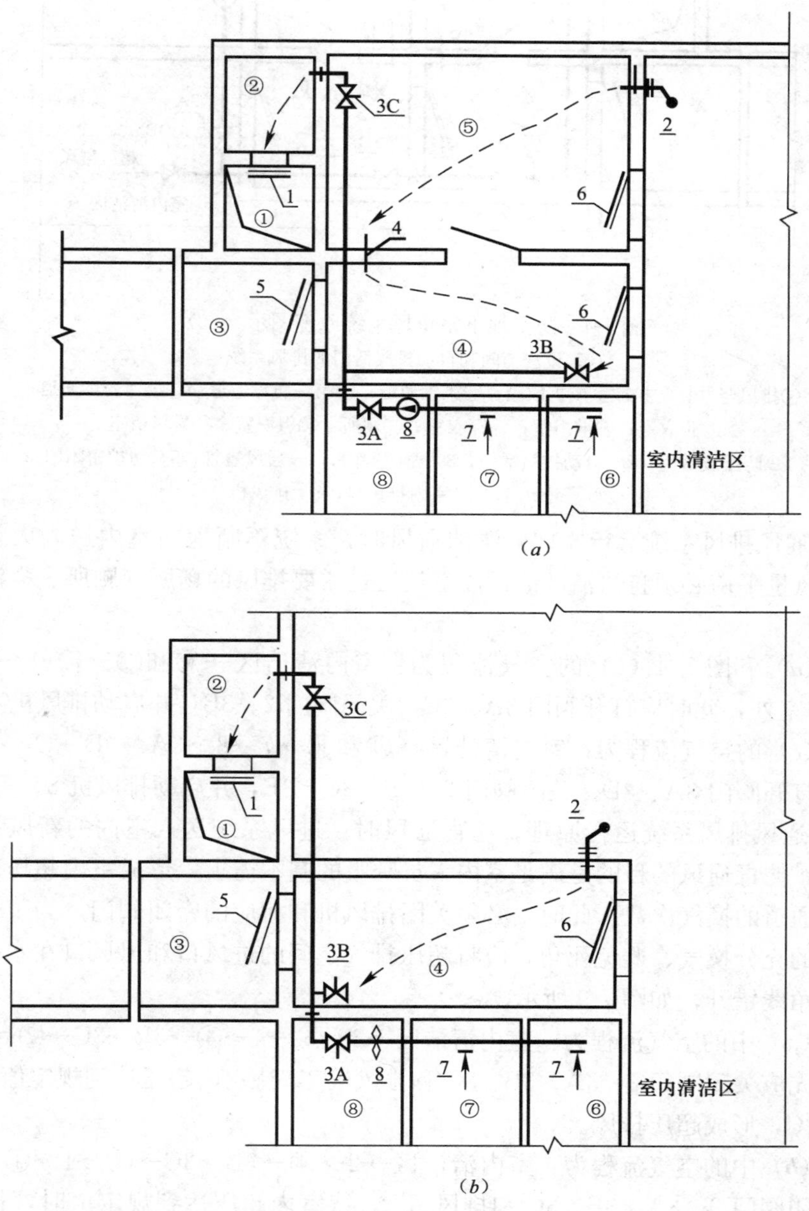


图 7-4　防空地下室排风系统原理图示（一）

(*a*) 设简易洗消间和自动排气活门的排风系统；(*b*) 设简易洗消间（位于防毒通道内）和自动排气活门的排风系统

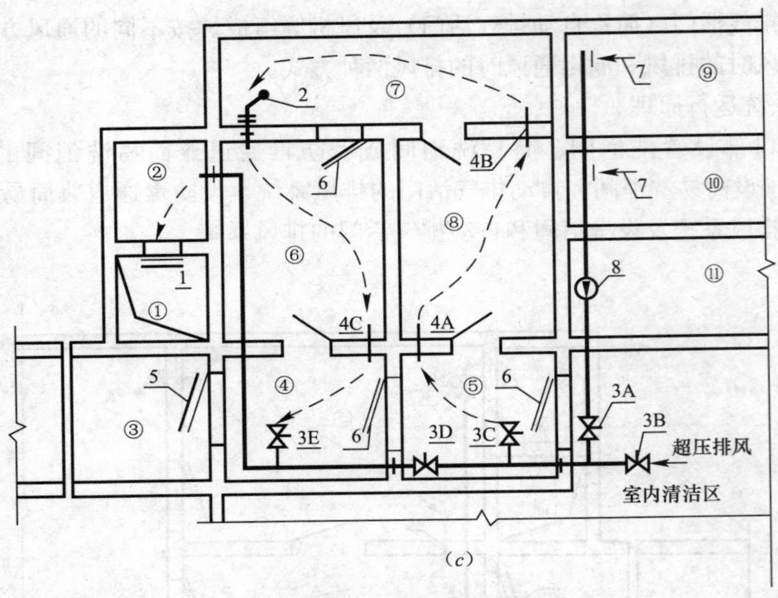

(c)

图 7-4　防空地下室排风系统原理图示（二）

(c) 设洗消间和自动排气活门的排风系统

①排风竖井；②扩散室或扩散箱；③染毒通道；④第一防毒通道；⑤第二防毒通道；⑥脱衣室；⑦淋浴室；⑧穿衣室；⑨厕所；⑩盥洗室；⑪排风机室

1—防爆波活门；2—自动排气活门；3—密闭阀门；4—通风短管；5—防护密闭门；6—密闭门；7—室内排风口；8—排风机

① 清洁通风排风系统运行原理。清洁通风时，系统不断地向室内送入大量空气，为了保持室内风量平衡必须将清洁区的污浊空气通过需要排风的场所（厕所、盥洗室等）排至室外。

图 7-4（a）和图 7-4（b）的空气流程为：室内清洁区→⑥和⑦→7→8→3A→3C→②→1→①→室外，此时应打开阀门 3A、3C，关闭阀门 2、3B，并启动排风机 8。

图 7-4（c）的空气流程为：室内清洁区→⑨和⑩→7→8→3A→3D→②→1→①→室外，此时应打开阀门 3A、3D，关闭阀门 2、3B、3C、3E，并启动排风机 8。

② 滤毒通风排风系统运行原理。滤毒通风时，进风系统送入室内的新风量比清洁通风时小很多，滤毒通风的目的是满足室内人员呼吸的基本需求，形成室内超压以及保证洗消间和防毒通道的换气次数。此时，必须关闭排风机和相应的密闭阀门，为了保证洗消间和防毒通道的充分换气、避免死角，应将超压排气空间的进风口和出风口在水平和垂直两个方向呈对角线错开，如图 7-9 所示。

图 7-4（a）中的空气流程为：室内清洁区→2→⑤→4→④→3B→3C→②→1→①→室外，此时首先应关闭阀门 2、3A、3B、3C 和排风机 8，待室内超压达到规定值时，打开阀门 2、3B、3C，形成超压排风。

图 7-4（b）中的空气流程为：室内清洁区→2→④→3B→3C→②→1→①→室外，此时首先应关闭阀门 2、3A、3B、3C 和排风机 8，待室内超压达到规定值时，打开阀门 2、3B、3C，形成超压排风。

图 7-4（c）中的空气流程为：室内清洁区→3B→3C→⑤→4A→⑧→4B→⑦→2→⑥→

4C→④→3E→②→1→①→室外，此时首先应关闭阀门 2、3A、3B、3C、3D、3E 和排风机 8，待室内超压达到规定值时，打开阀门 2、3B、3C、3E，形成超压排风。

2）排风系统的设计程序

防空地下室排风系统的设计应遵循以下程序：

① 分别计算防空地下室战时清洁通风排风量和滤毒通风排风量；

② 进行排风消波设施的设计；

③ 排风管道设计、风机和附件选型；

④ 超压排风自动排气活门、短管等设计选型。

排风系统设备管道设计计算见本书第 7.2 节和第 7.3 节。

## 7.2 防护通风设计的基本数据

基本数据是防护通风设计的基础和前提，为保证设计正确无误，现将防护通风设计的基本数据总结归纳如下，供设计人员参考。

### 7.2.1 防空地下室平时室内人员的新风量

防空地下室平时使用的室内人员的通风新风量不应小于 $30m^3/(p \cdot h)$；空调新风量应符合表 7-3 的规定。

**平时使用室内人员空调新风量** 表 7-3

| 房间功能 | 空调新风量[$m^3/(p \cdot h)$] |
|---|---|
| 旅馆客房、会议室、医院病房、美容美发室、游艺厅、舞厅、办公室 | ≥30 |
| 舞厅、阅览室、图书馆、影剧院、商场（店） | ≥20 |
| 酒吧、茶座、咖啡厅 | ≥10 |

### 7.2.2 战时室内人员密度和新风量标准

（1）战时室内人员密度为：防空专业队工程队员掩蔽部——1 人/$3m^2$；人员隐蔽工程——1 人/$m^2$，其中，面积指标均指隐蔽面积。

（2）防空地下室室内人员的战时新风量应符合表 7-4 的规定。

**防空地下室室内人员的战时新风量** 表 7-4

| 防空地下室类别 | 清洁通风[$m^3/(p \cdot h)$] | 滤毒通风 [$m^3/(p \cdot h)$] |
|---|---|---|
| 医疗救护工程 | ≥12 | ≥5 |
| 防空专业队队员掩蔽部、生产车间 | ≥10 | ≥5 |
| 一等人员掩蔽所、食品站、区域供水站、电站控制室 | ≥10 | ≥3 |
| 二等人员掩蔽所 | ≥5 | ≥2 |
| 其他配套工程 | ≥3 | — |

注：物资库的清洁通风量可按清洁区体积的换气次数 1～$2h^{-1}$计算。

### 7.2.3 战时隔绝防护时间及 $CO_2$ 容许体积浓度、$O_2$ 体积浓度

战时隔绝防护时间及 $CO_2$ 容许体积浓度、$O_2$ 体积浓度应符合表 7-5 的规定。

**战时隔绝防护时间及 $CO_2$ 容许体积浓度、$O_2$ 体积浓度** 表 7-5

| 地下室用途 | 隔绝防护时间（h） | $CO_2$ 容许体积浓度（%） | $O_2$ 体积浓度（%） |
|---|---|---|---|
| 医疗救护工程、专业队队员掩蔽部、一等人员掩蔽所、食品站、生产车间、区域供水站 | ≥6 | ≤2.0 | ≥18.5 |
| 二等人员掩蔽所、电站控制室 | ≥3 | ≤2.5 | ≥18.0 |
| 物资库等其他配套工程 | ≥2 | ≤3.0 | — |

### 7.2.4 滤毒通风时的主体防毒要求

滤毒通风时，防空地下室的主体防毒要求应符合表 7-6 的规定。

**防空地下室的主体防毒要求** 表 7-6

| 防空地下室类别 | 最小防毒通道换气次数（次/h） | 清洁区超压（Pa） |
|---|---|---|
| 医疗救护工程、专业队队员掩蔽部、一等人员掩蔽所、食品站、生产车间、区域供水站 | ≥50 | ≥50 |
| 二等人员掩蔽所、电站控制室 | ≥40 | ≥30 |

### 7.2.5 室内 $CO_2$ 初始浓度 $C_0$

地下室室内 $CO_2$ 初始浓度 $C_0$ 应符合表 7-7 的规定。

**$C_0$ 值选用表** 表 7-7

| 隔绝防护前的新风量[$m^3/(p \cdot h)$] | $C_0$（%） |
|---|---|
| 25～30 | 0.13～0.11 |
| 20～25 | 0.15～0.13 |
| 15～20 | 0.18～0.15 |
| 10～15 | 0.25～0.18 |
| 7～10 | 0.34～0.25 |
| 5～7 | 0.45～0.34 |
| 3～5 | 0.72～0.45 |
| 2～3 | 1.05～0.72 |

表 7-4 的数据是确定清洁通风通风量和排风量、滤毒通风通风量和排风量、选择防护通风设备（送风机、排风机、油网滤尘器、过滤吸收器、超压排气活门、密闭阀门、风管直径等）的重要依据。有的设计人员不注意区分防空地下室功能、通风工况等的不同，选用了错误的数据，造成后续工作的错误，应引起足够的注意。表 7-5 和表 7-6 的数据是校核防空地下室室内空气品质的重要标准，设计过程中应进行校核计算，而不应忽视这一环节。

## 7.3 防护通风的计算与设计

防空地下室防护通风设计应进行以下各项计算：清洁通风通风量和排风量；滤毒通风通风量和排风量；校核战时隔绝防护时间；校核最小防毒通道换气次数；自动排气活门、油网滤尘器、过滤吸收器等的数量，必要时，还应校核清洁区的超压。

### 7.3.1 战时清洁通风新风量计算

1. 战时清洁通风新风量

战时清洁通风新风量 $L_Q$ 应按式（7-1）计算，并根据此值选用进风系统的消波设施（防爆波活门和扩散室）、油网滤尘器、风机和风管。

$$L_Q = L_1 \times n \tag{7-1}$$

式中 $L_Q$——清洁通风新风量，$m^3/h$；

$L_1$——清洁通风时掩蔽人员新风量标准，$m^3/(p \cdot h)$，见表 7-4；

$n$——地下室掩蔽人员数量，p。

2. 战时清洁通风排风量

为保持清洁通风时地下室为微正压，清洁通风排风量 $L_{QP}$ 应略小于清洁通风新风量 $L_Q$，一般可取清洁通风新风量的 90%～95%，按式（7-2）计算。并根据此值选用排风系统的消波设施（防爆波活门和扩散室）、风机和风管。

$$L_{QP} = L_Q \times (90\% \sim 95\%) \tag{7-2}$$

式中 $L_{QP}$——清洁通风排风量，$m^3/h$；

$L_Q$——清洁通风新风量，$m^3/h$，计算方法见式（7-1）。

### 7.3.2 战时滤毒通风新风量计算

1. 战时滤毒通风新风量

战时滤毒通风新风量 $L_D$ 应分别按式（7-3）和式（7-4）计算，取两项计算值（$L_R$ 和 $L_H$）中的大值作为战时滤毒通风新风量。并根据此值选用进风系统的过滤吸收器及相关设备。

$$L_R = L_2 \times n \tag{7-3}$$

$$L_H = V_F \times K_H + L_f \tag{7-4}$$

式中 $L_R$——战时滤毒通风按掩蔽人员数量计算的新风量，$m^3/h$；

$L_2$——滤毒通风时掩蔽人员新风量标准，$m^3/(p \cdot h)$，见表 7-4；

$n$——地下室掩蔽人员数量，p；

$L_H$——滤毒通风时为保持防空地下室内一定超压值所需的新风量，$m^3/h$；

$V_F$——地下室人员主要出入口最小防毒通道的有效容积，$m^3$；

$K_H$——地下室人员主要出入口最小防毒通道的设计换气次数，次/h，见表 7-6；

$L_f$——为保持室内一定超压值时的漏风量，$m^3/h$；可按清洁区有效容积 $V_0$ 的 4% 计算。

2. 战时滤毒通风排风量

战时滤毒通风排风量按式（7-5）计算，并根据此值选用排风系统自动排气活门的规格和数量、通风短管的直径等。

$$L_{DP} = L_D - L_f \tag{7-5}$$

式中 $L_{DP}$——战时滤毒通风排风量，$m^3/h$；

$L_D$——战时滤毒通风新风量，$m^3/h$，按式（7-3）或（7-4）计算；

$L_f$——为保持室内一定超压值时的漏风量，$m^3/h$，可按清洁区有效容积 $V_0$ 的 4%计算。

## 7.3.3 战时隔绝防护时间校核计算

防空地下室的战时隔绝防护时间应按式（7-6）进行校核计算：

$$\tau = 1000V_0(C - C_0)/(nC_1) \tag{7-6}$$

式中 $\tau$——隔绝防护时间，h；

$V_0$——防空地下室清洁区的有效容积，$m^3$；

$C$——防空地下室室内 $CO_2$ 的容许体积浓度，%，见表 7-5；

$C_0$——隔绝防护前，地下室室内 $CO_2$ 的初始浓度，%，其值与隔绝防护前的风量有关，见表 7-7；

$C_1$——清洁区人员每人每小时呼出的 $CO_2$ 量，L/(p·h)，掩蔽人员宜取 20，工作人员宜取 20～25；

$n$——隔绝防护时清洁区的实际掩蔽人员数量，p。

校核的战时隔绝防护时间应符合表 7-5 的规定。

## 7.3.4 最小防毒通道换气次数校核计算

最小防毒通道换气次数 $K_H$ 按式（7-7）校核计算：

$$K_H = (L_D - 0.04V_0)/V_F \tag{7-7}$$

式中 $K_H$——最小防毒通道换气次数，次/h；

$L_D$——战时滤毒通风新风量，$m^3/h$，见式（7-3）或式（7-4）；

$V_0$——地下室人员主要出入口清洁区的有效容积，$m^3$；

$V_F$——人员主要出入口最小防毒通道的有效容积，$m^3$。

校核的最小防毒通道换气次数应符合表 7-6 的规定。

## 7.3.5 油网滤尘器选型计算

油网滤尘器的数量 $n$ 用清洁通风新风量除以单个滤尘器的额定风量来确定，见式（7-8）。

$$n = L_Q/L_y \tag{7-8}$$

式中 $L_Q$——清洁通风新风量，$m^3/h$，按式（7-1）计算；

$L_y$——单个油网滤尘器的额定风量，$m^3/h$；

$n$——油网滤尘器的数量，个。

在此提醒广大设计人员，虽然单个滤尘器的风量为 600～1600$m^3/h$，但是随着风量的增加，其通风阻力也相应增加。为了避免油网滤尘器的阻力过大，设计中单个滤尘器的风量宜取 800～1200$m^3/h$，阻力按相应风量对应的终阻力计算，见《防空地下室通风设备安装》07FK02-4。

### 7.3.6 过滤吸收器选型计算

过滤吸收器的数量 $n$ 用滤毒通风新风量除以单个过滤吸收器的额定风量来确定，见式（7-9）。

$$n = L_D / L_g \tag{7-9}$$

式中 $L_D$——滤毒通风新风量，$m^3/h$，按式（7-3）或式（7-4）计算；

$L_g$——单个过滤吸收器的额定风量，$m^3/h$；

$n$——过滤吸收器的数量，个。

国产过滤吸收器有 FLD 型过滤吸收器，其额定风量有 $300m^3/h$、$500m^3/h$ 和 $1000m^3/h$，过滤吸收器的阻力按终阻力计算，为 686Pa，见《防空地下室通风设备安装》07FK02-17。

### 7.3.7 超压排气活门选型计算

超压排气活门的数量 $n$ 用滤毒通风排风量除以单个超压排气活门在剩余超压下的额定风量来确定，见式（7-10）。

$$N = L_{DP} / L_h \tag{7-10}$$

式中 $L_{DP}$——滤毒通风的排风量，$m^3/h$，见式（7-5）；

$L_h$——单个超压排气活门在剩余超压下的额定风量，$m^3/h$；

$N$——超压排气活门的数量，个。

这里提醒广大设计人员，在超压排风过程中，超压空气需要克服超压排气活门的阻力（即超压排气活门两侧的空气压差）和超压排风系统其他设施（密闭阀门、排风管、消波设施等）的阻力，选择自动排气活门时依据的剩余超压，是指工程设计的超压值减去排风系统其他设施（密闭阀门、排风管、消波设施等）的阻力后的超压；剩余超压减少时，单个超压排气活门在剩余超压下的额定风量会相应减少，见《防空地下室通风设备安装》07FK02-31。YF-d150 型超压排气活门气体动力特性曲线如图 7-5 所示。

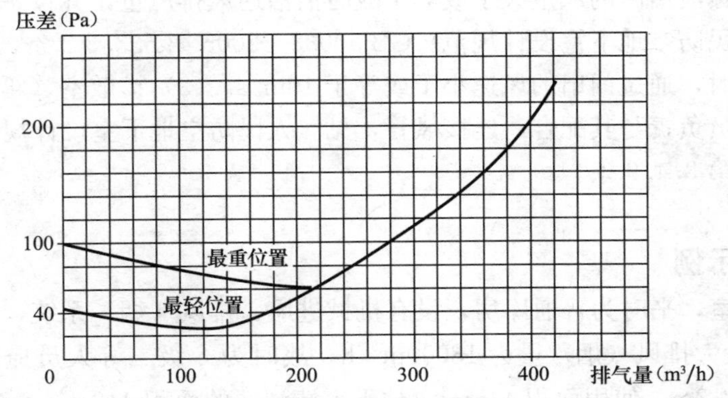


图 7-5 YF-d150 型超压排气活门的气体动力特性曲线

如某工程的超压值为 50Pa（见表 7-6），超压排风量为 $600m^3/h$，设排风系统其他设施的阻力为10Pa，则剩余超压为50－10＝40Pa，查动力特性曲线图7-5得知，剩余超压为40Pa，排气量约为170m³/h，需要4个排气活门；如按全压差50Pa，查得排气量约为200m³/h，只需3个排气活门，容易出现排气量不够的现象，因此，不能按全超压（例如50Pa）下的最大额定风量来选择，这一点在设计时应引起足够的重视。

### 7.3.8 进风消波系统

沿进风气流方向，进风消波系统设施包括：进风竖井→防爆波活门→进风扩散室（箱）或过渡段→送风管。编者审查的所有防空地下室施工图，送风管之前的内容并不反映在暖通施工图上，容易被设计人员和审查人员忽视。

进风消波系统计算要点如下：(1) 进风竖井的断面尺寸应根据平时新风量和战时清洁通风新风量两者中的较大值确定，并能保证安装防爆波活门所需的尺寸，暖通专业人员提供进风竖井最小断面尺寸，由建筑专业出施工图。(2) 按战时清洁通风新风量选择防爆波活门，应保证防爆波活门的风量大于或等于战时清洁通风新风量，并按平时通风新风量进行校核，见《人民防空地下室设计规范》GB 50038—2005第5.3.3-2条，要求平时防爆波活门的门扇打开时，通过门扇的风速小于或等于10m/s。(3) 扩散室（箱）由建筑专业设计，暖通专业人员负责与其配合，连接风管，见《人民防空地下室设计规范》GB 50038—2005第3.4.6～第3.4.9条。

### 7.3.9 排风消波系统

沿排风气流方向，排风消波系统设施包括：排风管→排风扩散室（箱）或过渡段→防爆波活门→排风竖井。同样，排风管之后的内容并不反映在暖通施工图上，也容易被设计人员和审查人员忽视。

排风消波系统计算要点如下：(1) 排风竖井的断面尺寸应根据平时排风量和战时清洁通风排风量两者中的较大值确定，并能保证安装防爆波活门所需的尺寸，暖通专业人员提供排风竖井最小断面尺寸，由建筑专业出施工图。(2) 按战时清洁通风排风量选择防爆波活门，应保证防爆波活门的风量大于或等于战时清洁通风排风量，并按平时通风排风量进行校核，见《人民防空地下室设计规范》GB 50038—2005第5.3.3-2条，要求平时防爆波活门的门扇打开时，通过门扇的风速小于或等于10m/s。(3) 扩散室（箱）由建筑专业设计，暖通专业人员负责与其配合，连接风管，见《人民防空地下室设计规范》GB 50038—2005第3.4.6～第3.4.9条。

### 7.3.10 计算示例

某防空地下室，平时为普通库房，设有机械进风、排风（烟）系统，平时最大进风量为9000m³/h，最大排风（烟）量为18000m³/h，战时为6级二等人员掩蔽所。建筑面积650m²，室内净高3m，使用面积445m²，地下室清洁区的面积412m²，有效容积1236m³。人员掩蔽区的面积360m²，掩蔽人员数量360人。地下室设1号、2号两个出入口，1号出入口附近设置进风竖井、防爆波活门、进风扩散室、滤尘室、滤毒室和送风机房；2号出入口为战时人员主要出入口，附近设置战时男女旱厕、一道防毒通道（面积2m×3m＝

$6m^2$）、简易洗消间、排风机房、排风扩散室和排风竖井。通风竖井为平战结合，试进行战时进风系统防护通风设计。

1. 计算战时清洁通风新风量 $L_Q$

按表 7-4，取战时清洁通风的新风量指标为 $5.5m^3/(p \cdot h)$，则有：

$$L_Q = L_1 \times n = 5.5 \times 360 = 1980m^3/h$$

2. 计算新风竖井的断面面积 $S$

由于平时最大进风量为 $9000m^3/h$ 大于战时清洁通风新风量，应按平时最大进风量确定新风竖井的断面面积，取断面风速为 6m/s，则断面面积 $S$ 为：

$$S = 9000/(3600 \times 6) = 0.42m^2$$

要求建筑专业设计进风竖井时，保证进风百叶窗有效面积不小于 $0.42m^2$。

3. 选择防爆波活门及连接风管

该工程选择门式防爆波活门（见《防空地下室通风设计示例》07FK01-6），BMH2000 型的战时最大通风量 $2000m^3/h$，大于战时清洁通风新风量 $1980m^3/h$，门扇的面积为 $0.5m \times 0.8m = 0.4m^2$，平时通风的门扇风速为 $9000/(3600 \times 0.4) = 6.25m/s < 10m/s$，符合规范的要求。防爆波活门由建筑专业出施工图。

连接风管为平战合用，按平时最大进风量为 $9000m^3/h$ 确定，风管内风速取 8m/s，选用 D630 的圆形风管即可。

4. 校核计算战时隔绝防护时间

由表 7-5 查得，$CO_2$ 容许体积浓度 $C = 2.5\%$；隔绝防护前的新风量为 $5.5m^3/(p \cdot h)$，由表 7-7 查得 $CO_2$ 初始浓度 $C_0 = 0.4\%$，将有关参数代入式（7-6），得：

$$\tau = 1000V_0(C - C_0)/(nC_1) = 1000 \times 1236(2.5\% - 0.4\%)/(360 \times 20) = 3.6h$$

满足隔绝防护时间大于 3h 的要求。

5. 计算油网滤尘器的数量

选择 LWP 型油网滤尘器，单个油网滤尘器的额定风量为 $800m^3/(h \cdot 个)$，则 $n = 1980/800 = 2.475$ 个。

选择 3 台 LWP 型油网滤尘器。

6. 计算战时滤毒通风新风量

按表 7-4，取战时滤毒通风的新风量指标为 $2.2m^3/(p \cdot h)$，则有：

$$L_R = L_2 \cdot n = 2.2 \times 360 = 792m^3/h$$

$$L_H = V_F \times K_H + L_f = 6 \times 3 \times 40 + 1236 \times 0.04 = 769.4m^3/h$$

取战时滤毒通风新风量 $L_D = 792m^3/h$。

7. 计算过滤吸收器的数量

选择 FLD04-1000 型过滤吸收器，单个过滤吸收器的额定风量为 $1000m^3/h$，则 $n = 792/1000 = 0.792$ 个。

选择 1 台 FLD04-1000 型过滤吸收器。

8. 校核最小防毒通道换气次数

将有关参数代入式（7-7），得：

$$K_H = (L_D - 0.04V_0)/V_F = (792 - 0.04 \times 1236)/(6 \times 3) = 41.25 \text{ 次}/h$$

满足最小防毒通道换气次数大于 $40h^{-1}$ 的要求。

## 7.4 防护通风系统的防毒监测取样实施

为保证防空地下室人员和设备的安全，《人民防空地下室设计规范》GB 50038—2005规定：应在防护通风系统中设置如下增压和防毒监测取样实施。审查施工图时发现许多设计人员经常遗漏这些实施或者设置错误，有必要加以说明，以引起设计人员的注意。

### 7.4.1 增压管

当清洁通风和滤毒通风合用一台送风机时，必须在送风机出口与入口之间设置增压管，增压管的入风口位于风机出口风管中，增压管端口弯曲迎着气流方向，并位于风管中心，出口端位于风机入口的气流平稳处（见图 7-6），增压管采用 *DN*25 的热镀锌管制作，并在管上设置球阀。其作用是，滤毒通风时，送风机入口为负压，由于风机入口管上的密闭阀不可能完全密闭，很可能有一部分染毒室外空气通过清洁进风管和关闭不严的密闭阀被风机送到室内造成危害，因此应打开增压管上的球阀，从风机出口引少量空气到入口管造成一定的正压，阻止染毒室外空气渗入室内。

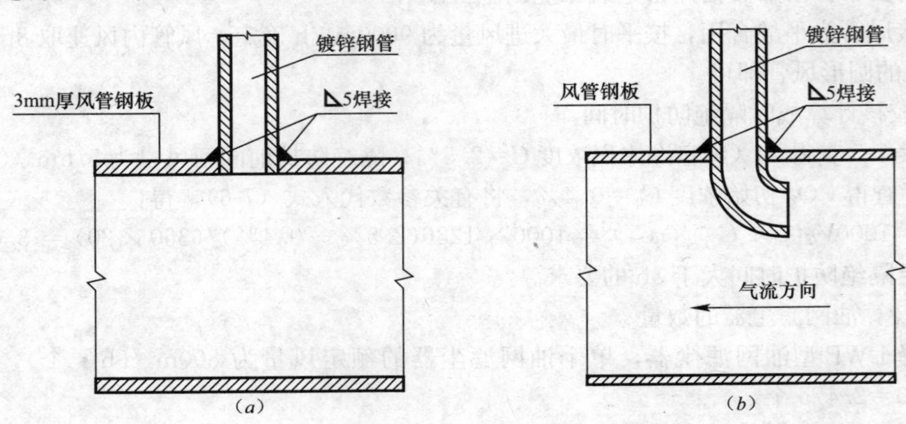

图 7-6 增压管与风管连接图示

(*a*) 出口垂直连接；(*b*) 进口弯头正对气流

### 7.4.2 值班室测压装置

值班室测量装置用于测量室内外空气压差，通常由 0～200Pa 的倾斜式微压计（也可采用 U 形管微压计或其他形式的微压差变速器）和测压管道组成，微压计应设于室内清洁区便于观察并不受振动等其他因素干扰的位置；如果地下室在口部设置防化值班室，则应将微压计设于防化值班室内便于观察的位置。测压管道采用管径 *DN*15 的热镀锌钢管，测压管道室外端引至防护密闭门外通向室外的通道内（或其他正确反映室外大气压的位置），管口朝下，平时将管口用丝堵封住，防止杂物或昆虫等进入而堵塞管道，战时将丝堵拆下；测压管道室内端引至微压计附近，室内安装一个旋塞阀（或单头煤气嘴），通过一根橡胶软管将旋塞阀（或单头煤气嘴）与微压计的一端相连接，微压计的另一端敞开，直接与室内空气相通。当需要测量室内外空气压差时，打开旋塞阀（或单头煤气嘴），微压计则将室内外压差显示出来。

测压管道在土建施工时应预埋到位，穿越防护密闭墙时，应将管道预埋在墙体中；测压管道的安装高度不应影响人员通行或其他设备等的安装，倾斜式微压计距地面高度以便于人员观察为宜，一般为 1.5m 左右（见图 7-7）。

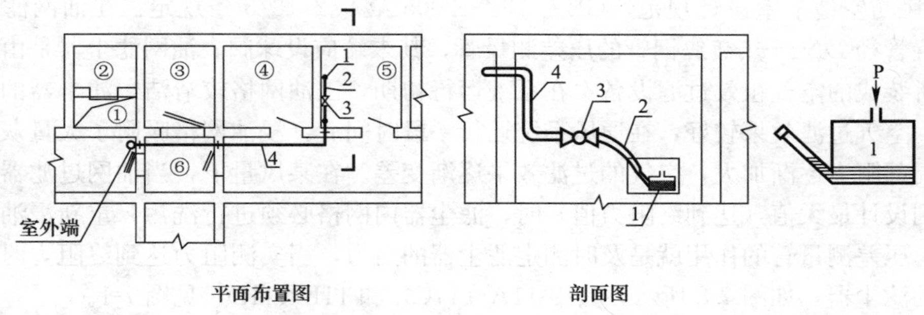


图 7-7　值班室测压装置

1—倾斜式微压计；2—连接软管；3—旋塞阀（或单头煤气嘴）；4—测压管道（*DN*15 镀锌钢管）

①进风竖井；②扩散室；③滤毒室；④进风机室；⑤防化值班室；⑥防毒通道或密闭通道

## 7.4.3　尾气监测取样管

《人民防空地下室设计规范》GB 50038—2005 第 5.2.18/1 条规定：在滤毒室进入风机的总进风管上和过滤吸收器的总出风口处设置 *DN*15 热镀锌钢管的尾气监测取样管，该管末端设截止阀。尾气检测取样管的作用有两点：（1）当战时滤毒通风时，规范规定，过滤吸收器的额定风量严禁小于通过过滤吸收器的风量，如果通过过滤吸收器的风量大于其额定风量时，系统会发生透毒现象，此时尾气检测取样管能够检测到通过过滤吸收器的气体含有的毒剂成分及毒剂含量已经超标，此时应立即调整风机风量，使通过过滤吸收器的风量小于其额定风量。（2）检测过滤吸收器的过滤效果。每台过滤吸收器都有其使用时限，当战时滤毒通风运行一段时间后，过滤吸收器的过滤效果会逐渐降低，当尾气监测取样管检测到通过过滤吸收器的气体含有的毒剂成分及含量超标时，说明该过滤吸收器已经达到使用时限，必须立即更换新的过滤吸收器。

## 7.4.4　空气放射性监测取样管

《人民防空地下室设计规范》GB 50038—2005 第 5.2.18/2 条规定：在滤尘器进风管道上，设置 *DN*32 热镀锌钢管的空气放射性监测取样管（乙类防空地下室可不设）。该取样管口应位于风管中心，取样管末端应设球阀。其作用是在战时对室外空气染毒情况进行监测，使得防空地下室内部能够及时了解战时室外染毒情况，按照室外毒剂成分及浓度变化的不同范围及时调整防空地下室内部通风方式，从而更好地保护广大人民群众的生命财产安全。因为战时三种通风方式是按照“清洁通风—隔绝通风—滤毒通风—清洁通风”来转换的。临战初期，按照战时清洁通风系统运行，一旦发生放射性污染，立刻进入隔绝通风状态，但是防空地下室内部战时隔绝防护时间仅有几个小时。此时，必须利用空气放射性监测取样管及时监测战时室外染毒情况，一旦室外毒剂成分及含量降到允许范围内，应及时将通风方式转换至滤毒通风，滤毒通风一段时间后，通过空气放射性监测取样管对室外染毒空气的不间断监测，毒剂成分及含量降到允许范围内，可将通风方式再转换至战时清洁通风方式。

### 7.4.5 滤尘器压差测量管

《人民防空地下室设计规范》GB 50038—2005 第 5.2.18/3 条规定：在油网滤尘器的前后设置管径 *DN*15 热镀锌钢管的压差测量管，其末端应设球阀。油网滤尘器是由多层浸油网格拼装成的空气粗效过滤设备。在系统运行初期，浸油网格较清洁，滤尘器的局部阻力较小，空气过滤效果较好，在通风系统运行一段时间后，浸油网格吸附了大量灰尘，滤尘器的局部阻力逐渐加大，空气的过滤效果逐渐变差。在某风量下，当油网过滤器的实测阻力达到设计最大值（达到终阻力值）时，滤尘器内网格必须进行洗污，重新浸油后再拼装使用。压差测量管的作用就是及时测定滤尘器的阻力，当实测阻力达到终阻力时，必须更换新的滤尘器，如图 7-8 所示，其中 11A（11C）和 11B（11D）见图 7-1。

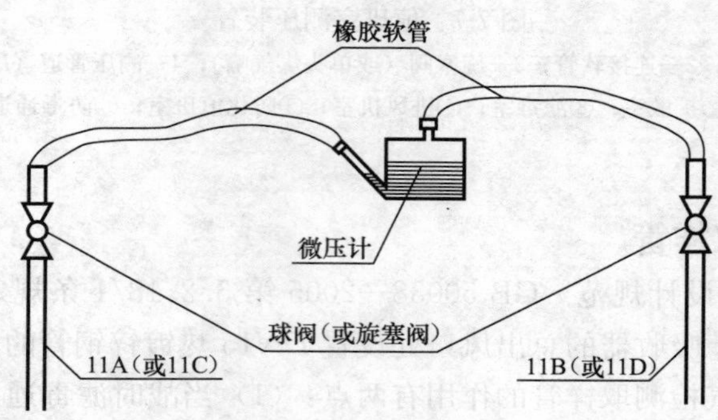


图 7-8 压差测量管与微压计连接图示

### 7.4.6 气密测量管

《人民防空地下室设计规范》GB 50038—2005 第 5.2.19 条规定：防空地下室每个口部的防毒通道、密闭通道的防护密闭门门框墙、密闭门门框墙上宜设置 *DN*50（热镀锌钢管）的气密测量管，管的两端战时应有相应的防护、密闭措施。该管可与防护密闭门门框墙、密闭门门框墙上的电气预埋备用管合用。设置气密测量管的作用是便于检测防毒通道或密闭通道的密闭性。防空地下室竣工时，口部的密闭性检测是必测项目。在《人民防空工程防护设备产品质量检验与施工验收标准》中对防空地下室口部每樘防护密闭门、密闭门的最大允许漏气量都有明确的要求，但在以往的设计规范中，对口部人防门的气密检测方法没有明确的要求及做法。即在以往的防空地下室竣工验收中对于口部人防门的漏气量检测往往是有要求，但无从落实。所以，规范针对此问题规定了明确的要求及做法。

## 7.5 对规范、图集中若干问题的探讨

### 7.5.1 战时清洁通风、滤毒通风系统上各设备选型的规定

《人民防空地下室设计规范》GB 50038—2005 对战时清洁通风、滤毒通风系统上各设

备的选型有多处规定，有些还是强制性条文，如有：

(1) 第 5.2.8/4 条规定，防空地下室的战时进风系统“滤毒通风进风管路上选用的通风设备，必须确保滤毒进风量不超过该管路上设置的过滤吸收器的额定风量”。

(2) 第 5.2.16 条规定“设计选用的过滤吸收器，其额定风量严禁小于通过该过滤吸收器的风量”。

(3) 第 5.3.3/1 条规定平时和战时合用时，“按最大的计算新风量选用清洁通风管管径、粗过滤器、密闭阀门和通风机等设备”；

第 5.3.3/2 条规定，平时和战时合用时，“按战时清洁通风的计算新风量选用门式防爆波活门，并按门扇开启时的平时通风量进行校核”；

第 5.3.3/3 条规定，平时和战时合用时，“按战时滤毒通风的计算新风量选用滤毒进(排) 风管路上的过滤吸收器、滤毒风机、滤毒通风管及密闭阀门”。

(4) 第 5.3.4/2 条规定，平时和战时分设通风系统时，“防爆波活门、战时通风管、密闭阀门、通风机及其他设备，按战时清洁通风的计算新风量选用。滤毒通风管路上的设备，则按滤毒通风量选用”。

通过比较发现，以上 (1) (记为 $Ld_s < Ld_e$) 和 (2) (记为 $Ld_e \not< Ld_s$) 只是正说、反说的差异，本质上是一样的；(3) 和 (4) 也没有本质上的差异。由于设备选型太重要，所以，规范前后多次反复地这样编写，设计人员应十分注意。

## 7.5.2 排风口部的排风方式问题

在审图中发现，滤毒通风的排风系统无一例外的是采用超压排气活门的方式。而清洁通风的排风系统有 90%以上的设计单位采用超压排风，只有少数单位采用设置通风机的机械排风，但都没有提供采用超压排风或机械排风的计算书。我们讨论的问题是：在清洁通风时，排风系统不设排风机行不行，规范和图集的叙述不尽一致，现将这些叙述归纳如下。

(1) GB 50038—2005 图 5.2.9 (*a*)、图 5.2.9 (*b*)、图 5.2.9 (*c*) 明示：密闭阀门上游“可接排风机”(一般是为旱厕排风)，潜台词是“可不接排风机”，说明“可接”或“可不接”，正文未作规定“可接”或“可不接”的前提条件。可以理解为让设计者接排风机。

(2) 图集 07KF01-3 指出，防空专业人员掩蔽部、人员掩蔽所“采用机械进风，超压排风或机械排风。一般由竖井进风，在人员主要出入口进行超压排风或机械排风”。此文对进风系统的设备组成作了明确规定，回避了排风系统的规定，也没有说明超压排风或机械排风各自的使用条件。

(3) 图集 07KF01-8 指出，防空专业队队员掩蔽部“排风系统：平时机械排风。战时清洁式排风自防空地下室内部经两道手动密闭阀门，通过扩散室、防爆波活门由排风竖井排向地面。滤毒排风为超压排风，……”没有规定战时清洁通风排风时是否设排风机，但 07KF01-11 对同一条件加了排风机 PF，并明示应打开。

(4) 图集 07KF01-15：一等人员掩蔽部的叙述与 07KF01-8 防室专业队队员掩蔽部相同，没有规定战时清洁通风排风时是否设排风机，但 07KF01-21 对同一条件加了排风机 PF，并明示应打开。

（5）图集 07KF01-22：二等人员掩蔽所（一）“排风系统：战时清洁式排风利用排风管路排向竖井；”没有规定是否设排风机，但 07KF01-24 对同一条件加了排风机 PF，并明示应打开。

（6）图集 07KF01-27：二等人员掩蔽所（二）“排风系统：战时清洁式采用机械排风。由排风机、两道手动密闭阀门、扩散室、防爆波活门排至室外。”即规定战时清洁通风设排风机，而且 07KF01-33 对同一条件也设有排风机 5。

作为设计依据的规范和图集都是前后矛盾或模棱两可，设计人员更是无所适从。对战时排风口部的排风方式，编者有如下意见：

（1）应进行战时清洁通风的排风量计算，但绝大多数设计人员不进行计算。按式（7-2），清洁通风排风量 $L_{QP}$ 可按清洁通风新风量 $L_Q$ 的 90%左右计算。

（2）应该明确，排风口部的战时清洁通风排风和战时滤毒通风排风是两条不同的路径，战时清洁通风排风的路径是：清洁区→旱厕→两道手动密闭阀门→扩散室→防爆波活门→竖井→室外；战时滤毒通风排风的路径是：清洁区→自动排气活门→简易洗消间→防毒通道→两道手动密闭阀门→扩散室→防爆波活门→竖井→室外。由此可知，战时清洁通风排风是对旱厕进行通风换气，战时滤毒通风排风是对简易洗消间、防毒通道以及淋浴室等进行通风换气，如果战时清洁通风排风不设排风机而走自动排气活门，则旱厕部分永远无法通风换气，这是不允许的。

（3）综上所述，正确的设计方法应该是：战时清洁通风排风应设置排风机，战时滤毒通风排风通过自动排气活门。

## 7.6 审图中发现的问题及分析

编者所审查的防空地下室通风设计中，绝大部分是二等人员掩蔽所，极少数是物资库，没有收到医疗救护工程、专业队队员掩蔽部、一等人员掩蔽所及其他配套工程的施工图。现将审图发现的问题分析如下。

**【案例 149】**机械套用战时新风量标准。

对于二等人员掩蔽所，几乎全部是按战时清洁通风和滤毒通风的最小新风量标准（表 7-4）来选择通风系统上的设备。例如某地 1 号办公楼防空地下室建筑面积 $1000m^2$，三个抗爆单元，掩蔽面积 $815m^2$，掩蔽人员 800 人。设计人员机械套用规范上的每人新风量标准 $5m^3/(p \cdot h)$ 和 $2m^3/(p \cdot h)$，取战时清洁通风量 $4000m^3/h$，滤毒通风量 $1600m^3/h$，这里提醒设计人员，这样的选择是不严格的，也是不能保证最小新风量要求的。

（1）所谓“最小新风量”是指达到人员掩蔽区的最小风量，不能只按掩蔽人员数量乘以最小新风量标准，即 $5m^3/(p \cdot h)$ 和 $2m^3/(p \cdot h)$ 求得的新风量 $L_x$ 来选择消波装置、油网过滤器、过滤吸收器等设备。因为位于这些设备下游的风管会有许多不严密处，为满足人员掩蔽区的最小风量，应考虑系统漏风量，通过这些设备的计算风量 $L_s$ 应大于最小风量 $L_x$，此时应按照计算风量 $L_s$ 选型。如掩蔽区人数为 480 人，则滤毒通风新风量为 $2 \times 480 = 960m^3/h$。若不考虑漏风可选 FLD04—1000 型过滤吸收器。但考虑 5%～10%的漏风量，则计算风量应为 $1029 \sim 1078m^3/h$，选用 FLD04—1000 型就不满足要求，需另加一台 FLD06—300 型过滤吸收器，即选型时应满足选型额定风量 $L_e$ > 计算风量 $L_s$ > 最小

风量 $L_x$ 的要求。

(2) 送风机选型除应注意系统漏风量外，还应注意风管阻力变化对实际风量的影响，当风管阻力上升时，风机的实际风量会下降，所以风机的选型额定风量应比计算风量再大一些，许多设计人员只按最小风量选型是不合适的，应引起注意，一定不要按等于 $5m^3/(p \cdot h)$ 和 $2m^3/(p \cdot h)$ 作为选型额定风量。

**【案例 150】**战时滤毒通风新风量计算不正确。

审图时发现，大多数设计人员只按掩蔽人员数量乘以滤毒通风最小新风量标准确定滤毒新风量，这样计算不符合《人民防空地下室设计规范》GB 50038—2005 第 5.2.7 条的规定。该条文规定，计算新风量应取最小新风量标准的新风量与保证最小防毒通道换气次数和室内超压漏风量之和两者中的较大值。在掩蔽人员较少而最小防毒通道较大的地下室中，前者可能比后者小得多，不计算后者会造成严重的错误。例如，某防空地下室为二等人员掩蔽所，掩蔽面积 $220m^2$，掩蔽人数 220 人，最小防毒通道有效容积为 $21.4m^3$，清洁区有效容积为 $988m^3$，按新风量标准计算的滤毒通风新风量为 $2 \times 220 = 440m^3/h$，可以选 1 台 FLD05-500 过滤吸收器；但按保证最小防毒通道换气次数和室内超压漏风量之和计算的滤毒通风新风量为 $21.4 \times 40 + 988m^3 \times 0.04 = 895.5m^3/h$，前者比后者小得多，此时必须选 1 台 FLD04-1000 或 2 台 FLD05-500 过滤吸收器，其额定风量为 $1000m^3/h$，即可满足设计要求，设计人员应引起高度重视。

**【案例 151】**计算排风系统的排风量。

排风系统设计存在的普遍问题是不计算排风量，排风量是选择排风系统设备的重要依据。排风系统设备选型除了风管密闭阀门、防爆波活门和排风竖井的断面计算外，滤毒通风时主要是选择超压排气活门的数量，清洁通风时是按排风量选择排风机。编者审查某地的防空地下室，战时滤毒最小风量为 $2m^3/(p \cdot h) \times 410p = 820m^3/h$，设计人员没有进行滤毒排风量计算，就按性能表选了两个 PS-250 型超压排气活门，这样的选型也不严格。因为通过排气活门的风量应为滤毒最小风量减去清洁区有效容积 4% 的漏风量，设清洁区容积为 $2480m^3$，则排风量为 $820 - 2480 \times 0.04 = 720.8m^3/h$。理论上此时选一个 PS—250 型超压排气活门就足够了。如果正面剩余超压只有 35Pa，排风量只有 $670m^3/h$，也可能仍要选 2 个。见《防空地下室通风设备安装》07FK02-33。

**【案例 152】**《人民防空地下室设计规范》GB 50038—2005 第 5.2.16/2 条规定，自动排气活门"应与室内的通风短管（或密闭阀门）在垂直和水平方向错开布置"（见图 7-9），有些设计的超压排气活门与通风短管（或密闭阀门）在垂直和水平方向未错开。如某小区 C 区地下车库位于地下 1 层，总建筑面积 $11668.43m^2$，设置 3 个防护单元，掩蔽人数分别为 1303 人、1248 人和 1265 人，设计战时滤毒超压排风的超压排气活门中心标高为 −3.20m，风管密闭阀门中心标高为 −3.65m，竖向高差只有 0.45m，而且超压排气活门与密闭阀门的水平距离很近，不符合《人民防空地下室设计规范》GB 50038—2005 第 5.2.16/2 条关于自动排气活门"应与室内的通风短管（或密闭阀门）在垂直和水平方向错开布置"的规定。该地下车库地面标高为 −6.25m，因此应将超压排气活门标高移到 −5.65m 处，与密闭阀门的竖向高差为 2.00m，以弥补水平距离很近的不足（见图 7-10）。

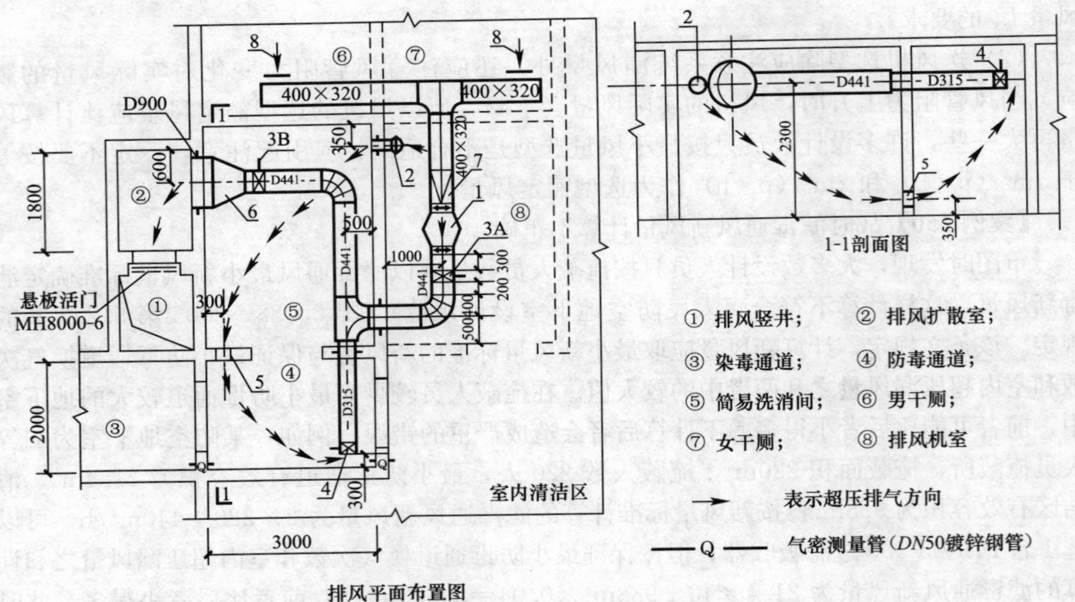


图 7-9　排风系统管道设备典型布置图示

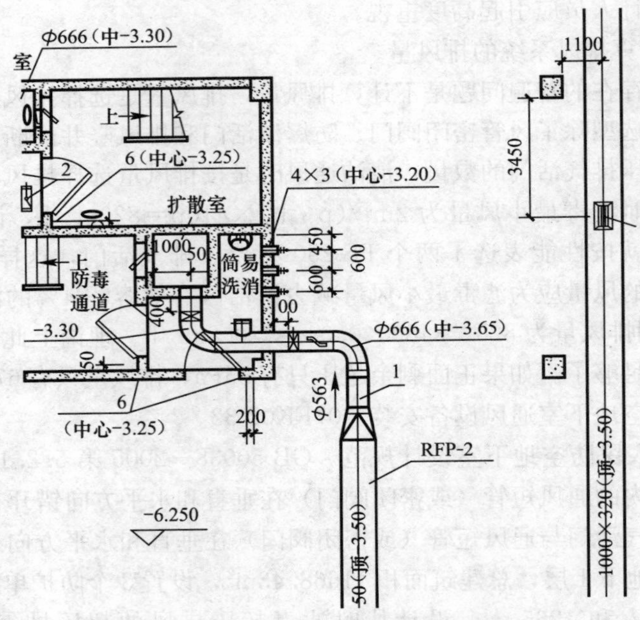


图 7-10　超压排气活门的错误布置

**【案例 153】**防化通信值班室测压装置、尾气检测取样管、放射性检测取样管、油网滤尘器压差测量管等设置不全或位置不正确。目前许多设计人员只是忙于出施工图，对系统的运行调试和监测并不关心，忽视了这些监测设施的重要性，这种情况应该改变。

**【案例 154】**遗漏平战结合和平战转换程序或叙述不清。目前施工图出图周期太短，设计人员很少参加防空地下室防护通风系统的运行调试工作，成为设计阶段经常被忽视的一个重要环节。

【案例 155】手动密闭阀门公称直径对应的风管实际直径不是整数，设计人员并不注意这一点，有的按阀门公称直径标注风管实际直径，有的按风管实际直径标注阀门公称直径，都不符合《防空地下室通风设备安装》07KF02/36 的要求，手动密闭阀门公称直径对应的风管接管内径见表 7-8。

手动密闭阀门公称直径对应的风管接管内径　　表 7-8

| 阀门规格（mm） | *DN*150 | *DN*200 | *DN*300 | *DN*400 | *DN*500 | *DN*600 | *DN*800 | *DN*1000 |
|---|---|---|---|---|---|---|---|---|
| 接管内径 D1（mm） | 166 | 215 | 315 | 441 | 560 | 666 | 870 | 1090 |

【案例 156】某住宅小区地下汽车库，建筑面积 17737.4m²，二等人员掩蔽所面积 1240m²，设计进风（排风）管与扩散室接入位置不正确，其实，《人民防空地下室设计规范》GB 50038—2005 第 3.4.7-2 条有非常明确的规定，即：当通风管由扩散室侧墙穿入时，通风管的中心线应位于距后墙面的 1/3 扩散室长度处；当通风管由扩散室后墙穿入时，通风管端部应设置向下的弯头，并使通风管端部的中心线应位于距后墙面的 1/3 扩散室长度处（见图 7-11）。但由于这部分内容在规范的建筑专业章节，暖通专业人员容易忽视，或由于实际布置困难而随意接入。若是前者原因，应加强对规范的学习或培训，若由于后者原因，应提早与建筑设计人员协商解决，在方案设计阶段就提前介入，以满足规范要求。

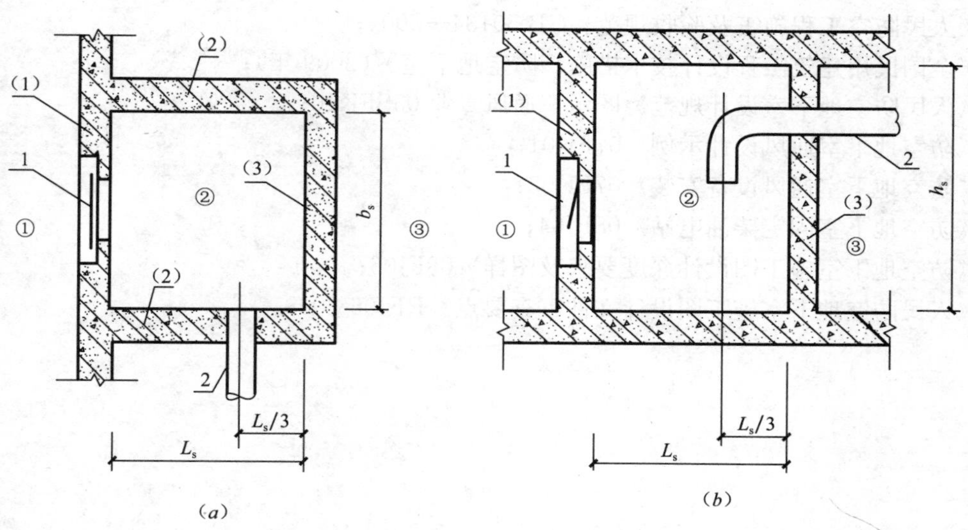


图 7-11　扩散室风管连接图示

(*a*) 风管接口设在侧墙；(*b*) 风管接口设在后墙

1—防爆波活门；2—风管；①室外；②扩散室；③室内

(1) 扩散室前墙；(2) 扩散室侧墙；(3) 扩散室后墙

【案例 157】某地商务广场总建筑面积 93046m²，地下 2 层，地上 25 层，地下 2 层为防空地下室，六级二等人员掩蔽所，两个防护单元，掩蔽人员分别为 907 人和 677 人。设计人员在进风系统滤毒通风管路漏设风量调节阀。此调节阀作用很重要，因为清洁进风与滤毒进风合用风机时，清洁通风量比滤毒通风量大很多，而清洁通风阻力比滤毒通风阻力小很多，风机的性能很难同时满足两种工况的要求，而规范严格要求滤毒通风时，通过过滤吸收器的风量不得大于过滤吸收器的额定风量，为此，应在滤毒通风管路上设置风量调节阀，以控制通过过滤吸收器的风量。

**【案例 158】**忽视通风系统的预埋管件、预埋孔洞。《人民防空地下室设计规范》GB 50038—2005 第 5.2.13 条、第 5.3.8 条对通风系统的预埋管件、预埋孔洞有明确的规定，大多数设计单位不出具预埋管件、预埋孔洞施工图，暖通专业设计人员应将预埋管件、预埋孔洞位置提供给土建专业，并在土建专业施工图在标明，确保施工时一次预留到位。

**【案例 159】**某单位综合办公楼地下室，建筑面积 1000m²，三个抗爆单元，掩蔽面积 815m²，掩蔽人员 800 人。由于设计人员不了解油网过滤器的性能，标注油网过滤器的型号为 LWP-X（D）。其实，LWP-X 和 LWP-D 是两种不同特性的油网过滤器，LWP-X 的容尘量和相同风量下的终阻力都比 LWP-D 的小，因此，标注 LWP-X（D）时，让施工单位无所适从，设计时应该避免这种情况。

**【链接服务】**我国指导防空地下室工程建设的文件包括：

《采暖通风与空气调节设计规范》GB 50019—2003；

《人民防空工程战术技术要求》（2003 年）；

《人民防空工程设计规范》GB 50225—2005；

《人民防空地下室设计规范》GB 50038—2005；

《人民防空工程设计防火规范》GB 50098—2009；

《人民防空工程施工及验收规范》GB 50134—2004；

《全国民用建筑工程设计技术措施　防空地下室》（2009 年）；

《人民防空地下室设计规范》图示—通风专业 05SFK10；

《防空地下室通风设计示例》07FK01；

《防空地下室通风设备安装》07FK02；

《防空地下室固定柴油电站》08FJ04；

《防空地下室施工图设计深度要求及图样》08FJ06；

《人民防空地下室施工图设计文件审查要点》RFJ06-2008。

# 第 8 章　施工图设计文件编制

现在的建筑工程设计市场基本上处于买方市场，设计单位必须最大限度地满足建筑业主的需求，除了交易价格以外，最突出的矛盾就是出图工期。工程设计人员为了赶工期，没有充分的时间进行方案比较，有时候并不认真研究设计方案经济合理性，也不进行详细的计算。关于方案设计和计算阶段出现的问题，在前几章已作了介绍，本章讨论施工图设计文件编制的一些问题。施工图设计文件由封面、图纸目录、设计说明、施工说明、设备（材料）表、设计图纸和计算书组成。

## 8.1 “设计说明”和“施工说明”的编写

“设计说明”和“施工说明”是施工图设计文件的最重要组成部分，是施工图设计文件的纲领性内容和核心内容，设计人员应该认真编写“设计说明”和“施工说明”。

### 8.1.1 “设计说明”编写要点

参加过设计的人员都知道在《建筑工程设计文件编制深度规定（2008 年版）》之前有一份《建筑工程设计文件编制深度规定（2003 年版）》。细心比较后发现，《建筑工程设计文件编制深度规定（2008 年版）》与《建筑工程设计文件编制深度规定（2003 年版）》相比，变化最大的是“4.7.3 设计说明和施工说明”。

《建筑工程设计文件编制深度规定（2008 年版）》的 4.7.3/1-1）、3）、4）、5）、6）各引用了《建筑工程设计文件编制深度规定（2003 年版）》的 4.7.3/1 的部分内容，但同时增加了许多新内容。

《建筑工程设计文件编制深度规定（2008 年版）》对“设计说明”的规定如下：

4.7.3　设计说明和施工说明

1 设计说明。

1）简述工程建设地点、规模、使用功能、层数、建筑高度等；

2）列出设计依据，说明设计范围；设计依据包括：

① 与本专业有关的批准文件；

② 建设单位提出的符合有关法规、标准的要求；

③ 本专业设计所执行的主要法规和所采用的主要标准（包括标准的名称、编号、年号和版本号）；

④ 其他专业提供的设计资料等。

3）暖通空调室内外设计参数（室内设计参数参见下表）；

室内设计参数

| 房间名称 | 夏季 | | 冬季 | | 新风量标准 [$m^3$/(h·p)] | 噪声标准 [dB (A)] |
|---|---|---|---|---|---|---|
| | 温度 (℃) | 相对湿度 (%) | 温度 (℃) | 相对湿度 (%) | | |
| | | | | | | |
| | | | | | | |
| | | | | | | |
| | | | | | | |
| | | | | | | |

注：温度、相对湿度采用基准值，如果有设计精度要求时，按±℃、±%表示幅度。

4）热源、冷源设置情况，热媒、冷媒及冷却水参数，采暖热负荷、折合耗热量指标及系统总阻力，空调冷热负荷、折合冷热量指标，系统水处理方式、补水定压方式、定压值（气压罐定压时注明工作压力值）等；

注：气压罐定压时工作压力值指补水泵启泵压力、补水泵停泵压力、电磁阀开启压力和安全阀开启压力。

5）设置采暖的房间及采暖系统形式，热计量及室温控制，系统平衡、调节手段等；

6）各空调区域的空调方式，空调风系统及必要的气流组织说明。空调水系统设备配置形式和水系统制式，系统平衡、调节手段，洁净空调净化级别，监测与控制要求；有自动监控时，确定各系统自动监控原则（就地或集中监控），说明系统的使用操作要点等；

7）通风系统形式，通风量或换气次数，通风系统风量平衡等；

8）设置防排烟的区域及其方式，防排烟系统及其设施配置、风量确定、控制方式，暖通空调系统的防火措施；

9）设备降噪、减振要求，管道和风道减振做法要求，废气排放处理等环保措施；

10）在节能设计条款中阐述设计采用的节能措施，包括有关节能标准、规范中强制性条文和以“必须”、“应”等规范用语规定的非强制性条文提出的要求。

《建筑工程设计文件编制深度规定（2008年版）》对“设计说明”的内容已有详细明确的规定，本来，只要认真按照范本书写，一般不应该有什么问题。然而过去几年甚至直到最近送审的施工图，仍然存在一些问题。举例如下：

**【案例 160】**“设计依据”在“设计说明”中占有极重要的位置，“设计依据”既是“设计说明”的重点内容，更是从事工程项目设计的依据，是不可或缺的内容。河北某地职工公寓，建筑面积3349.4$m^2$，地上3层，施工图的“设计说明”中遗漏“设计依据”，这种情况是不容许的。

**【案例 161】**“设计说明”中遗漏最重要的技术内容。某地F地块商业街，建筑面积29866.19$m^2$，地上3层，屋面标高13.6m，室内设计集中空调系统。严重的是施工图的“设计说明”中没有冬季热负荷，夏季冷负荷，没有冷热负荷指标；没有冬季、夏季供回水温度；没有空调水系统控制措施。同样严重的还有，18台排烟风机没有任何型号参数，12台新风换气机也没有任何型号参数，这样的设计是完全不合格的。

**【案例 162】**现在多数项目都是单体建筑的供暖空调系统设计，很多单位在“设计说明”中不提出水系统补水定压措施，这一情况属于技术环节缺失。《建筑工程设计文件编制深度规定（2008年版）》在《建筑工程设计文件编制深度规定（2003年版）》的基础上专门增加了这一条。一般提出审图意见后，不做冷热源设计的，需要补充“在冷热源动力站或电厂设补水定压装置”予以明示。

**【案例 163】**现在供暖空调节能已是十分紧迫的任务，GB 500736—2012、GB 50189—2005、JGJ 26—2010、JGJ 142—2004 等都提出了设置热计量装置和室温控制的要求。现在“设计说明”中遗漏设热计量装置的已很少，但至今还有遗漏提温控要求的。有不少“设计说明”遗漏设室温控制的表述，但从图例、系统图、平面图可以知道设了温控阀，只是“设计说明”未明确表述，让对方去找、去猜。这些重要的内容，不能“不言而喻”、“不言自明”，必须有文字表述。

**【案例 164】**在冷热源机房设计中，很多施工图不明示设计冷/热负荷的数值，这种情况比比皆是，设计冷/热负荷是整个设计的基础，没有设计冷/热负荷要求，就直接选择主机和辅助设备，成为无源之水。其实，《建筑工程设计文件编制深度规定（2008 年版）》第 4.8 节也要求动力站设计时，按所述深度内容全文书写，但多数设计院都不按这一要求做，所以，出现了选冷热源设备时没有设计冷热负荷依据的情况。建议今后有冷热源动力站设计的项目，按《建筑工程设计文件编制深度规定（2008 年版）》第 4.8 节的内容单独书写，这样就比较规范一些。

**【案例 165】**“说明”中有控制指标或技术要求，但设计内容没有相应的措施，例如河北某县人民医院扩建工程，建筑面积 18708.33m$^2$，地下 1 层，地上 6 层，采用冬夏空调方式，夏季冷负荷 1640.8kW，冬季热负荷 1489.4kW，“设计说明”室内设计参数列举了新风量指标为 30m$^3$/(p·h)，但设计内容中没有新风系统，这种情况是相当普遍的。

**【案例 166】**河北某药业公司的仓库，建筑面积 5040m$^2$，地上 2 层，由于存放药品，对室内空气含湿量有一定要求，设计者在“设计说明”室内设计参数列举要求冬季室内相对湿度为 45%～65%，但是设计内容中没有加湿措施。这样的情况在审查的施工图中屡见不鲜。

**【案例 167】**图页上有相应的内容和措施，但“说明”中没有文字描述，例如河北某住宅 14 号楼，建筑面积 14230.9m$^2$，地下 3 层，地上 23 层。施工图设计了合用前室正压送风，但“设计说明”中只字不提合用前室正压送风方案和控制方法，只是图页上有前室正压送风图示，在电气施工图上也没有设计消防控制。

**【案例 168】**以为楼梯间、前室或合用前室的可开启外窗面积满足要求、地下室采用窗井排烟等，就不在“设计说明”中予以明确，这样的设计并没有把设计者的完整意图表达清楚，让识图者误认为没有防排烟的设计内容。例如河北某花园小区 4 号楼，建筑面积 16048.68m$^2$，地下 2 层，地上 30 层，地下室采用窗井排烟，“设计说明”中不作说明，查看图纸才知道地下室有排烟窗井。

**【案例 169】**编者审查的施工图，90%以上的地面辐射供暖项目不注明计算用的面层材料及热阻。地面辐射供暖的地面散热量与供回水温度、塑料管材质、地埋管间距等有关系，而关系更大的是地面的面层材料及其热阻。由传热学原理可知，热阻不同的地面材料构成的地面辐射供暖散热面的散热量差别是很大的，如以陶瓷砖等为面层的地面比以木板为面层的地面的散热量高 30%～60%。很多设计人员只是借助 CAD 软件绘制地埋管布置图，并不校核地面散热量和地面温度，这种情况是相当普遍的。

**【案例 170】**“设计说明”的室内、外空气计算参数、围护结构热工参数不准。例如计算建筑物冷风渗透耗热量的冬季室外最多风向平均风速，石家庄为 2.0m/s，但是很多人采用冬季室外平均风速 1.8m/s，应该知道，前者是累年最冷 3 个月各月平均风速的平均值，后者是累年最冷 3 个月最多风向（静风除外）的各月平均风速的平均值，两者的数值虽然相差不大，但在按规定严格计算门窗冷风渗透空气量和耗热量时，是不可混淆的。

**【案例 171】**钢制散热器系统不注明水质要求和非采暖期的充水保养措施。例如河北某学校综合试验中心，建筑面积 22505m$^2$，地上 5 层，设置 80/55℃散热器供暖系统，热负荷 624.85kW，供暖设备为钢制散热器，设计人员没有提出水质处理和非供暖期应充水保养的要求，容易造成散热器迅速腐蚀。由于钢制散热器对热水水质有一定要求，又在满水—缺水—再满水—再缺水的反复作用下，钢制散热器内壁极容易腐蚀，所以，采用钢制散热器的供暖系统应提出水质处理和非供暖期的充水保养的要求，并在“设计说明”中注明。

**【案例 172】**防火、排烟系统中，送风口（阀）、排烟口（阀）与风机之间的控制联动措施表示不清或过于简单，有些在电气图上查不到。

**【案例 173】**“设计说明”不提供选择设备依据的主要技术参数。例如，河北某小区地下车库，建筑面积 18930m$^2$，地下 1 层。车库共分 6 个防火分区，每个防火分区设 2 个防烟分区及排风（烟）系统，每个防火分区设一个补风系统。从施工图上得知，排烟风机最大风量为 49400m$^3$/h，补风风机最大风量为 43000m$^3$/h，这只是选型风机的风量。编者审图时要求设计人员补充各个系统的设计排烟量、设计补风量作为设备选型的依据。但设计者在回复中称：“设计说明已指明换气次数，不必注明设计风量”。这是一种不负责任的态度，也是工程设计中不能容许的。

**【案例 174】**更严重的是将对施工的要求与反映设计方案的技术性内容在“设计说明”中混在同一条文里。如某地中医院门诊医技楼，建筑面积 33741.62m$^2$，地上 15 层，建筑高度 58.50m。室内设置全年空调系统，采用全空气系统和风机盘管加新风系统，设计冷负荷 3711.5kW，设计热负荷 2004.3kW。设计人员在“设计说明”中称：“本门诊医技楼采用空调系统承担全年负荷，选用风机盘管加新风系统，风机盘管吊顶暗装于各空调房间。水系统管材：管径小于或等于 *DN*50 采用热镀锌管；管径大于 *DN*50 采用无缝钢管”。这样在“设计说明”的同一条文里，既有设计方案的技术性内容，又有对施工的要求，表明设计人员在编写的过程中不知道内容主次之分，需要好好锻炼提高。

编者认为，“设计说明”的书写除应满足《建筑工程设计文件编制深度规定（2008 年版）》第 4.7.3/1 条的规定外，至少应达到以下要求：

（1）内容全面完整　“设计说明”应全面完整地表述该项目设计范围的技术内容、要求，交代实现这些要求的所有技术措施、设计方案、系统划分、设备选型、监测控制及运行指导等，不要遗漏和缺失。

（2）表述清楚准确　设计者应将上述的设计内容、技术措施等用清楚准确的语言文字加以正确表述，一些有确定要求的内容（例如供暖空调水系统的水压试验等），应提出具体的要求，不要采用“当……；当……”等不确定用语，不要误导识图者或让对方产生歧义。

（3）文字详简适当　“设计说明”的文字应紧扣设计内容，技术内容要讲深讲透，无关的内容不写或少写；在采用“通用说明”时，应该认真地进行补充和删改，保留所设计项目有的内容，删去项目中没有的内容，要做到“该详则详，能简就简”。

(4) 主次轻重有别 “设计说明”叙述的是设计方案、技术措施等内容，是主要的、重要的内容，是“设计说明”的重点，应详细叙述，不应将对画图方法的说明、施工工艺等内容混在“设计说明”中。

总之，一篇精彩的“设计说明”，应该做到让识图者看后有过目不忘的印象，即使不再看分图页的内容，也可以知道该项目的设计情况，对设计的技术内容不会产生任何误解或歧义。编写的“设计说明”能达到上述四条标准，就表明设计者达到了炉火纯青的程度，这是需要一定功底和多年磨炼的，也是人人都可以做到的。

### 8.1.2 “施工说明”编写要点

首先，提醒设计人员要树立一个基本概念——“设计说明”和“施工说明”是有本质区别的，它们的内容和作用是不同的，不能把两者混为一谈。“设计说明”是决策层，是表述和体现设计意图的，是解决（回答）“有什么要求，实现这些要求要做什么，应该怎么做和我是这样做的”这一环节问题。“施工说明”是执行层，是执行设计意图的，是解决（回答）“对施工有什么要求，施工方要做什么和应该怎么做”这一环节的问题。设计单位执行（完成）“设计说明”的任务，提出“施工说明”的要求，施工单位执行（完成）“施工说明”的任务，两者的任务和目的是不同的。

《建筑工程设计文件编制深度规定（2003年版）》第4.7.3-2条只写了4小段，显然太简短，《建筑工程设计文件编制深度规定（2008年版）》扩充为6条，增加了具体规定。编写“施工说明”存在的几个典型问题有：

(1) 普遍存在“施工说明”越写越长的情况，不论设计范围内是否有这些内容，按现行模块及模块前的模块，逐次增加，最后“施工说明”面面俱到，滴水不漏。

(2) 把本单位的模块照抄照搬，不做取舍，所设计项目有特殊要求的内容没有补充，该项目没有的内容没有删去。

(3) 不是针对所设计项目的具体情况确定具体参数和方法，而是照抄国家、行业标准的条文，采用多选一的方法，采用“当……；当……”等不确定用语，将确定具体参数和方法的工作交给施工单位。

(4) 一些施工图的“施工说明”对施工工艺及要求的叙述过多过细，而这些内容有些与施工质量验收规范重复，在通用规范中可以查到，并不具备唯一性；有些是矛盾的，真正结合所设计项目的特殊要求几乎没有。

**【案例175】**以民用建筑热水供暖系统的水压试验为例，许多设计人员并不能提出确定的试验压力和检验方法，常见的写法是“系统水压试验按《建筑给水排水与采暖工程施工质量验收规范》GB 50242—2002执行”，这样的表述是不够的。

有一个例子，在某市建设局组织的施工图审查的复查中，有专家提出，审图人员未提出施工质量验收规范中强制性的“主控项目”，属于漏审强条。编者认为，施工过程强制性的“主控项目”是对施工单位的强制性约束，不能等同于对设计单位的强制性约束。

因此，这里再次提醒设计人员，在按《建筑工程设计文件编制深度规定（2008年版）》编写两个“说明”时要取舍恰当，反映设计意图的内容与对施工的要求相比，更应突出前者，对施工的要求应以特殊要求为主，不必泛泛而谈。

## 8.2 施工图设计各级人员职责

施工图设计阶段是施工图设计过程中各级人员组成的团队共同完成既定任务的阶段，因此，国家规定具有设计资质的设计机构必须配备足够数量的工程技术人员。设计过程中，设计（制图）人、校对人、审核人、审定人和专业负责人都要参与其中，校对、审核、审定三级校审人员都要履行各自的职责；最后在提交的施工图上，除设计（制图）人外，各级人员都要按各自的职责，进行校对、审核、审定，并在标题栏内签名，以示负责。目前的施工图设计，许多单位的设计（制图）人只是个人单独作战，得不到正确的指导和帮助，其他人员既不参与设计过程，会签时又马虎潦草，不能做到层层把关，致使不合格的施工图也能出手（例如【案例 176】），设计（制图）人还沾沾自喜，以为自己的设计通过了审查，没有问题。这样既影响了设计单位的声誉，设计（制图）人也得不到任何提高。鉴于这种情况，为了让各级人员明确自己的职责，加强责任心，本书将暖通空调施工图设计各级人员的职责介绍如下。

### 8.2.1 设计（制图）人

设计（制图）人执行施工图设计阶段具体的设计制图任务，其职责为：

（1）设计（制图）人对工程设计的内容负直接具体的责任。

（2）进行各种计算（冷、热负荷、通风排烟量、风管水管的水力计算、设备选型计算等）。

（3）提出系统形式与方案，选择和布置设备；绘制所有的施工图。

（4）要求做到：1）各种计算正确无误，计算书完整、清晰、成册；2）系统形式与方案符合规范的规定及节能减排的要求；3）设备选型正确并符合规范规定；4）设备和系统布置应科学合理，并应考虑运行管理方便；5）图面设计深度应符合《建筑工程设计文件编制深度规定（2008 年版）》的要求；6）施工图不应有违反规范的错误，特别是不能违反强制性条文的规定。

（5）施工图在送交校对人之前应首先认真进行自检，消除所有发现的错误，保证施工图出手质量；设计（制图）人对施工图图面质量负责。

（6）按校对人、审核人、审定人和专业负责人提出的意见进行修改，并在“校对审核记录单”上记载修改结果。

### 8.2.2 校对人

校对人负责对设计（制图）人提供的施工图图面进行校对，其职责为：

（1）校对各种计算书的计算数据、计算过程和结果是否正确。

（2）检查施工图图面及深度是否符合《建筑工程设计文件编制深度规定（2008 年版）》的规定，制图是否符合《采暖通风与空气调节制图标准》GB/T 50114 的要求。

（3）检查所设计工程的各系统有没有错、漏、碰、缺等现象。

（4）检查、协调本专业与相关专业的留洞、预埋是否正确。对供电、供水、自控专业的提资是否满足本专业的要求。

（5）检查平面图、剖面图、系统图、详图是否齐全，表达是否清楚。

（6）检查各图页上的标注是否齐全正确，有无遗漏的地方。

（7）校对人对所有校对过的内容负责。

（8）校对人将修改意见交给设计（制图）人，督促设计（制图）人进行修改，并在“校对审核记录单”上记载修改结果。在提交给审核人之前，应认真进行自检。

### 8.2.3 审核人

审核人重点审核校对人的校对内容及修改结果，其职责为：

（1）审核主要计算书的数据、计算过程和结果是否正确。

（2）审核设计原则、系统方案是否合理，是否符合设计规范的要求，有无违反强制性条文的地方。

（3）审核设备选型是否符合设计原则，规格及技术参数是否正确，是否选用了淘汰产品或高耗能产品。

（4）审核校对人的校对内容是否合理；审核所设计内容有没有重大的技术性错误。

（5）审核人对所审核的内容负责。

（6）审核人将审核意见交给设计（制图）人，督促设计（制图）人进行修改，并在“校对审核记录单”上记载修改结果。

（7）审核人将校对、审核过程中不能确定的问题整理汇总，提交审定人审定。

### 8.2.4 审定人

审定人根据校对人和审核人提出的问题作出最后审定，其职责为：

（1）根据设计任务书和规范的要求，检查、分析设计基础文件，及时指导确定设计原则和技术措施。

（2）指导下级设计人员准确贯彻国家、行业的设计规范和技术措施，实施已经确定的设计原则和设计方案。

（3）重点审定设计规范和技术措施、设计原则和设计方案的落实情况；审查主要计算书、贯彻标准规范、重要设备选型等重大原则性问题。

（4）检查校对人、审核人的校对和审核内容，检查设计（制图）人的修改情况。

（5）对校对、审核过程中不能确定的问题作出最后的审定。

### 8.2.5 专业负责人

专业负责人对所设计工程的整个设计过程全面负责，其职责为：

（1）负责本专业设计文件的验证和完整性，包括各种原始资料、互提资料、计算书、图纸、各级人员的“校对审核记录单”。

（2）执行本专业的规范、规程、标准，编制本工程的技术措施和统一技术条件，采用有效的标准图、通用图及计算软件等。

（3）负责各专业的配合协作及互提资料，指导和参加会审、会签工作。

（4）检查下级设计人员在设计过程中所负的责任是否达到要求。

（5）负责工程的技术交底、施工配合和工程验收。

**【案例 176】**某小区的 BG-6 号楼、BG-7 号楼都是地下 1 层、地上 22 层的居住建筑，建筑面积分别为 8583.2m² 和 8516.2m²，供暖热负荷分别为 313.12kW 和 310.56kW。室内为地面辐射供暖系统。设计人员在“设计说明”中称水温为 80/60℃，虽然这种情况是极个别的，也可能是由于笔误；但也不排除设计人员根本不熟悉规范的现实，这是一个三级校审人员完全不负责任的典型案例。这不是一个仅仅把“80/60℃”改成“50/40℃”就解决了的问题，从严格的意义上来讲，不管具体设计是否达到规范要求，仅此一点，整个设计应判定为不合格。

## 8.3 施工图制图细节

施工图图样是设计工程师的语言，是设计与施工之间交流的重要载体。绘制施工图，应做到正确精准，图样清晰，文字流畅，前后衔接，详简恰当，不致产生歧义或误解。早年有个别设计单位在施工图前列的“设计说明”中增添“关于制图的说明”，对其制图方法进行说明，这是没有必要的，在各版《建筑工程设计文件编制深度规定》中都没有这一要求，现在这种情况已经不多了。编者将绘制施工图经常出现的问题归纳如下，供大家参考。

### 8.3.1 按规定认真编写“说明”

工程设计施工图的“说明”可以分为两个层次，即施工图图册前列的“设计说明”；分图页上的“说明”或“附注”。施工图图册前列的“设计说明”是针对整个工程设计的，是纲领性的，涵盖后列各图页的内容，对后列各图页都有制约作用，所有与后列各图页设计有关的内容都应尽量列入。但绘制施工图时，也有个别图页的细节内容在“设计说明”中没有涵盖，此时可以采用在该图页上加“说明”或“附注”的办法加以补充。应该注意的是，该图页上的“说明”或“附注”只针对极个别的情况，只制约所在的图页，对其他图页没有制约作用；如果还需要制约其他图页，应该给予明确交代。如标注“本说明适用于暖施-××、暖施-××”，或在暖施-××、暖施-××上明示“‘说明’见暖施-××”。

**【案例 177】**有些设计者在施工图图册前列的“设计说明”中没有把设计内容表述完整，出现遗漏或缺失；待完成后面的某图页时，发现“设计说明”中没有相关的内容，觉得不妥，于是在该图页上就近把相关内容写上，标注“说明”或“附注”，但这种“说明”或“附注”只是针对某张图页的，对这该页图有局部制约性，但设计者没有明确“说明”或“附注”能否适用于其他图页，这样就容易造成识图困难、误导识图者或产生歧义。

### 8.3.2 按规定编制填写“设备表”

《建筑工程设计文件编制深度规定（2008 年版）》已明确规定，在“设计说明和施工说明”后列出“设备表”。现在只有极个别单位遵守这一规定，将该工程所有的设备、附件汇总列入“设备表”中，90%以上的设计机构和设计人员都是在图页上列设备表。这样编写“设备表”的优点是设备表就在图页上，识图方便，但容易产生歧义和误解，主要是这些机构和个人没有经过正规的训练，工作能力还有待提高。

**【案例 178】** 河北某商务广场，建筑面积 93046.2m²，地下 2 层，地上 25 层，设置集中空调系统，并有防空地下室通风系统、正压送风系统和防排烟系统。施工图中有防空地下室送风机房详图和空调机房详图，在各自的设备表中，出现编号相同、设备不同或设备相同、编号不同的情况，此时就容易产生歧义和误解。正确的方法应该是将各种系统的设备汇总在“设备表”中，统一进行编号，而且与各图页的设备编号一一对应，各图页的设备编号也是唯一的，并不重复，如果实在需要在分图页上分列“设备表”，设计人员应指明该表中的设备编号适用的图页号（暖施—××）。编者审查的某公司的施工图，设计人员在分图页的设备表上标注“设备表（编号仅限于本图）”，这样交代准确无误，可以效仿。

### 8.3.3 按制图标准的规定绘制施工图

为使暖通空调专业施工图制图达到基本统一、清晰简明、提高制图效率，满足设计、施工、存档的要求，暖通空调专业施工图制图应遵守《采暖通风与空气调节制图标准》GB/T 50114—2001、《房屋建筑制图统一标准》GB/T 50001—2001 及国家现行有关规范、标准的规定。

**【案例 179】** 现在的建筑设计市场，普遍存在着接任务难、设计时间短等现实问题，直接造成施工图设计质量下降。施工图设计质量下降除了反映在内在的技术质量不高外，还反映在施工图图面质量也不高。《采暖通风与空气调节制图标准》GB/T 50114—2001 对暖通空调设计施工图制图的所有问题都作了明确的规定，包括字体字号、符号、线条类型及宽度、尺寸线及标注、管道代号、设备零部件编号、各种图例等，以达到提高制图效率、提高图面外在质量的目的。现在审查的施工图中，很少有真正严格执行制图标准的，各种制图形式五花八门，十分随意，是施工图制图中最普遍、最广泛、最典型的问题。

### 8.3.4 完整准确的反映设计的技术内容

按《建筑工程设计文件编制深度规定（2008 年版）》的规定，施工图应该包括平面图、侧（立）面图、剖面图、大样（详）图、系统图、流程（原理）图等以及各种图页上应该绘制的内容，如，设备外轮廓及定位尺寸、管道定位尺寸及标高、管道坡度及坡向、管道直径（高×宽）、排水放气点的位置及形式、固定支架的位置及形式、空气或水的流向等。

现在审查的施工图，在技术内容方面存在相当多的问题，设计质量实在令人担忧，普遍的现象是大量遗漏重要的技术内容，其中有些还是涉及人身和设备的安全问题。由于少数设计人员缺乏经验或者没有认识到这一点，不知道这些问题的严重性，在设计过程中有意无意地遗漏了许多重要的技术内容，等到施工、运行后出了事故，会造成极其严重的后果。

**【案例 180】** 某小区，建造 2 栋 7 层的居住建筑，其中 6 号楼共 5 个单元，建筑面积 9871.26m²，室内为 50/40℃地面辐射供暖系统，热源为壁挂式燃气供暖热水炉。该工程是先建后审，审图时工程已近收尾阶段。由于设计人员不认真，编者审查发现一些属于安全隐患的问题，如：（1）设计未提出燃气供暖热水炉的安全技术要求；（2）施工图中没有厨房大样图，没有燃气供暖热水炉定位尺寸；（3）没有提出燃气供暖热水炉边缘与墙面、燃气灶具边缘等之间的净距离规定，等等。后来发生火灾，灾后检查发现，燃气供暖热水炉边缘与燃气灶具边缘相互重叠，燃气供暖热水炉基本上在燃气灶具的上方。

**【案例 181】** 某地居住建筑 4 栋，其中 20 号楼建筑面积 7724.3m²，地下 1 层，地上 16 层，室内为 55/45℃地面辐射供暖系统，竖向 16 层立管不分区。审图时发现，大约 50 多米长的立管，设计时没有标注应设置固定支架，最后导致立管倾覆，大部分支管连接处开裂。

**【案例 182】** 有些施工图虽然在水管上标注有固定支架，但都是以一个"—×—"表示。既不注明固定支架的位置，更不注明支架的形式、材料、尺寸及固定方法，任凭施工单位在现场自行处理，由此造成的事故是屡见不鲜的。

### 8.3.5 系统图、流程图与原理图的绘制

从宽泛的意义上讲，三者没有什么差别，但从严格的意义上讲，还是有细微的差别的。按业内的一般理解，"系统图"指比较简单的加压送风系统、送（排）风系统、供暖空调立管水系统、末端水系统等，有时将系统图演变成轴测图就更直观些。而对于比较复杂的、有两个及两个以上循环的系统，则采用"流程图"或"原理图"比较恰当。这种图上一般应明示检测点和仪表，称为"带检测仪表的流程（原理）图"（例如冷热源机房流程图、锅炉房工艺流程图、加气站工艺流程图等），流程（原理）图不要反映直观效果，不适合转成轴测图。

审图中经常出现的情况是流程（原理）图上环节不全，多数是在选用定型机组的时候。例如：（1）动力站流程（原理）图中只画换热机组进出水（汽）管道，丢失了换热器、循环水泵、补水泵在循环上的连接；（2）加气站工艺流程图只画加气机进出气管道，丢失了出气管上的安全阀等安全附件。这两种情况都是在整个链条上少了许多环节，形成了链条中断。因此，绘制流程（原理）图时，不论是机组自带的还是现场配置的，均应在流程（原理）图上明示，以形成完整的循环链（见图 8-1）。

### 8.3.6 流程（原理）图与安装图的区别

针对审图提出的流程（原理）图上缺失重要技术环节的意见，设计人员一般的回复是"机组自带"，应该说这是不严格的。这里想谈一谈流程（原理）图与安装图的区别。

流程（原理）图表述的是某循环（过程）中所有的设备、附件、仪表及它们在流程中所处的位置、连接关系、介质流向等偏理论性的内容，是用于指导安装的，并不代表设备、管道的具体位置。流程中的每一个环节都不应缺失。

安装图是在流程（原理）图的指导下，将管道、设备安装到位，对管道设备的位置、标高都有明确的要求，属于操作层面的。流程（原理）图的有些环节在安装图中可以不体现，但安装图中可能会多出一些在完善的流程（原理）图中并不出现的内容，举两个例子。

**【案例 183】** 河北某地天然气加气站设置天然气加压压缩机，在压缩机出口（压力达到 25MPa）至第一个阀门之间的管道应设安全阀是强制性规定，在流程（原理）图上应予明示。但设计人员认为安全阀是压缩机自带的，安全阀已设置在压缩机机组内，不必要在流程图上显示。实际上这是一种误解，重要的技术环节必须在流程（原理）图上标识清楚，不能遗漏，但机组自带的仪表、安全阀、水流开关等等在安装图上可以不画。

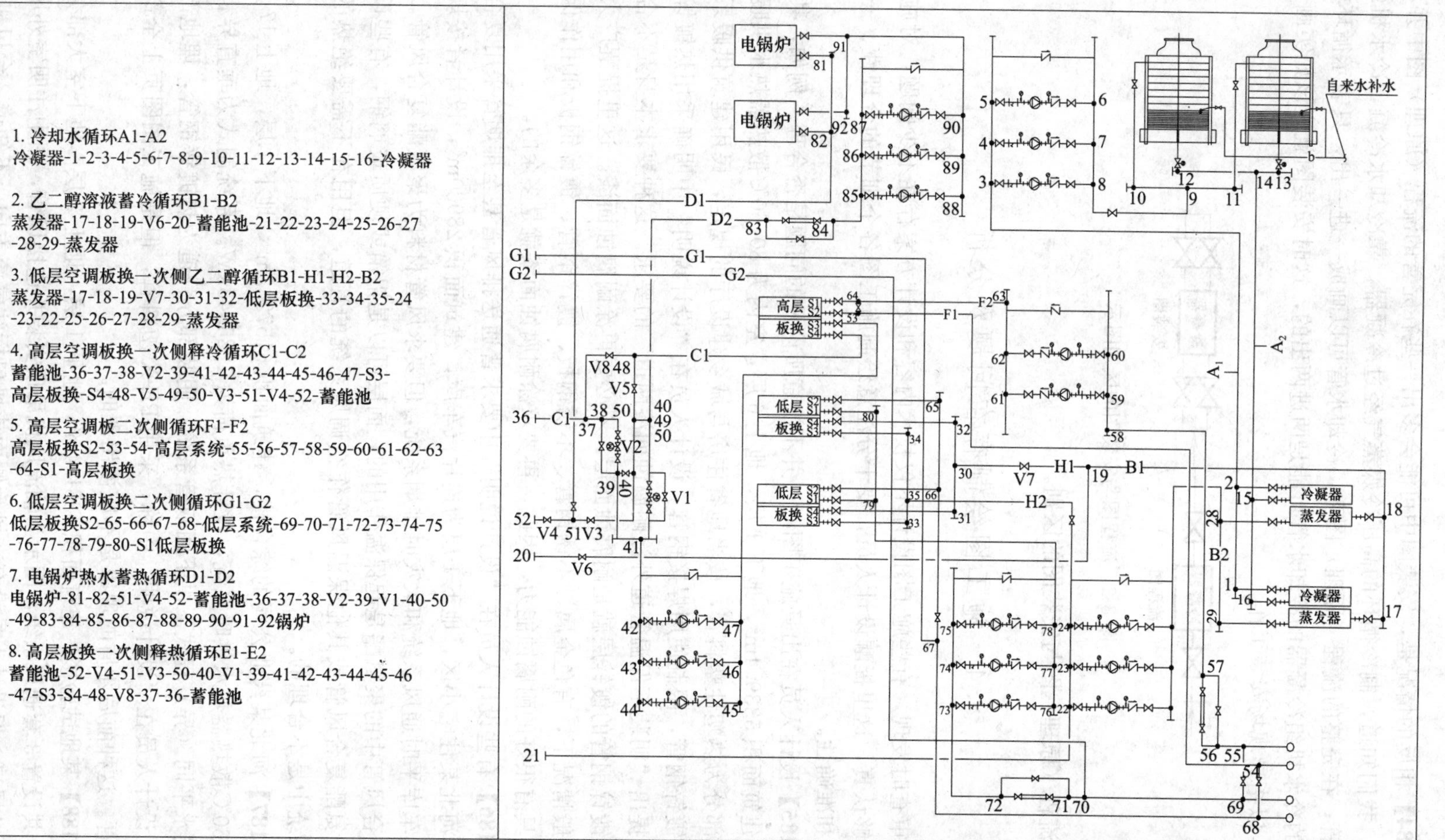


图 8-1　某地劳业大厦冷热源系统流程（原理）图

**【案例 184】**相反的情况是，安装图中可能会多出一些在完善的流程（原理）图中并不出现的内容。我们知道，制冷循环的高压冷媒蒸气经过冷凝器，靠冷却水冷凝，冷水机组都有冷却水管；在完整的流程（原理）图上，冷却水管可以画成一进一出，只表示循环即可，但实际的冷水机组冷凝器的冷却水管可能是两进两出的，这时安装图就应该如实画出（见图 8-2），以指导现场安装工作。

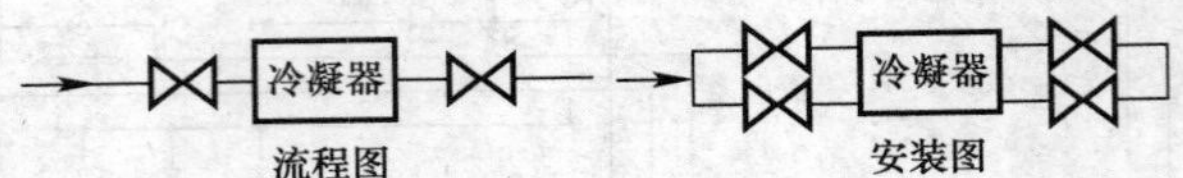


图 8-2　流程图与安装图的区别图示

这就是流程（原理）图与安装图的区别。

## 8.4　施工图绘制存在问题及分析

施工图审查时发现，有些施工图设计不仅技术内容和设计方案存在不少问题，对施工图绘制也不够认真，这里提醒设计人员，要十分注意绘制施工图各个细节的合理性、一致性、完整性和准确性。

**【案例 185】**设计人员在出具施工图时，并不注意所论及的问题是否合理。例如，某小区 1 号楼，建筑面积 5339.4m$^2$，地下 1 层，地上 6 层，室内为 80/60℃散热器热水供暖系统，地埋管部分为热塑性塑料管，按当地省住房与城乡建设厅的规定，民用建筑供暖系统推荐采用热镀锌钢管，限制使用焊接钢管。设计人员在“设计说明”中明确采用热镀锌钢管，但同时提出“明装不保温管道外涂耐腐蚀面漆两道”的要求。这种要求本身是不合理的，因为热镀锌钢管的镀锌层就是耐腐蚀面层，不必要再涂耐腐蚀面漆。这里提醒广大设计人员，一般情况下，有色金属、不锈钢管、不锈钢板、镀锌钢管、镀锌钢板和用作保护层的铝板都具有很好的耐腐蚀能力，因此，再要求涂耐腐蚀面漆就是多余的。

**【案例 186】**有些设计人员在“设计说明”中要求普通送排风管甚至排烟管采用复合保温风管。如河北某住宅小区，地下 1 层为连片汽车库，建筑面积 28930m$^2$，设计者按规范设置地下汽车库平时通风系统和火灾时排烟系统，但要求风管材料为聚氨酯复合风管。我们知道，复合风管中的聚氨酯是起保温作用的，面层可以是铝箔或硬质玻璃钢，有些设计人员选用聚氨酯复合风管或其他保温风管作空调风系统的管道，但用在不需要绝热的通风、排烟系统中是不合理的。

**【案例 187】**河北某药业公司的综合楼，建筑面积 61572.2m$^2$，地下 1 层，地上 17 层，室内为 85/60℃散热器热水供暖系统，设计热负荷为 1225.45kW。系统制式为垂直异程式立管、各层水平同（异）程式下供下回双管系统；明装部分管道为热镀锌钢管，埋地部分为塑料管；设计人员在“设计说明”中称，采用 PE-X 塑料管，但是施工图图页上全部是 PP-R 塑料管。这种前后矛盾的现象是不应该出现的。

**【案例 188】**某地试验楼，建筑面积 1381.4m$^2$，地下 1 层，地上 2 层。地下室大部分为设备用房，共设置 3 套通风系统，图示为轴流风机吊顶安装并连接风管，图中注明室外风口为自垂式百叶风口。但设计人员没有在风管侧面或风口标注气流方向，不知道 3 台风机中，哪个是送风，哪个是排风，自垂式百叶风口也不知道向哪一边开启，一切都无法识别。

**【案例 189】**某县消防指挥调度楼，建筑面积 14860.24m²，地下 1 层，地上 9 层，楼内设集中空调系统，夏季空调冷负荷 1023.3kW，冬季空调热负荷 1076.2kW。由于内走廊长度为 77m，设计内走廊排烟。审查施工图时发现，各层平面图只有走廊排烟井图示，设计者没有用箭头标注排烟气流方向，更没有设排烟口和排烟防火阀，经查阅屋面平面图，在屋面上设一排烟风机，才知道是走廊排烟的排烟风机。

**【案例 190】**现在有些施工图设计疏于在细节上下工夫，没有将该交代的问题交代清楚，以管道（井）竖向贯通若干楼板为例，当管道（井）竖向贯通若干楼层时，应该在管道（井）经过每一楼层的平面图上相应位置标注管道（井）的种类及编号，这样就便于识图，但是设计人员往往忽视这些问题。

**【案例 191】**当设计内容出现在不同的图页、需要转页时，应清楚的用字母或数字作出转页标识，并标注“下转暖施-××”、“上接暖施-××”等字样。对复杂的系统图中转页的位置，应用字母“A”、“B”……节点在对应的图页上标注清楚，这些节点既不要重复，也不要遗漏，要一一对应，每个节点号都是唯一的。

**【案例 192】**目前一些大型公共建筑中，不同用途的通风管道（井）越来越多，例如：加压送风管（井）、走廊排烟管（井）、汽车库和设备间等的平时排风管、送风管、火灾时的排烟管、补风管、防空地下室防护通风管等等。有些设计单位只出平面图，甚至有的还没有标注管道种类及编号，当各种管道较多时，识图十分困难。这时应该绘制竖向系统图（见图 8-3），必要时，对于复杂的管道系统还应分系统绘制单线轴侧图。

**【案例 193】**遗漏通风机房、空调机房详图的现象十分普遍。现在建筑工程设计的周期都很短，时间紧，任务重，为了赶工期，很多设计人员不按《建筑工程设计文件编制深度规定（2008 年版）》的要求，出具完整的施工图。如某地下汽车库，建筑面积 17854.37m²，分为 4 个防火分区，8 个防烟分区，共设计 8 个排烟系统，4 个送（补）风系统。设计人员只出了 1 张平面图，将 12 个系统和机房反映在图上，机房内的风机连定位尺寸都没有，更没有详细的安装尺寸，一切都是由施工单位在现场随意处理，这种情况是不允许的。

**【案例 194】**《建筑工程设计文件编制深度规定（2008 年版）》第 4.7.5/4 条规定施工图上应“标注风口设计风量”，目的在于进行风系统的检测与调试。但是审查的施工图中约有 90%以上的在空调、通风的水系统、风系统中，不标注水管段、风管段的流量、风口的风量，这样就无法进行水系统、风系统的检测与调试。如某购物中心，建筑面积 17779.37m²，地下 2 层，地上 8 层，地上面积 13934.1m²，夏季空调冷负荷 1454.67kW，冬季空调热负荷 881.91kW。工程中有许多全空气系统，设计人员在“设计说明”中称：“按动压（或流量）等比法调整系统风量分配，确保与设计值一致”、“按比例法调整水系统水量分配，使之与设计值相同”，但是施工图中却没有一处标注管段流量和风口风量。

**【案例 195】**编者审查的施工图中设置通风或空调风系统的，绝大部分设计不提风量测定和风管清扫的要求，这是因为许多设计人员不了解风系统的调试、运行和日常维护工作。针对这种情况，《民用建筑供暖通风与空气调节设计规范》GB 50736—2012 增加了“风管系统的主干支管应设置风管测定孔、风管检查孔和清洗孔”的规定，提醒设计人员在“设计说明”中应有相关的表述。

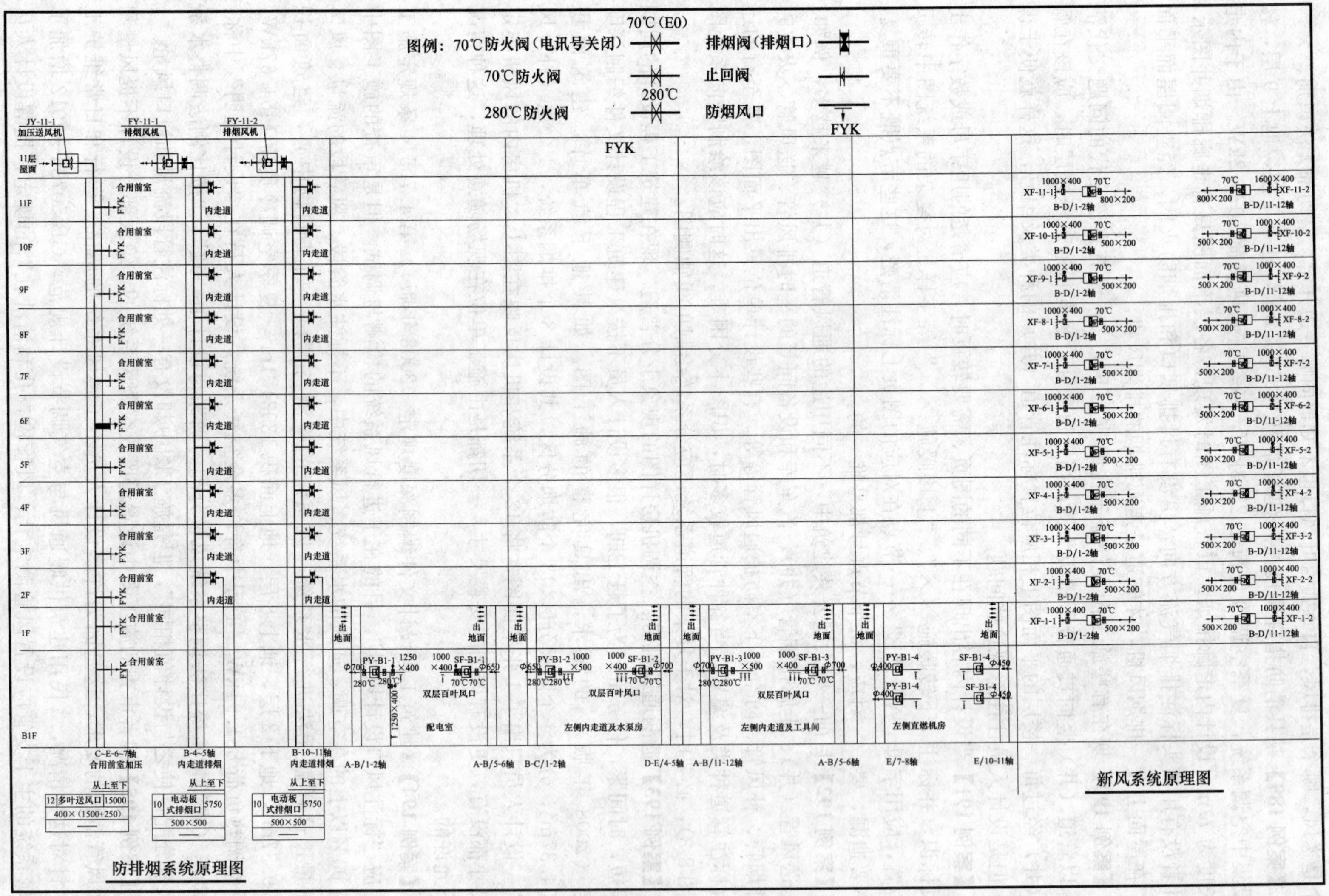

图例：70℃防火阀（电讯号关闭）70℃（E0）
70℃防火阀
280℃防火阀 280℃
排烟阀（排烟口）
止回阀
防烟风口 FYK

JY-11-1 加压送风机
FY-11-1 排烟风机
FY-11-2 排烟风机

防排烟系统原理图

新风系统原理图

图 8-3　送风排风（烟）系统竖向布置图

【案例 196】对于沿墙、柱敷设的水管、风管或者平面图上在轴线之间均匀布置的设备，许多施工图不标注管道、设备的定位尺寸，设计人员认为管道都是沿墙、柱敷设的，设备是在轴线之间均匀布置的，没有必要再标注管道、设备的定位尺寸。这种认识是不正确的，标注管道、设备的定位尺寸是绘制施工图的基本要求，遗漏定位尺寸也是不应该的。

# 结　语

暖通空调专业的领域是非常广阔的，内容是异常丰富的，许多设计人员接触的只是其中极有限的一部分。根据编者的体会，把暖通空调专业涵盖的内容粗分为十大部分：

（1）锅炉房、换热站及制冷站；

（2）室外热力网；

（3）室内供暖；

（4）各类通风与工业除尘；

（5）建筑物防火排烟；

（6）舒适性空调；

（7）洁净室与工艺性空调；

（8）人工气候环境；

（9）冷库；

（10）燃气制造、输送与使用。

在本书的最后，简单地提出以下几点建议，与大家共勉。

1. 专业理论基础是制胜的法宝

曾经问同行一个问题：工程设计的依据是规范、规程、措施或手册，而编这些规范、规程、措施或手册的依据是什么呢？有同行一时真答不上来。其实也很简单，就是专业理论基础。在网上交流时有网友提问为什么常规空调夏季供水温度是7℃？有网友说，教科书、手册是这样讲的；有网友说，是根据经济技术比较确定的。说明一些人专业理论基础还不扎实。编者把专业粗分为十个部分，大家不可能全都接触，但不管是哪个领域的工程，只要专业理论基础扎实，即使是第一次上手，也能触类旁通，举一反三，很快进入角色，专业理论基础是以不变应万变的法宝、终生享用不尽的财富。大家有空时应该恶补专业理论基础知识。

2. 要热爱我们从事的专业

从20世纪50年代初设立暖通空调专业至今只有短短的60年，当时只有“老八校”，现在已有180多所学校开设建筑环境与设备专业，还包括一些商业制冷专业，学校的数量和在校学生数量都是今非昔比了。跨入暖通空调专业这个领域的同仁，就要把专业当事业做，兢兢业业、认真钻研，养成浓厚的专业情结，为完成我们专业的历史使命而不懈努力。

3. 养成勤于思索的习惯，提高层次与品味

工程设计本应该是一种创造性劳动，但现在大约有一半以上的项目是停留在“画CAD”这种低层次上。以计算书为例，按说没有热负荷计算书就不能选设备、选管径、选附件，没有水力计算就无法设置平衡阀、控制阀等。但现在除了强制性要求报送热负荷计算书以外，再见不到作为依据的其他计算书。希望大家有时间多练习计算，对方案多思

考，不要只满足于“画 CAD”，否则就难以提高层次和品味。

4. 提高文字说明和图面表述的能力

不论设计方案多么先进、设计思路多么正确，最终都是通过施工图的文字说明和图样表述出来传达给对方。文字说明和图面表述，第一要有一定的汉语言文学功底，第二要站在自己就是识图者的角度思考，给识图的对方清晰的印象，不要让对方去猜、去想，产生误解或歧义。要提高这方面的能力，以至达到炉火纯青的程度。

5. 善于总结，不断提高写作能力

暖通空调工程设计既是可以一学就会、容易浅尝辄止的劳作，更是一种终其一生而难得真谛的享受。我们专业科技工作者，除了完成工程设计任务外，还要善于总结，将学习工作的心得、收获和体会，写成文字材料，反复提炼，适时在科技期刊上发表，珍惜自己的劳动成果，希望大家为此努力。

# 附录A 干空气的热物理性质

**干空气的热物理性质**（$p$=101325Pa） **附表 A-1**

| $t$ (℃) | $\rho$ (kg/m$^3$) | $c_p$ [kJ/(kg·K)] | $\lambda \times 10^2$ [W/(m·K)] | $a \times 10^6$ (m$^2$/s) | $\mu \times 10^6$ (N·s/m$^2$) | $\nu \times 10^6$ (m$^2$/s) | $Pr$ |
|---|---|---|---|---|---|---|---|
| −50 | 1.584 | 1.013 | 2.04 | 12.7 | 14.6 | 9.23 | 0.728 |
| −40 | 1.515 | 1.013 | 2.12 | 13.8 | 15.2 | 10.04 | 0.728 |
| −30 | 1.453 | 1.013 | 2.20 | 14.9 | 15.7 | 10.80 | 0.723 |
| −20 | 1.395 | 1.009 | 2.28 | 16.2 | 16.2 | 11.61 | 0.716 |
| −10 | 1.342 | 1.009 | 2.36 | 17.4 | 16.7 | 12.43 | 0.712 |
| 0 | 1.293 | 1.005 | 2.44 | 18.8 | 17.2 | 13.28 | 0.707 |
| 10 | 1.247 | 1.005 | 2.51 | 20.0 | 17.6 | 14.16 | 0.705 |
| 20 | 1.205 | 1.005 | 2.59 | 21.4 | 18.1 | 15.06 | 0.703 |
| 30 | 1.165 | 1.005 | 2.67 | 22.9 | 18.6 | 16.00 | 0.701 |
| 40 | 1.128 | 1.005 | 2.76 | 24.3 | 19.1 | 16.96 | 0.699 |
| 50 | 1.093 | 1.005 | 2.83 | 25.7 | 19.6 | 17.95 | 0.698 |
| 60 | 1.060 | 1.005 | 2.90 | 27.2 | 20.1 | 18.97 | 0.696 |
| 70 | 1.029 | 1.009 | 2.96 | 28.6 | 20.6 | 20.02 | 0.694 |
| 80 | 1.000 | 1.009 | 3.05 | 30.2 | 21.1 | 21.09 | 0.692 |
| 90 | 0.972 | 1.009 | 3.13 | 31.9 | 21.5 | 22.10 | 0.690 |
| 100 | 0.946 | 1.009 | 3.21 | 33.6 | 21.9 | 23.13 | 0.688 |
| 120 | 0.898 | 1.009 | 3.34 | 36.8 | 22.8 | 25.45 | 0.686 |
| 140 | 0.854 | 1.013 | 3.49 | 40.3 | 23.7 | 27.80 | 0.684 |
| 160 | 0.815 | 1.017 | 3.64 | 43.9 | 24.5 | 30.09 | 0.682 |
| 180 | 0.779 | 1.022 | 3.78 | 47.5 | 25.3 | 32.49 | 0.681 |
| 200 | 0.746 | 1.026 | 3.93 | 51.4 | 26.0 | 34.85 | 0.680 |
| 250 | 0.674 | 1.038 | 4.27 | 61.0 | 27.4 | 40.61 | 0.677 |
| 300 | 0.615 | 1.047 | 4.60 | 71.6 | 29.7 | 48.33 | 0.674 |
| 350 | 0.566 | 1.059 | 4.91 | 81.9 | 31.4 | 55.46 | 0.676 |
| 400 | 0.524 | 1.068 | 5.21 | 93.1 | 33.0 | 63.09 | 0.678 |
| 500 | 0.456 | 1.093 | 5.74 | 115.3 | 36.2 | 79.38 | 0.687 |
| 600 | 0.404 | 1.114 | 6.22 | 138.3 | 39.1 | 96.89 | 0.699 |
| 700 | 0.362 | 1.135 | 6.71 | 163.4 | 41.8 | 115.4 | 0.706 |
| 800 | 0.329 | 1.156 | 7.18 | 188.8 | 44.3 | 134.8 | 0.713 |
| 900 | 0.301 | 1.172 | 7.63 | 216.2 | 46.7 | 155.1 | 0.717 |
| 1000 | 0.277 | 1.185 | 8.07 | 245.9 | 49.0 | 177.1 | 0.719 |
| 1100 | 0.257 | 1.197 | 8.50 | 276.2 | 51.2 | 199.3 | 0.722 |
| 1200 | 0.239 | 1.210 | 9.15 | 316.5 | 53.5 | 233.7 | 0.724 |

# 附录B 饱和水的热物理性质

饱和水的热物理性质　　附表 B-1

| $t$ (℃) | $p\times10^{-5}$ (pa) | $\rho$ (kg/m³) | $H'$ (kJ/kg) | $c_p$ [kJ/(kg·K)] | $\lambda\times10^2$ [W/(m·K)] | $a\times10^8$ (m²/s) | $\mu\times10^6$ (N·s/m²) | $\nu\times10^6$ (m²/s) | $\alpha\times10^4$ (K⁻¹) | $\sigma\times10^4$ (N/m) | $Pr$ |
|---|---|---|---|---|---|---|---|---|---|---|---|
| 0 | 0.00611 | 999.9 | 0 | 4.212 | 55.1 | 13.1 | 1788 | 1.789 | −0.81 | 756.4 | 13.67 |
| 10 | 0.012270 | 999.7 | 42.04 | 4.191 | 57.4 | 13.7 | 1306 | 1.306 | +0.87 | 741.6 | 9.52 |
| 20 | 0.02338 | 998.2 | 83.91 | 4.183 | 59.9 | 14.3 | 1004 | 1.006 | 2.09 | 726.9 | 7.02 |
| 30 | 0.04241 | 995.7 | 125.7 | 4.174 | 61.8 | 14.9 | 801.5 | 0.805 | 3.05 | 712.2 | 5.42 |
| 40 | 0.07375 | 992.2 | 167.5 | 4.174 | 63.5 | 15.3 | 653.3 | 0.659 | 3.86 | 696.5 | 4.31 |
| 50 | 0.12335 | 988.1 | 209.3 | 4.174 | 64.8 | 15.7 | 549.4 | 0.556 | 4.57 | 676.9 | 3.54 |
| 60 | 0.19920 | 983.1 | 251.1 | 4.179 | 65.9 | 16.0 | 469.9 | 0.478 | 5.22 | 662.2 | 2.99 |
| 70 | 0.3116 | 977.8 | 293.0 | 4.187 | 66.8 | 16.3 | 406.1 | 0.415 | 5.83 | 643.5 | 2.55 |
| 80 | 0.4736 | 971.8 | 355.0 | 4.195 | 67.4 | 16.6 | 355.1 | 0.365 | 6.40 | 625.9 | 2.21 |
| 90 | 0.7011 | 965.3 | 377.0 | 4.208 | 68.0 | 16.8 | 314.9 | 0.326 | 6.96 | 607.02 | 1.95 |
| 100 | 1.013 | 958.4 | 419.1 | 4.220 | 68.3 | 16.9 | 282.5 | 0.295 | 7.50 | 588.6 | 1.75 |
| 110 | 1.43 | 951.0 | 461.4 | 4.233 | 68.5 | 17.0 | 259.0 | 0.272 | 8.04 | 569.0 | 1.60 |
| 120 | 1.98 | 943.1 | 503.7 | 4.250 | 68.6 | 17.1 | 237.4 | 0.252 | 8.58 | 548.4 | 1.47 |
| 130 | 2.70 | 934.8 | 546.4 | 4.266 | 68.6 | 17.2 | 217.8 | 0.233 | 9.12 | 528.8 | 1.36 |
| 140 | 3.61 | 926.1 | 589.1 | 4.287 | 68.5 | 17.2 | 201.1 | 0.217 | 9.68 | 507.2 | 1.26 |
| 150 | 4.76 | 917.0 | 632.2 | 4.313 | 68.4 | 17.3 | 186.4 | 0.203 | 10.26 | 486.6 | 1.17 |
| 160 | 6.18 | 907.0 | 675.4 | 4.346 | 68.3 | 17.3 | 173.6 | 0.191 | 10.87 | 466.0 | 1.10 |
| 170 | 7.92 | 897.3 | 719.3 | 4.380 | 67.9 | 17.3 | 162.8 | 0.181 | 11.52 | 443.4 | 1.05 |
| 180 | 10.03 | 886.9 | 763.3 | 4.417 | 67.4 | 17.2 | 153.0 | 0.173 | 12.21 | 422.8 | 1.00 |
| 190 | 12.55 | 876.0 | 807.8 | 4.459 | 67.0 | 17.1 | 144.2 | 0.165 | 12.96 | 400.2 | 0.96 |
| 200 | 15.55 | 863.0 | 852.8 | 4.505 | 66.3 | 17.0 | 136.4 | 0.158 | 13.77 | 376.7 | 0.93 |
| 210 | 19.08 | 852.3 | 897.7 | 4.555 | 65.5 | 16.9 | 130.5 | 0.153 | 14.67 | 354.1 | 0.91 |
| 220 | 23.20 | 840.3 | 943.7 | 4.614 | 64.5 | 16.6 | 124.6 | 0.148 | 15.67 | 331.6 | 0.89 |
| 230 | 27.98 | 827.3 | 990.2 | 4.681 | 63.7 | 16.4 | 119.7 | 0.145 | 16.80 | 310.0 | 0.88 |
| 240 | 33.48 | 813.6 | 1037.5 | 4.756 | 62.8 | 16.2 | 114.8 | 0.141 | 18.08 | 285.5 | 0.87 |
| 250 | 39.78 | 799.0 | 1085.7 | 4.844 | 61.8 | 15.9 | 109.9 | 0.137 | 19.55 | 261.9 | 0.86 |
| 260 | 46.94 | 784.0 | 1135.7 | 4.949 | 60.5 | 15.6 | 105.9 | 0.135 | 21.27 | 237.4 | 0.87 |
| 270 | 55.05 | 767.9 | 1185.7 | 5.070 | 59.0 | 15.1 | 102.0 | 0.133 | 23.31 | 214.8 | 0.88 |
| 280 | 64.19 | 750.7 | 1236.8 | 5.230 | 57.4 | 14.6 | 98.1 | 0.131 | 25.79 | 191.3 | 0.90 |
| 290 | 74.45 | 732.2 | 1290.0 | 5.485 | 55.8 | 13.9 | 94.2 | 0.129 | 28.84 | 168.7 | 0.93 |
| 300 | 85.92 | 712.5 | 1344.9 | 5.736 | 54.0 | 13.2 | 91.2 | 0.128 | 32.73 | 144.2 | 0.97 |
| 310 | 98.70 | 691.1 | 1402.2 | 6.071 | 52.3 | 12.5 | 88.3 | 0.128 | 37.85 | 120.7 | 1.03 |
| 320 | 112.90 | 667.1 | 1462.1 | 6.574 | 50.6 | 11.5 | 85.3 | 0.128 | 44.91 | 98.10 | 1.11 |
| 330 | 128.65 | 640.2 | 1526.2 | 7.244 | 48.4 | 10.4 | 81.4 | 0.127 | 55.31 | 76.71 | 1.22 |
| 340 | 146.08 | 610.1 | 1594.8 | 8.165 | 45.7 | 9.17 | 77.5 | 0.127 | 72.10 | 56.70 | 1.39 |
| 350 | 165.37 | 574.4 | 1671.4 | 9.504 | 43.0 | 7.88 | 72.6 | 0.126 | 103.7 | 38.16 | 1.60 |
| 360 | 186.74 | 528.0 | 1761.5 | 13.984 | 39.5 | 5.36 | 66.7 | 0.126 | 182.9 | 20.21 | 2.35 |
| 370 | 210.53 | 450.5 | 1892.5 | 40.321 | 33.7 | 1.86 | 56.9 | 0.126 | 676.7 | 4.709 | 6.79 |

# 附录C 干饱和水蒸气的热物理性质

**干饱和水蒸气的热物理性质** **附表 C-1**

| $t$ (℃) | $P\times10^{-5}$ (Pa) | $\rho''$ (kg/m$^3$) | $H''$ (kJ/kg) | $r$ [kJ/kg] | $c_p$ [kJ/(kg·K)] | $\lambda\times10^2$ [W/(m·K)] | $a\times10^3$ (m$^2$/h) | $\mu\times10^6$ (N·s/m$^2$) | $\nu\times10^6$ (m$^2$/s) | $Pr$ |
|---|---|---|---|---|---|---|---|---|---|---|
| 0 | 0.00611 | 0.004847 | 2501.6 | 2501.6 | 1.8543 | 1.83 | 7313.0 | 8.022 | 1655.01 | 0.815 |
| 10 | 0.01227 | 0.009396 | 2520.0 | 2477.7 | 1.8594 | 1.88 | 3881.3 | 8.424 | 896.54 | 0.831 |
| 20 | 0.02338 | 0.01729 | 2538.0 | 2454.3 | 1.8661 | 1.94 | 2167.2 | 8.84 | 509.90 | 0.847 |
| 30 | 0.04241 | 0.03037 | 2556.5 | 2430.9 | 1.8744 | 2.00 | 1265.1 | 9.218 | 303.53 | 0.863 |
| 40 | 0.07375 | 0.05116 | 2574.5 | 2407.0 | 1.8853 | 2.06 | 768.45 | 9.620 | 188.04 | 0.883 |
| 50 | 0.12335 | 0.08302 | 2592.0 | 2382.7 | 1.8987 | 2.12 | 483.59 | 10.022 | 120.72 | 0.896 |
| 60 | 0.19920 | 0.13302 | 2609.6 | 2358.4 | 1.9155 | 2.19 | 315.55 | 10.424 | 80.07 | 0.913 |
| 70 | 0.3116 | 0.1982 | 2626.8 | 2334.1 | 1.9364 | 2.25 | 210.57 | 10.817 | 54.57 | 0.930 |
| 80 | 0.4736 | 0.2933 | 2643.5 | 2309.0 | 1.9615 | 2.33 | 145.53 | 11.219 | 38.25 | 0.947 |
| 90 | 0.7011 | 0.4235 | 2660.3 | 2283.1 | 1.9921 | 2.40 | 102.22 | 11.621 | 27.44 | 0.966 |
| 100 | 1.0130 | 0.5977 | 2676.2 | 2257.1 | 2.0281 | 2.48 | 73.57 | 12.023 | 20.12 | 0.984 |
| 110 | 1.4327 | 0.8265 | 2691.3 | 2229.9 | 2.0704 | 2.56 | 53.83 | 12.425 | 15.03 | 1.00 |
| 120 | 1.9854 | 1.122 | 2705.9 | 2202.3 | 2.1198 | 2.65 | 40.15 | 12.798 | 11.41 | 1.02 |
| 130 | 2.7013 | 1.497 | 2719.7 | 2173.8 | 2.1763 | 2.76 | 30.46 | 13.170 | 8.80 | 1.04 |
| 140 | 3.614 | 1.967 | 2733.1 | 2144.1 | 2.2408 | 2.85 | 23.28 | 13.543 | 6.89 | 1.06 |
| 150 | 4.760 | 2.548 | 2745.3 | 2113.1 | 2.3145 | 2.97 | 18.10 | 13.896 | 5.45 | 1.08 |
| 160 | 6.181 | 3.260 | 2756.6 | 2081.3 | 2.3974 | 3.08 | 14.20 | 14.249 | 4.37 | 1.11 |
| 170 | 7.920 | 4.123 | 2767.1 | 2047.8 | 2.4911 | 3.21 | 11.25 | 14.612 | 3.54 | 1.13 |
| 180 | 10.027 | 5.160 | 2776.3 | 2013.0 | 2.5958 | 3.36 | 9.03 | 14.965 | 2.90 | 1.15 |
| 190 | 12.551 | 6.397 | 2784.2 | 1976.6 | 2.7126 | 3.51 | 7.29 | 15.298 | 2.39 | 1.18 |
| 200 | 15.549 | 7.864 | 2790.9 | 1938.5 | 2.8428 | 3.68 | 5.92 | 15.651 | 1.99 | 1.21 |
| 210 | 19.077 | 9.593 | 2796.4 | 1898.3 | 2.9877 | 3.87 | 4.86 | 15.995 | 1.67 | 1.24 |
| 220 | 23.198 | 11.62 | 2799.7 | 1856.4 | 3.1497 | 4.07 | 4.00 | 16.338 | 1.41 | 1.26 |
| 230 | 27.976 | 14.00 | 2801.8 | 1811.6 | 3.3310 | 4.30 | 3.32 | 16.701 | 1.19 | 1.29 |
| 240 | 33.478 | 16.76 | 2802.2 | 1764.7 | 3.5366 | 4.54 | 2.76 | 17.073 | 1.02 | 1.33 |
| 250 | 39.776 | 19.99 | 2800.6 | 1714.4 | 3.7723 | 4.84 | 2.31 | 17.446 | 0.873 | 1.36 |
| 260 | 46.943 | 23.73 | 2796.4 | 1661.3 | 4.0470 | 5.18 | 1.94 | 17.848 | 0.752 | 1.40 |
| 270 | 55.058 | 28.10 | 2789.7 | 1604.8 | 4.3735 | 5.55 | 1.63 | 18.280 | 0.651 | 1.44 |
| 280 | 64.202 | 33.19 | 2780.5 | 1543.7 | 4.7675 | 6.00 | 1.37 | 18.750 | 0.565 | 1.49 |
| 290 | 74.461 | 39.16 | 2767.5 | 1477.5 | 5.2528 | 6.55 | 1.15 | 19.270 | 0.492 | 1.54 |
| 300 | 85.927 | 46.19 | 2751.1 | 1405.9 | 5.8632 | 7.22 | 0.96 | 19.839 | 0.430 | 1.61 |
| 310 | 98.700 | 54.54 | 2730.2 | 1327.6 | 6.6503 | 8.06 | 0.80 | 20.691 | 0.380 | 1.71 |
| 320 | 112.89 | 64.60 | 2703.8 | 1241.0 | 7.7217 | 8.65 | 0.62 | 21.691 | 0.336 | 1.94 |
| 330 | 128.63 | 76.99 | 2670.3 | 1143.8 | 9.3613 | 9.61 | 0.48 | 23.093 | 0.300 | 2.24 |
| 340 | 146.05 | 92.76 | 2626.0 | 1030.8 | 12.2108 | 10.70 | 0.34 | 24.692 | 0.266 | 2.82 |
| 350 | 165.35 | 113.6 | 2567.8 | 895.6 | 17.1504 | 11.90 | 0.22 | 26.594 | 0.234 | 3.83 |
| 360 | 186.75 | 144.1 | 2485.3 | 721.4 | 25.1162 | 13.70 | 0.14 | 29.193 | 0.203 | 5.34 |
| 370 | 210.54 | 201.1 | 2342.9 | 452.6 | 76.9157 | 16.60 | 0.04 | 33.989 | 0.169 | 15.7 |
| 374.15 | 221.20 | 315.5 | 2107.2 | 0.0 | ∽ | 23.79 | 0.0 | 44.992 | 0.143 | ∽ |

# 附录D　渗透冷空气量的朝向修正系数 *n* 值

**渗透冷空气量的朝向修正系数 *n* 值**　　　**附表 D-1**

| 地区及台站名称 | | 朝向 | | | | | | | |
|---|---|---|---|---|---|---|---|---|---|
| | | N | NE | E | SE | S | SW | W | NW |
| 北京 | 北 京 | 1.00 | 0.50 | 0.15 | 0.10 | 0.15 | 0.15 | 0.40 | 1.00 |
| 天津 | 天津 | 1.00 | 0.40 | 0.20 | 0.10 | 0.15 | 0.20 | 0.40 | 1.00 |
| | 塘沽 | 0.90 | 0.55 | 0.55 | 0.20 | 0.30 | 0.30 | 0.70 | 1.00 |
| 河北 | 承德 | 0.70 | 0.15 | 0.10 | 0.10 | 0.10 | 0.40 | 1.00 | 1.00 |
| | 张家口 | 1.00 | 0.40 | 0.10 | 0.10 | 0.10 | 0.10 | 0.35 | 1.00 |
| | 唐山 | 0.60 | 0.45 | 0.65 | 0.45 | 0.20 | 0.65 | 1.00 | 1.00 |
| | 保定 | 1.00 | 0.70 | 0.35 | 0.35 | 0.90 | 0.90 | 0.40 | 0.70 |
| | 石家庄 | 1.00 | 0.70 | 0.50 | 0.65 | 0.50 | 0.55 | 0.85 | 0.90 |
| | 邢台 | 1.00 | 0.70 | 0.35 | 0.50 | 0.70 | 0.50 | 0.30 | 0.70 |
| 山西 | 大同 | 1.00 | 0.55 | 0.10 | 0.10 | 0.10 | 0.30 | 0.40 | 1.00 |
| | 阳泉 | 0.70 | 0.10 | 0.10 | 0.10 | 0.10 | 0.35 | 0.85 | 1.00 |
| | 太原 | 0.90 | 0.40 | 0.15 | 0.20 | 0.30 | 0.40 | 0.70 | 1.00 |
| | 阳城 | 0.70 | 0.15 | 0.30 | 0.25 | 0.10 | 0.25 | 0.70 | 1.00 |
| 内蒙古 | 通辽 | 0.70 | 0.20 | 0.10 | 0.25 | 0.35 | 0.40 | 0.85 | 1.00 |
| | 呼和浩特 | 0.70 | 0.25 | 0.10 | 0.15 | 0.20 | 0.15 | 0.70 | 1.00 |
| 辽宁 | 抚顺 | 0.70 | 1.00 | 0.70 | 0.10 | 0.10 | 0.25 | 0.30 | 0.30 |
| | 沈阳 | 1.00 | 0.70 | 0.30 | 0.30 | 0.40 | 0.35 | 0.30 | 0.70 |
| | 锦州 | 1.00 | 1.00 | 0.40 | 0.10 | 0.20 | 0.25 | 0.20 | 0.70 |
| | 鞍山 | 1.00 | 1.00 | 0.40 | 0.25 | 0.50 | 0.50 | 0.25 | 0.55 |
| | 营口 | 1.00 | 1.00 | 0.60 | 0.20 | 0.45 | 0.45 | 0.20 | 0.40 |
| | 丹东 | 1.00 | 0.55 | 0.40 | 0.10 | 0.10 | 0.10 | 0.40 | 1.00 |
| | 大连 | 1.00 | 0.70 | 0.15 | 0.10 | 0.15 | 0.15 | 0.15 | 0.70 |
| 吉林 | 通榆 | 0.60 | 0.40 | 0.15 | 0.35 | 0.50 | 0.50 | 1.00 | 1.00 |
| | 长春 | 0.35 | 0.35 | 0.15 | 0.25 | 0.70 | 1.00 | 0.90 | 0.40 |
| | 延吉 | 0.40 | 0.10 | 0.10 | 0.10 | 0.10 | 0.65 | 1.00 | 1.00 |
| 黑龙江 | 爱辉 | 0.70 | 0.10 | 0.10 | 0.10 | 0.10 | 0.10 | 0.70 | 1.00 |
| | 齐齐哈尔 | 0.95 | 0.70 | 0.25 | 0.25 | 0.40 | 0.40 | 0.70 | 1.00 |
| | 鹤岗 | 0.50 | 0.15 | 0.10 | 0.10 | 0.10 | 0.55 | 1.00 | 1.00 |
| | 哈尔滨 | 0.30 | 0.15 | 0.20 | 0.70 | 1.00 | 0.85 | 0.70 | 0.60 |
| | 绥芬河 | 0.20 | 0.10 | 0.10 | 0.10 | 0.10 | 0.70 | 1.00 | 0.70 |
| 上海 | 上海 | 0.70 | 0.50 | 0.35 | 0.20 | 0.10 | 0.30 | 0.80 | 1.00 |

续表

| 地区及台站名称 | | 朝向 | | | | | | | |
|---|---|---|---|---|---|---|---|---|---|
| | | N | NE | E | SE | S | SW | W | NW |
| 江苏 | 连云港 | 1.00 | 1.00 | 0.40 | 0.15 | 0.15 | 0.15 | 0.20 | 0.40 |
| | 徐州 | 0.55 | 1.00 | 1.00 | 0.45 | 0.20 | 0.35 | 0.45 | 0.65 |
| | 淮阴 | 0.90 | 1.00 | 0.70 | 0.30 | 0.25 | 0.30 | 0.40 | 0.60 |
| | 南通 | 0.90 | 0.65 | 0.45 | 0.25 | 0.20 | 0.25 | 0.70 | 1.00 |
| | 南京 | 0.80 | 1.00 | 0.70 | 0.40 | 0.20 | 0.25 | 0.40 | 0.55 |
| | 武进 | 0.80 | 0.80 | 0.60 | 0.60 | 0.25 | 0.50 | 1.00 | 1.00 |
| 浙江 | 杭州 | 1.00 | 0.65 | 0.20 | 0.10 | 0.20 | 0.20 | 0.40 | 1.00 |
| | 宁波 | 1.00 | 0.40 | 0.10 | 0.10 | 0.10 | 0.20 | 0.60 | 1.00 |
| | 金华 | 0.20 | 1.00 | 1.00 | 0.60 | 0.10 | 0.15 | 0.25 | 0.25 |
| | 衢州 | 0.45 | 1.00 | 1.00 | 0.40 | 0.20 | 0.30 | 0.20 | 0.10 |
| 安徽 | 亳县 | 1.00 | 0.70 | 0.40 | 0.25 | 0.25 | 0.25 | 0.25 | 0.70 |
| | 蚌埠 | 0.70 | 1.00 | 1.00 | 0.40 | 0.30 | 0.35 | 0.45 | 0.45 |
| | 合肥 | 0.85 | 0.90 | 0.85 | 0.35 | 0.35 | 0.25 | 0.70 | 1.00 |
| | 六安 | 0.70 | 0.50 | 0.45 | 0.45 | 0.25 | 0.15 | 0.70 | 1.00 |
| | 芜湖 | 0.60 | 1.00 | 1.00 | 0.45 | 0.10 | 0.60 | 0.90 | 0.65 |
| | 安庆 | 0.70 | 1.00 | 0.70 | 0.15 | 0.10 | 0.10 | 0.10 | 0.25 |
| | 屯溪 | 0.70 | 1.00 | 0.70 | 0.20 | 0.20 | 0.15 | 0.15 | 0.15 |
| 福建 | 福州 | 0.75 | 0.60 | 0.25 | 0.25 | 0.20 | 0.15 | 0.70 | 1.00 |
| 江西 | 九江 | 0.70 | 1.00 | 0.70 | 0.10 | 0.10 | 0.25 | 0.35 | 0.30 |
| | 景德镇 | 1.00 | 1.00 | 0.40 | 0.20 | 0.20 | 0.35 | 0.35 | 0.70 |
| | 南昌 | 1.00 | 0.70 | 0.25 | 0.10 | 0.10 | 0.10 | 0.10 | 0.70 |
| | 赣州 | 1.00 | 0.70 | 0.10 | 0.10 | 0.10 | 0.10 | 0.10 | 0.70 |
| 山东 | 烟台 | 1.00 | 0.60 | 0.25 | 0.15 | 0.35 | 0.60 | 0.60 | 1.00 |
| | 莱阳 | 0.85 | 0.60 | 0.15 | 0.10 | 0.10 | 0.25 | 0.70 | 1.00 |
| | 潍坊 | 0.90 | 0.60 | 0.25 | 0.35 | 0.50 | 0.35 | 0.90 | 1.00 |
| | 济南 | 0.45 | 1.00 | 1.00 | 0.40 | 0.55 | 0.55 | 0.25 | 0.15 |
| | 青岛 | 1.00 | 0.70 | 0.10 | 0.10 | 0.20 | 0.20 | 0.40 | 1.00 |
| | 菏泽 | 1.00 | 0.90 | 0.40 | 0.25 | 0.35 | 0.35 | 0.20 | 0.70 |
| | 临沂 | 1.00 | 1.00 | 0.45 | 0.10 | 0.10 | 0.15 | 0.20 | 0.40 |
| 河南 | 安阳 | 1.00 | 0.70 | 0.30 | 0.40 | 0.50 | 0.35 | 0.20 | 0.70 |
| | 新乡 | 0.70 | 1.00 | 0.70 | 0.25 | 0.15 | 0.30 | 0.30 | 0.15 |
| | 郑州 | 0.65 | 0.90 | 0.65 | 0.15 | 0.20 | 0.40 | 1.00 | 1.00 |
| | 洛阳 | 0.45 | 0.45 | 0.45 | 0.15 | 0.10 | 0.40 | 1.00 | 1.00 |
| | 许昌 | 1.00 | 1.00 | 0.40 | 0.10 | 0.20 | 0.25 | 0.35 | 0.50 |
| | 南阳 | 0.70 | 1.00 | 0.70 | 0.15 | 0.10 | 0.15 | 0.10 | 0.10 |
| | 驻马店 | 1.00 | 0.50 | 0.20 | 0.20 | 0.20 | 0.20 | 0.40 | 1.00 |
| | 信阳 | 1.00 | 0.70 | 0.20 | 0.10 | 0.15 | 0.15 | 0.10 | 0.70 |

续表

| 地区及台站名称 | | 朝向 | | | | | | | |
|---|---|---|---|---|---|---|---|---|---|
| | | N | NE | E | SE | S | SW | W | NW |
| 湖北 | 光化 | 0.70 | 1.00 | 0.70 | 0.35 | 0.20 | 0.10 | 0.40 | 0.60 |
| | 武汉 | 1.00 | 1.00 | 0.45 | 0.10 | 0.10 | 0.10 | 0.10 | 0.45 |
| | 江陵 | 1.00 | 0.70 | 0.20 | 0.15 | 0.20 | 0.15 | 0.10 | 0.70 |
| | 恩施 | 1.00 | 0.70 | 0.35 | 0.35 | 0.50 | 0.35 | 0.20 | 0.70 |
| 湖南 | 长沙 | 0.85 | 0.35 | 0.10 | 0.10 | 0.10 | 0.10 | 0.70 | 1.00 |
| | 衡阳 | 0.70 | 1.00 | 0.70 | 0.10 | 0.10 | 0.10 | 0.15 | 0.30 |
| 广东 | 广州 | 1.00 | 0.70 | 0.10 | 0.10 | 0.10 | 0.10 | 0.15 | 0.70 |
| 广西 | 桂林 | 1.00 | 1.00 | 0.40 | 0.10 | 0.10 | 0.10 | 0.10 | 0.40 |
| | 南宁 | 0.40 | 1.00 | 1.00 | 0.60 | 0.30 | 0.55 | 0.10 | 0.30 |
| 四川 | 甘孜 | 0.75 | 0.50 | 0.30 | 0.25 | 0.30 | 0.70 | 1.00 | 0.70 |
| | 成都 | 1.00 | 1.00 | 0.45 | 0.10 | 0.10 | 0.10 | 0.10 | 0.40 |
| 重庆 | 重庆 | 1.00 | 0.60 | 0.55 | 0.20 | 0.15 | 0.15 | 0.40 | 1.00 |
| 贵州 | 威宁 | 1.00 | 1.00 | 0.40 | 0.50 | 0.40 | 0.20 | 0.15 | 0.45 |
| | 贵阳 | 0.70 | 1.00 | 0.70 | 0.15 | 0.25 | 0.15 | 0.10 | 0.25 |
| 云南 | 邵通 | 1.00 | 0.70 | 0.20 | 0.10 | 0.15 | 0.15 | 0.10 | 0.70 |
| | 昆明 | 0.10 | 0.10 | 0.10 | 0.15 | 0.70 | 1.00 | 0.70 | 0.20 |
| 西藏 | 那曲 | 0.50 | 0.50 | 0.20 | 0.10 | 0.35 | 0.90 | 1.00 | 1.00 |
| | 拉萨 | 0.15 | 0.45 | 1.00 | 1.00 | 0.40 | 0.40 | 0.40 | 0.25 |
| | 林芝 | 0.25 | 1.00 | 1.00 | 0.40 | 0.30 | 0.30 | 0.25 | 0.15 |
| 陕西 | 玉林 | 1.00 | 0.40 | 0.10 | 0.30 | 0.30 | 0.15 | 0.40 | 1.00 |
| | 宝鸡 | 0.10 | 0.70 | 1.00 | 0.70 | 0.10 | 0.15 | 0.15 | 0.15 |
| | 西安 | 0.70 | 1.00 | 0.70 | 0.25 | 0.40 | 0.50 | 0.35 | 0.25 |
| 甘肃 | 兰州 | 1.00 | 1.00 | 1.00 | 0.70 | 0.50 | 0.20 | 0.15 | 0.50 |
| | 平凉 | 0.80 | 0.40 | 0.85 | 0.85 | 0.35 | 0.70 | 1.00 | 1.00 |
| | 天水 | 0.20 | 0.70 | 1.00 | 0.70 | 0.10 | 0.15 | 0.20 | 0.15 |
| 青海 | 西宁 | 0.10 | 0.10 | 0.70 | 1.00 | 0.70 | 0.10 | 0.10 | 0.10 |
| | 共和 | 1.00 | 0.70 | 0.15 | 0.25 | 0.25 | 0.35 | 0.50 | 0.50 |
| 宁夏 | 石嘴山 | 1.00 | 0.95 | 0.40 | 0.20 | 0.20 | 0.20 | 0.40 | 1.00 |
| | 银川 | 1.00 | 1.00 | 0.40 | 0.30 | 0.25 | 0.20 | 0.65 | 0.95 |
| | 固原 | 0.80 | 0.50 | 0.65 | 0.45 | 0.20 | 0.40 | 0.70 | 1.00 |
| 新疆 | 阿勒泰 | 0.70 | 1.00 | 0.70 | 0.15 | 0.10 | 0.10 | 0.15 | 0.35 |
| | 克拉玛依 | 0.70 | 0.55 | 0.55 | 0.25 | 0.10 | 0.10 | 0.70 | 1.00 |
| | 乌鲁木齐 | 0.35 | 0.35 | 0.55 | 0.75 | 1.00 | 0.70 | 0.25 | 0.35 |
| | 吐鲁番 | 1.00 | 0.70 | 0.65 | 0.55 | 0.35 | 0.25 | 0.15 | 0.70 |
| | 哈密 | 0.70 | 1.00 | 1.00 | 0.40 | 0.10 | 0.10 | 0.10 | 0.10 |
| | 喀什 | 0.70 | 0.60 | 0.40 | 0.25 | 0.10 | 0.10 | 0.70 | 1.00 |

注：有根据时，表中所列数值，可按建设地区的实际情况，做适当调整。

# 附录E　夏季空调冷负荷简化计算方法计算系数表

北京、西安、上海及广州等代表城市外墙、屋面逐时冷负荷计算温度 $t_{wlq}$、$t_{wlm}$，可按附表 E-1～附表 E-4 采用。外墙、屋面类型及热工性能指标可按附表 E-5、附表 E-6 采用。

**北京市外墙、屋面逐时冷负荷计算温度（℃）**　　**附表 E-1**

| 类别 | 编号 | 朝向 | 1 | 2 | 3 | 4 | 5 | 6 | 7 | 8 | 9 | 10 | 11 | 12 | 13 | 14 | 15 | 16 | 17 | 18 | 19 | 20 | 21 | 22 | 23 | 24 |
|---|---|---|---|---|---|---|---|---|---|---|---|---|---|---|---|---|---|---|---|---|---|---|---|---|---|---|
| 墙体 $t_{wlq}$ | 1 | 东 | 36.0 | 35.6 | 35.1 | 34.7 | 34.4 | 34.0 | 33.7 | 33.6 | 33.7 | 34.2 | 34.8 | 35.4 | 36.0 | 36.5 | 36.8 | 37.0 | 37.2 | 37.3 | 37.4 | 37.3 | 37.3 | 37.1 | 36.9 | 36.5 |
| | | 南 | 34.7 | 34.2 | 33.9 | 33.6 | 33.2 | 32.9 | 32.6 | 32.4 | 32.2 | 32.1 | 32.1 | 32.3 | 32.7 | 33.1 | 33.7 | 34.2 | 34.7 | 35.1 | 35.4 | 35.5 | 35.5 | 35.5 | 35.3 | 35.0 |
| | | 西 | 37.4 | 36.9 | 36.5 | 36.1 | 35.7 | 35.3 | 34.9 | 34.6 | 34.3 | 34.1 | 33.9 | 33.9 | 33.9 | 34.1 | 34.3 | 34.7 | 35.3 | 36.1 | 36.9 | 37.6 | 38.0 | 38.2 | 38.1 | 37.8 |
| | | 北 | 32.6 | 32.3 | 32.0 | 31.8 | 31.5 | 31.3 | 31.1 | 30.9 | 30.9 | 30.9 | 31.0 | 31.1 | 31.2 | 31.4 | 31.7 | 32.0 | 32.2 | 32.5 | 32.7 | 33.0 | 33.1 | 33.1 | 33.1 | 32.9 |
| | 2 | 东 | 36.1 | 35.7 | 35.2 | 34.9 | 34.5 | 34.2 | 33.9 | 33.8 | 34.0 | 34.4 | 35.0 | 35.7 | 36.2 | 36.6 | 36.9 | 37.1 | 37.3 | 37.4 | 37.4 | 37.4 | 37.3 | 37.1 | 36.9 | 36.6 |
| | | 南 | 34.7 | 34.3 | 34.0 | 33.7 | 33.3 | 33.0 | 32.8 | 32.5 | 32.4 | 32.3 | 32.3 | 32.5 | 32.9 | 33.3 | 33.9 | 34.4 | 34.9 | 35.2 | 35.5 | 35.6 | 35.6 | 35.5 | 35.4 | 35.1 |
| | | 西 | 37.4 | 37.0 | 36.6 | 36.2 | 35.8 | 35.4 | 35.0 | 34.7 | 34.4 | 34.2 | 34.1 | 34.1 | 34.1 | 34.2 | 34.5 | 34.9 | 35.6 | 36.3 | 37.1 | 37.7 | 38.1 | 38.2 | 38.1 | 37.9 |
| | | 北 | 32.7 | 32.4 | 32.1 | 31.9 | 31.6 | 31.4 | 31.2 | 31.1 | 31.0 | 31.1 | 31.1 | 31.2 | 31.4 | 31.6 | 31.9 | 32.1 | 32.4 | 32.6 | 32.8 | 33.1 | 33.2 | 33.2 | 33.2 | 33.0 |
| | 3 | 东 | 36.5 | 35.4 | 34.4 | 33.5 | 32.7 | 32.0 | 31.5 | 31.1 | 31.1 | 31.7 | 32.7 | 34.1 | 35.5 | 36.8 | 37.8 | 38.5 | 38.9 | 39.2 | 39.3 | 39.2 | 39.0 | 38.7 | 38.2 | 37.5 |
| | | 南 | 35.8 | 34.8 | 33.8 | 33.0 | 32.3 | 31.7 | 31.1 | 30.7 | 30.3 | 30.1 | 30.1 | 30.3 | 30.9 | 31.8 | 32.9 | 34.1 | 35.2 | 36.3 | 37.1 | 37.5 | 37.7 | 37.6 | 37.3 | 36.6 |
| | | 西 | 39.8 | 38.6 | 37.4 | 36.4 | 35.4 | 34.5 | 33.7 | 33.0 | 32.5 | 32.0 | 31.8 | 31.7 | 31.8 | 32.1 | 32.5 | 33.2 | 34.2 | 35.6 | 37.2 | 38.8 | 40.2 | 41.0 | 41.2 | 40.7 |
| | | 北 | 33.6 | 32.8 | 32.0 | 31.3 | 30.8 | 30.3 | 29.9 | 29.6 | 29.4 | 29.5 | 29.6 | 29.8 | 30.2 | 30.7 | 31.2 | 31.8 | 32.4 | 33.0 | 33.5 | 33.9 | 34.3 | 34.5 | 34.5 | 34.2 |
| | 4 | 东 | 35.3 | 33.9 | 32.7 | 31.7 | 31.0 | 30.4 | 29.9 | 29.8 | 30.4 | 31.8 | 33.7 | 35.8 | 37.7 | 39.1 | 40.0 | 40.5 | 40.6 | 40.6 | 40.4 | 40.0 | 39.4 | 38.7 | 37.9 | 36.7 |
| | | 南 | 35.1 | 33.7 | 32.6 | 31.7 | 30.9 | 30.3 | 29.8 | 29.3 | 29.1 | 29.1 | 29.5 | 30.2 | 31.3 | 32.8 | 34.5 | 36.1 | 37.5 | 38.5 | 39.0 | 39.2 | 38.9 | 38.4 | 37.6 | 36.5 |
| | | 西 | 39.8 | 37.9 | 36.4 | 35.0 | 33.8 | 32.9 | 32.0 | 31.3 | 30.8 | 30.6 | 30.6 | 30.8 | 31.3 | 31.9 | 32.8 | 34.1 | 35.8 | 37.8 | 40.0 | 41.9 | 43.1 | 43.3 | 42.8 | 41.5 |
| | | 北 | 33.3 | 32.1 | 31.2 | 30.4 | 29.9 | 29.4 | 29.0 | 28.8 | 28.8 | 29.0 | 29.4 | 29.9 | 30.5 | 31.3 | 32.0 | 32.8 | 33.6 | 34.2 | 34.7 | 35.2 | 35.4 | 35.4 | 35.1 | 34.4 |
| | 5 | 东 | 35.8 | 35.8 | 35.8 | 35.8 | 35.6 | 35.5 | 35.3 | 35.2 | 35.0 | 34.8 | 34.6 | 34.5 | 34.4 | 34.4 | 34.5 | 34.6 | 34.7 | 34.9 | 35.0 | 35.2 | 35.4 | 35.5 | 35.6 | 35.7 |
| | | 南 | 33.7 | 33.8 | 33.8 | 33.8 | 33.8 | 33.7 | 33.6 | 33.5 | 33.4 | 33.2 | 33.1 | 32.9 | 32.8 | 32.7 | 32.6 | 32.6 | 32.6 | 32.7 | 32.8 | 32.9 | 33.1 | 33.3 | 33.4 | 33.6 |
| | | 西 | 35.5 | 35.7 | 35.8 | 35.8 | 35.9 | 35.8 | 35.8 | 35.7 | 35.6 | 35.4 | 35.3 | 35.1 | 34.9 | 34.8 | 34.6 | 34.5 | 34.5 | 34.4 | 34.4 | 34.5 | 34.6 | 34.8 | 35.0 | 35.3 |
| | | 北 | 31.6 | 31.7 | 31.7 | 31.7 | 31.7 | 31.7 | 31.6 | 31.5 | 31.4 | 31.3 | 31.2 | 31.1 | 31.0 | 31.0 | 30.9 | 30.9 | 30.9 | 30.9 | 31.0 | 31.1 | 31.2 | 31.3 | 31.4 | 31.5 |
| | 6 | 东 | 33.9 | 32.4 | 31.3 | 30.5 | 29.9 | 29.4 | 29.1 | 29.4 | 30.7 | 32.9 | 35.5 | 37.9 | 39.8 | 40.9 | 41.4 | 41.4 | 41.3 | 40.9 | 40.5 | 39.9 | 39.1 | 38.1 | 37.1 | 35.6 |
| | | 南 | 33.9 | 32.4 | 31.3 | 30.5 | 29.9 | 29.3 | 28.9 | 28.7 | 28.6 | 28.9 | 29.5 | 30.7 | 32.3 | 34.2 | 36.2 | 37.9 | 39.2 | 39.9 | 40.1 | 39.7 | 39.1 | 38.2 | 37.1 | 35.6 |
| | | 西 | 38.5 | 36.4 | 34.7 | 33.5 | 32.4 | 31.6 | 30.8 | 30.3 | 30.0 | 30.0 | 30.3 | 30.8 | 31.5 | 32.4 | 33.6 | 35.3 | 37.5 | 40.0 | 42.4 | 44.2 | 44.8 | 44.2 | 42.9 | 40.8 |
| | | 北 | 32.4 | 31.1 | 30.2 | 29.6 | 29.1 | 28.7 | 28.4 | 28.3 | 28.6 | 29.1 | 29.6 | 30.3 | 31.1 | 32.0 | 32.9 | 33.7 | 34.5 | 35.1 | 35.5 | 35.9 | 35.9 | 35.6 | 35.0 | 33.9 |

续表

| 类别 | 编号 | 朝向 | 1 | 2 | 3 | 4 | 5 | 6 | 7 | 8 | 9 | 10 | 11 | 12 | 13 | 14 | 15 | 16 | 17 | 18 | 19 | 20 | 21 | 22 | 23 | 24 |
|---|---|---|---|---|---|---|---|---|---|---|---|---|---|---|---|---|---|---|---|---|---|---|---|---|---|---|
| 墙体 $t_{wlq}$ | 7 | 东 | 36.1 | 35.4 | 34.9 | 34.3 | 33.8 | 33.4 | 32.9 | 32.7 | 32.8 | 33.3 | 34.2 | 35.1 | 35.9 | 36.6 | 37.1 | 37.4 | 37.6 | 37.8 | 37.9 | 37.8 | 37.7 | 37.5 | 37.2 | 36.7 |
| | | 南 | 34.9 | 34.4 | 33.9 | 33.4 | 33.0 | 32.5 | 32.1 | 31.8 | 31.5 | 31.4 | 31.3 | 31.6 | 32.0 | 32.6 | 33.4 | 34.2 | 34.9 | 35.5 | 35.8 | 36.1 | 36.1 | 36.0 | 35.8 | 35.4 |
| | | 西 | 38.0 | 37.4 | 36.8 | 36.2 | 35.6 | 35.1 | 34.5 | 34.0 | 33.6 | 33.4 | 33.2 | 33.1 | 33.2 | 33.3 | 33.6 | 34.1 | 34.9 | 35.9 | 37.0 | 38.0 | 38.7 | 39.0 | 39.0 | 38.6 |
| | | 北 | 32.8 | 32.4 | 32.0 | 31.6 | 31.3 | 31.0 | 30.7 | 30.5 | 30.4 | 30.4 | 30.5 | 30.6 | 30.8 | 31.1 | 31.5 | 31.9 | 32.2 | 32.6 | 32.9 | 33.2 | 33.4 | 33.5 | 33.5 | 33.2 |
| | 8 | 东 | 34.2 | 33.2 | 32.3 | 31.6 | 31.0 | 30.5 | 30.3 | 31.0 | 32.5 | 34.6 | 36.6 | 38.3 | 39.4 | 39.8 | 39.9 | 39.9 | 39.7 | 39.5 | 39.2 | 38.7 | 38.0 | 37.2 | 36.4 | 35.4 |
| | | 南 | 33.8 | 32.8 | 32.0 | 31.3 | 30.7 | 30.3 | 29.8 | 29.6 | 29.6 | 29.9 | 30.7 | 31.8 | 33.3 | 34.9 | 36.4 | 37.6 | 38.3 | 38.6 | 38.5 | 38.1 | 37.5 | 36.7 | 36.0 | 34.9 |
| | | 西 | 37.5 | 36.1 | 34.9 | 33.9 | 33.1 | 32.4 | 31.7 | 31.3 | 31.1 | 31.2 | 31.5 | 31.9 | 32.5 | 33.2 | 34.4 | 36.1 | 38.1 | 40.2 | 42.0 | 42.9 | 42.6 | 41.7 | 40.5 | 39.0 |
| | | 北 | 32.2 | 31.4 | 30.7 | 30.2 | 29.7 | 29.3 | 29.1 | 29.1 | 29.4 | 29.8 | 30.3 | 30.8 | 31.5 | 32.2 | 32.9 | 33.5 | 34.1 | 34.5 | 34.8 | 35.1 | 34.9 | 34.5 | 34.0 | 33.2 |
| | 9 | 东 | 35.8 | 35.2 | 34.7 | 34.2 | 33.7 | 33.2 | 32.9 | 32.9 | 33.4 | 34.2 | 35.2 | 36.1 | 36.9 | 37.4 | 37.7 | 37.9 | 38.0 | 38.1 | 38.0 | 37.9 | 37.7 | 37.3 | 36.9 | 36.4 |
| | | 南 | 34.7 | 34.2 | 33.7 | 33.3 | 32.8 | 32.4 | 32.1 | 31.7 | 31.5 | 31.5 | 31.7 | 32.1 | 32.7 | 33.5 | 34.3 | 35.1 | 35.7 | 36.1 | 36.3 | 36.3 | 36.2 | 36.0 | 35.7 | 35.2 |
| | | 西 | 37.8 | 37.1 | 36.5 | 35.9 | 35.3 | 34.8 | 34.3 | 33.9 | 33.6 | 33.4 | 33.3 | 33.3 | 33.5 | 33.7 | 34.2 | 34.9 | 35.9 | 37.1 | 38.2 | 39.0 | 39.4 | 39.3 | 39.0 | 38.4 |
| | | 北 | 32.7 | 32.3 | 31.9 | 31.6 | 31.3 | 31.0 | 30.7 | 30.6 | 30.6 | 30.6 | 30.8 | 31.0 | 31.3 | 31.6 | 32.0 | 32.4 | 32.7 | 33.0 | 33.3 | 33.6 | 33.7 | 33.6 | 33.5 | 33.1 |
| | 10 | 东 | 36.7 | 36.3 | 35.9 | 35.5 | 35.1 | 34.7 | 34.3 | 34.0 | 33.6 | 33.5 | 33.5 | 33.8 | 34.2 | 34.7 | 35.2 | 35.7 | 36.1 | 36.4 | 36.7 | 36.9 | 37.0 | 37.1 | 37.1 | 36.9 |
| | | 南 | 35.1 | 34.8 | 34.5 | 34.2 | 33.8 | 33.5 | 33.2 | 32.8 | 32.5 | 32.2 | 32.0 | 31.9 | 31.9 | 32.0 | 32.2 | 32.6 | 33.0 | 33.5 | 34.0 | 34.4 | 34.8 | 35.0 | 35.2 | 35.2 |
| | | 西 | 37.6 | 37.5 | 37.2 | 36.9 | 36.5 | 36.1 | 35.7 | 35.3 | 34.9 | 34.6 | 34.2 | 34.0 | 33.8 | 33.7 | 33.7 | 33.7 | 33.9 | 34.3 | 34.8 | 35.4 | 36.1 | 36.7 | 37.2 | 37.5 |
| | | 北 | 32.7 | 32.6 | 32.4 | 32.1 | 31.9 | 31.6 | 31.4 | 31.1 | 30.9 | 30.8 | 30.7 | 30.6 | 30.6 | 30.7 | 30.8 | 31.0 | 31.3 | 31.5 | 31.8 | 32.0 | 32.3 | 32.5 | 32.7 | 32.8 |
| | 11 | 东 | 36.5 | 36.2 | 35.9 | 35.5 | 35.1 | 34.7 | 34.4 | 34.0 | 33.7 | 33.4 | 33.4 | 33.5 | 33.7 | 34.1 | 34.6 | 35.0 | 35.4 | 35.8 | 36.1 | 36.4 | 36.5 | 36.6 | 36.7 | 36.7 |
| | | 南 | 34.7 | 34.6 | 34.3 | 34.1 | 33.8 | 33.4 | 33.1 | 32.8 | 32.5 | 32.3 | 32.0 | 31.8 | 31.7 | 31.7 | 31.9 | 32.1 | 32.5 | 32.9 | 33.4 | 33.8 | 34.2 | 34.5 | 34.7 | 34.8 |
| | | 西 | 37.0 | 37.1 | 36.9 | 36.7 | 36.4 | 36.0 | 35.7 | 35.3 | 34.9 | 34.6 | 34.3 | 34.0 | 33.8 | 33.6 | 33.5 | 33.5 | 33.6 | 33.8 | 34.2 | 34.7 | 35.3 | 35.9 | 36.5 | 36.8 |
| | | 北 | 32.4 | 32.3 | 32.2 | 32.0 | 31.7 | 31.5 | 31.2 | 31.0 | 30.8 | 30.6 | 30.5 | 30.4 | 30.4 | 30.4 | 30.5 | 30.7 | 30.8 | 31.0 | 31.3 | 31.5 | 31.8 | 32.0 | 32.2 | 32.4 |
| | 12 | 东 | 36.6 | 36.0 | 35.5 | 34.9 | 34.4 | 34.0 | 33.5 | 33.2 | 33.0 | 33.2 | 33.6 | 34.3 | 35.0 | 35.7 | 36.3 | 36.8 | 37.2 | 37.4 | 37.5 | 37.6 | 37.7 | 37.5 | 37.4 | 37.0 |
| | | 南 | 35.2 | 34.8 | 34.3 | 33.9 | 33.4 | 33.0 | 32.6 | 32.3 | 31.9 | 31.7 | 31.6 | 31.6 | 31.8 | 32.2 | 32.7 | 33.4 | 34.0 | 34.7 | 35.2 | 35.6 | 35.8 | 35.9 | 35.8 | 35.6 |
| | | 西 | 38.2 | 37.8 | 37.2 | 36.7 | 36.1 | 35.6 | 35.1 | 34.6 | 34.2 | 33.9 | 33.6 | 33.4 | 33.4 | 33.4 | 33.5 | 33.8 | 34.3 | 35.0 | 35.9 | 36.8 | 37.7 | 38.3 | 38.6 | 38.5 |
| | | 北 | 33.0 | 32.7 | 32.3 | 32.0 | 31.6 | 31.3 | 31.1 | 30.8 | 30.6 | 30.5 | 30.5 | 30.6 | 30.7 | 30.9 | 31.2 | 31.5 | 31.8 | 32.1 | 32.5 | 32.8 | 33.1 | 33.3 | 33.3 | 33.2 |
| | 13 | 东 | 36.5 | 36.1 | 35.7 | 35.3 | 34.8 | 34.4 | 34.1 | 33.7 | 33.5 | 33.5 | 33.8 | 34.3 | 34.8 | 35.4 | 35.9 | 36.3 | 36.6 | 36.9 | 37.1 | 37.2 | 37.2 | 37.2 | 37.1 | 36.9 |
| | | 南 | 35.0 | 34.7 | 34.3 | 34.0 | 33.6 | 33.3 | 33.0 | 32.7 | 32.3 | 32.1 | 32.0 | 31.9 | 32.0 | 32.3 | 32.7 | 33.2 | 33.7 | 34.2 | 34.7 | 35.0 | 35.2 | 35.3 | 35.4 | 35.3 |
| | | 西 | 37.7 | 37.4 | 37.1 | 36.7 | 36.3 | 35.8 | 35.4 | 35.0 | 34.6 | 34.3 | 34.1 | 33.9 | 33.8 | 33.7 | 33.8 | 34.0 | 34.3 | 34.8 | 35.5 | 36.3 | 37.0 | 37.5 | 37.8 | 37.9 |
| | | 北 | 32.8 | 32.6 | 32.3 | 32.0 | 31.8 | 31.5 | 31.3 | 31.0 | 30.9 | 30.8 | 30.7 | 30.8 | 30.8 | 30.9 | 31.1 | 31.4 | 31.6 | 31.9 | 32.2 | 32.4 | 32.7 | 32.9 | 33.0 | 33.0 |

续表

| 类别 | 编号 | 朝向 | 1 | 2 | 3 | 4 | 5 | 6 | 7 | 8 | 9 | 10 | 11 | 12 | 13 | 14 | 15 | 16 | 17 | 18 | 19 | 20 | 21 | 22 | 23 | 24 |
|---|---|---|---|---|---|---|---|---|---|---|---|---|---|---|---|---|---|---|---|---|---|---|---|---|---|---|
| 屋面 $t_{wlm}$ | 1 | | 44.7 | 44.6 | 44.4 | 44.0 | 43.5 | 43.0 | 42.3 | 41.7 | 41.0 | 40.4 | 39.8 | 39.4 | 39.1 | 39.1 | 39.2 | 39.6 | 40.1 | 40.8 | 41.6 | 42.3 | 43.1 | 43.7 | 44.2 | 44.5 |
| | 2 | | 44.5 | 43.5 | 42.4 | 41.4 | 40.5 | 39.5 | 38.6 | 37.9 | 37.3 | 37.0 | 37.1 | 37.6 | 38.4 | 39.6 | 40.9 | 42.3 | 43.7 | 44.9 | 45.8 | 46.5 | 46.7 | 46.6 | 46.2 | 45.5 |
| | 3 | | 44.3 | 43.9 | 43.4 | 42.8 | 42.3 | 41.6 | 41.0 | 40.4 | 39.8 | 39.3 | 39.0 | 38.9 | 38.9 | 39.2 | 39.7 | 40.3 | 41.1 | 41.9 | 42.6 | 43.3 | 43.9 | 44.3 | 44.5 | 44.5 |
| | 4 | | 43.0 | 42.1 | 41.3 | 40.5 | 39.7 | 38.9 | 38.3 | 37.8 | 37.6 | 37.9 | 38.5 | 39.4 | 40.6 | 41.9 | 43.2 | 44.4 | 45.4 | 46.1 | 46.5 | 46.4 | 46.1 | 45.6 | 44.9 | 44.0 |
| | 5 | | 44.4 | 44.1 | 43.7 | 43.2 | 42.6 | 42.0 | 41.4 | 40.8 | 40.1 | 39.6 | 39.2 | 38.9 | 38.9 | 39.1 | 39.5 | 40.0 | 40.7 | 41.4 | 42.2 | 42.9 | 43.5 | 44.0 | 44.4 | 44.4 |
| | 6 | | 45.4 | 44.7 | 43.9 | 42.9 | 42.0 | 41.1 | 40.2 | 39.2 | 38.4 | 37.8 | 37.4 | 37.3 | 37.5 | 38.1 | 38.9 | 40.0 | 41.2 | 42.5 | 43.7 | 44.7 | 45.5 | 45.9 | 46.1 | 45.9 |
| | 7 | | 42.9 | 42.9 | 42.9 | 42.7 | 42.5 | 42.3 | 42.0 | 41.6 | 41.2 | 40.8 | 40.5 | 40.2 | 39.9 | 39.8 | 39.8 | 39.9 | 40.1 | 40.4 | 40.8 | 41.2 | 41.7 | 42.1 | 42.4 | 42.7 |
| | 8 | | 45.9 | 44.7 | 43.4 | 42.0 | 40.8 | 39.5 | 38.4 | 37.4 | 36.5 | 36.0 | 35.8 | 36.0 | 36.7 | 37.9 | 39.3 | 41.0 | 42.7 | 44.4 | 45.8 | 46.9 | 47.6 | 47.8 | 47.6 | 47.0 |

注：其他城市的地点修正值可按下表采用：

| 地点 | 石家庄、乌鲁木齐 | 天津 | 沈阳 | 哈尔滨、长春、呼和浩特、银川、太原、大连 |
|---|---|---|---|---|
| 修正值 | +1 | 0 | −2 | −3 |

**西安市外墙、屋面逐时冷负荷计算温度(℃)　　附表 E-2**

| 类别 | 编号 | 朝向 | 1 | 2 | 3 | 4 | 5 | 6 | 7 | 8 | 9 | 10 | 11 | 12 | 13 | 14 | 15 | 16 | 17 | 18 | 19 | 20 | 21 | 22 | 23 | 24 |
|---|---|---|---|---|---|---|---|---|---|---|---|---|---|---|---|---|---|---|---|---|---|---|---|---|---|---|
| 墙体 $t_{wlq}$ | 1 | 东 | 36.9 | 36.4 | 35.9 | 35.6 | 35.2 | 34.8 | 34.5 | 34.3 | 34.3 | 34.7 | 35.2 | 35.8 | 36.4 | 36.9 | 37.2 | 37.5 | 37.7 | 37.9 | 38.0 | 38.1 | 38.0 | 37.9 | 37.7 | 37.3 |
| | | 南 | 34.9 | 34.5 | 34.2 | 33.9 | 33.6 | 33.3 | 33.0 | 32.8 | 32.6 | 32.5 | 32.5 | 32.7 | 32.9 | 33.3 | 33.8 | 34.3 | 34.8 | 35.2 | 35.5 | 35.6 | 35.7 | 35.6 | 35.5 | 35.3 |
| | | 西 | 38.0 | 37.5 | 37.1 | 36.7 | 36.3 | 35.9 | 35.5 | 35.2 | 34.9 | 34.7 | 34.6 | 34.6 | 34.6 | 34.8 | 35.0 | 35.5 | 36.1 | 36.8 | 37.6 | 38.2 | 38.6 | 38.8 | 38.7 | 38.4 |
| | | 北 | 33.9 | 33.6 | 33.3 | 33.0 | 32.7 | 32.5 | 32.2 | 32.1 | 32.0 | 32.0 | 32.0 | 32.2 | 32.3 | 32.6 | 32.9 | 33.2 | 33.5 | 33.8 | 34.0 | 34.3 | 34.4 | 34.4 | 34.4 | 34.2 |
| | 2 | 东 | 36.9 | 36.5 | 36.1 | 35.7 | 35.3 | 35.0 | 34.6 | 34.5 | 34.6 | 34.9 | 35.4 | 36.1 | 36.6 | 37.0 | 37.4 | 37.6 | 37.9 | 38.0 | 38.1 | 38.1 | 38.1 | 37.9 | 37.7 | 37.4 |
| | | 南 | 35.0 | 34.6 | 34.3 | 34.0 | 33.7 | 33.4 | 33.2 | 32.9 | 32.8 | 32.7 | 32.7 | 32.8 | 33.2 | 33.6 | 34.0 | 34.5 | 35.0 | 35.3 | 35.6 | 35.7 | 35.7 | 35.7 | 35.6 | 35.3 |
| | | 西 | 38.0 | 37.6 | 37.2 | 36.8 | 36.4 | 36.0 | 35.7 | 35.3 | 35.1 | 34.9 | 34.8 | 34.8 | 34.8 | 35.0 | 35.2 | 35.7 | 36.3 | 37.0 | 37.8 | 38.4 | 38.7 | 38.8 | 38.7 | 38.4 |
| | | 北 | 34.0 | 33.6 | 33.4 | 33.1 | 32.9 | 32.6 | 32.4 | 32.2 | 32.1 | 32.1 | 32.2 | 32.3 | 32.5 | 32.8 | 33.0 | 33.3 | 33.6 | 33.9 | 34.2 | 34.4 | 34.5 | 34.5 | 34.5 | 34.3 |
| | 3 | 东 | 37.5 | 36.4 | 35.4 | 34.4 | 33.7 | 33.0 | 32.4 | 31.9 | 31.8 | 32.1 | 32.9 | 34.1 | 35.5 | 36.9 | 38.0 | 38.8 | 39.3 | 39.7 | 39.9 | 40.0 | 39.9 | 39.6 | 39.2 | 38.5 |
| | | 南 | 36.0 | 35.1 | 34.2 | 33.4 | 32.7 | 32.1 | 31.6 | 31.2 | 30.8 | 30.6 | 30.6 | 30.8 | 31.3 | 32.0 | 33.0 | 34.1 | 35.2 | 36.1 | 36.9 | 37.4 | 37.6 | 37.6 | 37.4 | 36.9 |
| | | 西 | 40.3 | 39.1 | 38.0 | 36.9 | 35.9 | 35.1 | 34.3 | 33.6 | 33.0 | 32.6 | 32.4 | 32.4 | 32.5 | 32.9 | 33.4 | 34.1 | 35.1 | 36.5 | 38.0 | 39.5 | 40.8 | 41.5 | 41.7 | 41.2 |
| | | 北 | 34.9 | 34.1 | 33.3 | 32.6 | 32.0 | 31.5 | 31.1 | 30.7 | 30.4 | 30.4 | 30.5 | 30.8 | 31.2 | 31.7 | 32.3 | 32.9 | 33.6 | 34.3 | 34.9 | 35.3 | 35.8 | 36.0 | 36.0 | 35.6 |
| | 4 | 东 | 36.4 | 35.0 | 33.7 | 32.8 | 32.0 | 31.3 | 30.7 | 30.5 | 30.8 | 31.9 | 33.6 | 35.6 | 37.5 | 39.1 | 40.1 | 40.8 | 41.1 | 41.3 | 41.2 | 41.0 | 40.5 | 39.8 | 39.0 | 37.8 |
| | | 南 | 35.5 | 34.2 | 33.1 | 32.2 | 31.5 | 30.9 | 30.4 | 29.9 | 29.7 | 29.7 | 30.0 | 30.6 | 31.6 | 32.9 | 34.4 | 35.9 | 37.2 | 38.2 | 38.8 | 39.0 | 38.9 | 38.5 | 37.9 | 36.8 |
| | | 西 | 40.2 | 38.4 | 36.9 | 35.5 | 34.4 | 33.5 | 32.6 | 31.9 | 31.5 | 31.2 | 31.2 | 31.6 | 32.1 | 32.8 | 33.7 | 35.0 | 36.7 | 38.7 | 40.8 | 42.5 | 43.6 | 43.7 | 43.2 | 41.9 |
| | | 北 | 34.6 | 33.5 | 32.4 | 31.6 | 31.0 | 30.4 | 30.0 | 29.7 | 29.6 | 29.8 | 30.2 | 30.8 | 31.5 | 32.3 | 33.2 | 34.1 | 34.9 | 35.6 | 36.3 | 36.7 | 37.0 | 36.9 | 36.6 | 35.8 |
| | 5 | 东 | 36.4 | 36.5 | 36.4 | 36.4 | 36.3 | 36.2 | 36.0 | 35.9 | 35.7 | 35.5 | 35.3 | 35.2 | 35.1 | 35.1 | 35.1 | 35.2 | 35.3 | 35.4 | 35.6 | 35.8 | 35.9 | 36.1 | 36.2 | 36.3 |
| | | 南 | 33.9 | 34.0 | 34.0 | 34.0 | 34.0 | 33.9 | 33.8 | 33.7 | 33.6 | 33.5 | 33.3 | 33.2 | 33.1 | 33.0 | 32.9 | 32.9 | 32.9 | 32.9 | 33.0 | 33.1 | 33.3 | 33.5 | 33.6 | 33.8 |
| | | 西 | 36.1 | 36.3 | 36.4 | 36.5 | 36.5 | 36.4 | 36.4 | 36.3 | 36.2 | 36.0 | 35.9 | 35.7 | 35.5 | 35.4 | 35.2 | 35.1 | 35.1 | 35.1 | 35.0 | 35.1 | 35.3 | 35.5 | 35.7 | 35.9 |
| | | 北 | 32.8 | 32.9 | 33.0 | 32.9 | 32.9 | 32.9 | 32.8 | 32.7 | 32.6 | 32.5 | 32.4 | 32.3 | 32.2 | 32.1 | 32.1 | 32.1 | 32.1 | 32.1 | 32.2 | 32.3 | 32.4 | 32.5 | 32.6 | 32.7 |

续表

| 类别 | 编号 | 朝向 | 1 | 2 | 3 | 4 | 5 | 6 | 7 | 8 | 9 | 10 | 11 | 12 | 13 | 14 | 15 | 16 | 17 | 18 | 19 | 20 | 21 | 22 | 23 | 24 |
|---|---|---|---|---|---|---|---|---|---|---|---|---|---|---|---|---|---|---|---|---|---|---|---|---|---|---|
| 墙体 $t_{wlq}$ | 6 | 东 | 35.0 | 33.5 | 32.3 | 31.5 | 30.9 | 30.3 | 29.9 | 29.9 | 30.8 | 32.6 | 35.0 | 37.5 | 39.6 | 41.0 | 41.7 | 42.0 | 42.0 | 41.9 | 41.5 | 41.0 | 40.3 | 39.4 | 38.3 | 36.8 |
| | | 南 | 34.4 | 32.9 | 31.9 | 31.1 | 30.5 | 30.0 | 29.6 | 29.3 | 29.2 | 29.4 | 30.1 | 31.0 | 32.5 | 34.1 | 35.9 | 37.5 | 38.7 | 39.5 | 39.8 | 39.6 | 39.2 | 38.4 | 37.5 | 36.1 |
| | | 西 | 39.0 | 36.9 | 35.3 | 34.0 | 33.0 | 32.2 | 31.5 | 30.9 | 30.6 | 30.7 | 31.0 | 31.6 | 32.4 | 33.4 | 34.6 | 36.3 | 38.4 | 40.9 | 43.1 | 44.7 | 45.2 | 44.6 | 43.3 | 41.2 |
| | | 北 | 33.7 | 32.4 | 31.4 | 30.7 | 30.1 | 29.7 | 29.3 | 29.2 | 29.4 | 29.8 | 30.5 | 31.3 | 32.2 | 33.1 | 34.1 | 35.1 | 35.9 | 36.6 | 37.1 | 37.5 | 37.5 | 37.1 | 36.5 | 35.2 |
| | 7 | 东 | 37.0 | 36.3 | 35.8 | 35.2 | 34.7 | 34.2 | 33.8 | 33.4 | 33.5 | 33.8 | 34.5 | 35.3 | 36.2 | 36.9 | 37.5 | 37.8 | 38.1 | 38.4 | 38.5 | 38.6 | 38.5 | 38.3 | 38.0 | 37.5 |
| | | 南 | 35.2 | 34.7 | 34.2 | 33.7 | 33.3 | 32.9 | 32.5 | 32.2 | 32.0 | 31.8 | 31.8 | 32.0 | 32.3 | 32.9 | 33.6 | 34.2 | 34.9 | 35.4 | 35.8 | 36.1 | 36.2 | 36.1 | 36.0 | 35.6 |
| | | 西 | 38.6 | 38.0 | 37.3 | 36.7 | 36.2 | 35.6 | 35.1 | 34.6 | 34.2 | 34.0 | 33.8 | 33.8 | 33.9 | 34.1 | 34.4 | 34.9 | 35.7 | 36.7 | 37.8 | 38.7 | 39.3 | 39.6 | 39.5 | 39.1 |
| | | 北 | 34.1 | 33.7 | 33.3 | 32.9 | 32.5 | 32.2 | 31.8 | 31.6 | 31.4 | 31.4 | 31.5 | 31.7 | 31.9 | 32.2 | 32.6 | 33.0 | 33.5 | 33.8 | 34.2 | 34.5 | 34.8 | 34.8 | 34.8 | 34.5 |
| | 8 | 东 | 35.2 | 34.2 | 33.3 | 32.6 | 32.0 | 31.4 | 31.1 | 31.4 | 32.7 | 34.5 | 36.4 | 38.2 | 39.4 | 40.1 | 40.3 | 40.5 | 40.5 | 40.4 | [illegible] | 39.7 | 39.1 | 38.3 | 37.5 | 36.4 |
| | | 南 | 34.3 | 33.3 | 32.5 | 31.9 | 31.3 | 30.8 | 30.4 | 30.2 | 30.2 | 30.5 | 31.1 | 32.1 | 33.4 | 34.8 | 36.1 | 37.2 | 38.0 | 38.3 | 38.4 | 38.1 | 37.6 | 37.0 | 36.3 | 35.3 |
| | | 西 | 37.9 | 36.6 | 35.5 | 34.5 | 33.7 | 33.0 | 32.4 | 31.9 | 31.8 | 31.9 | 32.2 | 32.7 | 33.4 | 34.2 | 35.4 | 37.1 | 39.0 | 41.0 | 42.5 | 43.2 | 43.0 | 42.0 | 40.9 | 39.5 |
| | | 北 | 33.5 | 32.6 | 31.9 | 31.3 | 30.8 | 30.4 | 30.1 | 30.0 | 30.3 | 30.7 | 31.2 | 31.9 | 32.6 | 33.4 | 34.2 | 34.9 | 35.5 | 36.0 | 36.3 | 36.5 | 36.4 | 35.9 | 35.4 | 34.5 |
| | 9 | 东 | 36.7 | 36.1 | 35.5 | 35.0 | 34.5 | 34.1 | 33.7 | 33.6 | 33.9 | 34.6 | 35.5 | 36.4 | 37.2 | 37.7 | 38.1 | 38.4 | 38.6 | 38.7 | 38.8 | 38.7 | 38.5 | 38.2 | 37.8 | 37.3 |
| | | 南 | 35.0 | 34.5 | 34.0 | 33.6 | 33.2 | 32.9 | 32.5 | 32.2 | 32.0 | 32.0 | 32.1 | 32.4 | 33.0 | 33.7 | 34.4 | 35.1 | 35.7 | 36.1 | 36.3 | 36.4 | 36.3 | 36.2 | 35.9 | 35.5 |
| | | 西 | 38.3 | 37.7 | 37.0 | 36.5 | 36.0 | 35.4 | 34.9 | 34.5 | 34.2 | 34.0 | 34.0 | 34.0 | 34.2 | 34.5 | 35.0 | 35.7 | 36.8 | 37.9 | 38.9 | 39.7 | 39.9 | 39.8 | 39.5 | 39.0 |
| | | 北 | 34.0 | 33.6 | 33.2 | 32.8 | 32.5 | 32.1 | 31.8 | 31.7 | 31.6 | 31.7 | 31.8 | 32.1 | 32.4 | 32.8 | 33.2 | 33.6 | 34.0 | 34.4 | 34.7 | 35.0 | 35.1 | 35.0 | 34.8 | 34.5 |
| | 10 | 东 | 37.5 | 37.1 | 36.8 | 36.4 | 35.9 | 35.5 | 35.1 | 34.7 | 34.4 | 34.2 | 34.2 | 34.3 | 34.7 | 35.1 | 35.6 | 36.1 | 36.5 | 36.9 | 37.2 | 37.5 | 37.6 | 37.7 | 37.8 | 37.7 |
| | | 南 | 35.2 | 35.0 | 34.7 | 34.4 | 34.1 | 33.8 | 33.5 | 33.2 | 32.9 | 32.6 | 32.4 | 32.3 | 32.2 | 32.3 | 32.5 | 32.8 | 33.2 | 33.7 | 34.1 | 34.5 | 34.9 | 35.1 | 35.3 | 35.3 |
| | | 西 | 38.2 | 38.1 | 37.8 | 37.5 | 37.1 | 36.7 | 36.3 | 35.9 | 35.5 | 35.1 | 34.8 | 34.6 | 34.4 | 34.3 | 34.3 | 34.4 | 34.6 | 35.0 | 35.5 | 36.1 | 36.8 | 37.4 | 37.9 | 38.1 |
| | | 北 | 34.0 | 33.9 | 33.7 | 33.4 | 33.1 | 32.9 | 32.6 | 32.3 | 32.1 | 31.9 | 31.8 | 31.7 | 31.7 | 31.8 | 31.9 | 32.1 | 32.4 | 32.6 | 33.0 | 33.3 | 33.6 | 33.8 | 34.0 | 34.1 |
| | 11 | 东 | 37.2 | 37.0 | 36.7 | 36.3 | 35.9 | 35.5 | 35.2 | 34.8 | 34.5 | 34.2 | 34.1 | 34.1 | 34.3 | 34.6 | 35.0 | 35.4 | 35.9 | 36.3 | 36.6 | 36.9 | 37.1 | 37.3 | 37.4 | 37.3 |
| | | 南 | 34.9 | 34.7 | 34.5 | 34.3 | 34.0 | 33.7 | 33.4 | 33.1 | 32.9 | 32.6 | 32.4 | 32.2 | 32.1 | 32.1 | 32.2 | 32.4 | 32.7 | 33.1 | 33.5 | 33.9 | 34.3 | 34.5 | 34.8 | 34.9 |
| | | 西 | 37.6 | 37.6 | 37.5 | 37.2 | 36.9 | 36.6 | 36.3 | 35.9 | 35.5 | 35.2 | 34.9 | 34.6 | 34.4 | 34.3 | 34.2 | 34.2 | 34.3 | 34.6 | 34.9 | 35.4 | 36.0 | 36.6 | 37.1 | 37.5 |
| | | 北 | 33.7 | 33.6 | 33.4 | 33.2 | 33.0 | 32.7 | 32.5 | 32.2 | 32.0 | 31.8 | 31.6 | 31.6 | 31.5 | 31.5 | 31.6 | 31.8 | 32.0 | 32.2 | 32.5 | 32.7 | 33.0 | 33.3 | 33.5 | 33.6 |
| | 12 | 东 | 37.4 | 36.9 | 36.3 | 35.8 | 35.3 | 34.8 | 34.4 | 34.0 | 33.8 | 33.8 | 34.1 | 34.7 | 35.4 | 36.1 | 36.7 | 37.2 | 37.6 | 37.9 | 38.2 | 38.3 | 38.4 | 38.3 | 38.2 | 37.9 |
| | | 南 | 35.4 | 35.0 | 34.6 | 34.1 | 33.7 | 33.4 | 33.0 | 32.7 | 32.4 | 32.1 | 32.0 | 32.0 | 32.2 | 32.5 | 33.0 | 33.5 | 34.1 | 34.7 | 35.2 | 35.6 | 35.8 | 36.0 | 35.9 | 35.8 |
| | | 西 | 38.8 | 38.3 | 37.8 | 37.2 | 36.7 | 36.2 | 35.7 | 35.3 | 34.8 | 34.5 | 34.2 | 34.0 | 34.0 | 34.1 | 34.3 | 34.6 | 35.1 | 35.8 | 36.7 | 37.6 | 38.3 | 38.9 | 39.2 | 39.1 |
| | | 北 | 34.3 | 33.9 | 33.6 | 33.2 | 32.9 | 32.5 | 32.2 | 31.9 | 31.7 | 31.6 | 31.5 | 31.6 | 31.8 | 32.0 | 32.3 | 32.6 | 33.0 | 33.4 | 33.7 | 34.1 | 34.4 | 34.6 | 34.7 | 34.6 |

续表

| 类别 | 编号 | 朝向 | 1 | 2 | 3 | 4 | 5 | 6 | 7 | 8 | 9 | 10 | 11 | 12 | 13 | 14 | 15 | 16 | 17 | 18 | 19 | 20 | 21 | 22 | 23 | 24 |
|---|---|---|---|---|---|---|---|---|---|---|---|---|---|---|---|---|---|---|---|---|---|---|---|---|---|---|
| 墙体 $t_{wlq}$ | 13 | 东 | 37.3 | 36.9 | 36.5 | 36.1 | 35.7 | 35.3 | 34.9 | 34.5 | 34.3 | 34.2 | 34.4 | 34.7 | 35.3 | 35.8 | 36.3 | 36.8 | 37.1 | 37.4 | 37.6 | 37.8 | 37.9 | 37.9 | 37.8 | 37.6 |
| | | 南 | 35.2 | 34.9 | 34.6 | 34.3 | 33.9 | 33.6 | 33.3 | 33.0 | 32.7 | 32.5 | 32.4 | 32.3 | 32.4 | 32.6 | 32.9 | 33.4 | 33.8 | 34.3 | 34.7 | 35.1 | 35.3 | 35.5 | 35.5 | 35.4 |
| | | 西 | 38.3 | 38.0 | 37.7 | 37.2 | 36.8 | 36.4 | 36.0 | 35.6 | 35.2 | 34.9 | 34.7 | 34.5 | 34.4 | 34.4 | 34.5 | 34.7 | 35.1 | 35.6 | 36.3 | 37.0 | 37.6 | 38.1 | 38.4 | 38.5 |
| | | 北 | 34.1 | 33.9 | 33.6 | 33.3 | 33.0 | 32.7 | 32.5 | 32.2 | 32.0 | 31.9 | 31.8 | 31.8 | 31.9 | 32.1 | 32.3 | 32.5 | 32.8 | 33.1 | 33.4 | 33.7 | 34.0 | 34.2 | 34.3 | 34.2 |
| 屋面 $t_{wlm}$ | 1 | | 45.4 | 45.3 | 45.1 | 44.8 | 44.3 | 43.7 | 43.1 | 42.5 | 41.8 | 41.1 | 40.5 | 40.1 | 39.8 | 39.7 | 39.8 | 40.1 | 40.6 | 41.3 | 42.1 | 42.9 | 43.7 | 44.3 | 44.8 | 45.2 |
| | 2 | | 45.3 | 44.3 | 43.3 | 42.3 | 41.3 | 40.3 | 39.4 | 38.6 | 38.0 | 37.6 | 37.7 | 38.1 | 38.8 | 40.0 | 41.3 | 42.7 | 44.2 | 45.5 | 46.5 | 47.2 | 47.4 | 47.3 | 47.0 | 46.3 |
| | 3 | | 45.0 | 44.6 | 44.2 | 43.6 | 43.0 | 42.4 | 41.8 | 41.2 | 40.6 | 40.1 | 39.7 | 39.5 | 39.5 | 39.7 | 40.2 | 40.8 | 41.6 | 42.4 | 43.2 | 43.9 | 44.6 | 45.0 | 45.2 | 45.2 |
| | 4 | | 43.8 | 43.0 | 42.1 | 41.3 | 40.5 | 39.7 | 39.0 | 38.5 | 38.2 | 38.4 | 39.0 | 39.9 | 41.0 | 42.4 | 43.7 | 45.0 | 46.1 | 46.8 | 47.2 | 47.2 | 46.9 | 46.4 | 45.7 | 44.8 |
| | 5 | | 45.1 | 44.8 | 44.4 | 44.0 | 43.4 | 42.8 | 42.2 | 41.6 | 40.9 | 40.3 | 39.9 | 39.6 | 39.5 | 39.6 | 40.0 | 40.5 | 41.2 | 42.0 | 42.8 | 43.5 | 44.2 | 44.7 | 45.0 | 45.2 |
| | 6 | | 46.2 | 45.5 | 44.6 | 43.7 | 42.8 | 41.9 | 41.0 | 40.0 | 39.2 | 38.5 | 38.0 | 37.8 | 38.0 | 38.5 | 39.4 | 40.5 | 41.7 | 43.0 | 44.3 | 45.4 | 46.2 | 46.7 | 46.8 | 46.7 |
| | 7 | | 43.5 | 43.6 | 43.6 | 43.4 | 43.3 | 43.0 | 42.7 | 42.4 | 42.0 | 41.6 | 41.2 | 40.9 | 40.6 | 40.4 | 40.4 | 40.5 | 40.7 | 41.0 | 41.4 | 41.8 | 42.3 | 42.7 | 43.1 | 43.4 |
| | 8 | | 46.8 | 45.5 | 44.2 | 42.9 | 41.6 | 40.4 | 39.3 | 38.2 | 37.3 | 36.6 | 36.3 | 36.5 | 37.1 | 38.2 | 39.6 | 41.3 | 43.1 | 44.9 | 46.4 | 47.6 | 48.3 | 48.6 | 48.4 | 47.8 |

注：其他城市的地点修正值可按下表采用：

| 地点 | 济南 | 郑州 | 兰州、青岛 | 西宁 |
|---|---|---|---|---|
| 修正值 | +1 | −1 | −3 | −9 |

**上海市外墙、屋面逐时冷负荷计算温度(℃)　　附表 E-3**

| 类别 | 编号 | 朝向 | 1 | 2 | 3 | 4 | 5 | 6 | 7 | 8 | 9 | 10 | 11 | 12 | 13 | 14 | 15 | 16 | 17 | 18 | 19 | 20 | 21 | 22 | 23 | 24 |
|---|---|---|---|---|---|---|---|---|---|---|---|---|---|---|---|---|---|---|---|---|---|---|---|---|---|---|
| 墙体 $t_{wlq}$ | 1 | 东 | 36.8 | 36.4 | 36.0 | 35.6 | 35.2 | 34.9 | 34.6 | 34.5 | 34.6 | 35.0 | 35.6 | 36.2 | 36.8 | 37.2 | 37.5 | 37.8 | 37.9 | 38.1 | 38.1 | 38.1 | 38.0 | 37.9 | 37.7 | 37.3 |
| | | 南 | 34.4 | 34.0 | 33.7 | 33.5 | 33.2 | 32.9 | 32.7 | 32.5 | 32.4 | 32.3 | 32.3 | 32.5 | 32.8 | 33.1 | 33.6 | 34.0 | 34.4 | 34.7 | 34.9 | 35.1 | 35.1 | 35.1 | 35.0 | 36.4 |
| | | 西 | 38.0 | 37.6 | 37.2 | 36.8 | 36.4 | 36.0 | 35.7 | 35.4 | 35.1 | 34.9 | 34.8 | 34.8 | 34.8 | 35.0 | 35.3 | 35.7 | 36.3 | 37.1 | 37.8 | 38.4 | 38.8 | 38.9 | 38.8 | 35.4 |
| | | 北 | 34.0 | 33.6 | 33.3 | 33.1 | 32.8 | 32.6 | 32.4 | 32.2 | 32.2 | 32.2 | 32.3 | 32.5 | 32.6 | 32.9 | 33.1 | 33.4 | 33.7 | 33.9 | 34.2 | 34.4 | 34.5 | 34.5 | 34.5 | 34.7 |
| | 2 | 东 | 36.9 | 36.5 | 36.1 | 35.7 | 35.4 | 35.0 | 34.8 | 34.7 | 34.9 | 35.3 | 35.8 | 36.4 | 37.0 | 37.4 | 37.7 | 37.9 | 38.1 | 38.2 | 38.2 | 38.2 | 38.1 | 37.9 | 37.7 | 37.4 |
| | | 南 | 34.5 | 34.1 | 33.8 | 33.6 | 33.3 | 33.1 | 32.9 | 32.7 | 32.5 | 32.5 | 32.5 | 32.7 | 33.0 | 33.4 | 33.8 | 34.2 | 34.5 | 34.8 | 35.0 | 35.1 | 35.2 | 35.1 | 35.0 | 34.8 |
| | | 西 | 38.1 | 37.7 | 37.3 | 36.9 | 36.5 | 36.1 | 35.8 | 35.5 | 35.3 | 35.1 | 35.0 | 35.0 | 35.0 | 35.2 | 35.4 | 35.9 | 36.5 | 37.3 | 38.0 | 38.5 | 38.8 | 38.9 | 38.8 | 38.5 |
| | | 北 | 34.0 | 33.7 | 33.5 | 33.2 | 32.9 | 32.7 | 32.5 | 32.4 | 32.4 | 32.4 | 32.5 | 32.6 | 32.8 | 33.0 | 33.3 | 33.5 | 33.8 | 34.0 | 34.3 | 34.5 | 34.6 | 34.6 | 34.5 | 34.3 |
| | 3 | 东 | 37.3 | 36.2 | 35.2 | 34.4 | 33.6 | 33.0 | 32.5 | 32.1 | 32.1 | 32.5 | 33.5 | 34.8 | 36.2 | 37.5 | 38.5 | 39.2 | 39.6 | 39.9 | 40.0 | 40.0 | 39.8 | 39.5 | 39.0 | 38.3 |
| | | 南 | 35.3 | 34.5 | 33.6 | 32.9 | 32.3 | 31.8 | 31.4 | 31.0 | 30.7 | 30.6 | 30.7 | 30.9 | 31.4 | 32.1 | 32.9 | 33.9 | 34.8 | 35.6 | 36.2 | 36.6 | 36.8 | 36.8 | 36.6 | 36.1 |
| | | 西 | 40.2 | 39.1 | 37.9 | 36.8 | 35.9 | 35.1 | 34.4 | 33.8 | 33.2 | 32.9 | 32.7 | 32.7 | 32.8 | 33.1 | 33.6 | 34.4 | 35.4 | 36.8 | 38.3 | 39.8 | 40.9 | 41.6 | 41.7 | 41.2 |
| | | 北 | 34.9 | 34.1 | 33.3 | 32.6 | 32.0 | 31.6 | 31.2 | 30.9 | 30.7 | 30.7 | 30.9 | 31.2 | 31.6 | 32.1 | 32.7 | 33.3 | 33.9 | 34.4 | 35.0 | 35.4 | 35.8 | 35.9 | 35.9 | 35.6 |
| | 4 | 东 | 36.1 | 34.8 | 33.6 | 32.7 | 32.0 | 31.4 | 31.0 | 30.8 | 31.4 | 32.6 | 34.5 | 36.5 | 38.3 | 39.7 | 40.6 | 41.1 | 41.3 | 41.3 | 41.1 | 40.8 | 40.2 | 39.5 | 38.7 | 37.5 |
| | | 南 | 34.8 | 33.6 | 32.6 | 31.8 | 31.2 | 30.7 | 30.3 | 30.0 | 29.9 | 29.9 | 30.2 | 30.9 | 31.8 | 32.9 | 34.2 | 35.5 | 36.5 | 37.4 | 37.8 | 38.0 | 37.9 | 37.5 | 36.9 | 36.0 |
| | | 西 | 40.0 | 38.3 | 36.8 | 35.5 | 34.4 | 33.5 | 32.8 | 32.2 | 31.7 | 31.6 | 31.6 | 31.9 | 32.4 | 33.1 | 34.0 | 35.4 | 37.1 | 39.1 | 41.1 | 42.7 | 43.6 | 43.6 | 43.0 | 41.7 |
| | | 北 | 34.5 | 33.4 | 32.4 | 31.6 | 31.0 | 30.6 | 30.2 | 30.0 | 30.0 | 30.3 | 30.8 | 31.4 | 32.0 | 32.8 | 33.6 | 34.3 | 35.0 | 35.7 | 36.3 | 36.7 | 36.9 | 36.8 | 36.4 | 35.6 |

续表

| 类别 | 编号 | 朝向 | 1 | 2 | 3 | 4 | 5 | 6 | 7 | 8 | 9 | 10 | 11 | 12 | 13 | 14 | 15 | 16 | 17 | 18 | 19 | 20 | 21 | 22 | 23 | 24 |
|---|---|---|---|---|---|---|---|---|---|---|---|---|---|---|---|---|---|---|---|---|---|---|---|---|---|---|
| 墙体 $t_{wlq}$ | 5 | 东 | 36.6 | 36.6 | 36.6 | 36.5 | 36.4 | 36.3 | 36.1 | 36.0 | 35.8 | 35.6 | 35.5 | 35.3 | 35.2 | 35.2 | 35.3 | 35.4 | 35.5 | 35.7 | 35.8 | 36.0 | 36.1 | 36.3 | 36.4 | 36.5 |
| | | 南 | 33.5 | 33.5 | 33.6 | 33.6 | 33.5 | 33.5 | 33.4 | 33.3 | 33.2 | 33.0 | 32.9 | 32.8 | 32.7 | 32.6 | 32.5 | 32.5 | 32.6 | 32.6 | 32.7 | 32.8 | 33.0 | 33.1 | 33.3 | 33.4 |
| | | 西 | 36.3 | 36.5 | 36.6 | 36.6 | 36.6 | 36.6 | 36.5 | 36.4 | 36.3 | 36.2 | 36.0 | 35.8 | 35.7 | 35.5 | 35.4 | 35.3 | 35.2 | 35.2 | 35.2 | 35.3 | 35.5 | 35.7 | 35.9 | 36.1 |
| | | 北 | 33.0 | 33.1 | 33.1 | 33.1 | 33.0 | 33.0 | 32.9 | 32.8 | 32.7 | 32.6 | 32.5 | 32.4 | 32.3 | 32.3 | 32.2 | 32.2 | 32.3 | 32.3 | 32.4 | 32.5 | 32.5 | 32.7 | 32.8 | 32.9 |
| | 6 | 东 | 34.8 | 33.3 | 32.2 | 31.5 | 30.9 | 30.5 | 30.2 | 30.5 | 31.6 | 33.6 | 36.0 | 38.4 | 40.3 | 41.5 | 42.0 | 42.1 | 42.0 | 41.7 | 41.3 | 40.7 | 39.9 | 39.0 | 37.9 | 36.5 |
| | | 南 | 33.8 | 32.5 | 31.5 | 30.9 | 30.4 | 30.0 | 29.7 | 29.5 | 29.5 | 29.8 | 30.4 | 31.3 | 32.6 | 34.1 | 35.6 | 36.9 | 37.9 | 38.5 | 38.7 | 38.5 | 38.1 | 37.4 | 36.6 | 35.3 |
| | | 西 | 38.8 | 36.7 | 35.2 | 34.0 | 33.1 | 32.3 | 31.7 | 31.2 | 31.0 | 31.1 | 31.4 | 32.0 | 32.8 | 33.7 | 34.9 | 36.6 | 38.8 | 41.2 | 43.4 | 44.8 | 45.1 | 44.3 | 43.0 | 41.0 |
| | | 北 | 33.6 | 32.3 | 31.4 | 30.7 | 30.3 | 29.9 | 29.6 | 29.6 | 29.9 | 30.4 | 31.1 | 31.9 | 32.7 | 33.6 | 34.4 | 35.3 | 36.0 | 36.6 | 37.1 | 37.4 | 37.3 | 36.9 | 36.3 | 35.1 |
| | 7 | 东 | 36.9 | 36.3 | 35.7 | 35.2 | 34.7 | 34.3 | 33.9 | 33.6 | 33.7 | 34.2 | 34.9 | 35.8 | 36.6 | 37.3 | 37.8 | 38.1 | 38.4 | 38.5 | 38.6 | 38.6 | 38.5 | 38.3 | 38.0 | 37.5 |
| | | 南 | 34.6 | 34.1 | 33.7 | 33.3 | 32.9 | 32.6 | 32.3 | 32.0 | 31.8 | 31.7 | 31.7 | 31.9 | 32.2 | 32.7 | 33.3 | 33.9 | 34.5 | 34.9 | 35.3 | 35.4 | 35.5 | 35.5 | 35.3 | 35.0 |
| | | 西 | 38.6 | 38.0 | 37.4 | 36.8 | 36.3 | 35.8 | 35.2 | 34.8 | 34.4 | 34.2 | 34.0 | 34.0 | 34.1 | 34.3 | 34.6 | 35.2 | 36.0 | 37.0 | 38.0 | 38.9 | 39.4 | 39.7 | 39.6 | 39.2 |
| | | 北 | 34.2 | 33.7 | 33.3 | 32.9 | 32.6 | 32.3 | 32.0 | 31.8 | 31.7 | 31.7 | 31.8 | 32.0 | 32.2 | 32.5 | 32.9 | 33.3 | 33.6 | 34.0 | 34.3 | 34.6 | 34.8 | 34.9 | 34.8 | 34.5 |
| | 8 | 东 | 35.1 | 34.1 | 33.3 | 32.7 | 32.1 | 31.6 | 31.3 | 31.8 | 33.2 | 35.1 | 37.1 | 38.9 | 40.0 | 40.5 | 40.6 | 40.6 | 40.6 | 40.4 | 40.0 | 39.5 | 38.8 | 38.1 | 37.3 | 36.2 |
| | | 南 | 33.7 | 32.8 | 32.2 | 31.6 | 31.1 | 30.7 | 30.4 | 30.3 | 30.3 | 30.6 | 31.2 | 32.1 | 33.3 | 34.5 | 35.7 | 36.6 | 37.2 | 37.5 | 37.5 | 37.2 | 36.8 | 36.2 | 35.6 | 34.7 |
| | | 西 | 37.9 | 36.6 | 35.5 | 34.6 | 33.9 | 33.2 | 32.6 | 32.2 | 32.1 | 32.2 | 32.5 | 33.0 | 33.6 | 34.4 | 35.6 | 37.3 | 39.3 | 41.2 | 42.7 | 43.3 | 42.9 | 42.0 | 40.8 | 39.4 |
| | | 北 | 33.5 | 32.6 | 32.0 | 31.4 | 31.0 | 30.6 | 30.3 | 30.4 | 30.7 | 31.2 | 31.7 | 32.3 | 33.0 | 33.7 | 34.4 | 35.0 | 35.5 | 36.0 | 36.3 | 36.5 | 36.3 | 35.8 | 35.3 | 34.5 |
| | 9 | 东 | 36.6 | 36.0 | 35.5 | 35.0 | 34.6 | 34.2 | 33.8 | 33.8 | 34.2 | 35.0 | 35.9 | 36.9 | 37.6 | 38.1 | 38.4 | 38.6 | 38.8 | 38.8 | 38.8 | 38.7 | 38.5 | 38.1 | 37.8 | 37.2 |
| | | 南 | 34.5 | 34.0 | 33.6 | 33.3 | 32.9 | 32.6 | 32.3 | 32.0 | 31.9 | 31.9 | 32.0 | 32.4 | 32.8 | 33.4 | 34.1 | 34.7 | 35.2 | 35.5 | 35.7 | 35.8 | 35.7 | 35.6 | 35.3 | 34.9 |
| | | 西 | 38.4 | 37.7 | 37.1 | 36.6 | 36.1 | 35.6 | 35.1 | 34.7 | 34.4 | 34.2 | 34.2 | 34.3 | 34.4 | 34.7 | 35.2 | 35.9 | 37.0 | 38.1 | 39.1 | 39.8 | 40.0 | 39.9 | 39.6 | 39.0 |
| | | 北 | 34.1 | 33.6 | 33.3 | 32.9 | 32.6 | 32.3 | 32.0 | 31.9 | 31.9 | 32.0 | 32.2 | 32.4 | 32.7 | 33.1 | 33.4 | 33.8 | 34.2 | 34.5 | 34.8 | 35.0 | 35.1 | 35.0 | 34.9 | 34.5 |
| | 10 | 东 | 37.5 | 37.1 | 36.8 | 36.3 | 35.9 | 35.5 | 35.2 | 34.8 | 34.5 | 34.4 | 34.4 | 34.6 | 35.0 | 35.5 | 36.0 | 36.4 | 36.8 | 37.2 | 37.4 | 37.6 | 37.8 | 37.8 | 37.8 | 37.7 |
| | | 南 | 34.7 | 34.5 | 34.2 | 33.9 | 33.6 | 33.3 | 33.1 | 32.8 | 32.5 | 32.3 | 32.2 | 32.1 | 32.1 | 32.1 | 32.4 | 32.6 | 33.0 | 33.4 | 33.8 | 34.1 | 34.4 | 34.6 | 34.7 | 34.8 |
| | | 西 | 38.3 | 38.1 | 37.9 | 37.5 | 37.1 | 36.8 | 36.4 | 36.0 | 35.6 | 35.3 | 35.0 | 34.8 | 34.6 | 34.5 | 34.5 | 34.6 | 34.9 | 35.2 | 35.7 | 36.4 | 37.0 | 37.6 | 38.0 | 38.3 |
| | | 北 | 34.1 | 33.9 | 33.7 | 33.4 | 33.2 | 32.9 | 32.7 | 32.4 | 32.2 | 32.1 | 32.0 | 31.9 | 32.0 | 32.1 | 32.2 | 32.4 | 32.6 | 32.9 | 33.1 | 33.4 | 33.7 | 33.9 | 34.1 | 34.2 |
| | 11 | 东 | 37.3 | 37.0 | 36.7 | 36.3 | 35.9 | 35.6 | 35.2 | 34.9 | 34.5 | 34.3 | 34.2 | 34.3 | 34.5 | 34.9 | 35.3 | 35.8 | 36.2 | 36.5 | 36.8 | 37.1 | 37.3 | 37.4 | 37.5 | 37.4 |
| | | 南 | 34.3 | 34.2 | 34.0 | 33.7 | 33.5 | 33.2 | 33.0 | 32.7 | 32.5 | 32.2 | 32.1 | 31.9 | 31.9 | 31.9 | 32.0 | 32.2 | 32.5 | 32.8 | 33.2 | 33.5 | 33.8 | 34.1 | 34.3 | 34.4 |
| | | 西 | 37.8 | 37.8 | 37.6 | 37.3 | 37.0 | 36.7 | 36.3 | 36.0 | 35.7 | 35.3 | 35.0 | 34.7 | 34.6 | 34.4 | 34.4 | 34.4 | 34.5 | 34.8 | 35.2 | 35.7 | 36.2 | 36.8 | 37.3 | 37.6 |
| | | 北 | 33.8 | 33.7 | 33.5 | 33.3 | 33.0 | 32.8 | 32.6 | 32.3 | 32.1 | 31.9 | 31.8 | 31.7 | 31.7 | 31.8 | 31.9 | 32.0 | 32.2 | 32.4 | 32.7 | 32.9 | 33.2 | 33.4 | 33.6 | 33.7 |
| | 12 | 东 | 37.4 | 36.8 | 36.3 | 35.8 | 35.3 | 34.8 | 34.5 | 34.1 | 33.9 | 34.1 | 34.4 | 35.0 | 35.8 | 36.5 | 37.1 | 37.5 | 37.9 | 38.2 | 38.3 | 38.4 | 38.4 | 38.3 | 38.2 | 37.8 |
| | | 南 | 34.8 | 34.5 | 34.0 | 33.7 | 33.3 | 33.0 | 32.7 | 32.4 | 32.1 | 32.0 | 31.9 | 31.9 | 32.1 | 32.4 | 32.8 | 33.3 | 33.8 | 34.3 | 34.7 | 35.1 | 35.2 | 35.3 | 35.3 | 35.1 |
| | | 西 | 38.8 | 38.3 | 37.8 | 37.3 | 36.8 | 36.3 | 35.8 | 35.4 | 35.0 | 34.7 | 34.4 | 34.3 | 34.2 | 34.3 | 34.5 | 34.8 | 35.3 | 36.0 | 36.9 | 37.8 | 38.5 | 39.0 | 39.2 | 39.2 |
| | | 北 | 34.3 | 34.0 | 33.6 | 33.3 | 32.9 | 32.6 | 32.3 | 32.1 | 31.9 | 31.8 | 31.8 | 31.9 | 32.1 | 32.3 | 32.6 | 32.9 | 33.2 | 33.6 | 33.9 | 34.2 | 34.5 | 34.7 | 34.7 | 34.6 |

续表

| 类别 | 编号 | 朝向 | 1 | 2 | 3 | 4 | 5 | 6 | 7 | 8 | 9 | 10 | 11 | 12 | 13 | 14 | 15 | 16 | 17 | 18 | 19 | 20 | 21 | 22 | 23 | 24 |
|---|---|---|---|---|---|---|---|---|---|---|---|---|---|---|---|---|---|---|---|---|---|---|---|---|---|---|
| 墙体 $t_{wlq}$ | 13 | 东 | 37.3 | 36.9 | 36.5 | 36.1 | 35.7 | 35.3 | 34.9 | 34.6 | 34.4 | 34.4 | 34.7 | 35.1 | 35.6 | 36.2 | 36.7 | 37.1 | 37.4 | 37.6 | 37.8 | 37.9 | 38.0 | 38.0 | 37.9 | 37.7 |
| | | 南 | 34.7 | 34.4 | 34.1 | 33.8 | 33.5 | 33.2 | 32.9 | 32.7 | 32.5 | 32.3 | 32.2 | 32.1 | 32.2 | 32.4 | 32.7 | 33.1 | 33.5 | 33.9 | 34.3 | 34.6 | 34.8 | 34.9 | 35.0 | 34.9 |
| | | 西 | 38.4 | 38.1 | 37.7 | 37.3 | 36.9 | 36.5 | 36.1 | 35.7 | 35.4 | 35.1 | 34.9 | 34.7 | 34.6 | 34.6 | 34.7 | 34.9 | 35.3 | 35.8 | 36.5 | 37.2 | 37.8 | 38.3 | 38.6 | 38.6 |
| | | 北 | 34.2 | 33.9 | 33.6 | 33.4 | 33.1 | 32.8 | 32.6 | 32.3 | 32.2 | 32.1 | 32.0 | 32.1 | 32.2 | 32.3 | 32.5 | 32.8 | 33.0 | 33.3 | 33.6 | 33.9 | 34.1 | 34.3 | 34.4 | 34.3 |
| 屋面 $t_{wlm}$ | 1 | | 45.7 | 45.6 | 45.3 | 44.9 | 44.4 | 43.9 | 43.3 | 42.6 | 42.0 | 41.3 | 40.8 | 40.4 | 40.1 | 40.1 | 40.2 | 40.6 | 41.2 | 41.9 | 42.7 | 43.4 | 44.1 | 44.8 | 45.3 | 45.6 |
| | 2 | | 45.4 | 44.4 | 43.3 | 42.3 | 41.4 | 40.5 | 39.6 | 38.8 | 38.3 | 38.1 | 38.2 | 38.7 | 39.5 | 40.7 | 42.1 | 43.5 | 44.9 | 46.0 | 47.0 | 47.5 | 47.7 | 47.5 | 47.1 | 46.4 |
| | 3 | | 45.2 | 44.8 | 44.3 | 43.8 | 43.2 | 42.6 | 42.0 | 41.4 | 40.8 | 40.3 | 40.0 | 39.9 | 39.9 | 40.3 | 40.7 | 41.4 | 42.2 | 43.0 | 43.7 | 44.4 | 44.9 | 45.3 | 45.5 | 45.4 |
| | 4 | | 44.0 | 43.0 | 42.2 | 41.4 | 40.7 | 39.9 | 39.3 | 38.8 | 38.7 | 38.9 | 39.6 | 40.5 | 41.7 | 43.1 | 44.4 | 45.6 | 46.6 | 47.2 | 47.5 | 47.4 | 47.0 | 46.5 | 45.8 | 44.9 |
| | 5 | | 45.3 | 45.0 | 44.6 | 44.1 | 43.5 | 42.9 | 42.3 | 41.7 | 41.1 | 40.6 | 40.2 | 40.0 | 39.9 | 40.1 | 40.5 | 41.1 | 41.8 | 42.5 | 43.3 | 44.0 | 44.6 | 45.0 | 45.3 | 45.4 |
| | 6 | | 46.3 | 45.6 | 44.7 | 43.8 | 42.9 | 42.0 | 41.1 | 40.2 | 39.4 | 38.8 | 38.4 | 38.3 | 38.5 | 39.1 | 40.0 | 41.1 | 42.4 | 43.7 | 44.8 | 45.8 | 46.6 | 47.0 | 47.1 | 46.8 |
| | 7 | | 43.8 | 43.9 | 43.8 | 43.7 | 43.5 | 43.2 | 42.9 | 42.6 | 42.2 | 41.8 | 41.5 | 41.1 | 40.9 | 40.8 | 40.8 | 40.9 | 41.1 | 41.4 | 41.8 | 42.3 | 42.7 | 43.1 | 43.4 | 43.7 |
| | 8 | | 46.8 | 45.5 | 44.2 | 42.9 | 41.6 | 40.4 | 39.3 | 38.3 | 37.5 | 37.0 | 36.8 | 37.1 | 37.8 | 39.0 | 40.5 | 42.2 | 43.9 | 45.6 | 47.0 | 48.0 | 48.6 | 48.7 | 48.5 | 47.8 |

注：其他城市的地点修正值可按下表采用：

| 地点 | 重庆、武汉、长沙、南昌、合肥、杭州 | 南京、宁波 | 成都 | 拉萨 |
|---|---|---|---|---|
| 修正值 | +1 | 0 | −3 | −11 |

**广州市外墙、屋面逐时冷负荷计算温度(℃)** **附表 E-4**

| 类别 | 编号 | 朝向 | 1 | 2 | 3 | 4 | 5 | 6 | 7 | 8 | 9 | 10 | 11 | 12 | 13 | 14 | 15 | 16 | 17 | 18 | 19 | 20 | 21 | 22 | 23 | 24 |
|---|---|---|---|---|---|---|---|---|---|---|---|---|---|---|---|---|---|---|---|---|---|---|---|---|---|---|
| 墙体 $t_{wlq}$ | 1 | 东 | 36.4 | 36.0 | 35.6 | 35.2 | 34.9 | 34.6 | 34.3 | 34.1 | 34.1 | 34.4 | 34.9 | 35.5 | 36.1 | 36.6 | 36.9 | 37.2 | 37.4 | 37.6 | 37.7 | 37.7 | 37.6 | 37.4 | 37.2 | 36.9 |
| | | 南 | 33.2 | 32.9 | 32.6 | 32.4 | 32.2 | 31.9 | 31.7 | 31.6 | 31.5 | 31.4 | 31.5 | 31.6 | 31.8 | 32.1 | 32.4 | 32.7 | 33.0 | 33.3 | 33.5 | 33.7 | 33.7 | 33.8 | 33.7 | 33.5 |
| | | 西 | 34.5 | 34.1 | 33.8 | 33.6 | 33.3 | 33.0 | 32.8 | 32.6 | 32.4 | 32.4 | 32.4 | 32.4 | 32.6 | 32.9 | 33.2 | 33.5 | 33.9 | 34.4 | 34.7 | 34.9 | 35.1 | 35.1 | 35.0 | 34.8 |
| | | 北 | 36.5 | 36.1 | 35.7 | 35.4 | 35.0 | 34.7 | 34.4 | 34.2 | 33.9 | 33.8 | 33.8 | 33.8 | 33.9 | 34.1 | 34.3 | 34.7 | 35.2 | 35.8 | 36.5 | 36.9 | 37.2 | 37.3 | 37.2 | 36.9 |
| | 2 | 东 | 36.5 | 36.1 | 35.7 | 35.4 | 35.0 | 34.7 | 34.4 | 34.2 | 34.3 | 34.7 | 35.2 | 35.8 | 36.3 | 36.8 | 37.1 | 37.3 | 37.5 | 37.7 | 37.7 | 37.7 | 37.7 | 37.5 | 37.3 | 37.0 |
| | | 南 | 33.3 | 33.0 | 32.7 | 32.5 | 32.3 | 32.1 | 31.9 | 31.7 | 31.6 | 31.6 | 31.6 | 31.8 | 32.0 | 32.2 | 32.6 | 32.9 | 33.2 | 33.4 | 33.6 | 33.8 | 33.8 | 33.8 | 33.8 | 33.6 |
| | | 西 | 34.5 | 34.2 | 33.9 | 33.7 | 33.4 | 33.2 | 32.9 | 32.7 | 32.6 | 32.5 | 32.5 | 32.6 | 32.8 | 33.0 | 33.4 | 33.7 | 34.1 | 34.5 | 34.8 | 35.0 | 35.2 | 35.1 | 35.1 | 34.9 |
| | | 北 | 36.6 | 36.2 | 35.8 | 35.5 | 35.1 | 34.8 | 34.6 | 34.3 | 34.1 | 34.0 | 33.9 | 34.0 | 34.1 | 34.3 | 34.5 | 34.9 | 35.4 | 36.0 | 36.6 | 37.1 | 37.3 | 37.3 | 37.2 | 37.0 |
| | 3 | 东 | 37.0 | 36.0 | 35.0 | 34.1 | 33.4 | 32.8 | 32.2 | 31.8 | 31.6 | 32.0 | 32.8 | 34.0 | 35.3 | 36.6 | 37.7 | 38.5 | 39.0 | 39.3 | 39.5 | 39.5 | 39.4 | 39.1 | 38.6 | 37.9 |
| | | 南 | 34.0 | 33.3 | 32.5 | 31.9 | 31.4 | 31.0 | 30.6 | 30.3 | 30.1 | 30.0 | 30.0 | 30.2 | 30.6 | 31.2 | 31.8 | 32.5 | 33.3 | 33.9 | 34.5 | 34.9 | 35.1 | 35.2 | 35.1 | 34.7 |
| | | 西 | 35.6 | 34.8 | 33.9 | 33.2 | 32.6 | 32.1 | 31.6 | 31.2 | 30.9 | 30.7 | 30.7 | 30.9 | 31.2 | 31.7 | 32.3 | 33.0 | 33.9 | 34.8 | 35.6 | 36.3 | 36.7 | 36.9 | 36.8 | 36.4 |
| | | 北 | 38.3 | 37.2 | 36.2 | 35.3 | 34.5 | 33.8 | 33.2 | 32.7 | 32.2 | 32.0 | 31.9 | 32.0 | 32.2 | 32.6 | 33.1 | 33.8 | 34.7 | 35.8 | 37.0 | 38.2 | 39.1 | 39.6 | 39.6 | 39.2 |
| | 4 | 东 | 35.9 | 34.5 | 33.4 | 32.5 | 31.8 | 31.2 | 30.7 | 30.5 | 30.8 | 31.8 | 33.4 | 35.4 | 37.3 | 38.8 | 39.8 | 40.4 | 40.7 | 40.8 | 40.7 | 40.4 | 39.9 | 39.2 | 38.4 | 37.3 |
| | | 南 | 33.7 | 32.6 | 31.7 | 31.0 | 30.5 | 30.1 | 29.8 | 29.5 | 29.3 | 29.4 | 29.7 | 30.2 | 31.0 | 31.8 | 32.8 | 33.8 | 34.6 | 35.3 | 35.8 | 36.1 | 36.1 | 35.9 | 35.5 | 34.7 |
| | | 西 | 35.3 | 34.1 | 33.0 | 32.2 | 31.5 | 31.0 | 30.6 | 30.2 | 30.0 | 30.0 | 30.2 | 30.7 | 31.3 | 32.1 | 33.1 | 34.2 | 35.4 | 36.5 | 37.4 | 38.0 | 38.1 | 37.9 | 37.4 | 36.5 |
| | | 北 | 38.1 | 36.5 | 35.2 | 34.1 | 33.2 | 32.4 | 31.8 | 31.3 | 31.0 | 30.9 | 31.1 | 31.5 | 32.1 | 32.8 | 33.7 | 34.7 | 36.1 | 37.7 | 39.3 | 40.6 | 41.3 | 41.3 | 40.7 | 39.6 |

续表

| 类别 | 编号 | 朝向 | 1 | 2 | 3 | 4 | 5 | 6 | 7 | 8 | 9 | 10 | 11 | 12 | 13 | 14 | 15 | 16 | 17 | 18 | 19 | 20 | 21 | 22 | 23 | 24 |
|---|---|---|---|---|---|---|---|---|---|---|---|---|---|---|---|---|---|---|---|---|---|---|---|---|---|---|
| 墙体 $t_{wlq}$ | 5 | 东 | 36.1 | 36.1 | 36.1 | 36.0 | 36.0 | 35.8 | 35.7 | 35.5 | 35.4 | 35.2 | 35.0 | 34.9 | 34.8 | 34.8 | 34.8 | 34.9 | 35.0 | 35.2 | 35.3 | 35.5 | 35.6 | 35.8 | 35.9 | 36.0 |
| | | 南 | 32.3 | 32.3 | 32.4 | 32.4 | 32.3 | 32.3 | 32.2 | 32.1 | 32.0 | 31.9 | 31.8 | 31.7 | 31.6 | 31.6 | 31.5 | 31.5 | 31.5 | 31.5 | 31.6 | 31.7 | 31.8 | 32.0 | 32.1 | 32.2 |
| | | 西 | 33.3 | 33.4 | 33.5 | 33.5 | 33.5 | 33.4 | 33.3 | 33.3 | 33.1 | 33.1 | 32.9 | 32.8 | 32.7 | 32.6 | 32.6 | 32.5 | 32.5 | 32.5 | 32.6 | 32.7 | 32.8 | 33.0 | 33.1 | 33.3 |
| | | 北 | 35.0 | 35.2 | 35.3 | 35.3 | 35.3 | 35.2 | 35.2 | 35.1 | 35.0 | 34.8 | 34.7 | 34.5 | 34.4 | 34.3 | 34.2 | 34.1 | 34.1 | 34.1 | 34.1 | 34.2 | 34.3 | 34.5 | 34.7 | 34.9 |
| | 6 | 东 | 34.6 | 33.1 | 32.1 | 31.4 | 30.8 | 30.3 | 30.0 | 30.0 | 30.8 | 32.5 | 34.8 | 37.2 | 39.3 | 40.6 | 41.3 | 41.5 | 41.5 | 41.3 | 41.0 | 40.4 | 39.6 | 38.7 | 37.7 | 36.2 |
| | | 南 | 32.8 | 31.6 | 30.8 | 30.2 | 29.8 | 29.5 | 29.2 | 29.0 | 29.1 | 29.3 | 29.9 | 30.7 | 31.6 | 32.7 | 33.8 | 34.8 | 35.7 | 36.3 | 36.6 | 36.7 | 36.4 | 35.9 | 35.3 | 34.2 |
| | | 西 | 34.3 | 32.9 | 31.9 | 31.2 | 30.7 | 30.3 | 29.9 | 29.6 | 29.6 | 29.8 | 30.2 | 31.0 | 31.9 | 32.9 | 34.1 | 35.4 | 36.7 | 37.8 | 38.6 | 38.9 | 38.7 | 38.1 | 37.3 | 35.9 |
| | | 北 | 36.9 | 35.1 | 33.8 | 32.8 | 32.0 | 31.4 | 30.8 | 30.5 | 30.4 | 30.6 | 31.1 | 31.8 | 32.6 | 33.5 | 34.5 | 35.9 | 37.6 | 39.5 | 41.2 | 42.3 | 42.4 | 41.8 | 40.7 | 38.9 |
| | 7 | 东 | 36.5 | 35.9 | 35.4 | 34.9 | 34.4 | 34.0 | 33.6 | 33.3 | 33.3 | 33.6 | 34.3 | 35.1 | 35.9 | 36.6 | 37.1 | 37.5 | 37.8 | 38.0 | 38.1 | 38.1 | 38.0 | 37.8 | 37.5 | 37.1 |
| | | 南 | 33.4 | 33.0 | 32.6 | 32.3 | 32.0 | 31.7 | 31.4 | 31.2 | 31.0 | 30.9 | 30.9 | 31.1 | 31.4 | 31.7 | 32.2 | 32.6 | 33.0 | 33.4 | 33.8 | 34.0 | 34.1 | 34.1 | 34.0 | 33.8 |
| | | 西 | 34.7 | 34.3 | 33.8 | 33.5 | 33.1 | 32.8 | 32.5 | 32.2 | 31.9 | 31.8 | 31.8 | 31.9 | 32.2 | 32.5 | 32.9 | 33.4 | 33.9 | 34.4 | 34.9 | 35.2 | 35.4 | 35.4 | 35.4 | 35.1 |
| | | 北 | 37.0 | 36.4 | 35.9 | 35.4 | 34.9 | 34.4 | 34.0 | 33.6 | 33.3 | 33.1 | 33.0 | 33.1 | 33.2 | 33.5 | 33.8 | 34.3 | 35.0 | 35.8 | 36.7 | 37.4 | 37.9 | 38.0 | 37.9 | 37.5 |
| | 8 | 东 | 34.8 | 33.9 | 33.1 | 32.4 | 31.9 | 31.4 | 31.1 | 31.3 | 32.5 | 34.2 | 36.2 | 37.9 | 39.1 | 39.7 | 40.0 | 40.1 | 40.1 | 39.9 | 39.6 | 39.1 | 38.5 | 37.7 | 37.0 | 36.0 |
| | | 南 | 32.8 | 32.0 | 31.4 | 30.9 | 30.5 | 30.1 | 29.8 | 29.7 | 29.8 | 30.1 | 30.6 | 31.3 | 32.1 | 33.0 | 33.9 | 34.6 | 35.2 | 35.5 | 35.7 | 35.6 | 35.3 | 34.9 | 34.4 | 33.7 |
| | | 西 | 34.2 | 33.3 | 32.6 | 32.1 | 31.6 | 31.1 | 30.8 | 30.6 | 30.6 | 30.8 | 31.2 | 31.9 | 32.7 | 33.5 | 34.4 | 35.3 | 36.1 | 36.7 | 37.2 | 37.2 | 37.0 | 36.6 | 36.0 | 35.2 |
| | | 北 | 36.2 | 35.0 | 34.1 | 33.3 | 32.6 | 32.0 | 31.6 | 31.2 | 31.2 | 31.4 | 31.8 | 32.4 | 33.1 | 33.9 | 35.0 | 36.5 | 38.2 | 39.8 | 41.0 | 41.3 | 40.8 | 39.9 | 38.8 | 37.6 |
| | 9 | 东 | 36.3 | 35.7 | 35.2 | 34.7 | 34.3 | 33.9 | 33.5 | 33.4 | 33.7 | 34.3 | 35.2 | 36.1 | 36.9 | 37.5 | 37.8 | 38.1 | 38.2 | 38.4 | 38.4 | 38.2 | 38.0 | 37.7 | 37.4 | 36.8 |
| | | 南 | 33.3 | 32.9 | 32.6 | 32.3 | 32.0 | 31.7 | 31.5 | 31.2 | 31.1 | 31.1 | 31.3 | 31.5 | 31.9 | 32.3 | 32.8 | 33.2 | 33.6 | 33.9 | 34.2 | 34.3 | 34.3 | 34.2 | 34.0 | 33.7 |
| | | 西 | 34.6 | 34.1 | 33.8 | 33.4 | 33.1 | 32.8 | 32.5 | 32.2 | 32.1 | 32.1 | 32.2 | 32.4 | 32.7 | 33.1 | 33.6 | 34.1 | 34.6 | 35.0 | 35.4 | 35.6 | 35.6 | 35.5 | 35.4 | 35.0 |
| | | 北 | 36.8 | 36.2 | 35.7 | 35.2 | 34.7 | 34.3 | 33.9 | 33.5 | 33.3 | 33.2 | 33.2 | 33.4 | 33.6 | 33.9 | 34.3 | 35.0 | 35.9 | 36.8 | 37.7 | 38.2 | 38.4 | 38.2 | 37.9 | 37.4 |
| | 10 | 东 | 37.0 | 36.7 | 36.4 | 35.9 | 35.6 | 35.2 | 34.8 | 34.5 | 34.2 | 34.0 | 33.9 | 34.1 | 34.4 | 34.9 | 35.3 | 35.8 | 36.2 | 36.6 | 36.9 | 37.1 | 37.3 | 37.4 | 37.3 | 37.2 |
| | | 南 | 33.4 | 33.2 | 33.0 | 32.7 | 32.5 | 32.2 | 32.0 | 31.8 | 31.6 | 31.4 | 31.2 | 31.2 | 31.2 | 31.3 | 31.4 | 31.6 | 31.9 | 32.2 | 32.5 | 32.8 | 33.0 | 33.3 | 33.4 | 33.4 |
| | | 西 | 34.6 | 34.4 | 34.2 | 34.0 | 33.7 | 33.4 | 33.2 | 32.9 | 32.6 | 32.4 | 32.3 | 32.2 | 32.1 | 32.2 | 32.3 | 32.4 | 32.7 | 33.1 | 33.4 | 33.8 | 34.1 | 34.4 | 34.6 | 34.7 |
| | | 北 | 36.8 | 36.6 | 36.4 | 36.0 | 35.7 | 35.3 | 35.0 | 34.7 | 34.3 | 34.0 | 33.8 | 33.6 | 33.5 | 33.5 | 33.5 | 33.7 | 33.9 | 34.2 | 34.6 | 35.2 | 35.7 | 36.2 | 36.6 | 36.8 |
| | 11 | 东 | 36.8 | 36.6 | 36.2 | 35.9 | 35.5 | 35.2 | 34.8 | 34.5 | 34.2 | 33.9 | 33.8 | 33.8 | 34.0 | 34.3 | 34.8 | 35.2 | 35.6 | 36.0 | 36.3 | 36.5 | 36.8 | 36.9 | 37.0 | 36.9 |
| | | 南 | 33.0 | 32.9 | 32.7 | 32.5 | 32.3 | 32.1 | 31.9 | 31.6 | 31.4 | 31.3 | 31.1 | 31.0 | 31.0 | 31.0 | 31.1 | 31.2 | 31.5 | 31.7 | 32.0 | 32.3 | 32.5 | 32.7 | 32.9 | 33.0 |
| | | 西 | 34.3 | 34.2 | 34.0 | 33.8 | 33.5 | 33.3 | 33.0 | 32.8 | 32.5 | 32.3 | 32.1 | 32.0 | 31.9 | 31.9 | 32.0 | 32.1 | 32.3 | 32.6 | 32.9 | 33.2 | 33.6 | 33.9 | 34.1 | 34.2 |
| | | 北 | 36.3 | 36.3 | 36.1 | 35.8 | 35.6 | 35.2 | 34.9 | 34.6 | 34.3 | 34.0 | 33.8 | 33.6 | 33.4 | 33.4 | 33.3 | 33.4 | 33.5 | 33.8 | 34.1 | 34.5 | 35.0 | 35.5 | 35.9 | 36.2 |
| | 12 | 东 | 37.0 | 36.5 | 35.9 | 35.4 | 35.0 | 34.5 | 34.1 | 33.8 | 33.5 | 33.6 | 33.9 | 34.4 | 35.1 | 35.8 | 36.4 | 36.9 | 37.3 | 37.6 | 37.8 | 37.9 | 38.0 | 37.9 | 37.7 | 37.4 |
| | | 南 | 33.6 | 33.2 | 32.9 | 32.5 | 32.3 | 32.0 | 31.7 | 31.5 | 31.3 | 31.1 | 31.0 | 31.1 | 31.2 | 31.4 | 31.8 | 32.1 | 32.5 | 32.9 | 33.3 | 33.6 | 33.8 | 33.9 | 33.9 | 33.8 |
| | | 西 | 34.9 | 34.5 | 34.1 | 33.8 | 33.4 | 33.1 | 32.8 | 32.5 | 32.3 | 32.1 | 32.0 | 32.0 | 32.1 | 32.2 | 32.5 | 32.9 | 33.3 | 33.8 | 34.3 | 34.7 | 35.0 | 35.2 | 35.3 | 35.2 |
| | | 北 | 37.2 | 36.8 | 36.3 | 35.8 | 35.4 | 34.9 | 34.5 | 34.1 | 33.8 | 33.5 | 33.3 | 33.3 | 33.3 | 33.4 | 33.6 | 33.9 | 34.4 | 35.0 | 35.7 | 36.5 | 37.1 | 37.5 | 37.6 | 37.5 |

续表

| 类别 | 编号 | 朝向 | 1 | 2 | 3 | 4 | 5 | 6 | 7 | 8 | 9 | 10 | 11 | 12 | 13 | 14 | 15 | 16 | 17 | 18 | 19 | 20 | 21 | 22 | 23 | 24 |
|---|---|---|---|---|---|---|---|---|---|---|---|---|---|---|---|---|---|---|---|---|---|---|---|---|---|---|
| 墙体 $t_{wlq}$ | 13 | 东 | 36.9 | 36.5 | 36.1 | 35.7 | 35.3 | 34.9 | 34.6 | 34.3 | 34.0 | 34.0 | 34.1 | 34.5 | 35.0 | 35.5 | 36.0 | 36.4 | 36.8 | 37.1 | 37.3 | 37.4 | 37.5 | 37.5 | 37.4 | 37.2 |
| | | 南 | 33.4 | 33.2 | 32.9 | 32.6 | 32.4 | 32.1 | 31.9 | 31.7 | 31.5 | 31.3 | 31.3 | 31.3 | 31.3 | 31.5 | 31.7 | 32.0 | 32.3 | 32.6 | 32.9 | 33.2 | 33.4 | 33.5 | 33.6 | 33.5 |
| | | 西 | 34.7 | 34.4 | 34.2 | 33.9 | 33.6 | 33.3 | 33.0 | 32.8 | 32.6 | 32.4 | 32.3 | 32.2 | 32.3 | 32.4 | 32.6 | 32.8 | 33.2 | 33.5 | 33.9 | 34.3 | 34.6 | 34.8 | 34.9 | 34.8 |
| | | 北 | 36.9 | 36.6 | 36.2 | 35.8 | 35.5 | 35.1 | 34.8 | 34.4 | 34.1 | 33.9 | 33.7 | 33.6 | 33.6 | 33.6 | 33.7 | 34.0 | 34.3 | 34.8 | 35.3 | 35.9 | 36.5 | 36.9 | 37.0 | 37.1 |
| 屋面 $t_{wlm}$ | 1 | | 45.1 | 45.0 | 44.8 | 44.4 | 44.0 | 43.4 | 42.8 | 42.1 | 41.5 | 40.8 | 40.3 | 39.8 | 39.5 | 39.5 | 39.6 | 40.0 | 40.5 | 41.2 | 42.0 | 42.8 | 43.5 | 44.2 | 44.6 | 45.0 |
| | 2 | | 44.9 | 43.9 | 42.8 | 41.9 | 41.0 | 40.1 | 39.2 | 38.4 | 37.8 | 37.4 | 37.5 | 37.9 | 38.7 | 39.9 | 41.3 | 42.7 | 44.2 | 45.4 | 46.4 | 46.9 | 47.1 | 47.0 | 46.6 | 45.9 |
| | 3 | | 44.7 | 44.3 | 43.8 | 43.2 | 42.7 | 42.1 | 41.5 | 40.9 | 40.3 | 39.8 | 39.5 | 39.3 | 39.3 | 39.6 | 40.0 | 40.7 | 41.5 | 42.3 | 43.1 | 43.8 | 44.4 | 44.7 | 44.9 | 44.9 |
| | 4 | | 43.5 | 42.6 | 41.8 | 41.0 | 40.2 | 39.5 | 38.8 | 38.3 | 38.1 | 38.2 | 38.8 | 39.7 | 41.0 | 42.3 | 43.7 | 44.9 | 46.0 | 46.7 | 46.9 | 46.9 | 46.5 | 46.0 | 45.3 | 44.4 |
| | 5 | | 44.8 | 44.5 | 44.1 | 43.6 | 43.1 | 42.5 | 41.9 | 41.2 | 40.6 | 40.1 | 39.6 | 39.4 | 39.3 | 39.5 | 39.8 | 40.4 | 41.1 | 41.9 | 42.7 | 43.4 | 44.0 | 44.5 | 44.8 | 44.9 |
| | 6 | | 45.8 | 45.1 | 44.2 | 43.3 | 42.4 | 41.5 | 40.6 | 39.8 | 38.9 | 38.3 | 37.8 | 37.7 | 37.8 | 38.4 | 39.3 | 40.4 | 41.7 | 43.0 | 44.2 | 45.2 | 46.0 | 46.4 | 46.5 | 46.3 |
| | 7 | | 43.3 | 43.3 | 43.3 | 43.2 | 42.9 | 42.7 | 42.4 | 42.1 | 41.7 | 41.3 | 40.9 | 40.6 | 40.4 | 40.2 | 40.2 | 40.3 | 40.5 | 40.8 | 41.2 | 41.6 | 42.1 | 42.5 | 42.9 | 43.1 |
| | 8 | | 46.3 | 45.1 | 43.7 | 42.4 | 41.2 | 40.0 | 39.0 | 37.9 | 37.1 | 36.4 | 36.2 | 36.4 | 37.0 | 38.1 | 39.6 | 41.4 | 43.1 | 44.9 | 46.4 | 47.5 | 48.1 | 48.2 | 48.0 | 47.3 |

注：其他城市的地点修正值可按下表采用：

| 地点 | 福州、南宁、海口、深圳 | 贵阳 | 厦门 | 昆明 |
|---|---|---|---|---|
| 修正值 | 0 | −3 | −1 | −7 |

## 外墙类型及热工性能指标（由外到内） 附表 E-5

| 类型 | 材料名称 | 厚度 (mm) | 密度 (kg/m³) | 导热系数 [W/(m·K)] | 热容 [J/(kg·K)] | 传热系数 [W/(m²·K)] | 衰减 | 延迟 (h) |
|---|---|---|---|---|---|---|---|---|
| 1 | 水泥砂浆 | 20 | 1800 | 0.93 | 1050 | 0.83 | 0.17 | 8.4 |
| | 挤塑聚苯板 | 25 | 35 | 0.028 | 1380 | | | |
| | 水泥砂浆 | 20 | 1800 | 0.93 | 1050 | | | |
| | 钢筋混凝土 | 200 | 2500 | 1.74 | 1050 | | | |
| 2 | EPS外保温 | 40 | 30 | 0.042 | 1380 | 0.79 | 0.16 | 8.3 |
| | 水泥砂浆 | 25 | 1800 | 0.93 | 1050 | | | |
| | 钢筋混凝土 | 200 | 2500 | 1.74 | 1050 | | | |
| 3 | 水泥砂浆 | 20 | 1800 | 0.93 | 1050 | 0.56 | 0.34 | 9.1 |
| | 挤塑聚苯保温板 | 20 | 30 | 0.03 | 1380 | | | |
| | 加气混凝土砌块 | 200 | 700 | 0.22 | 837 | | | |
| | 水泥砂浆 | 20 | 1800 | 0.93 | 1050 | | | |
| 4 | LOW-E | 24 | 1800 | 3.0 | 1260 | 1.02 | 0.51 | 7.4 |
| | 加气混凝土砌块 | 200 | 700 | 0.25 | 1050 | | | |

续表

| 类型 | 材料名称 | 厚度 (mm) | 密度 (kg/m³) | 导热系数 [W/(m·K)] | 热容 [J/(kg·K)] | 传热系数 [W/(m²·K)] | 衰减 | 延迟 (h) |
|---|---|---|---|---|---|---|---|---|
| 5 | 页岩空心砖 | 200 | 1000 | 0.58 | 1253 | 0.61 | 0.06 | 15.2 |
| | 岩棉 | 50 | 70 | 0.05 | 1220 | | | |
| | 钢筋混凝土 | 200 | 2500 | 1.74 | 1050 | | | |
| 6 | 加气混凝土砌块 | 190 | 700 | 0.25 | 1050 | 1.05 | 0.56 | 6.8 |
| | 水泥砂浆 | 20 | 1800 | 0.93 | 1050 | | | |
| 7 | 涂料面层 | | | | | 0.43 | 0.19 | 8.8 |
| | EPS外保温 | 80 | 30 | 0.042 | 1380 | | | |
| | 混凝土小型空心砌块 | 190 | 1500 | 0.76 | 1050 | | | |
| | 水泥砂浆 | 20 | 1800 | 0.93 | 1050 | | | |
| 8 | 干挂石材面层 | | | | | 0.39 | 0.34 | 7.6 |
| | 岩棉 | 100 | 70 | 0.05 | 1220 | | | |
| | 粉煤灰小型空心砌块 | 190 | 800 | 0.500 | 1050 | | | |
| 9 | EPS外保温 | 80 | 30 | 0.042 | 1380 | 0.46 | 0.17 | 8.0 |
| | 混凝土墙 | 200 | 2500 | 1.74 | 1050 | | | |
| 10 | 水泥砂浆 | 20 | 1800 | 0.93 | 1050 | 0.56 | 0.14 | 11.1 |
| | EPS外保温 | 50 | 30 | 0.042 | 1380 | | | |
| | 聚合物砂浆 | 13 | 1800 | 0.93 | 837 | | | |
| | 黏土空心砖 | 240 | 1500 | 0.64 | 879 | | | |
| | 水泥砂浆 | 20 | 1800 | 0.93 | 1050 | | | |
| 11 | 石材 | 20 | 2800 | 3.2 | 920 | 0.46 | 0.13 | 11.8 |
| | 岩棉板 | 80 | 70 | 0.05 | 1220 | | | |
| | 聚合物砂浆 | 13 | 1800 | 0.93 | 837 | | | |
| | 黏土空心砖 | 240 | 1500 | 0.64 | 879 | | | |
| | 水泥砂浆 | 20 | 1800 | 0.93 | 1050 | | | |
| 12 | 聚合物砂浆 | 15 | 1800 | 0.93 | 837 | 0.57 | 0.18 | 9.6 |
| | EPS外保温 | 50 | 30 | 0.042 | 1380 | | | |
| | 黏土空心砖 | 240 | 1500 | 0.64 | 879 | | | |
| 13 | 岩棉 | 65 | 70 | 0.05 | 1220 | 0.54 | 0.14 | 10.4 |
| | 多孔砖 | 240 | 1800 | 0.642 | 879 | | | |

**屋面类型及热工性能指标（由外到内）** **附表 E-6**

| 类型 | 材料名称 | 厚度（mm） | 密度（kg/m³） | 导热系数［W/(m·K)］ | 热容［J/(kg·K)］ | 传热系数［W/(m²·K)］ | 衰减 | 延迟（h） |
|---|---|---|---|---|---|---|---|---|
| 1 | 细石混凝土 | 40 | 2300 | 1.51 | 920 | 0.49 | 0.16 | 12.3 |
| | 防水卷材 | 4 | 900 | 0.23 | 1620 | | | |
| | 水泥砂浆 | 20 | 1800 | 0.93 | 1050 | | | |
| | 挤塑聚苯板 | 35 | 30 | 0.042 | 1380 | | | |
| | 水泥砂浆 | 20 | 1800 | 0.93 | 1050 | | | |
| | 水泥炉渣 | 20 | 1000 | 0.023 | 920 | | | |
| | 钢筋混凝土 | 120 | 2500 | 1.74 | 920 | | | |
| 2 | 细石混凝土 | 40 | 2300 | 1.51 | 920 | 0.77 | 0.27 | 8.2 |
| | 挤塑聚苯板 | 40 | 30 | 0.042 | 1380 | | | |
| | 水泥砂浆 | 20 | 1800 | 0.93 | 1050 | | | |
| | 水泥陶粒混凝土 | 30 | 1300 | 0.52 | 980 | | | |
| | 钢筋混凝土 | 120 | 2500 | 1.74 | 920 | | | |
| 3 | 水泥砂浆 | 30 | 1800 | 0.930 | 1050 | 0.73 | 0.16 | 10.5 |
| | 细石钢筋混凝土 | 40 | 2300 | 1.740 | 837 | | | |
| | 挤塑聚苯板 | 40 | 30 | 0.042 | 1380 | | | |
| | 防水卷材 | 4 | 900 | 0.23 | 1620 | | | |
| | 水泥砂浆 | 20 | 1800 | 0.930 | 1050 | | | |
| | 陶粒混凝土 | 30 | 1400 | 0.700 | 1050 | | | |
| | 钢筋混凝土 | 150 | 2500 | 1.740 | 837 | | | |
| 4 | 水泥砂浆 | 20 | 1800 | 0.930 | 1050 | 0.81 | 0.23 | 7.1 |
| | 挤塑聚苯板 | 40 | 30 | 0.042 | 1380 | | | |
| | 钢筋混凝土 | 200 | 2500 | 1.74 | 837 | | | |
| 5 | 细石混凝土 | 40 | 2300 | 1.51 | 920 | 0.88 | 0.16 | 11.6 |
| | 水泥砂浆 | 20 | 1800 | 0.93 | 1050 | | | |
| | 防水卷材 | 4 | 400 | 0.12 | 1050 | | | |
| | 水泥砂浆 | 20 | 1800 | 0.93 | 1050 | | | |
| | 粉煤灰陶粒混凝土 | 80 | 1700 | 0.95 | 1050 | | | |
| | 挤塑聚苯板 | 30 | 30 | 0.042 | 1380 | | | |
| | 钢筋混凝土 | 120 | 2500 | 1.74 | 920 | | | |

续表

| 类型 | 材料名称 | 厚度 (mm) | 密度 ($kg/m^3$) | 导热系数 [W/(m·K)] | 热容 [J/(kg·K)] | 传热系数 [$W/(m^2·K)$] | 衰减 | 延迟 (h) |
|---|---|---|---|---|---|---|---|---|
| 6 | 防水卷材 | 4 | 400 | 0.12 | 1050 | 0.23 | 0.21 | 10.5 |
| | 干炉渣 | 30 | 1000 | 0.023 | 920 | | | |
| | 挤塑聚苯板 | 120 | 30 | 0.042 | 1380 | | | |
| | 混凝土小型空心砌块 | 120 | 2500 | 1.74 | 1050 | | | |
| 7 | 水泥砂浆 | 25 | 1800 | 0.930 | 1050 | 0.34 | 0.08 | 13.4 |
| | 挤塑聚苯板 | 55 | 30 | 0.042 | 1380 | | | |
| | 水泥砂浆 | 25 | 1800 | 0.930 | 1050 | | | |
| | 水泥焦渣 | 30 | 1000 | 0.023 | 920 | | | |
| | 钢筋混凝土 | 120 | 2500 | 1.74 | 920 | | | |
| | 水泥砂浆 | 25 | 1800 | 0.930 | 1050 | | | |
| 8 | 细石混凝土 | 30 | 2300 | 1.51 | 920 | 0.38 | 0.32 | 9.2 |
| | 挤塑聚苯板 | 45 | 30 | 0.042 | 1380 | | | |
| | 水泥焦渣 | 30 | 1000 | 0.023 | 920 | | | |
| | 钢筋混凝土 | 100 | 2500 | 1.74 | 920 | | | |

外窗传热逐时冷负荷计算温度 $t_{wlc}$，可按附表 E-7 采用。

**典型城市外窗传热逐时冷负荷计算温度 $t_{wlc}$（℃）** **附表 E-7**

| 地点 | 1 | 2 | 3 | 4 | 5 | 6 | 7 | 8 | 9 | 10 | 11 | 12 | 13 | 14 | 15 | 16 | 17 | 18 | 19 | 20 | 21 | 22 | 23 | 24 |
|---|---|---|---|---|---|---|---|---|---|---|---|---|---|---|---|---|---|---|---|---|---|---|---|---|
| 北京 | 27.8 | 27.5 | 27.2 | 26.9 | 26.8 | 27.1 | 27.7 | 28.5 | 29.3 | 30.0 | 30.8 | 31.5 | 32.1 | 32.4 | 32.4 | 32.3 | 32.0 | 31.5 | 30.8 | 30.1 | 29.6 | 29.1 | 28.7 | 28.3 |
| 天津 | 27.4 | 27.0 | 26.6 | 26.3 | 26.2 | 26.5 | 27.2 | 28.1 | 29.0 | 29.9 | 30.8 | 31.6 | 32.2 | 32.6 | 32.7 | 32.5 | 32.2 | 31.6 | 30.8 | 30.0 | 29.4 | 28.8 | 28.3 | 27.9 |
| 石家庄 | 27.7 | 27.2 | 26.8 | 26.5 | 26.4 | 26.7 | 27.5 | 28.5 | 29.6 | 30.6 | 31.6 | 32.5 | 33.2 | 33.6 | 33.7 | 33.5 | 33.2 | 32.5 | 31.6 | 30.7 | 30.0 | 29.3 | 28.8 | 28.3 |
| 太原 | 23.7 | 23.2 | 22.7 | 22.4 | 22.3 | 22.6 | 23.4 | 24.5 | 25.6 | 26.7 | 27.8 | 28.7 | 29.5 | 30.0 | 30.0 | 29.8 | 29.5 | 28.8 | 27.8 | 26.8 | 26.1 | 25.4 | 24.8 | 24.3 |
| 呼和浩特 | 23.8 | 23.4 | 23.0 | 22.7 | 22.5 | 22.9 | 23.6 | 24.5 | 25.5 | 26.4 | 27.3 | 28.2 | 28.9 | 29.3 | 29.3 | 29.1 | 28.8 | 28.2 | 27.4 | 26.6 | 25.9 | 25.3 | 24.8 | 24.3 |
| 沈阳 | 25.7 | 25.3 | 25.0 | 24.7 | 24.6 | 24.9 | 25.5 | 26.3 | 27.2 | 27.9 | 28.7 | 29.4 | 30.0 | 30.4 | 30.4 | 30.2 | 30.0 | 29.5 | 28.8 | 28.0 | 27.5 | 27.0 | 26.6 | 26.2 |
| 大连 | 25.4 | 25.2 | 24.9 | 24.8 | 24.7 | 24.9 | 25.3 | 25.8 | 26.3 | 26.8 | 27.3 | 27.7 | 28.1 | 28.3 | 28.3 | 28.2 | 28.1 | 27.7 | 27.3 | 26.8 | 26.5 | 26.2 | 25.9 | 25.7 |
| 长春 | 24.4 | 24.0 | 23.7 | 23.4 | 23.3 | 23.6 | 24.2 | 25.1 | 25.9 | 26.8 | 27.6 | 28.3 | 28.9 | 29.3 | 29.3 | 29.2 | 28.9 | 28.4 | 27.6 | 26.9 | 26.3 | 25.8 | 25.3 | 24.9 |
| 哈尔滨 | 24.3 | 23.9 | 23.6 | 23.3 | 23.2 | 23.5 | 24.1 | 25.0 | 25.9 | 26.8 | 27.7 | 28.4 | 29.1 | 29.4 | 29.5 | 29.3 | 29.1 | 28.5 | 27.7 | 26.9 | 26.3 | 25.7 | 25.3 | 24.8 |
| 上海 | 29.2 | 28.9 | 28.6 | 28.3 | 28.2 | 28.5 | 29.0 | 29.7 | 30.5 | 31.2 | 31.9 | 32.5 | 33.1 | 33.4 | 33.4 | 33.3 | 33.1 | 32.6 | 31.9 | 31.3 | 30.8 | 30.3 | 30.0 | 29.6 |
| 南京 | 29.6 | 29.3 | 29.0 | 28.7 | 28.6 | 28.9 | 29.4 | 30.1 | 30.9 | 31.6 | 32.3 | 32.9 | 33.5 | 33.8 | 33.8 | 33.7 | 33.5 | 33.0 | 32.3 | 31.7 | 31.2 | 30.7 | 30.4 | 30.0 |
| 杭州 | 29.8 | 29.4 | 29.1 | 28.8 | 28.7 | 29.0 | 29.6 | 30.4 | 31.3 | 32.0 | 32.8 | 33.5 | 34.1 | 34.5 | 34.5 | 34.3 | 34.1 | 33.6 | 32.9 | 32.1 | 31.6 | 31.1 | 30.7 | 30.3 |
| 宁波 | 28.6 | 28.2 | 27.8 | 27.5 | 27.4 | 27.7 | 28.4 | 29.3 | 30.2 | 31.1 | 32.0 | 32.8 | 33.4 | 33.8 | 33.9 | 33.7 | 33.4 | 32.8 | 32.0 | 31.2 | 30.6 | 30.0 | 29.5 | 29.1 |
| 合肥 | 30.2 | 29.9 | 29.6 | 29.4 | 29.3 | 29.6 | 30.1 | 30.7 | 31.4 | 32.1 | 32.7 | 33.3 | 33.8 | 34.1 | 34.1 | 33.9 | 33.8 | 33.3 | 32.7 | 32.2 | 31.7 | 31.3 | 30.9 | 30.6 |
| 福州 | 28.5 | 28.0 | 27.6 | 27.3 | 27.2 | 27.5 | 28.3 | 29.3 | 30.4 | 31.4 | 32.4 | 33.3 | 34.0 | 34.4 | 34.5 | 34.3 | 34.0 | 33.3 | 32.4 | 31.5 | 30.8 | 30.1 | 29.6 | 29.1 |
| 厦门 | 28.0 | 27.6 | 27.3 | 27.1 | 27.0 | 27.2 | 27.8 | 28.6 | 29.4 | 30.1 | 30.9 | 31.5 | 32.1 | 32.4 | 32.5 | 32.3 | 32.1 | 31.6 | 30.9 | 30.2 | 29.7 | 29.2 | 28.8 | 28.4 |
| 南昌 | 30.6 | 30.3 | 30.0 | 29.8 | 29.7 | 29.9 | 30.4 | 31.1 | 31.8 | 32.5 | 33.1 | 33.8 | 34.2 | 34.5 | 34.6 | 34.4 | 34.2 | 33.8 | 33.2 | 32.6 | 32.1 | 31.7 | 31.3 | 31.0 |

续表

| 地点 | 1 | 2 | 3 | 4 | 5 | 6 | 7 | 8 | 9 | 10 | 11 | 12 | 13 | 14 | 15 | 16 | 17 | 18 | 19 | 20 | 21 | 22 | 23 | 24 |
|---|---|---|---|---|---|---|---|---|---|---|---|---|---|---|---|---|---|---|---|---|---|---|---|---|
| 济南 | 29.8 | 29.5 | 29.2 | 29.0 | 28.9 | 29.1 | 29.6 | 30.3 | 31.0 | 31.7 | 32.3 | 33.0 | 33.4 | 33.7 | 33.8 | 33.6 | 33.4 | 33.0 | 32.4 | 31.8 | 31.3 | 30.9 | 30.5 | 30.2 |
| 青岛 | 26.3 | 26.2 | 26.0 | 25.8 | 25.8 | 25.9 | 26.3 | 26.7 | 27.1 | 27.5 | 27.9 | 28.3 | 28.6 | 28.8 | 28.8 | 28.7 | 28.6 | 28.3 | 28.0 | 27.6 | 27.3 | 27.0 | 26.8 | 26.6 |
| 郑州 | 28.1 | 27.7 | 27.3 | 27.0 | 26.8 | 27.2 | 27.9 | 28.8 | 29.8 | 30.7 | 31.6 | 32.5 | 33.2 | 33.6 | 33.6 | 33.4 | 33.1 | 32.5 | 31.7 | 30.9 | 30.2 | 29.6 | 29.1 | 28.6 |
| 武汉 | 30.6 | 30.3 | 30.0 | 29.8 | 29.7 | 29.9 | 30.4 | 31.1 | 31.7 | 32.3 | 33.0 | 33.6 | 34.0 | 34.3 | 34.3 | 34.2 | 34.0 | 33.6 | 33.0 | 32.4 | 32.0 | 31.6 | 31.2 | 30.9 |
| 长沙 | 29.7 | 29.3 | 29.0 | 28.7 | 28.6 | 28.9 | 29.5 | 30.4 | 31.2 | 32.1 | 32.9 | 33.6 | 34.2 | 34.6 | 34.6 | 34.5 | 34.2 | 33.7 | 32.9 | 32.2 | 31.6 | 31.1 | 30.6 | 30.2 |
| 广州 | 29.1 | 28.8 | 28.5 | 28.2 | 28.2 | 28.4 | 28.9 | 29.6 | 30.4 | 31.1 | 31.8 | 32.4 | 32.9 | 33.2 | 33.2 | 33.1 | 32.9 | 32.4 | 31.8 | 31.1 | 30.6 | 30.2 | 29.8 | 29.5 |
| 深圳 | 29.1 | 28.8 | 28.5 | 28.3 | 28.2 | 28.4 | 28.9 | 29.6 | 30.2 | 30.8 | 31.5 | 32.1 | 32.5 | 32.8 | 32.8 | 32.7 | 32.5 | 32.1 | 31.5 | 30.9 | 30.5 | 30.1 | 29.7 | 29.4 |
| 南宁 | 29.0 | 28.6 | 28.3 | 28.1 | 28.0 | 28.2 | 28.8 | 29.6 | 30.4 | 31.1 | 31.9 | 32.5 | 33.1 | 33.4 | 33.5 | 33.3 | 33.1 | 32.6 | 31.9 | 31.2 | 30.7 | 30.2 | 29.8 | 29.4 |
| 海口 | 28.4 | 28.0 | 27.6 | 27.3 | 27.2 | 27.5 | 28.2 | 29.2 | 30.1 | 31.0 | 31.9 | 32.7 | 33.4 | 33.8 | 33.8 | 33.6 | 33.4 | 32.8 | 31.9 | 31.1 | 30.5 | 29.9 | 29.4 | 29.0 |
| 重庆 | 30.9 | 30.6 | 30.3 | 30.1 | 30.0 | 30.2 | 30.7 | 31.4 | 32.0 | 32.6 | 33.3 | 33.9 | 34.3 | 34.6 | 34.6 | 34.5 | 34.3 | 33.9 | 33.3 | 32.7 | 32.3 | 31.9 | 31.5 | 31.2 |
| 成都 | 26.1 | 25.8 | 25.5 | 25.2 | 25.1 | 25.4 | 26.0 | 26.8 | 27.6 | 28.3 | 29.1 | 29.8 | 30.4 | 30.7 | 30.7 | 30.6 | 30.3 | 29.8 | 29.1 | 28.4 | 27.9 | 27.4 | 27.0 | 26.6 |
| 贵阳 | 24.9 | 24.6 | 24.3 | 24.0 | 23.9 | 24.2 | 24.7 | 25.4 | 26.2 | 26.9 | 27.6 | 28.2 | 28.8 | 29.1 | 29.1 | 29.0 | 28.8 | 28.3 | 27.6 | 27.0 | 26.5 | 26.0 | 25.7 | 25.3 |
| 昆明 | 20.7 | 20.3 | 20.0 | 19.8 | 19.7 | 19.9 | 20.5 | 21.3 | 22.1 | 22.8 | 23.6 | 24.2 | 24.8 | 25.1 | 25.2 | 25.0 | 24.8 | 24.3 | 23.6 | 22.9 | 22.4 | 21.9 | 21.5 | 21.1 |
| 拉萨 | 17.0 | 16.6 | 16.1 | 15.8 | 15.7 | 16.0 | 16.8 | 17.8 | 18.8 | 19.7 | 20.7 | 21.6 | 22.3 | 22.7 | 22.8 | 22.5 | 22.3 | 21.6 | 20.7 | 19.9 | 19.2 | 18.6 | 18.0 | 17.6 |
| 西安 | 28.8 | 28.4 | 28.0 | 27.7 | 27.6 | 27.9 | 28.6 | 29.4 | 30.3 | 31.2 | 32.0 | 32.8 | 33.4 | 33.8 | 33.8 | 33.6 | 33.4 | 32.8 | 32.0 | 31.3 | 30.7 | 30.1 | 29.7 | 29.3 |
| 兰州 | 23.6 | 23.2 | 22.8 | 22.4 | 22.3 | 22.6 | 23.4 | 24.5 | 25.6 | 26.6 | 27.6 | 28.5 | 29.3 | 29.7 | 29.8 | 29.5 | 29.3 | 28.6 | 27.6 | 26.7 | 26.0 | 25.3 | 24.8 | 24.3 |
| 西宁 | 18.2 | 17.7 | 17.2 | 16.9 | 16.7 | 17.1 | 18.0 | 19.1 | 20.3 | 21.4 | 22.5 | 23.6 | 24.4 | 24.9 | 24.9 | 24.7 | 24.4 | 23.6 | 22.6 | 21.6 | 20.8 | 20.1 | 19.5 | 18.9 |
| 银川 | 23.9 | 23.5 | 23.1 | 22.7 | 22.6 | 23.0 | 23.7 | 24.7 | 25.8 | 26.7 | 27.7 | 28.6 | 29.4 | 29.8 | 29.8 | 29.6 | 29.3 | 28.7 | 27.8 | 26.9 | 26.2 | 25.5 | 25.0 | 24.5 |
| 乌鲁木齐 | 25.9 | 25.5 | 25.1 | 24.7 | 24.6 | 24.9 | 25.7 | 26.8 | 27.9 | 28.9 | 29.9 | 30.8 | 31.6 | 32.0 | 32.1 | 31.8 | 31.6 | 30.9 | 29.9 | 29.0 | 28.3 | 27.6 | 27.1 | 26.6 |

透过无遮阳标准玻璃太阳辐射冷负荷系数值 $C_{clC}$，可按附表 E-8 采用。

**透过无遮阳标准玻璃太阳辐射冷负荷系数值 $C_{clC}$** **附表 E-8**

| 地点 | 房间类型 | 朝向 | 1 | 2 | 3 | 4 | 5 | 6 | 7 | 8 | 9 | 10 | 11 | 12 | 13 | 14 | 15 | 16 | 17 | 18 | 19 | 20 | 21 | 22 | 23 | 24 |
|---|---|---|---|---|---|---|---|---|---|---|---|---|---|---|---|---|---|---|---|---|---|---|---|---|---|---|
| 北京 | 轻 | 东 | 0.03 | 0.02 | 0.02 | 0.01 | 0.01 | 0.13 | 0.30 | 0.43 | 0.55 | 0.58 | 0.56 | 0.17 | 0.18 | 0.19 | 0.19 | 0.17 | 0.15 | 0.13 | 0.09 | 0.07 | 0.06 | 0.04 | 0.04 | 0.03 |
| | | 南 | 0.05 | 0.03 | 0.03 | 0.02 | 0.02 | 0.06 | 0.11 | 0.16 | 0.24 | 0.34 | 0.46 | 0.44 | 0.63 | 0.65 | 0.62 | 0.54 | 0.28 | 0.24 | 0.17 | 0.13 | 0.11 | 0.08 | 0.07 | 0.05 |
| | | 西 | 0.03 | 0.02 | 0.02 | 0.01 | 0.01 | 0.03 | 0.06 | 0.09 | 0.12 | 0.14 | 0.16 | 0.17 | 0.22 | 0.31 | 0.42 | 0.52 | 0.59 | 0.60 | 0.48 | 0.07 | 0.06 | 0.04 | 0.04 | 0.03 |
| | | 北 | 0.11 | 0.08 | 0.07 | 0.05 | 0.05 | 0.23 | 0.38 | 0.37 | 0.50 | 0.60 | 0.69 | 0.75 | 0.79 | 0.80 | 0.80 | 0.74 | 0.70 | 0.67 | 0.50 | 0.29 | 0.25 | 0.19 | 0.17 | 0.13 |
| | 重 | 东 | 0.07 | 0.06 | 0.05 | 0.05 | 0.06 | 0.18 | 0.32 | 0.41 | 0.48 | 0.49 | 0.45 | 0.21 | 0.21 | 0.21 | 0.21 | 0.20 | 0.18 | 0.16 | 0.13 | 0.11 | 0.10 | 0.09 | 0.08 | 0.07 |
| | | 南 | 0.10 | 0.09 | 0.08 | 0.08 | 0.07 | 0.10 | 0.13 | 0.18 | 0.24 | 0.33 | 0.43 | 0.42 | 0.55 | 0.55 | 0.52 | 0.46 | 0.30 | 0.26 | 0.21 | 0.17 | 0.16 | 0.14 | 0.13 | 0.11 |
| | | 西 | 0.08 | 0.07 | 0.07 | 0.06 | 0.06 | 0.07 | 0.09 | 0.10 | 0.13 | 0.14 | 0.16 | 0.17 | 0.22 | 0.30 | 0.40 | 0.48 | 0.52 | 0.52 | 0.40 | 0.13 | 0.12 | 0.11 | 0.10 | 0.09 |
| | | 北 | 0.20 | 0.18 | 0.16 | 0.15 | 0.14 | 0.31 | 0.40 | 0.38 | 0.47 | 0.55 | 0.61 | 0.66 | 0.69 | 0.71 | 0.71 | 0.68 | 0.65 | 0.66 | 0.53 | 0.36 | 0.32 | 0.28 | 0.25 | 0.23 |
| 西安 | 轻 | 东 | 0.03 | 0.02 | 0.02 | 0.01 | 0.01 | 0.11 | 0.27 | 0.42 | 0.54 | 0.59 | 0.57 | 0.20 | 0.22 | 0.22 | 0.22 | 0.20 | 0.18 | 0.14 | 0.10 | 0.08 | 0.07 | 0.05 | 0.04 | 0.03 |
| | | 南 | 0.06 | 0.05 | 0.04 | 0.03 | 0.03 | 0.07 | 0.14 | 0.21 | 0.30 | 0.40 | 0.51 | 0.53 | 0.67 | 0.68 | 0.65 | 0.44 | 0.39 | 0.32 | 0.22 | 0.17 | 0.14 | 0.11 | 0.09 | 0.07 |
| | | 西 | 0.03 | 0.02 | 0.02 | 0.01 | 0.01 | 0.03 | 0.07 | 0.10 | 0.13 | 0.16 | 0.19 | 0.20 | 0.25 | 0.34 | 0.46 | 0.55 | 0.60 | 0.58 | 0.10 | 0.08 | 0.07 | 0.05 | 0.04 | 0.03 |
| | | 北 | 0.10 | 0.08 | 0.07 | 0.05 | 0.04 | 0.18 | 0.34 | 0.43 | 0.48 | 0.59 | 0.68 | 0.74 | 0.79 | 0.80 | 0.79 | 0.75 | 0.69 | 0.63 | 0.37 | 0.29 | 0.24 | 0.19 | 0.16 | 0.12 |

续表

| 地点 | 房间类型 | 朝向 | 1 | 2 | 3 | 4 | 5 | 6 | 7 | 8 | 9 | 10 | 11 | 12 | 13 | 14 | 15 | 16 | 17 | 18 | 19 | 20 | 21 | 22 | 23 | 24 |
|---|---|---|---|---|---|---|---|---|---|---|---|---|---|---|---|---|---|---|---|---|---|---|---|---|---|---|
| 西安 | 重 | 东 | 0.07 | 0.06 | 0.06 | 0.05 | 0.05 | 0.18 | 0.31 | 0.41 | 0.48 | 0.48 | 0.45 | 0.22 | 0.23 | 0.23 | 0.23 | 0.21 | 0.19 | 0.17 | 0.13 | 0.12 | 0.11 | 0.09 | 0.08 | 0.07 |
| | | 南 | 0.12 | 0.11 | 0.10 | 0.09 | 0.08 | 0.12 | 0.17 | 0.22 | 0.30 | 0.39 | 0.47 | 0.48 | 0.58 | 0.57 | 0.54 | 0.41 | 0.37 | 0.32 | 0.25 | 0.21 | 0.19 | 0.17 | 0.15 | 0.13 |
| | | 西 | 0.08 | 0.08 | 0.07 | 0.06 | 0.05 | 0.07 | 0.10 | 0.12 | 0.14 | 0.16 | 0.18 | 0.19 | 0.26 | 0.35 | 0.44 | 0.51 | 0.52 | 0.48 | 0.16 | 0.14 | 0.12 | 0.11 | 0.10 | 0.09 |
| | | 北 | 0.19 | 0.17 | 0.15 | 0.14 | 0.13 | 0.27 | 0.36 | 0.41 | 0.46 | 0.54 | 0.61 | 0.65 | 0.69 | 0.70 | 0.70 | 0.67 | 0.65 | 0.61 | 0.40 | 0.34 | 0.30 | 0.27 | 0.24 | 0.21 |
| 上海 | 轻 | 东 | 0.03 | 0.02 | 0.02 | 0.01 | 0.01 | 0.11 | 0.27 | 0.42 | 0.53 | 0.58 | 0.56 | 0.19 | 0.20 | 0.21 | 0.20 | 0.19 | 0.17 | 0.13 | 0.09 | 0.07 | 0.06 | 0.05 | 0.04 | 0.03 |
| | | 南 | 0.07 | 0.06 | 0.05 | 0.04 | 0.03 | 0.08 | 0.16 | 0.24 | 0.34 | 0.43 | 0.54 | 0.57 | 0.69 | 0.70 | 0.67 | 0.50 | 0.44 | 0.36 | 0.26 | 0.20 | 0.16 | 0.13 | 0.11 | 0.09 |
| | | 西 | 0.03 | 0.02 | 0.02 | 0.01 | 0.01 | 0.03 | 0.06 | 0.09 | 0.12 | 0.15 | 0.18 | 0.19 | 0.24 | 0.33 | 0.44 | 0.54 | 0.60 | 0.58 | 0.09 | 0.07 | 0.06 | 0.05 | 0.04 | 0.03 |
| | | 北 | 0.10 | 0.08 | 0.07 | 0.05 | 0.04 | 0.20 | 0.36 | 0.45 | 0.48 | 0.59 | 0.68 | 0.75 | 0.79 | 0.81 | 0.80 | 0.76 | 0.70 | 0.66 | 0.37 | 0.29 | 0.24 | 0.19 | 0.16 | 0.12 |
| | 重 | 东 | 0.06 | 0.06 | 0.05 | 0.05 | 0.09 | 0.20 | 0.32 | 0.41 | 0.47 | 0.46 | 0.44 | 0.21 | 0.22 | 0.22 | 0.21 | 0.20 | 0.18 | 0.15 | 0.12 | 0.11 | 0.10 | 0.09 | 0.08 | 0.07 |
| | | 南 | 0.13 | 0.12 | 0.10 | 0.09 | 0.10 | 0.14 | 0.20 | 0.26 | 0.35 | 0.43 | 0.50 | 0.52 | 0.59 | 0.58 | 0.55 | 0.45 | 0.40 | 0.34 | 0.27 | 0.23 | 0.21 | 0.18 | 0.16 | 0.15 |
| | | 西 | 0.08 | 0.07 | 0.06 | 0.06 | 0.06 | 0.07 | 0.10 | 0.12 | 0.14 | 0.16 | 0.17 | 0.20 | 0.28 | 0.36 | 0.44 | 0.49 | 0.49 | 0.43 | 0.15 | 0.13 | 0.11 | 0.10 | 0.09 | 0.08 |
| | | 北 | 0.18 | 0.17 | 0.15 | 0.14 | 0.17 | 0.29 | 0.38 | 0.44 | 0.48 | 0.55 | 0.62 | 0.67 | 0.70 | 0.71 | 0.69 | 0.69 | 0.65 | 0.58 | 0.39 | 0.34 | 0.30 | 0.26 | 0.24 | 0.21 |
| 广州 | 轻 | 东 | 0.03 | 0.02 | 0.02 | 0.01 | 0.01 | 0.08 | 0.23 | 0.39 | 0.52 | 0.58 | 0.57 | 0.21 | 0.22 | 0.23 | 0.22 | 0.20 | 0.18 | 0.14 | 0.10 | 0.08 | 0.06 | 0.05 | 0.04 | 0.03 |
| | | 南 | 0.09 | 0.08 | 0.06 | 0.05 | 0.04 | 0.08 | 0.20 | 0.32 | 0.45 | 0.56 | 0.65 | 0.72 | 0.77 | 0.78 | 0.76 | 0.70 | 0.61 | 0.47 | 0.34 | 0.27 | 0.22 | 0.18 | 0.14 | 0.12 |
| | | 西 | 0.03 | 0.02 | 0.02 | 0.01 | 0.01 | 0.02 | 0.06 | 0.09 | 0.13 | 0.16 | 0.19 | 0.21 | 0.26 | 0.35 | 0.47 | 0.56 | 0.60 | 0.55 | 0.10 | 0.08 | 0.06 | 0.05 | 0.04 | 0.03 |
| | | 北 | 0.10 | 0.08 | 0.06 | 0.05 | 0.04 | 0.14 | 0.32 | 0.47 | 0.58 | 0.63 | 0.67 | 0.74 | 0.79 | 0.82 | 0.82 | 0.79 | 0.75 | 0.64 | 0.35 | 0.28 | 0.22 | 0.18 | 0.15 | 0.12 |
| | 重 | 东 | 0.07 | 0.06 | 0.05 | 0.05 | 0.05 | 0.15 | 0.28 | 0.39 | 0.46 | 0.47 | 0.44 | 0.22 | 0.23 | 0.23 | 0.22 | 0.21 | 0.19 | 0.16 | 0.13 | 0.11 | 0.10 | 0.09 | 0.08 | 0.07 |
| | | 南 | 0.17 | 0.15 | 0.13 | 0.12 | 0.11 | 0.15 | 0.24 | 0.34 | 0.43 | 0.51 | 0.58 | 0.63 | 0.67 | 0.68 | 0.66 | 0.61 | 0.54 | 0.44 | 0.35 | 0.30 | 0.27 | 0.24 | 0.21 | 0.19 |
| | | 西 | 0.08 | 0.07 | 0.06 | 0.06 | 0.05 | 0.06 | 0.09 | 0.11 | 0.14 | 0.16 | 0.18 | 0.20 | 0.27 | 0.36 | 0.45 | 0.50 | 0.51 | 0.42 | 0.15 | 0.13 | 0.12 | 0.11 | 0.10 | 0.09 |
| | | 北 | 0.19 | 0.17 | 0.15 | 0.13 | 0.13 | 0.25 | 0.37 | 0.46 | 0.53 | 0.58 | 0.61 | 0.66 | 0.69 | 0.72 | 0.73 | 0.72 | 0.69 | 0.58 | 0.38 | 0.33 | 0.30 | 0.26 | 0.24 | 0.21 |

注：其他城市可按下表采用：

| 代表城市 | 适用城市 |
|---|---|
| 北京 | 哈尔滨、长春、乌鲁木齐、沈阳、呼和浩特、天津、银川、石家庄、太原、大连 |
| 西安 | 济南、西宁、兰州、郑州、青岛 |
| 上海 | 南京、合肥、成都、武汉、杭州、拉萨、重庆、南昌、长沙、宁波 |
| 广州 | 贵阳、福州、台北、昆明、南宁、海口、厦门、深圳 |

夏季透过标准玻璃窗的太阳总辐射照度最大值 $D_{Jmax}$，可按附表 E-9 采用。

**夏季透过标准玻璃窗的太阳总辐射照度最大值 $D_{Jmax}$** 附表 E-9

| 城市 | 北 京 | 天 津 | 上 海 | 福 州 | 长 沙 | 昆 明 | 长 春 | 贵 阳 | 武 汉 | 成 都 | 乌鲁木齐 | 大 连 |
|---|---|---|---|---|---|---|---|---|---|---|---|---|
| 东 | 579 | 534 | 529 | 574 | 575 | 572 | 577 | 574 | 577 | 480 | 639 | 534 |
| 南 | 312 | 299 | 210 | 158 | 174 | 149 | 362 | 161 | 198 | 208 | 372 | 297 |
| 西 | 579 | 534 | 529 | 574 | 575 | 572 | 577 | 574 | 577 | 480 | 639 | 534 |
| 北 | 133 | 143 | 145 | 139 | 138 | 138 | 130 | 139 | 137 | 157 | 121 | 143 |
| 城市 | 太 原 | 石家庄 | 南 京 | 厦 门 | 广 州 | 拉 萨 | 沈 阳 | 合 肥 | 青 岛 | 海 口 | 西 宁 | 呼和浩特 |
| 东 | 579 | 579 | 533 | 525 | 524 | 736 | 533 | 533 | 534 | 521 | 691 | 641 |
| 南 | 287 | 290 | 216 | 156 | 152 | 186 | 330 | 215 | 265 | 149 | 254 | 331 |
| 西 | 579 | 579 | 533 | 525 | 524 | 736 | 533 | 533 | 534 | 521 | 691 | 641 |
| 北 | 136 | 136 | 136 | 146 | 147 | 147 | 140 | 146 | 146 | 150 | 127 | 123 |
| 城市 | 大 连 | 哈尔滨 | 郑 州 | 重 庆 | 银 川 | 杭 州 | 南 昌 | 济 南 | 南 宁 | 兰 州 | 深 圳 | 西 安 |
| 东 | 534 | 575 | 534 | 480 | 579 | 532 | 576 | 534 | 523 | 640 | 525 | 534 |
| 南 | 297 | 384 | 248 | 202 | 295 | 198 | 177 | 272 | 151 | 251 | 159 | 243 |
| 西 | 534 | 575 | 534 | 480 | 579 | 532 | 576 | 534 | 523 | 640 | 525 | 534 |
| 北 | 143 | 128 | 146 | 157 | 135 | 145 | 138 | 145 | 148 | 128 | 147 | 146 |

人体、照明、设备冷负荷系数 $C_{cl_{rt}}$、$C_{cl_{zm}}$、$C_{cl_{sb}}$，可按附表 E-10～附表 E-12 采用。

**人体冷负荷系数 $C_{cl_{rt}}$** 附表 E-10

| 工作小时数 (h) | 从开始工作时刻算起到计算时刻的持续时间 | | | | | | | | | | | | | | | | | | | | | | | |
|---|---|---|---|---|---|---|---|---|---|---|---|---|---|---|---|---|---|---|---|---|---|---|---|---|
| | 1 | 2 | 3 | 4 | 5 | 6 | 7 | 8 | 9 | 10 | 11 | 12 | 13 | 14 | 15 | 16 | 17 | 18 | 19 | 20 | 21 | 22 | 23 | 24 |
| 1 | 0.44 | 0.32 | 0.05 | 0.03 | 0.02 | 0.02 | 0.02 | 0.01 | 0.01 | 0.01 | 0.01 | 0.01 | 0.01 | 0.01 | 0.01 | 0.00 | 0.00 | 0.00 | 0.00 | 0.00 | 0.00 | 0.00 | 0.00 | 0.00 |
| 2 | 0.44 | 0.77 | 0.38 | 0.08 | 0.05 | 0.04 | 0.03 | 0.03 | 0.03 | 0.02 | 0.02 | 0.02 | 0.01 | 0.01 | 0.01 | 0.01 | 0.01 | 0.01 | 0.01 | 0.01 | 0.01 | 0.00 | 0.00 | 0.00 |
| 3 | 0.44 | 0.77 | 0.82 | 0.41 | 0.10 | 0.07 | 0.06 | 0.05 | 0.04 | 0.04 | 0.03 | 0.03 | 0.02 | 0.02 | 0.02 | 0.02 | 0.01 | 0.01 | 0.01 | 0.01 | 0.01 | 0.01 | 0.01 | 0.01 |
| 4 | 0.45 | 0.77 | 0.82 | 0.85 | 0.43 | 0.12 | 0.08 | 0.07 | 0.06 | 0.05 | 0.04 | 0.04 | 0.03 | 0.03 | 0.03 | 0.02 | 0.02 | 0.02 | 0.02 | 0.01 | 0.01 | 0.01 | 0.01 | 0.01 |
| 5 | 0.45 | 0.77 | 0.82 | 0.85 | 0.87 | 0.45 | 0.14 | 0.10 | 0.08 | 0.07 | 0.06 | 0.05 | 0.04 | 0.04 | 0.03 | 0.03 | 0.03 | 0.02 | 0.02 | 0.02 | 0.02 | 0.01 | 0.01 | 0.01 |
| 6 | 0.45 | 0.77 | 0.83 | 0.85 | 0.87 | 0.89 | 0.46 | 0.15 | 0.11 | 0.09 | 0.08 | 0.07 | 0.06 | 0.05 | 0.04 | 0.04 | 0.03 | 0.03 | 0.03 | 0.02 | 0.02 | 0.02 | 0.02 | 0.01 |
| 7 | 0.46 | 0.78 | 0.83 | 0.85 | 0.87 | 0.89 | 0.90 | 0.48 | 0.16 | 0.12 | 0.10 | 0.09 | 0.07 | 0.06 | 0.06 | 0.05 | 0.04 | 0.04 | 0.03 | 0.03 | 0.03 | 0.02 | 0.02 | 0.02 |
| 8 | 0.46 | 0.78 | 0.83 | 0.86 | 0.88 | 0.89 | 0.91 | 0.92 | 0.49 | 0.17 | 0.13 | 0.11 | 0.09 | 0.08 | 0.07 | 0.06 | 0.05 | 0.05 | 0.04 | 0.04 | 0.03 | 0.03 | 0.02 | 0.02 |
| 9 | 0.46 | 0.78 | 0.83 | 0.86 | 0.88 | 0.89 | 0.91 | 0.92 | 0.93 | 0.50 | 0.18 | 0.14 | 0.11 | 0.10 | 0.09 | 0.07 | 0.06 | 0.06 | 0.05 | 0.04 | 0.04 | 0.03 | 0.03 | 0.03 |

续表

| 工作小时数(h) | 从开始工作时刻算起到计算时刻的持续时间 | | | | | | | | | | | | | | | | | | | | | | | |
|---|---|---|---|---|---|---|---|---|---|---|---|---|---|---|---|---|---|---|---|---|---|---|---|---|
| | 1 | 2 | 3 | 4 | 5 | 6 | 7 | 8 | 9 | 10 | 11 | 12 | 13 | 14 | 15 | 16 | 17 | 18 | 19 | 20 | 21 | 22 | 23 | 24 |
| 10 | 0.47 | 0.79 | 0.84 | 0.86 | 0.88 | 0.90 | 0.91 | 0.92 | 0.93 | 0.94 | 0.51 | 0.19 | 0.14 | 0.12 | 0.10 | 0.09 | 0.08 | 0.07 | 0.06 | 0.05 | 0.05 | 0.04 | 0.04 | 0.03 |
| 11 | 0.47 | 0.79 | 0.84 | 0.87 | 0.88 | 0.90 | 0.91 | 0.92 | 0.93 | 0.94 | 0.95 | 0.51 | 0.20 | 0.15 | 0.12 | 0.11 | 0.09 | 0.08 | 0.07 | 0.06 | 0.05 | 0.05 | 0.04 | 0.04 |
| 12 | 0.48 | 0.80 | 0.85 | 0.87 | 0.89 | 0.90 | 0.92 | 0.93 | 0.93 | 0.94 | 0.95 | 0.96 | 0.52 | 0.20 | 0.15 | 0.13 | 0.11 | 0.10 | 0.08 | 0.07 | 0.07 | 0.06 | 0.05 | 0.04 |
| 13 | 0.49 | 0.80 | 0.85 | 0.88 | 0.89 | 0.91 | 0.92 | 0.93 | 0.94 | 0.95 | 0.95 | 0.96 | 0.96 | 0.53 | 0.21 | 0.16 | 0.13 | 0.12 | 0.10 | 0.09 | 0.08 | 0.07 | 0.06 | 0.05 |
| 14 | 0.49 | 0.81 | 0.86 | 0.88 | 0.90 | 0.91 | 0.92 | 0.93 | 0.94 | 0.95 | 0.95 | 0.96 | 0.96 | 0.97 | 0.53 | 0.21 | 0.16 | 0.14 | 0.12 | 0.10 | 0.09 | 0.08 | 0.07 | 0.06 |
| 15 | 0.50 | 0.82 | 0.86 | 0.89 | 0.90 | 0.91 | 0.93 | 0.94 | 0.94 | 0.95 | 0.96 | 0.96 | 0.97 | 0.97 | 0.97 | 0.54 | 0.22 | 0.17 | 0.14 | 0.12 | 0.11 | 0.09 | 0.08 | 0.07 |
| 16 | 0.51 | 0.83 | 0.87 | 0.89 | 0.91 | 0.92 | 0.93 | 0.94 | 0.95 | 0.95 | 0.96 | 0.96 | 0.97 | 0.97 | 0.98 | 0.98 | 0.54 | 0.22 | 0.17 | 0.14 | 0.12 | 0.11 | 0.09 | 0.08 |
| 17 | 0.52 | 0.84 | 0.88 | 0.90 | 0.91 | 0.93 | 0.94 | 0.94 | 0.95 | 0.96 | 0.96 | 0.97 | 0.97 | 0.97 | 0.98 | 0.98 | 0.98 | 0.54 | 0.22 | 0.17 | 0.15 | 0.13 | 0.11 | 0.10 |
| 18 | 0.54 | 0.85 | 0.89 | 0.91 | 0.92 | 0.93 | 0.94 | 0.95 | 0.96 | 0.96 | 0.97 | 0.97 | 0.97 | 0.98 | 0.98 | 0.98 | 0.98 | 0.99 | 0.55 | 0.23 | 0.17 | 0.15 | 0.13 | 0.11 |
| 19 | 0.55 | 0.86 | 0.90 | 0.92 | 0.93 | 0.94 | 0.95 | 0.96 | 0.96 | 0.97 | 0.97 | 0.97 | 0.98 | 0.98 | 0.98 | 0.98 | 0.99 | 0.99 | 0.99 | 0.55 | 0.23 | 0.18 | 0.15 | 0.13 |
| 20 | 0.57 | 0.88 | 0.92 | 0.93 | 0.94 | 0.95 | 0.96 | 0.96 | 0.97 | 0.97 | 0.97 | 0.98 | 0.98 | 0.98 | 0.98 | 0.99 | 0.99 | 0.99 | 0.99 | 0.99 | 0.55 | 0.23 | 0.18 | 0.15 |
| 21 | 0.59 | 0.90 | 0.93 | 0.94 | 0.95 | 0.96 | 0.96 | 0.97 | 0.97 | 0.98 | 0.98 | 0.98 | 0.98 | 0.99 | 0.99 | 0.99 | 0.99 | 0.99 | 0.99 | 0.99 | 0.99 | 0.56 | 0.23 | 0.18 |
| 22 | 0.62 | 0.92 | 0.95 | 0.96 | 0.97 | 0.97 | 0.97 | 0.98 | 0.98 | 0.98 | 0.99 | 0.99 | 0.99 | 0.99 | 0.99 | 0.99 | 0.99 | 0.99 | 0.99 | 1.00 | 1.00 | 1.00 | 0.56 | 0.23 |
| 23 | 0.68 | 0.95 | 0.97 | 0.98 | 0.98 | 0.98 | 0.99 | 0.99 | 0.99 | 0.99 | 0.99 | 0.99 | 0.99 | 0.99 | 1.00 | 1.00 | 1.00 | 1.00 | 1.00 | 1.00 | 1.00 | 1.00 | 1.00 | 0.56 |
| 24 | 1.00 | 1.00 | 1.00 | 1.00 | 1.00 | 1.00 | 1.00 | 1.00 | 1.00 | 1.00 | 1.00 | 1.00 | 1.00 | 1.00 | 1.00 | 1.00 | 1.00 | 1.00 | 1.00 | 1.00 | 1.00 | 1.00 | 1.00 | 1.00 |

**照明冷负荷系数 $C_{cl_{zm}}$** **附表 E-11**

| 工作小时数(h) | 从开灯时刻算起到计算时刻的持续时间 | | | | | | | | | | | | | | | | | | | | | | | |
|---|---|---|---|---|---|---|---|---|---|---|---|---|---|---|---|---|---|---|---|---|---|---|---|---|
| | 1 | 2 | 3 | 4 | 5 | 6 | 7 | 8 | 9 | 10 | 11 | 12 | 13 | 14 | 15 | 16 | 17 | 18 | 19 | 20 | 21 | 22 | 23 | 24 |
| 1 | 0.37 | 0.33 | 0.06 | 0.04 | 0.03 | 0.03 | 0.02 | 0.02 | 0.02 | 0.01 | 0.01 | 0.01 | 0.01 | 0.01 | 0.01 | 0.01 | 0.01 | 0.00 | 0.00 | 0.00 | 0.37 | 0.33 | 0.06 | 0.04 |
| 2 | 0.37 | 0.69 | 0.38 | 0.09 | 0.07 | 0.06 | 0.05 | 0.04 | 0.04 | 0.03 | 0.03 | 0.02 | 0.02 | 0.02 | 0.02 | 0.01 | 0.01 | 0.01 | 0.01 | 0.01 | 0.37 | 0.69 | 0.38 | 0.09 |
| 3 | 0.37 | 0.70 | 0.75 | 0.42 | 0.13 | 0.09 | 0.08 | 0.07 | 0.06 | 0.05 | 0.04 | 0.04 | 0.03 | 0.03 | 0.02 | 0.02 | 0.02 | 0.02 | 0.01 | 0.01 | 0.37 | 0.70 | 0.75 | 0.42 |
| 4 | 0.38 | 0.70 | 0.75 | 0.79 | 0.45 | 0.15 | 0.12 | 0.10 | 0.08 | 0.07 | 0.06 | 0.05 | 0.05 | 0.04 | 0.04 | 0.03 | 0.03 | 0.02 | 0.02 | 0.02 | 0.38 | 0.70 | 0.75 | 0.79 |
| 5 | 0.38 | 0.70 | 0.76 | 0.79 | 0.82 | 0.48 | 0.17 | 0.13 | 0.11 | 0.10 | 0.08 | 0.07 | 0.06 | 0.05 | 0.05 | 0.04 | 0.04 | 0.03 | 0.03 | 0.02 | 0.38 | 0.70 | 0.76 | 0.79 |
| 6 | 0.38 | 0.70 | 0.76 | 0.79 | 0.82 | 0.84 | 0.50 | 0.19 | 0.15 | 0.13 | 0.11 | 0.09 | 0.08 | 0.07 | 0.06 | 0.05 | 0.05 | 0.04 | 0.04 | 0.03 | 0.38 | 0.70 | 0.76 | 0.79 |
| 7 | 0.39 | 0.71 | 0.76 | 0.80 | 0.82 | 0.85 | 0.87 | 0.52 | 0.21 | 0.17 | 0.14 | 0.12 | 0.10 | 0.09 | 0.08 | 0.07 | 0.06 | 0.05 | 0.05 | 0.04 | 0.39 | 0.71 | 0.76 | 0.80 |
| 8 | 0.39 | 0.71 | 0.77 | 0.80 | 0.83 | 0.85 | 0.87 | 0.89 | 0.53 | 0.22 | 0.18 | 0.15 | 0.13 | 0.11 | 0.10 | 0.08 | 0.07 | 0.06 | 0.06 | 0.05 | 0.39 | 0.71 | 0.77 | 0.80 |
| 9 | 0.40 | 0.72 | 0.77 | 0.80 | 0.83 | 0.85 | 0.87 | 0.89 | 0.90 | 0.55 | 0.23 | 0.19 | 0.16 | 0.14 | 0.12 | 0.10 | 0.09 | 0.08 | 0.07 | 0.06 | 0.40 | 0.72 | 0.77 | 0.80 |
| 10 | 0.40 | 0.72 | 0.78 | 0.81 | 0.83 | 0.86 | 0.87 | 0.89 | 0.90 | 0.92 | 0.56 | 0.25 | 0.20 | 0.17 | 0.14 | 0.13 | 0.11 | 0.09 | 0.08 | 0.07 | 0.40 | 0.72 | 0.78 | 0.81 |

续表

| 工作小时数(h) | 从开灯时刻算起到计算时刻的持续时间 | | | | | | | | | | | | | | | | | | | | | | |
|---|---|---|---|---|---|---|---|---|---|---|---|---|---|---|---|---|---|---|---|---|---|---|---|
| | 1 | 2 | 3 | 4 | 5 | 6 | 7 | 8 | 9 | 10 | 11 | 12 | 13 | 14 | 15 | 16 | 17 | 18 | 19 | 20 | 21 | 22 | 23 | 24 |
| 11 | 0.41 | 0.73 | 0.78 | 0.81 | 0.84 | 0.86 | 0.88 | 0.89 | 0.91 | 0.92 | 0.93 | 0.57 | 0.25 | 0.21 | 0.18 | 0.15 | 0.13 | 0.11 | 0.10 | 0.09 | 0.41 | 0.73 | 0.78 | 0.81 |
| 12 | 0.42 | 0.74 | 0.79 | 0.82 | 0.84 | 0.86 | 0.88 | 0.90 | 0.91 | 0.92 | 0.93 | 0.94 | 0.58 | 0.26 | 0.21 | 0.18 | 0.16 | 0.14 | 0.12 | 0.10 | 0.42 | 0.74 | 0.79 | 0.82 |
| 13 | 0.43 | 0.75 | 0.79 | 0.82 | 0.85 | 0.87 | 0.89 | 0.90 | 0.91 | 0.92 | 0.93 | 0.94 | 0.95 | 0.59 | 0.27 | 0.22 | 0.19 | 0.16 | 0.14 | 0.12 | 0.43 | 0.75 | 0.79 | 0.82 |
| 14 | 0.44 | 0.75 | 0.80 | 0.83 | 0.86 | 0.87 | 0.89 | 0.91 | 0.92 | 0.93 | 0.94 | 0.94 | 0.95 | 0.96 | 0.60 | 0.28 | 0.22 | 0.19 | 0.17 | 0.14 | 0.44 | 0.75 | 0.80 | 0.83 |
| 15 | 0.45 | 0.77 | 0.81 | 0.84 | 0.86 | 0.88 | 0.90 | 0.91 | 0.92 | 0.93 | 0.94 | 0.95 | 0.95 | 0.96 | 0.96 | 0.60 | 0.28 | 0.23 | 0.20 | 0.17 | 0.45 | 0.77 | 0.81 | 0.84 |
| 16 | 0.47 | 0.78 | 0.82 | 0.85 | 0.87 | 0.89 | 0.90 | 0.92 | 0.93 | 0.94 | 0.94 | 0.95 | 0.96 | 0.96 | 0.97 | 0.97 | 0.61 | 0.29 | 0.23 | 0.20 | 0.47 | 0.78 | 0.82 | 0.85 |
| 17 | 0.48 | 0.79 | 0.83 | 0.86 | 0.88 | 0.90 | 0.91 | 0.92 | 0.93 | 0.94 | 0.95 | 0.95 | 0.96 | 0.96 | 0.97 | 0.97 | 0.98 | 0.61 | 0.29 | 0.24 | 0.48 | 0.79 | 0.83 | 0.86 |
| 18 | 0.50 | 0.81 | 0.85 | 0.87 | 0.89 | 0.91 | 0.92 | 0.93 | 0.94 | 0.95 | 0.95 | 0.96 | 0.96 | 0.97 | 0.97 | 0.97 | 0.98 | 0.98 | 0.62 | 0.29 | 0.50 | 0.81 | 0.85 | 0.87 |
| 19 | 0.52 | 0.83 | 0.87 | 0.89 | 0.90 | 0.92 | 0.93 | 0.94 | 0.95 | 0.95 | 0.96 | 0.96 | 0.97 | 0.97 | 0.98 | 0.98 | 0.98 | 0.98 | 0.98 | 0.62 | 0.52 | 0.83 | 0.87 | 0.89 |
| 20 | 0.55 | 0.85 | 0.88 | 0.90 | 0.92 | 0.93 | 0.94 | 0.95 | 0.95 | 0.96 | 0.96 | 0.97 | 0.97 | 0.98 | 0.98 | 0.98 | 0.98 | 0.99 | 0.99 | 0.99 | 0.55 | 0.85 | 0.88 | 0.90 |
| 21 | 0.58 | 0.87 | 0.91 | 0.92 | 0.93 | 0.94 | 0.95 | 0.96 | 0.96 | 0.97 | 0.97 | 0.98 | 0.98 | 0.98 | 0.98 | 0.99 | 0.99 | 0.99 | 0.99 | 0.99 | 0.58 | 0.87 | 0.91 | 0.92 |
| 22 | 0.62 | 0.90 | 0.93 | 0.94 | 0.95 | 0.96 | 0.96 | 0.97 | 0.97 | 0.98 | 0.98 | 0.98 | 0.98 | 0.99 | 0.99 | 0.99 | 0.99 | 0.99 | 0.99 | 0.99 | 0.62 | 0.90 | 0.93 | 0.94 |
| 23 | 0.67 | 0.94 | 0.96 | 0.97 | 0.97 | 0.98 | 0.98 | 0.98 | 0.99 | 0.99 | 0.99 | 0.99 | 0.99 | 0.99 | 0.99 | 0.99 | 1.00 | 1.00 | 1.00 | 1.00 | 0.67 | 0.94 | 0.96 | 0.97 |
| 24 | 1.00 | 1.00 | 1.00 | 1.00 | 1.00 | 1.00 | 1.00 | 1.00 | 1.00 | 1.00 | 1.00 | 1.00 | 1.00 | 1.00 | 1.00 | 1.00 | 1.00 | 1.00 | 1.00 | 1.00 | 1.00 | 1.00 | 1.00 | 1.00 |

**设备冷负荷系数 $C_{cl_{sb}}$** **附表 E-12**

| 工作小时数(h) | 从开机时刻算起到计算时刻的持续时间 | | | | | | | | | | | | | | | | | | | | | | |
|---|---|---|---|---|---|---|---|---|---|---|---|---|---|---|---|---|---|---|---|---|---|---|---|
| | 1 | 2 | 3 | 4 | 5 | 6 | 7 | 8 | 9 | 10 | 11 | 12 | 13 | 14 | 15 | 16 | 17 | 18 | 19 | 20 | 21 | 22 | 23 | 24 |
| 1 | 0.77 | 0.14 | 0.02 | 0.01 | 0.01 | 0.01 | 0.01 | 0.01 | 0.00 | 0.00 | 0.00 | 0.00 | 0.00 | 0.00 | 0.00 | 0.00 | 0.00 | 0.00 | 0.00 | 0.00 | 0.00 | 0.00 | 0.00 | 0.00 |
| 2 | 0.77 | 0.90 | 0.16 | 0.03 | 0.02 | 0.02 | 0.01 | 0.01 | 0.01 | 0.01 | 0.01 | 0.01 | 0.01 | 0.01 | 0.00 | 0.00 | 0.00 | 0.00 | 0.00 | 0.00 | 0.00 | 0.00 | 0.00 | 0.00 |
| 3 | 0.77 | 0.90 | 0.93 | 0.17 | 0.04 | 0.03 | 0.02 | 0.02 | 0.02 | 0.01 | 0.01 | 0.01 | 0.01 | 0.01 | 0.01 | 0.01 | 0.01 | 0.01 | 0.00 | 0.00 | 0.00 | 0.00 | 0.00 | 0.00 |
| 4 | 0.77 | 0.90 | 0.93 | 0.94 | 0.18 | 0.05 | 0.03 | 0.03 | 0.02 | 0.02 | 0.02 | 0.02 | 0.01 | 0.01 | 0.01 | 0.01 | 0.01 | 0.01 | 0.01 | 0.01 | 0.01 | 0.00 | 0.00 | 0.00 |
| 5 | 0.77 | 0.90 | 0.93 | 0.94 | 0.95 | 0.19 | 0.06 | 0.04 | 0.03 | 0.03 | 0.02 | 0.02 | 0.02 | 0.02 | 0.01 | 0.01 | 0.01 | 0.01 | 0.01 | 0.01 | 0.01 | 0.01 | 0.01 | 0.00 |
| 6 | 0.77 | 0.91 | 0.93 | 0.94 | 0.95 | 0.95 | 0.19 | 0.06 | 0.05 | 0.04 | 0.03 | 0.03 | 0.02 | 0.02 | 0.02 | 0.02 | 0.01 | 0.01 | 0.01 | 0.01 | 0.01 | 0.01 | 0.01 | 0.01 |
| 7 | 0.77 | 0.91 | 0.93 | 0.94 | 0.95 | 0.95 | 0.96 | 0.20 | 0.07 | 0.05 | 0.04 | 0.04 | 0.03 | 0.03 | 0.02 | 0.02 | 0.02 | 0.02 | 0.01 | 0.01 | 0.01 | 0.01 | 0.01 | 0.01 |
| 8 | 0.77 | 0.91 | 0.93 | 0.94 | 0.95 | 0.96 | 0.96 | 0.97 | 0.20 | 0.07 | 0.05 | 0.04 | 0.04 | 0.03 | 0.03 | 0.03 | 0.02 | 0.02 | 0.02 | 0.01 | 0.01 | 0.01 | 0.01 | 0.01 |
| 9 | 0.78 | 0.91 | 0.93 | 0.94 | 0.95 | 0.96 | 0.96 | 0.97 | 0.97 | 0.21 | 0.08 | 0.06 | 0.05 | 0.04 | 0.04 | 0.03 | 0.03 | 0.02 | 0.02 | 0.02 | 0.02 | 0.01 | 0.01 | 0.01 |
| 10 | 0.78 | 0.91 | 0.93 | 0.94 | 0.95 | 0.96 | 0.96 | 0.97 | 0.97 | 0.97 | 0.21 | 0.08 | 0.06 | 0.05 | 0.04 | 0.04 | 0.03 | 0.03 | 0.02 | 0.02 | 0.02 | 0.02 | 0.01 | 0.01 |
| 11 | 0.78 | 0.91 | 0.93 | 0.94 | 0.95 | 0.96 | 0.96 | 0.97 | 0.97 | 0.98 | 0.98 | 0.21 | 0.08 | 0.06 | 0.05 | 0.04 | 0.04 | 0.03 | 0.03 | 0.03 | 0.02 | 0.02 | 0.02 | 0.02 |

续表

| 工作小时数（h） | 从开机时刻算起到计算时刻的持续时间 | | | | | | | | | | | | | | | | | | | | | | | |
|---|---|---|---|---|---|---|---|---|---|---|---|---|---|---|---|---|---|---|---|---|---|---|---|---|
| | 1 | 2 | 3 | 4 | 5 | 6 | 7 | 8 | 9 | 10 | 11 | 12 | 13 | 14 | 15 | 16 | 17 | 18 | 19 | 20 | 21 | 22 | 23 | 24 |
| 12 | 0.78 | 0.92 | 0.94 | 0.95 | 0.95 | 0.96 | 0.96 | 0.97 | 0.97 | 0.98 | 0.98 | 0.98 | 0.22 | 0.08 | 0.06 | 0.05 | 0.05 | 0.04 | 0.04 | 0.03 | 0.03 | 0.02 | 0.02 | 0.02 |
| 13 | 0.79 | 0.92 | 0.94 | 0.95 | 0.96 | 0.96 | 0.97 | 0.97 | 0.97 | 0.98 | 0.98 | 0.98 | 0.98 | 0.22 | 0.09 | 0.07 | 0.06 | 0.05 | 0.04 | 0.04 | 0.03 | 0.03 | 0.02 | 0.02 |
| 14 | 0.79 | 0.92 | 0.94 | 0.95 | 0.96 | 0.96 | 0.97 | 0.97 | 0.98 | 0.98 | 0.98 | 0.98 | 0.99 | 0.99 | 0.22 | 0.09 | 0.07 | 0.06 | 0.05 | 0.04 | 0.04 | 0.03 | 0.03 | 0.03 |
| 15 | 0.79 | 0.92 | 0.94 | 0.95 | 0.96 | 0.96 | 0.97 | 0.97 | 0.98 | 0.98 | 0.98 | 0.98 | 0.99 | 0.99 | 0.99 | 0.22 | 0.09 | 0.07 | 0.06 | 0.05 | 0.04 | 0.04 | 0.03 | 0.03 |
| 16 | 0.80 | 0.93 | 0.95 | 0.96 | 0.96 | 0.97 | 0.97 | 0.97 | 0.98 | 0.98 | 0.98 | 0.99 | 0.99 | 0.99 | 0.99 | 0.99 | 0.23 | 0.09 | 0.07 | 0.06 | 0.05 | 0.04 | 0.04 | 0.03 |
| 17 | 0.80 | 0.93 | 0.95 | 0.96 | 0.96 | 0.97 | 0.97 | 0.98 | 0.98 | 0.98 | 0.98 | 0.99 | 0.99 | 0.99 | 0.99 | 0.99 | 0.99 | 0.23 | 0.09 | 0.07 | 0.06 | 0.05 | 0.05 | 0.04 |
| 18 | 0.81 | 0.94 | 0.95 | 0.96 | 0.97 | 0.97 | 0.98 | 0.98 | 0.98 | 0.98 | 0.99 | 0.99 | 0.99 | 0.99 | 0.99 | 0.99 | 0.99 | 0.99 | 0.23 | 0.09 | 0.07 | 0.06 | 0.05 | 0.05 |
| 19 | 0.81 | 0.94 | 0.96 | 0.97 | 0.97 | 0.98 | 0.98 | 0.98 | 0.98 | 0.99 | 0.99 | 0.99 | 0.99 | 0.99 | 0.99 | 0.99 | 0.99 | 0.99 | 1.00 | 0.23 | 0.09 | 0.07 | 0.06 | 0.05 |
| 20 | 0.82 | 0.95 | 0.97 | 0.97 | 0.98 | 0.98 | 0.98 | 0.98 | 0.99 | 0.99 | 0.99 | 0.99 | 0.99 | 0.99 | 0.99 | 0.99 | 0.99 | 1.00 | 1.00 | 1.00 | 0.23 | 0.10 | 0.07 | 0.06 |
| 21 | 0.83 | 0.96 | 0.97 | 0.98 | 0.98 | 0.98 | 0.99 | 0.99 | 0.99 | 0.99 | 0.99 | 0.99 | 0.99 | 0.99 | 0.99 | 1.00 | 1.00 | 1.00 | 1.00 | 1.00 | 1.00 | 0.23 | 0.10 | 0.07 |
| 22 | 0.84 | 0.97 | 0.98 | 0.98 | 0.99 | 0.99 | 0.99 | 0.99 | 0.99 | 0.99 | 0.99 | 0.99 | 1.00 | 1.00 | 1.00 | 1.00 | 1.00 | 1.00 | 1.00 | 1.00 | 1.00 | 1.00 | 0.23 | 0.10 |
| 23 | 0.86 | 0.98 | 0.99 | 0.99 | 0.99 | 0.99 | 0.99 | 1.00 | 1.00 | 1.00 | 1.00 | 1.00 | 1.00 | 1.00 | 1.00 | 1.00 | 1.00 | 1.00 | 1.00 | 1.00 | 1.00 | 1.00 | 1.00 | 0.23 |
| 24 | 1.00 | 1.00 | 1.00 | 1.00 | 1.00 | 1.00 | 1.00 | 1.00 | 1.00 | 1.00 | 1.00 | 1.00 | 1.00 | 1.00 | 1.00 | 1.00 | 1.00 | 1.00 | 1.00 | 1.00 | 1.00 | 1.00 | 1.00 | 1.00 |

# 附录F 夏季太阳总辐射照度

**北纬 20°太阳总辐射照度（W/m²）** **附表 F-1**

| 透明度等级 | 1 | | | | | | 2 | | | | | | 3 | | | | | | 透明度等级 |
|---|---|---|---|---|---|---|---|---|---|---|---|---|---|---|---|---|---|---|---|
| 朝向 | S | SE | E | NE | N | H | S | SE | E | NE | N | H | S | SE | E | NE | N | H | 朝向 |
| 时刻（地方太阳时） | | | | | | | | | | | | | | | | | | | 时刻（地方太阳时） |
| 6 | 26 | 255 | 527 | 505 | 202 | 96 | 28 | 209 | 424 | 407 | 169 | 90 | 29 | 172 | 341 | 328 | 140 | 83 | 18 |
| 7 | 63 | 454 | 825 | 749 | 272 | 349 | 63 | 408 | 736 | 670 | 249 | 321 | 70 | 373 | 661 | 602 | 233 | 306 | 17 |
| 8 | 92 | 527 | 872 | 759 | 257 | 602 | 98 | 495 | 811 | 708 | 249 | 573 | 104 | 464 | 751 | 658 | 241 | 545 | 16 |
| 9 | 117 | 518 | 791 | 670 | 224 | 826 | 121 | 494 | 748 | 635 | 220 | 787 | 130 | 476 | 711 | 606 | 222 | 759 | 15 |
| 10 | 134 | 442 | 628 | 523 | 191 | 999 | 144 | 434 | 608 | 511 | 198 | 969 | 145 | 415 | 578 | 486 | 195 | 921 | 14 |
| 11 | 145 | 312 | 404 | 344 | 169 | 1105 | 150 | 307 | 394 | 338 | 173 | 1064 | 156 | 302 | 384 | 333 | 177 | 1022 | 13 |
| 12 | 149 | 149 | 149 | 157 | 161 | 1142 | 156 | 156 | 156 | 164 | 167 | 1107 | 162 | 162 | 162 | 170 | 172 | 1065 | 12 |
| 13 | 145 | 145 | 145 | 145 | 169 | 1105 | 150 | 150 | 150 | 150 | 173 | 1064 | 156 | 156 | 156 | 156 | 177 | 1022 | 11 |
| 14 | 134 | 134 | 134 | 134 | 191 | 999 | 144 | 144 | 144 | 144 | 198 | 969 | 145 | 145 | 145 | 145 | 195 | 921 | 10 |
| 15 | 117 | 117 | 117 | 117 | 224 | 826 | 121 | 121 | 121 | 121 | 220 | 787 | 130 | 130 | 130 | 130 | 222 | 759 | 9 |
| 16 | 92 | 92 | 92 | 92 | 257 | 602 | 98 | 98 | 98 | 98 | 249 | 573 | 104 | 104 | 104 | 104 | 241 | 545 | 8 |
| 17 | 63 | 63 | 63 | 63 | 272 | 349 | 63 | 63 | 63 | 63 | 249 | 321 | 70 | 70 | 70 | 70 | 233 | 306 | 7 |
| 18 | 26 | 26 | 26 | 26 | 202 | 96 | 28 | 28 | 28 | 28 | 169 | 90 | 29 | 29 | 29 | 29 | 140 | 83 | 6 |
| 日总计 | 1303 | 3232 | 4772 | 4284 | 2791 | 9096 | 1363 | 3108 | 4481 | 4037 | 2682 | 8716 | 1429 | 2998 | 4221 | 3817 | 2587 | 8337 | 日总计 |
| 日平均 | 55 | 135 | 199 | 179 | 116 | 379 | 57 | 129 | 187 | 168 | 112 | 363 | 60 | 125 | 176 | 159 | 108 | 347 | 日平均 |
| 朝向 | S | SW | W | NW | N | H | S | SW | W | NW | N | H | S | SW | W | NW | N | H | 朝向 |

| 透明度等级 | 4 | | | | | | 5 | | | | | | 6 | | | | | | 透明度等级 |
|---|---|---|---|---|---|---|---|---|---|---|---|---|---|---|---|---|---|---|---|
| 朝向 | S | SE | E | NE | N | H | S | SE | E | NE | N | H | S | SE | E | NE | N | H | 朝向 |
| 时刻（地方太阳时） | | | | | | | | | | | | | | | | | | | 时刻（地方太阳时） |
| 6 | 27 | 130 | 254 | 243 | 107 | 69 | 22 | 97 | 184 | 177 | 79 | 55 | 22 | 72 | 131 | 127 | 60 | 48 | 18 |
| 7 | 74 | 331 | 577 | 527 | 213 | 285 | 77 | 295 | 504 | 461 | 193 | 264 | 76 | 252 | 421 | 386 | 171 | 236 | 17 |
| 8 | 106 | 423 | 677 | 594 | 227 | 505 | 113 | 395 | 620 | 548 | 220 | 480 | 116 | 354 | 542 | 481 | 207 | 440 | 16 |
| 9 | 137 | 451 | 665 | 570 | 221 | 722 | 147 | 437 | 635 | 547 | 224 | 701 | 157 | 409 | 580 | 404 | 224 | 658 | 15 |
| 10 | 155 | 402 | 551 | 468 | 200 | 880 | 165 | 397 | 536 | 458 | 208 | 857 | 179 | 385 | 508 | 438 | 217 | 815 | 14 |
| 11 | 169 | 305 | 380 | 331 | 188 | 886 | 178 | 304 | 374 | 329 | 197 | 951 | 190 | 302 | 365 | 326 | 206 | 904 | 13 |
| 12 | 172 | 172 | 172 | 179 | 181 | 1023 | 181 | 181 | 181 | 188 | 191 | 983 | 199 | 199 | 199 | 205 | 207 | 947 | 12 |
| 13 | 169 | 169 | 169 | 169 | 188 | 986 | 178 | 178 | 178 | 178 | 197 | 951 | 190 | 190 | 190 | 190 | 206 | 904 | 11 |
| 14 | 155 | 155 | 155 | 155 | 200 | 880 | 165 | 165 | 165 | 165 | 208 | 857 | 179 | 179 | 179 | 179 | 217 | 815 | 10 |
| 15 | 137 | 137 | 137 | 137 | 221 | 722 | 147 | 147 | 147 | 147 | 224 | 701 | 157 | 157 | 157 | 157 | 224 | 658 | 9 |
| 16 | 106 | 106 | 106 | 106 | 227 | 505 | 113 | 113 | 113 | 113 | 220 | 480 | 116 | 116 | 116 | 116 | 207 | 440 | 8 |
| 17 | 74 | 74 | 74 | 74 | 213 | 285 | 77 | 77 | 77 | 77 | 193 | 264 | 76 | 76 | 76 | 76 | 171 | 236 | 7 |
| 18 | 27 | 27 | 27 | 27 | 107 | 69 | 22 | 22 | 22 | 22 | 79 | 55 | 22 | 22 | 22 | 22 | 60 | 48 | 6 |
| 日总计 | 1507 | 2883 | 3944 | 3580 | 2493 | 7918 | 1584 | 2807 | 3736 | 3409 | 2433 | 7600 | 1678 | 2713 | 3487 | 3206 | 2379 | 7149 | 日总计 |
| 日平均 | 63 | 120 | 164 | 149 | 104 | 330 | 66 | 117 | 156 | 142 | 101 | 317 | 70 | 113 | 145 | 134 | 99 | 298 | 日平均 |
| 朝向 | S | SW | W | NW | N | H | S | SW | W | NW | N | H | S | SW | W | NW | N | H | 朝向 |

## 北纬 25°太阳总辐射照度（W/m²） 附表 F-2

| 透明度等级 | | 1 | | | | | | 2 | | | | | | 3 | | | | | | | 透明度等级 |
|---|---|---|---|---|---|---|---|---|---|---|---|---|---|---|---|---|---|---|---|---|---|
| 朝向 | | S | SE | E | NE | N | H | S | SE | E | NE | N | H | S | SE | E | NE | N | H | | 朝向 |
| 时刻（地方太阳时） | 6 | 33 | 287 | 579 | 551 | 220 | 127 | 34 | 243 | 484 | 461 | 187 | 116 | 36 | 206 | 401 | 383 | 162 | 109 | 18 | 时刻（地方太阳时） |
| | 7 | 66 | 483 | 842 | 747 | 252 | 373 | 67 | 436 | 755 | 670 | 233 | 345 | 73 | 398 | 678 | 604 | 219 | 327 | 17 | |
| | 8 | 93 | 564 | 877 | 730 | 212 | 618 | 100 | 530 | 818 | 684 | 208 | 590 | 106 | 498 | 758 | 637 | 204 | 562 | 16 | |
| | 9 | 119 | 566 | 793 | 625 | 159 | 834 | 121 | 540 | 750 | 593 | 159 | 795 | 131 | 518 | 713 | 568 | 166 | 768 | 15 | |
| | 10 | 158 | 500 | 628 | 466 | 134 | 1000 | 166 | 488 | 608 | 456 | 144 | 970 | 166 | 466 | 578 | 436 | 145 | 922 | 14 | |
| | 11 | 212 | 376 | 404 | 281 | 145 | 1104 | 213 | 368 | 394 | 279 | 151 | 1062 | 215 | 359 | 384 | 276 | 156 | 1022 | 13 | |
| | 12 | 226 | 202 | 144 | 144 | 144 | 1133 | 228 | 206 | 151 | 151 | 151 | 1096 | 229 | 208 | 157 | 157 | 157 | 1054 | 12 | |
| | 13 | 212 | 145 | 145 | 145 | 145 | 1104 | 213 | 151 | 151 | 151 | 151 | 1062 | 215 | 156 | 156 | 156 | 156 | 1020 | 11 | |
| | 14 | 158 | 134 | 134 | 134 | 134 | 1000 | 166 | 144 | 144 | 144 | 144 | 970 | 166 | 145 | 145 | 145 | 145 | 922 | 10 | |
| | 15 | 119 | 119 | 119 | 119 | 159 | 834 | 121 | 121 | 121 | 121 | 159 | 795 | 131 | 131 | 131 | 131 | 166 | 768 | 9 | |
| | 16 | 93 | 93 | 93 | 93 | 212 | 618 | 100 | 100 | 100 | 100 | 208 | 590 | 106 | 106 | 106 | 106 | 204 | 562 | 8 | |
| | 17 | 66 | 66 | 66 | 66 | 252 | 373 | 67 | 67 | 67 | 67 | 233 | 345 | 73 | 73 | 73 | 73 | 219 | 327 | 7 | |
| | 18 | 33 | 33 | 33 | 33 | 220 | 127 | 34 | 34 | 34 | 34 | 187 | 116 | 36 | 36 | 36 | 36 | 162 | 109 | 6 | |
| 日总计 | | 1586 | 3568 | 4857 | 4134 | 2389 | 9244 | 1631 | 3429 | 4578 | 3911 | 2317 | 8853 | 1685 | 3301 | 4317 | 3708 | 2260 | 8472 | | 日总计 |
| 日平均 | | 66 | 149 | 202 | 172 | 100 | 385 | 68 | 143 | 191 | 163 | 97 | 369 | 70 | 138 | 180 | 154 | 94 | 353 | | 日平均 |
| 朝向 | | S | SW | W | NW | N | H | S | SW | W | NW | N | H | S | SW | W | NW | N | H | | 朝向 |

| 透明度等级 | | 4 | | | | | | 5 | | | | | | 6 | | | | | | | 透明度等级 |
|---|---|---|---|---|---|---|---|---|---|---|---|---|---|---|---|---|---|---|---|---|---|
| 朝向 | | S | SE | E | NE | N | H | S | SE | E | NE | N | H | S | SE | E | NE | N | H | | 朝向 |
| 时刻（地方太阳时） | 6 | 35 | 164 | 312 | 298 | 129 | 95 | 33 | 129 | 240 | 229 | 104 | 81 | 29 | 95 | 171 | 164 | 80 | 67 | 18 | 时刻（地方太阳时） |
| | 7 | 77 | 355 | 594 | 530 | 201 | 305 | 80 | 316 | 521 | 466 | 186 | 284 | 81 | 274 | 441 | 397 | 167 | 257 | 17 | |
| | 8 | 108 | 454 | 684 | 577 | 194 | 520 | 115 | 424 | 629 | 534 | 193 | 495 | 119 | 379 | 551 | 471 | 184 | 454 | 16 | |
| | 9 | 138 | 491 | 669 | 536 | 171 | 730 | 148 | 475 | 640 | 516 | 177 | 709 | 158 | 442 | 585 | 478 | 185 | 666 | 15 | |
| | 10 | 173 | 449 | 551 | 421 | 155 | 882 | 184 | 441 | 536 | 415 | 165 | 858 | 195 | 423 | 508 | 400 | 179 | 816 | 14 | |
| | 11 | 223 | 357 | 380 | 280 | 169 | 985 | 229 | 352 | 374 | 281 | 178 | 950 | 235 | 345 | 365 | 281 | 190 | 901 | 13 | |
| | 12 | 235 | 215 | 169 | 169 | 169 | 1014 | 240 | 222 | 178 | 178 | 178 | 973 | 250 | 234 | 194 | 194 | 194 | 935 | 12 | |
| | 13 | 223 | 169 | 169 | 169 | 169 | 985 | 229 | 178 | 178 | 178 | 178 | 950 | 235 | 190 | 190 | 190 | 190 | 901 | 11 | |
| | 14 | 173 | 155 | 155 | 155 | 155 | 882 | 184 | 165 | 165 | 165 | 165 | 858 | 195 | 179 | 179 | 179 | 179 | 816 | 10 | |
| | 15 | 138 | 138 | 138 | 138 | 171 | 730 | 148 | 148 | 148 | 148 | 177 | 709 | 158 | 158 | 158 | 158 | 185 | 666 | 9 | |
| | 16 | 108 | 108 | 108 | 108 | 194 | 520 | 115 | 115 | 115 | 115 | 193 | 495 | 119 | 119 | 119 | 119 | 184 | 454 | 8 | |
| | 17 | 77 | 77 | 77 | 77 | 201 | 305 | 80 | 80 | 80 | 80 | 186 | 284 | 81 | 81 | 81 | 81 | 167 | 257 | 7 | |
| | 18 | 35 | 35 | 35 | 35 | 129 | 95 | 33 | 33 | 33 | 33 | 104 | 81 | 29 | 29 | 29 | 29 | 80 | 67 | 6 | |
| 日总计 | | 1745 | 3166 | 4040 | 3492 | 2206 | 8048 | 1817 | 3078 | 3837 | 3339 | 2183 | 7730 | 1885 | 2949 | 3572 | 3141 | 2160 | 7257 | | 日总计 |
| 日平均 | | 73 | 132 | 168 | 146 | 92 | 335 | 76 | 128 | 160 | 139 | 91 | 322 | 79 | 123 | 149 | 131 | 90 | 302 | | 日平均 |
| 朝向 | | S | SW | W | NW | N | H | S | SW | W | NW | N | H | S | SW | W | NW | N | H | | 朝向 |

**北纬 30°太阳总辐射照度（W/m²）** **附表 F-3**

| 透明度等级 | | 1 | | | | | | 2 | | | | | | 3 | | | | | | 透明度等级 | |
|---|---|---|---|---|---|---|---|---|---|---|---|---|---|---|---|---|---|---|---|---|---|
| 朝向 | | S | SE | E | NE | N | H | S | SE | E | NE | N | H | S | SE | E | NE | N | H | 朝向 | |
| 时刻（地方太阳时） | 6 | 38 | 320 | 629 | 593 | 231 | 156 | 38 | 277 | 538 | 507 | 201 | 142 | 42 | 239 | 457 | 431 | 178 | 135 | 18 | 时刻（地方太阳时） |
| | 7 | 69 | 512 | 856 | 740 | 229 | 395 | 71 | 464 | 770 | 666 | 214 | 368 | 76 | 423 | 693 | 601 | 201 | 345 | 17 | |
| | 8 | 94 | 600 | 879 | 699 | 164 | 627 | 101 | 566 | 822 | 656 | 164 | 599 | 107 | 530 | 764 | 613 | 165 | 571 | 16 | |
| | 9 | 144 | 614 | 794 | 578 | 119 | 835 | 145 | 584 | 750 | 549 | 121 | 795 | 154 | 558 | 713 | 527 | 131 | 768 | 15 | |
| | 10 | 240 | 557 | 628 | 408 | 134 | 996 | 243 | 542 | 608 | 402 | 144 | 966 | 237 | 516 | 577 | 386 | 145 | 918 | 14 | |
| | 11 | 300 | 436 | 401 | 215 | 143 | 1091 | 297 | 424 | 392 | 217 | 149 | 1050 | 292 | 413 | 381 | 217 | 154 | 1008 | 13 | |
| | 12 | 316 | 266 | 143 | 143 | 143 | 1119 | 313 | 265 | 149 | 149 | 149 | 1079 | 309 | 264 | 155 | 155 | 155 | 1037 | 12 | |
| | 13 | 300 | 143 | 143 | 143 | 143 | 1091 | 297 | 149 | 149 | 149 | 149 | 1050 | 292 | 154 | 154 | 154 | 154 | 1008 | 11 | |
| | 14 | 240 | 134 | 134 | 134 | 134 | 996 | 243 | 144 | 144 | 144 | 144 | 966 | 237 | 145 | 145 | 145 | 145 | 918 | 10 | |
| | 15 | 144 | 119 | 119 | 119 | 119 | 835 | 145 | 121 | 121 | 121 | 121 | 795 | 154 | 131 | 131 | 131 | 131 | 768 | 9 | |
| | 16 | 94 | 94 | 94 | 94 | 164 | 627 | 101 | 101 | 101 | 101 | 164 | 599 | 107 | 107 | 107 | 107 | 165 | 571 | 8 | |
| | 17 | 69 | 69 | 69 | 69 | 229 | 395 | 71 | 71 | 71 | 71 | 214 | 368 | 76 | 76 | 76 | 76 | 201 | 345 | 7 | |
| | 18 | 38 | 38 | 38 | 38 | 231 | 156 | 38 | 38 | 38 | 38 | 201 | 142 | 42 | 42 | 42 | 42 | 178 | 135 | 6 | |
| 日总计 | | 2086 | 3902 | 4928 | 3973 | 2183 | 9318 | 2104 | 3747 | 4654 | 3772 | 2135 | 8920 | 2124 | 3599 | 4395 | 3586 | 2104 | 8527 | 日总计 | |
| 日平均 | | 87 | 163 | 205 | 166 | 91 | 388 | 88 | 156 | 194 | 157 | 89 | 372 | 88 | 150 | 183 | 149 | 88 | 355 | 日平均 | |
| 朝向 | | S | SW | W | NW | N | H | S | SW | W | NW | N | H | S | SW | W | NW | N | H | 朝向 | |

| 透明度等级 | | 4 | | | | | | 5 | | | | | | 6 | | | | | | 透明度等级 | |
|---|---|---|---|---|---|---|---|---|---|---|---|---|---|---|---|---|---|---|---|---|---|
| 朝向 | | S | SE | E | NE | N | H | S | SE | E | NE | N | H | S | SE | E | NE | N | H | 朝向 | |
| 时刻（地方太阳时） | 6 | 42 | 197 | 366 | 345 | 148 | 121 | 41 | 160 | 292 | 277 | 122 | 107 | 35 | 117 | 208 | 198 | 92 | 86 | 18 | 时刻（地方太阳时） |
| | 7 | 79 | 377 | 608 | 530 | 187 | 321 | 83 | 338 | 536 | 469 | 176 | 300 | 86 | 295 | 457 | 402 | 162 | 276 | 17 | |
| | 8 | 109 | 484 | 690 | 556 | 160 | 529 | 116 | 451 | 636 | 516 | 163 | 505 | 121 | 402 | 557 | 457 | 159 | 462 | 16 | |
| | 9 | 159 | 528 | 669 | 499 | 138 | 732 | 166 | 508 | 640 | 483 | 148 | 711 | 176 | 472 | 585 | 449 | 159 | 668 | 15 | |
| | 10 | 238 | 494 | 550 | 374 | 154 | 877 | 244 | 483 | 535 | 371 | 165 | 855 | 249 | 461 | 507 | 362 | 179 | 812 | 14 | |
| | 11 | 294 | 406 | 377 | 226 | 166 | 972 | 294 | 398 | 372 | 230 | 176 | 939 | 293 | 386 | 363 | 237 | 187 | 891 | 13 | |
| | 12 | 309 | 267 | 166 | 166 | 166 | 1000 | 308 | 270 | 177 | 177 | 177 | 962 | 309 | 274 | 191 | 191 | 191 | 919 | 12 | |
| | 13 | 294 | 166 | 166 | 166 | 166 | 972 | 294 | 176 | 176 | 176 | 176 | 939 | 293 | 187 | 187 | 187 | 187 | 891 | 11 | |
| | 14 | 238 | 154 | 154 | 154 | 154 | 877 | 244 | 165 | 165 | 165 | 165 | 855 | 249 | 179 | 179 | 179 | 179 | 812 | 10 | |
| | 15 | 159 | 138 | 138 | 138 | 138 | 732 | 166 | 148 | 148 | 148 | 148 | 711 | 176 | 159 | 159 | 159 | 159 | 668 | 9 | |
| | 16 | 109 | 109 | 109 | 109 | 160 | 529 | 116 | 116 | 116 | 116 | 163 | 505 | 121 | 121 | 121 | 121 | 159 | 462 | 8 | |
| | 17 | 79 | 79 | 79 | 79 | 187 | 321 | 83 | 83 | 83 | 83 | 176 | 300 | 86 | 86 | 86 | 86 | 162 | 276 | 7 | |
| | 18 | 42 | 42 | 42 | 42 | 148 | 121 | 41 | 41 | 41 | 41 | 122 | 107 | 35 | 35 | 35 | 35 | 92 | 86 | 6 | |
| 日总计 | | 2154 | 3441 | 4115 | 3385 | 2074 | 8104 | 2197 | 3337 | 3916 | 3251 | 2075 | 7793 | 2228 | 3176 | 3636 | 3063 | 2068 | 7306 | 日总计 | |
| 日平均 | | 90 | 143 | 171 | 141 | 86 | 338 | 92 | 139 | 163 | 135 | 86 | 325 | 93 | 132 | 151 | 128 | 86 | 304 | 日平均 | |
| 朝向 | | S | SW | W | NW | N | H | S | SW | W | NW | N | H | S | SW | W | NW | N | H | 朝向 | |

## 北纬 35°太阳总辐射照度（W/m²） 附表 F-4

| 透明度等级 | 1 | | | | | | 2 | | | | | | 3 | | | | | | 透明度等级 |
|---|---|---|---|---|---|---|---|---|---|---|---|---|---|---|---|---|---|---|---|
| 朝向 | S | SE | E | NE | N | H | S | SE | E | NE | N | H | S | SE | E | NE | N | H | 朝向 |
| 时刻（地方太阳时） 6 | 43 | 348 | 670 | 622 | 236 | 184 | 43 | 304 | 576 | 536 | 207 | 167 | 48 | 267 | 498 | 465 | 187 | 160 | 18 时刻（地方太阳时） |
| 7 | 71 | 541 | 869 | 728 | 204 | 413 | 73 | 492 | 783 | 658 | 192 | 385 | 77 | 448 | 705 | 594 | 181 | 361 | 17 |
| 8 | 94 | 636 | 880 | 665 | 114 | 632 | 101 | 600 | 825 | 626 | 120 | 605 | 108 | 562 | 766 | 585 | 124 | 577 | 16 |
| 9 | 209 | 659 | 792 | 529 | 117 | 828 | 207 | 626 | 749 | 504 | 121 | 790 | 209 | 598 | 721 | 485 | 130 | 762 | 15 |
| 10 | 320 | 614 | 627 | 351 | 134 | 984 | 319 | 595 | 608 | 349 | 144 | 956 | 307 | 565 | 577 | 336 | 145 | 907 | 14 |
| 11 | 383 | 493 | 397 | 149 | 138 | 1066 | 376 | 479 | 388 | 155 | 145 | 1029 | 365 | 462 | 377 | 158 | 150 | 985 | 13 |
| 12 | 409 | 333 | 145 | 145 | 145 | 1105 | 400 | 327 | 151 | 151 | 151 | 1063 | 390 | 321 | 156 | 156 | 156 | 1021 | 12 |
| 13 | 383 | 138 | 138 | 138 | 138 | 1066 | 376 | 145 | 145 | 145 | 145 | 1029 | 365 | 150 | 150 | 150 | 150 | 985 | 11 |
| 14 | 320 | 134 | 134 | 134 | 134 | 984 | 319 | 144 | 144 | 144 | 144 | 956 | 307 | 145 | 145 | 145 | 145 | 907 | 10 |
| 15 | 209 | 117 | 117 | 117 | 117 | 828 | 207 | 121 | 121 | 121 | 121 | 790 | 209 | 130 | 130 | 130 | 130 | 762 | 9 |
| 16 | 94 | 94 | 94 | 94 | 114 | 632 | 101 | 101 | 101 | 101 | 120 | 605 | 108 | 108 | 108 | 108 | 124 | 577 | 8 |
| 17 | 71 | 71 | 71 | 71 | 204 | 413 | 73 | 73 | 73 | 73 | 192 | 385 | 77 | 77 | 77 | 77 | 181 | 361 | 7 |
| 18 | 43 | 43 | 43 | 43 | 236 | 184 | 43 | 43 | 43 | 43 | 207 | 167 | 48 | 48 | 48 | 48 | 187 | 160 | 6 |
| 日总计 | 2649 | 4223 | 4978 | 3788 | 2032 | 9318 | 2638 | 4051 | 4708 | 3606 | 2010 | 8927 | 2618 | 3881 | 4448 | 3438 | 1993 | 8525 | 日总计 |
| 日平均 | 110 | 176 | 207 | 158 | 85 | 388 | 110 | 169 | 197 | 150 | 84 | 372 | 109 | 162 | 185 | 143 | 83 | 355 | 日平均 |
| 朝向 | S | SW | W | NW | N | H | S | SW | W | NW | N | H | S | SW | W | NW | N | H | 朝向 |

| 透明度等级 | 4 | | | | | | 5 | | | | | | 6 | | | | | | 透明度等级 |
|---|---|---|---|---|---|---|---|---|---|---|---|---|---|---|---|---|---|---|---|
| 朝向 | S | SE | E | NE | N | H | S | SE | E | NE | N | H | S | SE | E | NE | N | H | 朝向 |
| 时刻（地方太阳时） 6 | 48 | 223 | 408 | 380 | 158 | 144 | 47 | 185 | 331 | 309 | 134 | 128 | 42 | 141 | 245 | 230 | 105 | 107 | 18 时刻（地方太阳时） |
| 7 | 81 | 399 | 621 | 526 | 171 | 335 | 85 | 354 | 549 | 468 | 163 | 304 | 90 | 315 | 472 | 405 | 154 | 291 | 17 |
| 8 | 109 | 511 | 692 | 531 | 124 | 534 | 117 | 477 | 638 | 495 | 130 | 509 | 121 | 423 | 561 | 440 | 133 | 466 | 16 |
| 9 | 209 | 562 | 666 | 495 | 137 | 725 | 214 | 541 | 636 | 445 | 147 | 704 | 215 | 499 | 582 | 416 | 157 | 661 | 15 |
| 10 | 302 | 538 | 549 | 328 | 154 | 865 | 304 | 525 | 534 | 328 | 165 | 844 | 302 | 497 | 506 | 323 | 179 | 802 | 14 |
| 11 | 361 | 450 | 371 | 170 | 162 | 950 | 356 | 440 | 366 | 179 | 172 | 918 | 349 | 423 | 358 | 191 | 185 | 871 | 13 |
| 12 | 385 | 321 | 169 | 169 | 169 | 986 | 379 | 320 | 178 | 178 | 178 | 950 | 370 | 316 | 190 | 190 | 190 | 902 | 12 |
| 13 | 361 | 162 | 162 | 162 | 162 | 950 | 356 | 172 | 172 | 172 | 172 | 918 | 349 | 185 | 185 | 185 | 185 | 871 | 11 |
| 14 | 302 | 154 | 154 | 154 | 154 | 865 | 304 | 165 | 165 | 165 | 165 | 844 | 302 | 179 | 179 | 179 | 179 | 802 | 10 |
| 15 | 209 | 137 | 137 | 137 | 137 | 725 | 214 | 147 | 147 | 147 | 147 | 704 | 215 | 157 | 157 | 157 | 157 | 661 | 9 |
| 16 | 109 | 109 | 109 | 109 | 124 | 534 | 117 | 117 | 117 | 117 | 130 | 509 | 121 | 121 | 121 | 121 | 133 | 466 | 8 |
| 17 | 81 | 81 | 81 | 81 | 171 | 335 | 85 | 85 | 85 | 85 | 163 | 314 | 90 | 90 | 90 | 90 | 154 | 291 | 7 |
| 18 | 48 | 48 | 48 | 48 | 158 | 144 | 47 | 47 | 47 | 47 | 134 | 128 | 42 | 42 | 42 | 42 | 105 | 107 | 6 |
| 日总计 | 2606 | 3695 | 4166 | 3254 | 1981 | 8088 | 2624 | 3579 | 3966 | 3135 | 1999 | 7784 | 2607 | 3388 | 3687 | 2968 | 2013 | 7299 | 日总计 |
| 日平均 | 108 | 154 | 173 | 136 | 83 | 337 | 109 | 149 | 165 | 130 | 84 | 324 | 108 | 141 | 154 | 123 | 84 | 305 | 日平均 |
| 朝向 | S | SW | W | NW | N | H | S | SW | W | NW | N | H | S | SW | W | NW | N | H | 朝向 |

## 北纬 40°太阳总辐射照度（W/m²）

附表 F-5

| 透明度等级 | | 1 | | | | | | 2 | | | | | | 3 | | | | | | | 透明度等级 |
|---|---|---|---|---|---|---|---|---|---|---|---|---|---|---|---|---|---|---|---|---|---|
| 朝向 | | S | SE | E | NE | N | H | S | SE | E | NE | N | H | S | SE | E | NE | N | H | | 朝向 |
| 时刻（地方太阳时） | 6 | 45 | 378 | 706 | 648 | 236 | 209 | 47 | 330 | 612 | 562 | 209 | 192 | 52 | 295 | 536 | 493 | 192 | 185 | 18 | 时刻（地方太阳时） |
| | 7 | 72 | 570 | 878 | 714 | 174 | 427 | 76 | 519 | 793 | 648 | 166 | 399 | 79 | 471 | 714 | 585 | 159 | 373 | 17 | |
| | 8 | 124 | 671 | 880 | 629 | 94 | 630 | 129 | 632 | 825 | 593 | 101 | 604 | 133 | 591 | 766 | 556 | 108 | 576 | 16 | |
| | 9 | 273 | 702 | 787 | 479 | 115 | 813 | 266 | 665 | 475 | 458 | 120 | 777 | 264 | 634 | 707 | 442 | 129 | 749 | 15 | |
| | 10 | 393 | 663 | 621 | 292 | 130 | 958 | 386 | 640 | 600 | 291 | 140 | 927 | 371 | 607 | 570 | 283 | 142 | 883 | 14 | |
| | 11 | 465 | 550 | 392 | 135 | 135 | 1037 | 454 | 534 | 385 | 144 | 144 | 1004 | 436 | 511 | 372 | 147 | 147 | 958 | 13 | |
| | 12 | 492 | 388 | 140 | 140 | 140 | 1068 | 478 | 380 | 147 | 147 | 147 | 1030 | 461 | 370 | 150 | 150 | 150 | 986 | 12 | |
| | 13 | 465 | 187 | 135 | 135 | 135 | 1037 | 454 | 192 | 144 | 144 | 144 | 1004 | 436 | 192 | 147 | 147 | 147 | 958 | 11 | |
| | 14 | 393 | 130 | 130 | 130 | 130 | 958 | 386 | 140 | 140 | 140 | 140 | 927 | 371 | 142 | 142 | 142 | 142 | 883 | 10 | |
| | 15 | 273 | 115 | 115 | 115 | 115 | 813 | 266 | 120 | 120 | 120 | 120 | 777 | 264 | 129 | 129 | 129 | 129 | 749 | 9 | |
| | 16 | 124 | 94 | 94 | 94 | 94 | 630 | 129 | 101 | 101 | 101 | 101 | 604 | 133 | 108 | 108 | 108 | 108 | 571 | 8 | |
| | 17 | 72 | 72 | 72 | 72 | 174 | 427 | 76 | 76 | 76 | 76 | 166 | 399 | 79 | 79 | 79 | 79 | 159 | 373 | 7 | |
| | 18 | 45 | 45 | 45 | 45 | 236 | 209 | 47 | 47 | 47 | 47 | 209 | 192 | 52 | 52 | 52 | 52 | 192 | 185 | 6 | |
| 日总计 | | 2785 | 4567 | 4996 | 3629 | 1910 | 9218 | 3192 | 4374 | 4733 | 3469 | 1907 | 8834 | 3131 | 4181 | 4473 | 3312 | 1904 | 8434 | | 日总计 |
| 日平均 | | 110 | 191 | 208 | 151 | 79 | 384 | 133 | 183 | 198 | 144 | 79 | 369 | 130 | 174 | 186 | 138 | 79 | 351 | | 日平均 |
| 朝向 | | S | SW | W | NW | N | H | S | SW | W | NW | N | H | S | SW | W | NW | N | H | | 朝向 |

| 透明度等级 | | 4 | | | | | | 5 | | | | | | 6 | | | | | | | 透明度等级 |
|---|---|---|---|---|---|---|---|---|---|---|---|---|---|---|---|---|---|---|---|---|---|
| 朝向 | | S | SE | E | NE | N | H | S | SE | E | NE | N | H | S | SE | E | NE | N | H | | 朝向 |
| 时刻（地方太阳时） | 6 | 52 | 250 | 445 | 411 | 165 | 166 | 50 | 209 | 368 | 340 | 142 | 148 | 49 | 164 | 279 | 258 | 115 | 127 | 18 | 时刻（地方太阳时） |
| | 7 | 83 | 421 | 630 | 519 | 152 | 345 | 87 | 379 | 559 | 463 | 148 | 324 | 93 | 334 | 483 | 404 | 142 | 304 | 17 | |
| | 8 | 131 | 537 | 692 | 506 | 109 | 533 | 137 | 500 | 638 | 472 | 117 | 509 | 137 | 443 | 559 | 420 | 121 | 466 | 16 | |
| | 9 | 258 | 593 | 661 | 420 | 135 | 711 | 258 | 569 | 630 | 407 | 144 | 690 | 254 | 521 | 575 | 381 | 155 | 645 | 15 | |
| | 10 | 361 | 576 | 542 | 279 | 151 | 842 | 357 | 558 | 527 | 281 | 162 | 821 | 349 | 526 | 498 | 281 | 176 | 779 | 14 | |
| | 11 | 424 | 493 | 365 | 158 | 158 | 919 | 416 | 480 | 362 | 169 | 169 | 892 | 402 | 495 | 354 | 181 | 181 | 847 | 13 | |
| | 12 | 448 | 364 | 162 | 162 | 162 | 949 | 438 | 361 | 172 | 172 | 172 | 919 | 422 | 352 | 185 | 185 | 185 | 872 | 12 | |
| | 13 | 424 | 199 | 158 | 158 | 158 | 919 | 416 | 207 | 169 | 169 | 169 | 892 | 402 | 216 | 181 | 181 | 181 | 847 | 11 | |
| | 14 | 361 | 151 | 151 | 151 | 151 | 842 | 357 | 162 | 162 | 162 | 162 | 821 | 349 | 176 | 176 | 176 | 176 | 779 | 10 | |
| | 15 | 258 | 135 | 135 | 135 | 135 | 711 | 258 | 144 | 144 | 144 | 144 | 690 | 254 | 155 | 155 | 155 | 155 | 645 | 9 | |
| | 16 | 131 | 109 | 109 | 109 | 109 | 533 | 137 | 117 | 117 | 117 | 117 | 509 | 137 | 121 | 121 | 121 | 121 | 466 | 8 | |
| | 17 | 83 | 83 | 83 | 83 | 152 | 345 | 87 | 87 | 87 | 87 | 148 | 324 | 93 | 93 | 93 | 93 | 142 | 304 | 7 | |
| | 18 | 52 | 52 | 52 | 52 | 165 | 166 | 50 | 50 | 50 | 50 | 142 | 148 | 49 | 49 | 49 | 49 | 115 | 127 | 6 | |
| 日总计 | | 3067 | 3964 | 4186 | 3142 | 1904 | 7981 | 3051 | 3824 | 3986 | 3033 | 1935 | 7687 | 2990 | 3609 | 3706 | 2885 | 1964 | 7208 | | 日总计 |
| 日平均 | | 128 | 165 | 174 | 131 | 79 | 333 | 127 | 159 | 166 | 127 | 80 | 320 | 124 | 150 | 155 | 120 | 81 | 300 | | 日平均 |
| 朝向 | | S | SW | W | NW | N | H | S | SW | W | NW | N | H | S | SW | W | NW | N | H | | 朝向 |

## 北纬45°太阳总辐射照度（W/m²）

**附表 F-6**

| 透明度等级 | | 1 | | | | | | 2 | | | | | | 3 | | | | | | 透明度等级 |
|---|---|---|---|---|---|---|---|---|---|---|---|---|---|---|---|---|---|---|---|---|
| 朝向 | | S | SE | E | NE | N | H | S | SE | E | NE | N | H | S | SE | E | NE | N | H | 朝向 |
| 时刻（地方太阳时） | 6 | 48 | 407 | 740 | 668 | 233 | 234 | 49 | 357 | 644 | 582 | 208 | 214 | 56 | 323 | 571 | 493 | 193 | 207 | 18 |
| | 7 | 73 | 598 | 885 | 698 | 143 | 437 | 77 | 544 | 801 | 634 | 140 | 409 | 80 | 494 | 721 | 518 | 135 | 381 | 17 |
| | 8 | 173 | 705 | 879 | 593 | 94 | 625 | 173 | 662 | 821 | 559 | 101 | 598 | 173 | 618 | 763 | 573 | 107 | 570 | 16 |
| | 9 | 333 | 742 | 782 | 429 | 112 | 791 | 323 | 704 | 740 | 413 | 117 | 758 | 316 | 668 | 701 | 525 | 127 | 730 | 15 |
| | 10 | 464 | 709 | 614 | 234 | 127 | 926 | 449 | 679 | 590 | 233 | 134 | 891 | 431 | 657 | 562 | 399 | 140 | 851 | 14 |
| | 11 | 545 | 606 | 390 | 134 | 134 | 1005 | 530 | 587 | 384 | 143 | 143 | 975 | 506 | 558 | 370 | 231 | 145 | 927 | 13 |
| | 12 | 571 | 443 | 135 | 135 | 135 | 1028 | 554 | 434 | 143 | 143 | 143 | 996 | 529 | 418 | 147 | 145 | 147 | 949 | 12 |
| | 13 | 545 | 244 | 134 | 134 | 134 | 1005 | 530 | 248 | 143 | 143 | 143 | 975 | 506 | 242 | 145 | 145 | 145 | 927 | 11 |
| | 14 | 464 | 127 | 127 | 127 | 127 | 926 | 449 | 134 | 134 | 134 | 134 | 891 | 421 | 140 | 140 | 140 | 140 | 851 | 10 |
| | 15 | 333 | 112 | 112 | 112 | 112 | 791 | 323 | 117 | 117 | 117 | 117 | 758 | 316 | 127 | 127 | 127 | 127 | 730 | 9 |
| | 16 | 173 | 94 | 94 | 94 | 94 | 625 | 173 | 101 | 101 | 101 | 101 | 598 | 173 | 107 | 107 | 107 | 107 | 570 | 8 |
| | 17 | 73 | 73 | 73 | 73 | 143 | 437 | 77 | 77 | 77 | 77 | 140 | 409 | 80 | 80 | 80 | 80 | 135 | 381 | 7 |
| | 18 | 48 | 48 | 48 | 48 | 233 | 234 | 49 | 49 | 49 | 49 | 208 | 214 | 56 | 56 | 56 | 56 | 193 | 207 | 6 |
| 日总计 | | 3844 | 4908 | 5011 | 3477 | 1819 | 9062 | 3756 | 4693 | 4744 | 3327 | 1829 | 8685 | 3655 | 4475 | 4489 | 3192 | 1840 | 8283 | 日总计 |
| 日平均 | | 160 | 205 | 209 | 145 | 76 | 378 | 157 | 195 | 198 | 138 | 77 | 362 | 152 | 186 | 187 | 133 | 77 | 345 | 日平均 |
| 朝向 | | S | SW | W | NW | N | H | S | SW | W | NW | N | H | S | SW | W | NW | N | H | 朝向 |

| 透明度等级 | | 4 | | | | | | 5 | | | | | | 6 | | | | | | 透明度等级 |
|---|---|---|---|---|---|---|---|---|---|---|---|---|---|---|---|---|---|---|---|---|
| 朝向 | | S | SE | E | NE | N | H | S | SE | E | NE | N | H | S | SE | E | NE | N | H | 朝向 |
| 时刻（地方太阳时） | 6 | 56 | 276 | 480 | 435 | 169 | 166 | 50 | 234 | 400 | 364 | 147 | 166 | 53 | 186 | 311 | 283 | 122 | 127 | 18 |
| | 7 | 84 | 441 | 637 | 509 | 131 | 187 | 53 | 398 | 566 | 456 | 130 | 333 | 95 | 351 | 491 | 399 | 129 | 145 | 17 |
| | 8 | 167 | 561 | 688 | 478 | 109 | 354 | 88 | 520 | 635 | 447 | 116 | 504 | 164 | 459 | 556 | 398 | 120 | 312 | 16 |
| | 9 | 304 | 621 | 652 | 378 | 131 | 527 | 169 | 592 | 621 | 369 | 142 | 669 | 287 | 538 | 563 | 347 | 150 | 461 | 15 |
| | 10 | 415 | 611 | 535 | 231 | 148 | 690 | 300 | 590 | 519 | 236 | 158 | 792 | 391 | 551 | 488 | 241 | 171 | 623 | 14 |
| | 11 | 486 | 534 | 361 | 155 | 155 | 813 | 408 | 520 | 358 | 166 | 166 | 863 | 454 | 494 | 350 | 180 | 180 | 750 | 13 |
| | 12 | 509 | 406 | 157 | 157 | 157 | 886 | 475 | 400 | 167 | 167 | 167 | 884 | 473 | 387 | 181 | 181 | 181 | 840 | 12 |
| | 13 | 486 | 243 | 155 | 155 | 155 | 909 | 495 | 249 | 166 | 166 | 166 | 863 | 454 | 254 | 180 | 180 | 180 | 820 | 11 |
| | 14 | 415 | 148 | 148 | 148 | 148 | 886 | 475 | 158 | 158 | 158 | 158 | 792 | 391 | 171 | 171 | 171 | 171 | 750 | 10 |
| | 15 | 304 | 131 | 131 | 131 | 131 | 813 | 408 | 142 | 142 | 142 | 142 | 669 | 287 | 150 | 150 | 150 | 150 | 623 | 9 |
| | 16 | 167 | 109 | 109 | 109 | 109 | 690 | 300 | 116 | 116 | 116 | 116 | 504 | 164 | 120 | 120 | 120 | 120 | 461 | 8 |
| | 17 | 84 | 84 | 84 | 84 | 131 | 527 | 169 | 88 | 88 | 88 | 130 | 333 | 95 | 95 | 95 | 95 | 129 | 312 | 7 |
| | 18 | 56 | 56 | 56 | 56 | 169 | 354 | 88 | 53 | 53 | 53 | 147 | 166 | 53 | 53 | 53 | 53 | 122 | 145 | 6 |
| 日总计 | | 3573 | 4219 | 4194 | 3026 | 1843 | 7822 | 3482 | 4060 | 3991 | 2930 | 1886 | 7536 | 3362 | 3811 | 3710 | 2798 | 1926 | 7062 | 日总计 |
| 日平均 | | 148 | 176 | 174 | 126 | 77 | 326 | 145 | 169 | 166 | 122 | 79 | 314 | 1140 | 159 | 155 | 116 | 80 | 294 | 日平均 |
| 朝向 | | S | SW | W | NW | N | H | S | SW | W | NW | N | H | S | SW | W | NW | N | H | 朝向 |

## 北纬50°太阳总辐射照度

附表 F-7

| 透明度等级 | | 1 | | | | | | 2 | | | | | | 3 | | | | | | 透明度等级 |
|---|---|---|---|---|---|---|---|---|---|---|---|---|---|---|---|---|---|---|---|---|
| 朝向 | | S | SE | E | NE | N | H | S | SE | E | NE | N | H | S | SE | E | NE | N | H | 朝向 |
| 时刻（地方太阳时） | 6 | 51 | 435 | 768 | 680 | 224 | 257 | 52 | 384 | 671 | 595 | 202 | 236 | 58 | 348 | 598 | 533 | 190 | 228 | 18 |
| | 7 | 74 | 625 | 890 | 677 | 112 | 444 | 78 | 569 | 805 | 615 | 112 | 415 | 80 | 516 | 726 | 558 | 110 | 387 | 17 |
| | 8 | 220 | 736 | 876 | 557 | 93 | 615 | 216 | 688 | 816 | 525 | 99 | 586 | 212 | 642 | 757 | 492 | 106 | 558 | 16 |
| | 9 | 390 | 778 | 773 | 379 | 108 | 763 | 377 | 737 | 734 | 368 | 115 | 734 | 365 | 698 | 694 | 356 | 124 | 706 | 15 |
| | 10 | 530 | 752 | 607 | 178 | 124 | 887 | 507 | 715 | 579 | 178 | 128 | 848 | 488 | 680 | 554 | 183 | 136 | 815 | 14 |
| | 11 | 620 | 656 | 385 | 131 | 131 | 963 | 599 | 634 | 379 | 141 | 141 | 933 | 569 | 601 | 364 | 143 | 143 | 887 | 13 |
| | 12 | 650 | 499 | 134 | 134 | 134 | 989 | 630 | 487 | 144 | 144 | 144 | 961 | 598 | 465 | 145 | 145 | 145 | 912 | 12 |
| | 13 | 620 | 297 | 131 | 131 | 131 | 963 | 599 | 297 | 141 | 141 | 141 | 933 | 569 | 287 | 143 | 143 | 143 | 887 | 11 |
| | 14 | 530 | 124 | 124 | 124 | 124 | 887 | 507 | 128 | 128 | 128 | 128 | 848 | 488 | 136 | 136 | 136 | 136 | 815 | 10 |
| | 15 | 390 | 108 | 108 | 108 | 108 | 763 | 377 | 115 | 115 | 115 | 115 | 734 | 365 | 124 | 124 | 124 | 124 | 706 | 9 |
| | 16 | 220 | 93 | 93 | 93 | 93 | 615 | 216 | 99 | 99 | 99 | 99 | 586 | 212 | 106 | 106 | 106 | 106 | 558 | 8 |
| | 17 | 74 | 74 | 74 | 74 | 112 | 444 | 78 | 78 | 78 | 78 | 112 | 415 | 80 | 80 | 80 | 80 | 110 | 378 | 7 |
| | 18 | 51 | 51 | 51 | 51 | 224 | 257 | 52 | 52 | 52 | 52 | 2022 | 236 | 58 | 58 | 58 | 58 | 190 | 228 | 6 |
| 日总计 | | 4421 | 5229 | 5015 | 3319 | 1720 | 8848 | 4289 | 4983 | 4742 | 3178 | 1738 | 8464 | 4143 | 4743 | 4486 | 3058 | 1764 | 8076 | 日总计 |
| 日平均 | | 184 | 217 | 209 | 138 | 72 | 369 | 179 | 208 | 198 | 133 | 72 | 352 | 172 | 198 | 187 | 128 | 73 | 336 | 日平均 |
| 朝向 | | S | SW | W | NW | N | H | S | SW | W | NW | N | H | S | SW | W | NW | N | H | 朝向 |

| 透明度等级 | | 4 | | | | | | 5 | | | | | | 6 | | | | | | 透明度等级 |
|---|---|---|---|---|---|---|---|---|---|---|---|---|---|---|---|---|---|---|---|---|
| 朝向 | | S | SE | E | NE | N | H | S | SE | E | NE | N | H | S | SE | E | NE | N | H | 朝向 |
| 时刻（地方太阳时） | 6 | 59 | 299 | 507 | 454 | 167 | 207 | 58 | 256 | 428 | 383 | 148 | 186 | 58 | 208 | 337 | 304 | 126 | 164 | 18 |
| | 7 | 85 | 461 | 642 | 497 | 109 | 359 | 90 | 414 | 571 | 445 | 112 | 338 | 95 | 365 | 495 | 391 | 114 | 316 | 17 |
| | 8 | 201 | 580 | 683 | 448 | 107 | 518 | 198 | 536 | 628 | 419 | 115 | 492 | 188 | 473 | 550 | 374 | 119 | 451 | 16 |
| | 9 | 345 | 644 | 641 | 337 | 128 | 663 | 337 | 612 | 608 | 329 | 137 | 642 | 316 | 551 | 549 | 309 | 145 | 595 | 15 |
| | 10 | 466 | 642 | 527 | 187 | 144 | 779 | 454 | 618 | 511 | 193 | 154 | 758 | 429 | 572 | 478 | 201 | 163 | 716 | 14 |
| | 11 | 542 | 571 | 355 | 151 | 151 | 847 | 527 | 554 | 352 | 163 | 163 | 826 | 498 | 522 | 343 | 177 | 177 | 784 | 13 |
| | 12 | 568 | 447 | 154 | 154 | 154 | 870 | 552 | 438 | 165 | 165 | 165 | 849 | 522 | 422 | 179 | 179 | 179 | 807 | 12 |
| | 13 | 542 | 284 | 151 | 151 | 151 | 847 | 527 | 286 | 163 | 163 | 163 | 826 | 498 | 285 | 177 | 177 | 177 | 784 | 11 |
| | 14 | 466 | 144 | 144 | 144 | 144 | 779 | 454 | 154 | 154 | 154 | 154 | 758 | 429 | 163 | 163 | 163 | 163 | 716 | 10 |
| | 15 | 345 | 128 | 128 | 128 | 128 | 663 | 337 | 137 | 137 | 137 | 137 | 642 | 316 | 145 | 145 | 145 | 145 | 595 | 9 |
| | 16 | 201 | 107 | 107 | 107 | 107 | 518 | 198 | 115 | 115 | 115 | 115 | 492 | 188 | 119 | 119 | 119 | 119 | 451 | 8 |
| | 17 | 85 | 85 | 85 | 85 | 109 | 359 | 90 | 90 | 90 | 90 | 112 | 338 | 95 | 95 | 95 | 95 | 114 | 316 | 7 |
| | 18 | 59 | 59 | 59 | 59 | 167 | 207 | 58 | 58 | 58 | 58 | 148 | 186 | 58 | 58 | 58 | 58 | 126 | 164 | 6 |
| 日总计 | | 3966 | 4451 | 4182 | 2902 | 1768 | 7615 | 3879 | 4267 | 3980 | 2813 | 1821 | 7334 | 3693 | 3983 | 3693 | 2696 | 1872 | 6862 | 日总计 |
| 日平均 | | 165 | 185 | 174 | 121 | 73 | 317 | 162 | 178 | 166 | 117 | 76 | 306 | 154 | 166 | 154 | 113 | 78 | 286 | 日平均 |
| 朝向 | | S | SW | W | NW | N | H | S | SW | W | NW | N | H | S | SW | W | NW | N | H | 朝向 |

# 附录G　夏季透过标准窗玻璃的太阳辐射照度

**北纬20°透过标准窗玻璃的太阳辐射照度（W/m²）**　　**附表 G-1**

| 透明度等级 | 1 | | | | | | 2 | | | | | | 透明度等级 |
|---|---|---|---|---|---|---|---|---|---|---|---|---|---|
| 朝向 | S | SE | E | NE | N | H | S | SE | E | NE | N | H | 朝向 |
| 辐射照度 | 上行——直接辐射<br>下行——散射辐射 | | | | | | 上行——直接辐射<br>下行——散射辐射 | | | | | | 辐射照度 |
| 时刻（地方太阳时） 6 | 0 | 162 | 423 | 404 | 112 | 20 | 0 | 128 | 335 | 320 | 88 | 15 | 18 时刻（地方太阳时） |
| | 21 | 21 | 21 | 21 | 21 | 27 | 23 | 23 | 23 | 23 | 23 | 31 | |
| 7 | 0 | 286 | 552 | 576 | 109 | 192 | 0 | 254 | 568 | 509 | 97 | 170 | 17 |
| | 52 | 52 | 52 | 52 | 52 | 47 | 52 | 52 | 52 | 52 | 52 | 51 | |
| 8 | 0 | 315 | 654 | 550 | 65 | 428 | 0 | 288 | 598 | 502 | 59 | 391 | 16 |
| | 76 | 76 | 76 | 76 | 76 | 52 | 80 | 80 | 80 | 80 | 80 | 66 | |
| 9 | 0 | 274 | 552 | 430 | 130 | 628 | 0 | 256 | 514 | 401 | 122 | 585 | 15 |
| | 97 | 97 | 97 | 97 | 97 | 57 | 99 | 99 | 99 | 99 | 99 | 69 | |
| 10 | 0 | 180 | 364 | 258 | 8 | 784 | 0 | 170 | 342 | 243 | 8 | 737 | 14 |
| | 110 | 110 | 110 | 110 | 110 | 56 | 119 | 119 | 119 | 119 | 119 | 77 | |
| 11 | 0 | 60 | 133 | 85 | 1 | 878 | 0 | 57 | 126 | 79 | 1 | 826 | 13 |
| | 120 | 120 | 120 | 120 | 120 | 57 | 123 | 123 | 123 | 123 | 123 | 72 | |
| 12 | 0 | 0 | 0 | 0 | 1 | 911 | 0 | 0 | 0 | 0 | 1 | 863 | 12 |
| | 122 | 122 | 122 | 122 | 122 | 56 | 128 | 128 | 128 | 128 | 128 | 73 | |
| 13 | 0 | 0 | 0 | 0 | 1 | 878 | 0 | 0 | 0 | 0 | 1 | 826 | 11 |
| | 120 | 120 | 120 | 120 | 120 | 57 | 123 | 123 | 123 | 123 | 123 | 72 | |
| 14 | 0 | 0 | 0 | 0 | 8 | 784 | 0 | 0 | 0 | 0 | 8 | 737 | 10 |
| | 110 | 110 | 110 | 110 | 110 | 56 | 119 | 119 | 119 | 119 | 119 | 77 | |
| 15 | 0 | 0 | 0 | 0 | 130 | 628 | 0 | 0 | 0 | 0 | 122 | 585 | 9 |
| | 97 | 97 | 97 | 97 | 97 | 57 | 99 | 99 | 99 | 99 | 99 | 69 | |
| 16 | 0 | 0 | 0 | 0 | 65 | 428 | 0 | 0 | 0 | 0 | 59 | 391 | 8 |
| | 76 | 76 | 76 | 76 | 76 | 52 | 80 | 80 | 80 | 80 | 80 | 66 | |
| 17 | 0 | 0 | 0 | 0 | 109 | 192 | 0 | 0 | 0 | 0 | 97 | 170 | 7 |
| | 52 | 52 | 52 | 52 | 52 | 47 | 52 | 52 | 52 | 52 | 52 | 51 | |
| 18 | 0 | 0 | 0 | 0 | 112 | 20 | 0 | 0 | 0 | 0 | 88 | 15 | 6 |
| | 21 | 21 | 21 | 21 | 21 | 27 | 23 | 23 | 23 | 23 | 23 | 31 | |
| 朝向 | S | SW | W | NW | N | H | S | SW | W | NW | N | H | 朝向 |

续表

| 透明度等级 | 3 | | | | | | 4 | | | | | | 透明度等级 |
|---|---|---|---|---|---|---|---|---|---|---|---|---|---|
| 朝向 | S | SE | E | NE | N | H | S | SE | E | NE | N | H | 朝向 |
| 辐射照度 | 上行——直接辐射<br>下行——散射辐射 | | | | | | 上行——直接辐射<br>下行——散射辐射 | | | | | | 辐射照度 |
| 时刻（地方太阳时） 6 | 0 | 101 | 263 | 251 | 70 | 12 | 0 | 73 | 191 | 183 | 50 | 9 | 18 时刻（地方太阳时） |
| | 24 | 24 | 24 | 24 | 24 | 35 | 22 | 22 | 22 | 22 | 22 | 33 | |
| 7 | 0 | 222 | 498 | 445 | 85 | 149 | 0 | 190 | 423 | 380 | 72 | 127 | 17 |
| | 58 | 58 | 58 | 58 | 58 | 65 | 60 | 60 | 60 | 60 | 60 | 76 | |
| 8 | 0 | 262 | 543 | 456 | 53 | 355 | 0 | 231 | 479 | 402 | 48 | 313 | 16 |
| | 85 | 85 | 85 | 85 | 85 | 80 | 87 | 87 | 87 | 87 | 87 | 91 | |
| 9 | 0 | 236 | 476 | 371 | 113 | 542 | 0 | 215 | 433 | 337 | 102 | 492 | 15 |
| | 107 | 107 | 107 | 107 | 107 | 90 | 113 | 113 | 113 | 113 | 113 | 107 | |
| 10 | 0 | 158 | 319 | 227 | 7 | 686 | 0 | 145 | 292 | 208 | 7 | 629 | 14 |
| | 120 | 120 | 120 | 120 | 120 | 87 | 127 | 127 | 127 | 127 | 127 | 109 | |
| 11 | 0 | 53 | 117 | 74 | 1 | 775 | 0 | 49 | 109 | 69 | 1 | 718 | 13 |
| | 128 | 128 | 128 | 128 | 128 | 88 | 138 | 138 | 138 | 138 | 138 | 115 | |
| 12 | 0 | 0 | 0 | 0 | 1 | 811 | 0 | 0 | 0 | 0 | 1 | 751 | 12 |
| | 133 | 133 | 133 | 133 | 133 | 91 | 141 | 141 | 141 | 141 | 141 | 114 | |
| 13 | 0 | 0 | 0 | 0 | 1 | 775 | 0 | 0 | 0 | 0 | 1 | 718 | 11 |
| | 128 | 128 | 128 | 128 | 128 | 88 | 138 | 138 | 138 | 138 | 138 | 115 | |
| 14 | 0 | 0 | 0 | 0 | 7 | 686 | 0 | 0 | 0 | 0 | 7 | 629 | 10 |
| | 120 | 120 | 120 | 120 | 120 | 87 | 127 | 127 | 127 | 127 | 127 | 109 | |
| 15 | 0 | 0 | 0 | 0 | 113 | 542 | 0 | 0 | 0 | 0 | 102 | 492 | 9 |
| | 107 | 107 | 107 | 107 | 107 | 90 | 113 | 113 | 113 | 113 | 113 | 107 | |
| 16 | 0 | 0 | 0 | 0 | 53 | 355 | 0 | 0 | 0 | 0 | 48 | 313 | 8 |
| | 85 | 85 | 85 | 85 | 85 | 80 | 87 | 87 | 87 | 87 | 87 | 91 | |
| 17 | 0 | 0 | 0 | 0 | 85 | 149 | 0 | 0 | 0 | 0 | 72 | 127 | 7 |
| | 58 | 58 | 58 | 58 | 58 | 65 | 60 | 60 | 60 | 60 | 60 | 76 | |
| 18 | 0 | 0 | 0 | 0 | 70 | 12 | 0 | 0 | 0 | 0 | 50 | 9 | 6 |
| | 24 | 24 | 24 | 24 | 24 | 35 | 22 | 22 | 22 | 22 | 22 | 33 | |
| 朝向 | S | SW | W | NW | N | H | S | SW | W | NW | N | H | 朝向 |

| 透明度等级 | 5 | | | | | | 6 | | | | | | 透明度等级 |
|---|---|---|---|---|---|---|---|---|---|---|---|---|---|
| 朝向 | S | SE | E | NE | N | H | S | SE | E | NE | N | H | 朝向 |
| 辐射照度 | 上行——直接辐射<br>下行——散射辐射 | | | | | | 上行——直接辐射<br>下行——散射辐射 | | | | | | 辐射照度 |
| 时刻（地方太阳时） 6 | 0 | 52 | 136 | 130 | 36 | 6 | 0 | 36 | 93 | 88 | 24 | 5 | 18 时刻（地方太阳时） |
| | 19 | 19 | 19 | 19 | 19 | 28 | 17 | 17 | 17 | 17 | 17 | 28 | |
| 7 | 0 | 160 | 359 | 323 | 62 | 107 | 0 | 130 | 271 | 261 | 50 | 87 | 17 |
| | 63 | 63 | 63 | 63 | 63 | 81 | 62 | 62 | 62 | 62 | 62 | 85 | |
| 8 | 0 | 206 | 426 | 358 | 42 | 278 | 0 | 172 | 257 | 300 | 36 | 234 | 16 |
| | 93 | 93 | 93 | 93 | 93 | 106 | 95 | 95 | 95 | 95 | 95 | 120 | |
| 9 | 0 | 199 | 401 | 313 | 95 | 456 | 0 | 172 | 347 | 271 | 83 | 395 | 15 |
| | 120 | 120 | 120 | 120 | 120 | 126 | 129 | 129 | 129 | 129 | 129 | 150 | |
| 10 | 0 | 135 | 273 | 194 | 6 | 587 | 0 | 120 | 242 | 172 | 6 | 521 | 14 |
| | 136 | 136 | 136 | 136 | 136 | 131 | 148 | 148 | 148 | 148 | 148 | 162 | |
| 11 | 0 | 45 | 101 | 64 | 1 | 665 | 0 | 41 | 91 | 57 | 1 | 597 | 13 |
| | 147 | 147 | 147 | 147 | 147 | 136 | 156 | 156 | 156 | 156 | 156 | 163 | |
| 12 | 0 | 0 | 0 | 0 | 0 | 692 | 0 | 0 | 0 | 0 | 0 | 627 | 12 |
| | 149 | 149 | 149 | 149 | 149 | 137 | 164 | 164 | 164 | 164 | 164 | 171 | |
| 13 | 0 | 0 | 0 | 0 | 1 | 665 | 0 | 0 | 0 | 0 | 1 | 597 | 11 |
| | 147 | 147 | 147 | 147 | 147 | 136 | 156 | 156 | 156 | 156 | 156 | 163 | |
| 14 | 0 | 0 | 0 | 0 | 6 | 587 | 0 | 0 | 0 | 0 | 6 | 521 | 10 |
| | 136 | 136 | 136 | 136 | 136 | 131 | 148 | 148 | 148 | 148 | 148 | 162 | |
| 15 | 0 | 0 | 0 | 0 | 95 | 456 | 0 | 0 | 0 | 0 | 83 | 395 | 9 |
| | 120 | 120 | 120 | 120 | 120 | 126 | 129 | 129 | 129 | 129 | 129 | 150 | |
| 16 | 0 | 0 | 0 | 0 | 42 | 278 | 0 | 0 | 0 | 0 | 36 | 234 | 8 |
| | 93 | 93 | 93 | 93 | 93 | 106 | 95 | 95 | 95 | 95 | 95 | 120 | |
| 17 | 0 | 0 | 0 | 0 | 62 | 107 | 0 | 0 | 0 | 0 | 50 | 87 | 7 |
| | 63 | 63 | 63 | 63 | 63 | 81 | 62 | 62 | 62 | 62 | 62 | 85 | |
| 18 | 0 | 0 | 0 | 0 | 36 | 6 | 0 | 0 | 0 | 0 | 24 | 5 | 6 |
| | 19 | 19 | 19 | 19 | 19 | 28 | 17 | 17 | 17 | 17 | 17 | 28 | |
| 朝向 | S | SW | W | NW | N | H | S | SW | W | NW | N | H | 朝向 |

## 北纬 25°透过标准窗玻璃的太阳辐射照度（W/m²） 附表 G-2

| 透明度等级 | | 1 | | | | | | 2 | | | | | | 透明度等级 | |
|---|---|---|---|---|---|---|---|---|---|---|---|---|---|---|---|
| 朝向 | | S | SE | E | NE | N | H | S | SE | E | NE | N | H | 朝向 | |
| 辐射照度 | | 上行——直接辐射<br>下行——散射辐射 | | | | | | 上行——直接辐射<br>下行——散射辐射 | | | | | | 辐射照度 | |
| 时刻（地方太阳时） | 6 | 0 | 183 | 462 | 437 | 115 | 31 | 0 | 150 | 379 | 359 | 94 | 27 | 18 | 时刻（地方太阳时） |
| | | 27 | 27 | 27 | 27 | 27 | 33 | 28 | 28 | 28 | 28 | 28 | 37 | | |
| | 7 | 0 | 312 | 654 | 570 | 88 | 212 | 0 | 276 | 579 | 505 | 78 | 187 | 17 | |
| | | 55 | 55 | 55 | 55 | 55 | 48 | 56 | 56 | 56 | 56 | 56 | 53 | | |
| | 8 | 0 | 352 | 657 | 522 | 36 | 440 | 0 | 323 | 602 | 478 | 33 | 402 | 16 | |
| | | 77 | 77 | 77 | 77 | 77 | 52 | 81 | 81 | 81 | 81 | 81 | 67 | | |
| | 9 | 0 | 322 | 554 | 383 | 5 | 636 | 0 | 300 | 515 | 356 | 4 | 593 | 15 | |
| | | 98 | 98 | 98 | 98 | 98 | 57 | 100 | 100 | 100 | 100 | 100 | 68 | | |
| | 10 | 1 | 236 | 364 | 204 | 0 | 785 | 1 | 222 | 342 | 191 | 0 | 739 | 14 | |
| | | 101 | 101 | 101 | 101 | 101 | 56 | 119 | 119 | 119 | 119 | 119 | 77 | | |
| | 11 | 10 | 108 | 133 | 42 | 0 | 876 | 10 | 102 | 126 | 40 | 0 | 825 | 13 | |
| | | 120 | 120 | 120 | 120 | 120 | 58 | 124 | 124 | 124 | 124 | 124 | 73 | | |
| | 12 | 15 | 8 | 0 | 0 | 0 | 906 | 15 | 7 | 0 | 0 | 0 | 857 | 12 | |
| | | 119 | 119 | 119 | 119 | 119 | 51 | 124 | 124 | 124 | 124 | 124 | 69 | | |
| | 13 | 10 | 0 | 0 | 0 | 0 | 876 | 10 | 0 | 0 | 0 | 0 | 825 | 11 | |
| | | 120 | 120 | 120 | 120 | 120 | 58 | 124 | 124 | 124 | 124 | 124 | 73 | | |
| | 14 | 1 | 0 | 0 | 0 | 0 | 785 | 1 | 0 | 0 | 0 | 0 | 739 | 10 | |
| | | 101 | 101 | 101 | 101 | 101 | 56 | 119 | 119 | 119 | 119 | 119 | 77 | | |
| | 15 | 0 | 8 | 0 | 0 | 5 | 636 | 0 | 0 | 0 | 0 | 4 | 593 | 9 | |
| | | 98 | 98 | 98 | 98 | 98 | 57 | 100 | 100 | 100 | 100 | 100 | 68 | | |
| | 16 | 0 | 0 | 0 | 0 | 36 | 440 | 0 | 0 | 0 | 0 | 33 | 402 | 8 | |
| | | 77 | 77 | 77 | 77 | 77 | 52 | 81 | 81 | 81 | 81 | 81 | 67 | | |
| | 17 | 0 | 0 | 0 | 0 | 88 | 212 | 0 | 0 | 0 | 0 | 78 | 187 | 7 | |
| | | 55 | 55 | 55 | 55 | 55 | 48 | 56 | 56 | 56 | 56 | 56 | 53 | | |
| | 18 | 0 | 0 | 0 | 0 | 115 | 31 | 0 | 0 | 0 | 0 | 94 | 27 | 6 | |
| | | 27 | 27 | 27 | 27 | 27 | 33 | 28 | 28 | 28 | 28 | 28 | 37 | | |
| 朝向 | | S | SW | W | NW | N | H | S | SW | W | NW | N | H | 朝向 | |

| 透明度等级 | | 3 | | | | | | 4 | | | | | | 透明度等级 | |
|---|---|---|---|---|---|---|---|---|---|---|---|---|---|---|---|
| 朝向 | | S | SE | E | NE | N | H | S | SE | E | NE | N | H | 朝向 | |
| 辐射照度 | | 上行——直接辐射<br>下行——散射辐射 | | | | | | 上行——直接辐射<br>下行——散射辐射 | | | | | | 辐射照度 | |
| 时刻（地方太阳时） | 6 | 0 | 121 | 308 | 290 | 77 | 21 | 0 | 92 | 234 | 221 | 58 | 16 | 18 | 时刻（地方太阳时） |
| | | 36 | 30 | 30 | 30 | 30 | 42 | 29 | 29 | 29 | 29 | 29 | 42 | | |
| | 7 | 0 | 243 | 511 | 445 | 69 | 165 | 0 | 208 | 436 | 380 | 59 | 141 | 17 | |
| | | 60 | 60 | 60 | 60 | 60 | 66 | 64 | 64 | 64 | 64 | 64 | 77 | | |
| | 8 | 0 | 274 | 548 | 435 | 30 | 366 | 0 | 259 | 484 | 384 | 27 | 323 | 16 | |
| | | 87 | 87 | 87 | 87 | 87 | 81 | 88 | 88 | 88 | 88 | 88 | 92 | | |
| | 9 | 0 | 278 | 477 | 445 | 4 | 549 | 0 | 252 | 434 | 300 | 4 | 500 | 15 | |
| | | 109 | 108 | 108 | 108 | 108 | 90 | 114 | 114 | 114 | 114 | 114 | 107 | | |
| | 10 | 1 | 207 | 319 | 178 | 0 | 687 | 1 | 190 | 292 | 163 | 0 | 632 | 14 | |
| | | 120 | 120 | 120 | 120 | 120 | 87 | 127 | 127 | 127 | 127 | 127 | 109 | | |
| | 11 | 9 | 95 | 117 | 37 | 0 | 773 | 8 | 88 | 109 | 34 | 0 | 715 | 13 | |
| | | 128 | 128 | 128 | 128 | 128 | 88 | 138 | 138 | 138 | 138 | 138 | 115 | | |
| | 12 | 14 | 7 | 0 | 0 | 0 | 804 | 13 | 7 | 0 | 0 | 0 | 745 | 12 | |
| | | 129 | 129 | 129 | 129 | 129 | 86 | 138 | 138 | 138 | 138 | 138 | 110 | | |
| | 13 | 9 | 0 | 0 | 0 | 0 | 773 | 8 | 0 | 0 | 0 | 0 | 715 | 11 | |
| | | 128 | 128 | 128 | 128 | 128 | 88 | 138 | 138 | 138 | 138 | 138 | 115 | | |
| | 14 | 1 | 0 | 0 | 0 | 0 | 687 | 1 | 0 | 0 | 0 | 0 | 632 | 10 | |
| | | 120 | 120 | 120 | 120 | 120 | 87 | 127 | 127 | 127 | 127 | 127 | 109 | | |
| | 15 | 0 | 0 | 0 | 0 | 4 | 549 | 0 | 0 | 0 | 0 | 4 | 500 | 9 | |
| | | 108 | 108 | 108 | 108 | 108 | 90 | 114 | 114 | 114 | 114 | 114 | 107 | | |
| | 16 | 0 | 0 | 0 | 0 | 30 | 366 | 0 | 0 | 0 | 0 | 27 | 323 | 8 | |
| | | 87 | 87 | 87 | 87 | 87 | 81 | 88 | 88 | 88 | 88 | 88 | 92 | | |
| | 17 | 0 | 0 | 0 | 0 | 69 | 165 | 0 | 0 | 0 | 0 | 59 | 141 | 7 | |
| | | 60 | 60 | 60 | 60 | 60 | 66 | 64 | 64 | 64 | 64 | 64 | 77 | | |
| | 18 | 0 | 0 | 0 | 0 | 77 | 21 | 0 | 0 | 0 | 0 | 58 | 16 | 6 | |
| | | 30 | 30 | 30 | 30 | 30 | 42 | 29 | 29 | 29 | 29 | 29 | 42 | | |
| 朝向 | | S | SW | W | NW | N | H | S | SW | W | NW | N | H | 朝向 | |

续表

| 透明度等级 | 5 | | | | | | 6 | | | | | | 透明度等级 |
|---|---|---|---|---|---|---|---|---|---|---|---|---|---|
| 朝向 | S | SE | E | NE | N | H | S | SE | E | NE | N | H | 朝向 |
| 辐射照度 | 上行——直接辐射<br>下行——散射辐射 | | | | | | 上行——直接辐射<br>下行——散射辐射 | | | | | | 辐射照度 |
| 时刻（地方太阳时） 6 | 0 | 69 | 176 | 166 | 44 | 12 | 0 | 48 | 120 | 113 | 30 | 8 | 18 时刻（地方太阳时） |
| | 27 | 27 | 27 | 27 | 27 | 40 | 24 | 24 | 24 | 24 | 24 | 37 | |
| 7 | 0 | 177 | 372 | 324 | 50 | 120 | 0 | 144 | 302 | 264 | 41 | 98 | 17 |
| | 66 | 66 | 66 | 66 | 66 | 62 | 67 | 67 | 67 | 67 | 67 | 92 | |
| 8 | 0 | 231 | 431 | 343 | 23 | 288 | 0 | 194 | 363 | 288 | 20 | 242 | 16 |
| | 94 | 94 | 94 | 94 | 94 | 108 | 98 | 98 | 98 | 98 | 98 | 121 | |
| 9 | 0 | 235 | 402 | 278 | 4 | 463 | 0 | 204 | 349 | 241 | 2 | 402 | 15 |
| | 121 | 121 | 121 | 121 | 121 | 126 | 130 | 130 | 130 | 130 | 130 | 151 | |
| 10 | 1 | 177 | 273 | 152 | 0 | 588 | 1 | 157 | 242 | 135 | 0 | 522 | 14 |
| | 136 | 136 | 136 | 136 | 136 | 131 | 148 | 148 | 148 | 148 | 148 | 162 | |
| 11 | 8 | 83 | 101 | 31 | 0 | 664 | 7 | 73 | 91 | 28 | 0 | 595 | 13 |
| | 147 | 147 | 147 | 147 | 147 | 137 | 156 | 156 | 156 | 156 | 156 | 164 | |
| 12 | 12 | 6 | 0 | 0 | 0 | 687 | 10 | 6 | 0 | 0 | 0 | 621 | 12 |
| | 147 | 147 | 147 | 147 | 147 | 133 | 159 | 159 | 159 | 159 | 159 | 165 | |
| 13 | 8 | 0 | 0 | 0 | 0 | 664 | 7 | 0 | 0 | 0 | 0 | 595 | 11 |
| | 147 | 147 | 147 | 147 | 147 | 137 | 156 | 156 | 156 | 156 | 156 | 164 | |
| 14 | 1 | 0 | 0 | 0 | 0 | 588 | 1 | 0 | 0 | 0 | 0 | 522 | 10 |
| | 136 | 136 | 136 | 136 | 136 | 131 | 148 | 148 | 148 | 148 | 148 | 162 | |
| 15 | 0 | 0 | 0 | 0 | 4 | 463 | 0 | 0 | 0 | 0 | 2 | 402 | 9 |
| | 121 | 121 | 121 | 121 | 121 | 126 | 130 | 130 | 130 | 130 | 130 | 151 | |
| 16 | 0 | 0 | 0 | 0 | 23 | 288 | 0 | 0 | 0 | 0 | 20 | 242 | 8 |
| | 94 | 94 | 94 | 94 | 94 | 108 | 98 | 98 | 98 | 98 | 98 | 121 | |
| 17 | 0 | 0 | 0 | 0 | 50 | 120 | 0 | 0 | 0 | 0 | 41 | 98 | 7 |
| | 65 | 66 | 66 | 66 | 66 | 62 | 67 | 67 | 67 | 67 | 67 | 92 | |
| 18 | 0 | 0 | 0 | 0 | 44 | 12 | 0 | 0 | 0 | 0 | 30 | 8 | 6 |
| | 27 | 27 | 27 | 27 | 27 | 40 | 24 | 24 | 24 | 24 | 24 | 37 | |
| 朝向 | S | SW | W | NW | N | H | S | SW | W | NW | N | H | 朝向 |

**北纬 30°透过标准窗玻璃的太阳辐射照度（W/m²）　附表 G-3**

| 透明度等级 | 1 | | | | | | 2 | | | | | | 透明度等级 |
|---|---|---|---|---|---|---|---|---|---|---|---|---|---|
| 朝向 | S | SE | E | NE | N | H | S | SE | E | NE | N | H | 朝向 |
| 辐射照度 | 上行——直接辐射<br>下行——散射辐射 | | | | | | 上行——直接辐射<br>下行——散射辐射 | | | | | | 辐射照度 |
| 时刻（地方太阳时） 6 | 0 | 204 | 499 | 466 | 116 | 48 | 0 | 172 | 422 | 394 | 98 | 41 | 18 时刻（地方太阳时） |
| | 31 | 31 | 31 | 31 | 31 | 37 | 31 | 31 | 31 | 31 | 31 | 40 | |
| 7 | 0 | 338 | 664 | 559 | 67 | 229 | 0 | 300 | 590 | 497 | 59 | 204 | 17 |
| | 57 | 57 | 57 | 57 | 57 | 48 | 58 | 58 | 58 | 58 | 58 | 56 | |
| 8 | 0 | 390 | 659 | 490 | 13 | 450 | 0 | 358 | 605 | 450 | 12 | 414 | 16 |
| | 78 | 78 | 78 | 78 | 78 | 52 | 83 | 83 | 83 | 83 | 83 | 67 | |
| 9 | 1 | 371 | 554 | 332 | 0 | 637 | 1 | 345 | 515 | 311 | 0 | 593 | 15 |
| | 98 | 98 | 98 | 98 | 98 | 58 | 100 | 100 | 100 | 100 | 100 | 68 | |
| 10 | 31 | 292 | 364 | 144 | 0 | 780 | 29 | 274 | 342 | 140 | 0 | 734 | 14 |
| | 110 | 110 | 110 | 110 | 110 | 57 | 119 | 119 | 119 | 119 | 119 | 78 | |
| 11 | 53 | 164 | 133 | 13 | 0 | 866 | 50 | 155 | 126 | 12 | 0 | 815 | 13 |
| | 117 | 117 | 117 | 117 | 117 | 56 | 123 | 123 | 123 | 123 | 123 | 72 | |
| 12 | 65 | 85 | 0 | 0 | 0 | 896 | 62 | 80 | 0 | 0 | 0 | 846 | 12 |
| | 117 | 117 | 117 | 117 | 117 | 51 | 123 | 123 | 123 | 123 | 123 | 67 | |
| 13 | 53 | 0 | 0 | 0 | 0 | 866 | 50 | 0 | 0 | 0 | 0 | 815 | 11 |
| | 117 | 117 | 117 | 117 | 117 | 56 | 123 | 123 | 123 | 123 | 123 | 72 | |
| 14 | 31 | 0 | 0 | 0 | 0 | 780 | 29 | 0 | 0 | 0 | 0 | 734 | 10 |
| | 110 | 110 | 110 | 110 | 110 | 57 | 119 | 119 | 119 | 119 | 119 | 78 | |
| 15 | 1 | 0 | 0 | 0 | 0 | 637 | 1 | 0 | 0 | 0 | 0 | 593 | 9 |
| | 98 | 98 | 98 | 98 | 98 | 58 | 100 | 100 | 100 | 100 | 100 | 68 | |
| 16 | 0 | 0 | 0 | 0 | 13 | 450 | 0 | 0 | 0 | 0 | 12 | 414 | 8 |
| | 78 | 78 | 78 | 78 | 78 | 52 | 83 | 83 | 83 | 83 | 83 | 67 | |
| 17 | 0 | 0 | 0 | 0 | 67 | 229 | 0 | 0 | 0 | 0 | 59 | 204 | 7 |
| | 57 | 57 | 57 | 57 | 57 | 48 | 58 | 58 | 58 | 58 | 58 | 56 | |
| 18 | 0 | 0 | 0 | 0 | 116 | 48 | 0 | 0 | 0 | 0 | 98 | 41 | 6 |
| | 31 | 31 | 31 | 31 | 31 | 37 | 31 | 31 | 31 | 31 | 31 | 40 | |
| 朝向 | S | SW | W | NW | N | H | S | SW | W | NW | N | H | 朝向 |

续表

| 透明度等级 | 3 | | | | | | 4 | | | | | | 透明度等级 |
|---|---|---|---|---|---|---|---|---|---|---|---|---|---|
| 朝向 | S | SE | E | NE | N | H | S | SE | E | NE | N | H | 朝向 |
| 辐射照度 | 上行——直接辐射<br>下行——散射辐射 | | | | | | 上行——直接辐射<br>下行——散射辐射 | | | | | | 辐射照度 |
| 时刻（地方太阳时） 6 | 0 | 143 | 350 | 328 | 81 | 34 | 0 | 112 | 273 | 256 | 64 | 27 | 18 时刻（地方太阳时） |
| | 35 | 35 | 35 | 35 | 35 | 47 | 35 | 35 | 35 | 35 | 35 | 50 | |
| 7 | 0 | 265 | 520 | 438 | 52 | 180 | 0 | 227 | 445 | 376 | 45 | 155 | 17 |
| | 62 | 62 | 62 | 62 | 62 | 67 | 65 | 65 | 65 | 65 | 65 | 78 | |
| 8 | 0 | 326 | 551 | 409 | 10 | 377 | 0 | 288 | 487 | 362 | 9 | 333 | 16 |
| | 88 | 88 | 88 | 88 | 88 | 83 | 90 | 90 | 90 | 90 | 90 | 92 | |
| 9 | 1 | 320 | 477 | 287 | 0 | 549 | 1 | 292 | 435 | 262 | 0 | 500 | 15 |
| | 108 | 108 | 108 | 108 | 108 | 90 | 114 | 114 | 114 | 114 | 114 | 108 | |
| 10 | 28 | 256 | 319 | 130 | 0 | 683 | 26 | 235 | 292 | 120 | 0 | 626 | 14 |
| | 120 | 120 | 120 | 120 | 120 | 88 | 127 | 127 | 127 | 127 | 127 | 109 | |
| 11 | 47 | 145 | 117 | 10 | 0 | 764 | 43 | 134 | 108 | 10 | 0 | 706 | 13 |
| | 127 | 127 | 127 | 127 | 127 | 87 | 137 | 137 | 137 | 137 | 137 | 114 | |
| 12 | 58 | 76 | 0 | 0 | 0 | 793 | 53 | 70 | 0 | 0 | 0 | 734 | 12 |
| | 128 | 128 | 128 | 128 | 128 | 85 | 137 | 137 | 137 | 137 | 137 | 110 | |
| 13 | 47 | 0 | 0 | 0 | 0 | 764 | 43 | 0 | 0 | 0 | 0 | 706 | 11 |
| | 127 | 127 | 127 | 127 | 127 | 87 | 137 | 137 | 137 | 137 | 137 | 114 | |
| 14 | 28 | 0 | 0 | 0 | 0 | 683 | 26 | 0 | 0 | 0 | 0 | 626 | 10 |
| | 120 | 120 | 120 | 120 | 120 | 88 | 127 | 127 | 127 | 127 | 127 | 109 | |
| 15 | 1 | 0 | 0 | 0 | 0 | 549 | 1 | 0 | 0 | 0 | 0 | 500 | 9 |
| | 108 | 108 | 108 | 108 | 108 | 90 | 114 | 114 | 114 | 114 | 114 | 108 | |
| 16 | 0 | 0 | 0 | 0 | 10 | 377 | 0 | 0 | 0 | 0 | 9 | 333 | 8 |
| | 88 | 88 | 88 | 88 | 88 | 83 | 90 | 90 | 90 | 90 | 90 | 92 | |
| 17 | 0 | 0 | 0 | 0 | 52 | 180 | 0 | 0 | 0 | 0 | 45 | 155 | 7 |
| | 62 | 62 | 62 | 62 | 62 | 67 | 65 | 65 | 65 | 65 | 65 | 78 | |
| 18 | 0 | 0 | 0 | 0 | 81 | 34 | 0 | 0 | 0 | 0 | 64 | 27 | 6 |
| | 35 | 35 | 35 | 35 | 35 | 47 | 35 | 35 | 35 | 35 | 35 | 50 | |
| 朝向 | S | SW | W | NW | N | H | S | SW | W | NW | N | H | 朝向 |

| 透明度等级 | 5 | | | | | | 6 | | | | | | 透明度等级 |
|---|---|---|---|---|---|---|---|---|---|---|---|---|---|
| 朝向 | S | SE | E | NE | N | H | S | SE | E | NE | N | H | 朝向 |
| 辐射照度 | 上行——直接辐射<br>下行——散射辐射 | | | | | | 上行——直接辐射<br>下行——散射辐射 | | | | | | 辐射照度 |
| 时刻（地方太阳时） 6 | 0 | 86 | 213 | 199 | 49 | 21 | 0 | 59 | 147 | 136 | 34 | 14 | 18 时刻（地方太阳时） |
| | 34 | 34 | 34 | 34 | 34 | 49 | 29 | 29 | 29 | 29 | 29 | 44 | |
| 7 | 0 | 194 | 383 | 322 | 38 | 133 | 0 | 159 | 313 | 264 | 31 | 108 | 17 |
| | 69 | 69 | 69 | 69 | 69 | 87 | 71 | 71 | 71 | 71 | 71 | 97 | |
| 8 | 0 | 258 | 435 | 323 | 8 | 298 | 0 | 216 | 366 | 272 | 7 | 250 | 16 |
| | 96 | 96 | 96 | 96 | 96 | 109 | 99 | 99 | 99 | 99 | 99 | 122 | |
| 9 | 1 | 270 | 404 | 243 | 0 | 464 | 1 | 235 | 350 | 211 | 0 | 402 | 15 |
| | 121 | 121 | 121 | 121 | 121 | 126 | 130 | 130 | 130 | 130 | 130 | 151 | |
| 10 | 23 | 219 | 272 | 112 | 0 | 585 | 21 | 194 | 242 | 99 | 0 | 518 | 14 |
| | 136 | 136 | 136 | 136 | 136 | 131 | 148 | 148 | 148 | 148 | 148 | 162 | |
| 11 | 41 | 124 | 101 | 9 | 0 | 656 | 36 | 112 | 90 | 8 | 0 | 587 | 13 |
| | 145 | 145 | 145 | 145 | 145 | 135 | 155 | 155 | 155 | 155 | 155 | 163 | |
| 12 | 50 | 65 | 0 | 0 | 0 | 679 | 45 | 58 | 0 | 0 | 0 | 612 | 12 |
| | 145 | 145 | 145 | 145 | 145 | 133 | 157 | 157 | 157 | 157 | 157 | 163 | |
| 13 | 41 | 0 | 0 | 0 | 0 | 656 | 36 | 0 | 0 | 0 | 0 | 587 | 11 |
| | 145 | 145 | 145 | 145 | 145 | 135 | 155 | 155 | 155 | 155 | 155 | 163 | |
| 14 | 23 | 0 | 0 | 0 | 0 | 585 | 21 | 0 | 0 | 0 | 0 | 518 | 10 |
| | 136 | 136 | 136 | 136 | 136 | 131 | 148 | 148 | 148 | 148 | 148 | 162 | |
| 15 | 1 | 0 | 0 | 0 | 0 | 464 | 1 | 0 | 0 | 0 | 0 | 402 | 9 |
| | 121 | 121 | 121 | 121 | 121 | 126 | 130 | 130 | 130 | 130 | 130 | 151 | |
| 16 | 0 | 0 | 0 | 0 | 8 | 298 | 0 | 0 | 0 | 0 | 7 | 250 | 8 |
| | 96 | 96 | 96 | 96 | 96 | 109 | 99 | 99 | 99 | 99 | 99 | 122 | |
| 17 | 0 | 0 | 0 | 0 | 38 | 133 | 0 | 0 | 0 | 0 | 31 | 108 | 7 |
| | 69 | 69 | 69 | 69 | 69 | 87 | 71 | 71 | 71 | 71 | 71 | 97 | |
| 18 | 0 | 0 | 0 | 0 | 49 | 21 | 0 | 0 | 0 | 0 | 34 | 14 | 6 |
| | 34 | 34 | 34 | 34 | 34 | 49 | 29 | 29 | 29 | 29 | 29 | 44 | |
| 朝向 | S | SW | W | NW | N | H | S | SW | W | NW | N | H | 朝向 |

## 北纬 35°透过标准窗玻璃的太阳辐射照度（W/m²） 附表 G-4

| 透明度等级 | 1 | | | | | | 2 | | | | | | 透明度等级 |
|---|---|---|---|---|---|---|---|---|---|---|---|---|---|
| 朝向 | S | SE | E | NE | N | H | S | SE | E | NE | N | H | 朝向 |
| 辐射照度 | 上行——直接辐射<br>下行——散射辐射 | | | | | | 上行——直接辐射<br>下行——散射辐射 | | | | | | 辐射照度 |
| 时刻（地方太阳时） 6 | 0 | 223 | 529 | 488 | 113 | 62 | 0 | 191 | 450 | 415 | 95 | 53 | 18 时刻（地方太阳时） |
| | 35 | 35 | 35 | 35 | 35 | 40 | 35 | 35 | 35 | 35 | 35 | 43 | |
| 7 | 0 | 365 | 672 | 547 | 47 | 245 | 0 | 324 | 598 | 486 | 40 | 219 | 17 |
| | 58 | 58 | 58 | 58 | 58 | 49 | 60 | 60 | 60 | 60 | 60 | 58 | |
| 8 | 0 | 427 | 659 | 456 | 1 | 453 | 0 | 392 | 607 | 419 | 1 | 418 | 16 |
| | 78 | 78 | 78 | 78 | 78 | 51 | 84 | 84 | 84 | 84 | 84 | 67 | |
| 9 | 44 | 420 | 552 | 285 | 0 | 632 | 37 | 392 | 515 | 265 | 0 | 588 | 15 |
| | 97 | 97 | 97 | 97 | 97 | 57 | 99 | 99 | 99 | 99 | 99 | 69 | |
| 10 | 74 | 350 | 363 | 99 | 0 | 768 | 70 | 329 | 342 | 93 | 0 | 722 | 14 |
| | 110 | 110 | 110 | 110 | 110 | 58 | 119 | 119 | 119 | 119 | 119 | 80 | |
| 11 | 121 | 224 | 133 | 0 | 0 | 847 | 114 | 211 | 124 | 0 | 0 | 797 | 13 |
| | 114 | 114 | 114 | 114 | 114 | 53 | 120 | 120 | 120 | 120 | 120 | 71 | |
| 12 | 138 | 74 | 0 | 0 | 0 | 877 | 130 | 71 | 0 | 0 | 0 | 825 | 12 |
| | 120 | 120 | 120 | 120 | 120 | 57 | 124 | 124 | 124 | 124 | 124 | 73 | |
| 13 | 121 | 0 | 0 | 0 | 0 | 847 | 114 | 0 | 0 | 0 | 0 | 797 | 11 |
| | 114 | 114 | 114 | 114 | 114 | 53 | 120 | 120 | 120 | 120 | 120 | 71 | |
| 14 | 74 | 0 | 0 | 0 | 0 | 768 | 70 | 0 | 0 | 0 | 0 | 722 | 10 |
| | 110 | 110 | 110 | 110 | 110 | 58 | 119 | 119 | 119 | 119 | 119 | 80 | |
| 15 | 40 | 0 | 0 | 0 | 0 | 632 | 37 | 0 | 0 | 0 | 0 | 588 | 9 |
| | 97 | 97 | 97 | 97 | 97 | 57 | 99 | 99 | 99 | 99 | 99 | 69 | |
| 16 | 0 | 0 | 0 | 0 | 1 | 453 | 0 | 0 | 0 | 0 | 1 | 418 | 8 |
| | 78 | 78 | 78 | 78 | 78 | 51 | 84 | 84 | 84 | 84 | 84 | 67 | |
| 17 | 0 | 0 | 0 | 0 | 47 | 245 | 0 | 0 | 0 | 0 | 40 | 219 | 7 |
| | 58 | 58 | 58 | 58 | 58 | 49 | 60 | 60 | 60 | 60 | 60 | 58 | |
| 18 | 0 | 0 | 0 | 0 | 113 | 62 | 0 | 0 | 0 | 0 | 95 | 53 | 6 |
| | 35 | 35 | 35 | 35 | 35 | 40 | 35 | 35 | 35 | 35 | 35 | 43 | |
| 朝向 | S | SW | W | NW | N | H | S | SW | W | NW | N | H | 朝向 |

| 透明度等级 | 3 | | | | | | 4 | | | | | | 透明度等级 |
|---|---|---|---|---|---|---|---|---|---|---|---|---|---|
| 朝向 | S | SE | E | NE | N | H | S | SE | E | NE | N | H | 朝向 |
| 辐射照度 | 上行——直接辐射<br>下行——散射辐射 | | | | | | 上行——直接辐射<br>下行——散射辐射 | | | | | | 辐射照度 |
| 时刻（地方太阳时） 6 | 0 | 160 | 380 | 351 | 80 | 44 | 0 | 128 | 304 | 280 | 64 | 36 | 18 时刻（地方太阳时） |
| | 40 | 40 | 40 | 40 | 40 | 52 | 40 | 40 | 40 | 40 | 40 | 55 | |
| 7 | 0 | 287 | 529 | 430 | 36 | 193 | 0 | 247 | 455 | 370 | 31 | 166 | 17 |
| | 64 | 64 | 64 | 64 | 64 | 67 | 67 | 67 | 67 | 67 | 67 | 79 | |
| 8 | 0 | 357 | 552 | 381 | 1 | 380 | 0 | 316 | 488 | 337 | 1 | 336 | 16 |
| | 88 | 88 | 88 | 88 | 88 | 83 | 91 | 91 | 91 | 91 | 91 | 93 | |
| 9 | 34 | 362 | 476 | 245 | 0 | 544 | 31 | 329 | 433 | 323 | 0 | 495 | 15 |
| | 107 | 107 | 107 | 107 | 107 | 90 | 113 | 113 | 113 | 113 | 113 | 107 | |
| 10 | 65 | 306 | 317 | 87 | 0 | 671 | 59 | 280 | 291 | 79 | 0 | 615 | 14 |
| | 120 | 120 | 120 | 120 | 120 | 90 | 127 | 127 | 127 | 127 | 127 | 110 | |
| 11 | 106 | 198 | 116 | 0 | 0 | 745 | 98 | 183 | 108 | 0 | 0 | 688 | 13 |
| | 123 | 123 | 123 | 123 | 123 | 85 | 134 | 134 | 134 | 134 | 134 | 110 | |
| 12 | 122 | 66 | 0 | 0 | 0 | 773 | 113 | 62 | 0 | 0 | 0 | 716 | 12 |
| | 128 | 128 | 128 | 128 | 128 | 85 | 138 | 138 | 138 | 138 | 138 | 115 | |
| 13 | 106 | 0 | 0 | 0 | 0 | 745 | 98 | 0 | 0 | 0 | 0 | 688 | 11 |
| | 123 | 123 | 123 | 123 | 123 | 85 | 134 | 134 | 134 | 134 | 134 | 110 | |
| 14 | 65 | 0 | 0 | 0 | 0 | 671 | 59 | 0 | 0 | 0 | 0 | 615 | 10 |
| | 120 | 120 | 120 | 120 | 120 | 90 | 127 | 127 | 127 | 127 | 127 | 110 | |
| 15 | 34 | 0 | 0 | 0 | 0 | 544 | 31 | 0 | 0 | 0 | 0 | 495 | 9 |
| | 107 | 107 | 107 | 107 | 107 | 90 | 113 | 113 | 113 | 113 | 113 | 107 | |
| 16 | 0 | 0 | 0 | 0 | 1 | 380 | 0 | 0 | 0 | 0 | 1 | 336 | 8 |
| | 88 | 88 | 88 | 88 | 88 | 83 | 91 | 91 | 91 | 91 | 91 | 93 | |
| 17 | 0 | 0 | 0 | 0 | 36 | 193 | 0 | 0 | 0 | 0 | 31 | 166 | 7 |
| | 64 | 64 | 64 | 64 | 64 | 67 | 67 | 67 | 67 | 67 | 67 | 79 | |
| 18 | 0 | 0 | 0 | 0 | 80 | 44 | 44 | 0 | 0 | 0 | 64 | 36 | 6 |
| | 40 | 40 | 40 | 40 | 40 | 52 | 52 | 40 | 40 | 40 | 40 | 55 | |
| 朝向 | S | SW | W | NW | N | H | S | SW | W | NW | N | H | 朝向 |

续表

| 透明度等级 | 5 | | | | | | 6 | | | | | | 透明度等级 |
|---|---|---|---|---|---|---|---|---|---|---|---|---|---|
| 朝向 | S | SE | E | NE | N | H | S | SE | E | NE | N | H | 朝向 |
| 辐射照度 | 上行——直接辐射<br>下行——散射辐射 | | | | | | 上行——直接辐射<br>下行——散射辐射 | | | | | | 辐射照度 |
| 时刻（地方太阳时） 6 | 0 | 102 | 241 | 222 | 51 | 28 | 0 | 72 | 171 | 158 | 36 | 20 | 18 时刻（地方太阳时） |
| | 39 | 39 | 39 | 39 | 39 | 55 | 35 | 35 | 35 | 35 | 35 | 52 | |
| 7 | 0 | 212 | 391 | 317 | 27 | 143 | 0 | 174 | 322 | 262 | 22 | 117 | 17 |
| | 69 | 69 | 69 | 69 | 69 | 90 | 74 | 74 | 74 | 74 | 74 | 100 | |
| 8 | 0 | 283 | 437 | 302 | 1 | 301 | 0 | 238 | 369 | 254 | 1 | 254 | 16 |
| | 97 | 97 | 97 | 97 | 97 | 109 | 100 | 100 | 100 | 100 | 100 | 123 | |
| 9 | 29 | 305 | 401 | 207 | 0 | 459 | 24 | 264 | 348 | 179 | 0 | 398 | 15 |
| | 121 | 121 | 121 | 121 | 121 | 126 | 129 | 129 | 129 | 129 | 129 | 150 | |
| 10 | 56 | 262 | 272 | 77 | 0 | 575 | 49 | 231 | 241 | 66 | 0 | 508 | 14 |
| | 136 | 136 | 136 | 136 | 136 | 133 | 148 | 148 | 148 | 148 | 148 | 163 | |
| 11 | 91 | 170 | 100 | 0 | 0 | 640 | 81 | 151 | 90 | 0 | 0 | 571 | 13 |
| | 142 | 142 | 142 | 142 | 142 | 133 | 152 | 152 | 152 | 152 | 152 | 160 | |
| 12 | 105 | 57 | 0 | 0 | 0 | 664 | 94 | 51 | 0 | 0 | 0 | 595 | 12 |
| | 147 | 147 | 147 | 147 | 147 | 136 | 156 | 156 | 156 | 156 | 156 | 164 | |
| 13 | 91 | 0 | 0 | 0 | 0 | 640 | 81 | 0 | 0 | 0 | 0 | 571 | 11 |
| | 142 | 142 | 142 | 142 | 142 | 133 | 152 | 152 | 152 | 152 | 152 | 160 | |
| 14 | 56 | 0 | 0 | 0 | 0 | 575 | 49 | 0 | 0 | 0 | 0 | 508 | 10 |
| | 136 | 136 | 136 | 136 | 136 | 133 | 148 | 148 | 148 | 148 | 148 | 163 | |
| 15 | 29 | 0 | 0 | 0 | 0 | 459 | 24 | 0 | 0 | 0 | 0 | 398 | 9 |
| | 121 | 121 | 121 | 121 | 121 | 126 | 129 | 129 | 129 | 129 | 129 | 150 | |
| 16 | 0 | 0 | 0 | 0 | 1 | 301 | 0 | 0 | 0 | 0 | 1 | 254 | 8 |
| | 97 | 97 | 97 | 97 | 97 | 109 | 100 | 100 | 100 | 100 | 100 | 123 | |
| 17 | 0 | 0 | 0 | 0 | 27 | 143 | 0 | 0 | 0 | 0 | 22 | 117 | 7 |
| | 69 | 69 | 69 | 69 | 69 | 90 | 74 | 74 | 74 | 74 | 74 | 100 | |
| 18 | 0 | 0 | 0 | 0 | 51 | 28 | 0 | 0 | 0 | 0 | 36 | 20 | 6 |
| | 39 | 39 | 39 | 39 | 39 | 55 | 35 | 35 | 35 | 35 | 35 | 52 | |
| 朝向 | S | SW | W | NW | N | H | S | SW | W | NW | N | H | 朝向 |

**北纬 40°透过标准窗玻璃的太阳辐射照度**（W/m²） **附表 G-5**

| 透明度等级 | 1 | | | | | | 2 | | | | | | 透明度等级 |
|---|---|---|---|---|---|---|---|---|---|---|---|---|---|
| 朝向 | S | SE | E | NE | N | H | S | SE | E | NE | N | H | 朝向 |
| 辐射照度 | 上行——直接辐射<br>下行——散射辐射 | | | | | | 上行——直接辐射<br>下行——散射辐射 | | | | | | 辐射照度 |
| 时刻（地方太阳时） 6 | 0 | 245 | 558 | 507 | 106 | 83 | 0 | 211 | 477 | 434 | 91 | 71 | 18 时刻（地方太阳时） |
| | 37 | 37 | 37 | 37 | 37 | 41 | 38 | 38 | 38 | 38 | 38 | 45 | |
| 7 | 0 | 392 | 679 | 530 | 72 | 259 | 0 | 349 | 605 | 472 | 64 | 231 | 17 |
| | 59 | 59 | 59 | 59 | 59 | 49 | 63 | 63 | 63 | 63 | 63 | 59 | |
| 8 | 2 | 463 | 659 | 420 | 0 | 454 | 2 | 424 | 606 | 385 | 0 | 418 | 16 |
| | 78 | 78 | 78 | 78 | 78 | 51 | 84 | 84 | 84 | 84 | 84 | 67 | |
| 9 | 57 | 466 | 551 | 238 | 0 | 620 | 53 | 434 | 513 | 222 | 0 | 577 | 15 |
| | 95 | 95 | 95 | 95 | 95 | 56 | 98 | 98 | 98 | 98 | 98 | 69 | |
| 10 | 138 | 406 | 362 | 58 | 0 | 748 | 130 | 380 | 340 | 55 | 0 | 702 | 14 |
| | 108 | 108 | 108 | 108 | 108 | 57 | 115 | 115 | 115 | 115 | 115 | 77 | |
| 11 | 200 | 283 | 133 | 0 | 0 | 822 | 188 | 266 | 124 | 0 | 0 | 773 | 13 |
| | 112 | 112 | 112 | 112 | 112 | 52 | 119 | 119 | 119 | 119 | 119 | 71 | |
| 12 | 222 | 124 | 0 | 0 | 0 | 848 | 209 | 117 | 0 | 0 | 0 | 798 | 12 |
| | 114 | 114 | 114 | 114 | 114 | 53 | 120 | 120 | 120 | 120 | 120 | 71 | |
| 13 | 200 | 7 | 0 | 0 | 0 | 822 | 188 | 6 | 0 | 0 | 0 | 773 | 11 |
| | 112 | 112 | 112 | 112 | 112 | 52 | 119 | 119 | 119 | 119 | 119 | 71 | |
| 14 | 138 | 0 | 0 | 0 | 0 | 748 | 130 | 0 | 0 | 0 | 0 | 702 | 10 |
| | 108 | 108 | 108 | 108 | 108 | 57 | 115 | 115 | 115 | 115 | 115 | 77 | |
| 15 | 57 | 0 | 0 | 0 | 0 | 620 | 53 | 0 | 0 | 0 | 0 | 577 | 9 |
| | 95 | 95 | 95 | 95 | 95 | 56 | 98 | 98 | 98 | 98 | 98 | 69 | |
| 16 | 2 | 0 | 0 | 0 | 0 | 454 | 2 | 0 | 0 | 0 | 0 | 418 | 8 |
| | 78 | 78 | 78 | 78 | 78 | 51 | 84 | 84 | 84 | 84 | 84 | 67 | |
| 17 | 0 | 0 | 0 | 0 | 72 | 259 | 0 | 0 | 0 | 0 | 64 | 231 | 7 |
| | 59 | 59 | 59 | 59 | 59 | 49 | 63 | 63 | 63 | 63 | 63 | 59 | |
| 18 | 0 | 0 | 0 | 0 | 106 | 83 | 0 | 0 | 0 | 0 | 91 | 71 | 6 |
| | 37 | 37 | 37 | 37 | 37 | 41 | 38 | 38 | 38 | 38 | 38 | 45 | |
| 朝向 | S | SW | W | NW | N | H | S | SW | W | NW | N | H | 朝向 |

续表

| 透明度等级 | 3 | | | | | | 4 | | | | | | 透明度等级 |
|---|---|---|---|---|---|---|---|---|---|---|---|---|---|
| 朝向 | S | SE | E | NE | N | H | S | SE | E | NE | N | H | 朝向 |
| 辐射照度 | 上行——直接辐射<br>下行——散射辐射 | | | | | | 上行——直接辐射<br>下行——散射辐射 | | | | | | 辐射照度 |
| 时刻（地方太阳时） 6 | 0 | 180 | 409 | 371 | 78 | 60 | 0 | 145 | 331 | 301 | 63 | 49 | 18 时刻（地方太阳时） |
| | 43 | 43 | 43 | 43 | 43 | 56 | 43 | 43 | 43 | 43 | 43 | 58 | |
| 7 | 0 | 309 | 536 | 419 | 57 | 205 | 0 | 266 | 462 | 361 | 49 | 177 | 17 |
| | 65 | 65 | 65 | 65 | 65 | 69 | 67 | 67 | 67 | 67 | 67 | 79 | |
| 8 | 2 | 387 | 552 | 351 | 0 | 379 | 2 | 342 | 488 | 311 | 0 | 336 | 16 |
| | 88 | 88 | 88 | 88 | 88 | 83 | 90 | 90 | 90 | 90 | 90 | 93 | |
| 9 | 49 | 401 | 475 | 205 | 0 | 533 | 44 | 364 | 430 | 186 | 0 | 484 | 15 |
| | 106 | 106 | 106 | 106 | 106 | 88 | 112 | 112 | 112 | 112 | 112 | 106 | |
| 10 | 121 | 354 | 315 | 50 | 0 | 652 | 110 | 324 | 288 | 47 | 0 | 598 | 14 |
| | 117 | 117 | 117 | 117 | 117 | 90 | 124 | 124 | 124 | 124 | 124 | 109 | |
| 11 | 176 | 248 | 116 | 0 | 0 | 722 | 162 | 224 | 107 | 0 | 0 | 665 | 13 |
| | 121 | 121 | 121 | 121 | 121 | 84 | 130 | 130 | 130 | 130 | 130 | 108 | |
| 12 | 195 | 114 | 0 | 0 | 0 | 747 | 180 | 101 | 0 | 0 | 0 | 688 | 12 |
| | 123 | 123 | 123 | 123 | 123 | 85 | 134 | 134 | 134 | 134 | 134 | 110 | |
| 13 | 176 | 6 | 0 | 0 | 0 | 722 | 162 | 6 | 0 | 0 | 0 | 665 | 11 |
| | 121 | 121 | 121 | 121 | 121 | 84 | 130 | 130 | 130 | 130 | 130 | 108 | |
| 14 | 121 | 0 | 0 | 0 | 0 | 652 | 110 | 0 | 0 | 0 | 0 | 598 | 10 |
| | 117 | 117 | 117 | 117 | 117 | 90 | 124 | 124 | 124 | 124 | 124 | 109 | |
| 15 | 49 | 0 | 0 | 0 | 0 | 833 | 44 | 0 | 0 | 0 | 0 | 484 | 9 |
| | 106 | 106 | 106 | 106 | 106 | 88 | 112 | 112 | 112 | 112 | 112 | 106 | |
| 16 | 2 | 0 | 0 | 0 | 0 | 379 | 2 | 0 | 0 | 0 | 0 | 336 | 8 |
| | 88 | 88 | 88 | 88 | 88 | 83 | 90 | 90 | 90 | 90 | 90 | 93 | |
| 17 | 0 | 0 | 0 | 0 | 57 | 205 | 0 | 0 | 0 | 0 | 49 | 177 | 7 |
| | 65 | 65 | 65 | 65 | 65 | 69 | 67 | 67 | 67 | 67 | 67 | 79 | |
| 18 | 0 | 0 | 0 | 0 | 78 | 60 | 0 | 0 | 0 | 0 | 63 | 49 | 6 |
| | 43 | 43 | 43 | 43 | 43 | 56 | 43 | 43 | 43 | 43 | 43 | 58 | |
| 朝向 | S | SW | W | NW | N | H | S | SW | W | NW | N | H | 朝向 |

| 透明度等级 | 5 | | | | | | 6 | | | | | | 透明度等级 |
|---|---|---|---|---|---|---|---|---|---|---|---|---|---|
| 朝向 | S | SE | E | NE | N | H | S | SE | E | NE | N | H | 朝向 |
| 辐射照度 | 上行——直接辐射<br>下行——散射辐射 | | | | | | 上行——直接辐射<br>下行——散射辐射 | | | | | | 辐射照度 |
| 时刻（地方太阳时） 6 | 0 | 117 | 267 | 243 | 51 | 40 | 0 | 86 | 194 | 177 | 37 | 29 | 18 时刻（地方太阳时） |
| | 42 | 42 | 42 | 42 | 42 | 58 | 40 | 40 | 40 | 40 | 40 | 58 | |
| 7 | 0 | 229 | 398 | 311 | 42 | 152 | 0 | 190 | 329 | 257 | 35 | 126 | 17 |
| | 72 | 72 | 72 | 72 | 72 | 91 | 77 | 77 | 77 | 77 | 77 | 104 | |
| 8 | 1 | 306 | 437 | 278 | 0 | 300 | 1 | 258 | 368 | 234 | 0 | 254 | 16 |
| | 96 | 96 | 96 | 96 | 96 | 109 | 100 | 100 | 100 | 100 | 100 | 123 | |
| 9 | 41 | 337 | 398 | 172 | 0 | 448 | 36 | 291 | 344 | 149 | 0 | 387 | 15 |
| | 119 | 119 | 119 | 119 | 119 | 124 | 128 | 128 | 128 | 128 | 128 | 149 | |
| 10 | 104 | 302 | 270 | 43 | 0 | 557 | 97 | 266 | 237 | 38 | 0 | 492 | 14 |
| | 133 | 133 | 133 | 133 | 133 | 131 | 144 | 144 | 144 | 144 | 144 | 160 | |
| 11 | 150 | 213 | 100 | 0 | 0 | 619 | 134 | 190 | 88 | 0 | 0 | 551 | 13 |
| | 138 | 138 | 138 | 138 | 138 | 130 | 149 | 149 | 149 | 149 | 146 | 159 | |
| 12 | 167 | 94 | 0 | 0 | 0 | 641 | 150 | 85 | 0 | 0 | 0 | 572 | 12 |
| | 142 | 142 | 142 | 142 | 142 | 133 | 152 | 152 | 152 | 152 | 152 | 160 | |
| 13 | 150 | 5 | 0 | 0 | 0 | 619 | 134 | 5 | 0 | 0 | 0 | 551 | 11 |
| | 138 | 138 | 138 | 138 | 138 | 130 | 149 | 149 | 149 | 149 | 149 | 159 | |
| 14 | 104 | 0 | 0 | 0 | 0 | 557 | 91 | 0 | 0 | 0 | 0 | 492 | 10 |
| | 133 | 133 | 133 | 133 | 133 | 131 | 144 | 144 | 144 | 144 | 144 | 160 | |
| 15 | 41 | 0 | 0 | 0 | 0 | 448 | 36 | 0 | 0 | 0 | 0 | 387 | 9 |
| | 119 | 119 | 119 | 119 | 119 | 124 | 128 | 128 | 128 | 128 | 128 | 149 | |
| 16 | 1 | 0 | 0 | 0 | 0 | 300 | 1 | 0 | 0 | 0 | 0 | 254 | 8 |
| | 96 | 96 | 96 | 96 | 96 | 109 | 100 | 100 | 100 | 100 | 100 | 123 | |
| 17 | 0 | 0 | 0 | 0 | 42 | 152 | 0 | 0 | 0 | 0 | 35 | 126 | 7 |
| | 72 | 72 | 72 | 72 | 72 | 91 | 77 | 77 | 77 | 77 | 77 | 104 | |
| 18 | 0 | 0 | 0 | 0 | 51 | 40 | 0 | 0 | 0 | 0 | 37 | 29 | 6 |
| | 42 | 42 | 42 | 42 | 42 | 58 | 40 | 40 | 40 | 40 | 40 | 58 | |
| 朝向 | S | SW | W | NW | N | H | S | SW | W | NW | N | H | 朝向 |

## 北纬45°透过标准玻璃窗的太阳辐射照度（W/m²） 附表 G-6

| 透明度等级 | 1 | | | | | | 2 | | | | | | 透明度等级 |
|---|---|---|---|---|---|---|---|---|---|---|---|---|---|
| 朝向 | S | SE | E | NE | N | H | S | SE | E | NE | N | H | 朝向 |
| 辐射照度 | 上行——直接辐射<br>下行——散射辐射 | | | | | | 上行——直接辐射<br>下行——散射辐射 | | | | | | 辐射照度 |
| 时刻（地方太阳时）6 | 0 | 269 | 584 | 521 | 97 | 100 | 0 | 230 | 502 | 448 | 84 | 86 | 18 |
| | 40 | 40 | 40 | 40 | 40 | 41 | 41 | 41 | 41 | 41 | 41 | 45 | |
| 7 | 0 | 418 | 685 | 514 | 14 | 266 | 0 | 373 | 611 | 458 | 13 | 238 | 17 |
| | 60 | 60 | 60 | 60 | 60 | 49 | 64 | 64 | 64 | 64 | 64 | 59 | |
| 8 | 16 | 497 | 658 | 383 | 0 | 449 | 15 | 456 | 605 | 351 | 0 | 413 | 16 |
| | 78 | 78 | 78 | 78 | 78 | 83 | 83 | 83 | 83 | 83 | 83 | 67 | |
| 9 | 105 | 511 | 548 | 193 | 0 | 599 | 98 | 475 | 511 | 180 | 0 | 558 | 15 |
| | 92 | 92 | 92 | 92 | 92 | 55 | 97 | 97 | 97 | 97 | 97 | 69 | |
| 10 | 209 | 458 | 359 | 117 | 0 | 720 | 197 | 429 | 336 | 109 | 0 | 675 | 14 |
| | 105 | 105 | 105 | 105 | 105 | 57 | 110 | 110 | 110 | 110 | 110 | 73 | |
| 11 | 280 | 341 | 131 | 0 | 0 | 790 | 264 | 321 | 123 | 0 | 0 | 743 | 13 |
| | 110 | 110 | 110 | 110 | 110 | 55 | 119 | 119 | 119 | 119 | 119 | 76 | |
| 12 | 305 | 180 | 0 | 0 | 0 | 814 | 287 | 170 | 0 | 0 | 0 | 766 | 12 |
| | 110 | 110 | 110 | 110 | 110 | 53 | 119 | 119 | 119 | 119 | 119 | 72 | |
| 13 | 280 | 137 | 0 | 0 | 0 | 790 | 264 | 129 | 0 | 0 | 0 | 743 | 11 |
| | 110 | 110 | 110 | 110 | 110 | 55 | 119 | 119 | 119 | 119 | 119 | 76 | |
| 14 | 209 | 0 | 0 | 0 | 0 | 720 | 197 | 0 | 0 | 0 | 0 | 675 | 10 |
| | 104 | 104 | 104 | 104 | 104 | 57 | 110 | 110 | 110 | 110 | 110 | 73 | |
| 15 | 105 | 0 | 0 | 0 | 0 | 599 | 98 | 0 | 0 | 0 | 0 | 558 | 9 |
| | 92 | 92 | 92 | 92 | 92 | 55 | 97 | 97 | 97 | 97 | 97 | 69 | |
| 16 | 16 | 0 | 0 | 0 | 0 | 119 | 15 | 0 | 0 | 0 | 0 | 413 | 8 |
| | 78 | 78 | 78 | 78 | 78 | 52 | 83 | 83 | 83 | 83 | 83 | 67 | |
| 17 | 0 | 0 | 0 | 0 | 14 | 266 | 0 | 0 | 0 | 0 | 13 | 138 | 7 |
| | 60 | 60 | 60 | 60 | 60 | 49 | 64 | 64 | 64 | 64 | 64 | 59 | |
| 18 | 0 | 0 | 0 | 0 | 97 | 100 | 0 | 0 | 0 | 0 | 84 | 86 | 6（时刻（地方太阳时）） |
| | 40 | 40 | 40 | 40 | 40 | 41 | | 41 | 41 | 41 | 41 | 45 | |
| 朝向 | S | SW | W | NW | N | H | S | SW | W | NW | N | H | 朝向 |

| 透明度等级 | 3 | | | | | | 4 | | | | | | 透明度等级 |
|---|---|---|---|---|---|---|---|---|---|---|---|---|---|
| 朝向 | S | SE | E | NE | N | H | S | SE | E | NE | N | H | 朝向 |
| 辐射照度 | 上行——直接辐射<br>下行——散射辐射 | | | | | | 上行——直接辐射<br>下行——散射辐射 | | | | | | 辐射照度 |
| 时刻（地方太阳时）6 | 0 | 200 | 435 | 388 | 72 | 77 | 0 | 165 | 358 | 320 | 59 | 62 | 18 |
| | 45 | 45 | 45 | 45 | 45 | 57 | 45 | 45 | 45 | 45 | 45 | 61 | |
| 7 | 0 | 330 | 541 | 406 | 10 | 211 | 0 | 285 | 466 | 350 | 9 | 181 | 17 |
| | 65 | 65 | 65 | 65 | 65 | 69 | 69 | 69 | 69 | 69 | 69 | 79 | |
| 8 | 14 | 415 | 550 | 320 | 0 | 376 | 12 | 366 | 486 | 283 | 0 | 331 | 16 |
| | 88 | 88 | 88 | 88 | 88 | 83 | 90 | 90 | 90 | 90 | 90 | 92 | |
| 9 | 91 | 438 | 471 | 163 | 0 | 515 | 81 | 397 | 427 | 150 | 0 | 465 | 15 |
| | 105 | 105 | 105 | 105 | 105 | 88 | 108 | 108 | 108 | 108 | 108 | 104 | |
| 10 | 183 | 399 | 312 | 101 | 0 | 626 | 166 | 365 | 286 | 93 | 0 | 572 | 14 |
| | 114 | 114 | 114 | 114 | 114 | 88 | 121 | 121 | 121 | 121 | 121 | 109 | |
| 11 | 245 | 299 | 115 | 0 | 0 | 692 | 226 | 274 | 106 | 0 | 0 | 635 | 13 |
| | 120 | 120 | 120 | 120 | 120 | 87 | 127 | 127 | 127 | 127 | 127 | 108 | |
| 12 | 267 | 158 | 0 | 0 | 0 | 714 | 247 | 145 | 0 | 0 | 0 | 657 | 12 |
| | 121 | 121 | 121 | 121 | 121 | 85 | 129 | 129 | 129 | 129 | 129 | 108 | |
| 13 | 245 | 120 | 0 | 0 | 0 | 692 | 226 | 110 | 0 | 0 | 0 | 635 | 11 |
| | 120 | 120 | 120 | 120 | 120 | 87 | 127 | 127 | 127 | 127 | 127 | 108 | |
| 14 | 183 | 0 | 0 | 0 | 0 | 626 | 166 | 0 | 0 | 0 | 0 | 572 | 10 |
| | 114 | 114 | 114 | 114 | 114 | 88 | 121 | 121 | 121 | 121 | 121 | 109 | |
| 15 | 91 | 0 | 0 | 0 | 0 | 515 | 81 | 0 | 0 | 0 | 0 | 465 | 9 |
| | 105 | 105 | 105 | 105 | 105 | 88 | 108 | 108 | 108 | 108 | 108 | 104 | |
| 16 | 14 | 0 | 0 | 0 | 0 | 376 | 12 | 0 | 0 | 0 | 0 | 331 | 8 |
| | 88 | 88 | 88 | 88 | 88 | 83 | 90 | 90 | 90 | 90 | 90 | 92 | |
| 17 | 0 | 0 | 0 | 0 | 10 | 211 | 0 | 0 | 0 | 0 | 9 | 181 | 7 |
| | 65 | 65 | 65 | 65 | 65 | 69 | 69 | 69 | 69 | 69 | 69 | 79 | |
| 18 | 0 | 0 | 0 | 0 | 72 | 77 | 0 | 0 | 0 | 0 | 59 | 62 | 6（时刻（地方太阳时）） |
| | 45 | 45 | 45 | 45 | 45 | 57 | 45 | 45 | 45 | 45 | 45 | 61 | |
| 朝向 | S | SW | W | NW | N | H | S | SW | W | NW | N | H | 朝向 |

续表

| 透明度等级 | | 5 | | | | | | 6 | | | | | | 透明度等级 | |
|---|---|---|---|---|---|---|---|---|---|---|---|---|---|---|---|
| 朝向 | | S | SE | E | NE | N | H | S | SE | E | NE | N | H | 朝向 | |
| 辐射照度 | | 上行——直接辐射<br>下行——散射辐射 | | | | | | 上行——直接辐射<br>下行——散射辐射 | | | | | | 辐射照度 | |
| 时刻（地方太阳时） | 6 | 0 | 135 | 293 | 262 | 49 | 50 | 0 | 100 | 216 | 193 | 36 | 37 | 18 | 时刻（地方太阳时） |
| | | 44 | 44 | 44 | 44 | 44 | 62 | 44 | 44 | 44 | 44 | 44 | 64 | | |
| | 7 | 0 | 247 | 402 | 302 | 8 | 157 | 0 | 204 | 334 | 256 | 7 | 130 | 17 | |
| | | 73 | 73 | 73 | 73 | 73 | 91 | 78 | 78 | 78 | 78 | 78 | 105 | | |
| | 8 | 10 | 328 | 435 | 252 | 0 | 297 | 9 | 276 | 366 | 213 | 0 | 249 | 16 | |
| | | 95 | 95 | 95 | 95 | 95 | 109 | 99 | 99 | 99 | 99 | 99 | 122 | | |
| | 9 | 76 | 365 | 393 | 138 | 0 | 429 | 65 | 315 | 338 | 120 | 0 | 370 | 15 | |
| | | 116 | 116 | 116 | 116 | 116 | 122 | 124 | 124 | 124 | 124 | 124 | 145 | | |
| | 10 | 156 | 341 | 266 | 87 | 0 | 534 | 136 | 299 | 234 | 77 | 0 | 469 | 14 | |
| | | 130 | 130 | 130 | 130 | 130 | 129 | 141 | 141 | 141 | 141 | 141 | 158 | | |
| | 11 | 211 | 256 | 99 | 0 | 0 | 593 | 186 | 227 | 87 | 0 | 0 | 526 | 13 | |
| | | 136 | 136 | 136 | 136 | 136 | 131 | 148 | 148 | 148 | 148 | 148 | 160 | | |
| | 12 | 229 | 136 | 0 | 0 | 0 | 613 | 204 | 121 | 0 | 0 | 0 | 544 | 12 | |
| | | 138 | 138 | 138 | 138 | 138 | 130 | 149 | 149 | 149 | 149 | 149 | 159 | | |
| | 13 | 211 | 104 | 0 | 0 | 0 | 593 | 186 | 92 | 0 | 0 | 0 | 526 | 11 | |
| | | 136 | 136 | 136 | 136 | 136 | 131 | 148 | 148 | 148 | 148 | 148 | 160 | | |
| | 14 | 156 | 0 | 0 | 0 | 0 | 534 | 136 | 0 | 0 | 0 | 0 | 469 | 10 | |
| | | 130 | 130 | 130 | 130 | 130 | 129 | 141 | 141 | 141 | 141 | 141 | 158 | | |
| | 15 | 76 | 0 | 0 | 0 | 0 | 429 | 65 | 0 | 0 | 0 | 0 | 370 | 9 | |
| | | 116 | 116 | 116 | 116 | 116 | 122 | 124 | 124 | 124 | 124 | 124 | 145 | | |
| | 16 | 10 | 0 | 0 | 0 | 0 | 297 | 9 | 0 | 0 | 0 | 0 | 249 | 8 | |
| | | 95 | 95 | 95 | 95 | 95 | 109 | 99 | 99 | 99 | 99 | 99 | 122 | | |
| | 17 | 0 | 0 | 0 | 0 | 8 | 157 | 0 | 0 | 0 | 0 | 7 | 130 | 7 | |
| | | 73 | 73 | 73 | 73 | 73 | 91 | 78 | 78 | 78 | 78 | 78 | 105 | | |
| | 18 | 0 | 0 | 0 | 0 | 49 | 50 | 0 | 0 | 0 | 0 | 36 | 37 | 6 | |
| | | 44 | 44 | 44 | 44 | 44 | 62 | 44 | 44 | 44 | 44 | 44 | 64 | | |
| 朝向 | | S | SW | W | NW | N | H | S | SW | W | NW | N | H | 朝向 | |

**北纬 50°透过标准窗玻璃的太阳辐射照度（W/m²）** **附表 G-7**

| 透明度等级 | | 1 | | | | | | 2 | | | | | | 透明度等级 | |
|---|---|---|---|---|---|---|---|---|---|---|---|---|---|---|---|
| 朝向 | | S | SE | E | NE | N | H | S | SE | E | NE | N | H | 朝向 | |
| 辐射照度 | | 上行——直接辐射<br>下行——散射辐射 | | | | | | 上行——直接辐射<br>下行——散射辐射 | | | | | | 辐射照度 | |
| 时刻（地方太阳时） | 6 | 0 | 291 | 605 | 528 | 85 | 116 | 0 | 251 | 522 | 457 | 73 | 100 | 18 | 时刻（地方太阳时） |
| | | 42 | 42 | 42 | 42 | 42 | 42 | 43 | 43 | 43 | 43 | 43 | 47 | | |
| | 7 | 0 | 442 | 687 | 494 | 3 | 276 | 0 | 397 | 613 | 441 | 3 | 245 | 17 | |
| | | 40 | 40 | 40 | 40 | 40 | 49 | 64 | 64 | 64 | 64 | 64 | 60 | | |
| | 8 | 40 | 527 | 657 | 345 | 0 | 437 | 36 | 484 | 601 | 316 | 0 | 401 | 16 | |
| | | 77 | 77 | 77 | 77 | 77 | 52 | 81 | 81 | 81 | 81 | 81 | 66 | | |
| | 9 | 160 | 549 | 545 | 150 | 0 | 576 | 149 | 511 | 507 | 140 | 0 | 555 | 15 | |
| | | 90 | 90 | 90 | 90 | 90 | 52 | 94 | 94 | 94 | 94 | 94 | 69 | | |
| | 10 | 278 | 507 | 356 | 7 | 0 | 685 | 261 | 475 | 333 | 7 | 0 | 640 | 14 | |
| | | 102 | 102 | 102 | 102 | 102 | 58 | 105 | 105 | 105 | 105 | 105 | 71 | | |
| | 11 | 359 | 398 | 130 | 0 | 0 | 751 | 337 | 373 | 123 | 0 | 0 | 706 | 13 | |
| | | 108 | 108 | 108 | 108 | 108 | 58 | 115 | 115 | 115 | 115 | 115 | 78 | | |
| | 12 | 388 | 235 | 0 | 0 | 0 | 773 | 365 | 221 | 0 | 0 | 0 | 727 | 12 | |
| | | 110 | 110 | 110 | 110 | 110 | 58 | 119 | 119 | 119 | 119 | 119 | 79 | | |
| | 13 | 359 | 62 | 0 | 0 | 0 | 751 | 337 | 57 | 0 | 0 | 0 | 706 | 11 | |
| | | 108 | 108 | 108 | 108 | 108 | 58 | 115 | 115 | 115 | 115 | 115 | 78 | | |
| | 14 | 278 | 0 | 0 | 0 | 0 | 685 | 261 | 0 | 0 | 0 | 0 | 640 | 10 | |
| | | 102 | 102 | 102 | 102 | 102 | 58 | 105 | 105 | 105 | 105 | 105 | 71 | | |
| | 15 | 160 | 0 | 0 | 0 | 0 | 576 | 149 | 0 | 0 | 0 | 0 | 555 | 9 | |
| | | 90 | 90 | 90 | 90 | 90 | 52 | 94 | 94 | 94 | 94 | 94 | 69 | | |
| | 16 | 40 | 0 | 0 | 0 | 3 | 437 | 36 | 0 | 0 | 0 | 0 | 401 | 8 | |
| | | 77 | 77 | 77 | 77 | 77 | 52 | 81 | 81 | 81 | 81 | 81 | 66 | | |
| | 17 | 0 | 0 | 0 | 0 | 3 | 276 | 0 | 0 | 0 | 0 | 3 | 245 | 7 | |
| | | 60 | 60 | 60 | 60 | 60 | 49 | 64 | 64 | 64 | 64 | 64 | 60 | | |
| | 18 | 0 | 0 | 0 | 0 | 85 | 116 | 0 | 0 | 0 | 0 | 73 | 100 | 6 | |
| | | 42 | 42 | 42 | 42 | 42 | 42 | 43 | 43 | 43 | 43 | 43 | 47 | | |
| 朝向 | | S | SW | W | NW | N | H | S | SW | W | NW | N | H | 朝向 | |

续表

| 透明度等级 | 3 | | | | | | 4 | | | | | | 透明度等级 |
|---|---|---|---|---|---|---|---|---|---|---|---|---|---|
| 朝向 | S | SE | E | NE | N | H | S | SE | E | NE | N | H | 朝向 |
| 辐射照度 | 上行——直接辐射<br>下行——散射辐射 | | | | | | 上行——直接辐射<br>下行——散射辐射 | | | | | | 辐射照度 |
| 时刻（地方太阳时） 6 | 0 | 219 | 456 | 342 | 64 | 87 | 0 | 181 | 378 | 330 | 53 | 73 | 18 时刻（地方太阳时） |
| | 49 | 49 | 49 | 49 | 49 | 59 | 49 | 49 | 49 | 49 | 49 | 64 | |
| 7 | 0 | 351 | 544 | 391 | 3 | 217 | 0 | 304 | 470 | 337 | 2 | 188 | 17 |
| | 66 | 66 | 66 | 66 | 66 | 69 | 70 | 70 | 70 | 70 | 70 | 80 | |
| 8 | 33 | 440 | 547 | 287 | 0 | 364 | 29 | 387 | 483 | 254 | 0 | 321 | 16 |
| | 87 | 87 | 87 | 87 | 87 | 81 | 88 | 88 | 88 | 88 | 88 | 92 | |
| 9 | 137 | 470 | 468 | 129 | 0 | 493 | 123 | 423 | 421 | 116 | 0 | 444 | 15 |
| | 102 | 102 | 102 | 102 | 102 | 87 | 105 | 105 | 105 | 105 | 105 | 101 | |
| 10 | 241 | 440 | 308 | 6 | 0 | 593 | 221 | 402 | 281 | 6 | 0 | 543 | 14 |
| | 112 | 112 | 112 | 112 | 112 | 90 | 119 | 119 | 119 | 119 | 119 | 109 | |
| 11 | 314 | 347 | 114 | 0 | 0 | 656 | 287 | 317 | 105 | 0 | 0 | 601 | 13 |
| | 117 | 117 | 117 | 117 | 117 | 90 | 124 | 124 | 124 | 124 | 124 | 109 | |
| 12 | 340 | 206 | 0 | 0 | 0 | 676 | 312 | 188 | 0 | 0 | 0 | 620 | 12 |
| | 120 | 120 | 120 | 120 | 120 | 90 | 127 | 127 | 127 | 127 | 127 | 109 | |
| 13 | 314 | 53 | 0 | 0 | 0 | 656 | 287 | 49 | 0 | 0 | 0 | 601 | 11 |
| | 117 | 117 | 117 | 117 | 117 | 90 | 124 | 124 | 124 | 124 | 124 | 109 | |
| 14 | 241 | 0 | 0 | 0 | 0 | 593 | 221 | 0 | 0 | 0 | 0 | 543 | 10 |
| | 112 | 112 | 112 | 112 | 112 | 90 | 119 | 119 | 119 | 119 | 119 | 109 | |
| 15 | 137 | 0 | 0 | 0 | 0 | 493 | 123 | 0 | 0 | 0 | 0 | 444 | 9 |
| | 102 | 102 | 102 | 102 | 102 | 87 | 105 | 105 | 105 | 105 | 105 | 101 | |
| 16 | 33 | 0 | 0 | 0 | 0 | 364 | 29 | 0 | 0 | 0 | 0 | 321 | 8 |
| | 87 | 87 | 87 | 87 | 87 | 81 | 88 | 88 | 88 | 88 | 88 | 92 | |
| 17 | 0 | 0 | 0 | 0 | 3 | 217 | 0 | 0 | 0 | 0 | 2 | 188 | 7 |
| | 66 | 66 | 66 | 66 | 66 | 69 | 70 | 70 | 70 | 70 | 70 | 80 | |
| 18 | 0 | 0 | 0 | 0 | 64 | 87 | 0 | 0 | 0 | 0 | 53 | 73 | 6 |
| | 49 | 49 | 49 | 49 | 49 | 59 | 49 | 49 | 49 | 49 | 49 | 64 | |
| 朝向 | S | SW | W | NW | N | H | S | SW | W | NW | N | H | 朝向 |

| 透明度等级 | 5 | | | | | | 6 | | | | | | 透明度等级 |
|---|---|---|---|---|---|---|---|---|---|---|---|---|---|
| 朝向 | S | SE | E | NE | N | H | S | SE | E | NE | N | H | 朝向 |
| 辐射照度 | 上行——直接辐射<br>下行——散射辐射 | | | | | | 上行——直接辐射<br>下行——散射辐射 | | | | | | 辐射照度 |
| 时刻（地方太阳时） 6 | 0 | 150 | 312 | 273 | 44 | 60 | 0 | 113 | 236 | 206 | 33 | 45 | 18 时刻（地方太阳时） |
| | 48 | 48 | 48 | 48 | 48 | 65 | 48 | 48 | 48 | 48 | 48 | 69 | |
| 7 | 0 | 262 | 406 | 291 | 2 | 163 | 0 | 217 | 336 | 242 | 2 | 135 | 17 |
| | 73 | 73 | 73 | 73 | 73 | 92 | 79 | 79 | 79 | 79 | 79 | 106 | |
| 8 | 26 | 345 | 430 | 227 | 0 | 287 | 22 | 291 | 362 | 191 | 0 | 241 | 16 |
| | 94 | 94 | 94 | 94 | 94 | 108 | 98 | 98 | 98 | 98 | 98 | 1231 | |
| 9 | 113 | 388 | 386 | 107 | 0 | 408 | 98 | 334 | 331 | 91 | 0 | 349 | 15 |
| | 113 | 113 | 113 | 113 | 113 | 121 | 120 | 120 | 120 | 120 | 120 | 141 | |
| 10 | 206 | 374 | 263 | 6 | 0 | 506 | 179 | 337 | 229 | 5 | 0 | 442 | 14 |
| | 127 | 127 | 127 | 127 | 127 | 128 | 137 | 137 | 137 | 137 | 137 | 156 | |
| 11 | 269 | 297 | 98 | 0 | 0 | 561 | 236 | 262 | 86 | 0 | 0 | 495 | 13 |
| | 134 | 134 | 134 | 134 | 134 | 131 | 145 | 145 | 145 | 145 | 145 | 162 | |
| 12 | 291 | 177 | 0 | 0 | 0 | 579 | 257 | 156 | 0 | 0 | 0 | 513 | 12 |
| | 136 | 136 | 136 | 136 | 136 | 133 | 148 | 148 | 148 | 148 | 148 | 163 | |
| 13 | 269 | 45 | 0 | 0 | 0 | 561 | 236 | 41 | 0 | 0 | 0 | 495 | 11 |
| | 134 | 134 | 134 | 134 | 134 | 131 | 145 | 145 | 145 | 145 | 145 | 162 | |
| 14 | 206 | 0 | 0 | 0 | 0 | 506 | 179 | 0 | 0 | 0 | 0 | 442 | 10 |
| | 127 | 127 | 127 | 127 | 127 | 128 | 137 | 137 | 137 | 137 | 137 | 156 | |
| 15 | 113 | 0 | 0 | 0 | 0 | 408 | 98 | 0 | 0 | 0 | 0 | 349 | 9 |
| | 113 | 113 | 113 | 113 | 113 | 121 | 120 | 120 | 120 | 120 | 120 | 141 | |
| 16 | 26 | 0 | 0 | 0 | 0 | 287 | 22 | 0 | 0 | 0 | 0 | 241 | 8 |
| | 94 | 94 | 94 | 94 | 94 | 108 | 98 | 98 | 98 | 98 | 98 | 121 | |
| 17 | 0 | 0 | 0 | 0 | 2 | 163 | 0 | 0 | 0 | 0 | 2 | 135 | 7 |
| | 73 | 73 | 73 | 73 | 73 | 92 | 79 | 79 | 79 | 79 | 79 | 106 | |
| 18 | 0 | 0 | 0 | 0 | 44 | 60 | 0 | 0 | 0 | 0 | 33 | 45 | 6 |
| | 48 | 48 | 48 | 48 | 48 | 65 | 48 | 48 | 48 | 48 | 48 | 69 | |
| 朝向 | S | SW | W | NW | N | H | S | SW | W | NW | N | H | 朝向 |

# 附录H　施工图设计文件编制深度规定

1　暖通空调部分

1.1　一般规定

在施工图设计阶段，采暖通风与空气调节专业设计文件应包括图纸目录、设计说明和施工说明、设备表、设计图纸、计算书。

1.2　图纸目录

应先列新绘图纸，后列选用的标准图或重复利用图。

1.3　设计说明和施工说明

1.3.1　设计说明

(1) 简述工程建设地点、规模、使用功能、层数、建筑高度等。

(2) 列出设计依据，说明设计范围；设计依据包括：

1) 与本专业有关的批准文件；

2) 建设单位提出的符合有关法规、标准的要求；

3) 本专业设计所执行的主要法规和所采用的主要标准（包括标准的名称、编号、年号和版本号）；

4) 其他专业提供的设计资料等。

(3) 暖通空调室内外设计参数（室内设计参数参见下表）。

**室内设计参数**

| 房间名称 | 夏季 | | 冬季 | | 新风量标准 $[m^3/(h \cdot 人)]$ | 噪声标准 [dB(A)] |
|---|---|---|---|---|---|---|
| | 温度（℃） | 相对湿度（%） | 温度（℃） | 相对湿度（%） | | |
| | | | | | | |
| | | | | | | |
| | | | | | | |
| | | | | | | |
| | | | | | | |
| | | | | | | |

注：温度、相对湿度采用基准值，如果有设计精度要求时，按±℃、±%表示幅度。

(4) 热源、冷源设置情况，热媒、冷媒及冷却水参数，采暖热负荷、折合耗热量指标及系统总阻力，空调冷热负荷、折合冷热量指标，系统水处理方式、补水定压方式、定压值（气压罐定压时注明工作压力值）等。

注：气压罐定压时工作压力值指补水泵启泵压力、补水泵停泵压力、电磁阀开启压力和安全阀开启压力。

(5) 设置采暖的房间及采暖系统形式，热计量及室温控制，系统平衡、调节手段等。

(6) 各空调区域的空调方式，空调风系统及必要的气流组织说明。空调水系统设备配置形式和水系统制式，系统平衡、调节手段，洁净空调净化级别，监测与控制要求；有自动监控时，确定各系统自动监控原则（就地或集中监控），说明系统的使用操作要点等。

(7) 通风系统形式，通风量或换气次数，通风系统风量平衡等。

(8) 设置防排烟的区域及其方式，防排烟系统及其设施配置、风量确定、控制方式，暖通空调系统的防火措施。

(9) 设备降噪、减振要求，管道和风道减振做法要求，废气排放处理等环保措施。

(10) 在节能设计条款中阐述设计采用的节能措施，包括有关节能标准、规范中强制性条文和以“必须”、“应”等规范用语规定的非强制性条文提出的要求。

1.3.2 施工说明

施工说明应包括以下内容：

(1) 设计中使用的管道、风道、保温等材料选型及做法。

(2) 设备表和图例没有列出或没有标明性能参数的仪表、管道附件等的选型。

(3) 系统工作压力和试压要求。

(4) 图中尺寸、标高的标注方法。

(5) 施工安装要求及注意事项，大型设备安装要求参照本附录热能动力部分的“施工说明”。

(6) 采用的标准图集、施工及验收依据。

1.3.3 图例

1.3.4 当本专业的设计内容分别由两个或两个以上的单位承担设计时，应明确交接配合的设计分工范围。

1.4 设备表（参见下表）

施工图阶段性能参数栏应注明详细的技术数据。

**设备表**

| 设备编号 | 名 称 | 性能参数 | 单 位 | 数 量 | 安装位置 | 服务区域 | 备 注 |
|---|---|---|---|---|---|---|---|
| | | | | | | | |
| | | | | | | | |
| | | | | | | | |
| | | | | | | | |
| | | | | | | | |
| | | | | | | | |

注：1. 性能参数栏应注明主要技术数据；

2. 应注明制冷及制热机组有关节能的性能参数、水泵及风机的效率、热回收设备的热回收效率等；

3. 安装位置栏注明主要设备的安装位置，设备数量较少的工程可不设此栏。

1.5 平面图

(1) 绘出建筑轮廓、主要轴线号、轴线尺寸、室内外地面标高、房间名称，底层平面图上绘出指北针。

(2) 采暖平面绘出散热器位置，注明片数或长度，采暖干管及立管位置、编号，管道的阀门、放气、泄水、固定支架、伸缩器、入口装置、减压装置、疏水器、管沟及检查孔位置，注明管道管径及标高。

(3) 二层以上的多层建筑，其建筑平面相同的采暖标准层平面可合用一张图纸，但应标注各层散热器数量。

（4）通风、空洞、防排烟风道平面用双线绘出风道，标注风道尺寸（圆形风道注管径、矩形风道注宽×高）、主要风道定位尺寸，标高及风口尺寸，各种设备及风口安装的定位尺寸和编号，消声器，调节阀、防火阀等各种部件位置，标注风口设计风量（当区域内各风口设计风量相同时也可按区域标注设计风量）。

（5）风道平面应表示出防火分区，排烟风道平面还应表示出防烟分区。

（6）空调管道平面单线绘出空调冷热水、冷媒、冷凝水等管道，绘出立管位置和编号，绘出管道的阀门、放气、泄水、固定支架、伸缩器等，注明管道管径、标高及主要定位尺寸。

（7）需另做二次装修的房间或区域，可按常规进行设计，风道可绘制单线图，不标注详细定位尺寸，并注明按配合装修设计图施工。

1.6　通风、空调、制冷机房平面图和剖面图

（1）机房图应根据需要增大比例，绘出通风、空调、制冷设备（如冷水机组、新风机组、空调器、冷热水泵、冷却水泵、通风机、消声器、水箱等）的轮廓位置及编号，注明设备外形尺寸和基础距离墙或轴线的尺寸。

（2）绘出连接设备的风道、管道及走向，注明尺寸和定位尺寸、管径、标高，并绘制管道附件（各种仪表、阀门、柔性短管、过滤器等）。

（3）当平面图不能表达复杂管道、风道相对关系及竖向位置时，应绘制剖面图。

（4）剖面图应绘出对应于机房平面图的设备、设备基础、管道和附件，注明设备和附件编号以及详图索引编号，标注竖向尺寸和标高；当平面图设备、风道、管道等尺寸和定位尺寸标注不清时，应在剖面图标注。

1.7　系统图、立管或竖风道图

（1）分户热计量的户内采暖系统或小型采暖系统，当平面图不能表示清楚时应绘制系统透视图，比例宜与平面图一致，按45°或30°轴侧投影绘制；多层、高层建筑的集中采暖系统，应绘制采暖立管图并编号。上述图纸应注明管径、坡度、标高、散热器型号和数量。

（2）冷热源系统、空调水系统及复杂的或平面表达不清的风系统应绘制系统流程图。系统流程图应绘出设备、阀门、计量和现场观测仪表、配件，标注介质流向、管径及设备编号。流程图可不按比例绘制，但管路分支及与设备的连接顺序应与平面图相符。

（3）空调冷热水分支水路采用竖向输送时，应绘制立管图并编号，注明管径、标高及所接设备编号。

（4）采暖、空调冷热水立管图应标注伸缩器、固定支架的位置。

（5）空调、制冷系统有自动监控时，宜绘制控制原理图，图中以图例绘出设备、传感器及执行器位置；说明控制要求和必要的控制参数。

（6）对于层数较多、分段加压、分段排烟或中途竖井转换的防排烟系统，或平面表达不清竖向关系的风系统，应绘制系统示意或竖风道图。

1.8　通风、空调剖面图和详图

（1）风道或管道与设备连接交叉复杂的部位，应绘剖面图或局部剖面。

（2）绘出风道、管道、风门、设备等与建筑梁、板、柱及地面的尺寸关系。

（3）注明风道、管道、风口等的尺寸和标高，气流方向及详图索引编号。

（4）采暖、通风、空调、制冷系统的各种设备及零部件施工安装，应注明采用的标准图、通用图的图名图号。凡无现成图纸可选，且需要交代设计意图的，均需绘制详图。简单的详图，可就图引出，绘制局部详图。

1.9 室外管网设计深度（要求见“热能动力部分”）

1.10 计算书

（1）采用计算程序计算时，计算书应注明软件名称，打印出相应的简图、输入数据和计算结果。

（2）采暖设计计算应包括以下内容：

1）每一采暖房间热负荷计算及建筑物采暖总热负荷计算；

2）散热器等采暖设备的选择计算；

3）采暖系统的管径及水力计算；

4）采暖系统设备、附件选择计算，如系统热源设备、循环水泵、补水定压装置、伸缩器、疏水器等。

（3）通风、防排烟设计计算应包括以下内容：

1）通风、防排烟风量计算；

2）通风、防排烟系统阻力计算；

3）通风、防排烟系统设备选型计算。

（4）空调设计计算应包括以下内容：

1）空调冷热负荷计算（冷负荷按逐项逐时计算）；

2）空调系统末端设备及附件（包括空气处理机组、新风机组、风机盘管、变制冷剂流量室内机、变风量末端装置、空气热回收装置、消声器等）的选择计算；

3）空调冷热水、冷却水系统的水力计算；

4）风系统阻力计算；

5）必要的气流组织设计与计算；

6）空调系统的冷（热）水机组、冷（热）水泵、冷却水泵、定压补水设备、冷却塔、水箱、水池等设备的选择计算。

（5）必须有满足工程所在省、市有关部门要求的节能设计计算内容。

2 热能动力部分

2.1 一般规定

在施工图设计阶段，热能动力专业设计文件应包括图纸目录、设计说明和施工说明、设备及主要材料表、设计图纸、计算书。

2.2 图纸目录

先列新绘制的设计图纸，后列选用的标准图、通用图或重复利用图。

2.3 设计说明和施工说明

2.3.1 设计说明

（1）列出设计依据，当施工图设计与初步设计（或方案设计）有较大变化时应说明原因及调整内容；设计依据包括：

1）本专业设计所执行的主要法规和所采用的主要标准（包括标准的名称、编号、年号和版本号）；

2）与本专业有关的标准文件和依据性资料（水质分析、地质情况、地下水位、冻土深度、燃料种类等）；

3）其他专业提供的设计资料（如在平面布置图、供热分区、热负荷及介质参数、发展要求等）。

（2）概述系统设计，列出技术指标。技术指标包括各类供热负荷及各种气体用量、设计容量、运行介质参数、燃料消耗量、灰渣量、水电用量等。说明系统运行的特殊要求及维护管理需要特别注意的事项。

（3）设计所采用的图例符号。

（4）节能设计，在节能设计条款中阐述设计采用的节能措施，包括有关节能标准、规范中强制性条文和以“必须”、“应”等规范用语规定的非强制性条文提出的要求。

（5）环保，消防及安全措施。应明确排烟、除尘、除渣、排污、减噪等方面的各项环保措施。应明确有关锅炉房、可燃气体站房及可燃气、液体的安全措施，如防火、防爆、泄压、消防等措施。当设计条款中涉及法规、技术标准提出的强制性条文的内容时，以“必须”、“应”等规范用语表示其内容。

2.3.2　施工说明

（1）设备安装：设备安装应与土建施工配合及设备基础应与到货设备核对尺寸的要求；设备安装时，应避免设备或材料集中在楼板上，以防楼板超载；利用梁柱起吊设备时，必须复核梁柱强度的要求。

（2）管道安装：工艺管道、风、烟管道的管材及附件的选用，管道的连接方式，管道的安装坡度及坡向，管道弯头的选用，管道的滑动支吊架间距表，管道的补偿器和建筑物入口装置等，管道施工应与土建配合预留埋件、预留孔洞、预留套管等要求。

（3）系统的工作压力和试压要求。

（4）防腐、保温、保护、涂色：设备、管道的防腐、保温、保护、涂色要求。

（5）图中尺寸、标高的标注方法。

（6）本工程采用的施工及验收依据。

（7）图例。

2.4　锅炉房图

（1）热力系统图。表示出热水循环系统、蒸汽及凝结水系统、水处理系统、给水系统、定压补水方式、排污系统等内容；标明图例符号（也可以在设计说明中加）、管径、介质流向及设备编号（应与设备表中编号一致）；标明就地安装测量仪表位置等。

（2）设备平面布置图。绘制锅炉房、辅助间的平面图，注明建筑轴线编号、尺寸、标高和房间名称；并绘出设备布置图，注明设备定位尺寸及设备编号（应与设备表中编号一致）。对较大型锅炉房根据情况绘制表示锅炉房、煤、渣、灰场（池）、室外油罐等的区域布置图。

（3）管道布置图。绘制工艺管道及风、烟等管道平面图，注明阀门、补偿器、固定支架的安装位置及就地安装一次测量仪表位置，注明各种管道尺寸。当管道系统不太复杂时，管道布置图可与设备平面布置图绘在一起。

（4）剖面图。绘制工艺管道、风、烟等管道布置及设备剖面图，注明阀门、补偿器、固定支架的安装位置及就地安装一次测量仪表位置，注明各种管道管径尺寸、安装标高、坡度及坡向，注明设备定位尺寸及设备编号（应与设备表中编号一致）。

（5）其他图纸。根据工程具体情况绘制机械化运输平、剖面布置图、设备安装详图、水箱及油箱开孔图、非标准设备制作图等。

2.5 其他动力站房图

（1）管道系统图（或透视图）。对热交换站、气体站房、柴油发电机房等应绘制系统图，图纸内容和深度参照锅炉房部分；对燃气调压站和瓶组站绘制透视图，并注明标高。

（2）设备及管道平面图、剖面图。绘制设备及管道平面图，当管道系统较复杂时，还应绘制设备及管道布置剖面图，图纸内容和深度参照锅炉房部分。

2.6 室内管道图

（1）管道系统图（或透视图）。应绘制管道系统图（或透视图），包括各种附件、就地测量仪表，注明管径、坡度及管道标高（透视图中）。

（2）平面图。绘制建筑物平面图，标出轴线编号、尺寸、标高和房间名称；并绘制有关用气（汽）设备外形轮廓尺寸及编号，绘制动力管道、入口装置及各种附件，注明管道管径；若有补偿器、固定支架，应绘制其安装位置及定位尺寸。

（3）安装详图（或局部放大图）。当管道安装采用标准图或通用图时可以不绘管道安装详图，但应在图纸目录中列出标准图、通用图图册名称及索引的图名、图号。其他情况应绘制安装详图。

2.7 室外管网图

（1）平面图。绘制建筑红线范围内的总图平面，包括建筑物、构筑物、道路、坎坡、水系等，并标注名称、定位尺寸或坐标；标注指北针；标注设计建筑物室内±0.00 绝对标高和室外地面主要区域的绝对标高；

绘制管道布置图，图中包括补偿器、固定支架、阀门、检查井、排水井等，标注管道、设备、设施的定位尺寸或坐标，标注管段编号（或节点编号）、管道规格、管线长度及管道介质代号，标注补偿器类型、补偿器的补偿量（方形补偿器的尺寸）、固定支架编号等。

（2）纵断面图（比例：纵向为 1∶500 或 1∶1000，竖向为 1∶50）。地形较复杂的地区应绘制管道纵断而展开图。当地沟敷设时，标出管段编号（或节点编号）、设计地面标高、沟顶标高、沟底标高、管道标高、地沟断面尺寸、管段平面长度、坡度及坡向；当架空敷设时，标出管段编号（或节点编号）、设计地面标高、柱顶标高、管道标高、管段平面长度、坡度及坡向；当直埋敷设时，标出管段编号（或节点编号）、设计地面标高、管道标高、填砂沟底标高、管段平面长度、坡度及坡向。

管道纵断面图中还应表示出关断阀、放气阀、泄水阀、疏水装置和就地安装测量仪表等。

简单项目及地势平坦处，可不绘制管道纵断面图而在管道平面图主要控制点直接标注或列表说明上述各种数据。

（3）横断面图。当地沟敷设时，管道横断面图应表示出管道直径、保温层厚度、地沟断面尺寸、管中心间距、管子与沟壁、沟底距离、支座尺寸及覆土深度等；当架空敷设时，管道横断面图应表示出管道直径、保温层厚度、管中心间距、支座尺寸等；当直埋敷设时，管道横断面图应表示出管道直径、保温层厚度、填砂沟槽尺寸、管中心间距、填砂层厚度及埋深等。采用标准图、通用图时可不绘管道横断面图，但应注明标准图、通用图名称及索引的图名、图号。

（4）节点详图。必要时应绘制检查井、分支节点、管道及附件的节点详图。

2.8 设备及主要材料表

应列出设备及主要材料的名称、性能参数、单位和数量、备用情况等，对锅炉设备应注明锅炉效率。

2.9 计算书

（1）锅炉房的计算包括以下内容：

1）热负荷计算；

2）主要设备选型计算；

3）管道的管径及水力计算；

4）管道固定支架的推力计算；

5）汽、水、电、燃料的消耗量计算；

6）炉渣量的计算；

7）煤、渣、油等的场地计算。

注：小型锅炉房可简化计算。

（2）其他动力站房计算包括以下内容：

1）各种介质的负荷计算；

2）设备选型计算；

3）管道的管径及水力计算。

（3）室内管道计算包括以下内容：

1）绘计算草图并作管径及水力计算；

2）附件选型计算；

3）高温介质时管道固定支架的推力计算。

注：当系统较简单时，可在计算草图上注明计算数据不另作计算书。

（4）室外管网计算包括以下内容：

1）绘计算草图，并作管径及水力计算；

2）根据水力计算绘制水压图；

3）调压装置的选型计算；

4）架空敷设及地沟敷设管道的不平衡支架的受力计算；

5）直埋敷设时管道对固定墩的推力计算；

6）管道的热膨胀计算和补偿器的选择计算；

7）直埋供热管道若作预处理时，预拉伸、预热等计算。

注：管网简单时可简化计算。

3 防空地下室部分

3.1 一般规定

防空地下室暖通空调施工图设计文件应包括图纸目录、设计和施工说明、暖通空调平面图、暖通空调系统图、进风口部平、剖面详图、排风口部平、剖面详图、主要设备材料表等。

3.2 图纸目录

与上部建筑统一绘制施工图设计文件时，图纸目录需列出包括上部建筑和防空地下室在内的整个工程的全部图纸；防空地下室施工图报审时，图纸目录需单独编制，列出与防空地下室有关的全部图纸。图纸目录应先列新绘制的图纸，后列选用的标准图和重复使用图。

3.3 防空地下室暖通空调施工图设计说明

每一单项工程应编写一份暖通空调施工图设计说明，对多子项工程宜编写统一的暖通空调施工图设计说明。若防空地下室与上部建筑为同一子项，可与上部建筑的暖通空调施工图设计说明合写，也可以单独编写防空地下室暖通空调施工图设计说明。防空地下室施工图设计文件报审时，应提交供审查使用的防空地下室暖通空调施工图设计说明。

防空地下室暖通空调施工图设计和施工说明是施工图设计文件的重要组成部分，应包括以下内容：

（1）工程概况：包括防空地下室所在位置、防护类别（甲类、乙类）、平时和战时使用功能、抗力等级、建筑面积、防护单元划分、平时消防的防火与防烟分区等。对人员掩蔽工程应说明掩蔽面积、掩蔽人员数量等。

（2）设计依据：包括所采用的国家和行业现行规范、标准、规程，以及人民防空工程主管部门的审批意见、建设方的设计委托书等。

（3）设计参数：包括室外气象参数、防空地下室平时和战时室内设计参数、人员新风量标准、换气次数等。

（4）冷、热源情况：应说明空调冷、热源和采暖热源情况。

（5）冷、热、湿负荷情况：应给出空调冷、热、湿负荷及采暖热负荷的计算结果。

（6）设计风量计算：应分别计算防空地下室平时和战时的通风量计算结果，包括战时人员隐蔽工程清洁通风和滤毒通风的进风量、排风量、防毒通道和排风房间的换气次数；战时物资库和汽车库的进风量、排风量；对平战结合工程还应给出平时使用的人员新风量、空调送风量、回风量、消防排烟量、防烟楼梯间及其前室、消防电梯前室或合用前室的加压送风量；汽车库的进风量、排风量、消防排烟量和补风量等计算结果。

（7）隔绝防护时间的校核：根据防空地下室的战时功能确定隔绝防护时间，并给出隔绝防护时间的校核计算结果。如果隔绝防护时间不能满足规范的要求，应提出延长隔绝防护时间需采取的措施。

（8）暖通空调系统：包括平时和战时暖通空调系统的形式，平时和战时系统功能转换方式和采取的重要技术措施。

（9）设备选型：包括暖通空调主要设备的选型依据、设备型式等。

（10）平战功能的转换：平战结合的人民防空地下室，应明确战时功能的转换措施。为减少临战前工程的转换工作量，应尽量采用平时和战时合用系统；平时使用的风管在临战时封堵和隔断时，尽量采用制式设备和器材。

（11）施工说明：应明确工程在防护、密闭、隔声、消声、防腐等方面的要求，风管、水管等材料的选择和施工及验收方面的其他要求等。

(12) 图例：人民防空地下室暖通空调施工图设计图例可参见下表。

**图例**

| 图 例 | 名 称 | 图 例 | 名 称 |
|---|---|---|---|
| —— RX —— | 人防新风管 | | 对开多叶调节阀 |
| —— RS —— | 人防送风管 | | 防火阀 |
| —— RP —— | 人防排风管 | | 插板阀 |
| —— P —— | 超压测压管 | | 过滤吸收器 |
| | 截止阀 | | 消声器 |
| | 球阀（旋塞阀） | （1）平面 | 轴流式通风机（混流风机） |
| | 换气堵头 | （2）系统 | |
| | 自动排气活门 | | 油网滤尘器 |
| （1）平面 | 手动密闭阀门 | | 除湿机（空气冷却器） |
| （2）系统 | | | 电动手摇两用风机 |
| | 蝶阀 | | |

3.4　暖通空调平面图

（1）暖通空调平面图通常在建筑专业提供的平面图上绘制完成，平面图上要标注主要轴线号、轴线尺寸、房间名称、室内地面标高等。在首层平面图上应绘出指北针。

（2）采暖平面图应绘出散热器、干管、管道阀门、放气或泄水装置或阀门、固定支架、伸缩器、入口装置等的位置，注明散热器片数或长度、干管直径及标高，管道坡度及坡向等。

（3）通风、空调平面图用双线绘出风管、单线绘出空调冷热水、凝结水等管道。标注风管管径、标高以及定位尺寸；标注风口形式、规格和定位尺寸；标注空调水管的管径、标高、坡度、坡向及定位尺寸；标注各种设备安装定位尺寸和编号；标注消声器、调节阀、防火阀以及检查孔、测压孔等部件和设施的位置。

3.5　进、排风口部通风平、剖面详图

（1）防空地下室的进、排风口部通风系统比较复杂，通常需要绘制详图。

（2）对设置了三种通风方式的防空地下室，进风口部一般由进风竖井、扩散室、滤毒室、密闭通道和通风机房组成。进风口部大样图中应绘出进风管道、密闭阀门的位置以及油网滤尘器、过滤吸收器、进风机等主要设备的轮廓位置及编号，标注风管直径、标高、坡度、坡向及定位尺寸；标注设备及基础距墙或轴线的尺寸。排风口部应绘出排风管道、密闭阀门、自动排气活门、通风短管、排风机的位置，标注风管直径、标高、坡度、坡向及定位尺寸、设备安装尺寸等，注明设备和管道的附件编号。

(3) 绘出风管上安装的密闭阀门、调节阀、插板阀、防火阀、消声器、柔性短管等管道附件的位置，必要时注明管道附件的编号。

(4) 绘出超压测量管、放射性监测取样管、尾气监测取样管、压差测量管、气密测量管的位置，注明管径和阀门设置要求。当清洁式和滤毒式通风共用风机时应绘出增压管和球阀的位置，并注明管径。

(5) 穿过防护密闭墙的管道，应注明防护密闭做法。

(6) 当平面图不能表达复杂管道和设备的相对关系和竖向位置时，应绘制剖面图。

(7) 剖面图应绘出对应于平面图的设备、设备基础、管道和附件的竖向位置，标注设备、管道和附件的竖向尺寸和标高。

3.6 暖通空调系统图

(1) 用单线绘制通风空调系统轴测图，绘出主要设备、风口、阀门、检测口以及其他管道附件的位置。标注管道直径、标高、坡度、坡向以及风口尺寸、标高等。

(2) 设有采暖的工程应绘制采暖系统图，注明管径、标高、坡度、坡向、散热器型号和数量。

(3) 当用通风空调平面图和进、排风口部通风平、剖面详图可以清楚表达系统管道和设备相互关系及安装位置时，可以取消系统轴测图。也可以根据需要用通风空调系统原理图代替系统轴测图。

(4) 在通风空调系统中应给出通风空调系统在平时和战时不同通风方式下的转换操作方式表。对不需要绘制轴测图或系统原理图的工程，也宜按平面图或口部详图的设备编号给出平时、战时不同通风方式的转换操作表。

3.7 柴油电站通风

(1) 防空地下室设有柴油电站时，宜单独绘制柴油电站通风图。

(2) 在设计说明中应给出柴油发电机组和发电机房的散热量、冷却方式、机房送风量、排风量、柴油机燃烧空气量、柴油机排烟量；当机房采用水冷却方式时，应给出冷却水的水温和水量。设控制室的柴油电站应给出控制室的新风供给方式、新风量、控制室和发电机房间防毒通道的换气次数等。

(3) 按平面图绘制要求绘出柴油电站通风平面图。当管道布置较复杂，其他图纸不能清楚表达管道间相对关系和竖向位置时，应绘制局部详图或剖面图。

(4) 对较复杂的水冷式固定电站，应注明电站通风系统运行、转换的操作方式。对于平、剖面图和局部详图无法清楚表达设备、管道相对位置时，还应绘制系统轴测图或原理图。

3.8 主要设备材料表

主要设备材料表中应包括主要设备、管材和附件等。在与图中设备和附件编号相对应的基础上，列出其名称、型号、规格、单位和数量等，在型号、规格栏内应给出详细的技术参数。

# 参考文献


〔1〕 杨世铭等．传热学（第3版）．北京：高等教育出版社，2003.

〔2〕 刘宝兴主编．工程热力学．北京：机械工业出版社，2006.

〔3〕 彦启森等．空气调节用制冷技术（第3版）．北京：中国建筑工业出版社，2005.

〔4〕 陆耀庆主编．实用供热空调设计手册（第2版）．北京：中国建筑工业出版社，2008.

〔5〕 电子工业部第十设计研究院主编．空气调节设计手册（第2版）．北京：中国建筑工业出版社，1995.

〔6〕 赵荣义主编．简明空调设计手册．北京：中国建筑工业出版社，2003.

〔7〕 李竹光主编．暖通空调规范实施手册．北京：中国建筑工业出版社，2006.

〔8〕 北京市建筑设计研究院．建筑设备专业技术措施．北京：中国建筑工业出版社，2006.

〔9〕 F. C. 麦奎斯顿等编著．供暖、通风及空气调节—分析与设计（原著第六版）．俞炳丰主译．北京：化学工业出版社，2005.

〔10〕 马最良，姚杨主编．民用建筑空调设计．北京：化学工业出版社，1998.

〔11〕 李娥飞编著．暖通空调设计与通病分析（第二版）．北京：中国建筑工业出版社，2009.

〔12〕 Г. Ф. 库兹涅佐夫主编．保温工程手册．邬守春译，王兆霖校．香港中国和世界出版公司，1993.

〔13〕 中国有色工程设计研究院．采暖通风与空气调节设计规范 GB 50019—2003．北京：中国计划出版社，2004.

〔14〕 中国建筑科学研究院．民用建筑供暖通风与空气调节设计规范 GB 50736—2012．北京：中国建筑工业出版社，2012.

〔15〕 中华人民共和国公安部消防局．高层民用建筑设计防火规范 GB 50045—95（2005年版）．北京：中国计划出版社，2005.

〔16〕 公安部天津消防研究所．建筑设计防火规范 GB 50016—2006．北京：中国计划出版社，2006.

〔17〕 上海市消防局等．汽车库、修车库、停车场设计防火规范 GB 50067—97．北京：中国建筑工业出版社，1997.

〔18〕 中国建筑设计研究院．人民防空地下室设计规范 GB 50038—2005．北京，2005.

〔19〕 总参工程兵第四设计研究院等．人民防空工程设计防火规范 GB 50098—2009．北京：中国计划出版社，2009.

〔20〕 中国建筑科学研究院．严寒和寒冷地区居住建筑节能设计标准 JGJ 26—2010．北京：中国建筑工业出版社，2010.

〔21〕 中国建筑科学研究院．公共建筑节能设计标准 GB 50189—2005．北京：中国建筑工业出版社，2005.

〔22〕 沈阳市城乡建设委员会等．建筑给水排水及采暖工程施工质量验收规范 GB 50242—2002．北京：中国建筑工业出版社，2002.

〔23〕 上海市安装工程有限公司．通风与空调工程施工质量验收规范 GB 50243—2002．北京：中国计划出版社，2002.

〔24〕 中国建筑科学研究院．地面辐射供暖技术规程 JGJ142-2004．北京：中国建筑工业出版社，2004.

〔25〕 中国建筑科学研究院等．多联机空调系统工程技术规程 JGJ174-2010．北京：中国建筑工业出版社，2010.
〔26〕 建筑材料工业技术监督研究中心．设备及管道绝热技术通则 GB/T 4272—2008.
〔27〕 建筑材料工业技术监督研究中心．设备及管道绝热设计导则 GB/T 8175—2008.
〔28〕 建设部工程质量安全监督与行业发展司等．全国民用建筑工程设计技术措施——暖通空调·动力．北京：中国计划出版社，2009.
〔29〕 建设部工程质量安全监督与行业发展司等．全国民用建筑工程设计技术措施——节能专篇暖通空调·动力．北京：中国计划出版社，2007.
〔30〕 建设部工程质量安全监督与行业发展司等．全国民用建筑工程设计技术措施——防空地下室．北京：中国计划出版社，2009.
〔31〕 吴怡青．同程式垂直单管热水供暖系统浅析．暖通空调，2011，41（5）：50-51，103.
〔32〕 董重成等．低温供暖散热器散热量的实验研究．全国暖通空调制冷 2010 年学术年会论文集：24.
〔33〕 郋守春等．低温热水地面辐射供暖施工图审查若干问题思考．暖通空调，2009，39（2）：101-104.
〔34〕 刘艳峰等．住宅地面辐射供暖系统中因地板覆盖物产生的散热量安全系数．暖通空调，2007，37（11）：104-106.
〔35〕 伍小亭．风机盘管选型及系统设计中的一些问题．暖通空调，2000，30（4）：46-48.
〔36〕 彦启森．论多联机空调机组．暖通空调，2002，32（5）：2-4.
〔37〕 周德海等．大容量多联机空调系统的运行特性分析．暖通空调，2011，41（1）：74-79.
〔38〕 陈祖铭等．多联机空调系统新风的节能设计．暖通空调，2011，41 增刊 1：423-425.
〔39〕 汪训昌．空调冷水系统的沿革与变流量一次泵水系统的实践．暖通空调，2006，36（7）.
〔40〕 郋守春．关于空调冷冻水系统泵制的讨论．第十一届全国暖通空调技术信息网大会论文集．北京：中国建筑工业出版社，2001：286-289.
〔41〕 高克复．冷却塔的选型和配管设计．暖通空调，2006，36（1）.
〔42〕 郋守春．排风热回收器的应用．节能技术，1986（5）：46-48.
〔43〕 郋守春等．全热交换器节能与经济效益分析实例．中国建设信息·供热制冷专刊，2004（6）：22-25.
〔44〕 孙敏生等．冷却塔供冷关键技术问题分析．暖通空调，2008，38 增刊 1：81-86.
〔45〕 于晓明等．暖通空调系统几项重点节能设计措施探讨．暖通空调，2007，37（9）：89-98.
〔46〕 王凡．场馆建筑噪声与振动的控制研究（1）：室内噪声与振动的分析．暖通空调，2009，39（6）：121-123.
〔47〕 王凡．场馆建筑噪声与振动的控制研究（2）：室内噪声与振动的控制设计．暖通空调，2009，39（6）：124-128.
〔48〕 姚国梁．汽车库通风排烟设计问题探讨．暖通空调，2011，41 增刊 1：337-339.
〔49〕 袁代光．《人民防空地下室设计规范》通风设计主要修订内容介绍．暖通空调，2008，38（2）：54-57.

# 后 记

编者退休以后，继续在设计机构从事专业设计，又兼职从事施工图审查工作；几年来遇到了一些问题，搜集了一些材料，2011 年 5 月整理成《暖通空调施工图设计与审查面对面》的册子与同行交流，册子的内容是很肤浅的。后来，在我的校友、中国建筑工程出版社第五图书中心姚荣华主任的鼓励和指导下，着手编写本书。由于本人的工作经历所限，书中涉及的内容还只是暖通空调专业领域的沧海一粟，更加广泛的内容，读者可以参考国内外学者的专著。经过一年的耕耘，自己收获的不仅是现在的一本书，更多的是充实的生活。在编写和分析那些案例的过程中，自己有一种“重返母校”的感觉，许多案例都教育了我，让我学到了很多知识。

记得有一篇短文写道：“也许这些文字对社会无太大的价值，然而对写作者自己却是无比珍贵的，是个人留在世上的影子”。正因为如此，编者才鼓起勇气，不回避能力不足的限制，以老实认真的态度作这件事。“人生大考，祈望及格”，如果本书的面世能有益于广大的设计工作者、有益于专业的进步，便是对编者最大的慰藉。

谨向本书的责任编辑、出版社工作人员及参考文献的提供者表示诚挚地感谢！

最后，深情感谢老院长吴德绳教授在百忙中为拙著作序，吴教授的《序》必将极大地提高拙著的阅读价值。

由于编者学识有限，难免存在错误和不足之处，诚望广大读者斧正。

郇守春

2012 年 10 月 28 日羁旅石家庄